Vorwort zur dritten Auflage.

Der Anwendungsbereich kolorimetrischer, photometrischer und spektrometrischer Methoden in der chemischen Forschung und Praxis ist weiter in ständigem Wachsen begriffen. Dies ist zum großen Teil der Weiterentwicklung der Meßmethoden zu danken, die sich im letzten Jahrzehnt mit einer ungeahnten Schnelligkeit und Vielseitigkeit vollzogen hat. Während sowohl die visuelle wie die photographische Methodik eine kaum noch zu übertreffende und deshalb nur noch beschränkt entwicklungsfähige Vollendung erreicht hat, nimmt die Bedeutung der lichtelektrischen und thermoelektrischen Methoden infolge der stetigen Vervollkommnung der Empfänger und der konstruktiven Verbesserung der Meß- und Verstärkungstechnik fast von Tag zu Tag zu. Dies gilt im besonderen von den Infrarotmethoden, die speziell für die organische Chemie so außerordentlich wichtig geworden sind. Daraus folgt zwangsläufig, daß sich in einer kritischen Zusammenfassung der heute benutzten Meßverfahren, wie sie schon in den früheren Auflagen dieses Buches geplant und versucht wurde, das Schwergewicht der Darstellung weiter zugunsten dieser modernen Meßverfahren verschieben muß. Tatsächlich werden die visuellen und photographischen Methoden mehr und mehr von den licht- und thermoelektrischen Methoden verdrängt, da diese nicht nur rascher und sicherer arbeiten, sondern auch höhere Meßgenauigkeiten erreichen lassen. Trotzdem werden visuelle und photographische Methoden für zahlreiche Aufgaben auch in Zukunft ihre Bedeutung behalten.

Die Erweiterung und Vervollkommnung der Meßmethoden hat weiter dazu geführt, daß ihre Anwendung im chemischen Laboratorium sich nicht mehr in dem Maße auf verdünnte Lösungen beschränkt, wie dies früher der Fall war. Messungen an Gasen, Flüssigkeiten und festen Stoffen gehören heute ebenso zum ständigen Bereich der analytischen Praxis, was etwa in der stetig wachsenden Bedeutung der Ultrarotabsorptionsschreiber oder der Reflexionsmessungen an pulverförmigen Stoffen zum Ausdruck kommt.

Sinn und Zweck dieser Darstellung haben sich nicht geändert: Es soll versucht werden, die verwirrende Fülle der entwickelten Methoden an Hand des ihnen zugrunde liegenden Meßprinzips

Vorwort zur dritten Auflage.

systematisch zu ordnen, so daß gemeinsame und trennende Gesichtspunkte klar zum Ausdruck kommen. Daraus sowie aus einer eingehenden Fehlerdiskussion ergibt sich die zweckmäßige Auswahl der Methode je nach den Besonderheiten des zu untersuchenden Problems zwangsläufig von selbst. Eine solche kritische Darstellung erscheint deswegen nicht nutzlos, weil die Leistungsfähigkeit der verschiedenen Methoden, ihre Anwendungs- und Genauigkeitsgrenzen in der Literatur sehr unterschiedlich und vielfach auch recht irreführend beurteilt werden. Es ist bei der Fülle des Materials naturgemäß unmöglich, eine ins einzelne gehende Beschreibung der verschiedenen Meßverfahren zu versuchen, nach der man unmittelbar arbeiten könnte. Hierüber geben die Arbeitsvorschriften und Prospekte der Firmen meistens erschöpfende Auskunft, soweit es sich um käufliche Geräte handelt. Was man jedoch in solchen Vorschriften im allgemeinen nicht findet, nämlich eine kritische Gegenüberstellung von Vor- und Nachteilen des benutzten Meßprinzips und die optimalen Bedingungen, unter denen man ein Maximum an Genauigkeit und ein Minimum an systematischen Fehlern erreicht, darauf soll hier besonders Wert gelegt werden. Darüber hinaus soll gezeigt werden, daß man häufig mit einfachen Mitteln, die dem vorliegenden Problem angepaßt sind, mehr erreichen kann als mit kostspieligen Geräten, die für die Lösung dieses Problems eigentlich gar nicht vorgesehen sind. Ebenso wie eine Beschreibung oder auch nur vollständige Aufzählung der gebräuchlichsten Apparate sich als unmöglich erweist, muß auch auf eine selbst angenähert vollständige Berücksichtigung der Literatur von vornherein verzichtet werden. Der Umfang des Schrifttums ist derartig angewachsen, daß es sich aus Raumgründen nicht einmal mehr vollständig zitieren läßt. Es wurde deshalb versucht, durch Angabe zusammenfassender Berichte und Monographien den Leser auf die Möglichkeit zu eingehenderem Literaturstudium über die Anwendungen der beschriebenen Meßverfahren hinzuweisen.

Zum Schluß sei mir erlaubt, zahlreichen Kollegen und Freunden für die Überlassung von Sonderdrucken, für die Beschaffung von Literatur und für viele Anregungen zu Verbesserungen und zur Beseitigung von Unklarheiten herzlich zu danken. Besonderen Dank schulde ich ferner dem Springer-Verlag für sein verständnisvolles Eingehen auf alle Wünsche und die vorzügliche Ausstattung dieses Buches, sowie Herrn Dipl. phys. H. MAIER für seine Hilfe beim Lesen der Korrekturen.

Tübingen, im August 1954. G. KORTÜM.

ANLEITUNGEN FÜR DIE CHEMISCHE
LABORATORIUMSPRAXIS
HERAUSGEGEBEN VON H. MAYER-KAUPP
=========== BAND II ===========

KOLORIMETRIE · PHOTOMETRIE
UND SPEKTROMETRIE

EINE ANLEITUNG ZUR AUSFÜHRUNG
VON ABSORPTIONS-, EMISSIONS-,
FLUORESCENZ-, STREUUNGS-, TRÜBUNGS-
UND REFLEXIONSMESSUNGEN

VON

GUSTAV KORTÜM

DRITTE NEUBEARBEITETE AUFLAGE

MIT 186 ABBILDUNGEN

SPRINGER-VERLAG BERLIN HEIDELBERG GMBH 1955

ISBN 978-3-662-27064-6   ISBN 978-3-662-28543-5 (eBook)
DOI 10.1007/978-3-662-28543-5

ALLE RECHTE,
INSBESONDERE DAS DER ÜBERSETZUNG IN FREMDE SPRACHEN, VORBEHALTEN.
OHNE AUSDRÜCKLICHE GENEHMIGUNG DES VERLAGES
IST ES AUCH NICHT GESTATTET, DIESES BUCH ODER TEILE DARAUS AUF PHOTO-
MECHANISCHEM WEGE (PHOTOKOPIE, MIKROKOPIE) ZU VERVIELFÄLTIGEN.
COPYRIGHT 1942, 1948 AND 1955
BY SPRINGER-VERLAG BERLIN HEIDELBERG
URSPRÜNGLICH ERSCHIENEN BEI SPRINGER-VERLAG OHG., BERLIN/GÖTTINGEN/HEIDELBERG 1955
SOFTCOVER REPRINT OF THE HARDCOVER 3RD EDITION 1955

Inhaltsverzeichnis.

Seite

I. Allgemeine Grundlagen 1

1. Begrenzung und Einteilung des Stoffes 1
2. Elementarvorgänge der Strahlungsabsorption und -emission .. 4
3. Anwendungsgebiete 10
   a) Konstitutionsermittlung S. 11. — b) Quantitative Analyse S. 14.
4. Strahlungsintensität; Grundgrößen und Einheiten; Maßsysteme 16
5. Das Gesetz von BOUGUER-LAMBERT-BEER und seine Anwendung 23
6. Abweichungen vom BOUGUER-LAMBERT-BEERschen Gesetz ... 33
   a) Wahre Abweichungen auf Grund chemischer Gleichgewichte oder zwischenmolekularer Kräfte S. 34. — b) Scheinbare Abweichungen durch unvollkommene Monochromasie der Strahlung S. 42.
7. Meßtechnische Grundbegriffe 51
8. Allgemeine systematische Fehlerquellen 55

II. Hilfsmittel für optische Untersuchungen 58

1. Strahlungsquellen 58
2. Filter 67
3. Vorrichtungen für meßbare Strahlungsschwächung 77
   a) Rotierender Sektor S. 78. — b) Verstellbare Blenden S. 81. — c) Polarisationsprismen S. 83. — d) Abstandsänderung der Strahlungsquelle S. 85. — e) Graukeile und Graulösungen S. 86.
4. Optik 87
   a) Durchlässigkeitsbereiche und Reflexionsvermögen S. 87. — b) Linsen S. 91. — c) Prismen S. 93. — d) Spiegel S. 101. — e) Gitter S. 101. — f) Der Lichtleitwert S. 106.
5. Küvetten 107
   a) Feste Schichtdicken S. 107. — b) Variable Schichtdicken S. 110.— c) Wirksame Schichtdicke und Minimalvolumen S. 113.
6. Lösungsmittel 115
7. Strahlungsempfänger 119
   a) Das menschliche Auge S. 119. — b) Lichtelektrische Effekte und Empfängertypen S. 123. — c) Photozellen S. 125.

VI Inhaltsverzeichnis.

α) Allgemeine Gesetzmäßigkeiten S. 125. — β) Spektrale Empfindlichkeit verschiedener Kathoden S. 127. — γ) Vakuumzellen und gasgefüllte Zellen S. 130. d) Sekundärelektronenvervielfacher S. 132. — e) Widerstandszellen S. 135. — f) Photoelemente S. 138. — g) Wichtigste photometrische Eigenschaften lichtelektrischer Empfänger S. 141. — h) Thermische Empfänger S. 152.
α) Thermoelement und Thermosäule S. 154. — β) Radiometer und Mikroradiometer S. 155. — γ) Bolometer S. 156. — δ) GOLAY-Zellen S. 157. i) Photographische Schichten S. 157.
8. Stabilisierung von Stromquellen 164
a) Eisenwasserstoffwiderstände S. 164. — b) Magnetische Spannungsregler S. 165. — c) Glimmstabilisatoren S. 166. — d) Elektronenröhren S. 167.

III. Visuelle Methoden 169

1. Fehlerdiskussion 169
2. Visuelle Kolorimetrie 171
a) Meßprinzip S. 171. — b) Einfache Eintauchkolorimeter S. 174. — c) Kompensations- und Mischfarbenkolorimeter S. 177. — d) Komparatoren S. 179.
3. Visuelle Photometrie 181
a) Meßprinzip S. 181. — b) Blendenphotometer S. 187. — c) Polarisationsphotometer S. 192. — d) Graukeilphotometer S. 198.
4. Visuelle Spektrometrie 199
5. Visuelle Fluorescenzmessungen 203
a) Allgemeine Gesichtspunkte bei Fluorescenzuntersuchungen S. 203. — b) Visuelle Fluorescenzspektrometrie S. 207.
6. Visuelle Streuungs- und Trübungsmessungen 213
a) Meßprinzip und allgemeine Vorschriften S. 214. — b) Verschiedene Meßgeräte S. 216.
7. Visuelle Reflexionsmessungen 222

IV. Lichtelektrische Methoden 223

1. Verschiedene Meßverfahren 224
a) Ausschlagsmethoden S. 225. — b) Kompensationsmethoden S. 229. — c) Substitutionsmethoden S. 233. — d) Flimmermethoden S. 234. — e) Verstärkung des Photostroms S. 237.
α) Gleichstromverstärkung S. 240. — β) Wechselstromverstärkung S. 248.
2. Fehlerdiskussion 252
3. Lichtelektrische Kolorimetrie 257
4. Lichtelektrische Photometrie 260
a) Die Bedeutung der Eigenschaften lichtelektrischer Empfänger für das Meßprinzip S. 260. — b) Gebräuchliche Photometer nach dem Ausschlagsverfahren S. 268. — c) Geräte nach dem Kompensationsverfahren S. 273. — d) Geräte nach dem Substitutionsverfahren S. 274. — e) Geräte nach dem Flimmerverfahren S. 284.

Inhaltsverzeichnis. VII

	Seite
5. Lichtelektrische Titrationen	287
6. Lichtelektrische Spektrometrie	292

a) Vorzüge und Nachteile gegenüber der photographischen Methode S. 292. — b) Effektive Bandbreite und absolute Extinktionskoeffizienten S. 294. — c) Aufnahme und Kontrolle der Spektren S. 298.
α) Monochromatoren S. 298. — β) Bestimmung der Wellenlängen S. 302. — γ) Photometrische Skala und Standardwerte von Extinktionskoeffizienten S. 306. — δ) Registrierung der Spektren S. 310.
d) Spezielle Konstruktionen und Geräte S. 315. — e) Mikrospektrometrie S. 321.

7. Lichtelektrische Fluorescenz-, Streuungs- und Trübungsmessungen ... 323
a) Photometrische Messungen S. 323. — b) Lichtelektrische Fluorescenzspektrometrie S. 329.

8. Lichtelektrische Reflexionsmessungen ... 332
9. Lichtelektrische Messung von RAMAN-Spektren ... 336
a) Allgemeine experimentelle Vorbedingungen S. 336. — b) Lichtelektrische RAMAN-Spektrometer S. 341.

V. Thermoelektrische Methoden ... 345

1. Besonderheiten thermoelektrischer Messungen im IR ... 346
a) Die Meßproben S. 346. — b) IR-Empfänger; Verstärkung von Thermoströmen S. 348. — c) Wellenlängen-Kalibrierung S. 350.

2. Infrarotspektrometrie ... 352
a) Gruppenfrequenzen S. 352. — b) Entwicklung zu den modernen Registriergeräten S. 356. — c) Mikrospektrometrie S. 368. — d) Polarisationsmessungen S. 369.

3. Reflexionsmessungen im Infrarot ... 371
4. Infrarotphotometrie ... 375
a) Allgemeine Vorbedingungen für die quantitative Analyse S. 375. — b) Verschiedene Meßverfahren S. 377. — c) Gasanalysengeräte S. 380.

VI. Photographische Methoden ... 384

1. Meßprinzip und Fehlerdiskussion ... 384
2. Verschiedene Meßverfahren ... 388
a) Doppelstrahlmethoden S. 289. — b) Einstrahlmethoden S. 391.
3. Einzelheiten zur Aufnahme der Spektren ... 395
a) Spektrographen S. 395. — b) Aufnahmetechnik S. 399. — c) Auswertung der Platten S. 403.
4. Pulverspektren ... 408
5. Fluorescenzspektren ... 410
6. Molekülemissionsspektren ... 415

VII. Anwendungsbeispiele ... 419

1. Untersuchung über die Konstitution des Nitrat-, Nitrit- und Pernitritions ... 419

2. Tautomeriegleichgewichte 422
3. Die Konstitution des Chinhydrons in wässeriger Lösung 424
4. Das Assoziationsgleichgewicht des Phenols in CCl$_4$-Lösung 426
5. Die Thermochromie des Dehydrodianthrons 429
6. Die „Solvatochromie" 431
7. Absorptionsspektrum und „sterische Hinderung"............ 434
8. Optische p_H-Messungen 436
9. Bestimmung von Dissoziationskonstanten von Indicatorsäuren und -basen 438
10. Die analytische Bestimmung des Eisens 441

Sachverzeichnis 447

I. Allgemeine Grundlagen.

1. Begrenzung und Einteilung des Stoffes.

Unter *Kolorimetrie* oder „Farbmessung" versteht der Chemiker die Konzentrationsbestimmung eines farbigen Stoffes in einer Mischphase durch Vergleich mit einer zweiten Mischphase, die denselben Stoff in bekannter Konzentration enthält. Praktisch handelt es sich dabei ausschließlich um flüssige Mischphasen, d.h. *Lösungen* des farbigen Stoffes in einem farblosen Lösungsmittel. Allerdings ist der Ausdruck „Kolorimetrie" nicht sehr glücklich, denn tatsächlich handelt es sich nicht um eine Farbmessung, sondern um einen in der Regel visuellen Farbvergleich, weswegen man diese Art der Konzentrationsbestimmung im angelsächsischen Schrifttum auch häufig als „color comparimetry" bezeichnet.

Unter *Photometrie* bzw. Strahlungsmessung[1] im weitesten Sinne verstehen wir die *vergleichende* Messung von Lichtströmen bzw. Strahlungsleistungen (Intensitäten) in irgendwelchen Teilen des Spektrums mit Hilfe meßbar veränderlicher Schwächungseinrichtungen oder durch Umwandlung der Strahlungsenergie in elektrische Energie. Untersucht man die Schwächung eines Lichtstroms durch Einschaltung eines absorbierenden Stoffes, so spricht man von Absorptionsphotometrie; untersucht man die Lichtstärke eines Licht aussendenden Stoffes (z.B. Fluorescenz im Vergleich zur Lichtstärke eines fluorescierenden Standards), so handelt es sich um Emissionsphotometrie. Wir beschränken uns auch hier im wesentlichen auf die Behandlung der vergleichenden Photometrie an (echten und kolloiden) *Lösungen*, d.h. wir beschäftigen uns mit

---

[1] Man unterscheidet häufig zwischen „Lichtmessung" und „Strahlungsmessung" und versteht darunter die vergleichende Messung von Leuchtdichten mit dem Auge auf Grund des photometrischen (oder physiologischen) Maßsystems (vgl. S. 20) bzw. die vergleichende Messung von Strahlungsdichten mit elektrischen Methoden (Photozelle, Thermoelement usw.) in beliebigen Spektralbereichen auf Grund des physikalischen Maßsystems.

den Methoden der Absorptions-, Trübungs-, Streuungs- und Fluorescenzmessung, während absolute photometrische Messungen etwa zur Prüfung der spektralen Intensitätsverteilung von Strahlungsquellen oder zur Bestimmung von Quantenausbeuten nur in einzelnen Sonderfällen erwähnt werden sollen.

Unter *Spektrometrie* verstehen wir die qualitative oder quantitative Messung der Absorption bzw. Emission eines Stoffes als Funktion der Wellenlänge der Strahlung, d. h. bei derartigen Messungen handelt es sich um die Ermittlung des *Absorptions-, Emissions-, Raman-, Fluorescenz-* oder *Reflexionsspektrums* eines Stoffes in einem größeren oder kleineren Wellenlängenbereich. In diesem Fall werden wir uns nicht auf die Spektren verdünnter Lösungen beschränken, sondern uns auch mit der Spektrometrie von Gasen, Flüssigkeiten und festen Stoffen beschäftigen. Dagegen begrenzen wir die Betrachtungen auf die Methoden der Molekülspektrometrie; die sog. Emissionsspektralanalyse und die Flammenspektroskopie angeregter Atome und Ionen soll nicht behandelt werden, da sie bereits in Band I dieser Reihe ausführlich beschrieben sind. Ebenso verzichten wir auf eine Darstellung der Mikrowellenspektrometrie, die ebenfalls in neuerer Zeit in gesonderten Berichten und Monographien behandelt worden ist[1].

Es soll die Aufgabe des vorliegenden Buches sein, die zahlreichen auf diesem Gebiet entwickelten Meßmethoden von gemeinsamen Gesichtspunkten aus zu besprechen und zu ordnen. Das erscheint deswegen notwendig, weil in dem gerade in den letzten Jahren außerordentlich angewachsenen Schrifttum häufig recht unklare Vorstellungen über den Anwendungsbereich, die Leistungsfähigkeit und die Fehlermöglichkeiten der verschiedenen Methoden entwickelt wurden, was sehr oft zu einer Über- oder Unterschätzung der mit ihnen erzielbaren Ergebnisse und deren Genauigkeit geführt hat. In der Regel beruht dies auf der unrichtigen Beurteilung des der einzelnen Methode zugrunde liegenden *Meßprinzips*, wie etwa daraus hervorgeht, daß oft Genauigkeitsangaben gemacht werden, die auf Grund der in der verwendeten Methode gemachten Voraussetzungen überhaupt nicht erreichbar sind, oder daß für die Erreichung einer bestimmten Genauigkeit unnötig komplizierte experimentelle Hilfsmittel eingesetzt werden, während sich mit einfacheren Mitteln das gleiche oder sogar mehr hätte erreichen lassen. Für die Auswahl der für einen bestimmten Zweck bestgeeigneten Methode, für ihre Handhabung und für die Beurteilung

---

[1] SLATER, J. C.: Microwave Electronics, New York 1951. — W. KLEEN: Einführung in die Mikrowellenelektronik. Stuttgart 1952. — W. MAIER: Ergebn. exakt. Naturwiss. 24, 276 (1951).

der erreichbaren Meßgenauigkeit bedarf es deshalb einer Kritik, die sich nur aus der Kenntnis des den verschiedenen Methoden zugrunde liegenden Meßprinzips erwerben läßt. Dieses soll deshalb stets sowohl bei der Einteilung der Meßmethoden wie bei der Beurteilung ihrer Leistungsfähigkeit und ihres Anwendungsbereiches in den Vordergrund gestellt werden.

Im Sinne dieser Stoffabgrenzung kann es nicht unsere Aufgabe sein, die zahlreichen Konstruktionen und Apparatetypen sowie ihre Handhabung im einzelnen zu beschreiben, um so mehr als die ausführlichen Druckschriften der Herstellerfirmen hierüber alles Wissenswerte mitteilen. Dagegen soll das für die verschiedenen Methoden maßgebende Meßprinzip an den in der Praxis gebräuchlichen Apparaten erläutert werden, wobei stets Wert darauf gelegt wird, den Anwendungsbereich, die erreichbare Meßgenauigkeit und systematische Fehlerquellen zu diskutieren, die die Richtigkeit der Meßergebnisse beeinträchtigen können. Außerdem sollen Anregungen gegeben werden, sich aus vorhandenen Laboratoriumsmitteln einfache Geräte zusammenzustellen, die in vielen Fällen kostspielige käufliche Apparate zu ersetzen vermögen. Schließlich soll an Hand einer Reihe von Anwendungsbeispielen aus der neueren Literatur gezeigt werden, wie sich die Auswahl der bestgeeigneten Methode aus der aufgeworfenen Fragestellung zwangsläufig ergibt.

Die für eine systematisch geordnete Übersicht wünschenswerte *Einteilung der Meßmethoden* kann nach verschiedenen Gesichtspunkten erfolgen, die jeweils Vorteile und Nachteile besitzt. Eine vollkommene Systematik ohne gelegentliche Überschneidungen läßt sich wohl kaum erreichen. Wir unterteilen − zunächst rein äußerlich − nach dem *Strahlungsempfänger* und unterscheiden zwischen *visuellen*, *lichtelektrischen*, *thermoelektrischen* und *photographischen* Meßmethoden. Innerhalb dieser Kapitel werden Absorptions- und Emissionsmessungen jeweils in gesonderten Abschnitten behandelt. In jedem dieser Abschnitte wird zwischen *kolorimetrischen* und *photometrischen* Verfahren einerseits und *spektrometrischen* Verfahren andererseits unterschieden, die sich grundsätzlich in ihrem Verwendungszweck unterscheiden (vgl. S. 10ff.). Auch die Begriffe Kolorimetrie und Photometrie sind scharf zu unterscheiden und zu trennen, da ihnen völlig verschiedene Meßprinzipien zugrunde liegen. Aus diesem Grunde sollten kolorimetrische und photometrische Methoden weder miteinander verwechselt werden, wie es häufig geschieht, noch in bezug auf Genauigkeit, Fehlerquellen usw. von gleichem Standpunkt aus beurteilt werden.

2. Elementarvorgänge der Strahlungsabsorption und -emission.

Während die Energie eines Atoms – abgesehen von der nicht gequantelten Translationsenergie – nur in Energie der Elektronenbewegung besteht, setzt sich die Energie eines Moleküls unter Vernachlässigung der Wechselwirkung der einzelnen Bewegungszustände aus drei Teilen zusammen, der Energie E_{el} der Elektronenbewegung, der Energie E_v der Kernschwingungen und der Energie E_r der Rotation des Gesamtmoleküls, d. h. es gilt in erster Näherung

$$E = E_{el} + E_v + E_r. \qquad (1)$$

Einer Änderung des Energiezustandes $E' - E''$ entspricht die Absorption oder Emission eines Strahlungsquants

$$h\nu = (E'_{el} - E''_{el}) + (E'_v - E''_v) + (E'_r - E''_r). \qquad (2)$$

Änderungen der Elektronenenergie sind in der Regel groß gegenüber der Schwingungsenergie der Kerne, und letztere ist ihrerseits groß gegenüber der Rotationsenergie des ganzen Moleküls. Ändert sich allein der Rotationszustand des Moleküls, so erhält man das reine *Rotationsspektrum*, das im langwelligen Infrarot und im Mikrowellengebiet liegt ($\lambda > 50\,\mu$). Änderungen der Schwingungsenergie, die meistens mit einer Änderung der Rotationsenergie verbunden sind, entsprechen einer Absorption oder Emission im kurzwelligen Infrarot ($\lambda \sim 1$ bis $50\,\mu$), man erhält das *Rotationsschwingungsspektrum*. Ändert sich die Energie der Elektronenbewegung, wobei in der Regel auch Schwingungs- und Rotationszustand des Moleküls geändert wird, so erhält man das im Sichtbaren und Ultravioletten gelegene *Elektronenbandenspektrum* des Moleküls ($\lambda \sim 10000$ bis etwa 500 Å). Ein Molekül kann nicht unter Absorption oder Emission von Strahlung aus einem gegebenen Energiezustand in jeden beliebigen anderen möglichen Energiezustand übergehen, sondern für solche Übergänge existieren bestimmte *Auswahlregeln*, die quantenmechanisch begründet und abgeleitet werden können. Außerdem existieren für die quantenmechanisch erlaubten Übergänge bestimmte *Übergangswahrscheinlichkeiten*, die im einfachsten Fall zweiatomiger Moleküle ebenfalls berechnet werden können und die allgemein die *Intensität* der Absorption bzw. Emission bestimmen[1].

---

[1] Zur Theorie der Spektren vgl. z.B.: G. HERZBERG: Molekülspektren und Molekülstruktur, Dresden-Leipzig 1939; Molecular spectra and molecular structure, I. Diatomic molecules, New York 1950; II. Infrared and

Außer durch Absorption von Strahlung kann ein Molekül auch durch *Stöße infolge der Temperaturbewegung* angeregt werden. Bei Zimmertemperatur reicht die mittlere Energie der Temperaturbewegung ($3\,RT/2 \sim 900$ cal/Mol) im allgemeinen nicht zur Anregung von Schwingungsbewegungen oder von höheren Elektronenzuständen aus. Bei Zimmertemperatur befinden sich also praktisch alle Moleküle im Elektronen- und im Schwingungs-*Grundzustand*. Dagegen sind die Moleküle statistisch über alle möglichen Rotationszustände verteilt. Erst bei höheren Temperaturen können auch die Schwingungen und Elektronen merklich angeregt werden. Höhere Anregungszustände können schließlich auch durch *Elektronenstoß* in einem Gasentladungsrohr erreicht werden (vgl. S. 415 ff.).

Das *Absorptionsspektrum* des „freien" Moleküls (im Gaszustand bei kleinem Druck) kommt danach folgendermaßen zustande: Tritt „weiße" Strahlung, d. h. Strahlung aller Wellenlängen, durch das Gas hindurch, so werden diejenigen Wellenlängen absorbiert, die den erlaubten Übergängen der Moleküle in Zustände höherer Energie entsprechen. Wird die Strahlung nachträglich durch ein Prisma oder ein Gitter spektral zerlegt, so sind die ursprünglichen Intensitäten dort geschwächt, wo Absorption eingetreten ist, d. h. man beobachtet (je nach den Übergangswahrscheinlichkeiten) mehr oder weniger starke *Absorptionslinien*. Als Beispiel ist in Abb. 1 die 0–1-Rotationsschwingungsbande bei $3{,}47\,\mu$ von HCl bei geringem Druck und Zimmertemperatur wiedergegeben. Jede Absorptionslinie kommt hier durch den Übergang von Molekülen aus dem Schwingungsgrundzustand (0) in den ersten angeregten Zustand (1) der Valenzschwingung zustande, wobei gleichzeitig der nächsthöhere bzw.

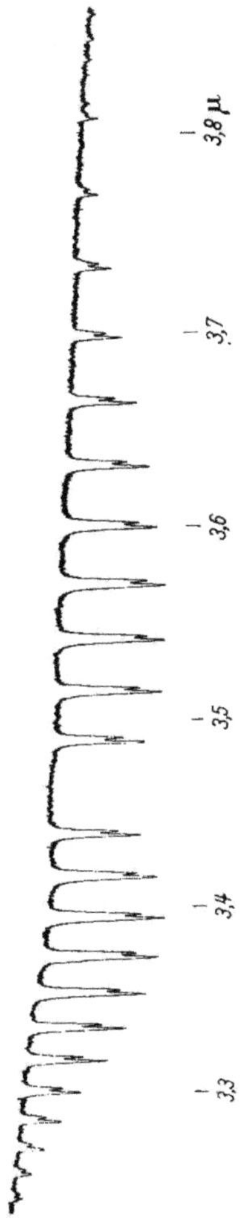

Abb. 1. Grundschwingungsbande von HCl mit Rotationsstruktur im nahen Infrarot.

Raman spectra of polyatomic molecules, New York 1945; K. W. F. KOHLRAUSCH: Raman-Spektren, Hand- und Jahrbuch chem. Physik, Bd. 9, VI, Leipzig 1943; TH. FÖRSTER: Z. Elektrochem. angew. physik. Chem. **45**, 548 (1939); H. A. STUART: Die Struktur des freien Moleküls, Berlin 1952.

nächstniedrigere Rotationszustand des betreffenden Moleküls eingenommen wird. Die Dispersion der gebräuchlichen Spektralapparate ist häufig so gering, daß man die Rotationsstruktur der Schwingungsbanden nicht oder höchstens durch die äußere Form der Banden erkennen kann (Abb. 2). Bei höheren Drucken und in kondensierten Phasen werden außerdem die Rotationslinien durch die Stoßwechselwirkung der Moleküle so stark verbreitert, daß sie sich gegenseitig überdecken; die Rotationsstruktur geht dann ganz verloren, und es entstehen breite, kontinuierliche Banden.

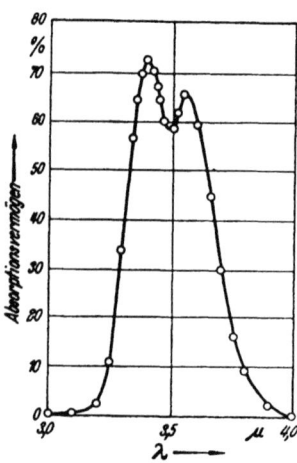

Abb. 2. Rotationsschwingungsbande von HCl bei geringer Dispersion.

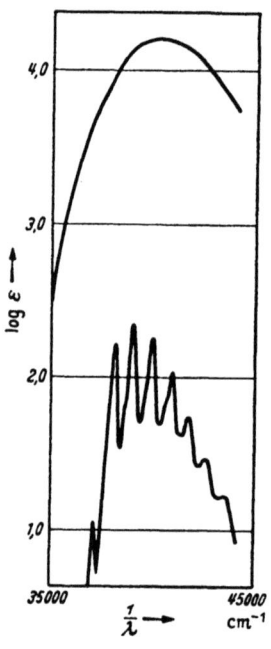

Abb. 3. UV-Absorptionsspektrum von Benzol in Heptan und von Diphenyl in Cyclohexan.

Analoges gilt für Elektronenbandenspektren. Auch hier kann durch Druckerhöhung die Rotationsstruktur, außerdem durch Dissoziations-, Prädissoziations- oder Rekombinationsvorgänge im angeregten Elektronenzustand die Schwingungsstruktur verlorengehen (sog. *echte Kontinua*). Daneben beobachtet man häufig, daß das Auftreten von Schwingungsstruktur in einer Elektronenbande konstitutionsabhängig ist insofern, als es an ein *starres* Molekülmodell gebunden ist, während die Möglichkeit von *Torsionsschwingungen* einzelner Molekülteile gegeneinander diese Struktur stets mehr oder weniger zum Verschwinden bringen kann[1]. Ein charakteristisches Beispiel bilden die Spektren von Benzol und Diphenyl (Abb. 3), und zwar sowohl im verdünnten Gaszustand wie in flüssiger Phase. In solchen Fällen spricht man von *unechten Kontinua* (vgl. dazu auch S. 434 ff.).

Ein Emissionsspektrum kommt dadurch zustande, daß die durch Strahlungsabsorption, hohe Temperatur oder Elektronenstoß angeregten Moleküle ihre überschüssige Energie in Form von Strahlung wieder abgeben.

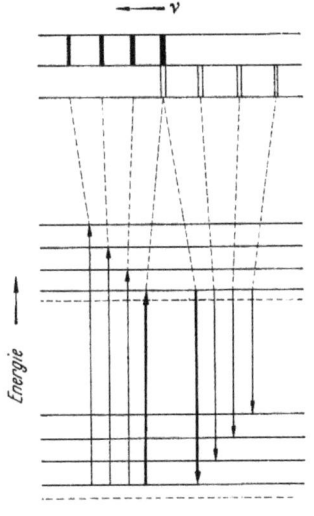

Gelangen die Moleküle durch Absorption von Strahlung in angeregte Zustände und kehren durch Emission von Strahlung wieder in tiefer liegende Energiezustände zurück, so spricht man von *Fluorescenz*[2]. Die Wellenlänge der Fluorescenzstrahlung ist deshalb stets größer oder höchstens gleich der der anregenden Strahlung (Regel von STOKES). Während die Absorption bei Zimmertemperatur, wie erwähnt, im allgemeinen vom Schwingungsgrundzustand des Elektronenzustandes ausgeht, kann die Fluorescenz auch zu angeregten Schwingungstermen des Elektronengrundzustandes führen. Da ferner die Schwingungsenergie des angeregten Elektronenzustandes bei genügend hoher Stoßzahl (hoher Druck bzw. flüssige Phase) während der Anregungsdauer durch Stöße abgegeben wird, geht die Fluorescenz in der Regel vom untersten Schwingungsterm des angeregten Elektronenzustandes aus. Das Fluorescenzspektrum gibt demnach über die Schwingungen des Elektronengrundzustandes Aufschluß, während das Absorptionsspektrum die Schwingungsstruktur des angeregten Elektronenzustandes liefert. Dies ist in Abb. 4 für ein zweiatomiges Molekül schematisch veranschaulicht. Den stärker

---

[1] Vgl. dazu G. KORTÜM und G. DREESEN: Ber. dtsch. chem. Ges. **84**, 182 (1951); G. KORTÜM: Naturwiss. **38**, 274 (1951).
[2] Zur Theorie der Fluorescenz vgl. z.B.: TH. FÖRSTER: Fluorescenz organischer Verbindungen, Göttingen 1951; P. PRINGSHEIM: Fluorescence and Phosphorescence, New York 1949; F. BANDOW: Luminescenz, Stuttgart 1950.

ausgezogenen Übergang bezeichnet man als 0,0-Übergang; er ist in Absorption und Fluorescenz gleich. Bei der Absorptionsbande erstreckt sich dann die Bande nach kurzen, bei der Fluorescenzbande nach langen Wellen. Es entstehen *spiegelsymmetrische* Absorptions- und Fluorescenzbanden, wie sie in Abb. 5 am Beispiel des Anthracens[1] wiedergegeben sind. Die Symmetrie ist jedoch nicht streng, da für die Struktur der Fluorescenzbande die Schwingungsterme des Elektronengrundzustandes, für die Struktur der Absorptionsbande diejenigen des angeregten Elektronenzustandes

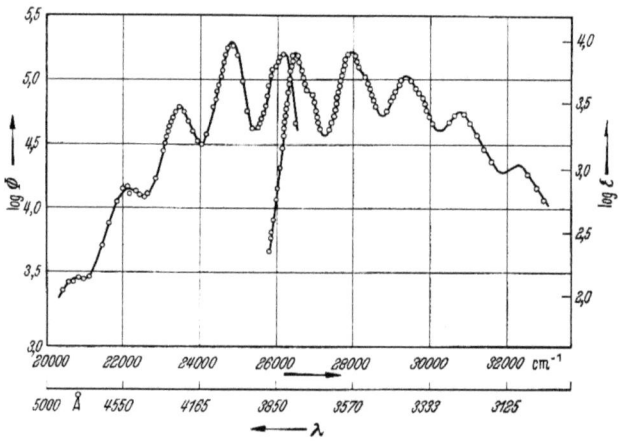

Abb. 5. Spiegelsymmetrie der Absorption und Fluorescenz von Anthracen im Gaszustand.

maßgebend sind. Die Abstände der Schwingungsbanden sind deshalb in den beiden Spektren verschieden. Bei höheren Temperaturen finden auch Übergänge von Schwingungstermen höherer Energie statt, so daß Absorptions- und Fluorescenzspektren außer der 0,0-Bande noch weitere Banden gemeinsam haben können, doch liegt auch in diesem Fall der Schwerpunkt der Fluorescenz bei längeren Wellen als der der Absorption, weil stets Schwingungsenergie im angeregten Elektronenzustand durch Stoßwechselwirkung verlorengeht.

Die normale Lebensdauer angeregter Elektronenzustände liegt in der Größenordnung von 10^{-8} Sekunden. Das bedeutet, daß die Fluorescenz mit dem Aufhören der erregenden Strahlung praktisch momentan erlischt. Es gibt jedoch Fälle, in denen sie die Erregung um Zeiten bis zu mehreren Sekunden überdauert. Dann spricht

---

[1] Kortüm, G. und B. Finkh: Z. physik. Chem. (B) **52**, 263 (1942).

man von *Phosphorescenz*[1]. Diese lange Abklingdauer ist nur möglich, wenn langlebige (sog. metastabile) Anregungszustände vorhanden sind. Sie läßt sich durch folgendes, von JABLONSKI[2] angegebene Termschema verstehen. A stellt den Elektronengrundzustand, B einen normalen, C einen metastabilen Anregungszustand des Moleküls dar, der durch Strahlungsabsorption nur sehr selten erreicht werden kann und der praktisch schwer zu beobachten ist[3] (verbotener Übergang). Die durch Absorption in den Zustand B gelangten Moleküle kehren nur zum Teil unter normaler Fluorescenz in den Grundzustand zurück, zum Teil gehen sie durch Stoßwechselwirkung strahlungslos in den Zustand C über, von dem aus sie nur mit geringer Übergangswahrscheinlichkeit, d.h. langsam unter Emission in den Grundzustand zurückkehren können. Diesen Vorgang bezeichnet man als *Tieftemperaturphosphorescenz*; ihr Spektrum liegt bei längeren Wellen als das der normalen Fluorescenz. Bei hohen Temperaturen kann das Molekül im Zustand C durch thermische Anregung so viel Schwingungsenergie aufnehmen, daß es wieder die Energie des Grundschwingungsterms von Zustand B erreicht.

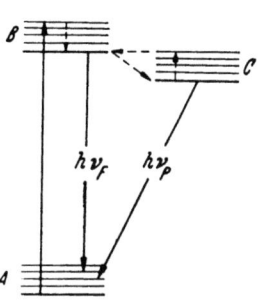

Abb. 6. Termschema der Tief- und Hochtemperaturphosphorescenz.
→ Strahlungsübergänge,
⇢ strahlungslose Übergänge.

Dann ist ein strahlungsloser sog. Resonanzübergang zu B möglich, von dem aus dann das Molekül unter Strahlungsemission wieder in A übergehen kann. Das so zustande kommende Spektrum ist offenbar mit dem der normalen Fluorescenz identisch, jedoch braucht dieser Vorgang ebenfalls Zeit, so daß man in solchen Fällen von *Hochtemperaturphosphorescenz* spricht. Welcher der beiden Vorgänge häufiger eintritt, hängt außer von der Temperatur noch von den Übergangswahrscheinlichkeiten und der Energiedifferenz der Zustände B und C ab.

Regt man Moleküle nicht durch Strahlungsabsorption, sondern durch Elektronenstoß in Gasentladungsröhren an (vgl. S. 415), so erhält man die sogenannten *Elektroluminescenzspektren*, die in vielen Fällen mit den Fluorescenzspektren identisch sind, häufig aber auch bezüglich der Intensitätsverteilung von den Fluorescenzspek-

---

[1] Zusammenfassende Darstellungen: P. FRÖHLICH und G. MISCHUNG: Kolloid-Z. **108**, 30 (1944); TH. FÖRSTER: Naturwiss. **36**, 240 (1949); M. KASHA: Chem. Reviews **41**, 401 (1947); TH. FÖRSTER: Fluorescenz organischer Verbindungen, Göttingen 1951.
[2] JABLONSKI, A.: Z Physik **94**, 38 (1935).
[3] Vgl. dazu M. KASHA: J. chem. Physics **20**, 71 (1952).

tren abweichen. Das läßt sich durch die Annahme deuten, daß in der Entladung die statistische Besetzung der Schwingungsterme nicht mit der des thermischen Gleichgewichts übereinstimmt. In vielen Fällen treten zusätzliche Emissionsbanden auf, die auf den Zerfall der angeregten Moleküle in kleinere Bruchstücke zurückgeführt werden können.

Das RAMAN-Spektrum eines Moleküls kommt dadurch zustande, daß monochromatische Strahlung von den Molekülen nicht nur kohärent gestreut wird (RAYLEIGH-Streuung), sondern auch inkohärent, was bedeutet, daß ein Energieaustausch zwischen der Strahlung und der Rotations- bzw. Schwingungsenergie der Moleküle stattfindet. Da letztere stets gequantelt ist, erscheinen in der Streustrahlung neben der Frequenz der Primärstrahlung noch Linien kleinerer oder größerer Frequenz, je nachdem Rotationsbzw. Schwingungsenergie an das Molekül abgegeben oder von ihm aufgenommen wurde (STOKESsche oder rotverschobene bzw. anti-STOKESsche oder blauverschobene Linien). Da für das Auftreten der letzteren die Moleküle sich bereits in angeregten Zuständen befinden müssen und angeregte Schwingungszustände bei Zimmertemperatur, wie erwähnt, sehr selten vorkommen, haben anti-STOKESsche Linien geringe Intensität und werden deshalb nicht immer beobachtet. Auch der reine Rotations-RAMAN-Effekt bei Gasen ist nur schwer beobachtbar. Das Auftreten des RAMAN-Effekts ist daran gebunden, daß die Polarisierbarkeit des Moleküls in den verschiedenen Rotations- und Schwingungszuständen verschieden ist.

3. Anwendungsgebiete.

Das Absorptions- und Emissionsvermögen von Strahlung ist im Gegensatz zu den meisten anderen Eigenschaften der Materie eine *spezifische*, für ein Atom, ein Molekül oder eine Atomgruppe innerhalb eines Moleküls charakteristische Eigenschaft. Auf dieser Spezifität beruhen die beiden hauptsächlichen Anwendungsgebiete optischer Messungen in der Chemie, die
a) *Konstitutionsermittlung* und die
b) *quantitative Analyse*.

Zur Untersuchung von Konstitutionsfragen aller Art dienen die spektrometrischen Methoden, zur Lösung von analytischen Problemen kolorimetrische und photometrische Methoden. Die Unterscheidung der beiden genannten Anwendungsgebiete führt folgerichtig zu der angegebenen Unterteilung optischer Absorptions- und Emissionsmessungen.

Wie schon erwähnt, werden wir uns im folgenden vorwiegend

mit den Untersuchungsmethoden beschäftigen, die speziell für *verdünnte Lösungen* geeignet sind. Die Untersuchung von Lösungen hat für chemische Probleme der genannten Art mehrere Vorteile. Zunächst ist sie rein technisch einfacher als die Untersuchung von Gasen, reinen Flüssigkeiten oder festen Stoffen. Bei kolorimetrischen und photometrischen Messungen stört in vielen Fällen die Rotationsstruktur der Gasspektren, die in flüssiger Phase verlorengeht; bei spektrometrischen Messungen macht die Rotationsstruktur infolge der Vielzahl der Linien in Schwingungs- oder Elektronenbandenspektren der Gase die Zuordnung der Banden für Konstitutionsermittlungen ungeeignet. Nur *relativ* wenig Stoffe haben bei Zimmertemperatur einen für Absorptions- oder Fluorescenzmessungen im Gaszustand ausreichenden Dampfdruck. Geht man aber zu höheren Temperaturen über, so besteht die Gefahr der Zersetzung, und außerdem kommt die Temperaturabhängigkeit der Absorption bzw. Fluorescenz als weitere Komplikation hinzu. Bei reinen Flüssigkeiten macht häufig die exakte Definition genügend kleiner Schichtdicken, bei festen Stoffen außerdem die Züchtung genügend großer und gut ausgebildeter Kristalle Schwierigkeiten; bei anisotropen Kristallen hängt die Absorption außerdem von der Richtung ab, in der man die Strahlung hindurchtreten läßt. Andererseits muß man bei der Untersuchung verdünnter Lösungen in Kauf nehmen, daß Lage, Intensitätsverhältnis und Struktur der Banden vom Lösungsmittel erheblich beeinflußt werden können[1].

a) Konstitutionsermittlung. Daß ein allgemeiner Zusammenhang zwischen chemischer Konstitution und Absorption von Strahlung im sichtbaren Spektralbereich, d.h. zwischen Konstitution und *Farbe*, existieren müsse, wurde schon sehr frühzeitig bemerkt[2]. Aus dieser Beobachtung entwickelten sich die chemischen Farbtheorien, die die Lichtabsorption bestimmten Atomgruppierungen im Molekül, den sogenannten *Chromophoren*, zuschrieben, deren charakteristische Eigenschaft in ihrer koordinativen Ungesättigtheit bestehen sollte[3]. Die nebenher entwickelten physikalischen Theorien führten die Absorption im Sichtbaren und im UV auf die Anregung von Elektronenschwingungen zurück, wobei es sich gerade um die äußeren, lockeren Bindungselektronen der Atome handeln mußte, die auch für die Entstehung der Moleküle verant-

---
[1] Über die sog. „Solvatochromie" vgl. K. DIMROTH: Marburger Sitzungsber. **76**, Heft 3, S. 3 (1953); ferner S. 431 ff.
[2] GRAEBE, C. u. H. LIEBERMANN: Ber. Dtsch. chem. Ges. **1**, 106 (1868).
[3] Eine kurze Übersicht über die chemischen Farbtheorien gibt z.B. TH. FÖRSTER: Z. Elektrochem. **45**, 548 (1939); vgl. ferner B. EISTERT: Chemismus und Konstitution, Stuttgart 1948; A. GILLAM u. E. S. STERN: Electronic Absorption Spectroscopy, London 1954.

wortlich sind. Diese klassische Vorstellung der Resonanzschwingungen von Elektronen wurde dann später durch die Vorstellungen der Quantentheorie abgelöst, die unter Strahlungsabsorption den Übergang eines Moleküls aus einem Elektronenzustand minimaler Energie, dem sogenannten Grundzustand, in stationäre Zustände höherer Energie versteht. Dabei besitzen auch nach der Quantentheorie die locker gebundenen Elektronen besonders niedrige Anregungszustände, bedingen also die Absorption im langwelligen Teil des Spektrums. Auf diese Weise erhielt die alte chemische Chromophortheorie ihre physikalische Begründung. Heute ist die moderne Wellenmechanik in der Lage, mit Hilfe verschiedener Näherungsverfahren die Energiezustände auch komplizierter Moleküle als Funktion ihrer Konstitution mit guter Näherung zu berechnen[1]. Umgekehrt läßt sich deshalb in vielen Fällen aus dem Absorptionsspektrum im Sichtbaren oder im UV auf die Konstitution unbekannter Moleküle oder auf die Anwesenheit bestimmter Atomgruppen innerhalb eines Moleküls schließen, wofür es im neueren Schrifttum zahlreiche Beispiele gibt (vgl. auch S. 429). Eine solche Identifizierung wird offenbar um so leichter sein, je größer der Spektralbereich ist, innerhalb dessen die charakteristische Absorption oder Fluorescenz des Stoffes bekannt ist. Bei derartigen Konstitutionsproblemen kommt es demnach auf die Ermittlung möglichst vollständiger Spektren in einem möglichst großen Spektralbereich an. Diesem Zweck dienen die visuellen, photographischen und photoelektrischen Verfahren der *Spektrometrie*.

In neuerer Zeit werden an Stelle der Elektronenbandenspektren im Sichtbaren und UV vorwiegend die Infrarot- und RAMAN-Spektren zur Charakterisierung und zum Nachweis von Molekülen oder bestimmter Atomgruppen in Molekülen herangezogen. Dabei handelt es sich um die Schwingungsspektren (in der Regel ohne Rotationsstruktur), die außerordentlich spezifisch sind und deshalb gelegentlich als „Fingerabdruck" einer Molekelsorte bezeichnet worden sind. Diese Spezifität beruht darauf, daß die Frequenzen der verschiedenen möglichen Schwingungen von der Größe der mitschwingenden Massen und der Valenzkräfte abhängen, so daß die Infrarotspektren zweier Moleküle auch dann voneinander verschieden sind, wenn sie dieselben Atome in verschiedener Anordnung enthalten (Isomere), ja sogar, wenn es sich um sogenannte

---

[1] Vgl. z. B.: E. HÜCKEL: Z. Elektrochem. angew. physik. Chem. **43**, 752, 827 (1937); TH. FÖRSTER: Z. Elektrochem. angew. physik. Chem. **45**, 548 (1939); H. KUHN: Helv. chim. Acta **31**, 1441 (1948); **32**, 2247 (1949); **34**, 1308, 2371 (1951); J. chem. Physics **16**, 287 (1948); Chimia **4**, 203 (1950); J. R. PLATT: J. chem. Physics **17**, 484 (1941); **19**, 101 (1951); **21**, 1597 (1953).

Rotationsisomere handelt, die durch behinderte freie Drehbarkeit um eine Einfachbindung entstehen (Beispiel: 1,2-Dichloräthan).

Mehratomige nichtlineare Moleküle besitzen ($3n-6$), lineare ($3n-5$) Freiheitsgrade der Schwingung (n = Anzahl der Atome im Molekül); die zugehörigen Schwingungen selbst bezeichnet man als *Normalschwingungen* des Moleküls, wobei man in der Regel zwischen *Valenzschwingungen* (in Richtung der betreffenden Valenz) und *Deformationsschwingungen* (unter Änderung der Valenzwinkel) unterscheidet. Jeder Normalschwingung entspricht eine Absorptionsbande im IR, sofern die Schwingung zu einer Änderung des Dipolmoments der Moleküle bezüglich Größe oder Richtung führt. Ist dies nicht der Fall, wie etwa bei der (allein möglichen) Valenzschwingung eines zweiatomigen Moleküls aus gleichen Atomen (N_2, H_2, O_2 usw.) oder bei der symmetrischen Valenzschwingung des linearen CO_2-Moleküls, so kann die betreffende Schwingung durch Strahlungsabsorption nicht angeregt werden, sie ist *„infrarot-inaktiv"*. Ähnliche, durch die Molekülsymmetrie bedingte „Auswahlregeln" gelten auch für das RAMAN-Spektrum mit dem Unterschied, daß hier nicht die Änderung des Dipolmoments, sondern die Änderung der Polarisierbarkeit bei der betreffenden Schwingung maßgebend ist. RAMAN-Spektren bilden deshalb eine wichtige Ergänzung der Infrarotspektren zur Bestimmung von Molekülkonstanten. Bei Molekülen mit hoher Symmetrie sind häufig mehrere Normalschwingungen frequenzgleich und führen deshalb nur zu *einer* Absorptionsbande. Solche Schwingungen bezeichnet man als „*entartet*". Ihr Auftreten bedingt deshalb eine Vereinfachung des Infrarotspektrums, woraus auf den Symmetriegrad des Moleküls geschlossen werden kann. Da die einzelnen Normalschwingungen stets mehr oder weniger anharmonisch sind, beobachtet man außer den *Grundschwingungen* häufig noch *Oberschwingungen* und *Kombinationsschwingungen*, deren Intensität jedoch meistens viel geringer ist.

Wie dieser kurze Überblick zeigt, wird bei vielatomigen Molekülen das Infrarotspektrum recht kompliziert, so daß die Zuordnung der einzelnen beobachteten Absorptionsbanden zu bestimmten Normalschwingungen häufig große Schwierigkeiten macht. Für die Verwendung des Infrarotspektrums zur Konstitutionsermittlung ergibt sich jedoch der glückliche Umstand, daß bestimmte *Atomgruppen* spezifische Absorptionsbanden besitzen, deren Frequenz in erster Näherung vom übrigen Molekülrest unabhängig ist, so daß sich diese Gruppen (z.B. $>C=O$) in einem Molekül mit Sicherheit nachweisen lassen. Diese sogenannten *Gruppenfrequenzen* treten immer dann auf, wenn die Massen der betreffenden Atome oder die Kraftkonstanten der betreffenden Bindung von denen des Molekülrestes merklich abweichen. Das Auftreten dieser Gruppenfrequenzen, die man durch den Vergleich der Spektren strukturell ähnlicher Verbindungen empirisch festlegt, bedingt die große Bedeutung, die die Infrarotspektren für die Strukturaufklärung gewonnen haben (vgl. S. 352 ff.).

b) **Quantitative Analyse.** Zur quantitativen analytischen Bestimmung eines Stoffes kann man jede charakteristische optische Eigenschaft heranziehen, wobei vorausgesetzt wird, daß die beobachtete optische Meßgröße eine eindeutige Funktion seiner Konzentration, im einfachsten Fall ihr direkt proportional ist. Auch für diese Aufgabe werden in erster Linie Messungen der Strahlungsabsorption und der Fluorescenz, und zwar hauptsächlich im sichtbaren Spektralbereich, herangezogen, daneben kommen aber auch Messungen der Absorption im Infrarot und Ultraviolett, ferner Messungen des Streuvermögens in Frage. In solchen Fällen benutzt man die visuellen oder elektrischen Methoden der *Kolorimetrie* und *Photometrie*, die sich gleichermaßen für Absorptions-, Fluorescenz-, Trübungs- und Streuungsmessungen in beliebigen Spektralbereichen verwenden lassen.

Für derartige analytische Aufgaben ist nun offenbar die absolute Größe der gemessenen Absorption oder Emission ohne jede Bedeutung, da diese stets auf unter gleichen Bedingungen gemessene *Standardwerte* bezogen werden kann, die an Lösungen des gleichen Stoffes bei bekannter Konzentration gewonnen worden sind. Bei quantitativen analytischen Aufgaben handelt es sich demnach stets um *relative Messungen*, die sich gewöhnlich auf einen engbegrenzten Spektralbereich beschränken.

Optische Konzentrationsbestimmungen setzen sich in steigendem Maße gegenüber früher gebräuchlichen Analysenmethoden durch, weil sie einfacher sind, weniger Zeit beanspruchen, die Isolierung des zu bestimmenden Stoffes meistens unnötig machen und bei Verwendung geeigneter Meßmethoden auch wesentlich höhere Genauigkeiten erreichen. Für die Brauchbarkeit dieser Methoden ist es ferner wichtig, daß sie nicht auf die Benutzung der Spektralbereiche beschränkt sind, in denen ein gegebener Stoff selbst absorbiert oder emittiert, sondern man findet fast immer eine geeignete chemische Umsetzung (Oxydation, Reduktion, Komplexbildung mit einem zugesetzten Reagens), die für den betreffenden Stoff charakteristisch ist und zu einer Verbindung mit spezifischer Absorption führt. Man kann also z. B. auch farblose Stoffe im sichtbaren Spektralbereich durch Absorptionsmessungen quantitativ bestimmen, indem man sie in eine charakteristisch farbige Verbindung überführt.

Die weitaus größte Zahl der gebräuchlichen, auf Absorptionsmessungen beruhenden Analysenvorschriften arbeitet nach dem zuletzt genannten Verfahren, und die Brauchbarkeit sowie die erreichte Genauigkeit solcher Methoden wird im allgemeinen nicht durch die systematischen und zufälligen Fehler der eigentlichen Messung, sondern vielmehr durch die mangelnde Reproduzierbarkeit und die Beeinflußbarkeit der chemischen Reaktionen begrenzt, deren man sich zur Bildung der absorbierenden Verbindung bedient. Daher kommt es, daß für die kolorimetrische oder photometrische Bestimmung eines Stoffes oft eine sehr große Zahl von Farbreaktionen angegeben wird, und daß es keineswegs immer leicht ist, die unter den gegebenen Bedingungen geeignetste herauszufinden, weil es dazu eingehender Untersuchungen über die Farbintensität (Spektrum), die zeitliche Stabilität, die Beeinflußbarkeit durch andere Stoffe, durch p_H und Temperatur, die Löslichkeit in dem betreffenden Medium, die Gültigkeit des BEERschen Gesetzes usw. bedarf, die in den meisten Fällen nicht zur Verfügung stehen. Diesem Umstand ist es zuzuschreiben, daß kolorimetrische und photometrische Analysenmethoden manchmal in dem Ruf standen, für Präzisionsbestimmungen nicht genügend genau zu sein. Tatsächlich beruhen derartige Mißerfolge fast stets auf den mangelhaften Eigenschaften der erzeugten farbigen Verbindung, sofern man eine geeignete Meßmethode wählt und die Messungen von systematischen Fehlern frei hält. Wie dies zu geschehen hat, soll im folgenden gezeigt werden, während auf die chemischen Verfahren zur Erzeugung photometrisch und kolorimetrisch brauchbarer Farbkomponenten hier nicht eingegangen werden kann[1].

Zum Aufgabenkreis kolorimetrischer und photometrischer Bestimmungen gehören u. a. auch p_H-Messungen, kinetische Messungen, Bestimmungen von chemischen Gleichgewichten und ihrer Temperaturabhängigkeit, Salzeffekten usw., woraus hervorgeht, wie vielseitig solche Methoden in der Chemie anwendbar sind (vgl. dazu S. 436).

---

[1] Vgl. dazu: B. LANGE: Kolorimetrische Analyse, 4. Aufl. Weinheim 1952; F. D. SNELL u. C. T. SNELL: Colorimetric Methods of Analysis, Bd. II u. III, New York 1951 u. 1953; A. THIEL: Absolutkolorimetrie, Berlin 1939; M. ZIMMERMANN: Photometr. Metall- und Wasser-Analysen m. Zeiss-S-Filtern, Wissensch. Verlagsges. Stuttgart 1054; Klinische Photometrie, 3. Aufl. Stuttgart 1951; K. HINSBERG u. K. LANG: Medizinische Chemie, 2. Aufl. München 1951; G. CHARLOT, u. R. GAUGUIN, Dosages Colorimétriques, Paris 1952; M. G. MELLON: Colorimetry for Chemists, Ohio 1945; G. M. MELLON: Analytical Absorption Spectroscopy, New York 1950; J. P. PETERS and D. D. VAN SLYKE: Quantitative Clinical Chemistry, Baltimore 1946; E. B. SANDELL: Colorimetric Determination of Traces of Metals, New York 1944.

4. Strahlungsintensität; Grundgrößen und Einheiten; Maßsysteme.

Der bei allen photometrischen Rechnungen benutzte Begriff der „Strahlungsintensität" ist vielseitig. Die im folgenden gegebenen Definitionen und Einheiten schließen sich möglichst weitgehend den Vorschlägen des Deutschen Normenausschusses[1] an.

Wir betrachten die von einem Flächenelement df ausgehende Strahlung (vgl. Abb. 7) und definieren als *Strahlungsdichte B* die je cm² der strahlenden Fläche in die Einheit des räumlichen Winkels ω abgegebene *Strahlungsleistung* Φ. Wir messen Φ in Watt, B hat also die Dimension Watt/$\omega \cdot$ cm². Die Strahlungsdichte ist nach einem von LAMBERT (1760) aufgestellten Erfahrungssatz dem Cosinus des Ausstrahlungswinkels ε (Winkel zwischen der beobachteten Richtung und der Flächennormalen) proportional. Danach ergibt sich die unter dem Winkel ε in das Raumwinkelelement dω abgestrahlte Leistung zu

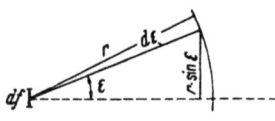

Abb. 7. Zur Ableitung der „spezifischen Ausstrahlung" bzw. des Emissionsvermögens eines strahlenden Flächenelements.

$$d\Phi = df \, B \cos\varepsilon \, d\omega. \tag{3}$$

Ersetzt man den Raumwinkel dω durch das Flächenelement auf der Einheitskugel

$$d\omega = \sin\varepsilon \, d\varepsilon \, d\varphi \tag{4}$$

und integriert über den Winkelbereich von 0 bis ε, so erhält man für die gesamte Strahlungsleistung

$$\left.\begin{aligned} \Phi_\varepsilon &= \int_0^\varepsilon \int_0^{2\pi} df \, B \sin\varepsilon \cos\varepsilon \, d\varepsilon \, d\varphi \\ &= 2\pi df \, B \int_0^\varepsilon \sin\varepsilon \cos\varepsilon \, d\varepsilon = \pi df \, B \sin^2\varepsilon. \end{aligned}\right\} \tag{5}$$

Integriert man über die gesamte Halbkugel ($\varepsilon = 0$ bis $\varepsilon = \pi/2$), so wird

$$\Phi_{\pi/2} = \pi B \, df, \tag{6}$$

strahlt die Fläche nach beiden Seiten, so kommt noch der Faktor 2 hinzu.

---

[1] Din 1349, Lichtabsorption; Din 5031, Lichttechnik; vgl. auch A. THIEL: Z. Elektrochem. angew. physik. Chem. **48**, 267 (1942); G. HANSEN: Optik **1**, 227 (1946).

Strahlungsintensität; Grundgrößen und Einheiten; Maßsysteme.

Aus Gleichung (3) ergeben sich die übrigen meistgebrauchten Strahlungsgrößen:

$$I \equiv \frac{d\Phi}{d\omega} = B \cos \varepsilon \, df \tag{7}$$

wird als *Strahlungsstärke* bezeichnet und hat die Dimension Watt/ω.

$$R \equiv \frac{d\Phi}{df} = B \cos \varepsilon \, d\omega \tag{8}$$

ist die *Ausstrahlungsstärke* in der Richtung ε und hat die Dimension Watt/cm². Integriert man wieder über die Halbkugel, so wird $R_{\pi/2} = \pi B$; diesen Ausdruck bezeichnet man auch als das „Emissionsvermögen" des Strahlers.

Wird ein Flächenelement df_2 (Empfänger) durch ein in großem Abstand r befindliches strahlendes Flächenelement df_1 (Sender) bestrahlt, wobei der Winkel zwischen Einstrahlungsrichtung und Flächennormale mit α, der Winkel zwischen Ausstrahlungsrichtung und Flächennormale wieder mit ε bezeichnet sei (vgl. Abb. 8a), so ist die von df_1 nach df_2 transportierte Strahlungsleistung durch Gleichung (3) gegeben, wobei der Raumwinkel $d\omega$

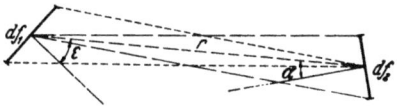

Abb. 8a. Beleuchtung eines Flächenelements df_2 durch ein strahlendes Flächenelement df_1 im Abstand r unter dem Ausstrahlungswinkel ε und dem Einstrahlungswinkel α.

durch das Flächenelement df_2 selbst begrenzt ist und noch von dem Einfallswinkel α und dem Abstand r der bestrahlten Fläche abhängt:

$$d\omega = \frac{df_2 \cos \alpha}{r^2}. \tag{9}$$

Setzt man dies in (3) ein, so wird

$$d\Phi = B \frac{\cos \varepsilon \cos \alpha}{r^2} df_1 df_2 = B \cos \alpha \, df_2 \, d\omega', \tag{10}$$

wobei $d\omega' = df_1 \cos \varepsilon / r^2$ den Raumwinkel darstellt, unter dem das Flächenelement df_1 von df_2 aus erscheint. Man kann demnach die Strahlungsrichtung stets umkehren, indem man df_2 als Sender und df_1 als Empfänger auffaßt.

Aus (10) ergibt sich unter Benutzung von (7) die Definition der *Bestrahlungsstärke*

$$S \equiv \frac{d\Phi}{df_2} = \frac{B \cos \varepsilon \, df_1}{r^2} \cos \alpha = \frac{I \cos \alpha}{r^2}; \tag{11}$$

sie hat wie die Ausstrahlungsstärke R die Dimension Watt/cm².

Wird ein strahlendes Flächenelement df_1 durch eine Linse auf ein zweites Element df_2 abgebildet (vgl. Abb. 8b), so ist die gesamte von der Linse aufgenommene Strahlungsleistung Φ durch Gleichung (5) gegeben. Sieht man von den Reflexions- und Absorptionsverlusten in der Linse ab, so muß man offenbar diese Strahlungsleistung im Bild df_2 wiederfinden. Bringt man also am Bildort eine Blende der Größe df_2 an, so wirkt diese als sekundäre Strahlungsquelle mit der Strahlungsdichte B_2, die sich aus der Beziehung ergibt

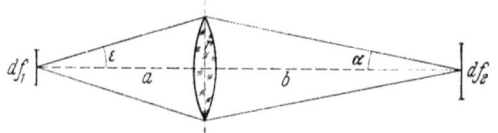

Abb. 8b. Abbildung eines Flächenelements durch eine Linse; zur Ableitung des Lichtleitwertes.

$$\Phi = \pi df_1 B_1 \sin^2 \varepsilon = \pi df_2 B_2 \sin^2 \alpha . \qquad (12)$$

Ist der Brechungsindex auf beiden Seiten der Linse gleich, wie es normalerweise der Fall ist, so läßt sich zeigen[1], daß aus energetischen Gründen $B_1 = B_2$ und damit $df_1 \sin^2 \varepsilon = df_2 \sin^2 \alpha$ sein muß. Der Radius der kreisförmigen Linsenfassung sei r, die Linsenfläche $F = \pi r^2$. Aus Abb. 8b folgt für kleine Winkel ε und α

$$\operatorname{tg} \varepsilon \cong \sin \varepsilon = \frac{r}{a}; \quad \operatorname{tg} \alpha \cong \sin \alpha = \frac{r}{b}.$$

Damit wird aus (12)

$$\Phi = B \cdot \frac{df_1 F}{a^2} = B \frac{df_2 F}{b^2} \equiv B \cdot L . \qquad (13)$$

Den Ausdruck

$$L \equiv \frac{df_1 F}{a^2} = \frac{df_2 F}{b^2} \qquad (14)$$

bezeichnet man als *Lichtleitwert*, worauf später nochmals näher einzugehen ist (vgl. S. 106). Bei jedem Abbildungsvorgang ergibt sich die transportierte Strahlungsleistung als das Produkt aus der Strahlungsdichte der primären Strahlungsquelle und dem Lichtleitwert des abbildenden Systems.

Für die *Messung* der definierten Strahlungsgrößen benutzt man zwei verschiedene Maßsysteme, je nachdem das menschliche Auge oder andere (objektive) Empfänger zur Aufnahme der Strahlung verwendet werden. Das *photometrische* (auch physiologische) *System*

---

[1] Vgl. G. HANSEN: zitiert S. 16; sind die Brechungsindices verschieden, so gilt $B_1 n_2^2 = B_2 n_1^2$.

Strahlungsintensität; Grundgrößen und Einheiten; Maßsysteme. 19

bewertet die Wirkung des sichtbaren Lichtes auf das normale Auge, das *physikalische System* mißt Strahlungsleistungen im üblichen Energiemaß.

In dem früher benutzten photometrischen System ging man von der Lichtstärke $\overset{*}{I}$ aus, als deren Grundeinheit die *Hefnerkerze* (HK) diente; sie wird von der unter Normalbedingungen brennenden Hefnerlampe (Amylacetatlampe von 4 cm Flammhöhe und 8 mm Dochtdicke) in horizontaler Richtung ausgestrahlt. In dem neuerdings eingeführten System geht man von der *Leuchtdichte* $\overset{*}{B}$ einer Lichtquelle aus und hat als Grundeinheit das *Stilb* (sb) festgesetzt. Es ist definiert als 1/60 der Leuchtdichte, die der schwarze Strahler bei der Temperatur des schmelzenden Platins (1773,5° C) ausstrahlt. Der Wert 1/60 wurde gewählt, damit die dem Stilb entsprechende Einheit der *Lichtstärke* $\overset{*}{I}$, die sogenannte *Neue Kerze* (NK) mit der Hefnerkerze etwa übereinstimmt. Angenähert gilt 1 (NK) = 1,1 (HK). Eine für die Leuchtdichte bestrahlter Flächen benutzte kleinere Einheit der Leuchtdichte ist das *Apostilb* (asb) mit $1/(\pi \cdot 10^4)$ Stilb[1].

Der von einer Lichtquelle der Leuchtdichte 1 Stilb in den Einheitsraumwinkel ausgesandte *Lichtstrom* ist das *Lumen* (lm). Die Einheit der (der Ausstrahlungsstärke R entsprechenden) *spezifischen Lichtausstrahlung* $\overset{*}{R}$ in einer bestimmten Richtung ist

---

[1] Der Faktor $1/(\pi \cdot 10^4)$ kommt folgendermaßen zustande: Der von einer leuchtenden Fläche f_1 auf eine im großen Abstand r befindliche *parallele* Fläche f_2 gelangende Lichtstrom ist nach (13) gegeben durch

$$\overset{*}{\Phi}_1 = \overset{*}{B}_1 \cdot L = \overset{*}{B}_1 \frac{f_1 f_2}{r^2},$$

worin $\overset{*}{B}_1$ in Stilb gemessen ist. Der von f_2 in die Halbkugel ausgehende gesamte Lichtstrom ist nach (6)

$$\overset{*}{\Phi}_2 = \overset{*}{B}_2 f_2 \pi = \varrho \overset{*}{\Phi}_1 = \varrho \overset{*}{B}_1 \frac{f_1 f_2}{r^2},$$

wenn man mit ϱ das mittlere Reflexionsvermögen von f_2 bezeichnet. Daraus folgt

$$\overset{*}{B}_2 = \overset{*}{B}_1 \varrho \frac{f_1}{\pi r^2}.$$

Nach (11) ist $\overset{*}{B}_1 f_1 = \overset{*}{S} r^2$, wo $\overset{*}{S}$ die auf f_2 erzeugte Beleuchtungsstärke in Lux darstellt ($\cos \varepsilon = \cos \alpha = 1$) und r üblicherweise in m statt in cm gemessen wird. Danach ist

$$\overset{*}{B}_2 = \overset{*}{S} \varrho \frac{1}{\pi \, 10^4}.$$

1 Lumen/cm² oder 1 *Phot* (ph). Die *Beleuchtungsstärke* $\overset{*}{S}$ einer Fläche, die die gleiche Dimension wie die spezifische Lichtausstrahlung hat, wird jedoch nicht in Lumen/cm², sondern in Lumen/m² oder Lux (lx) $= 10^{-4}$ Phot gemessen, da das Phot als Einheit gewöhnlich zu groß ist.

Die Einheiten der beiden Maßsysteme sind in Tabelle 1 zusammengestellt. Sie lassen sich mit Hilfe des sogenannten „*mechanischen Lichtäquivalents*" M ineinander umrechnen. Dieses hat bei 555 mμ, wo das normale Auge seine maximale Empfindlichkeit besitzt (vgl. Abb. 51), einen Extremwert von[1]

$$M_{min} = 1{,}58 \cdot 10^{-3} \text{ Watt/Lumen}. \tag{15}$$

Über die Meßmethoden zur Bestimmung des mechanischen Lichtäquivalents und der spektralen Empfindlichkeitsverteilung des Auges wird später berichtet (S. 121). Da wir es im folgenden fast stets (mit Ausnahme der Bestimmung von Quantenausbeuten) mit der *relativen* Messung von Strahlungsleistungen zu tun haben, bei der nicht ihre absolute Intensität, sondern nur ihr Intensitätsverhältnis interessiert, brauchen wir uns um die Umrechnung der Einheiten in die beiden Maßsysteme im allgemeinen nicht zu kümmern.

Tabelle 1. *Einheiten der Strahlungsintensität.*

Photometrisches Maßsystem			Physikalisches Maßsystem		
Bezeichnung	Symbol	Einheit	Bezeichnung	Symbol	Einheit
Leuchtdichte	$\overset{*}{B}$	sb	Strahlungsdichte	B	Watt/$\omega \cdot$ cm²
Lichtstrom	$\overset{*}{\Phi}$	lm	Strahlungsleistung	Φ	Watt
Lichtstärke	$\overset{*}{I}$	NK	Strahlungsstärke	I	Watt/ω
Beleuchtungsstärke	$\overset{*}{S}$	lx	Bestrahlungsstärke	S	Watt/cm²
Spez. Lichtausstrahlung	$\overset{*}{R}$	phot	Ausstrahlungsstärke	R	Watt/cm²

Es gibt noch eine weitere Möglichkeit, einen Lichtstrom physikalisch zu bewerten, nämlich nach der Zahl der von ihm in der Zeiteinheit transportierten Quanten. Er wird dann als *Quantenstrom* in Quanten/sek gemessen. Dieses Maßsystem wird vorwiegend bei Fluorescenzmessungen benutzt. Energie- und Quantenstrom sind nur bei gleicher spektraler Zusammensetzung der Strahlung einander proportional. Da bei der Fluorescenz primäre und sekundäre Strahlung im allgemeinen verschiedene spektrale Ver-

---

[1] Für die früher verwendete Hefnerkerze ist $M_{min} = 1{,}44 \cdot 10^{-3}$ Watt/Lumen.

teilung besitzen (vgl. S. 7), sind Energieausbeute und Quantenausbeute voneinander verschieden.

Dringt ein Strahlenbündel in ein homogenes, von planparallelen Wänden begrenztes Medium ein, so wird es an jeder Phasengrenzfläche teilweise *reflektiert*, teilweise innerhalb des Mediums in stoffgebundene Energie überführt, d. h. *absorbiert*. Im allgemeinen kann man die durch Reflexion bedingten Energieverluste bei Absorptionsmessungen durch geeignete experimentelle Maßnahmen weitgehend eliminieren, indem man vergleichende Messungen macht, also z. B. zwei Lichtströme gleicher Energie zwei gleiche Küvetten durchsetzen läßt, von denen die eine die (verdünnte) absorbierende Lösung, die andere das nichtabsorbierende Lösungsmittel enthält. Dann sind die Reflexionsverluste identisch bis auf einen sehr geringen Rest, der durch die verschiedene Brechung des Lösungsmittels und der Lösung bedingt ist, der jedoch meistens weitaus in die Fehlergrenzen der Meßmethoden fällt. Bei konzentrierten Lösungen oder reinen flüssigen und festen Stoffen, bei denen dies nicht mehr der Fall ist, kann man die inneren Reflexionsverluste dadurch eliminieren, daß man in beide Strahlenbündel den absorbierenden Stoff in verschiedener Schichtdicke einschaltet[1]. Dann sind die Reflexionsverluste beider Lichtströme identisch, ihr Absorptionsverlust dagegen ist verschieden, so daß ihr Intensitätsverhältnis nach dem Durchsetzen der beiden Küvetten zur Berechnung der Absorption, bezogen auf die Schichtdickendifferenz, benutzt werden kann. Nicht eliminierbar ist dagegen der Strahlungsverlust, der durch *Streuung* an den gelösten Molekülen entsteht, jedoch bleibt dieser Fehler stets innerhalb der Genauigkeit aller Meßmethoden, sofern es sich um echte, d. h. molekulardisperse Lösungen handelt, und sofern die durch Gleichung (16) definierte Durchlässigkeit den Wert $1/33$ ($E \sim 1,5$) nicht unterschreitet. (Vgl. dazu auch S. 213 ff.)

Schaltet man die Reflexionsverluste auf die beschriebene Weise aus und bezeichnet man den in ein absorbierendes Medium eindringenden Lichtstrom mit Φ_0, den austretenden Lichtstrom mit Φ, so wird der Quotient

$$\frac{\Phi}{\Phi_0} = \vartheta \tag{16}$$

als (innere) *Durchlässigkeit* oder (innerer) *Durchlässigkeitsgrad* (transmittancy) definiert. $0 \leq \vartheta \leq 1$ ist stets ein echter Bruch und vom Absolutwert der eingestrahlten Energie sowie von ihren Ein-

---

[1] SCHACHTSCHABEL, K.: Ann. Physik 81, 929 (1926).

heiten unabhängig. Der auf Φ_0 bezogene, durch Absorption bedingte Verlust an Energie

$$\frac{\Phi_0 - \Phi}{\Phi_0} = 1 - \frac{\Phi}{\Phi_0} \equiv \alpha \qquad (17)$$

wird als *Absorptionsgrad* (absorptancy) bezeichnet[1]. Es gilt also

$$\alpha + \vartheta = 1. \qquad (18)$$

Durchlässigkeitsgrad und Absorptionsgrad hängen im allgemeinen von der Wellenlänge der Strahlung ab, die man deshalb (gewöhnlich in mμ ausgedrückt) als Index hinzufügt.

Nach dem später abzuleitenden BOUGUER-LAMBERT-BEERschen Gesetz ist der Logarithmus der reziproken Durchlässigkeit der durchlaufenen Schichtdicke und (bei Lösungen) der Konzentration des absorbierenden Stoffes proportional. Die Größe

$$E_{n,\lambda} \equiv \ln \frac{1}{\vartheta_\lambda} = \ln \frac{\Phi_0}{\Phi} \qquad (19\,\text{a})$$

bezeichnet man als *natürliche Extinktion*, die Größe

$$E_\lambda \equiv \log \frac{1}{\vartheta_\lambda} = \log \frac{\Phi_0}{\Phi} \qquad (19\,\text{b})$$

als *dekadische Extinktion* (absorbancy, extinction). Die Extinktion ist die (dimensionslose) eigentliche Meßgröße bei allen photometrischen Meßverfahren. Nach (19a) und (19b) gilt

$$\vartheta_\lambda \equiv \frac{\Phi}{\Phi_0} = e^{-E_{n,\lambda}} = 10^{-E_\lambda}\,; \quad E_{n,\lambda} = 2{,}303 \cdot E_\lambda\,. \qquad (20)$$

Ist s die Schichtdicke des vom Lichtstrom durchsetzten Mediums, so gilt nach BOUGUER-LAMBERT[2]:

$$\frac{E_{n,\lambda}}{s} = m_{n,\lambda} \quad \text{oder} \quad \Phi = \Phi_0 \cdot e^{-s\,m_{n,\lambda}} \qquad (21\,\text{a})$$

$$\frac{E_\lambda}{s} = m_\lambda \quad \text{oder} \quad \Phi = \Phi_0 \cdot 10^{-s\,m_\lambda}. \qquad (21\,\text{b})$$

Die Konstanten $m_{n,\lambda}$ und m_λ werden als *natürlicher Extinktionsmodul* bzw. *dekadischer Extinktionsmodul* des betreffenden Stoffes

---

[1] Der Normenausschuß schlägt den Namen „Reinabsorptionsgrad" vor, um Verwechslungen mit dem auf den *auffallenden* Lichtstrom bezogenen Absorptionsgrad zu vermeiden. Da praktisch die Reflexionsverluste durch das Meßverfahren stets eliminiert werden, brauchen wir diese Unterscheidung nicht zu berücksichtigen.

[2] Dabei ist vorausgesetzt, daß der Öffnungswinkel des benutzten Strahlenbündels genügend klein ist („paralleles" Strahlenbündel), da sonst s nicht eindeutig definiert ist (vgl. dazu S. 113).

(absorbancy index) bezeichnet[1], sie haben die Dimension einer reziproken Länge und werden in mm^{-1} oder cm^{-1} angegeben. Handelt es sich bei dem durchstrahlten Medium nicht um einen einheitlichen Stoff, sondern um die Lösung eines absorbierenden Stoffes in einem nichtabsorbierenden Lösungsmittel, so sind die Extinktionsmoduln den Konzentrationen c proportional:

$$m_{n,\lambda} = \varepsilon_{n,\lambda} c \qquad (23\,\text{a})$$

$$m_\lambda = \varepsilon_\lambda c. \qquad (23\,\text{b})$$

Die Proportionalitätskonstanten $\varepsilon_{n,\lambda}$ bzw. ε_λ werden als *molarer natürlicher Extinktionskoeffizient* bzw. als *molarer dekadischer Extinktionskoeffizient* (molar absorbancy index, extinction coefficient) bezeichnet, wenn man c in Mol/Liter angibt. Sie haben die Dimension (Liter/Mol · cm) = (cm^2/Millimol). Läßt sich c nicht in Mol/l angeben (z. B. bei unbekanntem Molgewicht des Stoffes), so gibt man es etwa in g/Liter an (c') und spricht dann vom *speziellen Extinktionskoeffizienten* $\varepsilon'_{n,\lambda}$ bzw. ε'_λ mit der Dimension (cm^2/mg).

Die Vereinigung von (21) und (23) ergibt das Grundgesetz der Absorptionsspektrometrie

$$\Phi = \Phi_0 \cdot e^{-\varepsilon_{n,\lambda} c s} = \Phi_0 \cdot e^{-\varepsilon'_{n,\lambda} c' s} \qquad (24\,\text{a})$$

$$\Phi = \Phi_0 \cdot 10^{-\varepsilon_\lambda c s} = \Phi_0 \cdot 10^{-\varepsilon'_\lambda c' s}. \qquad (24\,\text{b})$$

Praktisch benutzt man ausschließlich die Gleichung (24 b).

5. Das Gesetz von Bouguer-Lambert-Beer und seine Anwendung.

Die Gleichungen (23) stellen das sogenannte LAMBERT-BEERsche Gesetz dar. Sie gelten, wie schon erwähnt, für *monochromaische* Strahlung und für konstante äußere Bedingungen von Tem-

---

[1] In der Physik benutzt man statt dessen den sich aus der Dispersionstheorie ergebenden Absorptionskoeffizienten $(n \cdot \varkappa)$, der (für verdünnte Gase) durch die Gleichung

$$\Phi = \Phi_0 e^{-\frac{4\pi n \varkappa s}{\lambda_0}} \qquad (22)$$

definiert ist. Dabei ist $\lambda = \lambda_0/n$ die Wellenlänge in dem betreffenden Medium, λ_0 die Wellenlänge im Vakuum, n der Brechungsindex. $\varkappa$ selbst wird *Absorptionsindex* genannt. Die Gleichung besagt, daß die Strahlungsleistung längs der Dicke $s = \lambda_0$ auf den Bruchteil $e^{-4\pi n \varkappa}$ absinkt. Ist z. B. für $\lambda_0 = 500$ m$\mu = 5 \cdot 10^{-5}$ cm $(n\varkappa) = 0{,}08$, so sinkt die Intensität innerhalb von $s = \lambda_0$ auf den e-ten Teil. Das entspricht einem natürlichen Extinktionsmodul von $m_{n,\lambda} = 2 \cdot 10^4$ cm^{-1}.

peratur und evtl. Lösungsmittel. Sie lassen sich aus dem Ansatz ableiten, daß der Energieverlust der Strahlung in einem Schichtelement des homogenen absorbierenden Mediums der Dicke ds des Schichtelements und der Intensität der einfallenden Strahlung proportional ist:

$$-d\Phi = m_{n,\lambda} \Phi\, ds. \qquad (25)$$

Durch Integration über die Gesamtschichtdicke von 0 bis s ergibt sich identisch mit (21a)

$$\ln \frac{\Phi_0}{\Phi} = m_{n,\lambda} s \equiv E_{n,\lambda}, \qquad (26\text{a})$$

oder unter Einführung dekadischer Logarithmen

$$\log \frac{\Phi_0}{\Phi} = m_\lambda s \equiv E_\lambda. \qquad (26\text{b})$$

Diese gewöhnlich als LAMBERTsches Gesetz bezeichnete Beziehung zwischen Extinktion und Schichtdicke wurde bereits von BOUGUER[1] aufgestellt in der Aussage, daß bei arithmetischer Zunahme der durchstrahlten Schicht der durchgelassene Bruchteil der Strahlung eine geometrische Folge bilde. LAMBERT[2] formulierte das Gesetz mathematisch unter Bezugnahme auf die Arbeit von BOUGUER. LAMBERT führte auch bereits die durch (23) ausgedrückte Konzentrationsabhängigkeit des Extinktionsmoduls bei Gasmischungen ein:

$$\ln \frac{\Phi_0}{\Phi} \equiv E_{n,\lambda} = \varepsilon_{n,\lambda} c s \qquad (27\text{a})$$

$$\log \frac{\Phi_0}{\Phi} \equiv E_\lambda = \varepsilon_\lambda c s. \qquad (27\text{b})$$

Diese gewöhnlich LAMBERT-BEERsches Gesetz genannte Beziehung müßte also eigentlich BOUGUER-LAMBERTsches Gesetz heißen. BEER[3] stellte zuerst Absorptionsmessungen mit Lösungen an und stellte die Behauptung auf, daß bei konstantem Produkt cs auch die Extinktion konstant sei. Diese Aussage geht über die Aussage der Gleichung (27) hinaus und hat sich für die Prüfung des Gesetzes als besonders wichtig erwiesen (vgl. S. 47).

Das BOUGUER-LAMBERT-BEERsche Gesetz in seinen verschiedenen Formen (24) bzw. (27) ist das Grundgesetz der Absorptions-

---

[1] BOUGUER, P.: Essai d'Optique sur la gradation de la lumière, Paris 1729.
[2] LAMBERT, H.: Photometria, sive de mesura et gradibus luminis colorum et umbrae, 1760.
[3] BEER, A.: Ann. Physik 86, 78 (1852).

spektrometrie. Die Extinktion E ist bei allen Methoden die eigentliche Meßgröße; sie kann, da ihr Wert von Konzentration und Schichtdicke abhängt, in weiten Grenzen variiert werden. Der Extinktionskoeffizient ist nach diesem Gesetz bei konstanten äußeren Bedingungen und gegebener Wellenlänge eine konzentrationsunabhängige Stoffkonstante.

Es wird häufig übersehen, daß das BOUGUER-LAMBERTsche Gesetz ein *Grenzgesetz für sehr verdünnte Lösungen* darstellt. Die Frequenzabhängigkeit des Absorptionskoeffizienten nach Gleichung (22) und damit auch die des Extinktionsmoduls läßt sich streng nur aus der Dispersionstheorie berechnen. Dabei ergibt sich zwar die Form des LAMBERTschen Gesetzes, aber schon bei verdünnten Gasen wird der Extinktionskoeffizient vom Brechungsindex des Mediums abhängig, der seinerseits eine Funktion der Dichte ist. Bei Gasen ist dieser Einfluß des Brechungsindex gering; bei kondensierten Phasen, bei denen man den Einfluß des sogenannten „inneren Feldes", d.h. die Wirkung der Nachbarmoleküle berücksichtigen muß (analog wie bei der Berechnung der Refraktion), wird der Extinktionskoeffizient dem Ausdruck $\frac{(n^2+2)^2}{9n}$ proportional[1]. Das bedeutet, daß bei variablem Brechungsindex nicht mehr ε selbst, sondern der Ausdruck

$$A = \frac{\varepsilon n}{(n^2+2)^2} \qquad (28)$$

eine von der Konzentration des absorbierenden Stoffes weitgehend unabhängige Konstante darstellt, auch dann, wenn noch keine Wechselwirkungen zwischen den absorbierenden Molekülen auftreten. A entspricht also der Molrefraktion, die ja auch in weiten Grenzen konzentrationsunabhängig ist. Da nun der Brechungsindex einer Lösung mit steigender Konzentration in der Regel anwächst, $n/(n^2+2)^2$ aber für $n > 1$ mit wachsendem n abnimmt, sollte man erwarten, daß auch ε mit zunehmender Konzentration wächst, damit A konstant bleibt.

Es hat sich gezeigt[2], daß für Konzentrationen $c < 10^{-2}$ Mol/l diese allgemeinen, durch die Änderung des Brechungsindex bedingten Abweichungen von der Konstanz des ε die bisher erreichte minimale Unsicherheitsgrenze lichtelektrischer Präzisionsmessungen von 0,01% (vgl. S. 282) nicht überschreiten dürften. Als Beispiel sind in Abb. 9 die Extinktionskoeffizienten von $K_3[Fe(CN)_6]$ bei drei verschiedenen Wellenlängen (Hg-Linien) als Funktion der

---
[1] Zur Ableitung vgl. z. B.: R. W. POHL: Optik, Berlin 1941; G. KORTÜM: Z. physik. Chem. (B) **33**, 243 (1936).
[2] KORTÜM, G.: Z. physik. Chem. (B) **33**, 243 (1936).

Konzentration ($\log c$) wiedergegeben. Die Messungen wurden bei konstantem Produkt cs gemacht, so daß Abweichungen vom BEERschen Gesetz auf Grund mangelnder spektraler Reinheit der Strahlung (vgl. S. 42 ff.) ausgeschlossen waren. Bei allen drei Wellenlängen, die im Bereich der längstwelligen Absorptionsbande des $[Fe(CN)_6]^{3-}$-Ions liegen, und zwar im Gebiet steilen Bandenanstiegs bzw. -abfalls, wo sich Änderungen von ε zuerst bemerkbar machen, ist das BEERsche Gesetz bis zu Konzentrationen $c < 10^{-2}$ Mol/l innerhalb der Meßgenauigkeit von $0{,}02\%$ in ε erfüllt. Daraus kann man schließen, daß sich die oben diskutierten, auf Grund der Dispersionstheorie zu erwartenden Abweichungen von einem konstanten ε bei den üblichen Prüfungen auf Gültigkeit des BEERschen Gesetzes, deren relative Fehler gewöhnlich 1–2 Zehnerpotenzen größer sind, nicht bemerkbar machen werden. Umgekehrt bedeuten jedoch diese Messungen, daß man aus geringen Abweichungen vom BEERschen Gesetz bei Konzentrationen $c > 10^{-2}$ Mol/l keine sicheren Schlüsse über eine Wechselwirkung der absorbierenden Moleküle ziehen kann, wenn nicht die durch die Konzentrationsabhängigkeit des Brechungsindex bedingte Korrektur nach Gleichung (28) berücksichtigt ist[1].

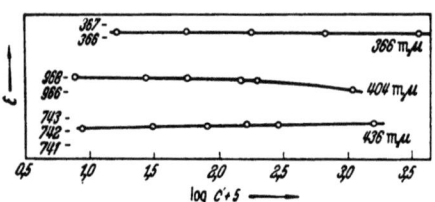

Abb. 9. Konstanz des Extinktionskoeffizienten ε in der langwelligen Bande von $K_3[Fe(CN)_6]$ bei drei verschiedenen Wellenlängen.

Die Anwendung des LAMBERT-BEERschen Gesetzes für die S. 11 ff. genannte Aufgabe der *Konstitutionsermittlung* besteht darin, daß man mit Hilfe der später zu beschreibenden geeigneten Methoden die Durchlässigkeit ϑ bzw. die Extinktion E eines Stoffes bei einer möglichst großen Zahl von Wellenlängen experimentell ermittelt und daraus mittels der Gleichungen (21) bzw. (24) die für den betreffenden Stoff charakteristischen Extinktionsmoduln bzw. Extinktionskoeffizienten berechnet, wobei Schichtdicke und Konzentration vorgegeben werden. Die so ermittelten Extinktionskoeffizien-

---

[1] Eine strenge Konstanz der Größe A in Gleichung (28) über sehr große Konzentrationsbereiche ist wegen der zahlreichen, in der Ableitung von (28) steckenden Vereinfachungen ebensowenig zu erwarten wie eine strenge Konstanz der Refraktion. Auf Grund der moderneren Theorien des inneren Feldes (vgl. dazu C. F. J. BÖTTCHER: Theorie of Electric Polarisation, Amsterdam 1952) ist an Stelle von (28) ein komplizierterer Ausdruck abgeleitet worden [I. SCHUYER: Recueil Trav. chim. Pays-Bas 72, 933 (1953)], der die Messungen besser wiederzugeben scheint.

ten ergeben, als Funktion der zugehörigen Wellenlängen aufgetragen, das *Absorptionsspektrum* in dem betreffenden Spektralgebiet. Für diese *graphische Darstellung der Spektren*[1] gibt es außer der eben erwähnten zahlreiche andere Möglichkeiten, die alle praktisch verwendet werden, und von denen sich je nach dem untersuchten Beispiel oder nach dem beabsichtigten Zweck der Untersuchung die eine oder die andere besser eignet. Da der praktisch vorkommende Bereich des Extinktionskoeffizienten wenigstens 5 Zehner-

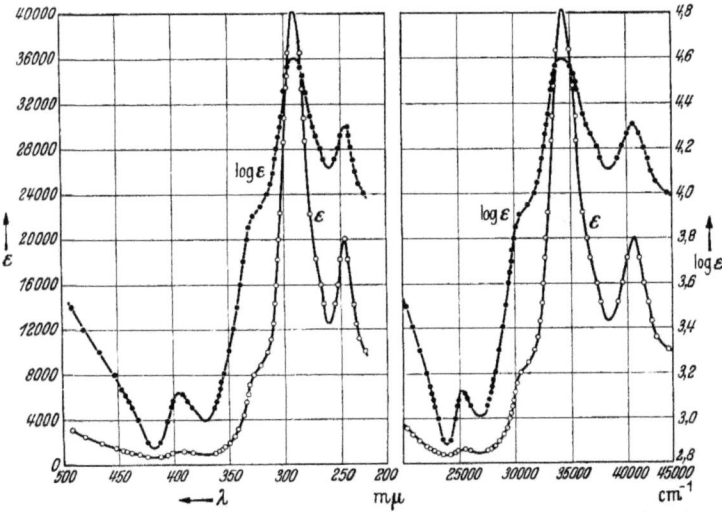

Abb. 10. Absorptionsspektrum von Methylenblau in verschiedener graphischer Darstellung.

potenzen umfaßt, ist es meistens üblich, als Ordinate nicht ε selbst, sondern log ε aufzutragen. Das hat mehrere Vorteile: Erstens kommen auch bei großen Unterschieden der ε-Werte die Feinheiten des Kurvenverlaufs noch zum Ausdruck, während bei der Auftragung von ε selbst schwache Banden sich gegenüber den starken Banden kaum abheben (vgl. Abb. 10). Sodann hat diese Darstellungsart den Vorteil, daß die *Form* der Absorptionskurve auch bei Unkenntnis der Konzentration immer die gleiche bleibt, was gerade bei der Konstitutionsermittlung unbekannter Stoffe, deren Molgewicht oder molare Konzentration nicht bekannt ist, besonders ins Gewicht fällt. Das liegt einfach daran, daß die Werte log ε = log E − log (cs) sich alle um den gleichen Betrag ändern, wenn man etwa nachträglich für c einen anderen Wert findet, so daß die Absorp-

---

[1] Vgl. dazu auch W. R. BRODE: J. opt. Soc. America **39**, 1022 (1949).

tionskurve lediglich parallel zu sich selbst in der Ordinatenrichtung verschoben wird. Die charakteristische Form des Spektrums, die zur Identifizierung von Stoffen dient, bleibt also bei dieser Darstellungsart stets gewahrt, unabhängig davon, ob die Konzentration bekannt ist oder nicht; man spricht deshalb auch bei dieser Darstellungsart von „*typischen Farbkurven*".

Benutzt man zur Ermittlung der Absorptionskurve photographische Methoden, bei denen man gewöhnlich einen konstanten Extinktionswert E wählt und Schichtdicke bzw. Konzentration variiert (vgl. S. 401), so ist der relative Fehler der ε-Werte unabhängig von der Höhe der Banden immer der gleiche; diese gleichbleibende Genauigkeit der Messung in allen Teilen der Kurve kommt bei der halblogarithmischen Darstellung unmittelbar zum Ausdruck, da gleichen relativen Fehlern überall gleiche Ordinatendifferenzen entsprechen. Als Nachteil der halblogarithmischen Darstellung der Spektren ist gelegentlich angeführt worden, daß die schwachen Banden überhöht, die starken Banden gestaucht erscheinen, so daß ihr wahres Intensitätsverhältnis nicht unmittelbar anschaulich wird. Dies ist jedoch nur eine Frage der Gewöhnung, da man bei einiger Übung auch aus der halblogarithmischen Darstellung das Intensitätsverhältnis verschiedener Banden ohne Rechnung rasch abzuschätzen vermag. Diese halblogarithmische Darstellung setzt sich deshalb mehr und mehr durch und wird auch in Sammelwerken neuerdings bevorzugt [vgl. LANDOLT-BÖRNSTEIN, 6. Aufl., Bd. I, 3 (1951)].

Moderne lichtelektrische Spektralphotometer, insbesondere registrierende oder nach der Ausschlagsmethode arbeitende (vgl. S. 225ff.) zeigen unmittelbar die durch Gleichung (16) definierte *Durchlässigkeit* an und liefern so $\Phi/\Phi_0 \equiv \vartheta$ als Funktion der Wellenlänge. Da die Durchlässigkeit die Farbe des Stoffes bestimmt, wird diese Darstellungsart auch oft für Farbstoffe oder für Lichtfilter bevorzugt (vgl. Abb. 22, 23), wobei in der Regel auf die Schichtdickeneinheit (1 cm oder 1 mm) bezogen wird. Selbstverständlich lassen sich derartige Kurven auf die übliche log ε, λ- oder ε, λ-Darstellung umrechnen. Einem Minimum der ϑ, λ-Kurve entspricht ein Maximum der ε, λ-Kurve. Zuweilen trägt man auch den durch (17) definierten Absorptionsgrad $\alpha \equiv 1 - \vartheta$ als Funktion von λ auf (Abb. 2). Bei allen diesen Darstellungsarten ist natürlich vorausgesetzt, daß die Reflexionsverluste an den Phasengrenzen ausgeschaltet werden, wie es S. 21 beschrieben ist[1].

---

[2] Über eine weitere Darstellungsmethode von Spektren vgl. L. AKOBJANOFF, I. opt. Soc. America **44**, 8 (1954).

Bei der Dispersion der Strahlung ist stets die *Wellenlänge* λ die eigentliche Meßgröße. Man gibt sie im Infrarot gewöhnlich in μ oder 10^{-4} cm, im Sichtbaren und Ultraviolett in mμ oder 10^{-7} cm, zuweilen auch in Å oder 10^{-8} cm an, obwohl die Genauigkeit der Wellenlängenmessung bei den üblicherweise benutzten Dispersionssystemen dies nicht immer rechtfertigt. Statt λ benutzt man neuerdings für die Darstellung der Spektren als Abszisse auch die sogenannte *Wellenzahl*

$$\overset{*}{\nu} \equiv \frac{1}{\lambda} = \frac{\nu}{c}. \tag{29}$$

Sie gibt die Zahl der Wellenlängen für 1 cm durchlaufener Strecke an (Dimension cm^{-1}) und ist der Energie $h\nu$ der Strahlung proportional (Proportionalitätsfaktor hc). Man benutzt deshalb in der Spektroskopie $\overset{*}{\nu}$ häufig als unmittelbares Energiemaß[1]. Der Vorteil, als Abszisse eine lineare Energieskala zu benutzen, liegt darin, daß gleiche Abstände dieser Skala natürlich gleichen Energiedifferenzen entsprechen. Zwei Schwingungsbanden in einem Elektronenbandenspektrum im UV bei 40000 cm^{-1} (2500 Å) und 41000 cm^{-1} (2439 Å) oder im Sichtbaren bei 24000 cm^{-1} (4167 Å) und 25000 cm^{-1} (4000 Å) oder in einem Rotationsschwingungsspektrum im Infrarot bei 1000 cm^{-1} (10 μ) und 2000 cm^{-1} (5 μ) entsprechen der gleichen Energiedifferenz von 1000 cm^{-1} = 2854 cal/Mol, während die Wellenlängendifferenzen 61 bzw. 167 bzw. 50000 Å betragen[2].

In Abb. 10 ist als Beispiel das Spektrum von Methylenblau im Sichtbaren und UV in den verschiedenen gebräuchlichen Darstellungsweisen wiedergegeben.

Die *Anwendung* des LAMBERT-BEERschen Gesetzes als Grundlage für die *quantitative photometrische Analyse* absorbierender Stoffe ergibt sich ebenfalls unmittelbar aus Gleichung (24) bzw. (27): Man berechnet die unbekannte Konzentration c bzw. c' aus der gemessenen Extinktion E bei gegebener Schichtdicke s. Dazu muß der Extinktionskoeffizient ε bzw. ε' bereits bekannt sein; man ermittelt ihn aus einer zweiten Extinktionsmessung an einer Lösung des gleichen Stoffes, aber bekannter Konzentration. Es handelt sich demnach bei allen derartigen quantitativen Bestimmungen um *relative* Messungen, worauf schon hingewiesen wurde (S. 14). Das bedeutet, daß man stets die Eichlösungen bekannter Konzentration mit der *gleichen apparativen Anordnung* und unter den *gleichen äußeren Bedingungen* (Temperatur, Lösungsmittel, Küvetten, Lichtquelle usw.) messen muß, damit die Extinktions-

---

[1] 1 cm^{-1} entspricht 2,854 cal/Mol.
[2] Vgl. dazu auch M. PESTEMER u. G. SCHEIBE, Angew. Chem. **66**, 553 (1954).

koeffizienten für die Berechnung unbekannter Konzentrationen brauchbar sind. Wie im nächsten Abschnitt gezeigt wird, lassen sich die für eine Gültigkeit des LAMBERT-BEERschen Gesetzes notwendigen Voraussetzungen wie etwa streng monochromatische Strahlung in der Praxis nur selten einhalten, außerdem treten häufig Abweichungen von diesem Gesetz auf, die auf chemischen Ursachen beruhen, so daß die mit gegebener Anordnung und unter gegebenen Meßbedingungen ermittelten Extinktionskoeffizienten konzentrationsabhängig und deshalb keineswegs Fixwerte sind, die man etwa aus der Literatur entnehmen könnte. Auf die Ermittlung dieser sogenannten *Eichkurven* $\varepsilon = f(c)$ bzw. $E = f(c)$ wird später ausführlich einzugehen sein (vgl. S. 181ff.).

Liegt der zu bestimmende Stoff analysenrein in Form einer Lösung vor, wie es in Praxis meistens der Fall ist, so genügt stets die Messung bei einer Wellenlänge, wobei man diese möglichst in einem Maximum der Absorptionskurve wählt (vgl. dazu S. 184, 44). Natürlich darf das verwendete Lösungsmittel in dem benutzten Spektralbereich nicht absorbieren, was sich im Sichtbaren meistens ohne Schwierigkeit erreichen läßt, im UV und mehr noch im IR dagegen stets besonderer Untersuchung bedarf.

Handelt es sich um die quantitative Bestimmung eines Stoffes in einer Lösung, die noch andere, eventuell unbekannte Komponenten enthält, d.h. um *Stoffgemische*, so empfiehlt es sich stets, zunächst ein Spektrum der Lösung in einem größeren Spektralbereich aufzunehmen. Zur graphischen Darstellung desselben wählt man zweckmäßig die $\log m_\lambda$, λ- oder $\log m_\lambda$, $\tilde{\nu}$-Darstellung, d.h. die „typische Farbkurve". Läßt sich das Spektrum oder ein charakteristischer Teil desselben durch Parallelverschiebung in Ordinatenrichtung mit dem Spektrum des zu bestimmenden reinen Stoffes, das unter gleichen Bedingungen aufgenommen ist, zur Deckung bringen[1], so ergibt die Ordinatendifferenz wegen $m_\lambda = \varepsilon_\lambda c$ unmittelbar die Konzentration des Stoffes an ($\log c = \log m_\lambda - \log \varepsilon_\lambda$). Lassen sich die Spektren in keinem Teil vollständig zur Deckung bringen, so bedeutet dies, daß sich die Absorption des gesuchten Stoffes und die der übrigen Komponenten überschneiden; in diesem Fall kann man die gewünschten Konzentrationen meistens rechnerisch ermitteln, wenn die Spektren aller reinen Stoffe bekannt sind.

Im einfachsten Fall eines *binären Gemisches* der Stoffe A und B gilt bei zwei verschiedenen Wellenlängen λ_1 und λ_2 für die gemessenen

---

[1] Man zeichnet die Spektren in gleichem Maßstab auf durchsichtiges Millimeterpapier und kann sie so leicht meßbar gegeneinander verschieben.

Extinktionen bzw. Extinktionsmoduln

$$m_1 = \varepsilon_{A1} c_A + \varepsilon_{B1} c_B \tag{30}$$

$$m_2 = \varepsilon_{A2} c_A + \varepsilon_{B2} c_B. \tag{31}$$

Da alle Extinktionskoeffizienten als bekannt vorausgesetzt werden, ergeben sich die unbekannten Konzentrationen c_A und c_B unmittelbar zu

$$c_A = \frac{m_1 \varepsilon_{B2} - m_2 \varepsilon_{B1}}{\varepsilon_{A1} \varepsilon_{B2} - \varepsilon_{A2} \varepsilon_{B1}} \tag{32}$$

$$c_B = \frac{m_2 \varepsilon_{A1} - m_1 \varepsilon_{A2}}{\varepsilon_{A1} \varepsilon_{B2} - \varepsilon_{A2} \varepsilon_{B1}}. \tag{33}$$

Selbstverständlich genügt die Messung bei zwei Wellenlängen, d. h. es ist keineswegs notwendig, stets die gesamten Spektren der beiden Stoffe und der Mischung aufzunehmen, insbesondere dann, wenn der ungefähre Verlauf der Absorption etwa aus Literaturangaben schon bekannt ist. Wie aus den Gleichungen (32) und (33) abzulesen ist, wählt man die beiden Wellenlängen zur Erhöhung der Genauigkeit der Konzentrationsbestimmung nach Möglichkeit so, daß die Differenz im Nenner möglichst groß wird, daß also

$$\frac{\varepsilon_{A1}}{\varepsilon_{A2}} \gg \frac{\varepsilon_{B1}}{\varepsilon_{B2}}.$$

Die Gleichungen lassen sich in etwas anderer Form schreiben, wenn man nicht die Konzentrationen der beiden Stoffe selbst, sondern nur ihr *Konzentrationsverhältnis* c_A/c_B zu ermitteln wünscht. Für das Verhältnis der bei zwei Wellenlängen λ_1 und λ_2 gemessenen Extinktionsmoduln ergibt sich aus (30) und (31)

$$Q \equiv \frac{m_1}{m_2} = \frac{\varepsilon_{A1} c_A + \varepsilon_{B1} c_B}{\varepsilon_{A2} c_A + \varepsilon_{B2} c_B} = \frac{x \varepsilon_{A1} + (1-x) \varepsilon_{B1}}{x \varepsilon_{A2} + (1-x) \varepsilon_{B2}}, \tag{34}$$

wenn man mit $x \equiv \dfrac{c_A}{c_A + c_B}$ den Molenbruch der Komponente A, mit $1 - x \equiv \dfrac{c_B}{c_A + c_B}$ den Molenbruch der Komponente B bezeichnet. Selbstverständlich kann man auch die spezifischen Extinktionskoeffizienten zusammen mit den Gewichtsbrüchen benutzen. Aus (34) ergibt sich für den Molenbruch

$$x = \frac{\varepsilon_{B1} - Q \varepsilon_{B2}}{Q (\varepsilon_{A2} - \varepsilon_{B2}) + \varepsilon_{B1} - \varepsilon_{A1}}. \tag{35}$$

x läßt sich also aus dem gemessenen Q und den als bekannt vorausgesetzten Extinktionskoeffizienten berechnen. Da $c_A/c_B = x/(1-x)$, ist damit auch das gewünschte Konzentrationsverhältnis gegeben. Diese Methode wurde z. B. zur Bestimmung des Konzentrationsverhältnisses von CO-Hämoglobin zu O_2-Hämoglobin im Blut benutzt, oder zur Bestimmung von Keto-Enol-Gleichgewichten.

Handelt es sich um die quantitative Analyse eines *binären Gemisches*, das sich *in fester oder flüssiger Form* einwägen und in einem geeigneten Lösungsmittel auflösen läßt (etwa um eine Legierung), so genügt bereits die Absorptionsmessung bei einer einzigen Wellenlänge, bei der die Extinktionskoeffizienten der beiden Stoffe möglichst verschieden sind. In diesem Fall kann man z. B. die Gleichung (30) in der Form schreiben:

$$\frac{m'}{c'_A + c'_B} = \varepsilon'_A x'_A + \varepsilon'_B x'_B = \varepsilon'_A x'_A + \varepsilon'_B (1 - x'_A), \tag{36}$$

wobei x'_A und x'_B die Gewichtsbrüche der beiden Stoffe darstellen:

$$x'_A \equiv \frac{c'_A}{c'_A + c'_B}; \quad x'_B = 1 - x'_A = \frac{c'_B}{c'_A + c'_B}.$$

Trägt man den auf 1 Gramm Mischung bezogenen Extinktionsmodul $m'/(c'_A + c'_B)$ gegen x'_A oder x'_B auf, so erhält man eine Gerade, die die Werte ε'_A und ε'_B verbindet. Bei einer zu analysierenden Mischung muß man also lediglich den gemessenen Extinktionsmodul durch die Einwaage dividieren und kann die zugehörige Zusammensetzung auf dieser Geraden ablesen.

Stehen die beiden absorbierenden Stoffe miteinander im Gleichgewicht, und ist dieses Gleichgewicht konzentrationsabhängig, so gilt das LAMBERT-BEERsche Gesetz in der abgeleiteten Form nicht mehr. Derartige Fälle, wie etwa das Dissoziationsgleichgewicht einer Säure oder Base und seine Verwendung zur p_H-Bestimmung sollen deshalb im nächsten Abschnitt behandelt werden.

Das S. 31 beschriebene Verfahren läßt sich ohne weiteres auf *Mehrstoffgemische* ausdehnen. Man muß dann die Extinktion der Mischlösung bei so viel verschiedenen Wellenlängen bestimmen, wie Stoffe in dem Gemisch vorhanden sind. Für jeden Extinktionsmodul wird eine den Gleichungen (30) und (31) entsprechende Gleichung aufgestellt:

$$m_1 = \varepsilon_{A1} c_A + \varepsilon_{B1} c_B + \varepsilon_{C1} c_C + \varepsilon_{D1} c_D + \cdots, \tag{37}$$

wobei stets ebenso viele Gleichungen wie Unbekannte zur Verfügung stehen. Man löst sie am besten mittels Determinantenrechnung. Mit Hilfe dieser Methode, die im einzelnen von MAYER und LUSZCZAK[1] ausgearbeitet wurde, lassen sich bis zu fünf Stoffe nebeneinander quantitativ aus der Summenextinktionskurve im UV bestimmen (Beispiel: Benzol, Toluol, o-, m-, p-Xylol). Das Verfahren ist allerdings recht mühsam[2] und eignet sich deshalb wohl nur für Serienmessungen an Gemischen ähnlicher Stoffe (wie etwa aromatischer Kohlenwasserstoffe), für die man die Gültigkeit des LAMBERT-BEERschen Gesetzes voraussetzen kann und deren Zusammensetzung qualitativ immer die gleiche ist. Bei Mischungen unbekannter Stoffe wird im allgemeinen das Infrarotspektrum auch für die quantitative Analyse wesentlich vorteilhafter sein, da man in diesem Spektralgebiet häufiger für jeden Stoff eine charakteristische Bande findet, die von anderen Banden nicht überdeckt wird, so daß sie unmittelbar zur Intensitätsmessung benutzt werden kann.

6. Abweichungen vom Bouguer-Lambert-Beerschen Gesetz.

Während Abweichungen vom LAMBERT-BEERschen Gesetz infolge seines Charakters als Grenzgesetz nur für Messungen sehr hoher Präzision eine Rolle spielen, können aus anderen Gründen Abweichungen auftreten, die sehr große Beträge annehmen und deshalb ganz allgemein für Absorptionsmessungen jeden Genauigkeitsgrades eine beträchtliche Fehlerquelle bilden können. Man unterscheidet dabei zweckmäßig zwischen *wahren* und *scheinbaren* Abweichungen vom LAMBERT-BEERschen Gesetz. Dabei wollen wir unter wahren Abweichungen solche verstehen, die auf *chemische Veränderungen* des absorbierenden Stoffes in weitestem Sinne zurückzuführen sind, wenn man seinen Partialdruck (bei Gasen) oder seine Konzentration ändert. Scheinbare Abweichungen dagegen treten auf, wenn die bei der Ableitung des LAMBERT-BEERschen Gesetzes vorausgesetzte strenge Monochromasie der benutzten Strahlung nicht in dem Grade gewahrt ist, wie es das untersuchte Problem und die Genauigkeit der verwendeten Meßmethode verlangen; derartige Abweichungen sind also *physikalisch* begründet.

---

[1] MAYER, F. X. u. A. LUSZCZAK: Öl und Kohle 38, 996ff., 1393 (1942); Absorptionsspektralanalyse, Berlin 1951.
[2] In den USA benutzt man elektrische Rechenmaschinen zur Lösung der simultanen linearen Gleichungen; vgl. R. B. BARNES, U. LIDDEL u. V. Z. WILLIAMS: Infrared Spectroscopy, Industrial Applications, New York 1943; C. BERRY u. Mitarb.: J. appl. Physics 17, 262 (1946); W. A. ADCOCK: Rev. Sci. Instruments 19, 181 (1948).

a) Wahre Abweichungen auf Grund chemischer Gleichgewichte oder zwischenmolekularer Kräfte.

Wie schon Seite 32 angedeutet wurde, treten Abweichungen vom LAMBERT-BEERschen Gesetz auf, wenn der absorbierende Stoff an einem konzentrationsabhängigen Gleichgewicht beteiligt ist, wie man unmittelbar einsieht[1]. Bei derartigen Gleichgewichten kann es sich um Dissoziation, Assoziation, Bildung stöchiometrischer Verbindungen mit einem anderen anwesenden Stoff, z. B. dem Lösungsmittel, handeln; es kann aber auch sein, daß sich bei Konzentrationsänderungen lediglich der allgemeine Solvationszustand des absorbierenden Moleküls ändert, ohne daß etwa die Entstehung oder der Zerfall stöchiometrischer Solvate nachzuweisen ist. Eine solche, zuweilen als „Mediumeffekt" bezeichnete Änderung der Absorption mit zunehmender Konzentration des absorbierenden Stoffes ist auf die geänderten Wechselwirkungskräfte mit der Umgebung zurückzuführen und kann ebenfalls merkliche Abweichungen vom LAMBERT-BEERschen Gesetz hervorrufen, ohne daß man die Gründe im einzelnen anzugeben vermag. Gelegentlich tritt auch der Fall ein, daß das LAMBERT-BEERsche Gesetz im Bereich einer oder mehrerer Absorptionsbanden gültig ist, während im Bereich einer anderen merkliche Abweichungen beobachtet werden, was mit der verschiedenen Empfindlichkeit bzw. sterischen Zugänglichkeit der Chromophore gegenüber äußeren Störungen zusammenhängt.

Die Teilnahme des absorbierenden Stoffes an einem binären Gleichgewicht (Dissoziation, Assoziation, Bildung einer stöchiometrischen Molekülverbindung) macht sich im allgemeinen dadurch bemerkbar, daß die bei verschiedener Konzentration aufgenommenen Spektren alle durch einen gemeinsamen Punkt, den sogenannten *isosbestischen Punkt*, laufen. Als Beispiel sind in Abb. 11 die Absorptionsspektren des molekularen Jods in Cyclohexan als Lösungsmittel bei konstanter Konzentration des Jods, aber verschiedenen Zusätzen an Dioxan wiedergegeben[2]. Die Ab-

---

[1] Tautomeriegleichgewichte $A \rightleftharpoons B$ eines absorbierenden Stoffes sind konzentrationsunabhängig und beeinflussen deshalb die Gültigkeit des LAMBERT-BEERschen Gesetzes nicht. Aus der Massenwirkungskonstante eines solchen Gleichgewichts $K_c = \dfrac{c_A}{c_B}$ und der Bedingung $c_A + c_B = c_0$, wo c_0 sich aus der Einwaage ergibt, folgt $c_A = \dfrac{K_c}{K_c + 1} c_0$ und $c_B = \dfrac{1}{K_c + 1} c_0$, die Konzentrationen der beiden tautomeren Formen sind also der Gesamtkonzentration proportional, d. h. das LAMBERT-BEERsche Gesetz ist gültig.

[2] Ein weiteres charakteristisches und gut untersuchtes Beispiel ist die Assoziation des Methylenblaukations zu Doppelionen [G. HOLST: Z. physik. Chem. 182, 321 (1938); E. RABINOWITSCH u. L. F. EPSTEIN, J. Amer. chem. Soc. 63, 69 (1941)].

Abweichungen vom BOUGUER-LAMBERT-BEERschen Gesetz.

sorptionskurven verlaufen bei etwa 20100 cm^{-1} durch den gleichen Punkt und kennzeichnen dadurch das Auftreten einer Molekülverbindung nach dem Gleichgewicht $J_2 + D \rightleftharpoons [J_2D]$. Der isosbestische Punkt kommt dadurch zustande, daß J_2 und $[J_2D]$ bei 20100 cm^{-1} zufällig den gleichen Extinktionskoeffizienten besitzen, so daß der mittlere Wert von $\bar{\varepsilon}$ bei dieser Wellenzahl natürlich konstant ist, unabhängig davon, in welchem Mengenverhältnis die beiden absorbierenden Stoffe auf Grund des Gleichgewichts gerade vorliegen. Das gilt natürlich nur, wenn es sich um genügend verdünnte Lösungen handelt. Bei hohen Konzentrationen besteht entweder die Möglichkeit, daß Abweichungen vom klassischen Massen-

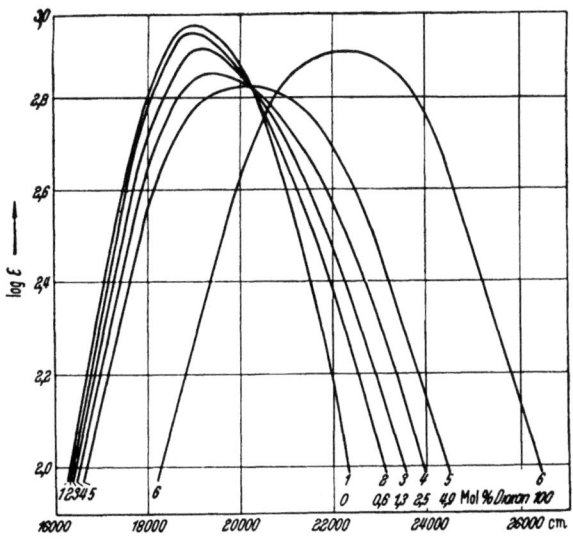

Abb. 11. Isosbestischer Punkt in den Absorptionsspektren des Jods in Cyclohexan bei Zusatz verschiedener Mengen von Dioxan.

wirkungsgesetz auftreten bzw. daß sich Verbindungen höheren Typs bilden, insbesondere bei Assoziationsvorgängen, oder daß der oben erwähnte „Mediumeffekt" zusätzliche Absorptionsänderungen hervorruft. Das kommt darin zum Ausdruck, daß die Spektren bei höheren Konzentrationen nicht mehr durch den gleichen Punkt laufen, wie es in Abb. 11 bei Kurve 6 (J_2 in reinem Dioxan) der Fall ist.

In genügend verdünnten Lösungen, in denen weder Abweichungen vom Massenwirkungsgesetz in seiner klassischen Form noch

"Mediumeffekte" berücksichtigt werden müssen, läßt sich die *Gleichgewichtskonstante*

$$K_c = \frac{c_{AB}}{c_A c_B} \qquad (38)$$

eines derartigen binären Gleichgewichts $A + B \rightleftharpoons AB$ unter günstigen Bedingungen aus den Abweichungen vom LAMBERT-BEERschen Gesetz ermitteln. Da in solchen verdünnten Lösungen das LAMBERT-BEERsche Gesetz für jeden der beiden absorbierenden Stoffe (z.B. für B und AB) einzeln gültig ist, sind ihre Extinktionen bzw. ihre Extinktionsmoduln als streng additiv anzusehen. Man mißt die Gesamtextinktion der verdünnten Lösung bei einer Wellenlänge, bei der die Extinktionskoeffizienten ε_B und ε_{AB} möglichst stark verschieden sind (im Beispiel der Abb. 11 also etwa bei 22150 cm^{-1}, dem Maximum der Absorptionskurve des Jods in reinem Dioxan). Dann gilt auf Grund der erwähnten Additivität für den Extinktionsmodul der Lösung

$$m = c_{0B}\bar{\varepsilon} = c_B \varepsilon_B + c_{AB} \varepsilon_{AB}, \qquad (39)$$

wobei c_{0B} die eingewogene Gesamtkonzentration an der Komponente B bedeutet, d.h.

$$c_{0B} = c_B + c_{AB}. \qquad (40)$$

Entsprechend gilt für die eingewogene Gesamtkonzentration an der Komponente A

$$c_{0A} = c_A + c_{AB}. \qquad (41)$$

Aus (39) und (40) ergibt sich

$$c_{AB} = \frac{c_{0B}(\bar{\varepsilon} - \varepsilon_B)}{(\varepsilon_{AB} - \varepsilon_B)}, \qquad (42)$$

die Gleichgewichtskonzentration der Molekülverbindung AB. Aus den Gleichungen (38) bis (42) folgt für die Gleichgewichtskonstante

$$K_c = \frac{\bar{\varepsilon} - \varepsilon_B}{\varepsilon_{AB} - \bar{\varepsilon}} \cdot \frac{1}{c_A}$$

$$= \frac{(\bar{\varepsilon} - \varepsilon_B)(\varepsilon_{AB} - \varepsilon_B)}{(\varepsilon_{AB} - \bar{\varepsilon})[c_{0A}(\varepsilon_{AB} - \varepsilon_B) - c_{0B}(\bar{\varepsilon} - \varepsilon_B)]}. \qquad (43)$$

In diesem Ausdruck ist alles bekannt bis auf den Extinktionskoeffizienten ε_{AB} der Molekülverbindung, da ε_B aus einer Extinktionsmessung einer Lösung von B ohne Zusatz von A ermittelt werden kann.

Zur Ermittlung von ε_{AB} kann man verschiedene Näherungsverfahren benutzen. Gelegentlich hat man die Annahme gemacht[1], daß B in reinem A gelöst vollständig als Komplex AB vorliege, so daß sich aus der zugehörigen Extinktion das ε_{AB} ermitteln lassen sollte. Wie schon oben erwähnt wurde, ist diese Annahme jedoch keineswegs zulässig. Besser geeignet erscheint ein graphisches Verfahren[2]: Gleichung (43) läßt sich umformen in

$$\frac{1}{K_c c_A} = \frac{\varepsilon_{AB} - \bar{\varepsilon}}{\bar{\varepsilon} - \varepsilon_B} = \frac{\varepsilon_{AB} - \varepsilon_B}{\bar{\varepsilon} - \varepsilon_B} - 1$$

oder

$$\frac{1}{\bar{\varepsilon} - \varepsilon_B} = \frac{1}{\varepsilon_{AB} - \varepsilon_B} \cdot \frac{1}{K_c c_A} + \frac{1}{\varepsilon_{AB} - \varepsilon_B}. \qquad (44)$$

Unter der Voraussetzung, daß $c_{0B} \ll c_{0A}$, kann man $c_A \cong c_{0A}$ setzen; dann stellt (44) eine lineare Gleichung für die Größe $1/(\bar{\varepsilon} - \varepsilon_B)$ dar. Trägt man dieselbe gegen $1/c_{0A}$ auf, so resultiert eine Gerade, deren Ordinatenabschnitt gleich $1/(\varepsilon_{AB} - \varepsilon_B)$ ist, und deren Neigung somit die Gleichgewichtskonstante K_c liefert. Nach diesem Verfahren wurde z.B. die Gleichgewichtskonstante des erwähnten Jod-Dioxan-Komplexes bestimmt.

Die Genauigkeit dieses Verfahrens ist allerdings auch nicht sehr groß, denn wenn die Bedingung $c_{0A} \gg c_{0B}$ genügend erfüllt ist, können sich andererseits bereits Abweichungen von der Additivität der Extinktionen oder vom klassischen Massenwirkungsgesetz bemerkbar machen, so daß für die Anwendung dieses Verfahrens nur ein relativ enger, von Fall zu Fall verschiedener Konzentrationsbereich brauchbar ist.

Etwas einfacher werden die Gleichungen, wenn man eine Wellenlänge findet, bei der der Extinktionskoeffizient eines der Gleichgewichtsteilnehmer so klein ist, daß man ihn praktisch gegenüber dem des andern vernachlässigen kann, wenn also etwa im obigen Beispiel $\varepsilon_B \ll \varepsilon_{AB}$ bzw. $\varepsilon_B \ll \bar{\varepsilon}$, wie es im Fall des Jod-Dioxan-Gleichgewichts bei 22150 cm^{-1} auch angenähert der Fall ist. Dann wird aus (44)

$$\frac{1}{\bar{\varepsilon}} = \frac{1}{\varepsilon_{AB}} \cdot \frac{1}{K_c c_A} + \frac{1}{\varepsilon_{AB}}. \qquad (44\,\mathrm{a})$$

Im übrigen gelten natürlich die gleichen Überlegungen wie vorher.

---

[1] KETELAAR, J. A. A. u. Mitarb., Recueil Trav. chim. Pays-Bas **70**, 499 (1951).
[2] KETELAAR, J. A. A. u. Mitarb.: Recueil Trav. chim. Pays-Bas **71**, 1104 (1952). — H. A. BENESI u. J. H. HILDEBRAND: J. Amer. chem. Soc. **71**, 2703 (1949). Vgl. auch G. BRIEGLEB u. I. CZEKALLA: Z. Elektrochem. Ber. Bunsenges. physik. Chem. **58**, 249 (1954) und die dort angegebene Literatur.

Für den letztgenannten Fall, daß praktisch ausschließlich die Molekülverbindung AB absorbiert, kann man die Gleichgewichtskonstante auch rechnerisch aus Extinktionsmessungen bei zwei verschiedenen Konzentrationen ermitteln. Für die zugehörigen Extinktionsmoduln gilt nach dem LAMBERT-BEERschen Gesetz

$$\left.\begin{array}{l} m' = \varepsilon_{AB} c'_{AB} \\ m'' = \varepsilon_{AB} c''_{AB}. \end{array}\right\} \quad (45)$$

Nach dem Massenwirkungsgesetz ist

$$\left.\begin{array}{l} K_c = \dfrac{c'_A c'_B}{c'_{AB}} = \dfrac{(c'_{0A} - c'_{AB})(c'_{0B} - c'_{AB})}{c'_{AB}} \\ = \dfrac{c''_A c''_B}{c''_{AB}} = \dfrac{(c''_{0A} - c''_{AB})(c''_{0B} - c''_{AB})}{c''_{AB}}. \end{array}\right\} \quad (46)$$

Aus diesen vier Gleichungen lassen sich die vier Unbekannten ε_{AB}, c'_{AB}, c''_{AB} und K_c ermitteln. c'_{0A}, c'_{0B}, c''_{0A} und c''_{0B} sind aus der Einwaage bekannt. Löst man etwa nach c''_{AB} auf, so erhält man eine quadratische Gleichung, aus der sich ergibt

$$c''_{AB} = -\frac{(c''_{0A} + c''_{0B}) - (c'_{0A} + c'_{0B})}{2(r-1)} \quad (47)$$

$$\pm \sqrt{\frac{(c''_{0A} + c''_{0B})^2 - 2(c''_{0A} + c''_{0B})(c'_{0A} + c'_{0B}) + (c'_{0A} + c'_{0B})^2}{4(r-1)^2} - \frac{c'_{0A} c'_{0B} - r c''_{0A} c''_{0B}}{r(r-1)}},$$

wobei $r \equiv m'/m''$ aus den Messungen bekannt ist. Aus c''_{AB} erhält man die Gleichgewichtskonstante mittels (46).

Auch hier werden die Gleichungen sehr viel einfacher, wenn man von äquivalenten Konzentrationen der beiden Komponenten ausgeht, so daß $c'_{0A} = c'_{0B}$ und $c''_{0A} = c''_{0B}$. Damit wird aus (47)

$$c''_{AB} = \frac{c'_0 - c''_0 \sqrt{r}}{r - \sqrt{r}}. \quad (48)$$

Führt man noch den Dissoziationsgrad α der Molekülverbindung ein:

$$c''_{AB} = (1 - \alpha'') c''_0, \quad (49)$$

so erhält man aus (48) und (49)

$$\alpha'' = \frac{r - \dfrac{c'_0}{c''_0}}{r - \sqrt{r}}, \quad (50)$$

und daraus mit

$$K_c = \frac{\alpha^2 c_0}{1-\alpha} \qquad (51)$$

ebenfalls die Gleichgewichtskonstante.

Die Schwierigkeit bei derartigen Untersuchungen liegt darin, daß man den Extinktionskoeffizienten der Verbindung AB nicht unmittelbar bestimmen kann[1], da die Verbindung stets teilweise dissoziiert ist und sich die Dissoziation im Gültigkeitsbereich des LAMBERT-BEERschen Gesetzes nicht so weit zurückdrängen läßt, daß praktisch keine Zerfallsprodukte der Verbindung mehr vorhanden sind. Diese Schwierigkeit fällt bei *elektrolytischen Gleichgewichten* schwacher Säuren oder Basen fort, da man durch geeignete Wahl des p_H der Lösung stets erreichen kann, daß praktisch nur die eine absorbierende Komponente des Gleichgewichts vorhanden ist.

Besteht der absorbierende Stoff etwa aus einer schwachen, nur teilweise dissoziierten Säure HA in wässeriger Lösung, so liegt ein protolytisches Gleichgewicht

$$HA + H_2O \leftrightarrows H_3O^+ + A^- \qquad (52)$$

vor. Der Extinktionsmodul der Lösung ist gegeben durch

$$m = \varepsilon_{A^-} \alpha c_0 + \varepsilon_{HA}(1-\alpha) c_0, \qquad (53)$$

wenn c_0 die Gesamtkonzentration der Säure und α ihren Dissoziationsgrad bezeichnet. Man wählt die Wellenlänge wiederum so, daß die beiden Extinktionskoeffizienten ε_{A^-} und ε_{HA} möglichst verschieden sind, also etwa ε_{A^-} sehr groß und ε_{HA} sehr klein oder ganz vernachlässigbar. ε_{A^-} läßt sich durch Messung einer Lösung des zugehörigen vollständig dissoziierten Salzes (evtl. unter Zugabe von Lauge zur Verhinderung von Hydrolyse), ε_{HA} gegebenenfalls durch Messung einer Lösung der Säure in starker HCl mit genügender Näherung ermitteln, so daß aus (53) α und damit mittels (51) die klassische Dissoziationskonstante der Säure berechnet werden kann. Dieses Verfahren ist mittels lichtelektrischer Methoden zu einer Präzisionsmethode entwickelt worden[2] (vgl. auch S. 438).

Legt man das p_H der Lösung durch einen Puffer genügend großer Kapazität von vornherein fest, so sind damit für gegebenes c_0 nach (52) auch die beiden Konzentrationen c_{A^-} und c_{HA} bestimmt. Hält man c_0 konstant und variiert das p_H, so erhält man

---
[1] Vgl. dazu A. C. HARDY u. F. M. YOUNG: J. opt. Soc. America **38**, 854 (1948).
[2] HALBAN, H. v. u. G. KORTÜM: Z. physik. Chem. (A) **170**, 351 (1934).

eine Schar von Absorptionsspektren, die wieder einen (oder evtl. auch mehrere) isosbestischen Punkt besitzen. Als Beispiel einer neueren Messung[1] sind in Abb. 12 die Spektren einer 10^{-5}-molaren Lösung eines Indikators (Acridinorange) bei verschiedenem p_H wiedergegeben. Der isosbestische Punkt liegt bei 22450 cm^{-1}; das

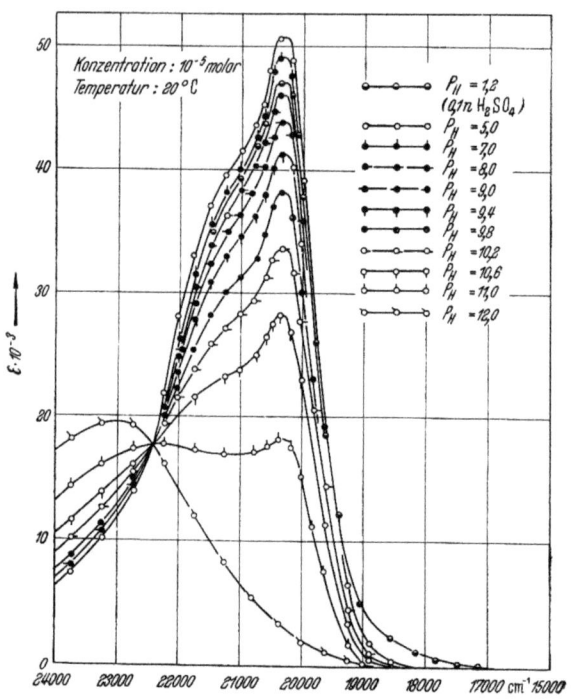

Abb. 12. Spektren einer 10^{-5}-molaren Lösung von Acridinorange.

Absorptionsmaximum bei 20400 cm^{-1} des Kations A^+ nimmt mit steigendem p_H ab, das der freien Base A bei 23000 cm^{-1} nimmt entsprechend zu. Hier liegt noch der kompliziertere Fall vor, daß das Kation A^+ seinerseits zu Doppelionen A_2^{++} assoziiert, so daß es sich um zwei gekoppelte Gleichgewichte handelt. Die zugehörigen beiden Gleichgewichtskonstanten lassen sich berechnen, wenn man außerdem die Konzentrationsabhängigkeit der Absorption bei konstantem p_H ermittelt.

---

[1] ZANKER, V.: Z. physik. Chem. **199**, 225 (1952).

Es sei nochmals ausdrücklich darauf hingewiesen, daß alle hier abgeleiteten Formeln voraussetzen, daß das LAMBERT-BEERsche Gesetz für jeden einzelnen Teilnehmer am Gleichgewicht gültig ist, daß es sich also um genügend verdünnte Lösungen handelt, in denen das Massenwirkungsgesetz in seiner klassischen Form angewendet werden kann. Ob diese Bedingung erfüllt ist, muß in jedem einzelnen Fall besonders geprüft werden.

Zu den „wahren" Abweichungen vom LAMBERT-BEERschen Gesetz rechnen wir weiterhin die S. 34 erwähnten „*Mediumeffekte*", d. h. konzentrationsabhängige Änderungen der zwischenmolekularen Wechselwirkung, die sich nicht auf stöchiometrische Effekte zurückführen lassen, die aber trotzdem merkliche Änderungen der molaren Extinktionskoeffizienten hervorrufen können. Hierher gehören auch die als „Salzfehler" bekannten Einflüsse nichtabsorbierender Zusätze (Salze oder Proteine) auf die Absorption und damit auf die Farbe von Indikatoren, die aber keineswegs auf Ionen beschränkt sind.

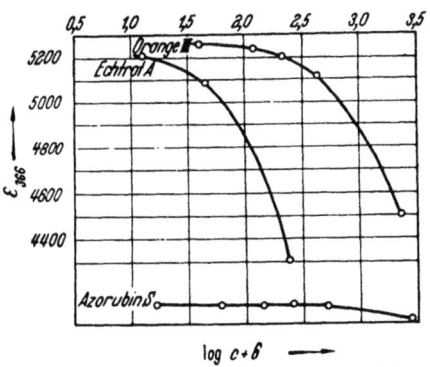

Abb. 13. Gültigkeitsbereich des Lambert-Beerschen Gesetzes bei den Azofarbstoffionen Orange II, Echtrot A und Azorubin S bei 366 mμ in 10^{-3}-n NaOH.

Bei welcher Konzentration meßbare Abweichungen vom LAMBERT-BEERschen Gesetz eintreten, hängt vom untersuchten Stoff und häufig auch von der untersuchten Bande des Stoffes ab; sie variiert in weiten Grenzen und kann nur empirisch ermittelt werden. Als allgemeine Faustregel kann man angeben, daß derartige Abweichungen in der Regel erst bei Konzentrationen $c > 10^{-2}$ Mol/l merklich werden. Treten sie bereits bei sehr viel kleineren Konzentrationen auf, so handelt es sich fast immer um den Einfluß überlagerter Gleichgewichte, d. h. um spezifische chemische Änderungen des absorbierenden Stoffes.

Wie weitgehend der Geltungsbereich des LAMBERT-BEERschen Gesetzes auch vom *Solvatationszustand* einer Verbindung abhängt, zeigt Abb. 13 am Beispiel der Azofarbstoffionen Orange II, Echtrot A und Azorubin S, die sehr ähnliche Konstitution und sehr ähnliche Absorptionsspektren in verdünnter wässeriger NaOH besitzen[1]:

---
[1] KORTÜM, G.: Z. physik. Chem. (B) **34**, 255 (1936).

42   Allgemeine Grundlagen.

$^-O_3S-\langle\bigcirc\rangle-N=N-\langle\bigcirc\rangle^{OH}$; $^-O_3S-\langle\bigcirc\rangle-N=N-\langle\bigcirc\rangle^{OH}$;

$^-O_3S-\langle\bigcirc\rangle-N=N-\langle\bigcirc\rangle^{OH\ \ SO_3^-}$.

SO_3^-

Die Prüfung des LAMBERT-BEERschen Gesetzes ergibt, daß beim Azorubin S im Bereich aller Banden bis etwa $c \sim 10^{-3}$ keine Abweichungen $> 0{,}1\%$ in ε auftreten, während beim Orange II diese Abweichungen bei etwa $c \sim 10^{-4}$, beim Echtrot A bereits bei $c < 10^{-5}$ deutlich werden. Die in diesen Abweichungen zum Ausdruck kommende Micellenbildung der Farbstoffionen beginnt offenbar um so früher, je größer die Ionen sind und je weniger ihre Oberfläche durch hydrophile (hydratisierte) Gruppen abgeschirmt ist.

b) Scheinbare Abweichungen durch unvollkommene Monochromasie der Strahlung. Wie schon hervorgehoben wurde, ist die Gültigkeit des LAMBERT-BEERschen Gesetzes nur bei konstanten äußeren Bedingungen zu erwarten. Zu diesen gehört auch die Monochromasie der verwendeten Strahlung; ist diese nicht genügend gewahrt, so kann ebenfalls eine (scheinbare) Ungültigkeit des LAMBERT-BEERschen Gesetzes vorgetäuscht werden, deren Einfluß häufig unterschätzt worden ist. Da es sowohl aus prinzipiellen Gründen (natürliche Breite von Spektrallinien, Dopplereffekt, Stoßdämpfung usw.) wie aus meßtechnischen Gründen (genügend große Strahlungsstärken) niemals möglich ist, streng monochromatische Strahlung herzustellen, muß diese Fehlerquelle stets berücksichtigt werden. Sie gewinnt um so mehr Bedeutung, je größere Genauigkeit bei der Messung verlangt wird. Eine eingehende Diskussion der durch unvollkommene Monochromasie der Strahlung bedingten Fehler der Extinktionsmessung wurde von SCHMIDT[1] und neuerdings von ASMUS[2] gegeben.

Bei spektral zusammengesetzter Strahlung der Wellenlängen λ_1, $\lambda_2 \ldots \lambda_n$ (also z.B. der Strahlung einer Hg-Lampe) mit den Anfangsintensitäten Φ_{01}, $\Phi_{02} \ldots \Phi_{0n}$ gelte für jede einzelne Wellenlänge das LAMBERT-BEERsche Gesetz in Form der Gleichung (24b) bzw. (27b). Da die Extinktionskoeffizienten ε_1, $\varepsilon_2 \ldots \varepsilon_n$ verschie-

---
[1] SCHMIDT, TH. W.: Z. Instrumentenkunde 55, 336, 357 (1935).
[2] ASMUS, E.: Optik 9, 108 (1952); vgl. auch G. KORTÜM u. H. v. HALBAN: Z. physik. Chem. (A) 170, 212 (1934).

Abweichungen vom BOUGUER-LAMBERT-BEERschen Gesetz.

den sind, ändern sich die Intensitäten Φ_0 beim Durchlaufen der absorbierenden Schicht in verschiedener Weise, und damit ändert sich auch der *mittlere* Extinktionskoeffizient $\bar{\varepsilon}$ kontinuierlich, d. h. er wird von der Größe der gemessenen Extinktion und somit auch von der durchlaufenen Schichtdicke und der Konzentration des absorbierenden Stoffes abhängig, das LAMBERT-BEERsche Gesetz wird scheinbar ungültig. Die gemessene Gesamtextinktion ergibt sich aus (24b) und (27b) zu

$$E = \bar{\varepsilon}\, c\, s = \log \frac{\sum\limits_1^n \Phi_{0i}}{\sum\limits_1^n \Phi_{0i}\cdot 10^{-\varepsilon_i c s}}. \tag{54}$$

Diese Summe läßt sich aber nicht mehr in eine einzige Exponentialfunktion zusammenfassen, d. h. $\bar{\varepsilon}$ stellt keine von c und s unabhängige Konstante mehr dar.

Bei Messungen mit „monochromatischer" Strahlung handelt es sich in der Praxis stets um Messungen mit einer durch Filter oder Monochromatoren isolierten Spektrallinie. Außer dieser Hauptlinie (λ_1) werden jedoch stets benachbarte Nebenlinien ($\lambda_2 \ldots \lambda_n$) mit größerer oder kleinerer Intensität durchgelassen, da Filter fast immer eine relativ große spektrale Breite besitzen (vgl. S. 67ff.), und Monochromatoren immer etwas Streustrahlung anderer Wellenlängen abgeben (vgl. S. 296). Bezeichnen wir die Extinktion für die Hauptlinie mit E_1, so können wir (54) in folgender Weise umformen:

$$\begin{aligned}
E &= \log \frac{\Phi_{01}\left(1 + \sum\limits_2^n \frac{\Phi_{0i}}{\Phi_{01}}\right)}{\Phi_{01}\cdot 10^{-\varepsilon_1 c s}\left(1 + \sum\limits_2^n \frac{\Phi_{0i}}{\Phi_{01}}\cdot 10^{(\varepsilon_1-\varepsilon_i)c s}\right)} \\
&= \log \frac{\Phi_{01}}{\Phi_{01}\cdot 10^{-\varepsilon_1 c s}} + \log \frac{1 + \sum\limits_2^n \frac{\Phi_{0i}}{\Phi_{01}}}{1 + \sum\limits_2^n \frac{\Phi_{0i}}{\Phi_{01}}\cdot 10^{(\varepsilon_1-\varepsilon_i)c s}} \\
&= E_1 + \log \frac{1 + \frac{1}{\Phi_{01}}\sum\limits_2^n \Phi_{0i}}{1 + \frac{1}{\Phi_{01}}\sum\limits_2^n \Phi_{0i}\cdot 10^{(\varepsilon_1-\varepsilon_i)c s}}.
\end{aligned} \tag{55}$$

44   Allgemeine Grundlagen.

Der Fehler der Extinktionsmessung infolge der Nebenlinien ist also gegeben durch $E - E_1$, und der relative Fehler durch

$$\begin{aligned}\frac{E-E_1}{E_1} &= \frac{1}{E_1}\cdot\log\frac{1+\dfrac{1}{\varPhi_{01}}\sum\limits_{2}^{n}\varPhi_{0i}}{1+\dfrac{1}{\varPhi_{01}}\sum\limits_{2}^{n}\varPhi_{0i}\cdot 10^{(\varepsilon_1-\varepsilon_i)cs}}\\ &= \frac{1}{E_1}\cdot\log\frac{\sum\limits_{1}^{n}\varPhi_{0i}}{\sum\limits_{1}^{n}\varPhi_{0i}\cdot 10^{(\varepsilon_1-\varepsilon_i)cs}}\cdot\end{aligned}\qquad(56)$$

Man sieht sofort aus Gleichung (55), daß sowohl für streng spektralreines Licht ($\varPhi_{02} = \varPhi_{03} = \cdots = \varPhi_{0n} = 0$) wie für einen *ideal grauen* Stoff ($\varepsilon_1 = \varepsilon_2 \cdots = \varepsilon_n$) die gemessene Extinktion $E = E_1$ und damit der relative Fehler Null wird, in allen anderen Fällen verliert das LAMBERT-BEERsche Gesetz scheinbar seine Gültigkeit. Von der Größenordnung der so bedingten Fehler kann man sich leicht ein Bild machen, wenn man den relativen Fehler berechnet, den eine einzelne Nebenlinie der Wellenlänge λ_2 neben der Hauptwellenlänge λ_1 bei der Extinktionsmessung hervorzurufen vermag. Er ergibt sich aus (56) zu

$$\frac{\varDelta E}{E_1} = \frac{1}{E_1}\cdot\log\frac{1+\dfrac{\varPhi_{02}}{\varPhi_{01}}}{1+\dfrac{\varPhi_{02}}{\varPhi_{01}}\cdot 10^{E_1\left(1-\frac{\varepsilon_2}{\varepsilon_1}\right)}}\qquad(57)$$

und ist für das (praktisch leicht mögliche) Intensitätsverhältnis $\varPhi_{02}/\varPhi_{01} = 0{,}6\%$ und für verschiedene Werte von $\varepsilon_2/\varepsilon_1$ als Parameter in Abhängigkeit von der gemessenen Extinktion in Abb. 14 dargestellt. Man sieht, daß der Fehler mit zunehmender Extinktion monoton anwächst und um so größer wird, je kleiner das Verhältnis $\varepsilon_2/\varepsilon_1$ der Extinktionskoeffizienten ist.

Prinzipiell sind drei Fälle möglich:

1. $\varepsilon_n \approx \varepsilon_1$. Das ist der schon erwähnte Fall, daß es sich um einen für das betreffende Spektralgebiet angenähert „grauen" Stoff handelt. Er ist auch weitgehend realisiert, wenn man im Bereich eines flachen Absorptionsmaximums mißt, was immer besonders günstig ist. Der relative Fehler wird dann sehr klein und kann häufig praktisch unberücksichtigt bleiben. Hierher gehört jedoch auch der Fall, daß man zur Messung eine eng benachbarte

Spektralliniengruppe benutzt, wie etwa das Na-D-Dublett oder das Hg-Triplett bei 436 mμ[1]. Bei solchen Gruppen liegt das Intensitätsverhältnis Φ_{0n}/Φ_{01} häufig in der Nähe von 1. Mißt man außerdem im Bereich eines steil abfallenden Bandenastes, so sind die Extinktionskoeffizienten trotz der eng benachbarten Wellenlängen häufig doch schon um einige Prozent verschieden, so daß der relative Fehler bei höheren Extinktionen schon merkliche Werte annehmen kann.

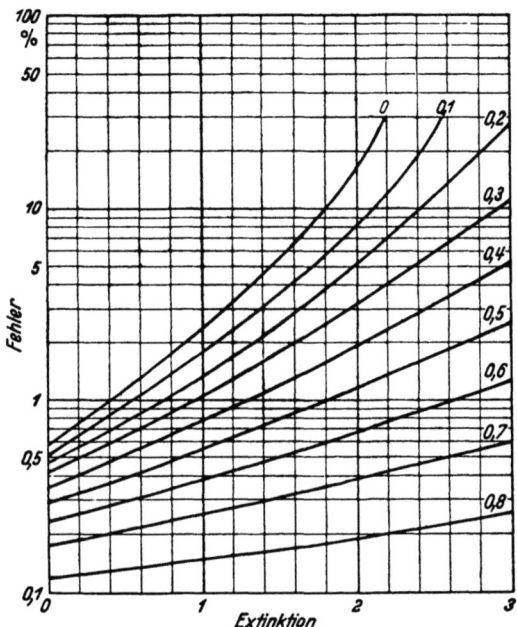

Abb. 14. Relativer Fehler der Extinktionsmessung infolge einer einzelnen Nebenlinie bei einem Intensitätsverhältnis $\Phi_{02}/\Phi_{01} = 0{,}6\%$ und für verschiedene Verhältnisse $\varepsilon_2/\varepsilon_1$ als Parameter.

2. $\varepsilon_n \gg \varepsilon_1$. Durch den absorbierenden Stoff werden die Nebenlinien stärker geschwächt als die Hauptlinie, der Stoff wirkt also als zusätzliches Filter zur Eliminierung der Nebenlinien. Da diese, wie vorausgesetzt, gegenüber der Hauptlinie geringe Intensität besitzen, wird der Fehler durch ihre völlige Eliminierung nicht groß.

3. $\varepsilon_n \ll \varepsilon_1$. Es wird vor allem die Hauptlinie absorbiert, die Nebenlinien werden nur unwesentlich geschwächt und ergeben des-

---
[1] Vgl. dazu G. KORTÜM u. H. v. HALBAN: Z. physik. Chem. (A) 170, 212 (1934).

halb stets eine zu große Gesamtintensität nach dem Austreten aus der absorbierenden Schicht. Dieser Fall verursacht sehr große Meßfehler, wie schon aus Abb. 14 hervorgeht.

In der Praxis liegen die Verhältnisse meist wesentlich komplizierter, da bei Vorhandensein mehrerer Nebenlinien alle drei Fälle gleichzeitig vorkommen können. Außerdem kommt der sehr wichtige Umstand hinzu, daß der Strahlungsempfänger (z. B. eine Photozelle) für die verschiedenen Wellenlängen $\lambda_1 \ldots \lambda_n$ sehr unterschiedliche Empfindlichkeit besitzen kann (vgl. S. 126 ff.), so daß der

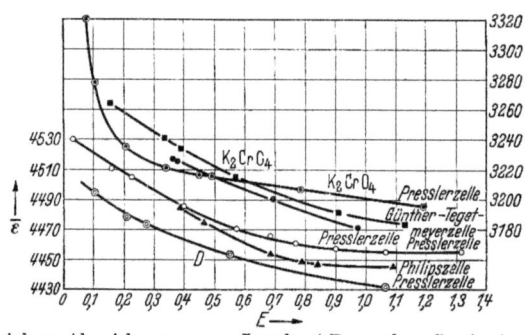

Abb. 15. Scheinbare Abweichungen vom Lambert-Beerschen Gesetz durch unvollkommene Monochromasie der Strahlung.

Einfluß einer Nebenlinie vervielfacht wird, wenn etwa die Photozelle für diese wesentlich empfindlicher ist als für die Hauptlinie. Alle diese Gründe können dahin zusammenwirken, daß die scheinbaren Abweichungen vom LAMBERT-BEERschen Gesetz auch bei Verwendung „monochromatischer" Strahlung einer Spektrallinie sehr beträchtlich werden und die Unsicherheit der Meßmethoden weit überschreiten. Als Beispiel sind in Abb. 15 die bei 436 mμ mit Hg-Lampe und Monochromator gemessenen Extinktionskoeffizienten von 2,4-Dinitrophenolat (linke Ordinate) und K_2CrO_4 (rechte Ordinate) nach lichtelektrischen Präzisionsmessungen unter Benutzung verschiedener Kaliumzellen wiedergegeben[1]. Der Verlauf der Kurven sowohl wie die Streuung der Absolutwerte, die in diesem Fall die Unsicherheit der Meßmethode um zwei Zehnerpotenzen übertraf, zeigt, wie groß diese scheinbaren Abweichungen vom LAMBERT-BEERschen Gesetz selbst unter günstigen Bedingungen sein können (vgl. auch S. 294 ff.).

Benutzt man zur Messung nicht eine einzelne Spektrallinie mit eventuellen Nebenlinien, sondern einen schmalen *kontinuierlichen*

---

[1] KORTÜM, G. u. H. v. HALBAN, s. S. 45.

Abweichungen vom BOUGUER-LAMBERT-BEERschen Gesetz.

Wellenlängenbereich, wie er mittels Filter oder Monochromator aus einem Kontinuum herausgeschnitten wird, so bleiben die abgeleiteten Gleichungen ebenfalls gültig, nur ist die Summe durch ein entsprechendes Integral zu ersetzen, das sich über den Durchlaßbereich des Filters bzw. des Spaltes erstreckt. An Stelle von (56) ergibt sich der relative Fehler zu

$$\frac{E - \overset{*}{E}}{\overset{*}{E}} = \frac{1}{\overset{*}{E}} \cdot \log \frac{\int_{\lambda_n}^{\lambda_0} \Phi_{0\lambda}\, d\lambda}{\int_{\lambda_n}^{\lambda_0} \Phi_{0\lambda} \cdot 10^{(\overset{*}{\varepsilon} - \varepsilon_\lambda) c s}\, d\lambda}. \tag{58}$$

Dabei ist $\overset{*}{E}$ die Extinktion, die dem Schwerpunkt $\overset{*}{\lambda}$ des Filters entspricht. Ist im ganzen Durchlässigkeitsbereich des Filters $\overset{*}{\varepsilon} = \varepsilon_\lambda$, d. h. ist der absorbierende Stoff ideal grau, oder mißt man im Bereich eines flachen Absorptionsmaximums, so wird der relative Fehler gleich Null, das LAMBERT-BEERsche Gesetz ist gültig. In allen anderen Fällen müssen wieder größere oder kleinere Abweichungen vom LAMBERT-BEERschen Gesetz auftreten (vgl. auch Abb. 82). Dies gilt auch dann, wenn der Filterschwerpunkt mit dem Absorptionsmaximum des absorbierenden Stoffes zusammenfällt, denn dann ist $\varepsilon_\lambda \leq \overset{*}{\varepsilon}$, das Integral im Nenner wird also größer als das Integral im Zähler, der relative Fehler wird negativ.

Die praktische Unmöglichkeit, streng monochromatische Strahlung genügender Intensität herzustellen, zwingt bei genauen Prüfungen auf *wahre* Abweichungen vom LAMBERT-BEERschen Gesetz dazu, *diese Prüfungen bei konstanter Extinktion, d.h. bei konstantem Produkt c · s vorzunehmen*, da dann alle durch polychromatische Strahlung bedingten Fehler herausfallen. Dieses Verfahren entspricht dem S. 24 erwähnten, von BEER aufgestellten Gesetz. Derartige Prüfungen sind demnach auf einen Bereich beschränkt, innerhalb dessen sich genügend genau definierte Schichtdicken herstellen lassen. Auf Einzelheiten solcher Messungen zur Prüfung des LAMBERT-BEERschen Gesetzes wird später einzugehen sein (vgl. S. 283).

Die häufig sowohl praktisch wie theoretisch untersuchte Frage[1], ob es durch Extrapolation der gemessenen Extinktionen auf die Schichtdicke Null oder die Schichtdicke ∞ gelingt, den wahren Wert des Extinktionskoeffizienten für die Hauptwellenlänge bzw. den optischen Schwerpunkt zu ermitteln, ist praktisch ohne große Bedeutung. Handelt es sich um die Ermittlung *absoluter Extink-*

---
[1] Vgl. z.B.: E. ASMUS, s. S. 42.

tionskoeffizienten, d. h. um Konstitutionsfragen, so wird man stets spektrometrische (photographische oder lichtelektrische) Methoden heranziehen, bei denen man mit außerordentlich spektralreiner Strahlung arbeiten kann (vgl. S. 294ff.), so daß die hier diskutierten Fehler keine Rolle spielen. Handelt es sich um photometrische quantitative Analysen, d. h. um *relative Messungen*, so spielt das wahre ε ohnehin keine Rolle, da man die Messungen stets auf unter gleichen Bedingungen gemessene Standardwerte der Extinktion bezieht (Eichkurven!). Unbekannte Konzentrationen eines absorbierenden Stoffes aus einer einzigen Extinktionsmessung unter Benutzung eines bei einer anderen Extinktion ermittelten Extinktionskoeffizienten zu berechnen, kann zu sehr großen Fehlern führen und sollte grundsätzlich vermieden werden.

Einer besonderen Betrachtung bedarf schließlich noch die *Prüfung des* LAMBERT-BEER*schen Gesetzes bei Gasen*. Wie schon S. 5 erwähnt wurde (vgl. auch Abb. 1), besitzen die Spektren von Gasen normalerweise bei genügend kleinem Druck eine Rotationsfeinstruktur, die nur bei sehr großer Dispersion aufgelöst werden kann. Man wird deshalb bei Prüfungen des LAMBERT-BEERschen Gesetzes stets eine Strahlung verwenden müssen, deren spektrale Breite groß ist gegenüber der Breite der Rotationslinien. Dies gilt auch dann, wenn man eine einzelne Emissionslinie verwendet, z. B. fallen in den Bereich der scharfen grünen Hg-Linie 5461 Å noch etwa 7 Jodlinien des Jod-Bandenspektrums im Sichtbaren. Das bedeutet aber, daß der Extinktionskoeffizient in diesem Bereich sehr stark variiert, so daß sehr große Abweichungen vom LAMBERT-BEERschen Gesetz auftreten müssen.

Qualitativ sieht man sofort ein, daß schon mit wachsender Schichtdicke (bei konstantem Druck) die Strahlung im Bereich der Rotationslinien mehr und mehr absorbiert, zwischen den Linien ($\varepsilon = 0$) aber stets vollständig durchgelassen wird. Das bedeutet offenbar, daß schon das LAMBERTsche Gesetz im engeren Sinne ungültig wird, denn die Extinktion wird schließlich mit zunehmender Schichtdicke überhaupt nicht mehr weiter ansteigen, sondern nähert sich einem konstanten Grenzwert. Analoges gilt für konstante Schichtdicke und zunehmenden Druck des Gases. Aber selbst wenn man das LAMBERT-BEERsche Gesetz in der S. 47 angegebenen Weise prüft, daß man das Produkt $c \cdot s$ konstant hält, wird man Abweichungen finden müssen, da sich die Rotationslinien infolge der Stoßdämpfung mit steigendem Druck mehr und mehr überlappen. Erst bei vollständigem Verschwinden der Rotationsstruktur infolge der Druckverbreiterung wird das LAMBERT-BEERsche Gesetz wieder gültig werden.

Quantitative neuere Messungen[1] des mittleren Extinktionskoeffizienten $\bar{\varepsilon}$ bei 5461 Å von Brom- und Joddampf im sichtbaren Bandengebiet haben gezeigt, daß tatsächlich sehr große Abweichungen sowohl vom LAMBERTschen wie vom LAMBERT-BEERschen Gesetz auftreten. In Abb. 16 sind als Beispiel die Messungen am

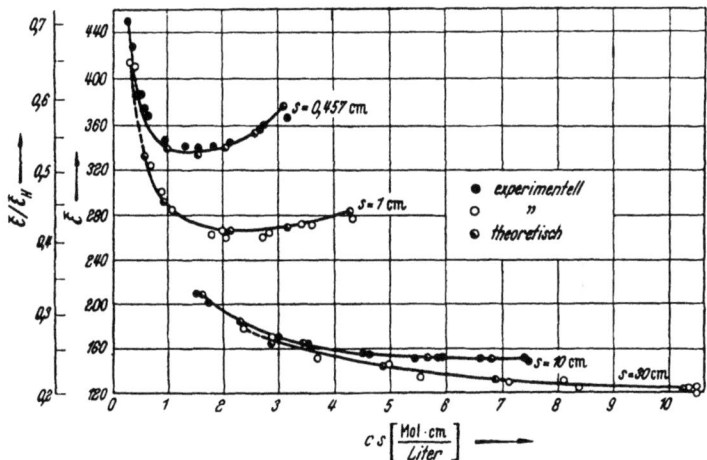

Abb. 16. Prüfung des Lambert-Beerschen Gesetzes an Joddampf bei 5461 Å im Bandengebiet.

Joddampf im Druckbereich zwischen 0,8 bis 105 mm wiedergegeben. $\bar{\varepsilon}_{5461}$ ist als Funktion von cs dargestellt, wobei als Parameter für die verschiedenen Kurven die konstante Schichtdicke dient. Man sieht, daß schon bei konstantem s sowohl mit dem Druck fallende wie steigende wie angenähert konstante Werte von $\bar{\varepsilon}$ vorkommen. Bei dieser Form der Darstellung kommen die Abweichungen vom LAMBERT-BEERschen Gesetz sehr viel deutlicher zum Ausdruck, als wenn man die gemessenen Extinktionen bei konstanter Schichtdicke gegen c aufträgt, wie es sonst üblich ist (vgl. Abb. 81). Auch theoretisch läßt sich die Gesamtabsorption sich überlappender Rotationslinien mit Hilfe der Dispersionstheorie in Übereinstimmung mit den Messungen berechnen[2].

---

[1] KORTÜM, G. u. W. LUCK: Z. Elektrochem. angew. physik. Chem. 55, 619 (1951); Z. Naturf. 6a, 305 (1951). — W. LUCK: Z. Naturf. 6a, 313 (1951); dort auch frühere Literatur.
[2] ELSASSER, E. M.: Physic. Rev. 54, 126 (1938). — W. LUCK: Z. Naturf. 6a, 191 (1951).

Außer durch Erhöhung des Eigendrucks kann man die Rotationsstruktur der Absorptionsbanden auch durch Zusatz eines nicht absorbierenden *Fremdgases* zum Verschwinden bringen, da dann ebenfalls eine Stoßverbreiterung der Linien (Abkürzung der Lebensdauer der Rotationszustände) eintritt, die schließlich zu einem vollständigen Zusammenfließen der Rotationslinien zu einem Kontinuum führt, in dem LAMBERTsches und LAMBERT-BEERsches Gesetz natürlich wieder gültig sind. Dem entspricht die Beobachtung, daß $\bar{\varepsilon}$ mit steigendem Druck des Fremdgases zunimmt

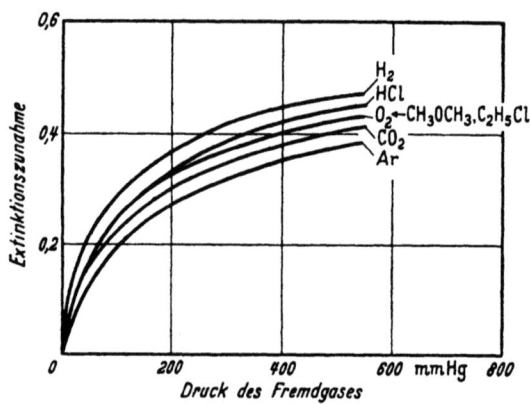

Abb. 17. „Fremdgaseffekte" auf die Absorption des Bromdampfes bei 5461 Å unter Zusatz verschiedener Fremdgase.

und sich schließlich einem konstanten Grenzwert ε_H nähert, wie es in Abb. 17 am sogenannten „Fremdgaseffekt" auf Bromdampf unter Zusatz verschiedener Fremdgase gezeigt ist[1]. Für die Praxis der Extinktionsmessung an Gasen bedeutet dies, daß es zweckmäßig ist, ein nicht absorbierendes Gas unter genügend hohem Druck zuzusetzen, wenn man in einem Spektrum mit Rotationsstruktur messen will[2]. Nur in diesem Fall wird man von Schichtdicke und Druck unabhängige Extinktionskoeffizienten erhalten, falls nicht außerdem wahre Abweichungen vom LAMBERT-BEERschen Gesetz auftreten.

---

[1] KORTÜM, G. u. D. MÜLLER: Z. Naturf. 1, 439, 637 (1946). — W. LUCK: Z. Naturf. 6a, 313 (1951); Z. Elektrochem. angew. physik. Chem. 56, 870 (1952).
[2] WILSON, E. B. u. A. J. WELLS: J. chem. Physics 14, 578 (1946). — F. BARTHOLOMÉ: Z. physik. Chem. (B) 23, 131 (1933).

7. Meßtechnische Grundbegriffe.

Die zur Charakterisierung eines Meßverfahrens gebräuchlichen Ausdrücke Empfindlichkeit, Genauigkeit, Richtigkeit, Unsicherheit usw. der Messung werden vielfach in verschiedener Bedeutung benutzt und führen deshalb häufig zu Mißverständnissen bzw. zu einer falschen Einschätzung der Leistungsfähigkeit verschiedener Meßverfahren. Dies kommt etwa in der Behauptung zum Ausdruck, „eine Absorptionskurve erhebe besonderen Anspruch auf Genauigkeit, weil sie mittels sehr genauer lichtelektrischer Messungen gewonnen sei". Lichtelektrische Messungen können jedoch trotz sehr großer Genauigkeit völlig falsche Meßergebnisse liefern, woraus hervorgeht, daß die genannten meßtechnischen Grundbegriffe einer sehr exakten Definition bedürfen, wenn Mißverständnisse vermieden werden sollen. Die im folgenden gegebenen Definitionen schließen sich eng an die Vorschläge des Deutschen Normenausschusses an[1].

Das Ziel einer Messung besteht darin, eine Eigenschaft eines Körpers zahlenmäßig festzulegen. Die gefundene Zahl, der *Meßwert*[2], kann vom *richtigen* Wert mehr oder weniger abweichen, unabhängig davon, ob der richtige Wert bekannt ist oder ob es überhaupt eine Möglichkeit gibt, den richtigen Wert zu ermitteln. Die Differenz zwischen richtigem Wert und Meßwert nennt man den *Fehler* des Meßwertes, der positiv oder negativ sein kann. Ist der richtige Wert nicht bekannt, so läßt sich also aus einer einzelnen Messung über den Fehler überhaupt nichts aussagen.

Wiederholt man die Messung unter gleichen Bedingungen mit dem gleichen Meßgerät mehrmals (*Meßreihe*); so werden die einzelnen Meßwerte A_i voneinander abweichen, obwohl ihnen allen derselbe richtige Wert zugrunde liegt, d. h. die Meßwerte streuen. Die Ursache dafür liegt in nicht erfaßbaren Schwankungen der Umwelteinflüsse auf das Meßverfahren sowie in der subjektiven Beobachtung; man nennt diese Abweichungen deshalb *zufällige Fehler*. Wir bilden nun den *Durchschnitt* D der voneinander abweichenden Einzelwerte A_i; ist die Zahl n der einzelnen Messungen genügend groß, so wird sich D schließlich nicht mehr ändern, wenn man weitere Messungen macht, man bezeichnet D deshalb auch als *arithmetisches Mittel* des Meßwertes.

Macht man am gleichen Meßgegenstand eine neue Meßreihe, jedoch mit einem anderen Meßverfahren, so erhält man wieder eine

---
[1] DIN 1319 Deutscher Normenausschuß. Berlin 1942.
[2] Man unterscheidet zwischen *Meßwert* und *Meßergebnis*, wenn man letzteres erst aus einem oder mehreren Meßwerten berechnet.

Reihe von Einzelwerten und ein zugehöriges arithmetisches Mittel des Meßwertes. Stimmen die beiden so gewonnenen Mittelwerte zusammen, so kann man annehmen, daß die beiden Meßverfahren *richtige Werte* liefern. (Ist der richtige Wert von vornherein bekannt, handelt es sich also etwa um eine Eichmessung, so läßt sich natürlich bereits für ein einziges Meßverfahren entscheiden, ob es richtige Werte ergibt.) Bestehen jedoch zwischen den Mittelwerten zweier verschiedener Meßverfahren merkliche Abweichungen, so muß man daraus schließen, daß jedenfalls eines der Meßverfahren unrichtig ist. Die einzelne Messung nach diesem Verfahren besitzt also außer dem zufälligen Fehler noch einen *systematischen Fehler*, der durch das Verfahren bedingt ist und auf Unzulänglichkeiten der Meßgeräte oder auf quantitativ erfaßbare Umwelteinflüsse zurückgeführt werden muß.

Der wesentliche Unterschied zwischen zufälligen und systematischen Fehlern liegt darin, daß man systematische Fehler rechnerisch oder experimentell berichtigen kann, während zufällige Fehler sich nicht durch irgendwelche Maßnahmen vermeiden lassen. So kann man, wie schon erwähnt, ein Verfahren daraufhin prüfen, ob es richtige Werte liefert, indem man es auf solche Fälle anwendet, für die man die richtigen Werte bereits kennt bzw. vorgegeben hat, d.h. indem man das Verfahren eicht. Oder man kann den Einfluß geänderter Meßbedingungen auf den Meßwert untersuchen und dadurch die Ursache des systematischen Fehlers ermitteln und beseitigen. Ein Beispiel dafür ist die oben erwähnte Prüfung des BEERschen Gesetzes bei konstantem Produkt $c \cdot s$. Würde man lediglich die Extinktion in Abhängigkeit von der Konzentration der Lösung untersuchen, so würde die Unmöglichkeit, streng monochromatisches Licht zu verwenden, Abweichungen vom BEERschen Gesetz vortäuschen, die in Wirklichkeit durch einen systematischen Fehler des Meßverfahrens bedingt sind. Indem man jedoch die Messung bei konstantem Produkt $c \cdot s$ vornimmt, wird dieser systematische Fehler ausgeschaltet.

Ist ein Meßverfahren innerhalb gewisser Grenzen als frei von systematischen Fehlern erkannt worden, so ist die Messung infolge der nicht eliminierbaren zufälligen Fehler immer noch um einen gewissen Betrag unsicher. Ein Maß für diese *Unsicherheit* bildet die sogenannte *Streuung* σ der Meßwerte, die durch die bekannte Gleichung definiert ist:

$$\sigma = \sqrt{\frac{\Sigma \delta_i^2}{n-1}}. \tag{59}$$

Dabei bedeutet $\delta_i = A_i - D$ die Abweichungen der Einzelwerte der Messung vom Durchschnitt und n die (nicht zu kleine) Zahl der

Einzelmessungen. σ wird auch häufig noch als „mittlerer Fehler der Einzelmessung" bezeichnet. Dividiert man weiterhin σ durch $\sqrt{n}$, so erhält man ein Maß für die *Unsicherheit des Durchschnitts* σ_D, die häufig auch als „mittlerer Fehler des Mittelwertes" bezeichnet wird:

$$\sigma_D = \frac{\sigma}{\sqrt{n}} = \sqrt{\frac{\Sigma \delta_i^2}{n(n-1)}}. \tag{60}$$

Diese Unsicherheit des Durchschnitts gibt an, wie stark bei mehrfacher Wiederholung der *Meßreihe* der arithmetische Mittelwert jeder Reihe um den Gesamtmittelwert streut.

Die *Streuung* σ ist die wichtigste Größe bei allen Fehlerbetrachtungen, denn sie läßt eine Voraussage über die Fehlerverteilung bei dem in Frage stehenden Meßverfahren zu. So kommen z. B. Fehler, die größer sind als 2σ, nur bei $4,6\%$ aller Messungen vor, Fehler größer als 3σ nur bei $0,3\%$ usw. Dabei ist vorausgesetzt, daß die Fehlerverteilung dem GAUSSschen Verteilungsgesetz gehorcht, wovon man sich in vielen Fällen durch genügende Häufung der Meßwerte und Abzählen der Fehlerhäufigkeit überzeugen kann. Durch die Größe σ ist daher die Unsicherheit der Messung – von systematischen Fehlern abgesehen – *eindeutig* festgelegt. An Stelle des negativen Begriffes *Unsicherheit* ist es nun meistens gebräuchlich, von der *Genauigkeit* einer Messung zu sprechen. Man gibt zu diesem Zweck gewöhnlich die *relative Streuung* einer Meßreihe in Prozenten, also die Größe $100 \cdot \sigma/D$ an. Man sagt also z. B., die Genauigkeit der Messung betrage $\pm 2\%$, anstatt zu sagen, die Messung sei um $\pm 2\%$ unsicher. Diese Ausdrucksweise ist deswegen nicht sehr glücklich, weil einer größeren Genauigkeit eine kleinere Streuung entspricht und umgekehrt. Es ist deshalb angeregt worden[1], als direktes Maß für die Genauigkeit einer Messung den *Kehrwert der relativen Streuung* zu benutzen. Ein Meßverfahren mit einer Streuung von 1% hätte danach eine Genauigkeit von 100, ein solches mit der Streuung von $0,1\%$ eine Genauigkeit von 1000 usw.

Wie aus Gleichung (59) bzw. (60) hervorgeht, läßt sich die Streuung und damit die Unsicherheit der Messung durch Häufung der Einzelmessungen beliebig klein machen. Die Richtigkeit der Messung hängt dann schließlich nur davon ab, wie weitgehend systematische Fehler des Meßverfahrens ausgeschaltet werden konnten. Ist dies nicht möglich, so kann ein sehr genaues Meßverfahren, d. h. ein solches mit geringer Streuung der Meßwerte, trotzdem vollständig falsche Meßergebnisse liefern. Dieser Fall liegt z. B.

---

[1] Nach einem Vorschlag von H. KAISER, Düsseldorf.

vor, wenn man mit Hilfe lichtelektrischer Messungen und Licht beträchtlicher spektraler Breite absolute Extinktionskoeffizienten bestimmen will, wie später eingehend begründet werden soll. Der systematische Fehler beruht hier darauf, daß trotz der hohen Genauigkeit der Extinktionsmessung die daraus berechneten Extinktionskoeffizienten nur Mittelwerte darstellen, die keine definierte Bedeutung besitzen.

Für die Beurteilung eines Meßverfahrens ist es weiterhin von besonderem Interesse, zu untersuchen, wodurch die Streuung in erster Linie bedingt ist. Bei den hier interessierenden photometrischen Meßmethoden kann die Streuung einerseits durch die unvollkommene Ablesevorrichtung (Meßblende, Teilkreis, Nonius usw.), andererseits durch die Unvollkommenheit bzw. Unempfindlichkeit des Strahlungsempfängers (Auge, Photozelle, photographische Platte usw.) oder des Anzeigegerätes (Galvanometer, Elektrometer usw.) hervorgerufen sein, man kann also von einer *Ablesestreuung* σ_1 und von einer *Einstellstreuung* σ_2 sprechen. Dann ergibt sich die beobachtete Gesamtstreuung nach dem Fehlerfortpflanzungsgesetz zu

$$\sigma = \sqrt{\sigma_1^2 + \sigma_2^2}. \tag{61}$$

Bei visuellen Methoden läßt es sich meistens erreichen, daß die beobachtete Streuung praktisch ausschließlich durch die Einstellstreuung des Auges gegeben ist, mit anderen Worten, daß σ_1 sehr klein wird gegenüber σ_2, indem man die Ablesevorrichtung genügend fein unterteilt. Ähnliches gilt für Messungen mit der photographischen Platte. Bei lichtelektrischen Methoden wird umgekehrt zuweilen die Ablesestreuung der Meßvorrichtung für den Gesamtfehler den Ausschlag geben (etwa bei der Schätzung von Bruchteilen eines Skalenabstandes), da die relative Einstellstreuung bei Photozellen durch Erhöhung der Beleuchtungsstärke fast beliebig klein gemacht werden kann.

Die *Empfindlichkeit* E einer Meßanordnung schließlich ist definiert durch die Verschiebung dl der Anzeigevorrichtung (Zeiger, Marke usw.) infolge einer kleinen Änderung dM der Meßgröße:

$$E = \frac{dl}{dM}. \tag{62}$$

Sie hat also die Dimension Länge/Meßgröße und ist häufig noch eine Funktion des Wertes der Meßgröße selbst. Die Empfindlichkeit eines lichtelektrischen Photometers ist also z.B. durch den Galvanometerausschlag dl gegeben, den eine kleine Änderung der zu messenden Extinktion hervorruft. Die — häufig auch als Empfindlichkeit bezeichnete — kleinste mit einem Gerät noch erfaßbare Meßgröße wird besser *Reizschwelle* genannt. Die Reizschwelle ist also z.B. die kleinstmögliche Menge eines Stoffes, die sich photometrisch noch bemerken läßt; sie wird etwa in γ/cm^3 angegeben. Da man aber die Reizschwelle herabdrücken kann, indem man die Schichtdicke vergrößert, ist sie in diesem Fall besser definiert als das kleinstmögliche Produkt cs, das sich noch photometrisch mit der benutzten Anordnung bemerken läßt. Allerdings wird es sich im Sprachgebrauch nicht immer vermeiden lassen, auch in allgemeinerem Sinn von Empfindlichkeit zu sprechen, etwa von der Empfindlichkeit einer Photozelle oder der photographischen Platte in verschiedenen Spektralbereichen, ohne daß dies im Sinn der Definitionsgleichung (62) verstanden werden soll.

8. Allgemeine systematische Fehlerquellen.

Die mehrfach erwähnte Abhängigkeit des Absorptions- und Fluorescenzspektrums von allen äußeren Bedingungen erfordert die genaue Definition bzw. Konstanthaltung dieser Bedingungen. Hierher gehört in erster Linie die *Temperatur*. Durch Temperaturänderungen können die Banden genau wie bei Fremdstoffzusätzen in Höhe, Form und Lage verändert werden, wobei die Temperaturempfindlichkeit der einzelnen Banden der gleichen Molekel noch verschieden groß sein kann. Gewöhnlich findet bei Temperaturerhöhung eine Rotverschiebung der Banden statt, die sich auch theoretisch deuten läßt. Diese Verschiebung macht sich an steilen Ästen einer Bande besonders stark bemerkbar, weil schon eine geringe Verschiebung der Bande für eine gegebene Wellenlänge eine starke Intensitätsänderung der Absorption zur Folge hat. So nimmt z.B. bei der Pikrinsäure im ansteigenden Ast der ersten Bande die Intensität der Lichtabsorption um etwa 1,5% je Grad zu[1]. Will man also z.B. eine visuelle Konzentrationsbestimmung der Pikrinsäure auf Grund ihrer Absorption im blauen Spektralbereich durchführen, so genügen Temperaturschwankungen von wenigen Graden, um die an sich erreichbare Genauigkeit der Bestimmung von etwa 100 (1%) illusorisch zu machen. *Es ist daher grundsätzlich dafür zu sorgen, daß die Temperatur sowohl bei relativen wie bei absoluten Messungen auf etwa $\mp 1°$ genau definiert ist, wenn man eine Meßgenauigkeit von 100 anstrebt.* Bei lichtelektrischen Präzisionsmessungen ist gelegentlich eine Temperaturkonstanz der Lösungen von $1/20°$ und weniger notwendig, damit die Genauig-

---

[1] KORTÜM, G.: Chem. Techn. 15, 167 (1942).

keit der Messung nicht durch Temperatureffekte beeinträchtigt wird. Häufig kann man bei optischen Konzentrationsbestimmungen den Temperaturfehler dadurch klein machen, daß man die Messung in der Nähe des Maximums einer Absorptionsbande ausführt, da hier Bandenverschiebungen durch veränderliche Temperatur naturgemäß nur geringen oder keinen Einfluß auf die Größe des Extinktionskoeffizienten ε ausüben.

Bei allen Absorptionsmessungen, besonders solchen im UV und IR, ist ferner besondere Vorsicht vor *geringen Verunreinigungen* geboten. Dies bezieht sich nicht nur auf den zu untersuchenden Stoff, sondern vor allem auch auf das verwendete *Lösungsmittel*. Die Reinigung der gebräuchlichen Lösungsmittel bis zur ,,optischen Konstanz" ist häufig sehr wichtig und erfordert umständliche Verfahren. Als ,,chemisch rein" oder ,,pro analysi" bezeichnete Lösungsmittel genügen den Anforderungen in den meisten Fällen durchaus nicht, auch die Richtigkeit physikalischer Konstanten wie Schmelzpunkt, Siedepunkt, DK usw., ist meistens kein genügendes Kriterium für die erforderliche Reinheit.

Bei Fluorescenzmessungen ist z. B. darauf zu achten, daß das verwendete Lösungsmittel keinen Sauerstoff enthält, da dieser in manchen Fällen zur *Fluorescenzauslöschung* infolge Reaktion mit den angeregten fluorescenzfähigen Molekeln führt und so die Intensität der Fluorescenzstrahlung herabsetzt.

Die Fehlermöglichkeiten durch verunreinigte Präparate werden ebenfalls häufig unterschätzt. Besitzt z. B. eine Verunreinigung im untersuchten Spektralbereich einen Extinktionskoeffizienten, der hundertmal größer ist als derjenige des zu bestimmenden Stoffes, so absorbiert 1% der Verunreinigung ebenso stark wie die restlichen 99% des reinen Stoffes, d.h. die gemessene Extinktion und damit die gesuchte Konzentration des Stoffes wird um 100% gefälscht. Solche Effekte können z. B. durch Beimischung schwer entfernbarer Isomerer auftreten, ferner durch unreine Reagenzien bei Farbreaktionen zur Bildung absorbierender Verbindungen (z. B. Eisengehalt konzentrierter HCl), durch unrichtige p_H-Einstellung der Lösungen usw. (vgl. auch S. 443 ff.). Bei sehr kleinen Konzentrationen des zu untersuchenden Stoffes können dadurch beträchtliche Fehler verursacht werden, daß der Stoff etwa an den Glas- oder Quarzwänden der Küvetten spezifisch adsorbiert wird. Ein bekanntes Beispiel ist die Adsorption von Pikrinsäure oder Salpetersäure an Quarzoberflächen.

Besonderer Beachtung bedarf die Möglichkeit, daß der zu untersuchende Stoff nicht molekulardispers, sondern *kolloidal* gelöst ist, so daß neben der Absorption auch *Streuung* auftritt. Diese hängt sehr stark von Wellenlänge und Teilchengröße ab (vgl. S. 214 ff.), so daß Unterschiede im Dispersitätsgrad sehr große scheinbare Extinktionsdifferenzen vortäuschen können. Auch zusätzliche *Trübungen* aller Art können sehr große systematische Fehler hervorrufen, etwa bei Konzentrationsbestimmungen in physiologischen Flüssigkeiten (Blut, Harn usw.), bei denen in den Vergleichs- oder Standardlösungen diese Trübung fehlt. Trübungen solcher Art sind in vielen Fällen in Durchsicht nicht bemerkbar und lassen sich nur mittels des Tyndallkegels eines scharfen begrenzten Lichtbündels feststellen. Hierher gehört auch die oft nicht beachtete Fehlerquelle durch kolloidal gelösten Quarz. Quarzgefäße, insbesondere solche mit rauher Oberfläche, wie etwa die Schliffflächen von Balyrohren (vgl. S. 113), werden von starken wässerigen Alkalien angegriffen; es entstehen stark streuende kolloidale Lösungen mit sehr hoher scheinbarer Extinktion, die dann dem untersuchten gelösten Stoff zugeschrieben wird. Auch submikroskopische *Gasbläschen,* wie sie etwa durch Erwärmung mit Luft gesättigter Lösungen entstehen und sich an den Verschlußplatten von Küvetten absetzen, rufen ähnliche Streueffekte hervor.

Gerade bei hohen Ansprüchen an die Genauigkeit relativer Messungen gewinnen häufig systematische Fehler Bedeutung, die normalerweise keine Rolle spielen und deshalb gewöhnlich übersehen werden. So können z. B. Temperaturschwankungen von 1 bis 2° − abgesehen von ihrem schon genannten Einfluß auf den Extinktionskoeffizienten − bei manchen Lösungsmitteln schon durch Veränderung der Dichte die Konzentration des gelösten Stoffes um Zehntelprozente fälschen. Merkliche Fehler können entstehen, wenn man für spektrometrische oder photometrische Messungen gezwungen ist, eine gegebene Lösung um mehrere Zehnerpotenzen zu verdünnen. Hierfür reichen meistens Pipetten oder Büretten nicht aus, sondern man führt solche Verdünnungen mit Hilfe von Wägungen und eventuell Dichtemessungen durch. Ferner können, wie an einer Reihe von Beispielen gezeigt wurde[1], geringe Unterschiede in der Konzentration des farberzeugenden Reagens oder sonstiger z. B. für eine Komplexbildung notwendiger Zusatzstoffe, ja sogar die Geschwindigkeit der Bildung eines farbigen Komplexes für die Genauigkeit der Konzentrationsbestimmung von Bedeutung werden, so daß die Beseitigung solcher systematischer Fehler durch Eichung des verwendeten Verfahrens in jedem einzelnen Fall notwendig ist, bevor man die Meßergebnisse als richtig ansieht.

---

[1] Vgl. G. KORTÜM: Chem. Techn. 15, 167 (1942).

II. Hilfsmittel für optische Untersuchungen.

1. Strahlungsquellen,

die für optische Messungen geeignet sein sollen, müssen – von Spezialaufgaben abgesehen – zwei allgemeinen Forderungen genügen:
1. Sie müssen örtlich und zeitlich konstant sein, damit ihre Strahlungsstärke und deren spektrale Verteilung während der Messung nicht schwankt.
2. Sie müssen nach Möglichkeit punktförmig sein, damit sich angenähert parallele, homogene Strahlenbündel herstellen lassen.

Je nach dem Verwendungszweck ist ferner eine Strahlungsquelle mit kontinuierlicher oder diskontinuierlicher Intensitätsverteilung erwünscht. Bei der Aufnahme ganzer Absorptionsspektren sind Strahlungsquellen mit kontinuierlichem Spektrum (Glühlampen, Wasserstofflampe, Xenon-Hochdrucklampe), die auch bei Absorptionsbanden mit Feinstruktur (Schwingungsstruktur, Gasspektren) eine weitgehende Auflösung ermöglichen, stets vorzuziehen. Bei photographischen Methoden lassen sich außerdem Stellen gleicher Schwärzung auf der Platte in einem Kontinuum sehr viel leichter und sicherer auffinden als in einem Linienspektrum (vgl. S. 408). Bei photometrischen quantitativen Analysen sind umgekehrt Strahlungsquellen mit diskontinuierlichem Spektrum (Hg-Lampe), aus denen sich einzelne Spektrallinien aussondern lassen, besser geeignet, da man in diesem Fall mit wesentlich spektralreinerer Strahlung messen kann und so die durch scheinbare Abweichungen vom LAMBERT-BEERschen Gesetz bedingten Schwierigkeiten vermeidet.

Für den *sichtbaren Spektralbereich* sind *Glühlampen* (Temperaturstrahler) die gebräuchlichsten Lichtquellen. Die Forderung der Punktförmigkeit ist weitgehend erfüllt bei *Niedervoltlampen* mit kurzer Leuchtwendel[1], die zwecks genügender Leistungsaufnahme mit hohen Stromstärken betrieben werden müssen, und bei den *Wolfram-Punktlichtlampen*[1], bei denen eine Bogenentladung zwischen zwei Elektroden übergeht. Glühfadenlampen sind bezüglich ihrer geometrischen Konstanz der Bogenentladung natürlich überlegen. Da die Strahlungsstärke einer Glühlampe etwa mit der dritten bis vierten Potenz der angelegten Spannung variiert, muß diese außerordentlich konstant gehalten werden, wenn für eine Meßanordnung konstante Intensität erforderlich ist. Außerdem ist zu berücksichtigen, daß sich mit variierender Spannung und damit

---
[1] Osram, Heidenheim.

variierender Temperatur des Glühfadens nicht nur die Gesamtstrahlungsstärke, sondern auch ihre relative spektrale Verteilung stark ändert.

Die relative spektrale Energieverteilung eines Temperaturstrahlers wird für seine sogenannte „Farbtemperatur" angegeben. Diese ist gleich der Temperatur des „schwarzen Körpers", bei welcher dessen Strahlung die gleiche relative spektrale Zusammensetzung im *sichtbaren Gebiet* aufweist wie die untersuchte Strahlung. Die Strahlung des schwarzen Körpers läßt sich nach der PLANCKschen Strahlungsformel berechnen und ist für eine Reihe von Temperaturen in Form von Tabellen angegeben[1]. In Abb. 18 ist die relative spektrale Energieverteilung des schwarzen Körpers bei 2600 und 3000° K wiedergegeben. Innerhalb dieses Bereichs liegen gewöhnlich die Farbtemperaturen von Glühlampen. Der Wert bei 555 mμ (Maximum der Augenempfindlichkeit: vgl. Abb. 51) ist dabei gleich 100 gesetzt, die Kurven geben also die relative Energieverteilung, bezogen auf diese Wellenlänge, an. Man sieht, daß das Maximum der Ausstrahlung bei diesen Temperaturen noch im Infrarot liegt und sich mit zunehmendem T nach kurzen Wellen verschiebt. Gegen das UV sinkt die Intensität rasch ab. Glühlampen sind wegen der mangelnden Durchlässigkeit der Glashülle nur bis etwa 320 mμ, Uviolglaslampen bis etwa 280 mμ verwendbar.

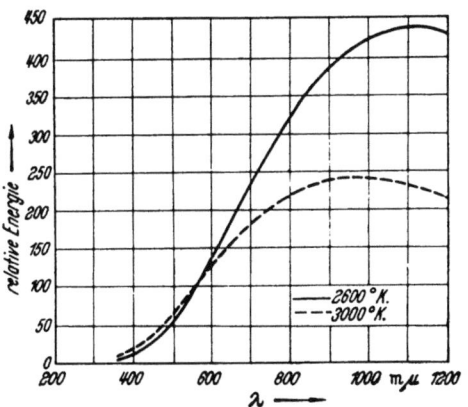

Abb. 18. Relative spektrale Energieverteilung des schwarzen Körpers bei 2600 und 3000° K (bei 555 mμ gleich 100 gesetzt).

Wolfram-Bandlampen[2] besitzen an Stelle des Glühfadens ein etwa 3 mm breites gestrecktes Band von gleichförmiger Leuchtdichte und sind deshalb in manchen Fällen (etwa zur Beleuchtung eines Spaltes) besonders geeignet. Die Strahlung ist, soweit sie nicht unter dem Austrittswinkel Null emittiert wird, teilweise linear

---

[1] SKOGLAND, J. F.: Natl. Bur. Stand. Misc. Publ. **86** (1929). — R. DAVIS u. K. S. GIBSON: Natl. Bur. Stand. Misc. Publ. **114** (1931). — P. MOOR: J. opt. Soc. America **38**, 291 (1948).

[2] Osram, Heidenheim.

polarisiert[1]. Die Fläche des Leuchtbandes sollte deshalb stets senkrecht zur Achse des Strahlenganges stehen, da sonst bei Verwendung von Kristallquarzoptik störende Interferenzbanden auftreten können, die durch Phasenunterschiede des ordentlichen und außerordentlichen Strahls hervorgerufen werden.

Glühlampen kommen, wie ihre spektrale Energieverteilung zeigt, auch als *Strahlungsquellen für das Infrarot* bis etwa 2 μ in Frage[2]. Auch der *Kohlebogen* ist neuerdings für diesen Zweck verwendet worden[3], er hat jedoch den Nachteil, daß sich die CO_2-Absorption schlecht eliminieren läßt. Besser eignet sich ein V-förmiges *Wolframband*, das man auf 2900° K heizt[2], in einer inerten Atmosphäre.

Im mittleren Infrarot hat sich vor allem der *Nernststift* bewährt[4]. Der etwa 1 mm dicke Leuchtstab besteht aus einem Gemisch von seltenen Erdoxyden (Cer, Zirkon, Yttrium, Thorium) und ist bei Zimmertemperatur ein Nichtleiter. Er muß deshalb durch Erwärmen gezündet werden. Die Stromleitung erfolgt elektrolytisch, deshalb muß er unter Zutritt von Luft betrieben werden, so daß die an den Elektroden abgeschiedenen Metalle wieder oxydiert werden. Wie alle Halbleiter besitzt er eine fallende Stromspannungscharakteristik ($E = a + b/i$), so daß er mit einem Vorwiderstand betrieben werden muß, wozu man gewöhnlich einen Eisenwasserstoffwiderstand benutzt, der gleichzeitig die Stromstärke konstant hält. Zur Abführung der Stromwärme dient häufig ein wassergekühltes Gehäuse. Das Maximum der spektralen Energieverteilung liegt bei etwa 1,4 μ. Nachteile des Nernststiftes sind seine mangelnde mechanische Stabilität, so daß er häufig nachjustiert werden muß, die geringe Lebensdauer und die geringe Intensität im langwelligen Infrarot ($\lambda > 25 \mu$).

Eine *punktförmige*, insbesondere für die IR-Mikrospektroskopie geeignete Strahlungsquelle ist der *Zirkonoxydbogen*[5], der mit einer Farbtemperatur von 3600° K brennt und in Luft oder in Argonatmosphäre betrieben wird. Er zeichnet sich durch gute Konstanz, hohe Strahlungsdichte und lange Lebensdauer aus.

---

[1] WOOD, R. W.: Physical Optics, New York 1934.

[2] TAYLOR, J. H., C. S. RUPERT u. J. STRONG: J. opt. Soc. America 41, 626 (1951).

[3] RUPERT, C. S. u. J. STRONG: J. opt. Soc. America 40, 455 (1950). — C. S. RUPERT: J. opt. Soc. America 42, 684 (1952).

[4] Glasco-Lampengesellschaft, Coburg/Bayern; Hilger & Watts, London. Nernststifte lassen sich auch im Laboratorium herstellen; vgl. E. v. ANGERER u. H. EBERT: Technische Kunstgriffe, 8. Aufl. Braunschweig 1952; C. TINGWALDT: Physik. Z. 36, 627 (1935).

[5] BUCKINGHAM, W. D. u. C. R. DEIBERT: J. opt. Soc. America 36, 245 (1946). — M. B. HALL u. R. G. NESTER: J. opt. Soc. America 42, 257 (1952).

Der neuerdings viel verwendete *Globar*[1] ist ein Siliciumcarbidstab von etwa 5 mm Dicke, dessen relative spektrale Energieverteilung mit der des schwarzen Körpers außer bei den längsten Wellen nahezu identisch ist[2]. Er kann deshalb auch oberhalb 20 μ verwendet werden, wobei man den kürzerwelligen Bereich mit einem Paraffinfilter schwächt. Das Maximum der spektralen Energieverteilung liegt bei etwa 1,8 μ. Der Widerstand des Globar nimmt mit der Zeit zu, so daß man variierbare Klemmenspannung vorsehen muß. Seine Lebensdauer ist gering, besonders bei Temperaturen oberhalb 1400° C. Im fernen Infrarot kann man mit Vorteil den *Auer-Brenner* und die *Quecksilberhochdrucklampe* mit Quarzmantel verwenden[3].

Als kontinuierliche Strahlungsquelle für das *Ultraviolett* hat sich das *Wasserstoffentladungsrohr* am besten bewährt. Es wurde von BAY und STEINER[4] in die Absorptionsspektrometrie eingeführt und ist späterhin von zahlreichen Autoren weiter entwickelt worden[5]. Diese sogenannte Wasserstofflampe liefert ein kontinuierliches Spektrum von 3300 Å bis weit ins Gebiet der Quarzabsorption (1500 Å), das außerdem bis etwa 2400 Å angenähert konstante Intensität besitzt und erst unterhalb dieses Bereichs langsam an Intensität abnimmt. Sie besteht aus einem wassergekühlten und mit Quarzfenstern versehenen Entladungsrohr mit Al-Elektroden und wird am besten mit strömendem Wasserstoff von 3 mm Druck und einer Spannung von etwa 2000 Volt betrieben. Die Belastbarkeit richtet sich nach der Konstruktion und der Güte der Wasserkühlung, sie kann bei im Handel befindlichen Lampen[6] bis zu 750 mA betragen. Da ihre Intensität linear mit der Stromstärke ansteigt, genügt es in der Regel zur Konstanthaltung der Intensität, wenn man den Primärstrom des Transformators mit Hilfe von Eisenwasserstoffwiderständen oder Drosselspulen auf 1% konstant hält. Die Konstanz wird zweckmäßig auf der Sekundärseite mit Hilfe eines empfindlichen Milliamperemeters dauernd kontrolliert. Das Schaltschema für den Betrieb der Lampe zeigt Abb. 71. Den Wasserstoff entnimmt man einer mit Reduzier- und Überdruckventil versehenen Bombe und pumpt ihn mit einer rotierenden

---

[1] BRÜGEL, W.: Z. Physik **127**, 400 (1950). — S. SILVERMANN: J. opt. Soc. America **38**, 989 (1948). Bezugsquelle: Cesiwid, Neumühle b. Erlangen.
[2] MCALISTER, E. D., G. L. MATHESON u. W. J. SWEENEY: Rev. sci. Instruments **17**, 194 (1946).
[3] MCKUBBIN, T. K. u. W. M. SINTON: J. opt. Soc. America **42**, 113 (1952).
[4] BAY, Z. u. W. STEINER: Z. Physik **45**, 337 (1927); **59**, 48 (1930).
[5] Lit. bei F. MÜLLER u. W. SCHOLTAN: Spectrochim. Acta [Berlin] **1**, 437 (1940).
[6] Hersteller: Hanff & Buest, Berlin N; Quarzschmelze Heraeus, Hanau.

Ölpumpe dauernd durch die Lampe; der Druck von 3 mm läßt sich mit Hilfe eines feinen Nadelventils[1] bequem einregulieren und wird mit Hilfe eines verkürzten Hg-Manometers kontrolliert. Vor Inbetriebnahme der Lampe wird sie mehrere Male mit H_2 von Atmosphärendruck gefüllt und wieder ausgepumpt, um Luftreste vollständig zu entfernen. Außerdem befinden sich abgeschmolzene Lampen im Handel mit einem Vorratsgefäß, das mit H_2 von 3 mm Druck gefüllt ist. Die Lebensdauer der Lampe ist sehr groß, sie ist im wesentlichen durch die Zerstäubung der Al-Elektroden begrenzt, die schließlich auch dazu führt, daß die Quarzfenster langsam undurchlässig werden. Wichtig ist die gleichmäßige Kühlung der Lampe. Um zu verhindern, daß die Lampe eingeschaltet wird, ohne daß das Kühlwasser fließt, schaltet man in den Kühlwasserstrom ein Druckrohr mit einem Schwimmer ein, der über einen Kontakt und ein Relais den Primärstrom des Transformators ausschaltet und auch in Tätigkeit tritt, wenn der Wasserdruck stark nachläßt[2].

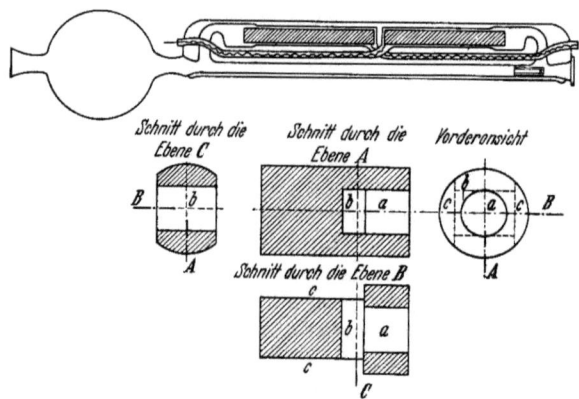

Abb. 19. Wasserstofflampe nach Almasy-Kortüm.

Für Meßanordnungen, für die eine angenähert punktförmige Strahlungsquelle erforderlich ist, benutzt man eine *Wasserstofflampe mit punktförmigem Leuchtraum*[3] (vgl. Abb. 19). Das Wasserstoffentladungsrohr wird an einem Ende durch eine geeignete

---

[1] E. Leybold, Köln; Desaga, Heidelberg.
[2] Vgl. auch H. v. HALBAN u. M. LITMANOWITSCH: Helv. chim. Acta 24, 44 (1941).
[3] ALMASY, F. u. G. KORTÜM: Z. Elektrochem. angew. physik. Chem. 42, 607 (1936). — F. ALMASY: Helv. physica Acta 10, 471 (1937). Hersteller: Heraeus-Quarzschmelze, Hanau.

Blende aus trübem Quarz bzw. Porzellan in der Weise verengt, daß gleichzeitig der hinter der Blende liegende Teil des Leuchtrohres abgeblendet wird und so ein nahezu punktförmiger Leuchtraum entsteht. Dieser hat außerdem den Vorteil, daß infolge der Einschnürung der Entladung die Flächenhelligkeit dieses Leuchtraumes sehr hoch ist, und daß infolge der Anordnung der Blende am Ende des Entladungsrohres die Strahlung unter relativ großem Öffnungswinkel austritt, so daß die Intensität der Lampe sehr hoch ist, was besonders für Messungen im äußersten UV von Nutzen ist.

Bequemer zu handhaben, wenn auch von wesentlich geringerer Strahlungsstärke, sind die *Niedervolt-Wasserstofflampen* mit Heizkathode[1], wie sie in den modernen lichtelektrischen Spektralphotometern für das UV verwendet werden (vgl. S. 315ff.). Der Bogen brennt mit 1,3 Amp. bei 80 Volt Klemmenspannung (Wechsel- oder Gleichstrom) und ist zeitlich und geometrisch sehr konstant. Er hat eine Ausdehnung von 4 mm. Wasserkühlung ist nicht notwendig. Wichtig ist eine sehr sorgfältige Justierung, da die räumliche Energieverteilung nur über einen Winkel von 5° um die Achse gleichmäßig ist. Ein neuer, sehr einfacher Typ einer *elektrodenlosen Wasserstofflampe* ist kürzlich beschrieben worden[2]. Sie wird durch einen Hochfrequenzgenerator im Mikrowellengebiet in einem abgestimmten Hohlraumresonator erregt und liefert ein sehr intensives und reines Spektrum. Sie ist ganz aus Quarz und vollständig abgeschmolzen. Der Wasserstoff wird als festes UH_3 in einem Seitenansatz gespeichert. Durch Variation der Temperatur dieses Ansatzes kann man den Zersetzungsdruck des UH_3 und damit den Druck des Wasserstoffs in der Röhre beliebig regeln.

In neuerer Zeit ist eine weitere Strahlungsquelle für kontinuierliche Strahlung hoher Leuchtdichte entwickelt worden, die vom Rot bis zur Grenze der Quarzabsorption reicht, die sogenannte *Xenon-Hochdrucklampe*[3]. Es handelt sich um eine (praktisch punktförmige) Bogenentladung zwischen Wolframelektroden in einem Quarzkölbchen, das mit Xenon von 40 Atm. Druck gefüllt ist. Die Brennspannung beträgt 30 Volt, die Belastbarkeit 8 bzw. 30 Amp. je nach Größe der Lampentype, man kann deshalb die Lampe an

---

[1] ALLEN, A. J. u. R. G. FRANKLIN: J. opt. Soc. America **29**, 453 (1939); **31**, 268 (1941). Zu beziehen durch Hoffmann, Erlangen; Carl Zeiß, Oberkochen.
[2] DIEKE, G. H. u. S. P. CUNNINGHAM: J. opt. Soc. America **42**, 187 (1952).
[3] SCHULZ, P.: Z. Naturf. **2a**, 583 (1947). – Vgl. auch P. SCHULZ: Ann. Physik **1**, 95, 107 (1947); ferner W. A. BAUM u. L. DUNKELMAN: J. opt. Soc. America **40**, 782 (1950); W. T. ANDERSON: J. opt. Soc. America **41**, 385 (1951). Hersteller: Osram, Heidenheim.

der üblichen Netzspannung betreiben. Die Leuchtdichte ist außerordentlich hoch (im Sichtbaren 10000 bzw. 23000 Stilb), so daß sich die Lampe z. B. für die S. 409 beschriebene Methode zur Aufnahme der Absorption fester Stoffe in Reflexion besonders eignet, ebenso etwa zur Anregung von Fluorescenzspektren. Das Spektrum ist völlig kontinuierlich mit einem Intensitätsmaximum bei 550 mμ, lediglich zwischen 4500 und 4917 Å tritt eine zusätzliche schwache Liniengruppe auf; im Infrarot dagegen zeigt die Lampe vorwiegend Linienemission. Die Entladung brennt ruhig, so daß sich die Lampe bei genügend konstanter Netzspannung für spektrometrische Zwecke gut verwenden läßt. Auch Xenon-Hochdrucklampen, bei denen die Bogenentladung durch eine Quarzkapillare geometrisch fixiert ist, sind entwickelt worden. Sie eignen sich besonders für lichtelektrische Photometer und Spektrometer, bei denen die räumliche Konstanz der Strahlungsquelle besonders wichtig ist (vgl. S. 147).

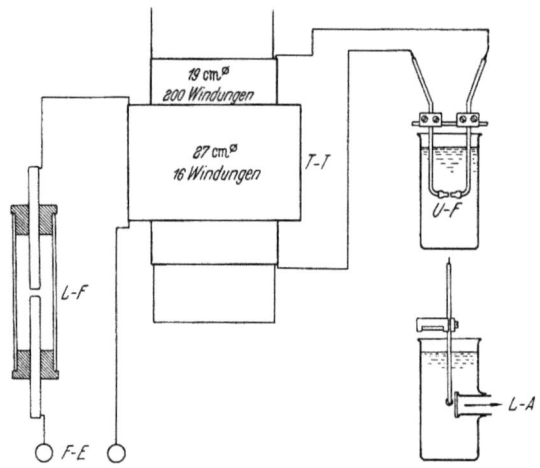

Abb. 20. Schaltschema für den Unterwasserfunken.
F-E Feussnerscher Funkenerzeuger; *L-F* Löschfunkenstrecke; *T-T* Teslatransformator; *U-F* Unterwasserfunke; *L-A* Strahlungsaustritt.

Eine weitere kontinuierliche Strahlungsquelle für das UV ist der sogenannte *Unterwasserfunken*. In der früher benutzten Form[1] hatte er verschiedene Nachteile (schnelles Abbrennen der Elektroden und damit häufige Nachregulierung, überlagerte Bogen- und Funkenlinien des Elektrodenmetalls, starkes Geräusch usw.). Durch

---

[1] GREBE, L.: Z. wiss. Photogr., Photophysik Photochem. 3, 376 (1905). — V. HENRY: Physik. Z. 14, 515 (1913). — H. STÜCKLEN: Z. Physik 80, 24 (1924). — E. v. ANGERER u. G. JOOS: Ann. Physik 74, 746 (1924).

Modifikation der Anregungsbedingungen ist er neuerdings wesentlich verbessert und sein Spektrum linienfrei gemacht worden[1]. Zum Betrieb wird die hohe (9000 Volt) und sehr hochfrequente (2 MHz) Spannung eines Teslatransformators benutzt, Energieaufnahme 100 bis 200 Watt. Die Schaltung ist schematisch in Abb. 20 wiedergegeben. Als Elektroden dienen 2 mm starke Al-Drähte, die Funkenlänge beträgt 3 bis 4 mm. Infolge der hohen Frequenz ist die Funkenfolge schnell und regelmäßig, der Abbrand der Elektroden minimal, so daß auch das Wasser klar bleibt. Das Spektrum ist sehr linienarm und erstreckt sich von 500 bis etwa 200 $m\mu$. Leitungswasser beginnt bei etwa 230 $m\mu$, destilliertes Wasser bei 210 $m\mu$ zu absorbieren. Der Ursprung der kontinuierlichen Strahlung ist noch nicht völlig geklärt. Wegen seiner räumlichen Inkonstanz eignet sich der Unterwasserfunke nur für photographische Meßmethoden[2].

Das gleiche gilt für den sogenannten *kondensierten Funken*, der früher fast ausschließlich als Strahlungsquelle für das UV verwendet wurde. Sein einziger Nachteil ist der diskontinuierliche Charakter des Spektrums. Je nach Auswahl der Elektroden erhält man eine mehr oder weniger gleichmäßige und enge Verteilung der Spektrallinien über das ganze Spektrum. Besonders geeignet sind Eisen-, Nickel- und Wolframelektroden bzw. eine Kombination zwischen ihnen. Sie ergeben ein linienreiches Spektrum bis an die Grenze der Quarzdurchlässigkeit. Zur Erzeugung des Funkens dient Wechselstrom von etwa 10000 Volt Spannung bei einer Stromstärke von 0,05 Ampere (500 Watt). Zur Verstärkung des Funkens werden parallel zur Funkenstrecke Kondensatoren von etwa 20000 cm Kapazität geschaltet (kondensierter Funke). Die Elektroden sollen etwa 3 mm Durchmesser haben, sie werden in ein einfaches Funkenstativ[3] mit isolierten Haltern eingespannt. Sehr geeignet für den Betrieb des Funkens ist der FEUSSNERsche Funkenerzeuger[4]. Eine „geräuschlose Funkenstrecke" in einem mit Quarzfenster versehenen Gehäuse wird von KECK und HÖFERT[5] beschrieben.

Während Funken- und Bogenentladungen für die Absorptionsspektrometrie kaum noch gebräuchlich sind, behalten sie ihre Be-

---

[1] KEUSSLER, V. v.: Spectrochim. Acta [Berlin] **4**, 366 (1951).
[2] Einen Vergleich der spektralen Intensitätsverteilung dieser UV-Kontinua in Form äquivalenter Belichtungszeiten, die gleiche Schwärzung der photographischen Platte hervorrufen, hat G. J. ULLRICH durchgeführt [Z. angew. Physik **5**, 350 (1953)].
[3] R. Fuess, Berlin-Steglitz; Steinheil, München; VEB Optik, Jena.
[4] Heraeus, Hanau; vgl. dazu C. Zeiß, Druckschriften Mess 276 u. 277—277/III.
[5] KECK, P. H. u. H. J. HÖFERT: Spectrochim. Acta [Berlin] **1**, 573 (1941).

deutung für die *Wellenlängeneichung* von spektroskopischen Aufnahmen (vgl. S. 302 ff.) sowie für die Herstellung möglichst spektralreiner *monochromatischer Strahlung* für die quantitative Photometrie.

Für die *Isolierung monochromatischer Strahlung* eignen sich am besten *Gasentladungslampen*[1], die im allgemeinen nur wenige, aber intensive Linien aussenden, die sich durch Monochromatoren oder auch Filter leicht aussondern lassen. Von der Firma Osram werden diese sogenannten Spektrallampen mit Füllungen von Ne, Na, K, Rb, Cs, Zn, Cd, Hg, Tl geliefert. Die Metalldampflampen dürfen erst gezündet werden, wenn mittels einer zusätzlichen Heizwendel genügend Dampf zur Aufrechterhaltung der Entladung entstanden ist. Nach dem Zünden wird die Heizwendel wieder ausgeschaltet. Das Schaltschema ist in Abb. 21 angegeben. Bei geschlossenen Schaltern S_2 und S_1 fließt Strom durch die Heizwendeln. Nach etwa 30 Sekunden wird S_2 geöffnet, so daß die volle Netzspannung an den Elektroden liegt und die Zündung bewirkt. Wird die Netzspannung ohne vorheriges Anheizen angelegt, so wird die Lampe rasch zerstört. In neueren Modellen ist der Schalter S_2 durch einen in der Lampe selbst eingebauten Bimetallthermoschalter ersetzt[2], der den Heizkreis nach dem Aufheizen automatisch unterbricht, ihn aber nach dem Ausschalten der Lampe nach einiger Zeit wieder schließt, so daß die Lampe wieder betriebsbereit ist.

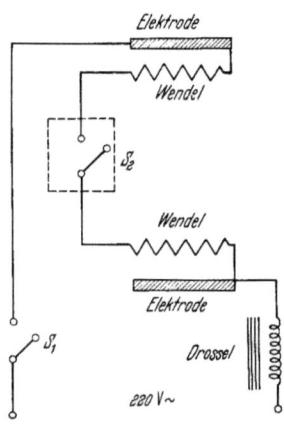

Abb. 21. Schaltschema für Metalldampflampen.

Die wichtigste und meistgebrauchte Spektrallampe ist die *Quarz-Quecksilberdampflampe*, die auch in zahlreichen anderen Formen für Wechsel- und Gleichstrom hergestellt wird[3]. Die relative Intensität der Spektrallinien variiert sehr stark mit dem Typ der Lampe und dem Druck des Gases in der Lampe. Die wichtigsten Wellenlängen[4] und ihre ungefähren relativen Intensitäten bei der

---

[1] Über elektrodenlose Gasentladungslampen vgl. M. ZELIKOFF u. Mitarb.: J. opt. Soc. America **42**, 818 (1952).
[2] SCHUHKNECHT, W.: Optik **8**, 367 (1951).
[3] Heraeus-Quarzlampen-Ges. Hanau.
[4] Zum Teil bestehen diese Linien aus mehreren Komponenten, die nur bei großer Dispersion getrennt werden können. Die angegebenen Zahlen stellen Mittelwerte dar, die entsprechend der Intensität der Komponenten geschätzt sind.

meistbenutzten „Hochdrucklampe" sind in Tabelle 2 angegeben[1]. Für die „Niederdrucklampe" mit kalter Kathode übertrifft die Intensität der Resonanzlinie 253,65 mμ die aller übrigen.

Tabelle 2.
Spektrallinien und ihre relative Intensität der Hochdruckquecksilberdampflampe.

λ mμ	Relative Intensität	λ mμ	Relative Intensität	λ μ (IR)
239,95	11	365,01	} 95	1,0140
248,3	11	365,48		1,1286
253,65	36	366,33		1,3570
265,3	28	404,66	34	1,3671
280,4	10	435,83	56	1,3952
296,7	15	546,07	64	1,5299
302,25	29	576,96	31	1,6919
313,16	67	579,07	31	1,7073
334,15	14	690,72	4	1,8131
				1,9706

Für spezielle Zwecke (z. B. Fluorescenzanregung) eignet sich die *Quecksilber-Höchstdrucklampe*[2], die ähnlich wie die Xenon-Hochdrucklampe ein weitgehend kontinuierliches Spektrum liefert, überlagert von den stark verbreiterten Spektrallinien. Die Resonanzlinie 253,6 mμ ist hier durch Reabsorption praktisch völlig unterdrückt. Derartige Lampen werden auch mit Zink- und Cadmiumzusatz geliefert[3].

2. Filter.

Filter dienen entweder zur Aussonderung einzelner Spektrallinien aus einem diskontinuierlichen Spektrum oder zur Ausfilterung eines mehr oder weniger breiten Spektralbereichs aus einem Kontinuum. Man benutzt sie an Stelle von Monochromatoren, wenn es nicht auf extreme spektrale Reinheit der Strahlung ankommt, oder wenn besonders hohe Intensitäten erwünscht sind, wie etwa bei Geräten mit Photoelementen. Allgemein ist die Güte eines Filters durch seine wirksame Halbwertsbreite h und durch seine Maximaldurchlässigkeit ϑ_0 gegeben. Unter der *Halbwertsbreite* versteht man den Spektralbereich in mμ, innerhalb dessen die Durchlässigkeit des Filters von ihrem Maximalwert beiderseitig auf die Hälfte herabgesunken ist. Ein Filter ist um so besser, je geringer die

---
[1] Die gesamte spektrale Energieverteilung einer Hg-Standardlampe wurde von F. RÖSSLER angegeben; vgl. Ann. Physik (6) **10**, 177 (1952).
[2] Osram, Heidenheim; Philips, Eindhoven. R. ROMPE u. W. THOURET: Z. techn. Physik **17**, 377 (1936); **19**, 352 (1937); W. ELENBAAS: Physica **4**, 413 (1937).
[3] ELENBAAS, W.: Rev. Opt. théor. instrument. **27**, 683 (1948).

Tabelle 3a. *Durch Filter isolierbare Serienlinien.*

Wellen-länge mµ	Lampe	Filter Zur Aussonderung der Spektrallinien nach Tab. 3b u. 3c	Ungefähre Durchläs-sigkeit bei Zimmer-temperatur %	Zur Unterdrückung der Infrarot- und rest-lichen Rotstrahlung	Darstellung der ausgesonderten Spektrallinien
308	Zn	3 + 28 + 29	6	—	
313	Hg	3 + 30	35	32	
326	Cd	3 + 28 + 30	6	32	
334	Hg	3 + 28 + 31	10	32	
328/30/35	Zn	3 + 28 + 31	2	32	
352/3	Tl	1 + 5 + [28]²	8	32	
365	Hg	1 + 5	20	8 + 32	
378	Tl	1 + 11	30	32	
404/7	Hg	2 + 13	5	8 + 32	
435/6	Hg	27 / (5 + 12)	35 / 20	8 + 32	
456/9¹	Cs	4 + 11	40	8 + 32	
468/80	Cd	22	15	8 + 32	
468/72/81	Zn	4 + 14	30	8 + 32	
509	Cd	15 + 23	24	8 + 32	
535	Tl	23 / (23 + 24)	45 / 22	32	
546	Hg	26 / (7 + 9 + 16)	80 / 33	8 + 32	
577/9	Hg	25 / (6 + 10 + 17)	55 / 23	8 + 32	
589/95	Na	17 / (10 + 18)	90 / 8	8 + 32	
636	Zn	19	90	8	
644	Cd	19	95	9	
767/70¹	K	8 + 21	25	—	
780/95¹	Rb	8 + 21	25	—	
794/894¹	Cs	8 + 21	10	—	
852/94¹	Cs	8 + 20	1	—	

¹ Bei geringerer Stromstärke.
² In halber Schichtdicke und Konzentration.
() Für besondere Ansprüche an Monochromasie.

Wellenlänge in mµ

Filter. 69

Halbwertsbreite und je höher die Durchlässigkeit im Maximum ist. Die Wirksamkeit eines Filters hängt jedoch außerdem von den Eigenschaften der mit dem Filter zusammen benutzten Strahlungsquelle und der spektralen Empfindlichkeit des benutzten Empfängers ab. Beispielsweise kann ein Filter, das sich zur Aussonderung einer Hg-Linie eignet, völlig ungeeignet sein zusammen mit einer Glühlampe; oder Filter, die für visuelle Messungen im Sichtbaren

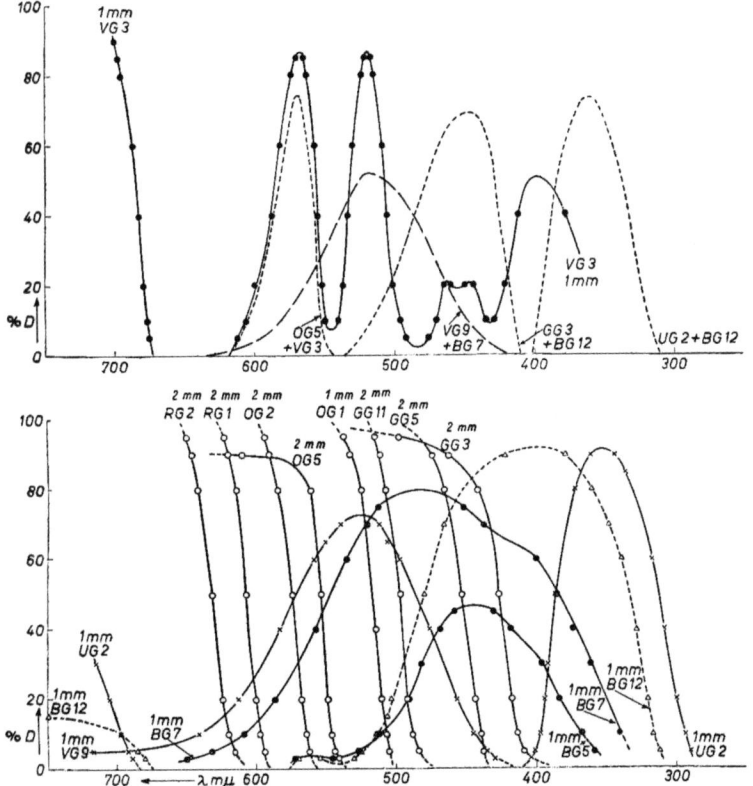

Abb. 22. Durchlässigkeitskurven von Schottschen Glasfiltern nach spektrographischen Messungen.

brauchbar sind, können durchaus versagen bei Verwendung von Photozellen oder Thermosäulen als Empfänger.

Bei den im letzten Abschnitt erwähnten Gasentladungslampen, die nur relativ wenige Spektrallinien in großem Abstand aussenden, gelingt es häufig, durch einfache *Farbglas-* bzw. *Gelatinefilter* und ihre Kombinationen, zum Teil auch durch *Flüssigkeitsfilter* einzelne dieser Linien so gut zu isolieren, daß man praktisch monochromatische Strahlung erhält, wie sie für die quantitative photometrische Analyse erwünscht ist. In Tabelle 3a sind die Spektrallinien von Gasentladungslampen angegeben, die mit Hilfe der in Tabelle 3b und 3c aufgeführten Glas-, Gelatine- und Flüssigkeitsfilter ausgesondert werden können[1]. Für einen Teil der in Tabelle 3b aufgeführten Glasfilter von Schott & Gen. sind in Abb. 22 die (spektrographisch aufgenommenen) Durchlässigkeitskurven dargestellt. Sie fallen bei einzelnen Typen außerordentlich steil gegen kurze Wellen ab; solche Filter eignen sich somit besonders als Sperrfilter zur Unterdrückung ganzer Spektralbereiche (z. B. der IR- oder UV-Strahlung bei Messungen im Sichtbaren).

Tabelle 3b.
Bezeichnung und Zusammensetzung der Filter. Glas- und Gelatinefilter.

Nr.	Bezeichnung	Schichtdicke mm	Nr.	Bezeichnung	Schichtdicke mm	Nr.	Bezeichnung	Schichtdicke mm
1	UG 2	2	10	VG 3	1	19	RG 1	2
2	UG 3	9	11	GG 2	2	20	RG 7	2
3	UG 5	3	12	GG 3	4	21	RG 9	2
4	BG 12	2	13	GG 4	1,5	22	Agfa 43	—
5	BG 12	4	14	GG 5	1	23	Agfa 44	—
6	BG 18	1	15	GG 11	2	24	Agfa 73	—
7	BG 18	3	16	OG 1	1	25	Zeiß A	—
8	BG 19	2	17	OG 2	2	26	Zeiß B	—
9	BG 20	5	18	OG 3	1	27	Zeiß C	—

1—21 Glasfilter von Schott & Gen., Mainz.
22—24 Agfa-Lichtfilter von I. G. Farbenindustrie AG, Berlin SO 36 und Leverkusen.
25—27 Monochromatfilter von Carl Zeiß, Oberkochen; VEB Optik, Jena.

Tabelle 3c. *Flüssigkeitsfilter.*

Nr.	Bezeichnung	Menge je Liter H_2O	Schichtdicke = lichte Weite der Küvette mm
28	Nickel-Kobaltsulfat $NiSO_4 +$ .... $CoSO_4$	303 g 86,5 g	20
29	Pikrinsäure	16 mg	20
30	Kaliumchromat K_2CrO_4	150 mg	20
31	Salpetersäure HNO_3	n/5	20
32	Kupfersulfat $CuSO_4 + 5H_2O$	57 g	10

[1] Nach Angabe der Firma Osram; vgl. auch J. D'ANS u. E. LAX: Taschenb. f. Chemiker u. Physiker, Berlin 1943.

Allgemein ist über die Eigenschaften von Glas-, Flüssigkeits- und Gelatinefiltern folgendes zu sagen: *Farbglas-* und die meisten gebräuchlichen *Flüssigkeitsfilter* verdanken ihre Absorption der Anwesenheit von Metallionen bzw. Metallkomplexen mit relativ breiten Absorptionsbanden. Diese Filter sind deshalb nicht sehr selektiv (große Halbwertsbreiten), wie auch aus Abb. 22 hervorgeht. Eine Ausnahme bilden Gläser mit einem Zusatz von seltenen Erden (Didym), die sehr viel schmalere Absorptionsbanden besitzen. Farbglasfilter werden in reicher Auswahl von verschiedenen Firmen[1] mit den zugehörigen Durchlässigkeitskurven geliefert. Durch Kombination mehrerer solcher Filter kann man deshalb in günstigen Fällen doch recht schmale Spektralbereiche aussondern. Ein Beispiel sind die sogenannten Monochromatfilter von Zeiß zur Aussonderung der Hg-Linien 577/579, 546 und 436 mμ. Manche dieser Filtertypen neigen zur Rekristallisation und werden dadurch trübe. Man sollte sie deshalb vor starker Erwärmung schützen und im Strahlengang möglichst weit von der Lichtquelle entfernt einsetzen[2].

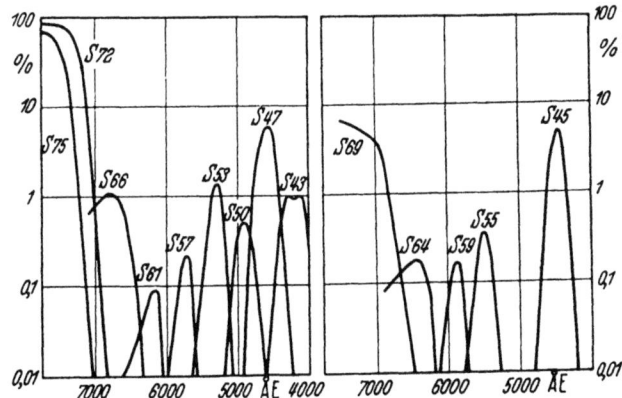

Abb. 23. Durchlässigkeitskurven der S-Filter zum Pulfrich-Photometer.

Für *Flüssigkeitsfilter* benutzt man Tröge mit aufgeschmolzenen planparallelen Platten[3]. Geeignete absorbierende Lösungen (meist anorganische Salze) mit definierter kurzwelliger oder langwelliger Durchlässigkeitsgrenze oder auch für die Aussonderung

---

[1] Schott, Jena und Mainz; Corning Glass Works, Corning, N. Y.
[2] Dies ist auch deshalb notwendig, weil die Durchlässigkeitskurve temperaturabhängig sein kann; vgl. z. B. S.: MEYER: Glastechn. Ber. **14**, 305 (1936).
[3] Leybold, Köln; Hellige, Freiburg/Br.

einzelner Spektrallinien (Hg-Lampe) sind häufig in der Literatur angegeben[1].

Gelatinefilter sind mit organischen Farbstoffen gefärbt und meistens sehr viel selektiver, besitzen dafür allerdings auch eine geringere Maximaldurchlässigkeit. Das bekannteste Beispiel einer Gelatinefilterserie sind die sogenannten S- (Spektral-) Filter des Pulfrichphotometers, die auch gesondert geliefert werden[2]. Die Durchlässigkeitskurven sind in Abb. 23 in halblogarithmischer Darstellung ($\log \vartheta$ gegen λ) wiedergegeben, ihre wirksame Halbwertsbreite geht aus Tab. 18 (S. 189) hervor. Filtersätze ähnlicher Art sind die Wrattenfilter[3], die Filter zum Leifophotometer[4], die Lifafilter[5] und zahlreiche andere[6].

Für den Vergleich der Leistungsfähigkeit von Filtern bzw. Monochromatoren ist der Zusammenhang zwischen Gesamtdurchlässigkeit Θ, Maximaldurchlässigkeit ϑ_0 und Halbwertsbreite h wichtig[7]. Wie aus Abb. 23 hervorgeht, ist die Form der Durchlässigkeitskurven für die meisten Filter recht ähnlich, sie läßt sich durch eine GAUSSsche Fehlerfunktion darstellen:

$$\vartheta_\lambda = \vartheta_0 e^{-C(\lambda-\lambda_0)^2}. \tag{63}$$

Wählt man die Konstante C so, daß sich für $\lambda = \lambda_0 \pm \dfrac{h}{2}$ die Durchlässigkeit ϑ_λ zu $\vartheta_0/2$ ergibt, so wird mit $C = 4\dfrac{\ln 2}{h^2}$

$$\vartheta_\lambda = \vartheta_0 e^{-4\ln 2 \left(\frac{\lambda-\lambda_0}{h}\right)^2}. \tag{64}$$

Führt man mittels (21a) und (23a) den molaren Extinktionskoeffizienten ein, so ergibt sich

$$\frac{\varepsilon_{n,\lambda} - \varepsilon_{n,\lambda_0}}{(\lambda-\lambda_0)^2} = \frac{4\ln 2}{h^2 c s} = \text{const}. \tag{65}$$

Ändert man also die Farbstoffkonzentration c oder die Schichtdicke s des Filters, so ändert sich die Halbwertsbreite in der Weise,

---

[1] Zusammenstellung bei E. v. ANGERER u. H. EBERT, Techn. Kunstgriffe, Braunschweig 1952; J. D'ANS u. E. LAX: Taschenbuch f. Chem. u. Phys. Berlin 1943. Hersteller z.B. Medeor, Hamburg 20. Über Filter für das UV vgl. M. KASHA: J. opt. Soc. America 38, 929 (1948).
[2] Carl Zeiß, Oberkochen.
[3] Eastman Kodak Co., Rochester, N. Y.
[4] E. Leitz, Wetzlar.
[5] Lifa, Augsburg.
[6] Anleitung zur Selbstherstellung z.B. bei E. v. ANGERER u. H. EBERT: Techn. Kunstgriffe. Braunschweig 1952.
[7] Vgl. G. HANSEN: Zeiss-Nachr. 4, 8 (1940).

daß das Produkt h^2cs konstant bleibt:

$$h^2cs = \text{const}. \tag{66}$$

Da ferner nach (27) die Extinktion im Durchlässigkeitsmaximum $E_{\lambda_0} = 0{,}4343\,\varepsilon_{n,\,\lambda_0}cs$, folgt weiter

$$h^2 E_{\lambda_0} = h^2 \log \frac{1}{\vartheta_0} = \text{const}. \tag{67}$$

Das Produkt aus dem Quadrat der Halbwertsbreite und der Extinktion im Durchlässigkeitsmaximum ist von Schichtdicke und Konzentration unabhängig.

Empirisch findet man weiter, daß mit guter Näherung gilt

$$\Theta = C\vartheta_0 h. \tag{68}$$

Die Gesamtdurchlässigkeit eines Filters ist dem Produkt aus Maximaldurchlässigkeit und Halbwertsbreite proportional. In Tabelle 4 ist nach HANSEN für vier verschiedene Filter, die sich durch die Maximaldurchlässigkeit ϑ_0 unterscheiden, angegeben, wie die Gesamtdurchlässigkeit sich ändert, wenn man durch Konzentrations- oder Schichtdickenänderung die Halbwertsbreite um 9 bis 50% verringert.

Tabelle 4. *Abhängigkeit der Gesamtdurchlässigkeit Θ vier verschiedener Filter mit verschiedener Maximaldurchlässigkeit ϑ_0 von der Halbwertsbreite.*

ϑ_0 \ h/h'	1,1	1,2	1,5	2,0
0,50	0,78	0,60	0,29	0,063
0,20	0,65	0,41	0,09	0,004
0,10	0,56	0,30	0,037	0,0005
0,05	0,49	0,22	0,016	$6 \cdot 10^{-5}$

Man sieht, daß z. B. bei einem Filter mit einer Maximaldurchlässigkeit von 20% durch Verringerung der Halbwertsbreite auf die Hälfte die Gesamtdurchlässigkeit auf 0,4% des ursprünglichen Wertes sinkt. Das bedeutet, daß man umgekehrt durch Konzentrations- oder Schichtdickenerhöhung die Halbwertsbreite nur unwesentlich beeinflussen kann, was für die praktische Messung sehr wichtig ist.

Für besondere Zwecke sind in der Literatur gelegentlich *Spezialfilter* beschrieben, die sich durch große Selektivität und hohe Maximaldurchlässigkeit auszeichnen. Hierher gehören z. B. dünne Silberfilme von 0,05 bis 0,02 μ Dicke auf Quarzunterlage[1], die ein

---
[1] SCOTT, L. W.: National Bur. of Stand., Washington. — Vgl. auch F. RÖSSLER: Z. techn. Physik **20**, 290 (1939).

schmales Band bei etwa 320 mμ durchlassen; ferner das sogenannte Chlorfilter[1], eine teilweise mit flüssigem Chlor gefüllte und abgeschmolzene Quarzküvette von etwa 3 cm Schichtdicke, deren gesättigter Dampf (6 Atm.) zur Isolierung der Hg-Resonanzlinie 253,65 mμ dient.

Infrarotfilter werden teils unter Verwendung geeigneter Farbstoffe[2], teils mit Hilfe dünner Selenschichten[3] oder neuerdings dünner Schichten von Te, Bi, Sb und MgO[4] hergestellt. Auch optische Gläser aus As_2S_3 unter Zusatz verschiedener Metallsulfide scheinen sich als Filter zu eignen[5]. Filter, die das Sichtbare absorbieren und relativ schmale Durchlässigkeitsbereiche zwischen 1 und 3 μ bzw. 3,5 und 5,8 μ besitzen, kann man aus Polyvinylchlorid bzw. Polyvinylidenchlorid durch Abspaltung von HCl herstellen[6]. Zur Ausschaltung kurzwelliger Strahlung benutzt man ECHELETTE-Gitter (vgl. S. 105) als einfache Spiegel[7]: Wellenlängen, die kurz sind gegenüber dem Stufenabstand, werden zerstreut.

Ein in neuester Zeit entwickelter Filtertyp hoher Wirksamkeit sind die optischen *Interferenzfilter*, die man als Linienfilter bezeichnen kann, da ihre Halbwertsbreite in der Größenordnung von 10 mμ und darunter liegt bei einer Maximaldurchlässigkeit von 10 bis 40%. Den Aufbau eines solchen Filters zeigt Abb. 24. N ist ein auf einen Träger G auf gebrachter durchsichtiger Film geeigneter optischer Dicke S zwischen zwei halbdurchlässigen Silberfilmen M_1 und M_2. Zum Schutz dieser dünnen Schichten dient eine aufgekittete Deckplatte D aus Farbglas. Ein solches Filter stellt eigentlich ein FABRY-PEROT-Etalon niedriger Ordnung dar, seine Eigenschaften werden durch Vielfachreflexion zwischen den Grenzflächen

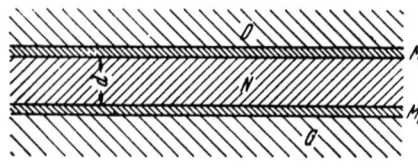

Abb. 24. Aufbau eines Interferenzfilters (schematisch).

---

[1] OLDENBURG, O.: Z. Physik **29**, 328 (1924). – K. S. GIBSON: J. opt. Soc. America **13**, 267 (1926). Hersteller: Heraeus, Hanau.
[2] WEICHMANN, H. K.: Veröff. Agfa **4**, 83 (1934). – O. MERKELBACH: Strahlentherapie **57**, 689 (1936).
[3] BARNES, R. B. u. L. G. BONNER: J. opt. Soc. America **26**, 428 (1936).
[4] PLYLER, E. K. u. J. J. BALL: J. opt. Soc. America **42**, 266 (1952).
[5] FRERICHS, R.: J. opt. Soc. America **43**, 1153 (1953).
[6] BLOUT, E. R., R. S. CORLEY u. P. L. SNOW: J. opt. Soc. America **40**, 415 (1950).
[7] WHITE, J. U.: J. opt. Soc. America **37**, 713 (1947).

hohen Reflexionsvermögens und die dadurch auftretenden Interferenzerscheinungen bestimmt. Bei senkrechtem Lichteinfall ist die Lage λ des Durchlässigkeitsmaximums in Abhängigkeit von der Schichtdicke s mit guter Näherung durch die Gleichung gegeben:

$$n\,\lambda_n = 2\,(s+k), \tag{69}$$

worin n die Ordnung der betreffenden Interferenz, λ_n die Wellenlänge des Maximums n-ter Ordnung und k angenähert eine additive Konstante bedeuten. Ein Filter mit einem Maximum 1.Ordnung bei 1,2 μ besitzt also ein Maximum 2.Ordnung bei 600 mμ, ein

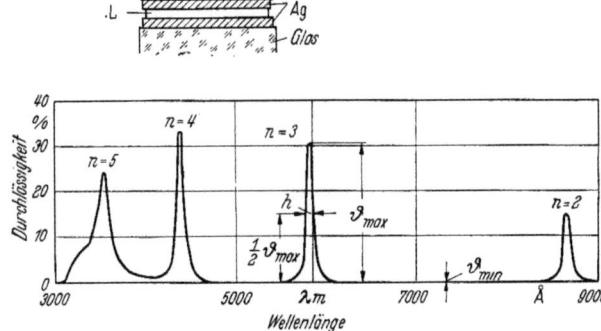

Abb. 25. Durchlässigkeit eines Interferenzfilters.

Maximum 3.Ordnung bei 400 mμ usw. Die gemessene Durchlässigkeitskurve für ein derartiges Filter ist in Abb. 25 wiedergegeben, die zugehörigen Daten sind in Tabelle 5 zusammengestellt. Durch Verwendung zusätzlicher Farbglasfilter läßt sich leicht ein einziges Maximum isolieren.

Tabelle 5. *Eigenschaften eines Interferenzfilters.*

Ordnung der Interferenz ... n	2	3	4	5
Wellenlänge des Maximums λ_n	8645 Å	5794 Å	4393 Å	3543 Å
Halbwertsbreite .... h	75 Å	62 Å	77 Å	177 Å
Durchlässigkeit im Maximum ϑ_{max}	14,5%	30,2%	33,5%	24,3%
Minimale Durchlässigkeit zwischen den Bändern ... ϑ_{min}	0,03%	0,15%		1,2%

Interferenzfilter wurden zuerst von GEFFCKEN[1] beschrieben und werden jetzt von verschiedenen Firmen hergestellt[2]. Die spektrale Lage des Durchlässigkeitsmaximums hängt jedoch noch vom Einfallswinkel ab, und zwar verschiebt sie sich mit wachsendem Einfallswinkel gegen kürzere Wellen. Das bedeutet einerseits, daß man den Filterschwerpunkt durch Drehen der Filterebene in einem gewissen Bereich (etwa 60 mμ bei 45°) verschieben kann, daß aber andererseits die Halbwertsbreite des Filters mit der Konvergenz eines Lichtbündels zunimmt und gleichzeitig die Maximaldurchlässigkeit sinkt. Trotzdem eignen sich diese Filter, wie ebenfalls GEFFCKEN[1] gezeigt hat, auch zur Verwendung in Apparaturen mit hohem Lichtleitwert (vgl. S. 18, 106) besser als alle sonst bekannten Typen. Neuerdings werden auch sogenannte *Interferenzbandenfilter* hergestellt mit breiteren Durchlaßbereichen, aber wesentlich steileren Flanken, die sich als Sperrfilter für Spektrallampen besonders eignen. Leider ist die Lebensdauer der Interferenzfilter infolge des langsamen Eindringens von Feuchtigkeit bisher noch begrenzt.

Im infraroten und ultravioletten Spektralbereich haben die Metallreflektoren der Interferenzfilter einen schlechten Wirkungsgrad, so daß es derartige Filter bisher nur für das Sichtbare gibt. Die Absorption des Lichtes im Silberfilm beschränkt außerdem die Leistungsfähigkeit der Interferenzfilter. Man kann diese Nachteile vermeiden, wenn man die Metallfilme durch durchsichtige Filme von geringem Brechungsindex ersetzt und sie mit optischem Kontakt auf die Hypotenusenflächen zweier Prismen aufbringt[3]. Auch hier entsteht ein Interferenzsystem in der Mittelschicht (ohne daß jedoch Licht durch Absorption verlorengeht), wenn das Licht unter einem Winkel auffällt, der größer ist, als dem Winkel der inneren Totalreflexion entspricht. Die Durchlässigkeitsbereiche sind jedoch viel enger als beim gewöhnlichen Interferenzfilter, allerdings auch sehr empfindlich gegen Änderungen des Einfallswinkels.

Das selektivste aller Filter ist das LYOT-*Doppelbrechungsfilter*, mit dem sich Durchlässigkeitsbereiche von 1 Å Halbwertsbreite erzielen lassen[4], so daß ein derartiges Filter auch jedem Monochro-

---

[1] GEFFCKEN, W.: Angew. Chem. **60**, 1 (1948). — Vgl. ferner K. M. GREENLAND: Endeavour **11**, 143 (1952) und die dort angegebene Literatur.
[2] VEB Optik, Jena; Schott & Gen., Mainz; Gerätebauanstalt Balzers, Liechtenstein; Ferrand Optical Co.; Baird Associates, Inc., Cambridge, Mass.; Bausch & Lomb, Rochester, N. Y.
[3] LEURGANS, P. u. A. F. TURNER: J. opt. Soc. America **37**, 983 (1947). — B. H. BILLINGS: J. opt. Soc. America **40**, 471 (1950).
[4] Vgl. dazu J.W. EVANS: J. opt. Soc. America **39**, 229 (1949); B. LYOT: Compt. rend. **197**, 1593 (1933).

mator mit prismatischer Dispersion überlegen ist[1]. Es beruht auf den Interferenzerscheinungen, die auftreten, wenn man eine doppelbrechende Platte bestimmter Dicke zwischen zwei Polarisationsprismen anbringt; es ist jedoch sehr kostspielig und schwierig herzustellen, so daß es praktisch bisher kaum benutzt sein dürfte.

Ein Filtertyp mit variablem Durchlaßbereich ist das sogenannte *Dispersionsfilter* nach CHRISTIANSEN-WEIGERT[2]. Es besteht aus einer abgeschmolzenen Glas- bzw. Quarzküvette, die mit Glas- bzw. Quarzgrieß und einer Flüssigkeit von ähnlichem Brechungsvermögen gefüllt ist. Nur Strahlung der Wellenlänge, für die Grieß und Flüssigkeit den gleichen Brechungsindex besitzen, kann die Küvette unabgelenkt passieren, Strahlung anderer Wellenlängen wird wie an einem trüben Medium zerstreut. Durch Variation der Temperatur (Thermostat) kann man wegen des verschiedenen Temperaturkoeffizienten der beiden Brechungsexponenten das Filter auf eine gewünschte Wellenlänge einstellen. Die Filter haben eine sehr geringe Halbwertsbreite und eine Maximaldurchlässigkeit von nahezu 1, erfordern jedoch eine sehr genaue Temperaturkonstanz. Nachteilig ist ferner, daß es ziemlich lange Zeit erfordert, um die Umstellung von einer Wellenlänge auf eine andere vorzunehmen. Sie werden deshalb von den Interferenzfiltern trotz ihrer hohen Maximaldurchlässigkeit mehr und mehr verdrängt.

Eine Art CHRISTIANSEN-Filter stellen auch die sogenannten *Pulverfilme* aus Quarz, MgO, ZnO, ZnS usw. dar[3]. Dabei handelt es sich um dünne, auf NaCl-Platten aufgebrachte Schichten aus feinst pulverisiertem Material (Durchmesser einige μ), die schmale Durchlässigkeitsmaxima im IR besitzen, deren Halbwertsbreiten von Korngröße und Schichtdicke abhängen. Die Maxima liegen bei Wellenlängen, bei denen der Brechungsindex des betreffenden Stoffes gleich ist, dem des umgebenden Mediums (Luft, CCl_4 usw.).

3. Vorrichtungen für meßbare Strahlungsschwächung.

Für visuelle und für alle unter dem Begriff „Substitutionsmethoden" zusammenfaßbare elektrische photometrische Meßverfahren braucht man Schwächungseinrichtungen der Strahlung, deren Extinktion bekannt ist und meßbar verändert werden kann.

---

[1] Vgl. auch G. HANSEN: Zeiss-Nachr. 4, 8 (1940).
[2] BERGER, E. u. A. KLEMM: Zeiss-Nachr. 2, 49 (1936). — W. GEFFCKEN: Kolloid.-Z. 86, 55 (1939). — K. v. FRAGSTEIN: Ann. Physik (5) 31, 443 (1938). Hersteller: Schott & Gen., Jena.
[3] PFUND, A. H.: J. opt. Soc. America 23, 375 (1933). — R. H. BARNES u. L. G. BONNER: Physic. Rev. 49, 732 (1936). — R. L. HENRY: J. opt. Soc. America 38, 775 (1948).

Hierher gehören: rotierender Sektor, verstellbare Blenden, Raster, Polarisationsprismen, Abstandsänderung der Strahlungsquelle, Graukeile und Graulösungen.

a) Der rotierende Sektor ist bei weitem die sicherste und genaueste Vorrichtung zur absoluten Strahlungsschwächung. Er besteht gewöhnlich aus zwei gegeneinander drehbaren Scheiben[1], die je zwei Ausschnitte von 90° besitzen, so daß sich der Durchlaß von 0 bis 50% variieren läßt. Der effektive Ausschnitt wird z. B. an einem Teilkreis mit Nonius abgelesen. Die zugehörige Extinktion ist gegeben durch

$$E \equiv \log \frac{\Phi_0}{\Phi} = \log \frac{100}{\% \text{ Öffnung}} = \log \frac{360}{\text{Öffnungswinkel}}. \quad (70)$$

Bei maximalem Durchlaß (50% bzw. 180°) ist $E = 0{,}3010$, es lassen sich also Extinktionen von 0,3 an aufwärts unmittelbar einstellen. Die relative Ablesestreuung (vgl. S. 54) ergibt sich durch Differentiation von (70) zu

$$\frac{dE}{d\Phi} = -\frac{0{,}4343}{\Phi} \quad \text{oder} \quad dE = -0{,}4343 \frac{d\Phi}{\Phi}$$

$$\frac{dE}{E} = -\frac{0{,}4343}{E} \frac{d\Phi}{\Phi}. \quad (71)$$

Bezeichnet man die Teilkreisablesung des Sektors in Prozenten mit x, die Ablesegenauigkeit mit dx, so ergibt sich für die Ablesestreuung, da $\Phi = \text{prop. } x$:

$$\frac{dE}{E} = -\frac{0{,}4343}{E} \frac{dx}{x}. \quad (72)$$

Da ferner $E = 2 - \log x$, erhält man durch Einsetzen dieses Wertes

$$\frac{dE}{E} = -\frac{0{,}4343}{2x - x \log x} dx. \quad (73)$$

Die Funktion $2x - x \log x$ geht für $x = 36{,}78\%$ durch ein Maximum, die zugehörige Ablesestreuung also durch ein Minimum. Dieses liegt bei $E = 0{,}4343$. Setzt man den zugehörigen minimalen Fehler willkürlich gleich 1, so ergibt sich die Abhängigkeit der relativen Ablesestreuung von der Extinktion aus Abb. 26. Bei kleinen Öffnungswinkeln steigt also der relative Fehler rasch an. Der tatsächliche Betrag der Ablesestreuung hängt natürlich noch von dx, d. h. von der Genauigkeit der Kreisteilung ab. Bei einer von

---

[1] NAPOLI, D.: Soc. Franç. de Phys. Séances **1880**, S. 53.

KORTÜM[1] angegebenen Konstruktion, die sich bei jahrelangem Gebrauch bewährt hat, kann die Öffnung an einer auf dem Umfang angebrachten Kreisteilung[2] mittels Nonius auf $2 \cdot 10^{-5}$ der Gesamtöffnung abgelesen werden. Das entspricht einer Ablesestreuung von $2 \cdot 10^{-3}\%$ im Minimum der Fehlerkurve bei $E = 0,4343$, was die größte bisher mit einem Sektor erreichte Genauigkeit der Strahlungsschwächung darstellt. Bei dieser Konstruktion kann außerdem die Extinktion während des Umlaufs verändert werden, was für photometrische Messungen sehr erwünscht ist, andererseits aber einen recht großen konstruktiven Aufwand erfordert[3]. Man kann auch die beiden Sektorscheiben getrennt auf den Achsen zweier Synchronmotoren laufen lassen und die relative Stellung der beiden Sektoren zueinander dadurch verändern, daß man die Phase der dem einen Motor zugeführten Spannung elektronisch steuert[4].

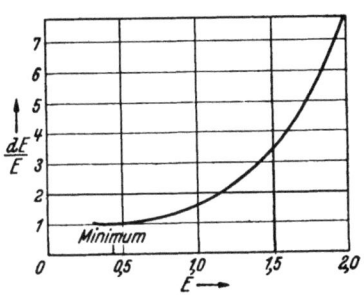

Abb. 26. Relative Ablesestreuung der Extinktion eines rotierenden Sektors in Abhängigkeit von der Extinktion.

Einen rotierenden Sektor in Zylinderform, dessen Konstruktion wesentlich einfacher ist, hat DUNN[5] beschrieben; er wird in der von FOLLETT[6] angegebenen Anordnung benutzt (vgl. Abb. 27b). Das aus dem Monochromatorspalt S austretende Lichtbündel tritt in den Sektor ein, der aus einem mit Ausschnitten versehenen Zylindermantel besteht und mit dem Motor M um seine Achse gedreht wird. Denkt man sich den Zylindermantel in eine Ebene aufgewickelt, so haben die Ausschnitte Dreiecksform (vgl. Abb. 27a). Das Lichtbündel wird durch das totalreflektierende Prisma P senkrecht zur Zylinderachse abgelenkt und fällt auf den Empfänger F. Durch Verschiebung des sich drehenden Zylinders längs der

---

[1] KORTÜM, G.: Z. Instrumentenkunde **54**, 373 (1934).
[2] Kreisteilungen hoher Präzision werden z. B. von Heyde, Dresden; Schmidt & Haensch, Berlin; Kern & Co., Aarau (Schweiz) hergestellt.
[3] Vgl. auch P. PÉRILHOU: Rev. d'Opt. **21**, 235 (1942); A. BAYLE: Rev. d'Opt. **27**, 314 (1948).
[4] RICHARDSON, H. M., R. G. FOWLER u. M. L. COFFMAN: J. opt. Soc. America **43**, 873 (1953).
[5] DUNN, F. L.: Rev. sci. Instruments **2**, 807 (1931). – M. F. HASLER u. R. W. LINDHURST, Rev. sci. Instruments **7**, 137 (1936). – J. R. PLATT u. Mitarb.: Rev. sci. Instruments **14**, 85 (1943). – I. L. STEINBERG u. B. VODAR: Rev. d'Opt. **27**, 611 (1948).
[6] Hersteller: A. Hilger, London.

Achse kann sein wirksamer Ausschnitt und damit seine Extinktion meßbar verändert werden. Die Verschiebung geschieht mittels Spindel und Trommelteilung. Auf diese Weise ist die Extinktion des Sektors auch während des Umlaufs ablesbar. Der Spalt S wird durch die Optik BK auf der Wand des Zylinders abgebildet. Damit dieses Bild stets scharf bleibt, was für die wirksame Öffnung des Sektors wichtig ist, müssen für verschiedene Wellenlängen die Linsen B und K stets fokussiert werden. Die Abhängigkeit der Kalibrierung des Sektors vom Strahlengang (insbesondere auch von der Spalthöhe) bildet daher auch den wesentlichen Nachteil dieser Konstruktion, die deshalb nicht die große Präzision erreichen läßt wie die vorher beschriebene Konstruktion des radialen Sektors.

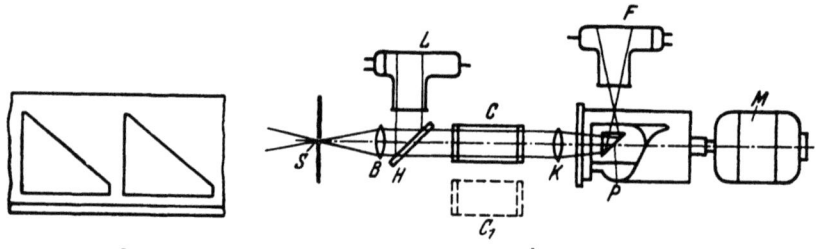

Abb. 27a und b. Sektor nach Dunn.

Ähnliches gilt auch für den Sektor nach BRODHUN[1], bei dem die verstellbare Sektorscheibe ruht, während das axiale Lichtbündel mit Hilfe von je zwei rotierenden, totalreflektierenden Prismen vor und hinter der Scheibe aus der optischen Achse abgelenkt wird, die Sektorscheibe passiert und in die Achse zurückgelenkt wird, eine Anordnung, die natürlich an die Parallelität des Strahlenbündels hohe Anforderungen stellt und besonders sorgfältiger Justierung bedarf.

Für Strahlenbündel geringen Querschnitts werden gelegentlich spezielle Sektoren benutzt[2], etwa in Form eines sternförmigen Rades oder einer Scheibe mit symmetrisch verteilten dreieckförmigen Ausschnitten. Die Extinktion eines solchen Sektors hängt vom Abstand der Achse des Strahlenbündels von der Achse des Sektors ab, der deshalb senkrecht zum Strahlenbündel meßbar verschoben werden kann. Dagegen läßt sich die Extinktion nicht mehr aus den geometrischen Abmessungen des Sektors berechnen (außer für un-

---

[1] BRODHUN, E.: Z. Instrumentenkunde **12**, 133 (1892); **27**, 8 (1907). — W. BECHSTEIN, Z. Instrumentenkunde **27**, 178 (1907).
[2] Vgl. z. B.: E. P. HYDE: Phys. Rev. **31**, 183 (1910); G. F. WOOD: Nature **114**, 466 (1924).

Vorrichtungen für meßbare Strahlungsschwächung. 81

endlich schmales Strahlenbündel), so daß sie empirisch geeicht werden muß, womit ein wesentlicher Vorteil dieser Schwächungseinrichtung verlorengeht. Ein Sektor dieser Art wird z. B. im Infrarotspektrometer von Unicam (vgl. S. 365) verwendet.

b) Verstellbare Blenden werden in verschiedener Form zur meßbaren Strahlungsschwächung benutzt. Ihre Extinktion ergibt sich aus dem geometrischen Ausschnitt der Blende, wobei vorausgesetzt wird, daß das Strahlenbündel über den ganzen Querschnitt völlig homogen ist. Als Beispiel ist in Abb. 28 die Meßblende des PULFRICH-Photometers von Zeiß wiedergegeben. Zwei übereinanderliegende Spaltbacken mit rechtwinkligem Ausschnitt, die eine quadratische Öffnung ergeben, können symmetrisch gegeneinander bewegt werden, so daß der Mittelpunkt der Öffnung seine Lage beibehält. Der von der Blende durchgelassene Strahlungsstrom ist dem Quadrat der Diagonalen l proportional, so daß die Extinktion der Blende gegeben ist durch

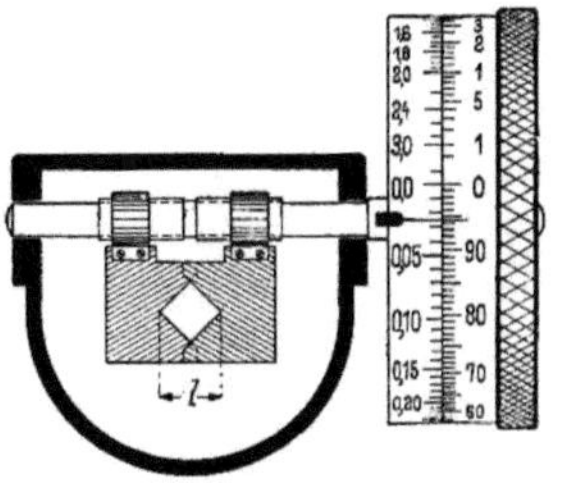

$$E = \log \frac{\Phi_0}{\Phi} = \log \frac{l_0^2}{l^2} = 2 \log \frac{l_0}{l}. \qquad (74)$$

Abb. 28. Meßblende des Pulfrich-Photometers.

l_0 ist die Diagonale bei maximaler Öffnung der Blende. Die Durchlässigkeit bzw. die Extinktion kann auf einer Meßtrommel abgelesen werden.

Für die relative Ablesestreuung in Abhängigkeit von der Blendenöffnung l bzw. der zugehörigen Extinktion E ergibt sich aus (71)

$$\frac{dE}{E} = -\frac{0{,}4343}{l \cdot \log(l_0/l)} \cdot dl, \qquad (75)$$

wenn dl den konstanten Ablesefehler an der Meßtrommel (beim PULFRICH-Photometer 0,5 mm) bedeutet. Dabei ist vorausgesetzt, daß sich die Stellung l_0 der vollen Öffnung ohne Fehler einstellen läßt (z. B. durch Anschlag). Setzt man $l_0 = 12$ mm, wie dies beim PULFRICH-Photometer der Fall ist, so wird die Funktion $l \cdot \log(l_0/l)$ für $l = 4{,}415$ mm bzw. $E = 0{,}8686$ ein Maximum und entsprechend die relative Streuung ein Minimum. Wie aus Abb. 29 hervorgeht, steigt sie innerhalb der Grenzen $9{,}5 > l > 0{,}8$ bzw. $0{,}2 < E < 2{,}2$ auf etwa den doppelten Wert der minimalen Streuung an. Eine Irisblende mit einer meßbar veränderlichen Extinktion im Bereich von 0 bis 4 beschreibt MORRISON[1].

---

[1] MORRISON, C. A.: J. opt. Soc. America **42**, 90 (1952).

Die wesentliche Voraussetzung für die Richtigkeit der mit einer solchen Blende gemessenen Schwächungen ist die *Homogenität der Strahlungsleistung* über den gesamten Querschnitt der Blende, die in Praxis nur mit einer mehr oder minder guten Näherung erreicht werden kann. Etwas günstiger ist in dieser Hinsicht eine *Sektorblende* mit einer Anzahl symmetrisch angeordneter Kreissektoren (vgl. Abb. 30), bei der die Proportionalität zwischen Sektordrehung und durchgelassener Strahlungsleistung von axialsymmetrischen Inhomogenitäten der Ausleuchtung unabhängig ist. Weitere Un-

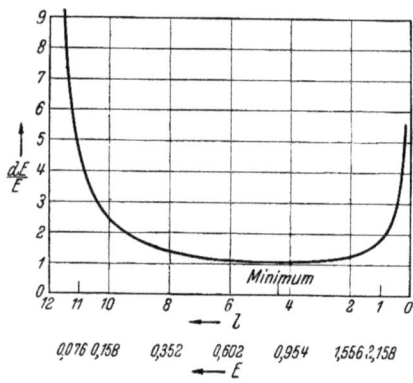

Abb. 29. Relative Ablesestreuung der Extinktion einer quadratischen Meßblende in Abhängigkeit von ihrer Diagonalen.

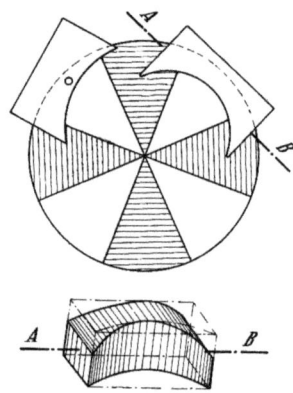

Abb. 30. Sektormeßblende des „Elko II" mit Korrektoren zur Kompensation inhomogener Ausleuchtung.

gleichmäßigkeiten der Ausleuchtung, wie sie durch die mangelnde Punktförmigkeit der Strahlungsquellen, besonders bei großen Öffnungswinkeln der Optik, hervorgerufen werden, lassen sich durch verschieden geformte Korrektoren, die die Sektorradien in stetig veränderlicher Weise begrenzen, weitgehend ausgleichen[1], so daß die Strahlungsschwächung auf etwa 0,2% genau einstellbar wird. Eine derartige Meßblende wird im Elektrophotometer „Elko II" von Carl Zeiß, Oberkochen (vgl. S. 278), verwendet. Eine andere Möglichkeit, Inhomogenitäten der Blendenausleuchtung weitgehend unwirksam zu machen, besteht darin, eine *kammförmige Blende* von der Seite her in den Strahlengang einzuschieben[2] (vgl. Abb. 31). Solche Blenden werden z. B. im Infrarotspektrometer von PERKIN-ELMER (vgl. S. 363) benutzt. Ähnlich wirken *Raster*, die aus mit Ruß geschwärzten Drahtnetzen oder aus Quarzplatten

---

[1] HANSEN, G.: Optik 8, 251 (1951).
[2] WRIGHT, N. u. L. W. HERSCHER: J. opt. Soc. America 37, 211 (1947).

mit metallischen Strichgittern[1] bestehen, und deren (konstante) Extinktion etwa mit Hilfe eines rotierenden Sektors empirisch bestimmt werden muß.

c) Polarisationsprismen. Aus einem Polarisator kommende, linear polarisierte Strahlung kann durch einen mit Teilkreis ver-

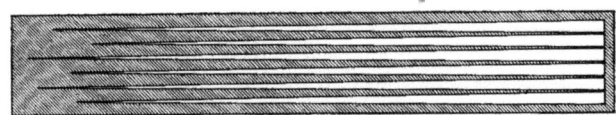

Abb. 31. Kammförmige Blende des Infrarotspektrometers von Perkin-Elmer.

sehenen drehbaren Analysator meßbar geschwächt werden. Bei Parallelstellung der beiden Polarisationsprismen wird die Strahlung vom Analysator vollkommen durchgelassen, bei gekreuzter Stellung vollkommen ausgelöscht. In den Zwischenstellungen ist die Extinktion gegeben durch

$$E = \log \frac{\Phi_0}{\Phi} = -\log \cos^2 \alpha, \qquad (76)$$

wenn α den Azimut der beiden Prismen bedeutet. Aus $\Phi = \Phi_0 \cdot \cos^2 \alpha$ und $d\Phi = -2\Phi_0 \cdot \sin \alpha \cdot \cos \alpha \, d\alpha$ ergibt sich mittels (71) die relative Ablesestreuung in Abhängigkeit vom Azimut α und bei gegebenem Ablesefehler $d\alpha$ des Analysatorteilkreises zu

$$\frac{dE}{E} = -\frac{0{,}4343 \cdot \text{tg}\,\alpha}{\log \cos \alpha} d\alpha. \qquad (77)$$

Die Funktion $\text{tg}\,\alpha / \log \cos \alpha$ geht für $\alpha = 63° 12'$ durch ein Minimum, die zugehörige Extinktion ist 0,6919. Setzt man wieder den minimalen Fehler gleich 1, so ergibt sich die relative Ablesestreuung als Funktion

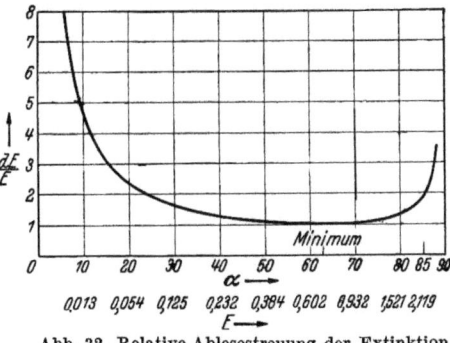

Abb. 32. Relative Ablesestreuung der Extinktion durch zwei Polarisationsprismen in Abhängigkeit vom Azimut α.

von α aus Abb. 32. Der Fehler wächst hier im Bereich $25° < \alpha < 86°$ auf etwa den doppelten Betrag des minimalen Fehlers an. Dem entspricht ein Extinktionsintervall von $0{,}08 < E < 2{,}2$, das also

---
[1] VEB Optik, Jena.

(analog wie bei der Meßblende) doppelt so groß ist wie bei der Schwächung mit dem rotierenden Sektor.

Die aus dem Analysator austretende Strahlung besitzt eine mit dem Azimut α variierende Schwingungsrichtung. Da manche Empfänger wie Photozellen oder Sekundärelektronenvervielfacher eine von der Polarisationsrichtung der auffallenden Strahlung abhängige Stromausbeute zeigen können[1], wählt man in solchen Fällen eine Drei-*Prismen-Anordnung* zur Strahlungsschwächung[2]. Von den drei Polarisationsprismen stehen die beiden äußeren fest und zueinander parallel, das mittlere ist drehbar und mit dem Teilkreis versehen. Die Extinktion in Abhängigkeit vom Azimut α ist dann gegeben durch

$$E = \log \frac{\Phi_0}{\Phi} = -\log \cos^4 \alpha , \qquad (78)$$

die relative Ablesestreuung wiederum durch (77).

Die Vorteile der *Polarisationsprismen* gegenüber dem rotierenden Sektor beruhen einmal darauf, daß man auch Extinktionen $E < 0,3$ direkt messen kann, und daß der Extinktionsbereich, innerhalb dessen die Ablesestreuung auf den doppelten Betrag der minimalen Streuung ansteigt, etwa doppelt so groß ist wie beim rotierenden Sektor. Zweitens erfordert der rotierende Sektor eine recht komplizierte Mechanik, wenn man seine Extinktion *während des Umlaufs* ändern will, während die Drehung des Analysators lediglich eine sorgfältige Zentrierung der Drehachse voraussetzt. Dem stehen die Nachteile gegenüber, daß die zur Verfügung stehende Strahlungsintensität bereits im Polarisator zur Hälfte verlorengeht, und daß die Prismenanordnung eine sehr sorgfältige Justierung des ganzen Strahlenganges erfordert. Wie Versuche im einzelnen gezeigt haben[3], lassen sich GLAN-Prismen, die wegen ihrer Luftzwischenschicht den größten Durchlaßbereich im UV aufweisen, für genaue Intensitätsänderungen nicht verwenden, was vermutlich auf die zahlreichen Reflexionen der Strahlung an den Schnittflächen und auf den kleinen Öffnungswinkel dieser Prismen (7°) zurückzuführen ist. Man verwendet statt dessen verkürzte GLAN-THOMPSON-Prismen von 17° Öffnungswinkel, die eine bis 1850 Å durchlässige Kittschicht besitzen[4]. Die einzelnen optischen Teile müssen sehr sorgfältig senkrecht zur optischen Achse

---
[1] Vgl. z. B.: B. A. BRICE, M. HALWAR u. R. SPEISER: J. opt. Soc. America **40**, 768 (1950).
[2] Vgl. G. KORTÜM u. H. MAIER: Z. Naturf. 8a, 235 (1953); J. H. DOWELL: J. sci. Instruments 8, 382 (1931).
[3] KORTÜM, G. u. H. v. HALBAN: Z. physik. Chem. (A) **170**, 212 (1934).
[4] Hersteller: B. Halle, Berlin-Steglitz.

des Strahlengangs justiert werden, was am besten durch Autokollimation erfolgt. Die beiden Auslöschungsstellen werden am besten mit dem Auge bei grünem Licht (Hg-Linie bei 546 mμ) ermittelt, sie müssen genau um 180° gegeneinander verschoben sein, was ein Kriterium für richtige Justierung darstellt. Geringe Exzentrizitäten der Drehachse sowie der Achsenorientierung der Polarisationsprismen bewirken gewöhnlich, daß die gemessenen Werte in den verschiedenen Quadranten des Teilkreises etwas voneinander abweichen. Im gleichen Sinn wirken nichtparallele Prismenendflächen und Streulicht[1], das durch unvollkommene Absorption des an der Kittschicht reflektierten ordentlichen Strahls entsteht. Immerhin läßt sich erreichen[2], daß die Gesetze (76) bzw. (78) innerhalb eines gewissen mittleren Azimutbereiches mit einer Genauigkeit von etwa 0,05% und darunter erfüllt sind. Das erfordert jedoch eine sehr sorgfältige Nachprüfung[2], was bedeutet, daß für *absolute* Strahlungsschwächungen der rotierende Sektor allen anderen Methoden bei weitem überlegen ist.

Ein Vergleich der Ablesestreuungen der verschiedenen Schwächungseinrichtungen wird dadurch ermöglicht, daß man für eine bestimmte relative Streuung der Extinktion im Minimum der Fehlerkurven die Ablesestreuungen dx bzw. dα und dl berechnet, welche der angenommene Fehler verlangen würde. Setzt man z.B. d$E/E = 0{,}01\%$, was die minimale Streuung und damit die höchste bisher erreichte Genauigkeit darstellt, wie später gezeigt werden wird (vgl. S. 282), so wird nach den Gleichungen (73), (75) und (77)

$$0{,}0271 \cdot dx = 2{,}49 \cdot d\alpha = 0{,}2265 \cdot dl = 10^{-4}. \tag{79}$$

Daraus errechnen sich die folgenden Werte: d$x = 0{,}0037\%$; d$\alpha = 0{,}00004°$ im Bogenmaß = $8{,}7''$; d$l = 0{,}00044$ mm. Wenn man diese Meßgenauigkeit erreichen will, sind also die Anforderungen an die Ablesegenauigkeit der Lichtschwächungseinrichtungen schon sehr beträchtlich. Die angegebenen Zahlen entsprechen einer Unterteilung des Sektorumfangs bzw. der Diagonale der Meßblende in 27100, des Analysatorteilkreises in 156400 durch Nonius ablesbare Teile.

d) Abstandsänderung der Strahlungsquelle. Da nach Gleichung (11) die Bestrahlungsstärke einer Fläche umgekehrt mit dem Quadrat der Entfernung von der Strahlungsquelle abnimmt, läßt sie sich durch Abstandsänderung der Strahlungsquelle meßbar variieren. Dabei ist jedoch eine streng punktförmige Strahlungsquelle

---

[1] STEEL, W. H.: J. opt. Soc. America **41**, 223 (1951).
[2] KORTÜM, G. u. H. MAIER: s. S. 84.

vorausgesetzt, die sich praktisch gewöhnlich nicht mit genügender Annäherung verwirklichen läßt. Daher muß analog wie bei den Polarisationsprismen das Gesetz der Schwächung in jedem einzelnen Fall nachgeprüft und gegebenenfalls empirisch korrigiert werden. S gegen $1/r^2$ aufgetragen ergibt in solchen Fällen keine Gerade, sondern eine mehr oder weniger gekrümmte Kurve (Eichkurve!).

e) **Graukeile bzw. Graulösungen** sind im Gegensatz zu den bisher besprochenen Vorrichtungen für meßbare Strahlungsschwächung im allgemeinen wellenlängenabhängig. Unter einem ideal *grauen* Medium versteht man ein solches, dessen Absorption im ganzen sichtbaren Spektralbereich gleich groß ist, dessen Absorptionskurve also eine Parallele zur Wellenlängenskala darstellt; es läßt sich nur mit einer gewissen Annäherung verwirklichen, z.B. durch Gemische verschiedener Farbstoffe, durch Graugläser oder durch fein in einem durchsichtigen Medium verteilte feste Stoffe (Platin, Graphit usw.).

Bei Graukeilen ist das absorbierende Medium gewöhnlich homogen in Gelatine eingebettet[1]. Die Extinktion nimmt mit der Dicke der Gelatineschicht zu, so daß man durch die Verschiebung des Keils mittels einer Präzisionsspindel mit Trommelablesung ein Strahlenbündel beliebig meßbar schwächen kann. Noch besser verwendet man zwei Keile mit gegenläufiger Steigung. In dem Teil, in dem sie sich überdecken, ist die Extinktion gleichmäßig und konstant, sie ändert sich, wenn man die Keile gegeneinander verschiebt, so daß die Schichtdicke sich ändert. Für die Richtigkeit der Schwächung ist die Gleichmäßigkeit der *Steigung* des Keils (Extinktionszunahme pro mm Verschiebung) maßgebend; sie kann jedoch durch Verwendung breiter Keile und möglichst großen Querschnitt des Strahlenbündels, d.h. durch Mittelung über eine möglichst große Keilfläche von geringen Ungleichmäßigkeiten der Steigung weitgehend unabhängig gemacht werden. Graukeile, deren absorbierende Schicht aus Graphit oder fein verteiltem Platin besteht, zeigen eine beträchtliche Streuwirkung (CALLIER-Effekt), so daß ihre Extinktion vom geometrischen Strahlengang abhängig wird. Letzterer darf daher nach der Eichung nicht mehr verändert werden[2]. Dagegen sind sie natürlich gegen Strahlungseinwirkung unempfindlich, während

---

[1] Sog. „Goldberg-Keile"; E. GOLDBERG: Trans. Faraday Soc. **19**, 349 (1923). Hersteller: Zeiß-Ikon, Stuttgart.

[2] Man bringt den Keil möglichst unmittelbar hinter der Strahlungsquelle oder vor dem Empfänger an, da dann der Einfluß der Streuung am geringsten wird.

Farbstoffkeile bei längerem Gebrauch infolge photochemischer Vorgänge eine Änderung ihrer Extinktion zeigen können, so daß sie von Zeit zu Zeit nachgeeicht werden müssen. Platinkeile lassen sich auch durch kathodische Zerstäubung des Metalls auf Glas oder Quarz herstellen[1].

Graulösungen, die aus einem Gemisch von Farbstoffen bestehen[2], besitzen eine Reihe weiterer Nachteile, wie Wärmeempfindlichkeit, Temperaturabhängigkeit, Konzentrationsänderung durch Verdampfung des Lösungsmittels, so daß sie häufig erneuert werden müssen, wenn man sie zur Strahlungsschwächung benutzen will.

Die bisher verfügbaren Graugläser[3] sind nicht neutralgrau, ihre Extinktion hängt mehr oder weniger stark von der Wellenlänge ab (im allgemeinen steigt sie gegen das UV an), so daß eine besondere Eichung für jeden benutzten Spektralbereich notwendig ist. Man muß daher für absolute Messungen eine mit der Wellenlänge veränderliche Meßskala verwenden[2], was gegenüber den sonst gebräuchlichen Lichtschwächungen eine unerwünschte Komplikation bedeutet. Ein Graufilter, dessen Extinktion zwischen 300 mμ und 2,3 μ praktisch konstant ist (Schwankung < 1%), läßt sich dadurch herstellen, daß man eine dünne Platinschicht, deren Absorption nach kurzen Wellenlängen hin abnimmt, mit einer Rußschicht überlagert, deren Absorption entgegengesetzt verläuft[3].

4. Optik.

a) Durchlässigkeitsbereiche und Reflexionsvermögen. Unter „Optik" seien die zwischen Strahlungsquelle und Empfänger eingeschalteten optischen Teile zur Herstellung eines definierten Strahlenganges und zur spektralen Zerlegung der Strahlung verstanden. Es handelt sich demnach im wesentlichen um *Linsen, Prismen, Spiegel* und *Gitter*.

Da die in einem Strahlengang vorhandenen optischen Elemente die Strahlungsleistung so wenig wie möglich verringern sollen, interessieren in erster Linie die spektralen *Durchlässigkeitsbereiche* der verschiedenen Materialien bzw. – soweit Spiegel und Reflexionsgitter in Betracht kommen – ihr spektrales *Reflexionsver-*

---

[1] KIENLE, H. u. H. SIEDENTOPF: Z. Physik 58, 726 (1929).
[2] Vgl. A. THIEL: Absolutkolorimetrie. Hersteller: E. Leitz, Wetzlar. Die Zusammensetzung einer grauen anorganischen Lösung beschreibt L. C. THOMSON: Trans. Faraday Soc. 42, 663 (1946).
[3] Vgl. dazu H. THEISSING u. M. GOEBERT: Z. techn. Physik 21, 149 (1940); ANGERER-EBERT: Techn. Kunstgriffe, Braunschweig 1952.

mögen. Die *Durchlässigkeitsbereiche* sind in Tabelle 6 zusammengestellt[1]. Die angegebenen Zahlen sind Grenzwerte für dünne Schichten. Bei dicken Schichten (z. B. in Prismen) kann bei diesen Grenzen schon beträchtliche Absorption auftreten, insbesondere bei Vorhandensein von Einschlüssen oder Verunreinigungen. In einzelnen Materialien beobachtet man auch schwache selektive Absorption, z. B. in Quarz bei 2,8 μ, in KCl bei 3,2 und 7,1 μ. Von den meisten Materialien kann man heute große Kristalle künstlich züchten[2]. Dies gilt insbesondere für die Alkalihalogenide. NaCl, KCl, KBr, KJ sind sehr feuchtigkeitsempfindlich und bedürfen deshalb spezieller Schutzmaßnahmen (Trockenmittel, erhöhte Temperatur).

Tabelle 6. *Durchlässigkeitsgrenzen optischer Materialien.*

Material	Durchlässigkeit im Sichtbaren und UV	Material	Durchlässigkeit im IR
Flintglas	bis etwa 4000 Å	Glas	bis 2,5 μ
Gewöhnliches Glas	etwa 3500 Å	Quarz (kristallin)	3,5 μ
Glimmer	etwa 2800 Å	Quarz (geschmolzen)	3,9 μ
Uviolglas	etwa 2500 Å	Lithiumfluorid (LiF)	6,5 μ
Quarzglas	etwa 2000 Å	Flußspat (CaF$_2$)	10,5 μ
Glimmer, synth.	etwa 2000 Å	Steinsalz (NaCl)	16 μ
Quarz, krist.	1850 Å	Sylvin (KCl)	21 μ
Flußspat	etwa 1250 Å	Kaliumbromid (KBr)	28 μ
Lithiumfluorid	etwa 1200 Å	Kaliumjodid (KJ)	31 μ
		KRS 5 (Tl[Br + J])	40 μ
		Caesiumbromid (CsBr)	40 μ
		Caesiumjodid (CsJ)	52 μ

Das *Reflexionsvermögen* eines Stoffes ist definiert durch $R = \Phi_{\text{refl.}}/\Phi_{\text{einf.}}$ und ist bei senkrechtem Einfall der Strahlung nach FRESNEL gegeben durch

$$R = \frac{(n-1)^2 + n^2 \varkappa^2}{(n+1)^2 + n^2 \varkappa^2}, \qquad (80)$$

worin n den Brechungsindex und $\varkappa$ den durch Gleichung (22) definierten Absorptionsindex bei der betreffenden Wellenlänge be-

---

[1] CZERNY, M. u. H. RÖDER: Ergebn. exakt. Naturwiss. **17**, 70 (1938). — V. Z. WILLIAMS: Rev. sci. Instruments **19**, 135 (1948). — LOEBE u. LEDIG: Z. techn. Physik **6**, 325 (1925).

[2] Lieferquellen: Heraeus, Hanau; Leitz, Wetzlar; Harshaw Chemical Co., Cleveland 6, Ohio; Hilger & Watts, London NW 1; Carl Zeiß, Oberkochen; K. Korth, Kiel.

deutet. Für große Werte von $\varkappa$ wird $n^2 + 1 + n^2\varkappa^2 \gg 2n$, so daß R Werte in der Nähe von 1 annimmt. Stoffe mit sehr großer Absorption zeigen deshalb auch ein großes (metallisches) Reflexionsvermögen. Das Reflexionsvermögen einiger Metalle in den interessierenden Spektralgebieten ist in Abb. 33 dargestellt[1]. Bei den meisten Metallen ist es im Sichtbaren sehr groß, nimmt aber gegen das UV in der Regel stark ab. So zeigt z.B. Silber bei etwa 4000 Å einen außerordentlich steilen Abfall des Reflexionsvermögens, das bei 3200 Å ein Minimum von 4% erreicht, um bei 2500 Å wieder zu einem Maximum von 25% anzusteigen. Deshalb eignet sich Silber im UV nicht zur Belegung von Spiegeln oder Gittern. Ähn-

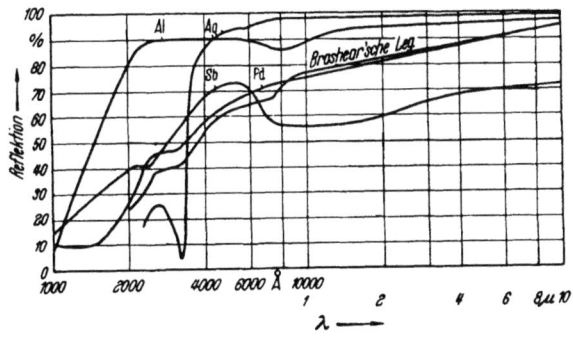

Abb. 33. Spektrales Reflexionsvermögen von Metallen.

liches gilt für die BRASHEARsche Legierung Zinn-Kupfer, die früher wegen ihrer guten mechanischen Eigenschaften zur Herstellung von Konkavgittern benutzt wurde. Das beste Reflexionsvermögen im UV zeigt Aluminium, so daß Spiegel, Prismen und auf Glas geritzte Gitter heute gewöhnlich mit einer aufgedampften Aluminiumschicht versehen werden[2]. Unterhalb 1000 Å zeigen alle Metalle ein sehr geringes Reflexionsvermögen (gewöhnlich $<$ 10%). Sie können in diesem Gebiet ohne weiteres durch Glas oder Quarz ersetzt werden. Im Gegensatz dazu ist das Reflexionsvermögen der meisten Metalle im IR sehr gut (90 bis 100%); Silber übertrifft hier alle übrigen Metalle, ebenfalls gut geeignet sind Gold, Aluminium und Messing.

---
[1] Vgl. G. B. SABINE: Physic. Rev. **55**, 1064 (1939); W. WALKENHORST: Z. techn. Physik **22**, 14 (1941).
[2] Man schützt solche Al-Spiegel durch eine dünne aufgedampfte Schicht von SiO [vgl. G. HASS u. N. W. SCOTT: J. opt. Soc. America **39**, 179 (1949)].

Während bei Spiegeln bzw. Reflexionsgittern ein möglichst hohes Reflexionsvermögen erwünscht ist, führt umgekehrt die Reflexion an den Oberflächen der Durchsichtsoptik zu Verlusten, die man möglichst klein zu machen sucht. Bei nichtabsorbierenden Materialien ($\varkappa = 0$) hat das Reflexionsvermögen bei senkrechtem Einfall nach (80) den Wert

$$R = \frac{(n-1)^2}{(n+1)^2}. \qquad (81)$$

Bei Glas ($n \sim 1{,}6$) wird danach an jeder Fläche etwa 5% des sichtbaren Lichtes reflektiert. Sind zwei einander parallele Flächen so nah benachbart, daß analog wie bei den Interferenzfiltern (vgl. S. 74) die an den verschiedenen Flächen reflektierten Strahlen miteinander interferieren, so kann je nach der optischen Dicke der Zwischenschicht völlige Durchlässigkeit oder völlige Auslöschung eintreten. Durch eine aufgedampfte Schicht mit geeignetem (kleinem) Brechungsindex und der optischen Dicke $\lambda/4$ gelingt es, den Reflexionsverlust der darunter liegenden Oberfläche für die Wellenlänge λ stark herabzusetzen. Als solche *Reflexion vermindernde Schichten* werden z.B. Li-, Mg- oder Ca-Fluorid und Kryolith (Na_3AlF_6) benutzt[1], sie setzen die Reflexionsverluste bis auf 0,4% herunter.

Bei schrägem Einfall (Einfallswinkel α, Brechungswinkel β) ist der reflektierte Anteil bei senkrecht zur Einfallsebene polarisierter Strahlung nach FRESNEL gegeben durch

$$R_\perp = \frac{\sin^2(\alpha - \beta)}{\sin^2(\alpha + \beta)}, \qquad (81\,\text{a})$$

bei in der Einfallsebene polarisierter Strahlung durch

$$R_\| = \frac{\mathrm{tg}^2(\alpha - \beta)}{\mathrm{tg}^2(\alpha + \beta)}. \qquad (81\,\text{b})$$

Der durchgelassene Anteil ist also für unpolarisierte Strahlung, die man sich aus zwei Bündeln senkrecht zueinander polarisierter Strahlung gleicher Intensität zusammengesetzt denken kann

$$1 - R_{\text{gesamt}} = \frac{1}{2}[(1 - R_\perp) + (1 - R_\|)]. \qquad (81\,\text{c})$$

Bei senkrechtem Einfall ($\alpha = \beta = 0$) gehen die beiden FRESNELschen Gleichungen in (81) über ($R_\perp = R_\| = R$), wobei vorausgesetzt ist, daß das angrenzende Medium aus Luft besteht.

---

[1] Vgl. A. SMAKULA: Glastechn. Ber. 19, 377 (1941); H. SCHRÖDER: Glastechn. Ber. 20, 161 (1942).

Optik.

b) Linsen. Mit Hilfe von *Linsen* kann man ein (z. B. von einer Quelle ausgehendes) divergentes Strahlenbündel konvergent oder auch angenähert parallel machen. Für die Abbildung eines Objektes OA durch eine – zunächst sehr dünn gedacht – Sammellinse benutzt man zweckmäßig das einfache Konstruktionsschema der Abb. 34: Strahlen, die auf der einen Seite parallel zur optischen Achse verlaufen, gehen auf der andern Seite durch den Brennpunkt. Aus den beiden Paaren von ähnlichen Dreiecken ergibt sich sofort

$$\frac{OA}{O'A'} = \frac{x}{f} = \frac{f'}{x'}$$

oder $\quad x x' = f f'$. (82)

x und x' sind die Abstände von Objekt und Bild vom vorderen bzw. hinteren Brennpunkt (F und F').

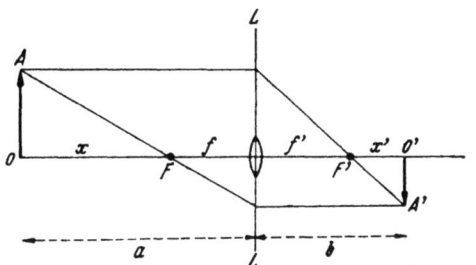

Abb. 34. Abbildung eines Objekts durch eine dünne Einzellinse.

Die objekt- bzw. bildseitige Brennweite f und f' ist (bei gleichen Medien auf beiden Seiten, normalerweise Luft) gleich groß. Setzt man demnach $f = f'$, ferner $x = a - f$ und $x' = b - f$, worin a und b den Objektabstand bzw. den Bildabstand von der Linsenmitte bedeuten, so erhält man die bekannte Linsenformel

$$\frac{1}{a} + \frac{1}{b} = \frac{1}{f}, \qquad (83)$$

die mit (82) gleichbedeutend, aber praktisch weniger bequem ist. (82) gibt gleichzeitig die Vergrößerung bzw. Verkleinerung des Bildes an; ist $x = f$, der Objektabstand a also gleich der doppelten Brennweite, so wird das Objekt in natürlicher Größe abgebildet.

Ein Strahlenbündel, das von einem Punkt innerhalb der objektseitigen Brennebene ausgeht, wird durch die Linse nicht konvergent, sondern nur weniger divergent gemacht. Verlängert man die Begrenzungsstrahlen des austretenden Bündels nach rückwärts, so schneiden sie sich im virtuellen Bildpunkt. Hohllinsen – im Gegensatz zu Sammellinsen – vergrößern die Divergenz des Strahlenbündels.

Die Gleichungen (82) und (83) gelten nur für unendlich dünne Linsen und schmale, der Linsenachse nahe Strahlungsbündel; für dicke (z. B. zusammengesetzte) Linsen muß man an Stelle der Mittelebene zwei zur Linsenachse senkrechte Bezugsebenen, die sog. „Hauptebenen" einführen, von denen aus Brennweite, Objekt- und Bildabstand zu messen ist (vgl. dazu die

Lehrbücher der Optik). Die Hauptebenen liegen in den meisten Fällen nahe beieinander, so daß man sich häufig ein komplizierteres abbildendes System durch eine unendlich dünne Linse zwischen den Hauptebenen ersetzt denken kann.

Einfache Linsen zeigen eine Reihe von *Abbildungsfehlern*, die man durch Verwendung von Mehrfachlinsen teilweise beheben oder jedenfalls verringern kann. Die wichtigsten Bildfehler sind die chromatische und die sphärische Aberration, Koma, Astigmatismus und Bildfeldwölbungen.

Die *chromatische Aberration* rührt daher, daß das Linsenmaterial eine – im allgemeinen normale – Dispersion zeigt, der Brechungsindex nimmt mit abnehmender Wellenlänge zu. Da die Brennweite einer Linse vom Brechungsindex abhängt (sie ist umgekehrt proportional zu $[n-1]$), ist die Konvergenz der austretenden Strahlenbündel für jede Wellenlänge etwas verschieden, und weder Bildort noch Bildgröße fallen für verschiedene Wellenlängen zusammen. Man achromatisiert die Linse, indem man eine Sammel- und eine Hohllinse aus verschiedenem Material mit verschiedener Dispersion – ($dn/d\lambda$) kombiniert. Ein solcher *Achromat* besitzt die gleiche Brennweite allerdings nur für zwei Wellenlängen, z. B. für die FRAUNHOFERsche C- und F-Linie (6563 Å bzw. 4861 Å), für die dazwischen und außerhalb liegenden Wellenlängen ist die Brennweite immer noch λ-abhängig (sekundäre chromatische Aberration), wenn auch im allgemeinen wesentlich weniger als bei einfachen Linsen. Durch Kombination von drei Linsen verschiedenen Materials mit verschiedener Dispersion (sogenannte Apochromate) kann man drei Wellenlängen im gleichen Brennpunkt vereinigen und die Kurve der chromatischen Aberration (Brennpunktslage als Funktion von λ) weiter verflachen, doch werden solche Apochromate bei photometrischen Messungen wenig benutzt.

Als Materialien verschiedener Dispersion verwendet man etwa Kronglas und Flintglas im Sichtbaren, Quarz und Flußspat im UV. An Stelle des teuren und in größeren Stücken schwer beschaffbaren Flußspats benutzt man in neuerer Zeit künstlich gezüchtete Lithiumfluoridkristalle[1]. Für das ferne UV ($\lambda < 1800$ Å) haben sich Achromate aus CaF_2 und LiF bewährt. Auch Quarz-Wasser-Achromate sind gelegentlich benutzt worden, ihr Nachteil liegt in der starken Temperaturabhängigkeit des Brechungsindex von Flüssigkeiten. Im IR ersetzt man Linsen ganz allgemein durch Spiegel, die stets achromatisch sind.

Unter *sphärischer Aberration* versteht man die mangelnde Fähigkeit einer einfachen Linse, Strahlenbündel im gleichen Punkt

---

[1] CARTWRIGHT, C. H.: J. opt. Soc. America **29**, 350 (1939).

zu vereinigen, die die Linse in verschiedenem Abstand von der Achse durchsetzt haben. Bei Sammellinsen liegt der Schnittpunkt randnaher Strahlenbündel vor dem Schnittpunkt von Bündeln, die die Linse in der Nähe der Achse durchsetzt haben, bei Hohllinsen ist es umgekehrt. Man kann derartige Öffnungsfehler deshalb dadurch verringern, daß man passend geformte Sammel- und Hohllinsen so kombiniert, daß dadurch die sphärische Aberration für zwei Zonen und gleichzeitig die chromatische Aberration für zwei Wellenlängen korrigiert wird. Man kann die sphärische Aberration auch dadurch korrigieren, daß man die Oberfläche der Linse asphärisch schleift, wie es vor allem bei den Linsen in Quarzspektrographen häufig geschieht.

Unter *Koma* wird die sphärische Aberration von Strahlenbündeln verstanden, die schräg durch die Linse gegangen sind; sie rührt daher, daß einfache Linsen kein scharfes Bild von Objekten entwerfen können, die seitlich von der optischen Achse liegen. Das entstehende Bild wird unsymmetrisch, ein Punkt wird verzerrt zu einem länglichen Fleck, ähnlich einem Kometenschweif, woher auch der Name stammt. Da die Koma sich umkehrt, wenn man die Krümmung der Linse umkehrt, kann man diese Erscheinung durch Wahl geeigneter Krümmungen einer Mehrfachlinse verringern.

Astigmatismus und *Bildfeldwölbungen* entstehen ebenfalls durch die Dissymmetrie, die ein Strahlenbündel bei stark schrägem Durchgang durch eine einfache Linse annimmt. Astigmatismus heißt die Erscheinung, daß ein Objektpunkt außerhalb der Linsenachse nicht als Punkt abgebildet wird, sondern je nach dem Neigungswinkel des Strahlenbündels in Form zweier Bildpunkte oder (bei großem Öffnungswinkel des Bündels) sogar in Form zweier aufeinander senkrechter Striche in verschiedenem Abstand von der Linse. Durch Kombination verschiedener Linsen, z. B. einer gewölbten und einer Meniscuslinse aus geeignet gewählten Materialien (sogenannte Anastigmate) kann man auch derartige Bildfehler verringern. Allerdings gelingt es nicht, alle die genannten Abbildungsfehler gleichzeitig so weit herabzusetzen, daß sie nicht mehr störend wirken, doch werden die Linsen von den optischen Firmen den verschiedenen Verwendungszwecken sehr weitgehend angepaßt.

c) **Prismen.** *Prismen* dienen zur Dispersion der Strahlung, d. h. zur Zerlegung in die einzelnen Wellenlängen. Die Ablenkung eines parallelen monochromatischen Strahlenbündels ist in Abb. 35 bei symmetrischem und unsymmetrischem Durchgang parallel zur Hauptebene des Prismas (Zeichenebene) dargestellt, die senkrecht zu seiner brechenden Kante steht. φ nennt man den brechenden Winkel des Prismas. Aus der Abbildung folgt unmittelbar

$$\varphi = \beta_1 + \beta_2 \text{ und } \vartheta = (\alpha_1 - \beta_1) + (\alpha_2 - \beta_2) = \alpha_1 + \alpha_2 - \varphi. \quad (84)$$

Bei symmetrischem Durchgang ist $\alpha_1 = \alpha_2$ und $\beta_1 = \beta_2$. In diesem Fall ist der *Ablenkungswinkel* ϑ ein Minimum; das Prisma befindet

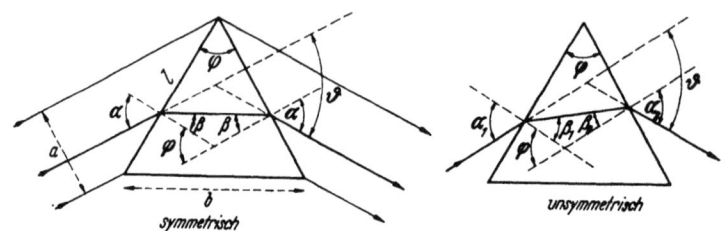

Abb. 35. Ablenkung eines parallelen monochromatischen Lichtbündels bei symmetrischem und unsymmetrischem Durchgang parallel zur Hauptebene eines Prismas.

sich für das betreffende Bündel in der *Stellung minimaler Ablenkung*. Dann gilt $\vartheta = 2\alpha - \varphi$ oder $\alpha = \dfrac{\vartheta + \varphi}{2}$ und $\beta = \varphi/2$. Das SNELLIUSsche Brechungsgesetz $n = \sin\alpha/\sin\beta$ läßt sich dann in der Form schreiben

$$n = \frac{\sin\dfrac{\vartheta + \varphi}{2}}{\sin\dfrac{\varphi}{2}}. \quad (85)$$

Durch Differentiation von (85) ergibt sich für die Abhängigkeit des Ablenkungswinkels vom Brechungsindex bei Minimumstellung

$$\frac{d\vartheta}{dn} = \frac{2\sin\dfrac{\varphi}{2}}{\cos\dfrac{\vartheta + \varphi}{2}}. \quad (86)$$

Setzt man ferner

$$\cos\frac{\vartheta + \varphi}{2} = \sqrt{1 - \sin^2\frac{\vartheta + \varphi}{2}}$$

und nach (85) $\sin\dfrac{\vartheta + \varphi}{2} = n\sin\dfrac{\varphi}{2}$, so wird aus (86)

$$\frac{d\vartheta}{dn} = \frac{2\sin\dfrac{\varphi}{2}}{\sqrt{1 - n^2\sin^2\dfrac{\varphi}{2}}}. \quad (87)$$

Optik. 95

Die *Winkeldispersion* des Prismas erhält man aus

$$\frac{d\vartheta}{d\lambda} = \frac{d\vartheta}{dn} \cdot \frac{dn}{d\lambda}, \qquad (88)$$

worin die Wellenlängenabhängigkeit $(dn/d\lambda)$ des Brechungsindex, d.h. die Dispersion des Prismenmaterials, bekannt sein muß und gewöhnlich durch eine geeignete Dispersionsformel dargestellt wird (vgl. S. 305). Je größer die Winkeldispersion des Prismas ist, um so größer wird der Abstand zweier zu trennender Spektrallinien. Man gibt deshalb häufig auch die *lineare Dispersion* $(d\lambda/ds)$ in Å/mm an. Sie stellt die Wellenlängendifferenz der Strahlen dar, die am Beobachtungsort, z.B. auf der Platte eines Spektrographen, im Abstand von 1 mm erscheinen, und ist daher noch von der Brennweite f des abbildenden Systems abhängig. Es gilt

$$(d\lambda/ds) = \frac{1}{f(d\vartheta/d\lambda)}, \qquad (89)$$

da Sehne ds und Bogen $f \cdot d\vartheta$ eines kleinen Winkels vom Radius f angenähert gleich sind.

Für die Brauchbarkeit eines Prismas ist jedoch außer der Winkeldispersion $d\vartheta/d\lambda$ noch das sogenannte *Auflösungsvermögen* maßgebend. Dieses ist definiert durch $\lambda/\Delta\lambda$, wobei $\Delta\lambda$ die Wellenlängendifferenz zweier Spektrallinien in dem betreffenden Gebiet ist, die eben noch von dem Prisma getrennt werden. Das Auflösungsvermögen ist durch die Beugung der Strahlung an den Prismenkanten oder an Blenden (Spalt) begrenzt. Man erhält von zwei aus dem Prisma austretenden Strahlenbündeln nur dann getrennte Bilder, wenn sie einen Winkel (im Bogenmaß) einschließen, der gleich oder größer ist als das Verhältnis λ/a, wo a die Breite (Apertur) des Bündels bedeutet:

$$\Delta\vartheta \geq \frac{\lambda}{a}. \qquad (90)$$

Schreibt man das Auflösungsvermögen in der Form

$$A \equiv \frac{\lambda}{\Delta\lambda} = \frac{\lambda}{\Delta\vartheta} \cdot \frac{\Delta\vartheta}{\Delta\lambda} = \frac{\lambda}{\Delta\vartheta} \frac{d\vartheta}{d\lambda}, \qquad (91)$$

so ergibt sich durch Vereinigung der Gleichungen (88), (90) und (91)

$$A = a \frac{d\vartheta}{dn} \cdot \frac{dn}{d\lambda} = a \cdot \frac{d\vartheta}{d\lambda}. \qquad (92\text{a})$$

Das Produkt $a \cdot \frac{d\vartheta}{d\lambda}$ besitzt in der Minimumstellung einen Maximalwert. Dieses Maximum ist allerdings sehr flach, d.h. das Auflösungsvermögen nimmt nur sehr wenig ab, wenn man das Prisma aus der Minimumstellung herausdreht. Dagegen wächst die Winkeldispersion mit zunehmender Verdrehung (wachsendem β_2 in Abb. 35) rasch an, die Bündelbreite a nimmt entsprechend rasch ab, d. h. die beiden Faktoren sind sehr empfindlich gegen Änderungen der Prismenstellung. Man kann daher durch geringes Herausdrehen des Prismas aus der Minimumstellung die Dispersion stark vergrößern, ohne daß das Auflösungsvermögen wesentlich abnimmt[1].

Setzt man in (92a) den Wert für $d\vartheta/dn$ aus (87) ein und berücksichtigt, daß $\sqrt{1 - n^2 \sin^2 \frac{\varphi}{2}} = \cos \alpha$ und daß nach Abb. 35 $a = l \cdot \cos \alpha$ und $2l \cdot \sin \frac{\varphi}{2} = b$, der *Basislänge* des Prismas ist, so wird aus (92a)

$$A = b \cdot \frac{dn}{d\lambda}, \qquad (92\,\text{b})$$

und durch Kombination von (92a) und (92b)

$$\frac{d\vartheta}{d\lambda} = \frac{b}{a} \cdot \frac{dn}{d\lambda}. \qquad (93)$$

Das Auflösungsvermögen ist demnach durch die Dispersion des Prismenmaterials und durch die Basislänge des Prismas festgelegt. Dabei ist vorausgesetzt, daß die gesamte Hauptebene ausgeleuchtet ist, andernfalls ist b entsprechend der effektiven Dicke zu korrigieren. Durchläuft das Bündel mehrere Prismen nacheinander, so ist das Gesamtauflösungsvermögen gleich der Summe der A-Werte der einzelnen Prismen.

Von der Höhe des Prismas ist das Auflösungsvermögens unabhängig. Dagegen sollte zur Vermeidung von Strahlungsverlusten die Höhe so bemessen sein, daß das von einer Beleuchtungslinse (Kollimator) kommende Strahlenbündel nicht ausgeblendet wird, sie sollte also gleich dem Durchmesser a dieser Linse sein. Die Seitenlänge l (Abb. 35) muß dagegen erheblich größer sein als die Höhe, sie ist gegeben durch die Beziehung

$$a = l \cos \alpha = l \sqrt{1 - n^2 \sin^2 \frac{\varphi}{2}}. \qquad (94)$$

Für ein 60°-Prisma, wie sie meistens verwendet werden, wird

$$l = \frac{a}{\sqrt{1 - \frac{n^2}{4}}}. \qquad (95)$$

---

[1] Vgl. dazu A. HAMMER: Spectrochim. Acta [Berlin] **2**, 365 (1944).

Als *Prismenmaterial* verwendet man im wesentlichen die gleichen Stoffe wie für Linsen (Tabelle 6). Außer den Durchlässigkeitsbereichen interessiert in erster Linie die *Dispersion* ($dn/d\lambda$), die möglichst groß, und der *Temperaturkoeffizient* (dn/dt), der möglichst klein sein sollte. In Tabelle 7 sind diese Daten für die meistgebräuchlichen Materialien zusammengestellt, wobei die Winkeldispersion nach (88) unter Benutzung der HARTMANNschen Dispersionsformel für die Na-D-Linien und für $\varphi = 60°$ berechnet sind. Flüssigkeitsprismen besitzen sehr hohe Dispersion im Sichtbaren, leider jedoch (mit Ausnahme von Wasser) auch einen etwa 100-fachen Temperaturkoeffizienten gegenüber Gläsern, so daß sie nur bei hoher Temperaturkonstanz verwendet werden können. Wasser eignet sich auch sehr gut für das UV unterhalb von 2000 Å, da es, abgesehen von seiner guten Durchlässigkeit bis 1800 Å, in diesem Gebiet eine höhere Dispersion besitzt als Quarz[1].

Tabelle 7.
Brechungsindex und Winkeldispersion von Prismenmaterialien bei $\lambda = 5893 Å$.

Material	n_D	$(d\vartheta/d\lambda)_D$ Bogen-Grad/Å	$(dn/dt)_D$
Uviolglas	1,5035	0,616 · 10⁻⁵	
Kronglas	1,5271	0,700	$-(1 \text{ bis } 5) \cdot 10^{-6}$
Leichtes Flintglas	1,5804	1,144	
Schweres Flintglas	1,6555	1,703	
Wasser	1,3330	0,416	$-0,8 \cdot 10^{-4}$
Schwefelkohlenstoff	1,6276	2,885	$-8,0 \cdot 10^{-4}$
Monobromnaphthalin	1,6576	2,501	$-4,5 \cdot 10^{-4}$
Quarzglas	1,4585	0,517	$-0,6 \cdot 10^{-5}$
Quarz, krist.	1,5443	0,628	$-0,5 \cdot 10^{-5}$
Flußspat (CaF$_2$)	1,4339	0,333	$-1,0 \cdot 10^{-5}$
Lithiumfluorid (LiF)	1,3918	0,286	$-2,3 \cdot 10^{-5}$
Steinsalz (NaCl)	1,5443	0,938	$-3,7 \cdot 10^{-5}$
Sylvin (KCl)	1,4904	0,729	$-3,6 \cdot 10^{-5}$
Kaliumbromid (KBr)	1,5581	1,449	$-3,6 \cdot 10^{-5}$
Kaliumjodid (KJ)	1,6634	2,881	$-5,0 \cdot 10^{-5}$

CS_2 und $C_{10}H_7Br$ sind bis etwa 350 mμ durchlässig; CS_2 hat den großen Nachteil hoher Flüchtigkeit und leichter Zersetzlichkeit im UV, es wird deshalb nur noch selten verwendet. Quarz, Flußspat und die Alkalihalogenide, die heute auch künstlich in großen Kristallen gezüchtet werden, werden im UV und IR benutzt; ihre Dispersion nimmt gegen die Durchlässigkeitsgrenze im UV stark zu. Quarz ist *doppelbrechend* und hat für den ordentlichen und den

---

[1] DUCLAUX, J. u. P. JEANTET: Rev. Opt. théor. instrument. **2**, 384 (1923).

außerordentlichen Strahl verschiedene Brechungsindices. Kristalline Quarzprismen werden deshalb so geschnitten, daß die optische Achse in der Hauptebene parallel zur Basis des Prismas liegt. Strahlen minimaler Ablenkung erleiden dann keine Doppelbrechung, für andere Strahlen ist die Doppelbrechung so gering, daß sie nicht stört. Der Einfluß der *optischen Aktivität* des kristallinen Quarzes, die auch in Richtung der optischen Kristallachse auftritt, läßt sich dadurch ausschalten, daß man das Prisma aus zwei Hälften zusammensetzt, die aus Rechts- bzw. Linksquarz bestehen, oder daß man die Strahlung an einem Spiegel reflektieren und das Prisma zweimal durchsetzen läßt. Analog verfährt man mit Linsen aus Kristallquarz, deren Achse mit der optischen Achse des Quarzes zusammenfallen muß. Quarzglas, das heute in vorzüglicher und gleichwertig durchlässiger Qualität und in großen Stücken zugänglich ist, besitzt natürlich wegen seiner Isotropie weder Doppelbrechung noch optische Aktivität. Es beginnt deshalb den kristallinen Quarz mehr und mehr zu verdrängen.

Wenn möglich, sollte man zur Untersuchung eines bestimmten Spektralgebietes im IR dasjenige Material wählen, dessen langwellige Durchlässigkeitsgrenze nach Tabelle 6 gerade oberhalb dieses Gebietes liegt, da dann die Dispersion am größten ist. Die bestgeeigneten Materialien für die verschiedenen Spektralgebiete sind in der folgenden Tabelle zusammengestellt[1].

Tabelle 8. *Prismenmaterialien für die Spektralgebiete des IR.*

Spektral-Bereiche in μ	Material
0,7 bis 2,7	Quarz
2,7 bis 6	LiF
5 bis 9	CaF_2
8 bis 16	NaCl
15 bis 28	KBr
15 bis 38	CsBr
24 bis 40	Tl(Br + J); (KRS — 5)[2]
38 bis 52	CsJ

Einzelprismen werden fast stets mit einem brechenden Winkel von 60° und gleicher Seitenlänge hergestellt und in oder nahe der Stellung minimaler Ablenkung benutzt. Statt eines 60°-Prismas kann man auch ein sogenanntes Halbprisma mit 30° verwenden, dessen Rückseite verspiegelt ist, so daß das Strahlenbündel das

---
[1] Vgl. E. LIPPERT: Z. angew. Physik 4, 390 (1952); vgl. auch E. K. PLYLER u. F. P. PHELPS: J. opt. Soc. America 41, 209 (1951); 42, 432(1952); E. K. PLYLER u. N. ACQUISTA: J. opt. Soc. America 43, 212 (1953).
[2] HETTNER, G. u. G. LEISEGANG: Optik 3, 305 (1948).

Prisma zweimal durchsetzt (sogenannte LITTROW-Aufstellung, vgl. Abb. 36). Ein solches ,,Autokollimationsprisma" gibt eine konstante Ablenkung von 180°, die durch Drehen des Prismas um eine zur brechenden Kante parallele Achse für jede Wellenlänge eingestellt werden kann. Konstante Ablenkungswinkel erreicht man auch dadurch, daß man hinter einem 60°-Prisma einen Planspiegel anbringt. Liegt dieser parallel zur Prismenbasis, so wird ein Strahlenbündel, das unter dem Winkel minimaler Ablenkung in das Prisma eintritt,

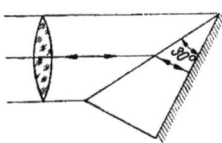
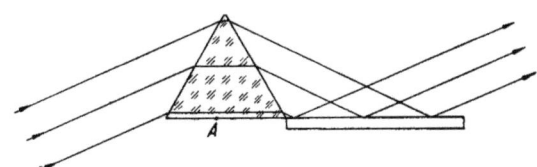

Abb. 36. Autokollimationsprisma von 30° und konstanter Ablenkung von 180° (Littrow-Aufstellung).

Abb. 37. Fuchs-Wadsworth-Aufstellung für konstante Ablenkung.

nur parallel zu sich selbst verschoben (sogenannte FUCHS-WADSWORTH-Aufstellung, vgl. Abb. 37). Indem man Spiegel und Prisma, die starr miteinander verbunden sind, um die Achse A dreht, kann man für jede gewünschte Wellenlänge die Stellung minimaler Ablenkung im Prisma und paralleler Verschiebung der Bündelachse erreichen. Diese Arten der Aufstellung werden vorzugsweise in Monochromatoren für das IR benutzt.

Ein Prisma von hohem Auflösungsvermögen ist das FÉRY-Prisma mit gekrümmten Begrenzungsflächen, die so geschnitten sind, daß ein durchtretendes Strahlenbündel nicht nur dispergiert, sondern gleichzeitig fokussiert wird. Es kann ohne Sammellinse bzw. Spiegel benutzt werden, hat aber den Nachteil, daß die Brennweite

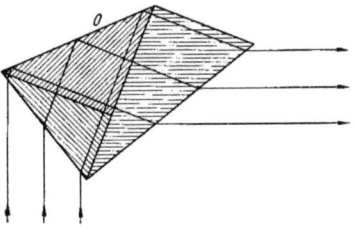

Abb. 38. Prisma konstanter Ablenkung von 90°.

natürlich wellenlängenabhängig ist. Zur Einstellung einer gewünschten Wellenlänge im Austrittsspalt eines Monochromators muß deshalb das Prisma nicht nur um eine Achse gedreht, sondern gleichzeitig verschoben werden.

Mit Hilfe von *Prismenkombinationen* läßt sich ebenfalls konstante Ablenkung für Strahlenbündel verschiedener Wellenlänge erzielen. Als Beispiel zeigt Abb. 38 ein Prisma konstanter Ablenkung von 90°, das man sich aus zwei dispergierenden Halbprismen von 30° und einem totalreflektierenden rechtwinkligen Prisma zusammengesetzt denken kann, obwohl es meistens aus einem Stück besteht. Auch hier ist also die Spiegelung an einer Ebene wesentlich. Man dreht das Prisma um die Achse O und erhält so für beliebige Wellenlängen die konstante Ablenkung um 90°. Dieser Prismentyp wird für Monochromatoren und Spektroskope für den sichtbaren Spektralbereich bevorzugt.

Durch Kombination von mehreren Prismen verschiedenen Materials kann man erreichen, daß ein Lichtbündel bestimmter Wellenlänge, z. B. des mittleren sichtbaren Bereichs, unabgelenkt durchgeht, während kürzere Wellen nach der einen, längere Wellen nach der anderen Seite abgelenkt werden. Verschiedene Typen dieser sogenannten *geradsichtigen* Prismen sind in Abb. 39 dargestellt. Im AMICI-Prisma bestehen der mittlere Teil aus Flintglas, die äußeren Teile aus Kronglas, ihre Dispersion ist gegenläufig, so daß das Auflösungsvermögen des Gesamtprismas nur gering ist. Man benutzt deshalb solche Prismen in Handspektroskopen, mit denen man das ganze sichtbare Spektrum gleichzeitig übersehen will. Im ZENGER-Prisma geht die Strahlung einer mittleren Wellenlänge unabgelenkt durch, wenn die beiden Materialien für diese Wellenlänge gleichen Brechungsindex (im übrigen aber verschiedene Dispersion) besitzen, was sich nur erreichen läßt, wenn das eine Halbprisma ein Flüssigkeitsprisma ist. Der Strahlengang ist deshalb sehr temperaturempfindlich (vgl. S. 97). Das WERNICKE-Prisma besteht prinzipiell aus zwei solchen aneinandergesetzten ZENGER-Prismen und zeichnet sich durch hohe Dispersion und geringe Reflexionsverluste aus. Es ist deshalb auch in neuerer Zeit wieder verwendet

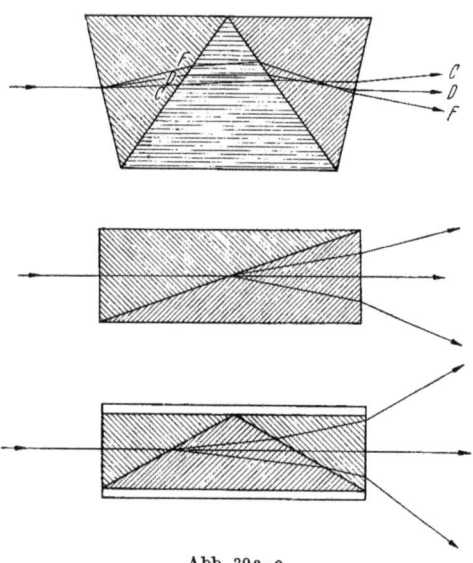

Abb. 39a—c.
Amici-Prisma; Zenger-Prisma; Wernicke-Prisma.

worden[1]. Ein Prisma, bei dem die Teile A aus Barium-Kronglas, der Teil B aus einer konzentrierten wässerigen Lösung von $BaHgBr_4$ besteht, zeigt etwa die gleiche Winkeldispersion wie ein Satz von 6 Prismen aus schwerem Flintglas.

d) **Spiegel.** Hohlspiegel benutzt man an Stelle von Linsen in Spektralapparaten, insbesondere im IR, wo es an durchlässigem optischem Material mangelt. Sie besitzen gegenüber Linsen den weiteren Vorteil, daß sie stets achromatisch sind, da alle Wellenlängen in gleicher Weise reflektiert werden. Dagegen treten die übrigen Abbildungsfehler der Linsen auch bei Spiegeln auf und lassen sich auch kaum korrigieren, so daß man sie vorwiegend nur für Monochromatoren verwendet. Bei Spiegeln mit sehr großer Öffnung wird der Winkel zwischen dem einfallenden und dem reflektierten Bündel sehr groß, was zur Folge hat, daß starker Astigmatismus auftritt. Man kann diesen Nachteil durch die in Abb. 40 dargestellte Anordnung[2] vermeiden, indem man einen zusätzlichen Planspiegel benutzt, der ein Loch für den Eintritt der Strahlung besitzt. Diese wird durch den Parabolspiegel parallel

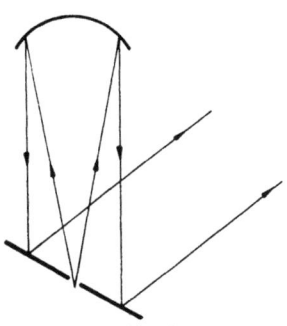

Abb. 40. Kombination von Planspiegel und Parabolspiegel zur Vermeidung von Astigmatismus.

gerichtet, parallel zur Achse, d. h. ohne Astigmatismus reflektiert und kann durch den Planspiegel in beliebiger Richtung abgelenkt werden. Ähnliche Anordnungen zur Verbesserung des Strahlenganges und zur Korrektur von Aberrationen sind von verschiedenen Autoren beschrieben worden[3].

e) **Gitter.** An Stelle von Prismen kann man *Beugungsgitter* zur Dispersion der Strahlung benutzen. Dies ist notwendig im fernen UV ($\lambda < 1200$ Å) und IR ($\lambda > 40 \mu$), wo keine durchlässigen Materialien für Prismen verfügbar sind. Gitter sind außerdem dort vorzuziehen, wo besonders große Dispersion und hohes Auflösungsvermögen erforderlich sind. Man unterscheidet *Plan-* und *Konkavgitter*; erstere werden als Rastergitter mit durchlässigen Spalten oder als Reflexionsgitter mit eingeritzten Furchen hergestellt, letztere sind stets Reflexionsgitter.

---

[1] DUCLAUX, J. u. G. AHIER: Rev. Opt. théor. instrument. **17**, 417 (1939). — H. J. V. TYRRELL u. G. K. T. CONN: J. opt. Soc. America **42**, 106 (1952).

[2] PFUND, A. H.: J. opt. Soc. America **17**, 337 (1927).

[3] Vgl. z. B.: M. CZERNY u. A. F. TURNER: Z. Physik **61**, 792 (1930); W. F. FASTIE: J. opt. Soc. America **42**, 641, 647 (1952); H. EBERT: Wied. Ann. **38**, 489 (1889).

Die Beugung an einem ebenen Rastergitter ist in Abb. 41 schematisch dargestellt. Ist α der Einfallswinkel eines parallelen Strahlenbündels, so erhält man unter dem Beugungswinkel ϑ durch Interferenz Intensitätsmaxima, wenn der Gangunterschied $AB + BC$ der kohärenten Strahlen ein ganzes Vielfaches der Wellenlänge λ ist. Daraus ergibt sich unmittelbar die bekannte, auch für Reflexionsgitter gültige Gleichung

$$d(\sin\alpha + \sin\vartheta) = \pm n\lambda. \qquad (96)$$

d bedeutet die „Gitterkonstante", n ist die „Ordnung" des jeweiligen Beugungsspektrums. Je nachdem dieses auf der einen oder der anderen Seite des direkten Strahls liegt, ist n positiv oder negativ; bei Reflexionsgittern hängt das Vorzeichen von n davon ab, ob einfallender und abgebeugter Strahl auf der gleichen Seite oder auf verschiedenen Seiten der Gitternormalen liegen.

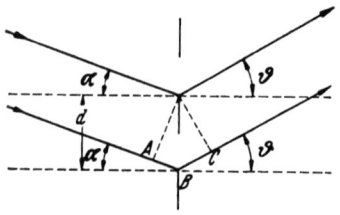

Abb. 41.
Beugung durch ein planes Rastergitter.

ϑ ist für verschiedene Wellenlängen verschieden groß, und zwar werden kürzere Wellen weniger abgelenkt als längere, im Gegensatz zu der Ablenkung durch ein Prisma. Wie aus (96) hervorgeht, können sich Spektra verschiedener Ordnung überlappen, denn für gegebenes α und ϑ fällt ein Maximum 1. Ordnung für λ_1 mit den Maxima 2. Ordnung für $\lambda_1/2$, 3. Ordnung für $\lambda_1/3$ usw. zusammen. Man trennt die verschiedenen Ordnungen durch Vorschalten von Filtern, die nur einen beschränkten Spektralbereich durchlassen, oder durch Verwendung von Empfängern, die nur für einen bestimmten Spektralbereich empfindlich sind.

Die *Winkeldispersion* eines Gitters ergibt sich für konstanten Einfallswinkel α durch Differentiation von (96) zu

$$\frac{d\vartheta}{d\lambda} = \frac{n}{d\cos\vartheta}, \qquad (97)$$

sie ist um so größer, je höher die Ordnung des Spektrums ist und nimmt für $\vartheta = 0$ (in Richtung der Gitternormalen) einen Minimalwert an. Für dieses sogenannte „Normalspektrum" ist

$$d\vartheta = \frac{n}{d}d\lambda = \text{const}\cdot d\lambda. \qquad (98)$$

Optik.

Die Dispersion ist also konstant und λ ist eine lineare Funktion von ϑ, wiederum im Gegensatz zum Prismenspektrum. Auch in diesem Fall läßt sich die „*lineare Dispersion*" in Å/mm in der Brennebene einer hinter dem Gitter angebrachten Linse durch die Gleichung (89) wiedergeben, d. h. sie hängt wieder von der Brennweite f des abbildenden Systems ab.

Das *Auflösungsvermögen* eines Gitters ist wie das eines Prismas durch Gleichung (90) und (91) gegeben:

$$A \equiv \frac{\lambda}{\varDelta \lambda} = a \frac{d\vartheta}{d\lambda}. \tag{99}$$

Die Apertur a des Strahlenbündels hängt analog wie in Abb. 35 von der Breite l des Gitters und dem Kosinus von ϑ ab:

$$a = l \cos\vartheta = N d \cos\vartheta, \tag{100}$$

wenn d wieder die Gitterkonstante und N die Gesamtzahl der Gitterstriche bedeutet. Aus (97), (99) und (100) folgt

$$A \equiv \frac{\lambda}{\varDelta \lambda} = N d \cos\vartheta \frac{n}{d \cos\vartheta} = nN. \tag{101}$$

Das Auflösungsvermögen eines Gitters hängt nur von der Ordnung des Spektrums und der Gesamtzahl der Gitterstriche ab und ist von Wellenlänge und Gitterkonstante unabhängig. Um die Natrium-D-Linien in der ersten Ordnung aufzulösen, bedarf es danach eines Gitters mit 5893/5,967 = 987 Strichen. Dieses theoretische Auflösungsvermögen wird im Sichtbaren und UV auch praktisch annähernd, im IR dagegen nur selten erreicht. Man sieht ferner aus (101), daß sich in höheren Ordnungen und mit Gittern von etwa 10^5 Strichen, wie sie praktisch hergestellt werden, Auflösungsvermögen von mehreren 100 000 erreichen lassen.

Während man sowohl bei Prismen wie bei Plangittern zur Herstellung eines definierten Strahlenganges Linsen oder Spiegel braucht, kann man ein *Konkavgitter* gleichzeitig zur Dispersion und zur Fokussierung der Strahlung benutzen und so das abbildende System ganz entbehren. Dadurch vermeidet man die Strahlungsverluste an den Linsen, die chromatische Aberration, und kann außerdem in Gebiete des extremen UV und IR vordringen, die sonst mangels durchlässigen Materials für Linsen nicht zugänglich sind. Auch für diese, nach ihrem Erfinder als ROWLAND-Gitter bezeichneten Konkavgitter gelten die Gleichungen (96), (97) und (101). Spalt S, Gitter G und Beugungsspektra liegen auf einem gemeinsamen Kreis PP', dessen Durchmesser gleich ist dem

104   Hilfsmittel für optische Untersuchungen.

Krümmungsradius des Konkavgitters (vgl. Abb. 42). Neben dieser meistgebrauchten Aufstellung gibt es eine Reihe anderer, die sich für spezielle Aufgaben besonders eignen und auf die nicht im einzelnen eingegangen werden kann[1]. In Abb. 43 sind zwei solcher Aufstellungen schematisch angegeben. Die WADSWORTH-Aufstellung hat den Vorteil, daß das Spektrum in der Nähe der Gitternormalen liegt und deshalb weitgehend frei von Astigmatismus ist[2]. Das Gitter wird hier über den Spiegel M mit parallelem Licht bestrahlt. Bei der EAGLE-Aufstellung ist der Astigmatismus ebenfalls geringer als bei der ROWLAND-Aufstellung, sie hat ferner den Vorteil eines viel geringeren Raumbedarfs. Beide Aufstellungen werden in modernen Gitterspektrographen häufig benutzt (vgl. S. 395ff.).

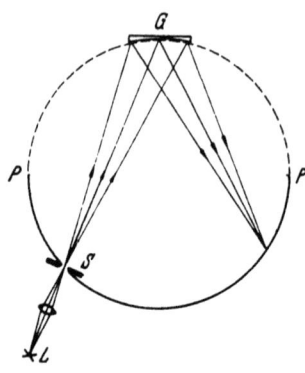

Abb. 42. Aufstellung eines Konkavgitters nach Paschen-Runge.

Gitter wurden früher auf BRASHEARscher Legierung (33% Zinn, 67% Kupfer) geritzt, die sehr hart ist und sich sehr gut polieren läßt. Wegen ihres begrenzten Reflexionsvermögens eignet sie sich

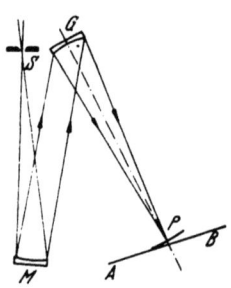 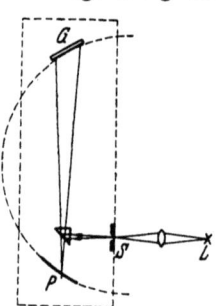

Abb. 43a und b.
a) Wadsworth-Aufstellung eines Konkavgitters. b) Eagle-Aufstellung eines Konkavgitters.

nur für das Sichtbare. In neuerer Zeit wird sie durch Aluminium ersetzt, wobei dieses auf eine Glasunterlage aufgedampft wird,

---

[1] Vgl. dazu z. B.: H. KAYSER: Handb. d. Spektroskopie, Bd. I. Leipzig 1900; R. A. SAWYER: Experimental Spectroscopy, New York 1951; H. G. BEUTLER: J. opt. Soc. America **35**, 311 (1945).

[2] Bei astigmatischen Geräten darf man keine üblichen Stufenblenden oder Sektoren vor dem Spalt anbringen; vgl. dazu R. E. THIERS: J. opt. Soc. America **40**, 849 (1950).

um gleichmäßig glatte Oberfläche zu erhalten, gewöhnlich unter Zwischenlage einer Chromschicht zwecks größerer mechanischer Haltbarkeit. Die Furchen werden mit einem Diamanten in die Al-Schicht eingeritzt. Sie haben gewöhnlich eine unregelmäßige Dreiecksform (vgl. Abb. 44, sogenannte ECHELETTE-Gitter[1]). Die Neigung der Furchenfläche zur Gitternormalen wird so gewählt, daß bei gegebener Gitterkonstante d die in Richtung der Normalen auffallende Strahlung nach dem Reflexionsgesetz in eine Richtung reflektiert wird, in der das Spektrum erster Ordnung liegt. Dadurch wird dieses gegenüber den Spektren höherer Ordnung so intensiv, daß man praktisch nur noch dieses eine Spektrum erhält. ECHELETTE-Gitter lassen sich besonders gut für das IR herstellen. Bei einer Wellenlänge von 100 μ beträgt der optimale Furchenabstand etwa 100 μ, so daß man auch Drahtgitter verwenden kann. Mit Hilfe einer besonderen Aufstellung, die der von LITTROW (vgl. S. 99) ähnlich ist, kann man erreichen[2], daß man mit einem einzigen ECHELETTE-Gitter einen sehr großen Wellenlängenbereich überdecken kann.

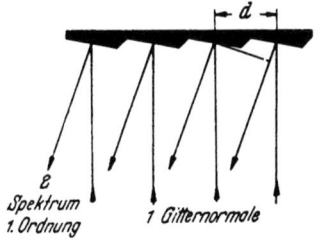

Abb. 44. Echelette-Gitter.

Man kann auch die Furchen direkt in Glas oder Quarzglas einritzen und das Gitter nachträglich mit einer dünnen gleichmäßigen Al-Schicht bedampfen. Im fernen UV besitzt Glas das gleiche Reflexionsvermögen wie Metalle, so daß die Gitter auch ohne nachträgliche Bedampfung verwendet werden können.

Unvollkommenheiten in Form und Tiefe der Furchen oder systematische Fehler in ihren Abständen verursachen Phasenverschiebungen der von ihnen abgebeugten Wellen, was zu Einbußen im Auflösungsvermögen oder zum Auftreten falscher Linien im Spektrum, sogenannter „Gittergeister", führt.

Gitter verschiedenster Größe und von Krümmungsradien zwischen 1 und 10 Metern werden heute von verschiedenen Firmen hergestellt[3]. Große Gitter besitzen bis zu 200000 Strichen und deshalb sehr hohes Auflösungsvermögen. Aber auch für Spektrographen mittlerer Dispersion und besonders im IR werden an Stelle von Prismen häufig Gitter verwendet. Wegen des hohen Preises benutzt man an Stelle der Originalgitter für viele Zwecke *Gitter-*

---

[1] WOOD, R. W.: Physik. Z. **11**, 1109 (1910).
[2] GREIG, J. H. u. W. F. C. FERGUSON: J. opt. Soc. America **40**, 504 (1950).
[3] Zum Beispiel Baird Associates, Cambridge, Am.

kopien auf Kollodium[1], deren Auflösungsvermögen nur unwesentlich geringer ist und die ebenfalls im Handel zu haben sind[2].

f) Der Lichtleitwert. Für die Wirksamkeit einer optischen Anordnung ist außer den Eigenschaften der Strahlungsquelle und des Empfängers noch eine Größe von Bedeutung, die die Leistungsfähigkeit der zwischen Quelle und Empfänger eingeschalteten Optik kennzeichnet. Die beste Ausnutzung der Strahlungsleistung erhält man stets dann, wenn man an jeder Blende eine Sammellinse anbringt, die die vorhergehende Blende auf der nachfolgenden Blende scharf abbildet in der Weise, daß dieses Bild in seiner Größe mit der Öffnung dieser letzteren Blende exakt übereinstimmt (sogenannte vollständige Abbildung[3]). In diesem Fall wird der in die erste Blende eintretende Lichtstrom ohne Verluste (abgesehen von Absorption und Reflexion) durch die ganze Anordnung hindurchgeleitet. Der von HANSEN[4] eingeführte *Lichtleitwert* (vgl. S. 18) einer solchen optischen Anordnung ist nach Gleichung (14) in erster Näherung definiert durch

$$L = \frac{n^2 F_1 F_2}{a^2} [\text{cm}^2], \qquad (102)$$

wobei F_1 und F_2 den Flächeninhalt zweier solcher Blenden bedeutet, die sich im Abstand a gegenüberstehen. Tritt dabei die Strahlung in ein Medium von höherem Brechungsvermögen ein (z. B. in eine Flüssigkeit), so wird der Öffnungswinkel des Bündels kleiner, d. h. man muß noch den Faktor n^2 hinzufügen. Dieser Lichtleitwert ist für die Leistungsfähigkeit der ganzen optischen Anordnung bestimmend und bietet somit die Möglichkeit, verschiedene Anordnungen miteinander zu vergleichen. Seine Dimension ist cm^2. Man mißt ihn, indem man Größe und Abstand zweier beliebiger Blenden der Anordnung bestimmt. Bei vollständiger Abbildung erhält man stets den gleichen Lichtleitwert, welches Blendenpaar man auch wählt. Die Lichtleitwerte z. B. verschiedener Photometer können außerordentlich verschieden sein. So ist z. B. für das für visuelle Messungen bestimmte PULFRICH-Photometer $L = 0{,}0003$, für lichtelektrische Photometer hat L Werte von der Größenordnung 1. Auf die Bedeutung des Lichtleitwertes für Volumen und Schichtdicke von Küvetten werden wir später zurückkommen (S. 115).

---

[1] Vgl. R. W. WOOD: J. opt. Soc. America **36**, 715 (1946).
[2] Zum Beispiel Perkin-Elmer-Corp.
[3] Vgl. dazu z. B.: G. HANSEN u. E. MOHR: Spectrochim. Acta (Berlin) **3**, 584 (1949).
[4] HANSEN, G.: Zeiss-Nachr. 4, 8 (1941); Beih. Z. Ver. dtsch. Chemiker **48**, 5 (1944); Optik **1**, 227 (1946).

5. Küvetten.

Die Meßgenauigkeit visueller, elektrischer und photographischer Methoden ist, wie später im einzelnen zu zeigen ist und wie auch schon aus der Diskussion der Ablesestreuung der meßbaren Schwächungseinrichtungen (S. 82) hervorging, in einem mittleren Extinktionsbereich am größten. Da andererseits die Extinktionskoeffizienten über viele Zehnerpotenzen variieren, und Konzentration bzw. Druck in vielen Fällen von vornherein festliegen, muß man nach Gleichung (27) die durchstrahlte Schichtdicke s so wählen, daß man in diesen günstigen Extinktionsbereich gelangt. Das bedeutet, daß man die Schichtdicken ebenfalls über mehrere Zehnerpotenzen variieren muß, insbesondere dann, wenn man mit der gleichen Anordnung Gase, Lösungen und reine flüssige oder feste Stoffe untersuchen will. Es ist deshalb eine große Mannigfaltigkeit von Küvettentypen entwickelt worden, von denen die wichtigsten besprochen werden sollen. Wir unterscheiden der Übersichtlichkeit halber zwischen Küvetten fester und variabler Schichtdicke. Allen Küvetten gemeinsam ist natürlich die Forderung, daß die Küvettenfenster für den betreffenden Spektralbereich gut durchlässig sind. Nach Möglichkeit sollten sie aus dem gleichen Material bestehen, wie etwa das zur Zerlegung der Strahlung benutzte Prisma (vgl. Tabelle 6).

a) Feste Schichtdicken. *Flüssigkeitsküvetten* bestehen in der Regel aus zylindrischen Rohren mit optisch geschliffenen Fenstern[1]. Die Schichtdicke muß natürlich über den ganzen Querschnitt konstant und für spektrometrische Messungen auf wenigstens 1% bekannt sein. Bei kolorimetrischen und photometrischen Konzentrationsbestimmungen ist diese Forderung nicht so streng, da man mit den gleichen Küvetten Eichmessungen an Lösungen bekannter Konzentration ausführt. An Stelle der früher gebräuchlichen Küvetten mit aufgekitteten Fenstern, die von manchen Flüssigkeiten angegriffen werden, benutzt man heute fast ausschließlich solche mit aufgeschmolzenen Fenstern, die sowohl in Quarz wie in Glas hergestellt werden[2]. Daneben haben sich die von SCHEIBE angegebenen Küvetten bewährt, die aus zwei Quarzplatten und einem Glasring mit optisch geschliffenen Endflächen bestehen. Mit Hilfe einer mit Federn versehenen Fassung werden die drei Teile aneinandergepreßt und sind ätherdicht. Diese Art der Küvetten hat sich auch für kleine Schichtdicken (bis 0,1 mm) bewährt.

---
[1] Neuerdings werden auch KPG-Vierkantrohre hergestellt (Schott & Gen., Mainz), deren Innenmaße auf 0,001 cm genau sind.
[2] Zum Beispiel: F. Hellige, Freiburg i. Br.; E. Leybold, Köln; VEB Optik, Jena; Hanff & Buest, Berlin N; Heraeus, Hanau; Hellma, Müllheim (Baden)

Da man in der zeichnerischen Wiedergabe der Absorptionskurven gewöhnlich den Logarithmus des Extinktionskoeffizienten (log ε) gegen die Wellenlänge aufträgt (vgl. S. 27), ist es zweckmäßig, um Meßpunkte gleichen Abstands zu erhalten, die Schichtdicken logarithmisch abzustufen, wenn man mit gegebener Konzentration der Lösung und gegebener Extinktion der Lichtschwächung arbeitet[1]. So enthält z. B. der SCHEIBEsche Küvettensatz 21 Küvetten mit logarithmisch abgestuften Schichtdicken zwischen 1 und 100 mm ($\Delta \log s = 0{,}100$); zur Erleichterung der Berechnung gibt es Tabellen[2], in denen für vier verschiedene Extinktionen die Werte von $\log s$, $\log (1/s)$ und $\log E - \log s$ für diese Schichtdicken bereits ausgerechnet sind.

Bei der Untersuchung reiner fester oder flüssiger Stoffe ist man vielfach — vor allem im mittleren IR — auf sehr kleine Schichtdicken von wenigen μ angewiesen, die ebenfalls auf wenigstens 1% genau bekannt sein sollten. Man stellt derartige Schichtdicken mit Hilfe ringförmiger Metallfolien (Pb, Ag, Al, Sn, Cu[3]) bekannter Stärke her, die man zwischen die optisch plangeschliffenen Fenster preßt oder auch mit diesen verkittet[4]. In letzterem Fall sind allerdings solche Küvetten schwer zu reinigen. Man kann den metallischen Abstandsring auch durch Aufdampfen im Hochvakuum mittels einer rotierenden Elektrode erzeugen[5]. Wird Metall durch die zu untersuchenden Stoffe angegriffen, so kann man kleine Schichtdicken auch durch Einlegen z. B. einer planparallelen Quarzplatte in eine Quarzküvette von etwas größerem Fensterabstand herstellen. Die wirksame Schichtdicke ist dann durch die Differenz von Schichtdicke der Küvette und Plattendicke gegeben. Eine weitere Möglichkeit besteht darin, in eine ebene Fensterplatte eine gleichmäßige Vertiefung einzuschleifen, die dann mit einer zweiten Platte mit optischem Kontakt bedeckt wird[6].

Bei der Untersuchung von *Gasen* werden umgekehrt häufig große Schichtdicken benötigt, vor allem deshalb, weil man wegen

---

[1] Nach Gleichung (27) ist $\log \varepsilon = \log E - \log c - \log s$.
[2] Zeiß-Druckschrift Mess 273.
[3] Man kann die Metallringe leicht amalgamieren, indem man sie in verdünnte Essigsäure taucht und in derselben mit einem Tropfen Hg in Berührung bringt; für Ag und Cu benutzt man verdünnte NH_3 statt Essigsäure. Man erhält so leicht gasdichte Küvetten, wenn der Abstandsring 0,5 mm Dicke nicht überschreitet.
[4] Vgl. dazu R. C. LORD, R. S. McDONALD u. E. A. MILLER: J. opt. Soc. America 42, 149 (1952); N. B. COLTHUP: Rev. sci. Instruments 18, 64 (1947); N. D. COGGESHALL: Rev. sci. Instruments 17, 343 (1946); G. KIVENSON, A. ROTH u. M. RIDER: J. opt. Soc. America 39, 484 (1949).
[5] KEUSSLER, V. v.: Spectrochim. Acta [Berlin] 6, 185 (1953).
[6] VEB Optik, Jena.

der Druckverbreiterung von Spektrallinien (vgl. S. 6) bei variablem Unterdruck arbeiten muß. Die notwendigen großen Schichtdicken (bis zu mehreren km Länge[1]) erreicht man durch wiederholte Reflexion an Spiegeln, so daß die Strahlung die Küvette mehrmals durchsetzt. Ein Beispiel zeigt die 1-m-Gasküvette zum Perkin-Elmer (Abb. 45). Auch Überdruckküvetten für Gase sind entwickelt worden[2].

Die *Messung* bzw. Nachprüfung von Schichtdicken geschieht bei nichtverschmolzenen Küvetten durch Bestimmung der Dicke der Gesamtküvette und der beiden Fensterplatten etwa mittels einer Mikrometerschraube oder eines Zeißschen Dickenmessers, bei kleinen Schichtdicken am besten interferometrisch[3] aus den Abständen der Interferenzmaxima bei bekannten Wellenlängen (vgl. S. 351). Man kann Schichtdicken selbstverständlich auch mit Hilfe des LAMBERT-BEERschen Gesetzes aus der gemessenen Extinktion ermitteln, wenn man einen Stoff mit genau bekanntem Extinktionskoeffizienten bei gegebener Wellenlänge zur Verfügung hat. Dabei ist natürlich Gültigkeit des LAMBERT-BEERschen Gesetzes, d. h. auch sehr spektralreine Strahlung vorausgesetzt.

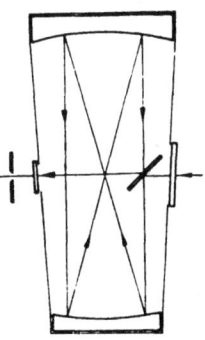

Abb. 45.
1-m-Gasküvette durch wiederholte Reflexion.

Um die *Temperaturabhängigkeit* der Absorption zu messen, kann man längere Küvetten mit einem Mantel versehen, durch den Thermostatenflüssigkeit fließt (vgl. auch Abb. 47). Gasküvetten sind gewöhnlich elektrisch heizbar, so daß sich bei verschiedenen Temperaturen verschiedene Gleichgewichtsdrucke mit dem festen oder flüssigen Bodenkörper einstellen können. Letzterer befindet sich in einem seitlichen Ansatz; wird dieser mit flüssiger Luft oder Kohlensäureschnee tief gekühlt, so kondensiert sich das Gas vollständig darin, und die gleiche Küvette kann auch für die Aufnahme des Vergleichsspektrums verwendet werden[4]. Andere Formen[5] be-

---

[1] HERZBERG, G. u. L.: J. chem. Physics **18**, 1538, 1551 (1951).
[2] Vgl. F. A. SMITH u. E. C. CREITZ: Anal. Chem. **21**, 1474 (1949); P. GÄNSWEIN u. R. MECKE: Z. Physik **99**, 189 (1936).
[3] SUTHERLAND, G. B. u. H. A. WILLIS: Trans. Faraday Soc. **41**, 181 (1945). — J. H. JAFFE u. H. JAFFE: J. opt. Soc. America **40**, 53 (1950). — SMITH, D. C. u. E. C. MILLER: J. opt. Soc. America **34**, 130 (1944). — Vgl. auch KOHLRAUSCH: Lehrb. d. prakt. Physik; H. W. THOMPSON: J. chem. Soc. [London] **1948**, 238.
[4] Vgl. z. B.: G. KORTÜM u. G. FRIEDHEIM: Z. Naturf. **2a**, 20 (1947).
[5] Vgl. z. B.: F. WIRTH u. E. GOLDSTEIN: Z. angew. Chem. **45**, 641 (1932).

sitzen eine mit Hahn versehene Gaspipette von gleichem Volumen wie das der Küvette selbst, so daß durch abwechselnde Evakuierung der Pipette und Ausdehnung der ursprünglichen Gasfüllung auf das doppelte Volumen quantitative Verdünnungen hergestellt werden können.

Für kleine Schichtdicken hat man besondere Hoch- und Tieftemperaturküvetten entwickelt[1]. Bei letzteren befindet sich die Küvette gewöhnlich im Vakuum und wird mittels eines gut wärmeleitenden Metallblocks, der in die Kühlflüssigkeit taucht (z. B. flüssiger Stickstoff) auf die gewünschte Temperatur gebracht. Im UV kann man auch einfache Metall- oder Quarz-Dewargefäße[2] verwenden. Eine geeignete Anordnung[3] zeigt Abb. 46.

b) **Variable Schichtdicken.** In vielen Fällen, insbesondere bei spektrographischen Aufnahmen, sind Küvetten variabler Schichtdicke vorzuziehen, da sie ein sehr viel rascheres Arbeiten ermöglichen.

Baly-Rohre bestehen aus zwei ineinander geschliffenen Quarzrohren mit angeschmolzenen Fenstern und einem Vorratsgefäß, eventuell auch einem Temperiermantel für Messungen bei verschiedenen Temperaturen[4], wie es die schematische Schnittzeichnung 47 zeigt. Solche Schliffe werden heute mit so großer Präzision hergestellt, daß sie praktisch ätherdicht sind. Das äußere Rohr besitzt eine mm-Teilung, das innere Rohr eine ringförmige Strichmarke,

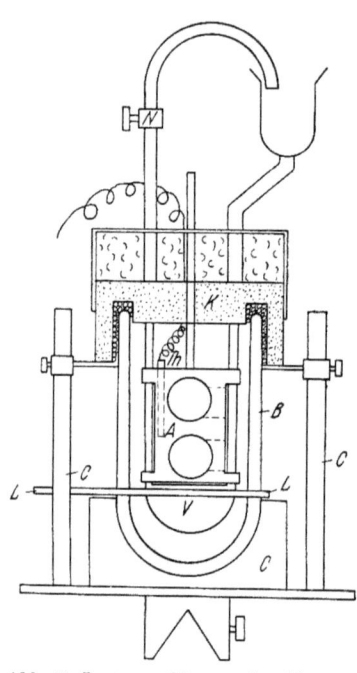

Abb. 46. Dewar zur Messung der Absorption im UV bei tiefen Temperaturen. *A* Quarzküvetten auf Schlitten; — *B* Quarzdewar; — *C* Halterung; — *K* Korkring; — *N* Ventil zur Regulierung der Verdampfungsgeschwindigkeit flüssiger Luft; — *V* Verdampfungsgefäß; — *Th* Thermoelement.

---

[1] Vgl. z. B.: H. O. McMahon, R. M. Hainer u. G. W. King: J. opt. Soc. America **39**, 786 (1949); L. Brown u. P. Holliday: J. sci. Instruments **28**, 27 (1951); R. C. Lord, R. C. McDonald u. E. A. Miller: J. opt. Soc. America **42**, 149 (1952); J. T. Neu: J. opt. Soc. America **43**, 520 (1953).

[2] Bezugsquelle: Westdeutsche Quarzschmelze Hamburg/Geesthacht.

[3] Vgl. auch W. J. Potts: J. chem. Physics **21**, 191 (1953).

[4] Theilacker, W., G. Kortüm u. G. Friedheim: Ch. Ber. **83**, 508(1950).

mittels deren sich die Schichtdicke ohne Parallaxenfehler auf etwa 0,1 mm genau einstellen läßt. Bei der eingestellten Schichtdicke werden die beiden Rohre mittels einer mit Feststellschraube versehenen Führungsschiene gegeneinander fixiert. Die handelsüblichen BALY-Rohre besitzen eine nutzbare Länge von 100 mm. Bei einer Ablesestreuung von 0,1 mm sollten kleinere Schichtdicken als 5 mm jedenfalls nicht verwendet werden, da sonst der Ablesefehler zu groß wird. Es werden jedoch auch BALY-Rohre mit größeren Schichtlängen hergestellt[1], was für manche Untersuchungen sehr von Nutzen ist, da man, ohne die Konzentration zu ändern, einen größeren Bereich von log ε überdecken kann (vgl. S. 400). Es emp-

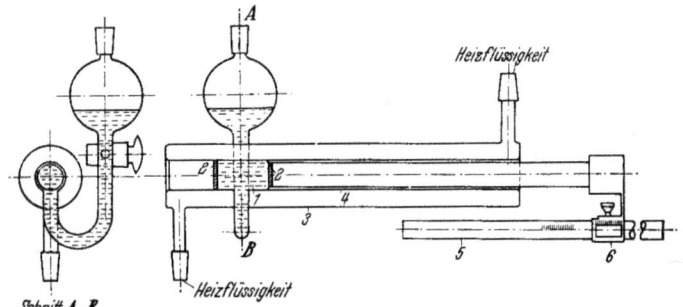

Abb. 47. Baly-Rohr (schematisch). *1* Einstellbare Schichtdicke; — *2* Quarzfenster; — *3* Heizmantel; — *4* Schliff; — *5* Führungsschiene mit Teilung; — *6* Nonius.

fiehlt sich, um Reflexionen von der Innenwand des BALY-Rohres zu vermeiden, diese bis zur Strichmarke mit schwarzem Papier auszukleiden. BALY-Rohre für kleine Schichtdicken zwischen 0 und 50 mm mit mikrometrischer Einstellung und Ablesung der Schichtdicke auf 0,01 mm werden von dem VEB Optik in Jena hergestellt.

Wie Erfahrungen gezeigt haben[2], können im kurzwelligen UV (unterhalb von 2800 Å) dadurch beträchtliche systematische Fehler unterlaufen, daß die Küvetten bzw. BALY-Rohre für Lösung und Lösungsmittel nicht vollständig identisch sind und dadurch ihrerseits einen Absorptionsunterschied hervorrufen. Dies kann entweder durch verschiedene Durchlässigkeit der Verschlußplatten oder durch ihre mangelnde Parallelität bedingt sein. Es empfiehlt sich deshalb in jedem Fall, durch Vertauschen der beiden Rohre bei gleicher Füllung nachzuprüfen, ob innerhalb des in Betracht kommenden Spektralgebietes keine Unterschiede zwischen ihnen

---

[1] Hersteller: Hanff & Buest, Berlin; Heraeus Quarzschmelze, Hanau.
[2] HALBAN, H. v. u. M. LITMANOWITSCH: Helv. chim. Acta **24**, 44 (1941).

vorhanden sind. Wenn dies der Fall ist, macht man die Messungen besser mit einem einzigen Rohr, indem man zunächst alle Aufnahmen verschiedener Schichtdicke mit der Lösung und anschließend die entsprechenden Aufnahmen mit Lösungsmittel und Lichtschwächung macht. Dieses Verfahren setzt allerdings voraus, daß die Intensität der Strahlungsquelle während der ganzen Zeit konstant bleibt.

Ein BALY-Rohr für Gase bei Atmosphärendruck hat SCHÄFER[1] angegeben, eine bequem zu bauende und zu handhabende Küvette

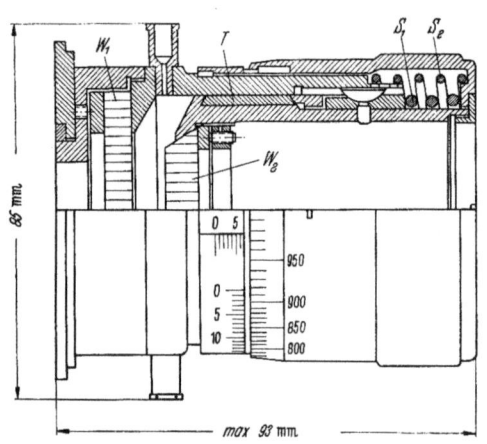

Abb. 48. Flüssigkeitsküvette variabler Schichtdicke für das mittlere Infrarot.
W_1 festes Fenster; — W_2 bewegliches Fenster; — T Teflondichtung; — S_1 und S_2 Federn zur Vermeidung des toten Ganges.

variabler Schichtdicke, die sprungweise verändert werden kann, für Gase beliebigen Drucks wird z.B. von LORD, McDONALD und MILLER[2] beschrieben.

Für Messungen im mittleren IR sind ebenfalls Küvetten variabler Schichtdicke (5 mm bis 10 μ) mit Mikrometer-Schichtdickenablesung konstruiert worden[3], wie es z.B. in Abb. 48 dargestellt ist[4].

Küvetten sowohl wie BALY-Rohre bedürfen einer sorgfältigen Pflege, wenn sie einwandfrei bleiben sollen. So ist es stets zu

---

[1] SCHÄFER, K.: Z. anorg. allg. Chem. **104**, 216 (1918).
[2] Siehe S. 110.
[3] COATES, V. J.: Rev. sci. Instruments **22**, 853 (1951). — E. F. DALY: J. sci. Instruments **28**, 308 (1951). — R. B. HOLDEN u. Mitarb.: J. opt. Soc. America **40**, 757 (1950). — J. U. WHITE: Rev. sci. Instruments **21**, 7, 629 (1950). — A. V. STUART: J. opt. Soc. America **43**, 212 (1953).
[4] Hersteller: Perkin-Elmer.

vermeiden, daß man Lösungen längere Zeit in ihnen stehen läßt. Auch Quarz wird z. B. durch starke Laugen auf die Dauer beträchtlich angegriffen. Dies gilt besonders für die langen Schliffflächen der BALY-Rohre. Längere Zeit mit starken Laugen behandelte Balyrohre verursachen bei späterem Gebrauch stets eine Trübung der Lösungen durch suspendierte Silikate, die außerordentlich große Fehler besonders bei großen Schichtdicken und im kurzwelligen UV hervorrufen können. Auch geringe Verunreinigung der Verschlußplatten, z. B. durch Verdunstungsrückstände von kalkhaltigem Wasser, kann sich entsprechend auswirken.

c) **Wirksame Schichtdicke und Minimalvolumen.** Küvetten besitzen normalerweise kreisförmigen Querschnitt. Solange der Rohrdurchmesser gegenüber der Rohrlänge genügend klein ist, kann man einfach den Fensterabstand als „*wirksame Schichtdicke*" betrachten. Ist diese Voraussetzung nicht mehr erfüllt, und ist das Strahlenbündel nicht parallel, so wird die wirksame Schichtdicke größer als der Fensterabstand. Sie hängt dann außer vom Verhältnis des Fensterabstandes zum Fensterdurchmesser noch von der Form der Blenden und schließlich von der Größe der Extinktion ab. Je größer die Extinktion ist, um so geringer ist der Beitrag der Strahlen, die unter einem Winkel zur Rohrachse verlaufen und deshalb einen längeren Weg zurücklegen. Der Fall der zylindrischen Küvette mit kreisförmigen Fenstern ist von HANSEN[1] im einzelnen untersucht worden. Während bei relativen Messungen die wirksame Schichtdicke unwichtig ist, da man stets auf Eichmessungen mit der gleichen Küvette bezieht, wird sie bei Absolutmessungen dann von Bedeutung, wenn man mit elektrischen Strahlungsempfängern arbeitet, weil man dann häufig große Küvettendurchmesser wählt, um möglichst hohe Strahlungsleistung hindurch zu bekommen. In Tabelle 9 sind die von HANSEN berechneten wirksamen Schichtdicken $\bar{s}$ zylindrischer Küvetten für verschiedene Werte von $E \cdot s_0$ angegeben, wobei der Fenster-

Tabelle 9. *Wirksame Schichtdicken zylindrischer Küvetten bei „vollständiger Abbildung" als Funktion von* $E \cdot s_0$.

$E \cdot s_0$	0	0,3	1	3
$\left(\dfrac{\bar{s}}{s_0} - 1\right) \cdot 10^2$	1,326	1,322	1,313	1,288

[1] HANSEN, G.: Gazz. chim. ital. **82**, 461 (1952). — G. HANSEN u. E. MOHR: Spectrochim. Acta [Berlin] **3**, 584 (1949). — Vgl. auch G. O. LANGSTROTH: J. opt. Soc. America **29**, 381 (1939).

abstand s_0 gleich dem dreifachen Durchmesser der Küvette angenommen ist.

Man entnimmt der Tabelle, daß eine Berücksichtigung der wirksamen Schichtdicken im allgemeinen kaum notwendig sein wird, da die Absolutwerte der Extinktionskoeffizienten nicht genauer als auf 1% gemessen werden können (vgl. S. 298, 307).

Für die *Abbildung einer Strahlungsquelle* auf den Spalt eines Spektralapparates oder auf die Aperturblende eines Empfängers *unter Zwischenschaltung einer Küvette* gibt es zahlreiche Möglichkeiten, von denen die drei gebräuchlichsten in Abb. 49 wiedergegeben sind. In allen Fällen ist eine Küvette gleicher Schichtdicke und ein Kollimator gleichen Durchmessers und gleicher

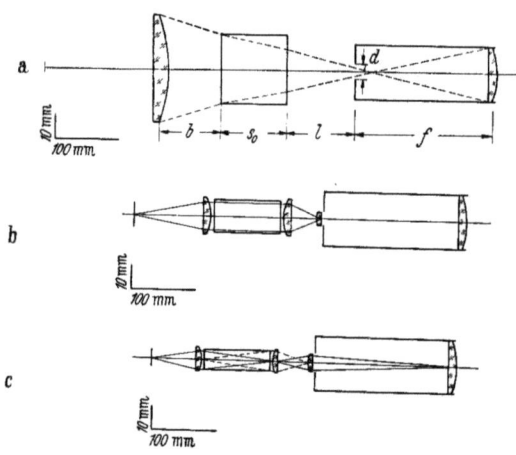

Abb. 49. Zylindrische Küvette im Strahlengang eines Apparates.
f Brennweite der Kollimatorlinse; *d* Spaltlänge; *l* Abstand Küvette—Spalt; s_0 Fensterabstand; *b* Abstand Küvette—Abbildungslinse.

Brennweite angenommen. Im Fall *a* wird die Strahlungsquelle durch eine einzelne Linse scharf auf dem Spalt abgebildet. Das Volumen der Küvette muß bei den angegebenen Abmessungen 57 cm³ betragen, wie aus einfachen geometrischen Überlegungen hervorgeht. Im Fall *b* befindet sich die Küvette im parallelen Strahlengang. Eine dritte Linse vor dem Spalt bildet die mittlere Linse auf dem Kollimatorobjektiv ab. Für einen bestimmten, ebenfalls leicht geometrisch ableitbaren Wert *l* des Abstands Küvette—Spalt wird der Küvettendurchmesser ein Minimum; bei den angegebenen Abmessungen ist das Volumen der Küvette nur noch 12 cm³. Im Fall *c* hat man die S. 106 beschriebene „vollständige Abbildung" vor sich: Jede Linse bildet die vorhergehende Blende auf der nachfolgenden ab. Hier erhält man die günstigste Ausnützung der Strahlungsleistung. Für l ergibt sich der gleiche Wert wie im Fall b, der zugehörige minimale Küvettendurchmesser ist jedoch wesentlich kleiner, so daß man mit einem Volumen von nur 3 cm^3 (prinzipiell stets ein Viertel des Volumens wie im Fall b) auskommt.

Wie HANSEN[1] nachgewiesen hat, wird dieses Minimalvolumen stets erreicht, wenn die Küvettenform zylindrisch ist, die Fenster also gleiche Flächen haben. Für den Fall ,,vollständiger Abbildung" ergibt sich die Beziehung

$$V = \frac{s_0^2}{n} \sqrt{L}, \qquad (103)$$

worin n den Brechungsindex der Flüssigkeit und L den durch Gleichung (102) definierten Lichtleitwert bedeutet. Mit dieser Gleichung kann man für jeden gegebenen Lichtleitwert eines Spektralapparates das Minimalvolumen berechnen, das für eine gewünschte Schichtdicke notwendig ist, wenn keine Strahlungsverluste durch Abblenden eintreten sollen. Trotz dieser Vorteile der ,,vollständigen Abbildung" benutzt man in der Praxis häufig doch den parallelen Strahlengang des Falles b, weil bei diesem eine geringe Kippung der Küvette die Abbildung der Strahlungsquelle auf dem Spalt nicht verändert, während im Fall c dadurch eine seitliche Verschiebung dieses Bildes hervorgerufen wird.

6. Lösungsmittel.

Wie schon S. 56 betont wurde, ist für Absorptionsmessungen an Lösungen sorgfältige Auswahl des Lösungsmittels und die Entfernung der in Handelsprodukten stets vorhandenen Verunreinigungen außerordentlich wichtig. So ist z. B. der gewöhnliche 96%ige Äthylalkohol bis etwa 2000 Å durchlässig, während der 99,8%ige ,,absolute" Alkohol des Handels schon im mittleren UV absorbiert, wenn er zur Entwässerung mit Benzol destilliert ist. Er enthält dann stets Spuren von Benzol, die sich nur äußerst schwer entfernen lassen. Auch gesättigte Kohlenwasserstoffe, Eisessig und ähnliche Lösungsmittel, deren Absorption erst unterhalb von 2000 Å beginnen sollte, sind häufig schon im mittleren UV bei größeren Schichtdicken nicht mehr genügend durchlässig, wenn sie nicht extremen Reinigungsverfahren

---

[1] HANSEN, G.: Gazz. chim. ital. 82, 461 (1952). – G. HANSEN u. E. MOHR: Spectrochim. Acta [Berlin] 3, 584 (1949). – Vgl. auch G. O. LANGSTROTH: J. opt. Soc. America 29, 381 (1939).

unterworfen werden. Diese der Praxis entnommenen Reinigungsmethoden teils physikalischer (Rektifikation, Kristallisation, partielle Adsorption), teils chemischer Art (Behandlung mit konz. H_2SO_4, Nitriersäure, Chlorsulfonsäure, $AlCl_3$ usw.) sind neuerdings von PESTEMER[1] zusammengestellt worden. Besonders wichtig ist ferner, besonders bei Messungen im IR, die vollständige *Wasserfreiheit* der Lösungsmittel, die sich am besten mit Hilfe von Umlaufapparaturen[2] erreichen läßt.

Bezüglich der *Durchlässigkeit im UV* kann man eine Reihe von Lösungsmittelgruppen unterscheiden: Gesättigte Kohlenwasserstoffe und Äther bis etwa 2000 Å, gesättigte Alkohole und Carbonsäuren bis etwa 2500 Å, gesättigte Ester und einfache aromatische Kohlenwasserstoffe bis etwa 2800 Å. Genauere Angaben nach PESTEMER für die gebräuchlichsten Lösungsmittel findet man in Tabelle 10. Am weitesten durchlässig (bis 1580 Å) scheinen nach neuen Messungen[3] perfluorierte Kohlenwasserstoffe (z. B. $n\text{-}C_8F_{18}$) zu sein.

In neuerer Zeit ist die Untersuchung der *Absorption bei tiefen Temperaturen* (flüssiger Stickstoff, 77° K) von besonderem Interesse geworden[4]. Man benutzt dazu glasartig erstarrte Lösungsmittel (rigid solvents), die sich durch Mischen geeigneter Komponenten herstellen lassen. Brauchbare Gemische sind etwa:

5 Teile Äther, 5 Teile Isopentan, 2 Teile Äthanol oder 1 Teil Methylcyclohexan, 3 Teile Isopentan oder 3 Teile Glycerin, 1 Teil Wasser.

Für Messungen im SCHUMANN-UV unterhalb 2000 Å haben sich Gemische von 6 Teilen Isopentan und 1 Teil Methylcyclohexan oder von 6 Teilen Isopentan und 1 Teil 3-Methylpentan als rigid solvents bewährt[5].

Wesentlich schwieriger ist es, im IR ein Lösungsmittel zu finden, das über einen großen Wellenlängenbereich völlig durchlässig ist. Am besten geeignet ist Schwefelkohlenstoff und Tetra-

---

[1] PESTEMER, M.: Angew. Chem. 63, 118 (1951), dort zahlreiche Literaturangaben. – Vgl. auch A. WEISSBERGER u. E. PROSKAUER: Organic Solvents, Oxford 1935; H. B. KLEVENS u. J. R. PLATT: J. Amer. chem. Soc. 69, 3005 (1947); W. POTTS: J. chem. Physics 20, 809 (1952); J. chem. Physics 21, 191 (1953).
[2] SCHUPP, R. L. u. R. MECKE: Z. Elektrochem. angew. physik. Chem. 52, 54 (1948). – G. KORTÜM u. H. WALZ: Z. Elektrochem. angew. physik. Chem. 57, 73 (1953).
[3] KLEVENS, H. B. u. J. R. PLATT: J. chem. Physics 16, 1168 (1948).
[4] Vgl. dazu z. B.: R. L. SINSHEIMER, J. F. SCOTT u. J. R. LOOFBOUROW: J. biol. Chemistry 187, 299 (1950); M. KASHA: Chem. Reviews 41, 401 (1947); G. N. LEWIS u. D. LIPKIN: J. Amer. chem. Soc. 64, 2801 (1942).
[5] POTTS JR., W. J.: J. chem. Physics 21, 191 (1953).

chlorkohlenstoff; ersterer ist zwischen 20 und 7 μ, letzterer zwischen 10 und 3 μ (mit Ausnahme einzelner schwacher Banden) durchlässig, so daß sie für IR-Messungen vorwiegend benutzt werden, soweit die Löslichkeit der zu untersuchenden Stoffe genügend groß ist. Die Durchlässigkeitsbereiche anderer gebräuchlicher Lösungsmittel sind in Abb. 50 schematisch wiedergegeben[1].
Wasser absorbiert im IR sehr stark, besonders bei 3, 6 und 12,5 μ. Da es sich zuweilen als Lösungsmittel kaum entbehren läßt

Tabelle 10. *Lösungsmittel für das UV.*

Lösungsmittel	Kp. korr. 760 mm	Fp.	Durchlässigkeitsgrenze im Ultraviolett in Å		
			reines Handelsprodukt	nach d. Reinigung, Schichtdicke	
				~ cm	0,3 mm
Petroläther	40—60		2450		
Ligroin	60—120				
n-Hexan	68,7			1950	1705
n-Heptan	98,4				
n-Octan	125,6				
i-Octan	116,0				1780
Cyclohexan	80,8	6,6	2750—2650	1950	
Hexahydrotoluol	101				
Decalin	191,7			2100	
Benzol	80,2	5,5		2700	
Toluol	110,8			2750	
Methylenchlorid	40,7			2400	
Chloroform	61,2		2450		
Tetrachlorkohlenstoff .	76,7		2700	2570	2450
Schwefelkohlenstoff	46,2—46,5			3400	
Methanol	64,7		2250	2000	1890
Äthanol 95%	78,17		2350		
Äthanol abs.	78,3				
Propanol	97,2—97,4				
i-Propanol	82,0—82,4				
t-Butanol	82,5	25,45			
t-Pentanol	102,00				
Diäthyläther	34,6		2250	2000	1980
Tetrahydrofuran	64—67			2740	
Dioxan	101,3	11,8			
Wasser	100,0	0	2000	1850	1790

(z. B. für Proteine), muß man bei sehr geringen Schichtdicken von 0,01 mm und darunter („Film") arbeiten. Die Schwierigkeiten lassen sich auch dadurch beheben, daß man außerdem D_2O als

---

[1] Vgl. M. Pestemer: Angew. Chem. **63**, 118 (1951); P. Torkington u. H. W. Thompson: Trans. Faraday Soc. **41**, 184 (1945).

Lösungsmittel benutzt, dessen Absorptionsgebiete gerade bei den Wellenlängen liegen, bei denen H_2O relativ durchlässig ist[1]. Als Material für die Küvetten benutzt man bis etwa 9 μ CaF_2, darüber $PbCl_2$ oder AgCl. Man kann auch wasserempfindliche Küvetten durch einen dünnen Überzug mit Selen schützen[2].

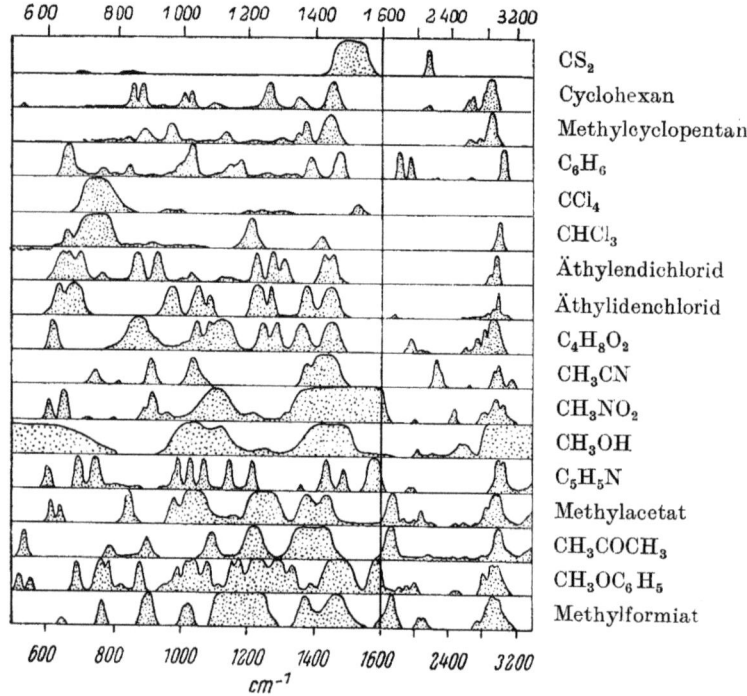

Abb. 50. Durchlässigkeitsbereiche von Lösungsmitteln im Infrarot (0,1 mm Schichtdicke) zwischen 20 und 3 μ.

Das IR-Spektrum eignet sich häufig auch besonders zur *Reinheitsprüfung* von Flüssigkeiten, z. B. zur Ermittlung geringen Wassergehaltes[3].

---

[1] GORE, R. C., R. B. BARNES u. E. PETERSEN: Anal. Chem. **21**, 382 (1949). – J. A. CURCIO u. C. C. PETTY: J. opt. Soc. America **41**, 302 (1951).
[2] ANDERSON, S. u. Mitarb.: Rev. sci. Instruments **21**, 574 (1950).
[3] Vgl. dazu R. MECKE u. F. OSWALD: Spectrochim. Acta [Berlin] **4**, 348 (1951); A. F. BEUNING, A. A. EBERT u. C. F. IRWIN: Ind. Engng. Chem. **19**, 867 (1947); E. GREINACHER u. F. OSWALD: Angew. Chem. **65**, 291 (1953); R. MECKE u. K. ROSSWOG: Angew. Chem. **66**, 75 (1954).

7. Strahlungsempfänger[1].

Wie es keine universell verwendbaren Strahlungsquellen gibt, so muß man auch den Strahlungsempfänger dem jeweiligen Wellenlängengebiet anpassen. Man unterscheidet zweckmäßig zwischen nichtselektiven und selektiven Empfängern. Zu den nichtselektiven Typen gehören Thermoelemente, Thermosäulen und Bolometer, sie werden jedoch hauptsächlich im IR verwendet; zu den selektiven Typen das menschliche Auge und die photographische Platte, die das Sichtbare und UV überdecken, ferner Photozellen, Widerstandszellen, Photoelemente und Sekundärelektronenvervielfacher, die je nach ihrer spektralen Empfindlichkeitsverteilung in den verschiedensten Spektralgebieten brauchbar sind.

a) Das menschliche Auge. Das Grundgesetz jeglichen visuellen Photometrierens besteht darin, daß das Auge nicht in der Lage ist, das Verhältnis verschiedener Leuchtdichten anzugeben, sondern lediglich die Gleichheit zweier Leuchtdichten feststellen kann, die von zwei möglichst eng benachbarten, genügend ausgedehnten, beleuchteten Feldern ausgestrahlt werden. Im idealen Fall verschwindet dann die Grenzlinie der beiden Felder. Alle visuellen Apparate sind daher in der Weise konstruiert, daß zwei die beiden zu vergleichenden Lösungen bzw. Lösung und Lichtschwächung durchsetzende Lichtbündel durch ein Prisma so vereinigt werden, daß im Okular zwei unmittelbar aneinander grenzende Felder erscheinen. Die vom Auge eben noch wahrnehmbare Änderung ihrer Leuchtdichte hängt nun praktisch ausschließlich von deren Größe ab; ihr reziproker Wert wird als „*Kontrastempfindlichkeit*" des Auges bezeichnet. Diese ist im Bereich einer Leuchtdichte von etwa 20 bis 10000 Apostilb angenähert konstant und hat hier ihren maximalen Wert, bei größeren und kleineren Leuchtdichten sinkt sie stark ab. Dabei ist gute Adaptation des Auges vorausgesetzt, welche die Empfindlichkeit des Auges im Verhältnis $1:10^5$ zu steigern vermag! Nach dem Gesetz von WEBER-FECHNER macht innerhalb dieses Intensitätsintervalls der eben noch wahrnehmbare Leuchtdichtenzuwachs immer einen konstanten Bruchteil der schon vorhandenen Leuchtdichte aus, so daß also der eben noch merkbare Empfindungsunterschied

$$ds = \text{konst} = \frac{d\overset{*}{B}}{\overset{*}{B}} \tag{104}$$

---

[1] Eine allgemeine Klassifizierung sämtlicher Empfängertypen bezüglich Rauschpegel, Zeitkonstante und empfindlicher Oberfläche schlägt R. C. JONES vor [J. opt. Soc. America **37**, 879 (1947); **39**, 327, 344 (1949)]; vgl. auch P. B. FELLGETT: J. opt. Soc. America **39**, 970 (1949).

ist. ds beträgt nach den Messungen von KÖNIG und BRODHUN[1] im Bereich der maximalen Kontrastempfindlichkeit des Auges etwa 1,7% der Gesamtleuchtdichte. Bei gut konstruierten Apparaten und optimalen Verhältnissen kann dieser Wert auf die Hälfte bis ein Drittel herabgedrückt werden. *Dieser Wert begrenzt also gleichzeitig die erreichbare Genauigkeit sämtlicher visueller Messungen in der Photometrie.* Wie sich bei zahlreichen Beobachtern übereinstimmend gezeigt hat, ist eine geringere Streuung als etwa 1% bei der Einstellung auf gleiche Leuchtdichte im allgemeinen nicht zu erreichen. Dies gilt für weißes und farbiges Licht[2]. Das in Praxis häufig beobachtete Ansteigen der Streuung bei Messungen an den beiden Enden des sichtbaren Spektrums (rot bzw. blau) ist darauf zurückzuführen, daß die Leuchtdichte infolge der abnehmenden Emission der normalerweise verwendeten Glühlampen und infolge der spektralen Empfindlichkeitskurve des Auges (Abb. 51) häufig unter den physiologisch günstigen Bereich absinkt.

Gleichung (104) gilt nur unter der Voraussetzung, daß die spektrale Zusammensetzung der zu vergleichenden Leuchtdichten identisch ist. Sobald Farbtonunterschiede der beleuchteten Felder vorhanden sind, wie es in der Praxis der visuellen Photometrie häufig vorkommt (vgl. S. 183), wächst die Streuung der Meßwerte beträchtlich an.

Der Begriff gleicher Beleuchtungsstärke zweier benachbarter Felder durch Lichtquellen verschiedener spektraler Emission läßt sich auf Grund einer Reihe von Experimenten definieren[3], die zu ähnlichen Ergebnissen führen. Man bringt z. B. durch Einschalten eines rotierenden Sektors in den Strahlengang die beiden verschieden beleuchteten Felder zum Flimmern. Dieses verschwindet oberhalb einer bestimmten Grenzfrequenz, deren Höhe mit der Beleuchtungsstärke wächst. Man stellt auf gleiche Frequenzgrenze des Flimmerns ein, indem man die Beleuchtungsstärke des einen Feldes mit Hilfe eines Graukeils variiert. Diese gleiche Frequenzgrenze wird als Kennzeichen gleicher Beleuchtungsstärke durch die verschiedenartigen Lichtquellen definiert. Auf diese Weise kann man die Lichtstärken verschiedener Lichtquellen unabhängig von ihren Farben vergleichen und in Hefnerkerzeneinheiten messen.

Damit ergibt sich auch die Möglichkeit, die *spektrale Empfindlichkeitskurve des Auges* zu bestimmen. Die Empfindlichkeit des

---

[1] KÖNIG, A. u. E. BRODHUN: S.-B. Berl. Akad. 1888/89.
[2] Vgl. G. KORTÜM u. J. GRAMBOW: Z. angew. Chem. Ausg. A. **59**, 160 (1947).
[3] Vgl. dazu R. W. POHL: Optik, 3. Aufl. Berlin 1941.

Auges wird definiert als das Verhältnis Lichtstärke/Strahlungsstärke, sie hat also nach Tabelle 1 die Dimension Lumen/Watt und ist von der Wellenlänge des Lichts abhängig. Sie hat für das hell adaptierte Auge (Leuchtdichten > 10 asb) nach Messungen an zahlreichen Beobachtern ein Maximum von 633 Lumen/Watt bei 555 mμ, also im Grün, und sinkt bei 510 bzw. 610 mμ auf die Hälfte, bei 470 bzw. 650 mμ bereits auf ein Zehntel des maximalen Werts ab (vgl. Abb. 51). Der reziproke Wert dieses Maximums, $1,58 \cdot 10^{-3}$ Watt/Lumen, ist das durch Gleichung (15) definierte „me-

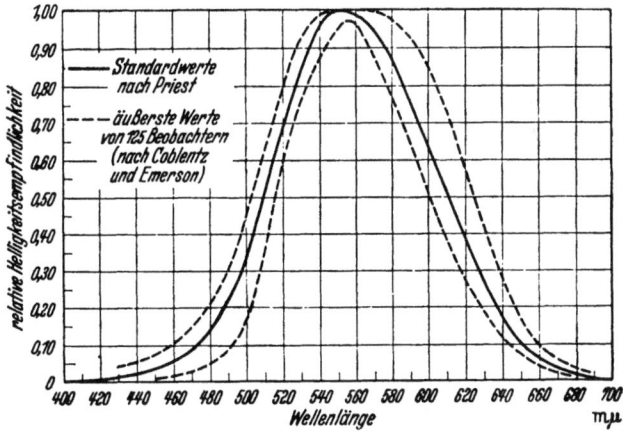

Abb. 51. Relative spektrale Empfindlichkeitskurve des Auges, bezogen auf ein energiegleiches Spektrum.

chanische Lichtäquivalent". Bei kleinen Leuchtdichten $< 1/100$ asb (im Bereich des Stäbchensehens) ist die spektrale Empfindlichkeitskurve des dunkel adaptierten Auges nach kürzeren Wellen verschoben; das Maximum liegt dann bei etwa 510 mμ. Bei vielen visuellen photometrischen Messungen dürfte sich das Auge des Beobachters in Adaptationszuständen zwischen diesen beiden Extremen befinden.

Man kann Photozellen mit geeigneter spektraler Empfindlichkeitsverteilung in Kombination mit bestimmten Filtern dazu benutzen, Lichtstärken wie das Auge nach dem physiologischen Maßsystem in Hefnerkerzeneinheiten zu messen, indem man die Skala des Strommeßinstrumentes in HK bzw. NK umeicht[1].

---

[1] Vgl. dazu etwa J. S. PRESTON: Rev. Opt. théor. instruments **27**, 513 (1948) und die dort angegebene Literatur.

Die spektrale Empfindlichkeitskurve muß natürlich von der spektralen Energieverteilung der verwendeten Lichtquelle unabhängig sein, d.h. sie ist auf ein *energiegleiches Spektrum* bezogen. Man benutzt also zu ihrer Ermittlung einen Temperaturstrahler bekannter „Farbtemperatur" (vgl. S. 59) oder ein durch Messungen mit Thermosäule oder Bolometer bei verschiedenen Wellenlängen festgelegtes Energiespektrum einer geeichten Lampe und rechnet die jeweilige gemessene relative Empfindlichkeit auf die Energieeinheit um.

Das Auge zeigt ferner eine für photometrische Messungen wichtige Eigenschaft, die nach ihren Entdeckern als STILES-CRAWFORD-Effekt bezeichnet wird[1]: Der Helligkeitseindruck, den ein gegenüber der Augenpupille schmales Lichtbündel auf der Netzhaut des Auges hervorruft, nimmt mit dem Abstand des Lichtbündels vom Mittelpunkt der Augenpupille ab. Diese Abnahme der Lichtwirkung beträgt z.B. im Abstand von 4 mm von der Pupillenmitte bereits etwa 75%. Die Empfindungsleuchtdichte ist also der Pupillenfläche nicht proportional. Man findet für die Abhängigkeit der Wirkung von der Pupillenfläche F (in mm^2) folgende Näherungsgleichung[2]:

$$\log \eta = - 0{,}006 \cdot F. \qquad (105)$$

η ist das Verhältnis der mit der Fläche F tatsächlich beobachteten Empfindungsleuchtdichte zu derjenigen, die man erwarten würde, wenn die Helligkeitsempfindung überall die gleiche wäre wie in der Pupillenmitte. Für Pupillenoberflächen von z. B. 20 bzw. 40 mm^2 ergibt sich für η der Wert 0,76 bzw. 0,58; für letztere ist also die Helligkeitsempfindung nur noch etwa halb so groß wie erwartet. Die Größe dieses STILES-CRAWFORD-Effektes hängt aber außerdem noch vom Adaptationszustand des Auges[3] und damit wieder von der Leuchtdichte ab. Bei Dunkeladaptation tritt er nur für rotes, nicht aber für blaues Licht auf.

Schwächt man die Leuchtdichte mit Hilfe einer rotierenden Sektorscheibe (vgl. S. 78), so gelangt das Licht nur für einen durch den Ausschnitt des Sektors gegebenen Bruchteil der Zeit auf die Netzhaut. Bei genügend hoher Frequenz des Sektors hat das Auge den Eindruck einer kontinuierlichen Leuchtdichte, die dieselbe ist, als wenn das emittierte Licht während jeder Periode des Sektors gleichmäßig über die ganze Periode verteilt wäre. Dieses TALBOT*sche Gesetz*[4]

---

[1] STILES, W. S. u. B. H. CRAWFORD: Nature **139**, 246 (1937); Proc. Roy. Soc. Ser. B **112**, 428 (1933); **123**, 90 (1937); **127**, 64 (1939).
[2] HANSEN, G.: Zeiss-Nachr. **5**, 117 (1944).
[3] TEUCHER, R.: Z. ophthalm. Opt. **30**, 161 (1942).
[4] TALBOT, W. H. F.: Phil. Mag. **5**, 327 (1834).

gilt mit einer Genauigkeit von wenigstens 0,3% selbst für sehr kurze Lichtblitze bzw. kleine Sektorausschnitte[1].

Die *Reizschwelle* des Auges liegt außerordentlich niedrig; es vermag bei Dunkeladaptation noch etwa 40 bis 90 Photonen pro Sekunde, d. h. eine Strahlungsleistung von der Größenordnung 10^{-17} Watt zu bemerken[2] und gehört daher zu den empfindlichsten Organen überhaupt. Man kann deshalb etwa die Stellung gekreuzter Polarisationsprismen auf einem Teilkreis mit Hilfe des Auges viel empfindlicher festlegen als mit jedem anderen Empfänger, ausgenommen vielleicht mit Multipliern bei der Temperatur der flüssigen Luft[3].

b) Lichtelektrische Effekte und Empfängertypen. Bei den in der Praxis gebräuchlichen lichtelektrischen Empfängern unterscheidet man grundsätzlich drei verschiedene Typen je nach dem Primärvorgang, auf dem der durch Bestrahlung ausgelöste und beobachtete Photostrom beruht:

1. Treten unter dem Einfluß der Strahlung aus einer lichtempfindlichen festen Kathode Elektronen ins Vakuum oder in die angrenzende Gasphase aus, so spricht man von einem *äußeren lichtelektrischen Effekt*. Legt man zur Nachlieferung der Elektronen zwischen Kathode und Anode ein elektrisches Feld, so fließt ein Photostrom i, der der auffallenden Strahlungsleistung Φ proportional ist:

$$i = C\Phi. \tag{106}$$

Auf dem äußeren lichtelektrischen Effekt beruhen die Vakuumphotozelle, die gasgefüllte Photozelle und der Sekundärelektronenvervielfacher (multiplier). Der äußere lichtelektrische Effekt wurde von HERTZ[4] zuerst beobachtet und von ELSTER und GEITEL[5] zuerst zur Entwicklung brauchbarer Photozellen benutzt.

2. Reicht die Energie der durch die Strahlung angeregten Elektronen nicht zum Austritt aus der Kathode aus, so können sie innerhalb der festen Phase als Leitungselektronen dienen, die unter dem Einfluß eines angelegten Feldes den Photostrom liefern. Dieser *innere lichtelektrische Effekt* tritt vorwiegend bei sogenannten Halb-

---

[1] KÖLLNER, H.: Licht 7, 55, 75 (1937). – T. E. GILMER: J. opt. Soc. America 27, 386 (1937).
[2] BARNES, R. B. u. M. CZERNY: Z. Physik 79, 436 (1932). Nach neueren Messungen liegt diese Schwelle sogar noch wesentlich tiefer (bei etwa 4 Quanten); vgl. dazu M. H. PIRENNE u. E. J. DENTON: J. opt. Soc. America 41, 426 (1951).
[3] ENGSTROM, R. W.: J. opt. Soc. America 37, 420 (1947).
[4] HERTZ, H.: Ann. Physik 31, 421 (1887).
[5] ELSTER, J. u. H. GEITEL: Ann. Physik 38, 497 (1889); 41, 161 (1890).

leitern in Erscheinung und wurde von SMITH[1] am Selen entdeckt. Auf ihm beruhen die sogenannten Widerstandszellen, die neuerdings als Infrarotempfänger eine wichtige Rolle spielen.

3. Neben dem inneren lichtelektrischen Effekt beobachtet man an der Phasengrenze zwischen einem Halbleiter und einer darüber liegenden Metallelektrode den sogenannten *Sperrschichtphotoeffekt*. Er besteht darin, daß die im Halbleiter ausgelösten Elektronen einen in der Phasengrenze liegenden Potentialberg überwinden und über den äußeren Stromkreis wieder zur Halbleiterschicht zurückgelangen. Die Sperrschicht, die teils physikalischer Natur (Randzone geringerer Elektronendichte)[2], teils chemischer Natur (Veränderungen in der Zusammensetzung der Sperrschicht gegenüber den angrenzenden Phasen)[3] sein mag, besitzt eine unipolare Leitfähigkeit für die Elektronen, was zur Folge hat, daß an ihr eine elektromotorische Kraft auftritt (Photo-EMK), weswegen man diesen Typ der lichtelektrischen Empfänger auch als *Photoelemente* bezeichnet. Sie besitzen den Photozellen gegenüber den Vorteil, daß sie ohne äußere Spannungsquelle arbeiten. Der Sperrschichtphotoeffekt wurde zuerst von BECQUEREL[4] an Elektroden in einem flüssigen Elektrolyten beobachtet; beim Selen wurde er von ADAMS und DAY[5] entdeckt, er geriet dann in Vergessenheit, wurde von LANGE[6] neu aufgefunden und im Selenphotoelement praktisch ausgenutzt.

Keine dieser Empfängertypen erfüllt alle Anforderungen, die man an einen idealen Empfänger stellen möchte. Deshalb sind ihre charakteristischen Eigenschaften für die Beurteilung der Verwendbarkeit der verschiedenen Typen und für die Einhaltung meßtechnisch einwandfreier Bedingungen bei ihrer Verwendung zu photometrischen Zwecken von großer Bedeutung. Die wichtigsten dieser Eigenschaften sollen deshalb kurz beschrieben werden, im übrigen muß auf die modernen Spezialwerke auf diesem Gebiet verwiesen werden[7].

---

[1] SMITH, W.: Amer. Sci. **5**, 301 (1873).
[2] SCHOTTKY, W.: Z. Physik **118**, 539 (1942).
[3] GÖRLICH, P. u. W. LANG: Z. physik. Chem. (B) **41**, 23 (1938).
[4] BECQUEREL, E.: Compt., rend. **9**, 561 (1839).
[5] ADAMS, W. G. u. R. E. DAY: Proc. Roy. Soc. [London] A. **25**, 113 (1877).
[6] LANGE, B.: Physik. Z. **31**, 139, 964 (1930).
[7] Vgl. z. B.: B. LANGE: Die Photoelemente und ihre Anwendung, Berlin 1940; T. J. FIELDING: Photoelectric and Selenium Cells, Cleveland, Ohio 1941; P. GÖRLICH: Die lichtelektrischen Zellen, Leipzig 1951; V. K. ZWORYKIN u. E. G. RAMBERG: Photoelectricity and its application, New York 1950; A. SOMMER: Photoelectric Tubes, 2. Aufl. London 1951; M. PLOKE: Arch. Techn. Messen. Nov. 1953, Jan. 1954; N. SCHAETTI: Sekundärelektronenvervielfacher, Z. angew. Math. Physik **2**, 123 (1951); P. GÖRLICH, Die Anwendung der Photozellen, Leipzig 1954.

c) Photozellen. α) *Allgemeine Gesetzmäßigkeiten.* Für den äußeren Photoeffekt gilt die EINSTEINsche Gleichung

$$h\nu = e_0\varphi + \frac{mv^2}{2}. \tag{107}$$

$e_0\varphi$ bedeutet die Austrittsarbeit der Photoelektronen, $\frac{mv^2}{2}$ ihre kinetische Energie. Für $v = 0$ erhält man (mit $e_0 = 1{,}60 \cdot 10^{-19}$ Coulomb und φ in Volt):

$$h\nu_0 = \frac{hc}{\lambda_0} = e_0\varphi \quad \text{oder} \quad \lambda_0 = \frac{hc}{e_0\varphi} = \frac{1240}{\varphi}\,\text{m}\mu. \tag{108}$$

λ_0 ist die *Grenzwellenlänge*, oberhalb deren kein Photoeffekt mehr auftritt; sie ist der Austrittsarbeit aus der Kathode umgekehrt proportional. Es hat sich gezeigt, daß die Austrittsarbeit bei den Alkalimetallen am kleinsten ist und in der Reihenfolge Na (2,46 eVolt), K (2,24 eVolt), Rb (2,17 eVolt), Cs (1,9 eVolt) abnimmt. Deshalb enthalten die Photokathoden für langwellige Strahlung stets Caesium. Durch Adsorption einzelner Alkalimetallatome an anderen Metalloberflächen wird die Austrittsarbeit weiter erniedrigt.

Die maximal mögliche *Ausbeute an Photoelektronen*, wenn durch jedes absorbierte Quant ein Photoelektron abgelöst wird, beträgt pro Einheit der Strahlungsleistung

$$E_{\max} = \frac{e_0}{h\nu} = \frac{\lambda}{1240}\,\text{Amp/Watt}. \tag{109}$$

Setzt man, um auf photometrische Einheiten umzurechnen, für $\lambda = 555\,\text{m}\mu$ 1 Watt $= 633$ Lumen (vgl. S. 121), so ergibt sich nach (109) für die maximal mögliche Ausbeute

$$E_{\max,\,555} = 707\,\mu\text{A/Lumen}.$$

Die wirkliche Ausbeute E ist stets wesentlich kleiner. Gewöhnlich werden die Empfindlichkeiten der käuflichen Photozellen in μA/Lumen bezogen auf schwarze Strahlung bestimmter Farbtemperatur angegeben. Das Verhältnis der gemessenen Ausbeute E zur maximal möglichen $E_{\max}$ ergibt die *Quantenausbeute*.

Für die *spektrale Verteilung* der Ausbeute an Photoelektronen, d. h. für die Abhängigkeit der Ausbeute von der Wellenlänge der Strahlung, findet man zwei charakteristisch verschiedene Kurven: Bei kompakten Metallen steigt die Ausbeute im Gegensatz zum Quantenäquivalentgesetz (109) kontinuierlich mit abnehmender Wellenlänge an (*normaler* Photoeffekt). Bei dünnen Schichten auf einer kompakten Unterlage beobachtet man steile Maxima innerhalb enger Wellenlängenbereiche (*selektiver* Photoeffekt). Da letzterer sehr viel größer ist als der normale Photoeffekt, spielt er für die Empfindlichkeit der Zelle eine entscheidende Rolle. Er tritt nur auf, wenn der elektrische Vektor der einfallenden Strahlung eine Komponente senkrecht zur Oberfläche der Kathode besitzt (schräger Einfall) und beruht auf der Photoionisation an der Oberfläche adsorbierter Metallatome. Tatsächlich fallen die Maxima der relativen Ausbeute an Photoelektronen mit den Absorptionsmaxima der dünnen Metallfilme angenähert zusammen[1] (vgl. Abb. 52).

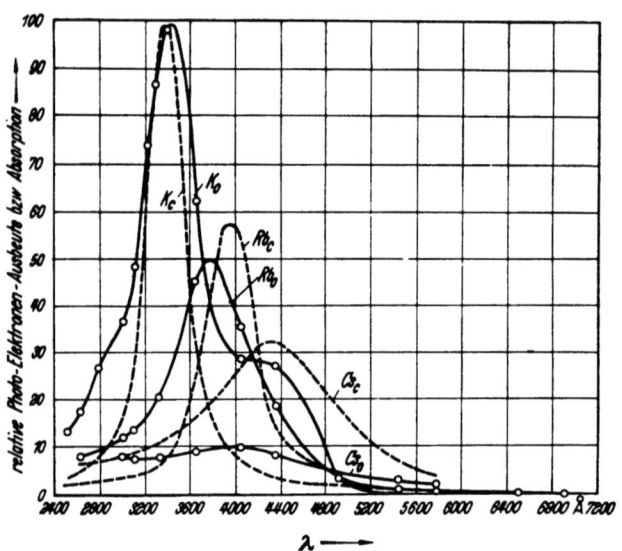

Abb. 52. Relative Photoelektronenausbeute (Index e) und Strahlungsabsorption (Index c von Alkalimetallfilmen auf Pt-Ir-Spiegeln adsorbiert.

Für den Nachweis und die Messung kleiner Strahlungsintensitäten und entsprechend kleiner Photoströme spielt die *thermische Elektronenemission* der Photokathode eine störende Rolle. Sie stellt den Hauptanteil des sogenannten *Dunkelstroms* der Photozelle dar[2] und ist nach der Formel von Richardson[3] gegeben durch

$$j_T = A\,T^2 e^{-\frac{e_0 \varphi'}{kT}} = A\,T^2 e^{-11600\varphi'/T}\ \text{Amp/cm}^2. \qquad (110)$$

---

[1] Ives, H. E. u. H. B. Briggs: J. opt. Soc. America **28**, 330 (1938).
[2] Vgl. dazu N. Schaetti u. W. Baumgartner: Helv. phys. Acta **25**, 605 (1952); **26**, 380 (1953); N. Schaetti: Z. angew. Math. Physik **4**, 450 (1953).
[3] Richardson, O. W.: Philos. Mag. J. Sci **24**, 570 (1912); **27**, 476 (1914).

φ', die glühelektrische Austrittsarbeit, ist für Alkaliphotokathoden von ähnlicher Größe wie φ. Der Wert der sogenannten Emissionskonstanten A hängt von der Art des Metalles ab. Da φ nach (108) der Grenzwellenlänge λ_0 umgekehrt proportional ist, emittiert eine Photokathode thermisch um so stärker, je weiter sich die Empfindlichkeit nach langen Wellen erstreckt. Durch Kühlung der Kathode (z.B. durch flüssige Luft) läßt sich der Dunkelstrom prinzipiell reduzieren[1], wie aus Gleichung (110) hervorgeht.

Nicht zu beseitigen sind die statistischen Schwankungen der Elektronenemission (*Schroteffekt*), deren quadratischer Mittelwert $\overline{i^2}$ nach SCHOTTKY[2] der mittleren Stromstärke i_0, der Größe der Elementarladung e_0 und dem Frequenzband Δf proportional ist. Für Wechsellicht gilt

$$\overline{i^2} = 2 \Delta f e_0 i_0 = 3{,}20 \cdot 10^{-19} i_0 \Delta f \text{ Amp}^2, \tag{111}$$

für Gleichlicht ist $2\Delta f$ durch den Kehrwert der Zeitkonstanten des Meßinstrumentes zu ersetzen. Der Schroteffekt ist zum Teil für das sog. *Rauschen* von Elektronenröhren aller Art verantwortlich. Wird die Photozelle mit einem Vorwiderstand R (in Ohm) kombiniert, so kommen die statistischen Schwankungen der thermischen Bewegung der Ladungen innerhalb des Widerstandes hinzu (thermisches Rauschen[3]). Die entsprechenden Spannungsschwankungen an den Enden des Widerstands sind für Zimmertemperatur gegeben durch

$$\overline{V^2} = 4 k T R \Delta f = 1{,}6 \cdot 10^{-20} R \Delta f \text{ Volt}^2. \tag{112}$$

Die gesamte am Vorwiderstand R auftretende Spannungsschwankung beträgt demnach

$$\sqrt{\overline{V^2}} = [R^2 \overline{i^2} + 4 k T R \Delta f]^{1/2} = [3{,}20 \cdot 10^{-19} R \Delta f (i_0 R + 0{,}05)]^{1/2} \text{ Volt}. \tag{113}$$

Das Rauschen des Vorwiderstandes wird also klein gegenüber dem Rauschen der Photozelle, wenn $i_0 R \gg 50$ Millivolt.

β) *Spektrale Empfindlichkeit verschiedener Kathoden.* Photozellen mit *reinen metallischen Kathoden* bzw. mit adsorbierten Schichten reiner Metalle werden heute fast nur noch für Messungen im UV benutzt. Man wählt häufig zu diesem Zweck ein Metall wie Zn, W, Pt oder Cd, bei dem die Grenzwellenlänge bereits im UV liegt, so daß die Kathoden im Sichtbaren keine Empfindlichkeit besitzen. Auf diese Weise wird langwelliges Streulicht unwirksam[4].

---

[1] ENGSTROM, R. W.: Rev. Sci. Instr. **12**, 127 (1941); J. opt. Soc. America **37**, 420 (1947).
[2] SCHOTTKY, W.: Ann. Physik **57**, 541 (1918); **68**, 157 (1922).
[3] JOHNSON, J. B.: Physic. Rev. **32**, 97 (1928). — H. NYQUIST: Physic. Rev. **32**, 110 (1928).
[4] Über die Ausbeute an Photoelektronen im Gebiet unterhalb 2000 Å vgl. H. E. HINTEREGGER u. K. WATANABE: J. opt. Soc. America **43**, 604 (1953).

Für den sichtbaren und infraroten Bereich, vielfach auch für das UV, zieht man jedoch Photozellen mit sogenannten *zusammengesetzten Kathoden* vor, die sich durch wesentlich größere Empfindlichkeit auszeichnen. Bei diesen befinden sich die adsorbierten Alkaliatome nicht direkt auf einer metallischen Unterlage, sondern auf einer halbleitenden Zwischenschicht, die die Ausbeute an Photoelektronen stark erhöht. Die ersten Kathoden dieser Art waren die früher viel benutzten Kaliumhydridkathoden mit einer adsorbierten Schicht aus Kaliummetall. Sie sind in neuerer Zeit fast vollständig verdrängt worden durch zusammengesetzte Kathoden mit halbleitenden Verbindungen der Alkalimetalle mit Elementen der 6. Gruppe (spez. Sauerstoff[1], ferner Schwefel, Selen, Tellur[2]) und der 5. Gruppe des periodischen Systems (spez. Antimon, Wismut[3]) als Zwischenschicht. Man unterscheidet danach in erster Linie zwischen Oxydkathoden und Legierungskathoden bzw. Kombinationen zwischen ihnen. Läßt man die metallische Unterlage ganz weg, so können solche Kathoden in durchsichtiger Form hergestellt werden.

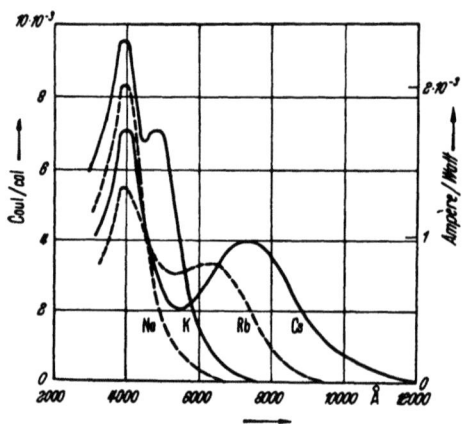

Abb. 53. Spektrale Ausbeute an Photoelektronen für Kathoden von [Ag]–Cs$_2$O, Ag–Cs; [Ag]–Rb$_2$O, Ag–Rb; [Ag]–K$_2$O, Ag–K; [Ag]–Na$_2$O, Ag–Na.

Alkalioxydkathoden wie die bekannte Silber-Caesiumoxyd-Kathode bestehen aus einer metallischen Unterlage und einer porösen halbleitenden Alkalioxydzwischenschicht mit adsorbierten Alkaliatomen; Symbol [Ag]–Cs$_2$O–Cs. Durch geeignete Herstellungstechnik kann man die Leitfähigkeit der Zwischenschicht durch dispergierte Metallatome der Unterlage noch erhöhen und erhält Kathoden mit dem Symbol [Ag]–Cs$_2$O, Ag–Cs. Abb. 53 zeigt die spektrale Empfindlichkeitsverteilung solcher Kathoden nach Messungen von KLUGE[4]. Das charakteristische Kennzeichen ist das

---

[1] KOLLER, L. R.: Physic. Rev. **36**, 1640 (1930).
[2] OLPIN, A. R.: Physic. Rev. **36**, 251 (1930). — W. KLUGE: Z. Physik **67**, 497 (1931).
[3] GOERLICH, P.: Z. Physik **101**, 335 (1936); **109**, 374 (1938).
[4] KLUGE, W.: Physik. Z. **34**, 115 (1933); **39**, 911 (1938); Z. techn. Physik **19**, 597 (1938).

Auftreten mehrerer selektiver Maxima, die Alkaliatomen in verschiedenem Adsorptionszustand zugeschrieben werden, und eine weit ins IR verschobene Grenzwellenlänge. Man hat auf diese Weise ein λ_0 von 1,7 μ erreicht[1]. Die IR-Empfindlichkeit rührt von den in der Oberfläche adsorbierten Cs-Atomen her. Werden diese durch Tempern oder Spuren Sauerstoff entfernt, so geht sie zurück, während die UV-Empfindlichkeit weitgehend erhalten bleibt, da sie durch die tiefer liegenden Schichten bedingt ist. So behandelte Kathoden eignen sich wegen ihrer Unempfindlichkeit gegen langwelliges Streulicht für Messungen im UV (Quarzzellen).

Legierungskathoden, deren wichtigster Vertreter die *Antimon-Caesium*-Kathode ist, sind vorwiegend im kurzwelligen Teil des Sichtbaren empfindlich, die langwellige Grenze liegt im Rot. Im selektiven Maximum beträgt die Quantenausbeute bis zu 20%, so daß die Sb—Cs-Kathode die empfindlichste Kathode für das Sichtbare darstellt, die man bis heute kennt. Sie wird deshalb sehr viel verwendet. Die Empfindlichkeit, die der Entstehung einer intermetallischen Verbindung wie $SbCs_3$ zugeschrieben wird[2], nimmt in der Reihenfolge Cs—Rb—Li—K—Na ab. Lithium-Legierungskathoden haben den zusätzlichen Vorteil einer sehr geringen thermoionischen Emission[3]. Die Lage des selektiven Maximums hängt nur wenig vom Alkalimetall ab. Die Ausbeute im UV ist ebenfalls sehr hoch[4], so daß die Sb—Cs-Kathode auch in Quarzzellen verwendet wird.

Die *Wismut-Caesium*-Kathode wird gewöhnlich zusätzlich durch Sauerstoff sensibilisiert (Bi—O—Cs) und zeigt über den ganzen sichtbaren Bereich (bis 800 mμ) eine ziemlich gleichmäßige Empfindlichkeit, weswegen sie für photometrische Zwecke (Angleichung an die Empfindlichkeitskurve des Auges) gern verwendet wird. Legierungskathoden des *Typs* Te—Cs und Te—Rb[5] sind gegen langwelliges Licht unempfindlich und eignen sich deshalb besonders für UV-Messungen. Sie erreichen für $\lambda < 300$ mμ eine Quantenausbeute von etwa 30%.

Doppelschichtkathoden sind Kombinationen von Oxydkathoden und Legierungskathoden. Man überlagert eine durchsichtige Legierungskathode über eine Alkalioxydkathode oder ordnet auch die

---

[1] FLEISCHER, R. u. P. GOERLICH: Physik. Z. **35**, 289 (1934).
[2] SOMMER, A.: Proc. phys. Soc. London **55**, 145 (1943). — J. A. BURTON: Physic. Rev. **72**, 531 (1947). — R. SUHRMANN u. G. KRESSIN: Z. Elektrochem. angew. physik. Chem. **54**, 349 (1950).
[3] SCHAETTI, N. u. W. BAUMGARTNER: Z. angew. Math. Physik **1**, 268 (1950).
[4] BURTON, J. A.: Anm. 2. — L. APKER, E. TAFT u. J. DICKEY: J. opt. Soc. America **43**, 78 (1953). — L. DUNKELMAN u. C. LOCK: J. opt. Soc. America **41**, 802 (1951).
[5] TAFT, E. u. L. APKER: J. opt. Soc. America **43**, 81 (1953).

beiden Schichten getrennt in der gleichen Zelle einander gegenüber an, so daß die Strahlung erst die durchsichtige Kathode durchsetzt und dann auf die Oxydkathode fällt. Im letzteren Fall kann man auch der einen Kathode gegenüber der anderen eine Vorspannung erteilen, so daß die Zelle wie ein einstufiger Vervielfacher wirkt[1]. Derartige Kathoden zeigen eine relativ konstante Empfindlichkeit über den ganzen sichtbaren Spektralbereich. Auch Doppelschichtkathoden aus Sb—Cs und Bi—Cs sind hergestellt worden[2].

In der folgenden Tabelle 11 sind nach PLOKE[3] die Daten der gebräuchlichsten Photokathoden zusammengestellt[4]. Es bedeuten: λ_0 die Grenzwellenlänge in mμ, E die Relativempfindlichkeit für die Strahlung einer Wolframfadenlampe der Farbtemperatur $T°$ K und j_T den thermischen Dunkelstrom bei Zimmertemperatur.

Tabelle 11.

Kathodentyp	λ_0 mμ	E μA/Lumen		j_T A/cm²
[Ag]—Cs$_2$O, Cs—Ag	1200 (1700 max)	25—40 (80 max)	2700° K	10^{-9} bis 10^{-13}
[Ag]—Rb$_2$O, Rb—Ag	950	6—10	2700°	
Bi—O—Cs	800	8—20	2700°	
Sb—Cs	670	30—50	2700°	10^{-13} bis 10^{-15}
Sb—Li	570	5—20	2360°	10^{-17}

Man hat auch versucht, den spektralen Anwendungsbereich der Alkaliphotozellen dadurch zu erweitern, daß man Leuchtstoffe vor der Kathode anbringt, die die zu messende Strahlung in Strahlung anderer Wellenlänge umwandeln, für die die Kathode genügend empfindlich ist. Das Verfahren eignet sich zur Messung kurzwelliger UV- (bis 1500 Å) oder von Röntgenstrahlung. Als Leuchtstoff für das UV wird Na-Salicylat benutzt[5], für die Erweiterung des Spektralbereiches nach dem IR hin eignen sich z. B. Cer-Samariumphosphore[6].

γ) *Vakuumzellen und gasgefüllte Zellen.* Die *Stromspannungscharakteristik* einer *Vakuumphotozelle* bei verschiedenen konstanten Bestrahlungsstärken zeigt Abb. 54 (ausgezogene Kurven). Die Geschwindigkeitsverteilung der aus der Photokathode austretenden Elektronen macht sich in der Anlaufstromkurve bemerkbar.

---

[1] Electronics 24, 126 (1951).

[2] SCHAETTI, N.: Helv. physica Acta 23, 108 (1950).

[3] PLOKE, M.: Arch. techn. Mess. Nov. 1953, Jan. 1954.

[4] Ausführliche Angaben über die zur Zeit technisch hergestellten Zellentypen macht GÖRLICH (Die Photozellen, Leipzig 1951). Bezugsquellen: Preßler, Leipzig; AEG Nürnberg; Günther & Tegetmeyer, Braunschweig; Zeiß-Ikon, Stuttgart; Philips, Eindhoven und zahlreiche andere, insbesondere amerikanische Firmen.

[5] JOHNSON, F. S., K. WATANABE u. R. TONSEY: J. opt. Soc. America 41, 702 (1951).

[6] SCHAETTI, N. u. W. BAUMGARTNER: Helv. physica Acta 25, 611 (1952).

Von einer bestimmten Spannung an sollte Sättigung auftreten, d. h. alle austretenden Elektronen sollten auf die Anode gelangen. Tatsächlich beobachtet man jedoch auch bei hohen Spannungen ein langsames Weitersteigen des Stromes. Soweit dieses nicht durch Restgase bedingt ist, kann man dafür im wesentlichen zwei Gründe angeben: Einmal wird die Austrittsarbeit der Elektronen durch das äußere Feld selbst herabgesetzt (SCHOTTKY-Effekt), zweitens kann, insbesondere bei kleinen Anoden, ein Teil der Photoelektronen zur Kathode zurückkehren, wenn sie unter größerem Winkel zur Anodenrichtung austreten. Dieser Effekt verschwin-

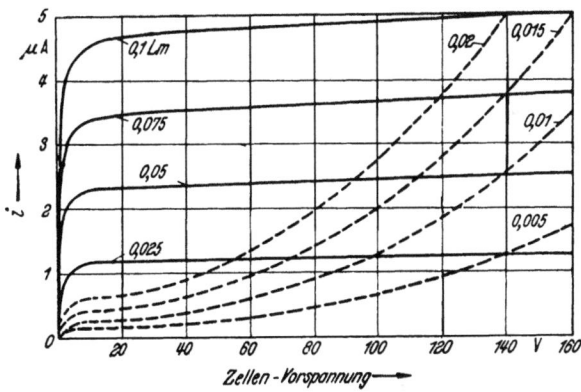

Abb. 54. Strom-Spannungs-Charakteristik von Vakuum- und gasgefüllten Zellen bei verschiedenen Beleuchtungsstärken.

det erst bei sehr hohen Saugspannungen. Im allgemeinen ist es nicht ratsam, die Zellen bei sehr hohen Spannungen zu betreiben, da durch die große kinetische Energie positiver Ionen, die stets aus Restgasspuren gebildet werden, die Oberfläche der Kathode und damit die Empfindlichkeit der Zelle verändert wird (vgl. S. 128, 142). Ist eine gleichmäßige Empfindlichkeit über längere Perioden erwünscht, so benutzt man zweckmäßig Saugspannungen von 20 Volt und darunter.

Der kleinste meßbare Photostrom ist durch Sättigungsspannung (etwa 30 Volt) und Isolationswiderstand der Photozelle begrenzt, der bei technischen Zellen etwa 10^{10}, bei speziell hochisolierten Meßzellen etwa 10^{14} Ohm beträgt, so daß kleinere Photoströme als $3 \cdot 10^{-9}$ bzw. $3 \cdot 10^{-13}$ Amp. nicht beobachtbar sind.

Bei *gasgefüllten Photozellen* wird der Photostrom durch die bei höheren Saugspannungen einsetzende Stoßionisation der Elektronen verstärkt. Die Strom-Spannungs-Charakteristik verläuft also zunächst analog wie bei der Vakuumzelle, steigt dann jedoch sehr steil an, bis bei der Glimmspannung die selbständige Entladung einsetzt (Abb. 54, gestrichelte Kurven). Das Ionisierungspotential des meistens zur Füllung benutzten Argons beträgt 15,7 Volt. Der Verstärkungsfaktor hängt außer von der angelegten Spannung vom Gasdruck ab; da für sehr kleine Gasdrucke die Stoßzahl gegen Null geht, für sehr hohe Drucke aber so groß wird, daß die Elektronen zwischen zwei Stößen nicht genügend kinetische Energie für die Stoßionisation erwerben können, muß es einen optimalen Gasdruck geben, bei dem der Verstärkungsfaktor am größten wird. Er liegt bei etwa 0,5 Torr (STOLETowsches Maximum). Die Glimmentladung kommt dadurch zustande, daß bei hohen Spannungen die auf die Kathode zurückkehrenden positiven Gasionen Sekundärelektronen erzeugen, was zu einem lawinenförmigen Anwachsen der Ladungsträger führt. Schon vor Erreichen der Glimmspannung arbeitet die Zelle instabil, die Betriebsspannung muß deshalb wenigstens 25% unterhalb der im Dunkeln gemessenen Glimmspannung liegen, da letztere mit steigender Beleuchtungsstärke noch abnimmt.

d) Sekundärelektronenvervielfacher[1] (SEV) sind Vakuumphotozellen mit eingebautem Verstärker, deren Photostrom durch Sekundäremission multiplikativ erhöht wird, wobei Verstärkungsfaktoren von 10^6 und mehr erreicht werden. Da die Vervielfacher im übrigen alle vorteilhaften Eigenschaften der Vakuumzelle besitzen, haben sie in der modernen Photometrie innerhalb weniger Jahre eine außerordentlich große Bedeutung gewonnen. Wie bei den gasgefüllten Zellen erfolgt die Verstärkung durch Ablösung von Sekundärelektronen, die jedoch nicht aus Gasmolekeln, sondern aus besonders geeigneten Emissionskathoden (Dynoden) herausgeschlagen werden, die für jedes Primärelektron mehrere Sekundärelektronen liefern können. Als Maß für die Ausbeute an Sekundärelektronen dient der sogenannte *Emissionskoeffizient* $\delta = S/P$, der das Verhältnis der Zahl der Sekundär- zu der der Primärelektronen angibt. δ als Funktion der Beschleunigungsspannung der Primärelektronen geht je nach den verwendeten SEm-Kathoden zwischen 100 und 500 Volt durch ein flaches Maximum. δ hängt sehr stark von der Art der SEm-Kathode ab; es besitzt z.B. für reine kompakte Metalle Werte zwischen 0,5 und 1,5, für sensibilisierte Kathoden Werte bis über 10. δ wächst ferner mit zunehmendem Einfallswinkel der Primärelektronen beträchtlich an. In Abb. 55 ist δ als Funktion der Energie der Primärelektronen für eine Reihe verschiedener gebräuchlicher SEm-Kathoden dargestellt[2].

---

[1] Vgl. auch den zusammenfassenden Bericht von G. GLASER: Glas- u. Hochvakuumtechnik **2**, 241 (1953).
[2] Nach M. PLOKE, Arch. techn. Mess. Nov. 1953, Jan. 1954.

Ein Vervielfacher besteht aus einer Photokathode, einer Reihe von Dynoden, die sich auf zunehmendem positivem Potential gegenüber der Kathode befinden, und einer Anode. Ist der von der

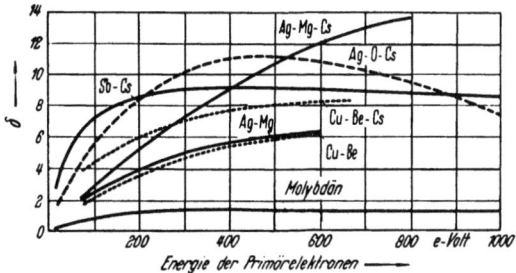

Abb. 55. Sekundäremissionsfaktor verschiedener Dynoden als Funktion der Energie der Primärelektronen.

Kathode ausgehende Photostrom i_0, der Emissionskoeffizient jeder Stufe δ und die Zahl der Stufen n, so ist der austretende verstärkte Strom gegeben durch

$$i = i_0 \delta^n. \quad (114)$$

Mit $n = 10$ und $\delta = 4$ ergibt sich so eine Verstärkung von etwa 10^6. In neueren Typen sind Verstärkungen von 10^8 bis 10^9, maximal von 10^{12} erreicht worden[1]. In Gleichung (114) ist vorausgesetzt, daß sämtliche von einer Dynode ausgesandten Elektronen die darauf folgende erreichen. Diese notwendige *Fokussierung der Elektronen* wird heute fast ausschließlich auf elektrostatischem Wege durch hintereinander geschaltete Netze[2] oder durch geeignete Formgebung der einzelnen Dynoden[3] erreicht. Als Beispiel ist in Abb. 56 der Quer-

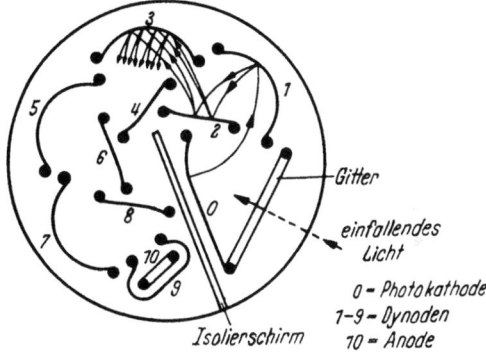

Abb. 56. Querschnitt eines RCA-Sekundärelektronenvervielfachers.

0 = Photokathode
1—9 = Dynoden
10 = Anode

---

[1] SCHAETTI, N.: Helv. physica Acta **23** Nov. 1953, Jan. 1954, 108 (1950).
[2] WEISS, G.: Z. techn. Physik **17**, 623 (1936).
[3] ZWORYKIN, V. K. u. J. A. RAJCHMAN: Proc. Inst. Radio Engr. **27**, 558 (1939). — C. C. LARSON u. H. SALINGER: Rev. sci. Instruments **11**, 226 (1940). — R. W. ENGSTROM: Rev. sci. Instruments **18**, 587 (1947). — A. SOMMER u. W. E. TURK: J. sci. Instruments **27**, 113 (1950). — H. E. FARNSWORTH: Physic. Rev. **49**, 605 (1936).

schnitt durch den Multiplier 931 A der RCA[1] schematisch wiedergegeben. Die *Sekundärelektronenausbeute* des gleichen Typs in Abhängigkeit von der Stufenspannung ist in Abb. 57 dargestellt; sie steigt angenähert exponentiell an[2]. Aus diesem Grund ist es notwendig, die Spannung äußerst konstant zu halten, wozu besondere Stabilisierungsgeräte verwendet werden (vgl. S. 168).

Für die Messung bzw. den Nachweis sehr kleiner Strahlungsintensitäten spielt auch hier der *Dunkelstrom* die maßgebliche Rolle. Er setzt sich im wesentlichen aus Isolationsstrom und thermischem Emissionsstrom zusammen (vgl. S. 127), wobei letzterer um den Faktor $(\delta^n + \delta^{n-1} + \cdots + 1)$ verstärkt erscheint. Durch starke Belichtung kann er weiterhin sehr stark ansteigen[3], weswegen man Vervielfacher (wie auch Photozellen) am besten im Dunkeln aufbewahrt. Er läßt sich durch Kühlung mit flüssiger Luft [entspr. Gleichung (110)] herabdrücken. Er läßt sich ferner weitgehend dadurch ausschalten, daß man die Meßstrahlung periodisch

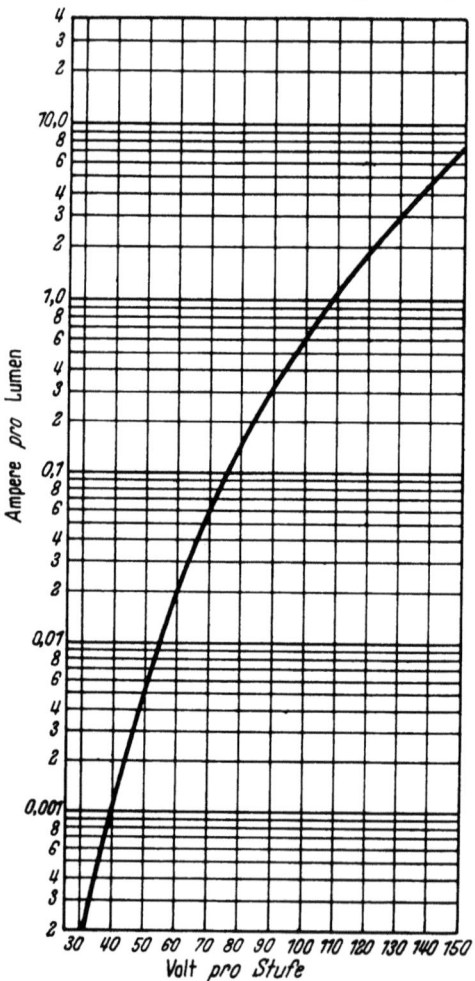

Abb. 57. Gesamtstrom eines RCA-Vervielfachers in Abhängigkeit von der Stufenspannung.

---

[1] Radio Corporation America, Harrison N. J.; Bezugsquelle: Ingenieurbüro A. Knott, München 23.
[2] ENGSTROM, R. W.: J. opt. Soc. America **37**, 420 (1947).
[3] SCHAETTI, N. u. W. BAUMGARTNER: Helv. physica Acta **25**, 605 (1952).

unterbricht und den Photostrom mit einem Wechselstromverstärker verstärkt, so daß der Gleichstromanteil nicht mitverstärkt wird (vgl. S. 249). Auf diese Weise ließen sich noch Lichtströme von $6 \cdot 10^{-14}$ Lumen nachweisen[1]. Sekundärelektronenvervielfacher werden von zahlreichen Firmen hergestellt[2]. In Tabelle 12 sind die Eigenschaften der bekanntesten Typen zusammengestellt[3]. Einzelne Typen (z. B. IP 28 und VpJ 69) werden auch mit Quarzhülle geliefert und eignen sich für Messungen im UV. Die spektrale Empfindlichkeit reicht bis 1550 Å[4]. Man kann auch Multiplier mit Glashülle durch eine aufgebrachte fluoreszierende Schicht ebenfalls für das UV sensibilisieren[5].

e) Widerstandszellen. Der innere Photoeffekt läßt sich auf Grund des sogenannten Bändermodells der Halbleiter verstehen[6]. Durch die Absorption von Strahlungsquanten werden Elektronen aus dem obersten vollbesetzten Band A in das darüber liegende leere Leitfähigkeitsband B gehoben, wo sie durch das angelegte äußere Feld beschleunigt werden und so den wesentlichen Stromtransport besorgen. Die Löcher im Band A werden durch Elektronenübergänge aus den Energietermen von Störungsstellen (Fremdionen) wieder aufgefüllt, die ihrerseits mit den Elektronen des Leitfähigkeitsbandes rekombinieren können. Dieser lichtelektrische *Primärstrom* ist der Zahl absorbierter Quanten und damit der Beleuchtungsstärke proportional. Dem Primärstrom überlagern sich *Sekundärströme*, die teils durch thermische Anregung von Elektronen in den Aktivatortermen, teils dadurch hervorgerufen werden, daß Raumladungen vor den Elektroden auftreten, deren Zusatzfeld weitere Elektronen aus der Kathode herauszieht bzw. in die Anode einwandern läßt. Auf diese Weise können für jedes absorbierte Quant mehrere Elektronen den Halbleiter durchlaufen und so die Leitfähigkeit stark erhöhen. Da diese Zusatzeffekte Zeit brauchen, zeigen derartige Zellen Verzögerungseffekte und sind infolgedessen *frequenzabhängig*[7]. Ferner ist der Gesamtphotostrom,

---

[1] ENGSTROM, R. W.: J. opt. Soc. America **37**, 420 (1947).
[2] AEG, Nürnberg; Fernseh GmbH, Darmstadt; Telefunken, Ulm; Zeiß-Ikon, Stuttgart; Dr. Maurer, Neuffen bei Nürtingen; Radio Corporation America, Harrison N. J.; Research Lab. Hayes, England (EMI); Dr. Schaetti, Techn. Hochsch. Zürich.
[3] Nach G. GLASER: Glas- und Hochvakuumtechnik **2**, 241 (1953).
[4] DUNKELMAN, L. u. C. LOCK: J. opt. Soc. America **41**, 802 (1951).
[5] JOHNSON, F. S., K. WATANABE u. R. TOUSEY: J. opt. Soc. America **41**, 702 (1951).
[6] Vgl. dazu R. FRERICHS: Naturwiss. **33**, 281 (1946); Physic. Rev. **72**, 594 (1947).
[7] Vgl. A. v. HIPPEL u. E. S. RITTNER: J. chem. Physics **14**, 370 (1946).

136 Hilfsmittel für optische Untersuchungen.

Tabelle 12. Eigenschaften von Sekundärelektronenvervielfachern.

Hersteller	Type	Stufenzahl n	Photokathoden-schicht	Empfindlichkeit der Photokathode in $\mu A/lm$	Langwellige Grenze in $m\mu$	Größe der Photokathode in mm bzw. mm²	Thermischer Dunkelstrom der Photokathode bei 20° C in Amp.	Einlieferungs-schicht	Max. Gesamtspg. (Volt) zw. d. Prallelektroden	Maximale Verstärkung V	Maximale Anodenspannung (Volt)	Maximaler Anodenstrom in mA	Länge der Röhre (mm)	Durchmesser der Röhre (mm)
Maurer	VpA 69c	11	Cs_2O–Cs	10	900	10×7	10^{-13} bis 10^{-12}	Cs_2O–Cs	2100	10^7	180	0,5	95	45
	VpA 69d	11	Cs_2O–Cs	20	1150	10×7	10^{-12} bis $5 \cdot 10^{-11}$	Cs_2O–Cs	1800	10^8 bis 10^6	180	0,5	95	45
	VpA 69e	11	Cs_2O–Cs	30	1250	10×7	$5 \cdot 10^{-11}$ bis 10^{-9}	Cs_2O–Cs	1200	10^5 bis 10^6	180	0,5	95	45
	VpG 69	11	Cs_2O–Cs	5	700	10×7	10^{-14} bis 10^{-13}	Cs_2O–Cs	2200	$5 \cdot 10^6$ bis 10^7	180	0,5	95	45
	VpA 72d	8	Cs_2O–Cs	15	1150	10×7	10^{-12} bis $5 \cdot 10^{-11}$	Cs_2O–Cs	1400	10^5 bis 10^5	150	0,2	62	35
	VpA 72e	8	Cs_2O–Cs	25	1250	10×7	10^{-11} bis 10^{-9}	Cs_2O–Cs	1200	10^4 bis 10^5	150	0,2	62	35
	VpJ 69	11	Sb–Cs	20	800	10×7	$5 \cdot 10^{-13}$ bis $5 \cdot 10^{-12}$	Sb–Cs	2200	$5 \cdot 10^6$	180	0,5	95	45
Schätti	89	12	Sb–Li	50–100	700	800	$0,5 \cdot 10^{-14}$	Cu–Be	3200	10^6	etwa 300	15	230	70
	82	17	Sb–Cs	10–15	580	800	10^{-16}	Cu–Be	4000	10^9	etwa 300	0,5	260	70
	83	17	Sb–Cs	50–100	700	800	10^{-16}	Cu–Be	4000	10^9	etwa 300	1	260	70
	83	17	Sb–Li	10–15	580	800	$5 \cdot 10^{-17}$	Cu–Be	4000	$5 \cdot 10^9$	etwa 300	0,5	260	70
EMI	5659	11	Sb–Cs	30	650	9 Ø	10^{-15}	Sb–Cs	2000	10^7	300	1	100	50
	6190	11	Sb–Cs	10	650	9 Ø	10^{-14}	Sb–Cs	2000	10^6	300	1	100	50
	6260	11	Sb–Cs	30	650	45 Ø	10^{-14}	Sb–Cs	2000	10^7	300	1	120	50
	6651	11	Sb–Cs	10	650	45 Ø	10^{-14}	Sb–Cs	2000	10^6	300	1	120	50
	6262	11	Sb–Cs	30	650	45 Ø	10^{-14}	Sb–Cs	2500	$5 \cdot 10^7$	300	1	130	50
	6446	14	Sb–Cs	10	650	9 Ø	10^{-13}	Sb–Cs	2500	$5 \cdot 10^7$	300	1	105	50
	6685	14	Sb–Cs	10	650	9 Ø	10^{-14}	Sb–Cs	2500	$5 \cdot 10^8$	300	1	110	50
	6731	14	Sb–Cs	10	650	9 Ø	10^{-14}	Sb–Cs	2500	$5 \cdot 10^8$	300	1	110	50
	6094	11	Sb–Cs	30	650	9 Ø	10^{-15}	Sb–Cs	2200	10^7	300	1	100	50
RCA	5819	10	Sb–Cs	40	840	38 Ø	10^{-13}	Sb–Cs	1250	$6 \cdot 10^6$	etwa 150	0,75	140	55
	931 A	9	Sb–Cs	20	620	8×8	10^{-14}	Sb–Cs	1250	10^7	etwa 250	1	90	33
	IP 21	9	Sb–Cs	40	630	8×8	10^{-14}	Sb–Cs	1250	$2 \cdot 10^7$	etwa 250		90	33
	IP 22	9	Sb–Cs	3	800	8×8	10^{-12}	Sb–Cs	1250	$2 \cdot 10^6$	etwa 250	0,1	80	33
	IP 28	9	Sb–Cs	20	700	8×8	10^{-13}	Sb–Cs	1250	$8 \cdot 10^6$	etwa 250	0,5	90	33

wie zu erwarten ist, der Beleuchtungsstärke im allgemeinen nicht proportional[1]. Man findet an Stelle von (106) die Beziehung

$$i = C \Phi^a, \qquad (115)$$

worin a von der Vorbehandlung der Zelle und von der Wellenlänge der Strahlung abhängt.

Zahlreiche Halbleiter, insbesondere Sulfide, Oxyde und Halogenide von Metallen wie auch die Übergangselemente zwischen Metallen und Nichtmetallen zeigen den inneren Photoeffekt. Für die praktische Verwendung als Widerstandszellen bzw. Strahlungsdetektoren kommen zur Zeit in Frage: Selen, Selen–Tellur, Silicium, die Sulfide, Selenide und Telluride von Blei, Thallium, Cadmium und Indium. Die spektrale Empfindlichkeitsverteilung dieser Widerstandszellen reicht zum Teil weit ins Infrarot, wie die folgende Zusammenstellung zeigt.

Tabelle 13. *Langwellige Empfindlichkeitsgrenze von Widerstandszellen in μ bei Zimmertemperatur.*

Se	Se–Te	Tl₂S	Si	PbS	PbTe	CdS	CdSe	CdTe
0,8 Max.	1,2 Max.	1,3 Max.	etwa 1,4 Max.	3,6 Max.	6,4 Max.	Max.	Max.	Max.
0,7	0,7	0,9	0,9	2,5	0,9	0,5	0,7	0,9

Durch Kühlung auf tiefe Temperaturen kann sowohl das Maximum wie die langwellige Grenze weiter ins IR verschoben werden; z. B. zeigt PbS bei 20° K eine (gesteigerte) Maximalempfindlichkeit bei 3,7 μ und eine langwellige Grenze bei 4,7 μ [2].

Bei der Herstellung der Zellen[3] ist die Güte des Kontakts zwischen Halbleiter und Elektroden besonders wichtig, weil schlechte Kontakte einen sehr hohen Rauschpegel ergeben (vgl. S. 127). Eine technisch günstige Form ist die in Abb. 58 dargestellte Kammzelle: In eine Glasplatte wird ein kammartiger Raster eingeritzt, die Furchen werden mit Gold oder Platin ausgefüllt und der lichtempfindliche Halbleiter wird durch Aufdampfen im Vakuum oder durch kathodische Zerstäubung in dünner Schicht aufgebracht.

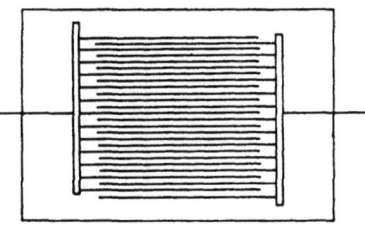

Abb. 58. Kammwiderstandszelle.

---
[1] HIPPEL, A. v. u. Mitarb.: J. chem. Physics **14**, 355 (1946).
[2] Moss, T. S.: Proc. physic. Soc. **62**, 741 (1949).
[3] Bezugsquellen: AEG, Nürnberg; Zeiß-Ikon, Stuttgart; Dr. B. Lange, Berlin-Zehlendorf; General Electric Comp., Schenectady, N. Y.

f) Sperrschichtzellen (Photoelemente). Der Sperrschichtphotoeffekt wurde an zahlreichen in der Natur vorkommenden Sulfiden beobachtet, sein Mechanismus an der sogenannten Kupferoxydulzelle im einzelnen untersucht[1]. Man unterscheidet Vorderwand- und Hinterwandzellen, je nach der Lage der Sperrschicht (vgl. Abb. 59). Vorderwandzellen haben den Vorteil, daß die Strahlung nicht durch die Cu_2O-Schicht absorbiert wird, bevor sie in der Sperrschicht den Photoeffekt hervorruft. Sie sind deshalb wesentlich empfindlicher als Hinterwandzellen, und ihre spektrale Empfindlichkeitsverteilung erstreckt sich zu wesentlich kürzeren Wel-

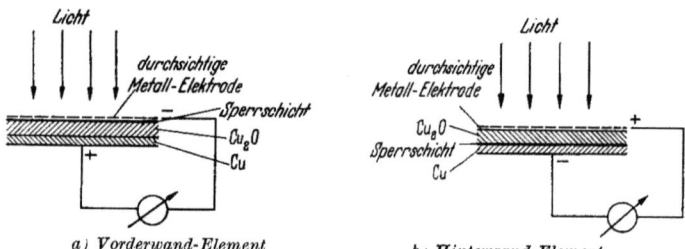

Abb. 59. Kupferoxydulvorderwand- (a) und -hinterwand- (b) Sperrschichtelement.

len. Die Kupferoxydulzellen sind heute praktisch vollständig durch die Selensperrschichtvorderwandzelle verdrängt worden. Sie besteht aus einer Eisenplatte, auf die die Halbleiterschicht aus kristallinem Selen, häufig unter Zusatz geringer Mengen von Thorium, Zirkon oder Cer, aufgebracht wird. Der Halbleiter wird mit einer dünnen lichtdurchlässigen Metallschicht bedeckt, die als zweite Elektrode dient; der Strom wird von einem aufgespritzten Metallring abgenommen. Die empfindliche Vorderelektrode wird gewöhnlich durch Glas, Quarz oder eine dünne Lackschicht geschützt. Selenphotoelemente sind gegenüber Kupferoxydulzellen weniger temperaturabhängig und zeitlich konstanter, so daß sie praktisch ausschließlich verwendet werden.

Der vom *Photoelement gelieferte Strom* hängt vom inneren Widerstand des Elements und dieser wiederum von Beleuchtungsstärke und äußerem Widerstand des Stromkreises ab. Angenähert gilt die Beziehung

$$i = \frac{i_0 S}{1 + \frac{R_a + R_E + R_H}{R_i}}.\qquad(116)$$

---

[1] SCHOTTKY, W.: Z. Physik **118**, 539 (1941); Physik. Z. **31**, 913 (1930). – B. LANGE: Physik. Z. **31**, 139, 964 (1930).

Dabei bedeuten: i den gemessenen äußeren, i_0 den primären, durch die Lichtquanten ausgelösten Photostrom, S die Beleuchtungsstärke, R_a den äußeren Widerstand des Stromkreises, R_i den inneren Widerstand des Elements, R_E den Widerstand der lichtdurchlässigen Vorderelektrode und R_H den Widerstand des Halbleiters. Man sieht, daß selbst bei äußerem Kurzschluß ($R_a = 0$) *keine strenge Proportionalität* zwischen Photostrom i und Beleuchtungsstärke S zu erwarten ist, da $R_E + R_H$ von der Größenordnung einiger Ohm und R_i nicht unendlich groß ist. Je größer der äußere Widerstand des Stromkreises ist, um so mehr müssen die Abweichungen von der Proportionalität anwachsen; ebenso aber auch mit zunehmender Beleuchtungsstärke, da R_i mit größer werdendem S sinkt und hierdurch der Quotient der Widerstände größer wird. Die Verhältnisse werden durch die Abb. 60 dargestellt, in welcher der Photostrom in Abhängigkeit von der Beleuchtungsstärke in Lux für verschiedene äußere Widerstände aufgezeichnet ist.

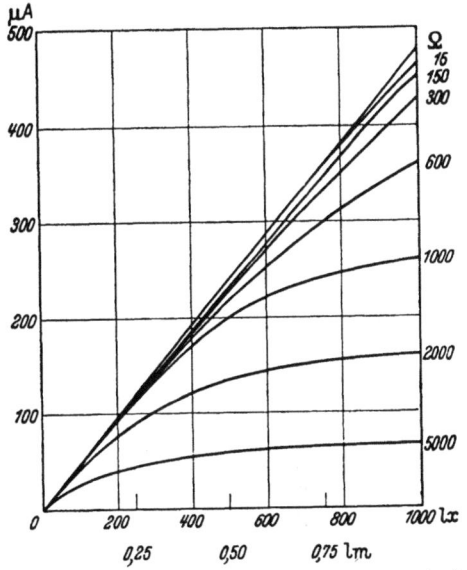

Abb. 60. Photostrom eines Selenphotoelements in Abhängigkeit von Beleuchtungsstärke und äußerem Widerstand.

Man muß daher bei kleinen Beleuchtungsstärken und niedrigem äußerem Widerstand arbeiten, damit die Abhängigkeit noch *angenähert* linear ist. Praktisch soll bis zu Beleuchtungsstärken von etwa 1000 Lux die Proportionalität noch vorhanden sein. Wie jedoch die von LANGE[1] und später von BJÖRNSTÅHL[2] ausgeführten Messungen zeigen, besitzen die Abweichungen selbst bei wesentlich geringeren Beleuchtungsstärken und bei dem geringen Intensitätsverhältnis von 1:2 oder 1:4 noch Beträge bis zu 10%, so daß von einer strengen Proportionalität zwischen Beleuchtungsstärke

---

[1] LANGE, B.: Die Photoelemente und ihre Anwendung 1, 74 (1940).
[2] BJÖRNSTÅHL, Y.: Z. Instrumentenkunde 62, 181 (1942). — Vgl. auch I. WOLF: Ann. Physik 443, 30 (1951).

140   Hilfsmittel für optische Untersuchungen.

und Photostrom innerhalb einer Streuung von 1% nicht die Rede sein kann. ELVEGÅRD[1] findet für den Zusammenhang zwischen Beleuchtungsstärke und Photostrom bei äußeren Widerständen zwischen 100 und 640000 Ohm die allgemeingültige Beziehung

$$S = \frac{i}{(k_1 - k_2 \sqrt{i})^2},\qquad (117)$$

worin k_1 und k_2 Konstanten für die betr. Versuchsanordnung darstellen, die man empirisch bestimmt. Die Formel wurde für

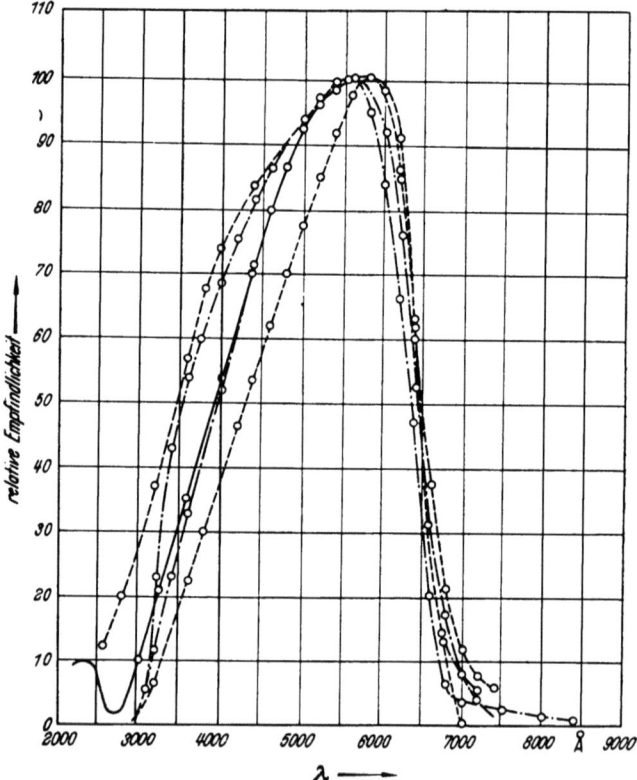

Abb. 61. Relative Empfindlichkeitsverteilung verschiedener Selenphotoelemente, bezogen auf ein energiegleiches Spektrum.

Beleuchtungsstärken zwischen 0,1 und 3000 Lux bestätigt gefunden, die Abweichungen betragen weniger als 1%.

[1] ELVEGÅRD, E.: Physik. Z. **37**, 129 (1936).

Die *Photospannung* des Elements bei unendlich hohem, äußerem Widerstand (unterbrochener Stromkreis) wächst linear mit log S an und könnte deshalb prinzipiell auch zu Extinktionsmessungen benutzt werden.

Die *relative spektrale Empfindlichkeitsverteilung* von Selenphotoelementen ist in Abb. 61 wiedergegeben; sie hängt zum Teil von den Herstellungsbedingungen ab[1]. Das Maximum der Empfindlichkeit liegt zwischen 550 und 600 mμ, ist also im allgemeinen etwas längerwellig als beim normalen Auge (vgl. Abb. 51), dagegen fällt die Kurve gegen das UV wesentlich langsamer ab als beim Auge. Für die praktische Verwendung der Photoelemente im Blau bzw. langwelligen UV ist dabei natürlich zu berücksichtigen, daß nach Abb. 18 die Intensität einer Glühlampe in diesem Bereich nur noch wenige Prozente der Intensität bei 600 mμ beträgt, so daß man für Messungen im UV auf die Benutzung von Spektrallampen oder einer H_2-Lampe angewiesen ist, um genügende Intensitäten zu haben. Die spektrale Empfindlichkeit des Selenphotoelements läßt sich auch noch dadurch erweitern, daß man die übliche Lackschutzschicht durch Quarzfenster ersetzt[2]; auf diese Weise läßt sich z. B. mit der Hg-Resonanzlinie bei 2537 Å noch messen. Da der Photostrom nicht proportional zur Beleuchtungsstärke anwächst, und diese Abweichungen von der Linearität für verschiedene Wellenlängen verschieden sind, ist die relative spektrale Empfindlichkeit auch noch von der Beleuchtungsstärke abhängig[3]. Die Gesamtstromausbeute eines Photoelements bei Bestrahlung mit einer Glühlampe (Farbtemperatur etwa 2700° K) beträgt etwa 120 μA/Lumen.

Neben Selenphotoelementen[4] hat man auch Sperrschichtelemente aus Tl_2S, Ag_2S und PbS hergestellt. Grundsätzlich dürften alle Stoffe, die den inneren Photoeffekt zeigen, unter geeigneten Herstellungsbedingungen auch für Sperrschichtelemente brauchbar sein.

g) Wichtigste photometrische Eigenschaften lichtelektrischer Empfänger. Die Brauchbarkeit lichtelektrischer Empfänger für photometrische und spektrometrische Messungen aller Art hängt wesentlich von zwei Bedingungen ab: 1. der *zeitlichen Konstanz des Photostroms* bei gleichbleibender Bestrahlung und konstanten

---

[1] So erhält man z. B. besonders empfindliche Schichten, wenn man der aufgestäubten Platinelektrode eine dünne Cadmiumschicht unterlegt.
[2] RÖSSLER, F.: Z. techn. Physik **20**, 290 (1939).
[3] WOLF, I.: Ann. Physik **443**, 30 (1951). — G. P. BARNARD: Proc. physic. Soc. **51**, 284 (1939).
[4] Bezugsquellen: Dr. B. Lange, Berlin-Zehlendorf; Falkenthal & Presser, Nürtingen; Süddeutsche Apparatefabrik, Nürnberg.

äußeren Bedingungen; 2. der *Proportionalität von Photostrom und Beleuchtungsstärke*. Daneben spielen von Fall zu Fall weitere Eigenschaften der Empfänger eine Rolle, wie etwa die Temperatur- und Frequenzabhängigkeit des Photostroms, die variable Oberflächenempfindlichkeit an verschiedenen Stellen der Kathode, der Vektoreinfluß polarisierter Strahlung usw.

Ermüdungserscheinungen. Sämtliche lichtelektrischen Empfänger zeigen eine zeitliche Inkonstanz. Man unterscheidet dabei zwischen langsamen, gewöhnlich irreversiblen Empfindlichkeitsänderungen (*Alterung*) und rascher verlaufenden reversiblen zeitlichen Änderungen des Photostroms (*Ermüdung und Erholung*). Erstere spielen für die Photometrie eine untergeordnete Rolle, letztere können dagegen bei genauen Messungen außerordentlich störend wirken.

Ermüdungserscheinungen bei *Vakuumphotozellen* werden auf verschiedene Ursachen zurückgeführt[1]: 1. Gasreste ermöglichen die Bildung positiver Ionen, die beim Aufprallen auf die Kathode deren Oberfläche verändern oder Sekundäremission hervorrufen. 2. Fehlerhafte Anordnung von Kathode und Anode oder Anhäufung von Ladungen auf den Zellwänden führt zu Verzerrungen des elektrischen Feldes, die von der Beleuchtungsstärke abhängen. 3. Mangelnde Leitfähigkeit der Kathode oder von Teilen derselben ergibt Potentialdifferenzen zwischen verschiedenen Stellen der Kathode; diese können zur Folge haben, daß von einer Stelle emittierte Elektronen zu einer anderen Stelle zurückkehren und dort Sekundäremission hervorrufen. 4. Uneinheitliche Struktur, insbesondere bei zusammengesetzten Kathoden, führt zur Wanderung von Alkalimetallatomen bzw. Ionen und damit zu Empfindlichkeitsänderungen. 5. Alkalimetallfilme auf der Anode können bei genügend hoher Saugspannung zur Emission positiver Ionen führen. Als Beispiel für eine reversible Ermüdung ist in Abb. 62 die Abnahme des Photostroms einer [Ag]–Cs_2O, Ag–Cs-Zelle bei Beleuchtung mit Licht verschiedener Wellenlänge dargestellt[2]. Die

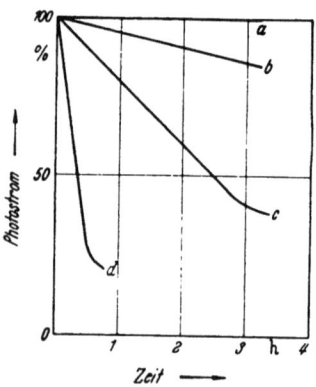

Abb. 62. Reversible Ermüdung einer [Ag]–Cs_2O–Ag–Cs-Vakuumphotozelle bei Bestrahlung mit a) Infrarot, b) Rot, c) Grün, d) Blau.

---

[1] Vgl. J. S. PRESTON: Rev. Opt. théor. instrument. **27**, 513 (1948).
[2] BOER, H. J. DE u. M. C. TEVES: Z. Physik **73**, 192 (1932); **74**, 604 (1932); **88**, 521 (1933).

Ermüdung ist um so stärker, je kürzerwellig das Licht und je höher die angelegte Spannung ist. Das bedeutet, daß die langwellige Grenze nach kürzeren Wellen hin wandert, daß also die Austrittsarbeit der Elektronen mit der Zeit wächst. Anscheinend wandern Alkaliionen unter dem Einfluß des Feldes in das Innere, so daß die Oberfläche an ionisierbaren Alkaliatomen verarmt.

Zur Vermeidung dieser Störquellen sollte eine Zelle 1. höchst evakuiert sein, 2. so konstruiert sein, daß die zentrale Kathode möglichst allseitig von der Anode umgeben ist, 3. eine gut leitende Kathode mit Metallunterlage besitzen, 4. eine einheitliche stabile Kathode mit geringem Sekundäremissionskoeffizienten haben und 5. schon bei 20 Volt Saugspannung Sättigungsstrom zeigen. Eine von BOUTRY und GILLOD[1] angegebene Konstruktion berücksichtigt alle diese Forderungen, die meisten der im Handel befindlichen Typen kommen ihnen nur teilweise nach, da die Eigenschaften der früher beschriebenen Kathoden dies nicht zulassen. Für die Praxis bedeutet dies, daß man jede Photozelle auf ihre zeitliche Konstanz prüfen sollte, bevor man sie für genaue photometrische Messungen einsetzt.

Gasgefüllte Zellen zeigen die beschriebenen Ermüdungserscheinungen häufig in verstärktem Maß, vermutlich im wesentlichen auf Grund der unter 1. genannten Ursache. Nach älteren Untersuchungen[2] kann die Ermüdung auch auf eine an der Kathode adsorbierte Gasschicht zurückgeführt werden; das Adsorptionsgleichgewicht wird durch die im Gas gebildeten und auf die Kathode fallenden positiven Ionen gestört und führt so zu Empfindlichkeitsänderungen. Man findet jedoch auch hier einzelne Zellen, die den Anforderungen an zeitliche Konstanz innerhalb kurzer Meßzeiten genügend entsprechen.

Bei *Sekundärelektronenvervielfachern* kommen zu den Ermüdungserscheinungen der Kathode noch reversible Änderungen der Dynoden hinzu, die sich gewöhnlich in einem langsamen Ansteigen des Gesamtstromes um etwa 10% des Anfangswertes bemerkbar machen. Da dieser Anstieg sich über mehrere Stunden erstreckt, stört er innerhalb der kurzen photometrischen Meßzeiten gewöhnlich nicht.

Bei *Widerstandszellen* muß man Ermüdungserscheinungen von der durch die Sekundärströme bedingten Trägheit unterscheiden. Sie hängen ebenfalls von der Beleuchtungsstärke, ferner von der angelegten Spannung und der Temperatur ab; der Endzustand wird außerdem sehr viel später erreicht als bei Photozellen, so daß diese Zellen von allen bekannten Arten am wenigsten konstant

---

[1] BOUTRY, D. und D. GILLOD: Philos. Mag. J. Sci. 28, 163 (1939).
[2] Vgl. H. ROSENBERG: Z. Physik 7, 18 (1921).

sind und schon aus diesem Grund sich für photometrische Zwecke weniger gut eignen[1]. Allerdings ist man im IR bisher auf die Benutzung von Widerstandszellen angewiesen, sofern man nicht Thermoelemente benutzen will.

Bei *Sperrschichtelementen* beruht die reversible Ermüdung, soweit sie nicht bei hohen Beleuchtungsstärken durch eine Erwärmung der Zellen vorgetäuscht wird, im wesentlichen auf einer langsamen Widerstandsänderung der Isolierschicht, die ihrerseits von der Wellenlänge abhängt, so daß man durch geeignete Rot- bzw. Infrarotfilter den Effekt herabdrücken kann[2]. Diese Widerstandsänderung wird auf eine Verlagerung der Emissionszentren zurückgeführt, an denen die Photoelektronen ausgelöst werden, so daß man eine Abhängigkeit der Ermüdung von der Beleuchtungsstärke erwarten sollte. Dies ist auch der Fall[3], und zwar steigt die nach einer gewissen Zeit erreichte Ermüdung proportional mit dem Logarithmus der Beleuchtungsstärke. Die zeitliche Ermüdung eines Selenphotoelements bei verschiedenen Beleuchtungsstärken ist in Abb. 63 dargestellt. Im Bereich kleiner und mittlerer Beleuchtungsstärken lassen sich die Ermüdungserscheinungen durch geeignete Auswahl des äußeren Widerstandes sehr weitgehend ausschalten; bei hochohmigen Elementen sind sie außerdem wesentlich geringer als bei niederohmigen. Allerdings sind auch bei sehr schwachen Beleuchtungsstärken gelegentlich Trägheitserscheinungen beobachtet worden[4], die bei höheren Beleuchtungsstärken nicht vorhanden sind und die außerdem noch von der Wellenlänge und der Verteilung von S über die Kathodenfläche abhängen. Eine solche zeitliche Inkonstanz beeinträchtigt gewöhnlich die photometrische Messung ziemlich stark, da sie ein ständiges Kriechen des Galvanometers hervorruft, das auch bei Gegenschaltung zweier Elemente auftreten kann, wenn diese zeitlich verschiedene Ermüdung zeigen.

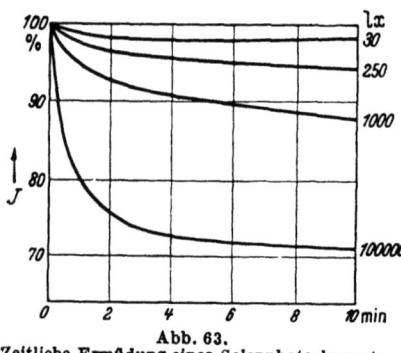

Abb. 63.
Zeitliche Ermüdung eines Selenphotoelements bei verschiedenen Beleuchtungsstärken.

---

[1] Vgl. dazu P. GÖRLICH: Z. Naturf. 5a, 563 (1950).
[2] LIANDRAT, G.: C. r. hebd. Séances Acad. Sci. 199, 1394 (1934).
[3] LANGE, B.: Die Photoelemente und ihre Anwendung 1, 132 (1940).
[4] HAMAKER, H. C. u. W. F. BEEZHOLD: Physica 1, 119 (1933).

Strahlungsempfänger. 145

Proportionalität von Beleuchtungsstärke und Photostrom. Da die photoelektrischen Empfänger im Gegensatz zum Auge nicht nur die Gleichheit zweier Beleuchtungsstärken, sondern auch das Verhältnis verschiedener Beleuchtungsstärken anzugeben vermögen, ist man bei lichtelektrischen photometrischen Messungen nicht mehr darauf angewiesen, auf Helligkeitsgleichheit zweier Felder einzustellen, sondern kann die Intensität eines Lichtbündels vor und nach dem Durchgang durch ein absorbierendes Medium getrennt messen. Es wird der vom Empfänger gelieferte Photostrom mit Hilfe eines geeigneten Galvanometers gemessen. Zeigt die Strahlungsquelle während der beiden Messungen keine Schwankungen und ist der Photostrom der jeweiligen auf die Zelle fallenden Beleuchtungsstärke proportional, so ergibt sich die Extinktion des absorbierenden Stoffes direkt aus dem Verhältnis der beiden Ausschläge des Meßinstruments (Ausschlagsmethode). *Für dieses Meßverfahren ist also die strenge Proportionalität von Beleuchtungsstärke und Photostrom unerläßliche Voraussetzung. Diese Voraussetzung ist jedoch für die bisher zur Verfügung stehenden photoelektrischen Empfänger aller Art keineswegs immer erfüllt, der dadurch bedingte systematische Fehler vermag daher die Streuung des Verfahrens weit zu überschreiten, vor allem dann, wenn diese kleiner wird als bei visuellen Methoden.*

Für den äußeren Photoeffekt gilt Gleichung (106), d.h. bei Photozellen und Vervielfachern sollte die Proportionalität zwischen Beleuchtungsstärke und Photostrom streng erfüllt sein. Praktisch ist jedoch immer wieder festgestellt worden[1], daß dies bei den im Handel befindlichen Typen keineswegs der Fall ist, sondern daß häufig sehr beträchtliche Abweichungen von der Proportionalität auftreten (bis zu 50% in einem Intensitätsbereich von etwa 3 Zehnerpotenzen), und zwar bereits weit unterhalb der zulässigen Belastungsgrenze. Außerdem ist die Größe der Abweichungen noch von der Wellenlänge der benutzten Strahlung abhängig. Dies gilt in gleicher Weise für Vakuumphotozellen, gasgefüllte Zellen und Vervielfacher. Andererseits findet man unter der gleichen Type einzelne Exemplare, bei denen die Proportionalität im gleichen Intensitätsbereich innerhalb einer Meßgenauigkeit von 0,1% erfüllt ist. Die Gründe für diese Abweichungen dürften die gleichen sein, wie sie für die Deutung der Ermüdungserscheinungen diskutiert wurden. In einem einzelnen Fall konnte mit Sicherheit nachgewiesen werden[1], daß die mangelnde Leitfähigkeit der Kathode die Ursache für die Abweichungen bildete: Bei Einstrahlung unmittelbar an

---
[1] Vgl. G. KORTÜM u. H. MAIER: Z. Naturf. 8a, 235 (1953) und die dort angegebene Literatur.

der Kathodenzuführung zeigte der betr. Vervielfacher strenge Proportionalität innerhalb 0,1%, bei Einstrahlung an Stellen größeren Abstands von der Kathodenzuführung traten sehr große Abweichungen (über 40% bei weißem Licht) auf. Allgemein können bei Vervielfachern noch zusätzliche Abweichungen dadurch bedingt sein, daß wegen der hohen Stromstärken in den letzten Stufen durch Raumladungen die Fokussierung der Elektronen auf die folgende Dynode verschlechtert wird, so daß ein Teil der Elektronen vorbeifliegt und damit aus dem Vervielfachungsprozeß ausscheidet.

Wie diese sehr sorgfältigen Messungen gezeigt haben, ist die in Literatur und auf Prospekten sehr häufig zu findende Behauptung, bei Vakuumzellen und Vervielfachern seien Photostrom und Beleuchtungsstärke einander streng proportional, nicht haltbar. Da die beobachteten Abweichungen auch zeitlich nicht in dem Maße reproduzierbar sind, daß man für bestimmte Belastungen und Wellenlängen Eichkurven aufstellen könnte[1], ist für praktische Zwecke eine sehr sorgfältige Prüfung bzw. Auswahl der Zellen notwendig, wenn nicht unkontrollierbare und unter Umständen sehr große Fehler bei photometrischen Messungen auftreten sollen. Bei nicht zu hohen Genauigkeitsansprüchen (Ausschlagsmethoden) genügt im allgemeinen die Messung einer Extinktion bei verschiedenen Beleuchtungsstärken; fallen die Meßwerte innerhalb von etwa 1% zusammen, so sind die Abweichungen von der Proportionalität bei der benutzten Zelle sicherlich nicht groß. *Für Präzisionsmessungen mit einer zu erreichenden Streuung von 0,1% und darunter genügt im allgemeinen kein Zellentyp den damit verbundenen Anforderungen an die Proportionalität. Derartige Genauigkeiten sind deshalb nur mit Meßverfahren zu erzielen, bei denen die Beleuchtungsstärke der Photozelle konstant bleibt (Substitutionsverfahren, vgl. S. 233ff.).*

Bei *Widerstandszellen* und *Photoelementen* kann eine Proportionalität zwischen Photostrom und Beleuchtungsstärke nur angenähert und in kleinen Intensitätsbereichen erwartet werden, wie aus den Gleichungen (115) und (116) hervorgeht. Wie Abb. 60 zeigt, hat man bei Photoelementen die besten Verhältnisse, wenn man bei kleinen Beleuchtungsstärken und kleinen äußeren Widerständen arbeitet. Da ferner die Empfindlichkeit der Elemente mit ihrem inneren Widerstand abnimmt, folgt aus (116) weiter, daß empfindliche Photoelemente weniger gut linear sind als unempfindliche.

Wie aus diesen Angaben hervorgeht, können alle Methoden, die auf eine direkte oder indirekte Messung des von Sperrschichtzellen gelie-

---
[1] Vgl. G. KORTÜM: Physik. Z. **32**, 417 (1931); W. O. CASTER: Anal. Chem. **23**, 1229 (1951).

ferten *Photostroms hinauslaufen und deshalb die Proportionalität von Beleuchtungsstärke und Photostrom voraussetzen, nicht einmal die Genauigkeit visueller Methoden von 100 (1%) gewährleisten.* In jedem Fall ist es notwendig, die genannte Proportionalität vorher unter den vorliegenden Meßbedingungen für jede verwendete Zelle zu prüfen, bevor man Angaben über die erreichte Genauigkeit macht.

Von sehr großer und meistens stark unterschätzter Bedeutung für photometrische Messungen ist die *variable Oberflächenempfindlichkeit* lichtelektrischer Zellen. Wie zahlreiche Beobachtungen gezeigt haben, hängt der bei gegebener Beleuchtungsstärke gelieferte Photostrom noch von der Verteilung der Beleuchtungsstärke über die Oberfläche der Zelle ab[1]. Die wechselnde Oberflächenempfindlichkeit der Zellen bewirkt, daß der gleiche Strahlungsstrom, einmal auf eine kleine Zone der Zellkathode fokussiert, einmal die ganze Oberfläche ausleuchtend, nicht den gleichen Photostrom hervorruft. Dieser Effekt, der außerdem noch von der Wellenlänge der verwendeten Strahlung abhängt, kann bis zu 100% der Stromausbeute ausmachen. *Für genaue Messungen ist es daher unerläßlich, den geometrischen Strahlengang der Meßanordnung sehr genau zu definieren und jede, auch minimale, Verschiebung der beleuchteten Zone auf der Zellkathode während einer Meßreihe zu vermeiden.* Hierher gehören z. B. Änderungen der Spaltbreite eines Monochromators, Verschiebung der Lichtquelle und selbst das Einbringen von optischen Flächen in den Strahlengang. Zur Erreichung höchster Präzision ist es deshalb notwendig, die zur Aufnahme der Lösungen bestimmten Küvetten fest im Strahlengang anzuordnen und auf jede Schlittenverschiebung zwecks Auswechslung von Küvetten zu verzichten. Daß dies notwendig ist, geht z. B. daraus hervor, daß sich Farbglas, das abwechselnd in den Strahlengang gebracht und daraus entfernt wird, nicht mit der gleichen Genauigkeit messen läßt wie eine Lösung, die aus der feststehenden Küvette durch Spülen entfernt werden kann (vgl. Tabelle 23, S. 282)[2]. Bei konzentrierten Lösungen kann auch die Verschiedenheit des Brechungsindex gegenüber dem Lösungsmittel einen meßbaren Fehler hervorrufen. In Fällen, in denen auf einen Wechsel der Flüssigkeitsküvetten nicht verzichtet werden kann, wie z. B. bei der Prüfung des BEERschen Gesetzes, müssen die *effektiven* (scheinbaren) Schichtdicken der Küvetten für jede Messung mit Hilfe einer Eichlösung neu

---

[1] Vgl. z. B.: H. E. IVES u. E. F. KINGSBURY: J. opt. Soc. America **21**, 541 (1931); L. BERGMANN u. R. PELZ: Z. techn. Physik **18**, 177 (1937).
[2] Ist der Strahlengang nicht sehr angenähert parallel, so wird er beim Einbringen eines lichtbrechenden Mediums verändert, auch wenn dieses planparallel begrenzt ist.

bestimmt werden, wenn nicht systematische Fehler bis zur Größe von 1% und darüber auftreten sollen[1]. Die unterschiedliche Oberflächenempfindlichkeit der Kathoden ist schließlich auch der Grund, weswegen inkonstant brennende Lichtquellen, wie z.B. Funken, sich für lichtelektrische Messungen nur eignen, wenn es nicht auf große Präzision ankommt.

Die *Frequenzabhängigkeit* lichtelektrischer Empfänger bei intermittierender Beleuchtung kann für photometrische Methoden dann eine Rolle spielen, wenn es sich um Wechsellichtmethoden mit nachfolgender Verstärkung handelt (vgl. S. 248) oder wenn eine meßbare Lichtschwächung in Form eines rotierenden Sektors verwendet wird. *Alkalimetallvakuumzellen* und *Vervielfacher* arbeiten bis etwa 2 MHz praktisch völlig trägheitslos, dagegen beginnen *gasgefüllte Alkalimetallzellen* bei Frequenzen von etwa 10^3 Hz eine merkliche Trägheit zu zeigen, die auf der Bildung metastabiler Atome während der Belichtung beruht. Gelangen solche Atome auf die Kathode, so können sie dort nachträglich Elektronen auslösen, die eine stark verzögerte Komponente des Photostroms darstellen. Die Frequenzabhängigkeit steigt mit zunehmender Saugspannung an[2]. Dieser Intermittenzeffekt spielt für die Verwendung rotierender Sektoren, bei denen Frequenzen von etwa 60 Hz notwendig sind, keine Rolle, d.h. der Photostrom entspricht tatsächlich dem zeitlichen Mittelwert der Strahlungsintensität, die abwechselnd 0 und 100% beträgt (TALBOTsches Gesetz).

Da der innere lichtelektrische Effekt infolge der Sekundärströme erhebliche Trägheit zeigt, besitzen *Widerstandszellen* schon bei Frequenzen von wenigen Hertz eine merkliche Frequenzabhängigkeit. Der Photostrom springt beim Einsetzen der Beleuchtung nicht sofort auf seinen Maximalwert (Beleuchtungsträgheit) und geht bei Unterbrechung der Beleuchtung nicht sofort zurück (Verdunkelungsträgheit)[3]. Diese Trägheit, die außerdem von den äußeren Bedingungen (Temperatur, Spannung, Beleuchtungsstärke, Wellenlänge) abhängt, ist einer der größten Nachteile aller Widerstandszellen.

Bei *Photoelementen* liegen die Verhältnisse noch komplizierter, weil die hohe Kapazität dieser Zellen und ihr innerer Widerstand eine scheinbare zusätzliche Trägheit hervorrufen. Wie eine Reihe von Untersuchungen[4] an Photoelementen gezeigt hat, wird schon

---

[1] Vgl. G. KORTÜM: Z. physik. Chem., Abt. B **33**, 243 (1936).
[2] Vgl. dazu B. A. ROGGENDORF: Physik. Z. **36**, 660 (1935); A. A. KRUITHOF: Philips Techn. Rev. **4**, 46 (1939).
[3] Vgl. G. K. TREAT, J. R. FISHER u. A. W. TREPTOW: J. appl. Physics **17**, 879 (1946).
[4] Vgl. z.B.: B. P. GÖRLICH: Z. techn. Physik **14**, 144 (1933); W. LEO u. C. MÜLLER: Physik. Z. **36**, 113 (1935).

bei sehr niedrigen Frequenzen (50 Hz) eine merkliche Frequenzabhängigkeit gefunden, die für einzelne Elemente sehr verschieden ist und weitgehend von äußeren Bedingungen (z.B. der Größe der beleuchteten Fläche, dem Widerstand des äußeren Stromkreises usw.) abhängt. Kupferoxydulelemente sind weniger frequenzabhängig als Selenphotoelemente, da ihre Kapazität kleiner ist; noch bessere Eigenschaften zeigt die Tl_2S-Sperrschichtzelle.

Eine häufig übersehene und gerade für photometrische Messungen sehr wichtige Fehlerquelle bildet die *Temperaturabhängigkeit des Photostroms*. Auch in dieser Hinsicht sind die Photozellen und Vervielfacher den Photoelementen überlegen, denn in einem Intervall von -40 bis $+80°$ C können Zellen mit äußerem lichtelektrischem Effekt als praktisch temperaturunabhängig betrachtet werden. Höhere Temperaturen sind zu vermeiden, da sonst irreversible Veränderungen der Kathoden eintreten können. Auch Sekundäremissionsdynoden sind in diesem Bereich praktisch T-unabhängig.

Widerstandszellen zeigen infolge der Temperaturabhängigkeit der Leitfähigkeit von Halbleitern einen beträchtlichen Temperaturkoeffizienten, der noch von der Beleuchtungsstärke abhängt und in gewissen Bereichen sogar sein Vorzeichen wechseln kann. Benutzt man solche Zellen für IR-Messungen bei tiefen Temperaturen, so muß man die Strahlung der Umgebung durch ein entsprechend gekühltes Gehäuse vollständig abschirmen, wenn nicht merkliche Fehler auftreten sollen[1].

Auch bei Photoelementen ist anzunehmen, daß der primäre Photoeffekt temperaturunabhängig ist, und daß der in zahlreichen Untersuchungen[2] beobachtete Temperaturgang des Photostroms sekundärer Natur und wohl hauptsächlich durch die Temperaturabhängigkeit der Leitfähigkeit des Halbleiters bedingt ist. Für die einzelnen Typen der Photoelemente ist der Temperatureffekt verschieden groß; am kleinsten ist er bei den meistgebrauchten Selenzellen[2]. Dies gilt jedoch nur, wenn der äußere Widerstand des Stromkreises klein ist gegenüber dem inneren Widerstand der beleuchteten Elemente. Bei äußeren Widerständen über 1000 Ohm ist auch bei Selenphotoelementen der Temperaturkoeffizient des Photostroms beträchtlich (vgl. Abb. 64); er schwankt um 0,8 bis 1,5% je Grad und wird außerdem von der Beleuchtungsstärke abhängig. *Für genaue photometrische Messungen ist es deshalb stets*

---

[1] WATTS, B. N.: Proc. physic. Soc. A **62**, 456 (1949).
[2] Vgl. z.B.: B. LANGE: Physik. Z. **32**, 850 (1931); H. TEICHMANN: Z. Physik. **65**, 709 (1930); A. MITTMANN: Z. Physik **88**, 366 (1934); W. BULIAN: Physik. Z. **34**, 745 (1933).

notwendig, sich davon zu überzeugen, welcher äußere Widerstand bei gegebener Beleuchtungsstärke noch zulässig ist, damit die Genauigkeit der Messung nicht durch die unvermeidlichen Schwankungen der Zimmertemperatur beeinträchtigt wird. Der äußere Widerstand ist nach Möglichkeit klein zu halten, was nicht nur für die Temperaturabhängigkeit des Photostroms, sondern auch, wie schon erwähnt,

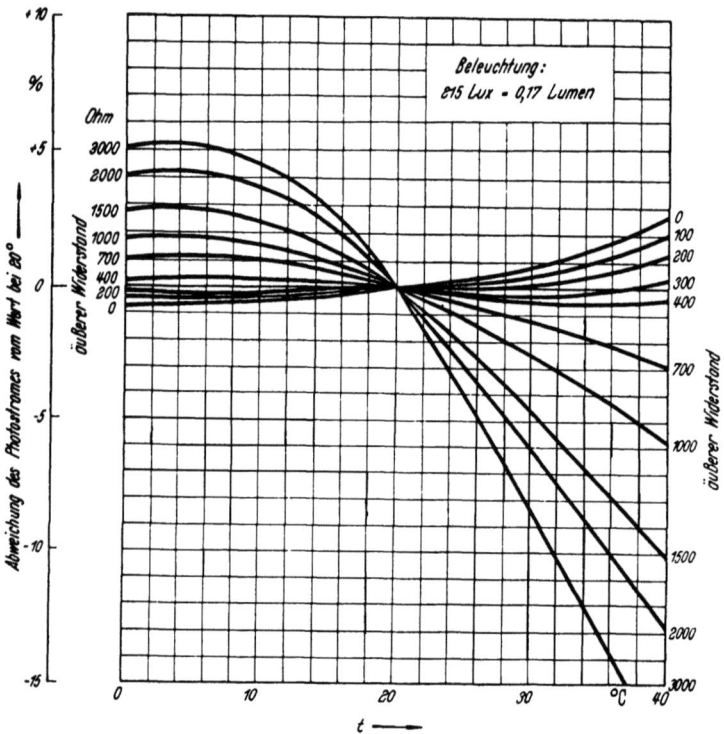

Abb. 64. Temperaturabhängigkeit des Photostroms eines Selenphotoelements.

für die lineare Abhängigkeit zwischen Beleuchtungsstärke und Photostrom von Bedeutung ist. Die Temperaturabhängigkeit ist ebenso wie andere physikalische Eigenschaften der Photoelemente je nach ihrer Herstellung und Behandlung verschieden und kann z.B. durch kurze Erwärmung auf 50° C stark verändert werden, was vermutlich mit Änderungen in der Sperrschicht der Elemente zusammenhängt[1].

---

[1] BERGMANN, L. u. R. PELZ: s. S. 147.

Ein *Vektoreinfluß polarisierter Strahlung* könnte bei photometrischen Messungen vor allem dann eine Rolle spielen, wenn man Polarisationsprismen zur Strahlungsschwächung benutzt. Man kann zwar den selektiven Photoeffekt unterdrücken, indem man dem elektrischen Vektor der Strahlung keine zur Zellenoberfläche senkrechte Komponente gibt, indem man also die Strahlung senkrecht auf die Oberfläche auftreffen läßt. Da aber die Oberfläche der Photokathoden meistens nicht eben ist, läßt sich diese Forderung häufig nicht verwirklichen, abgesehen davon, daß man auf einen streng parallelen Strahlengang angewiesen wäre. Man kann den Einfluß polarisierter Strahlung dadurch prüfen, daß man die Zellen einmal feststehend und einmal mit dem Analysator zugleich drehbar anordnet und die Ergebnisse miteinander vergleicht. Bei einer Reihe verschiedener Photozellen konnte auf diese Weise ein Einfluß der Polarisationsrichtung nicht beobachtet werden[1]. Offenbar kommen hier gerichtete Strukturen der Oberflächenschicht praktisch nicht vor. Dagegen tritt bei *Photoelementen* eine Vektorabhängigkeit des Photoeffektes auf[2], die vermutlich nicht durch gerichtete Oberflächenschichten, sondern dadurch erklärbar ist, daß ganz allgemein beim Auftreffen polarisierter Strahlung auf ebene Metallflächen die Intensität der reflektierten bzw. der eindringenden und absorbierten Strahlung vom Einfallswinkel und der Lage der Polarisationsrichtung zur Einfallsebene abhängt (vgl. auch S. 90). Durch senkrechte Beleuchtung läßt sich dieser Effekt weitgehend unterdrücken.

Überblickt man diese für photometrische Messungen wichtigsten Eigenschaften lichtelektrischer Zellen[3], so gewinnt man von vornherein den Eindruck, daß für *Präzisionsmessungen die Photozellen und Vervielfacher den Photoelementen und besonders den Widerstandszellen stark überlegen sind*. Allerdings stehen den vielen meßtechnischen Vorzügen der Photozellen und Vervielfacher zwei Nachteile gegenüber: einmal verlangen sie eine *Saugspannung* hoher Konstanz, die sich nur mit Akkumulatoren bzw. guten Trockenbatterien oder besonderen Netzgeräten erreichen läßt, während die Photoelemente keiner Vorspannung bedürfen; zweitens erfordert die Spannungsempfindlichkeit der Photozellen (bedingt durch ihren hohen Eigenwiderstand) im allgemeinen eine

---

[1] KORTÜM, G.: Physik. Z. **32**, 417 (1931). – Vgl. jedoch E. P. CLANCY: J. opt. Soc. America **42**, 357 (1952).
[2] BERGMANN, L.: Physik. Z. **33**, 17 (1932). – H. TEICHMANN: Physik. Z. **34**, 897 (1933).
[3] Weitere Angaben über die für die Meßtechnik wichtigen Eigenschaften der verschiedenen lichtelektrischen Empfänger bei W. KLUGE: Beih. Z. Ver. dtsch. Chemiker **48**, 12 (1944); P. GÖRLICH: Die Photozellen, Leipzig 1951.

elektrometrische Messung des Photostroms mit ihren durch die elektrostatische Abschirmung bedingten Nachteilen oder eine nachträgliche Verstärkung, während sich der Strom der Photoelemente entsprechend ihrer hohen Stromempfindlichkeit galvanometrisch messen läßt.

Bei sehr kleinen Strahlungsintensitäten, wie sie bei photometrischen und vor allem bei spektrometrischen Messungen häufig vorkommen, sind Photozellen trotz ihrer geringeren Stromausbeute den Photoelementen überlegen. So liefert etwa ein Selenelement mit einer Empfindlichkeit von 120 μA/Lumen, das einen Lichtstrom von 10^{-6} Lumen aufnimmt, einen Photostrom von $1,2 \cdot 10^{-10}$ Amp., eine Vakuumphotozelle mit einer Empfindlichkeit von 40 μA/Lumen unter gleichen Bedingungen $4 \cdot 10^{-11}$ Amp. Derartige Ströme lassen sich galvanometrisch zwar noch gut beobachten, aber nicht mehr mit einiger Genauigkeit messen. Beim Photoelement läßt sich dieser Strom nicht ohne weiteres verstärken, da der verfügbare Spannungsabfall bei etwa 5000 Ohm Innenwiderstand nur 0,6 μVolt beträgt, was etwa dem Rauschpegel einer Verstärkerröhre entspricht. Bei der Photozelle mit ihrem hohen Innenwiderstand ist jedoch eine Verstärkung ohne weiteres möglich, so daß sich auch derartig kleine Ströme ohne Schwierigkeiten auf 1% genau messen lassen (vgl. S. 240ff.). Das bedeutet, daß man Photoelemente nur dann verwenden wird, wenn genügend hohe Strahlungsintensitäten verfügbar sind; sie werden deshalb ausschließlich in Filterphotometern benutzt.

h) Thermische Empfänger. Im Gegensatz zu den lichtelektrischen Empfängern arbeiten die thermischen Empfänger nicht selektiv, indem sie die auffallende Strahlung unabhängig von ihrer Wellenlänge möglichst vollständig in Wärmeenergie umwandeln. Sie werden jedoch fast ausschließlich für Messungen im IR benutzt, wo andere empfindlichere Empfängertypen nicht zur Verfügung stehen. Die absorbierte Strahlung ruft im Empfänger eine Temperaturdifferenz Δt gegenüber der Umgebung hervor, die gemessen wird. Je nach der Art, wie man diese Messung vornimmt, unterscheidet man verschiedene Typen thermischer Empfänger.

Je größer Δt ist, um so genauer wird die Messung. Um Δt möglichst groß zu machen (wobei es sich stets nur um geringe Bruchteile von Graden handelt), muß man erstens dafür sorgen, daß die Strahlung praktisch vollständig absorbiert wird; man schwärzt deshalb den Empfänger (z.B. mit Ruß + Wasserglas oder mit fein verteilten Metallen). Zweitens muß man die Wärmekapazität des Empfängers möglichst klein machen und ihn gegen Wärmeverluste durch Ableitung oder durch Konvektion nach Möglichkeit schützen. Man hält deshalb Masse und spezifische Wärme des Empfängers so klein wie möglich, hängt ihn an dünnen, durch Halbleiter unterbrochenen[1] Drähten auf und schließt ihn eventuell in ein evakuiertes Gehäuse ein. Auf diese Weise erreicht man eine große *Empfindlichkeit.*

Für die Brauchbarkeit des Empfängers ist außerdem seine *Trägheit* ausschlaggebend, die möglichst gering sein soll. Hierin sind die thermischen Empfänger den Photozellen wesentlich unterlegen. Ein Maß für die Trägheit ist die sogenannte *Zeitkonstante* des Empfängers. Darunter versteht man die Zeit, die bei Unterbrechung der Bestrahlung vergeht, bis der Ausschlag auf den e-ten Teil zurückgegangen ist. Wegen dieser Trägheit macht es zuweilen Schwierigkeiten, den Thermostrom mittels eines Strahlungsunterbrechers in Wechselstrom umzuformen, der nachträglich verstärkt werden könnte. Man kann in solchen Fällen sogenannte *Galvanometerverstärker*[2] benutzen, bei dem die Drehung des Galvanometerspiegels mit Hilfe eines reflektierten Lichtbündels auf ein Differentialphotoelement übertragen wird, dessen Differenzstrom mit einem zweiten Galvanometer gemessen wird (Verstärkungsfaktor etwa 10^3). Allerdings muß man dabei die unerwünschten Eigenschaften des Photoelements (Nichtlinearität, variable Oberflächenempfindlichkeit) in Kauf nehmen.

Um schließlich rasche unregelmäßige *Schwankungen der Temperatur der Umgebung* weitgehend auszuschalten, benutzt man meistens zwei möglichst gleiche Empfänger nebeneinander und sorgt durch geeignete Schaltung dafür, daß diese Schwankungen sich stets gegenseitig kompensieren. Die zu messende Strahlung wird dann auf einen der beiden Empfänger fokussiert und unabhängig von den Schwankungen registriert. An Stelle dieses räumlichen Differentialprinzips kann man mit der früher schon erwähnten (vgl. S. 135) Modulation der Meßstrahlung und durch Verstärkung der entsprechenden Wechselspannung auch ein zeitliches Differentialprinzip zur Ausschaltung solcher Schwankungen benutzen, sofern die Trägheit des benutzten Empfängers dies zuläßt[3]. Der große Vorteil aller thermischen Empfänger gegenüber den licht-

---

[1] FARTIE, W. G.: J. opt. Soc. America **41**, 823 (1951).
[2] BERGMANN, L.: Physik. Z. **32**, 688 (1931); Z. techn. Physik **13**, 568 (1932). — R. B. BARNES u. R. MATOSSI: Z. Physik **76**, 24 (1932). Weitere Literatur bei F. MÜLLER: Physik. Methoden der anal. Chem. 3. Teil. **1939**, S. 386. Galvanometerverstärker werden z. B. von der Firma B. Lange, Berlin-Zehlendorf geliefert; vgl. auch S. 251.
[3] Vgl. dazu etwa M. D. LISTON u. Mitarb.: Rev. sci. Instruments **17**, 194 (1946); L. C. ROESS: Rev. sci. Instruments **16**, 172 (1945); E. D. McALLISTER u. Mitarb.: Rev. sci. Instruments **12**, 314 (1941).

elektrischen besteht darin, daß zwischen *Bestrahlungsstärke und Thermostrom strenge Proportionalität* herrscht.

Im folgenden sollen die verschiedenen Typen der thermischen Empfänger kurz behandelt werden. Ausführlichere Angaben findet man in der Spezialliteratur[1].

α) *Thermoelement und Thermosäule.* Das *Thermoelement* ist heute der meistgebrauchte thermische Empfänger. Man versieht die bestrahlte Lötstelle mit einer dünnen geschwärzten Silber- oder Goldfolie zur Absorption der Strahlung. Um größere Empfindlichkeiten zu erhalten, schaltet man häufig mehrere Thermoelemente hintereinander zu einer sogenannten *Thermosäule*. Dann addieren sich die Thermospannungen der einzelnen Elemente, vorausgesetzt, daß die Strahlung ausreicht, die größere Anzahl der Lötstellen auf die gleiche Temperatur zu bringen wie eine einzige Lötstelle. Es werden zahlreiche Metallkombinationen benutzt. Die gebräuchlichsten sind nebst ihrer Thermokraft in Tabelle 14 angegeben. Neben hoher Thermokraft und geringer Wärmeleitfähigkeit sollten die Metalle möglichst große elektrische Leitfähigkeit besitzen. Gute Thermoelemente sollten eine Empfindlichkeit von 10 Volt/Watt/mm² haben[2].

Tabelle 14. *Thermoelemente für Strahlungsmessung.*

Metallkombination	Thermokraft in μVolt/Grad
Manganin — Konstantan	40
Kupfer — Konstantan	43
Eisen — Konstantan	52
Silber — Wismut	77
Antimon — Wismut	117
Bi + 3% Sb — Bi + 5% Sn	120
Tellur — Wismut	
Tellur — Platin	etwa 400
Tellur — Konstantan	

Thermoelemente werden von zahlreichen Firmen geliefert[3], man kann sie aber mit einiger Erfahrung auch selbst herstel-

---

[1] Vgl. etwa: W. BRÜGEL: Physik u. Technik d. Ultrarotstrahlung, Hannover 1951; W. BRÜGEL: Einführung in die Ultrarotspektroskopie, Darmstadt 1954; L. GEILING; Z. angew. Physik 3, 467 (1951); R. H. MÜLLER: Anal. Chem. 22, 72 (1950); A. SCHULZE,: Metallische Werkstoffe der Elektrotechnik, Berlin 1950.

[2] LISTON, M. D.: J. opt. Soc. America 37, 515 (1947). Über moderne Thermoelemente vgl. die zusammenfassende Arbeit von L. GEILING, Z. angew. Physik 3, 467 (1951).

[3] Kipp & Zonen, Delft; Leybold, Köln-Bayental; Spindler & Hoyer, Göttingen; Leitz, Wetzlar; Hilger & Watts, London; Perkin-Elmer, Gleenbrook, Conn.; Heraeus Platinschmelze, Hanau.

len[1]. Hochempfindliche Elemente werden in hochevakuierte Glaskölbchen eingeschmolzen, die für die IR-Strahlung mit durchlässigem Fenster versehen sein müssen. Mit einer Druckänderung von 10^{-2} auf 10^{-3} Torr steigt die Empfindlichkeit um eine Zehnerpotenz[2]. Mit abnehmendem Druck wird auch die Zeitkonstante größer[2], was für Wechsellichtmethoden besonders wichtig ist. Als Strommeßinstrumente benutzt man Galvanometer, deren innerer Widerstand dem des Thermoelements etwa gleich ist, der Gesamtwiderstand muß gleich dem äußeren Grenzwiderstand des Galvanometers sein.

β) *Radiometer und Mikroradiometer* sind Geräte, in denen Strahlungsempfänger und Anzeigesystem zu einem Instrument vereinigt sind. Sie haben heute an Bedeutung eingebüßt.

Im *Radiometer* wird ein gaskinetischer Effekt ausgenutzt: In einem Gas von einigen Hundertstel Torr Druck hängen an einem dünnen Quarzfaden zwei geschwärzte Flügel, von denen der eine bestrahlt wird und so eine Temperaturdifferenz Δt gegen den andern erhält. Ist die mittlere freie Weglänge der Gasmolekeln mit den Abmessungen der Flügel vergleichbar, so tritt ein maximales Drehmoment auf, das Δt proportional ist und durch die Torsionskraft des Quarzfadens kompensiert wird. Die Ablenkung aus der Ruhelage wird wie beim Galvanometer mittels eines am Quarzfaden angebrachten Spiegels beobachtet. Die Trägheit des Radiometers ist ziemlich groß (Einstellzeit etwa 10 Sek.), so daß es sich für Reihenmessungen nicht besonders, für Wechsellichtmethoden kaum eignet. Es hat sich für Messungen im langwelligen IR besonders bewährt.

Das *Mikroradiometer* besteht aus einem einzigen Thermoelement, dessen Drähte an die Enden eines dünnen, zu einer rechteckigen Schleife gebogenen Kupferdrahtes angelötet sind. Dieser hängt an einem dünnen mit Spiegel versehenen Faden im Felde eines permanenten Magneten mit zylindrisch ausgebohrten Polschuhen und einem zentralen zylindrischen Eisenkern. Durch Wechselwirkung des im Kupferbügel fließenden Thermostroms mit dem Magnetfeld wird die Schleife ähnlich der Spule eines Galvanometers aus der Ruhelage abgelenkt. Der Drehwinkel ist für kleine Drehungen der auffallenden Strahlungsenergie proportional. Das ganze Instrument wird in ein luftdichtes Gehäuse mit strahlungsdurchlässigen Fenstern eingeschlossen. Es ist hochempfindlich, aber ebenso wie das Radiometer sehr träge, so daß es für die modernen Meßverfahren kaum noch in Frage kommt.

---

[1] CARTWRIGHT, C. H.: Rev. sci. Instruments **1**, 592, 602 (1931); Z. Physik **92**, 153 (1934).
[2] BARCHEWITZ, P. u. J. TURCK: J. Physique Radium **11**, 289 (1950).

γ) *Bolometer* bestehen aus zwei dünnen geschwärzten Metallstreifen, die zwei Zweige einer WHEATSTONEschen Brücke bilden. Einer dieser Streifen wird der zu messenden Strahlung ausgesetzt. Die Widerstandsänderung durch die auftretende Temperaturdifferenz stört den Brückenabgleich; der zugehörige Galvanometerausschlag ist der Intensität der Strahlung proportional. An die Konstanz der die Brücke speisenden Stromquelle werden wegen der notwendigen Nullpunktskonstanz hohe Anforderungen gestellt.

Die *Empfindlichkeit* des Bolometers ist dem durch das System fließenden Strom proportional. Man kann diesen jedoch nicht beliebig erhöhen, da sich die Bolometerstreifen sonst zu stark erwärmen. Nach praktischer Erfahrung sollte die Temperatur der Streifen nicht mehr als etwa 15° C höher sein als die der Umgebung. Wie beim Thermoelement kann man die Empfindlichkeit durch Evakuieren des Bolometers um etwa den Faktor 10 erhöhen. Gleichzeitig muß allerdings wegen der geringeren Wärmeableitung die Stromstärke um den Faktor 5 erniedrigt werden, so daß Bolometer im Vakuum nur etwa die doppelte Empfindlichkeit besitzen wie bei Atmosphärendruck. Praktisch verzichtet man deshalb fast immer auf das Vakuum.

Die *Trägheit* des Bolometers ist im allgemeinen sehr viel geringer als die von Thermoelementen (Einstelldauer etwa $^1/_{10}$ Sek.), so daß sie sich für Wechsellichtmethoden (Frequenz 10 bis 100 Hz) gut eignen. Man kann Bolometer auch mit Wechselstrom betreiben[1], der sich unmittelbar verstärken läßt.

Als geeignete *Metalle* für die Bolometerstreifen haben sich Nickel, Antimon und Wismut erwiesen, sie werden im Hochvakuum auf passende Träger (z.B. Al_2O_3) aufgedampft[2] oder elektrolytisch niedergeschlagen[3]. Besonders empfindlich und trägheitsarm sind *Halbleiterbolometer*[4] (sogenannte Thermistoren) aus Oxyden von Cu, Ni, Mn, Co, da sie wesentlich größere Temperaturkoeffizienten des Widerstands besitzen; sie haben jedoch den Nachteil, daß die Empfindlichkeit frequenzabhängig ist. Ihre Zeitkonstante beträgt nur einige Tausendstel Sekunden, dagegen liegt der Rauschpegel wegen der spez. Eigenschaften der Halbleiter (vgl. S. 127 u. 135) recht hoch. Sehr große Widerstandsänderungen bei kleinen Temperaturdifferenzen zeigen die sogenannten *Supraleitfähigkeits-*

---

[1] SCHLESMAN, C. H. u. F. G. BROCKMAN: J. opt. Soc. America **35**, 755 (1945).
[2] CZERNY, M., W. KOFINK u. W. LIPPERT: Ann. Physik **8**, 65 (1950).
[3] BROCKMAN, F. G.: J. opt. Soc. America **36**, 32 (1946).
[4] BAUER, G.: Physik. Z. **43**, 301 (1942). — J. A. BECKER u. W. H. BRATTAIN: J. opt. Soc. America **36**, 354 (1946). — E. M. WORMSER: J. opt. Soc. America **43**, 15 (1953).

bolometer in dem Temperaturgebiet, in dem ihr Widerstand von dem Normalwert auf den Wert Null abfällt. Als geeignet für solche Bolometer haben sich Tantal und Niobnitrid erwiesen[1]. Betriebsfertige Bolometer mit Verstärker sind auch im Handel zu haben[2]. Eine allgemeine Theorie des statischen und dynamischen Verhaltens von Bolometern hat JONES[3] entwickelt.

δ) GOLAY-*Zellen* sind ebenfalls thermische Empfänger, bei denen die absorbierende Metallfolie ein Gas (z.B. He) erwärmt. Die Wärmeausdehnung des Gases wirkt auf eine flexible Membran und kann z.B. kapazitiv oder mit einem Lichtzeiger gemessen werden[4]. Bei einem Volumen von nur wenigen mm^3 stehen sie den Thermoelementen an Empfindlichkeit nicht nach, übertreffen sie aber durch sehr geringe Trägheit und sind deshalb für Wechsellichtmethoden besonders geeignet.

Benutzt man nicht eine geschwärzte Metallfolie, sondern das Gas selbst als Absorber, so kann man die Zelle auch selektiv empfindlich machen, indem man geeignete Gase mit spezifischer IR-Absorption wählt. Auf diesem Prinzip beruhen die sogenannten *Infrarotabsorptionsschreiber*[5], die man unmittelbar zur Gasanalyse benutzt (vgl. S. 380 ff.). Sie arbeiten ebenfalls praktisch trägheitslos und mit hoher Empfindlichkeit und werden bereits für die laufende Betriebskontrolle eingesetzt. Über den Leistungsvergleich thermischer Empfänger vgl. R. SUHRMANN u. H. LUTHER[6] und die dort angegebene Literatur.

i) **Photographische Schichten.** Die photographische Schicht ist allen bisher besprochenen Strahlungsempfängern in einer Hinsicht überlegen: sie ist imstande, die Einwirkung der Strahlung zu summieren, was für die Messung sehr kleiner Intensitäten von besonderer Bedeutung ist. Die Messung besteht in der Bestimmung der sogenannten *Schwärzung* der entwickelten und fixierten Schicht, die in Beziehung steht zu der gesamten photochemisch wirksamen Strahlungsenergie, der die Schicht ausgesetzt wurde.

Die Durchlässigkeit ϑ einer entwickelten photographischen Schicht für weißes Licht ist im idealen Falle der einwirkenden

---

[1] Vgl. N. FUSON: J. opt. Soc. America **38**, 845 (1948) und die dort angegebene Literatur.
[2] Carl Zeiß, Oberkochen; Physikal. Werkstätten, Wiesbaden-Dotzheim; Servo Corp. Am., New Hyde Park, N. Y.
[3] JONES, R. C.: J. opt. Soc. America **43**, 1 (1953).
[4] GOLAY, M.: Rev. sci. Instruments **18**, 347, 357 (1947); **20**, 816 (1949); Bezugsquellen: Unicam, Cambridge, England.
[5] LUFT, K. F.: Z. techn. Physik **24**, 97 (1943); Angew. Chem. **19**, 2 (1947); Bezugsquelle: BASF, Ludwigshafen.
[6] SUHRMANN, R. u. H. LUTHER: Chem. Ing. Techn. **22**, 409 (1950).

Strahlungsenergie Φt umgekehrt proportional:

$$\vartheta = \text{prop}\, \frac{1}{\Phi t}. \qquad (118)$$

Der Logarithmus der reziproken Durchlässigkeit oder die Extinktion der geschwärzten Platte gegenüber weißem Licht ist daher dem Logarithmus der einwirkenden Strahlungsenergie proportional:

$$E = \log \frac{1}{\vartheta} \equiv S = \gamma \log \Phi t. \qquad (119)$$

Man bezeichnet diese Extinktion gewöhnlich als „Schwärzung" S und den Proportionalitätsfaktor γ als „Gradation" der Schicht.

In Gleichung (119) steckt das sogenannte Reziprozitätsgesetz von BUNSEN und ROSCOE[1], wonach die photochemische Wirkung einer Strahlung und damit die Schwärzung der Schicht durch das Produkt Φt bestimmt sein sollte, unabhängig von der Größe der beiden Faktoren Φ bzw. t. Wie die Erfahrung zeigte, ist dieses Gesetz für die photographische Platte nur im Bereich sehr kleiner Intensitäten gültig. An Stelle von (119) muß man allgemeiner schreiben

$$S = \gamma \cdot \log \Phi t^p. \qquad (120)$$

Der „SCHWARZSCHILD-Exponent"[2] p hängt noch von der Schichtsorte, der Bestrahlungsstärke und der Wellenlänge der Strahlung ab und muß deshalb jeweils gesondert bestimmt werden; er kann

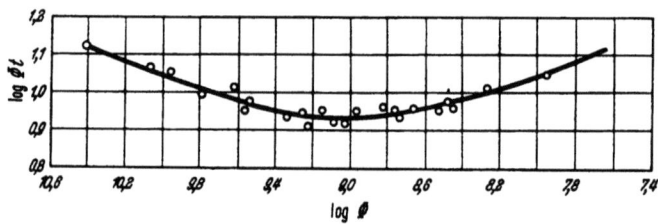

Abb. 65. Abweichungen vom Bunsen-Roscoeschen Reziprozitätsgesetz bei der photographischen Platte.

Werte zwischen 0,4 und 2 annehmen. Man stellt die Abweichungen vom Reziprozitätsgesetz häufig in der Form dar[3], daß man für eine gegebene konstante Schwärzung $\log \Phi t$ gegen $\log \Phi$ aufträgt (vgl.

---

[1] BUNSEN, R. W. u. H. E. ROSCOE: Ann. Physik (2) **108**, 193 (1859).
[2] SCHWARZSCHILD, K.: Photogr. Korresp. **1899**, 171; Astrophys. J. **11**, 89 (1899).
[3] Vgl. z. B.: M. BILTZ: J. opt. Soc. America **42**, 898 (1952).

Abb. 65). An Stelle einer Parallelen zur Abszisse erhält man eine Kurve, deren Minimum diejenige Strahlungsintensität angibt, bei der die Schicht am empfindlichsten ist. Für größere sowohl wie für kleinere Intensitäten nimmt die Empfindlichkeit ab. Gleiche Schwärzungen an zwei verschiedenen Stellen einer Platte lassen also nicht den Schluß zu, daß diese Stellen gleiche Strahlungsenergie empfangen haben[1].

Als eine Folge der Abweichungen vom Reziprozitätsgesetz kann man auch den bei photographischen Schichten beobachteten *Intermittenzeffekt* ansehen. Dieser besteht in einer Nichtgültigkeit des TALBOTschen Gesetzes (vgl. S. 122, 148), und zwar ruft die Summe einer Reihe aufeinanderfolgender Bestrahlungen (etwa mit Hilfe eines rotierenden Sektors) eine größere oder kleinere Schwärzung hervor als eine entsprechend lange, nicht unterbrochene Bestrahlung mit gleicher Intensität. Überschreitet die Zahl der Unterbrechungen etwa 20/Sek., so verschwindet der Intermittenzeffekt innerhalb der Genauigkeit der Schwärzungsmessung. Trägt man S gegen $\log \Phi t$ auf, so erhält man die sogenannte „*Schwärzungskurve*", die

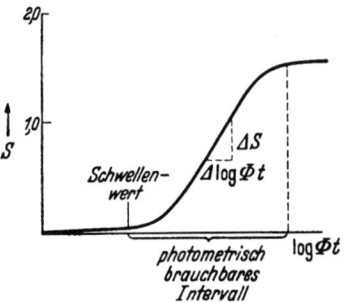

Abb. 66. Schwärzungskurve der photographischen Platte (schematisch).

im idealen Fall eine Gerade sein sollte, deren allgemeine Form aber in Abb. 66 wiedergegeben ist. Das mittlere Stück der Kurve ist *angenähert* geradlinig, es erstreckt sich je nach der Plattensorte über ein Intensitätsverhältnis 1 : 30 bis 1 : 500. Die Gradation der Platte ist durch die Neigung des geraden Stückes gegen die Abszisse gegeben. Für $\gamma = 1$ (tg 45°) werden bei konstanter Belichtungszeit t die Intensitätswerte der auffallenden Strahlung richtig wiedergegeben. Durch längere Entwicklung und verschiedene andere Maßnahmen läßt sich die Gradation vergrößern (die Kurve wird steiler), so daß sich auf diese Weise noch Intensitätsunterschiede messen lassen, die für das Auge nicht mehr zu unterscheiden sind. Umgekehrt werden in den Gebieten, wo die Schwärzungskurve umbiegt ($dS/d\log \Phi t < 1$), d.h. bei sehr geringen und sehr großen Belichtungsintensitäten, die photometrischen Eigenschaften der Platte sehr viel schlechter, weil die tatsächlichen Intensitätsunterschiede abgeschwächt werden.

---

[1] Zur Theorie dieser Abweichungen vgl. etwa N. F. MTOT u. R. W. GURNEY: Electronic processes in ionic crystals, Oxford 1940.

Die Brauchbarkeit einer photographischen Schicht für spektrometrische Zwecke hängt erstens von ihrer spektralen *Empfindlichkeitsverteilung*, zweitens von ihrer *Gradation* ab; daneben spielt in manchen Fällen noch die *Korngröße* und die *Gesamtempfindlichkeit* eine Rolle. Zur Vermeidung von Kornfehlern (z. B. bei der Trennung eng benachbarter Spektrallinien[1] oder bei der photometrischen Schwärzungsmessung) soll die Platte nach Möglichkeit feinkörnig sein, wodurch allerdings im allgemeinen auch die Empfindlichkeit verringert wird. Durch die im Handel befindlichen ,,Feinkornentwickler" läßt sich die Korngröße weitgehend herabsetzen. Die Gesamtempfindlichkeit spielt zuweilen bei Messungen im äußersten UV oder bei sehr geringen Strahlungsintensitäten (Fluorescenzspektren) eine Rolle. Schließlich ist natürlich von allen für spektralphotometrische Zwecke verwendeten Platten zu verlangen, daß sie vollständig *lichthoffrei* arbeiten.

Ausschlaggebend für die Auswahl der Plattensorte ist ihre *spektrale Empfindlichkeitsverteilung*. Gerade für die wissenschaftliche Photographie ist eine ganze Reihe von Spezialplatten entwickelt worden, die es ermöglicht, für jede besondere Aufgabe auch eine geeignete Platte zu finden[2].

Für Aufnahmen im *sichtbaren Spektralbereich* sind die sogenannten ,,*Spektralplatten*" von der Agfa und verschiedenen anderen Firmen[3] entwickelt worden. Die mit Spektral ,,gelb" bzw. ,,rot" bezeichneten Platten unterscheiden sich dadurch von den handelsüblichen ortho- bzw. panchromatischen Platten, daß die bei diesen vorhandene ,,Grünlücke" weitgehend geschlossen ist, was einen besonderen Vorteil der ,,Spektralplatten" darstellt. Nach Erfahrungen des Verfassers bewährt sich besonders die Platte ,,Spektral rot" wegen ihrer sehr gleichmäßigen Empfindlichkeitsverteilung. Die Sorte ,,Spektral total" reicht zwar noch um 500 Å weiter ins Rot, ihre Empfindlichkeit in den verschiedenen Bereichen ist jedoch etwas uneinheitlicher, so daß die Spektren zuweilen streifenartigen Charakter annehmen, was bei der Photometrierung gelegentlich stört. Die für lange Wellen sensibilisierten Platten müssen natürlich bei grünem Dunkelkammerlicht oder besser vollständig

---

[1] Über das Auflösungsvermögen von photographischen Schichten vgl. z.B.: F. H. PERRIN u. H. J. ALTMAN: J. opt. Soc. America **41**, 265, 1038 (1951); **42**, 455, 462 (1952).

[2] Vgl. H. K.WEICHMANN, H. ARENS u. J. EGGERT: Veröff. wiss. Zentr.-Lab. photogr. Abt. Agfa 4, 83, 98, 101 (1935); H. HÖRMANN u. E. SCHOPPER: Veröff. wiss. Zentr.-Lab. photogr. Abt. Agfa **6**, 108 (1939); H. HÖRMANN: Z. angew. Photogr. Wiss. Techn. **8**, 75, 96 (1941) und die dort angegebene Literatur.

[3] Perutz, Kodak, Ilford, Gevaert.

im Dunkeln verarbeitet werden, oder es wird vorher mit einer Pinakryptollösung 1:5000 drei Minuten lang desensibilisiert und dann bei gewöhnlichem rotem Licht entwickelt.

Für das mittlere *Ultraviolett* bis etwa 2500 Å sind fast sämtliche Plattensorten geeignet, wobei man unsensibilisierte Platten vorzieht, weil sie leichter zu verarbeiten sind und weniger zum Schleiern neigen. Für die Spektrometrie im kurzwelligen UV (insbesondere unterhalb von 2300 Å, wo die Gelatine zu absorbieren beginnt) pflegt man die Platten mit fluorescierenden Schichten (Vaseline oder Mineralöl in Benzol, 5%ige alkoholische Lösung von Na-Salicylat) zu sensibilisieren. Diese Schichten müssen sehr gleichmäßig und dünn aufgetragen werden, damit nicht ungleichmäßige Schwärzungen entstehen, durch die Absorptionsbanden vorgetäuscht werden könnten. Vor der Entwicklung ist die Schicht mit Benzol oder Aceton sorgfältig zu entfernen, damit der Entwickler nicht ungleichmäßig angreift. Diese Mängel werden durch die „*Ultraviolettplatte*" der Firmen Agfa, Ilford und Kodak vermieden, die bereits mit einem fluorescierenden Stoff überzogen ist, der bei der Entwicklung nicht stört und erst nach dem Fixieren und Wässern durch vorsichtiges Abreiben der Platte entfernt wird. Ihre Verwendbarkeit reicht bis etwa 2000 Å. Empfindlichkeit und übrige Eigenschaften der Ultraviolettplatte entsprechen etwa der Gradationsstufe hart. Für das Gebiet unterhalb von 2000 Å verwendet man sogenannte „SCHUMANN-Platten", die gelatinearm und daher leicht verletzlich sind, die sich aber bis zu etwa 500 Å herunter verwenden lassen[1]. Ihre Gesamtempfindlichkeit ist meist wesentlich geringer als die gewöhnlicher Platten.

Das photographisch erfaßbare Gebiet im Infrarot ist ebenfalls in den letzten Jahren durch die Einführung neuer Sensibilisatoren bis zu etwa 1,3 μ erweitert worden. Die „Agfa-Infrarotplatten" besitzen die Zahlenbezeichnungen 700, 750, 800, 850, 950, 1050, die gleichzeitig die ungefähre Lage ihrer Empfindlichkeitsmaxima angeben. Sie werden gewöhnlich zusammen mit Lichtfiltern verwendet, die den einzelnen Sorten angepaßt sind. Die Gesamtempfindlichkeit nimmt allerdings mit zunehmender Wellenlänge des Maximums beträchtlich ab. Man kann sie durch Übersensibilisierung am einfachsten durch 6 Minuten langes Baden in Leitungswasser von 10 bis 12°, nachfolgendes Spülen in Methanol und Trocknen um etwa den Faktor 2 bis 8 je nach der verwendeten Sorte erhöhen.

---

[1] Über die Selbstherstellung von SCHUMANN-Platten vgl. E. v. ANGERER: Wissenschaftliche Photographie. Sie werden auch von Agfa, Kodak oder Ilford geliefert. Über die Eigenschaften solcher Platten vgl. z. B.: A. L. SCHOEN, u. E. S. HODGE: J. opt. Soc. America **40**, 23 (1950).

162 Hilfsmittel für optische Untersuchungen.

Solche Platten sind nur 24 Stunden haltbar, auch die Haltbarkeit der nicht übersensibilisierten Infrarotplatten ist naturgemäß um so geringer, je weiter die Empfindlichkeit ins Infrarot reicht. Sie werden deshalb bei tiefer Temperatur (Eis oder feste Kohlensäure) aufbewahrt.

Die spektralen Empfindlichkeitsgrenzen der Agfa-Platten und die vorgesehenen spektralen Bereiche, in denen die betr. Schicht nicht besonders geeignet ist, sind in Abb. 67 übersichtlich dargestellt. Eine ähnlich reichliche Auswahl wird auch von Kodak und Ilford geliefert.

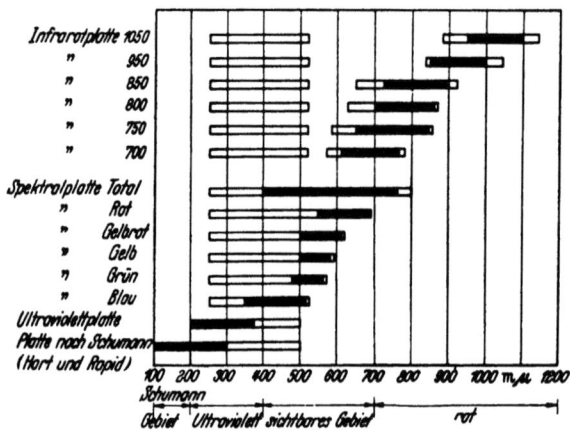

Abb. 67. Spektrale Empfindlichkeitsgrenzen und vorgesehene spektrale Bereiche von Agfa-Photoschichten.

Die Gesamtempfindlichkeit für Tageslicht wird gewöhnlich in sogenannten Din-Graden angegeben; in der nach einem genormten Verfahren aufgestellten Din-Skala steigen die Empfindlichkeiten logarithmisch mit den Zahlenwerten an: Verdoppelung der Empfindlichkeit ergibt eine um 3°/10 Din höhere Nummer.

Für spektrographische Zwecke eignen sich Platten um so besser, je steiler ihre *Gradation* ist. Aus diesem Grund ist es meistens zweckmäßig, Platten der Emulsionsart „hart" bzw. „extrahart" zu verwenden, die außerdem gewöhnlich feinkörniger sind als weich arbeitende Platten (rapid), dafür allerdings auch geringere Gesamtempfindlichkeit besitzen. Die Abhängigkeit der Gradation von der Emulsionsart zeigt Abb. 68, in welcher die Schwärzungskurven der Agfa-Spektralplatten dargestellt sind. Die Daten für die verschiedenen Emulsionsarten gehen aus Tabelle 15 hervor. Die Gradation hängt weitgehend von der *Art des Entwicklers* und der *Entwicklungsdauer* ab.

Tabelle 15. *Eigenschaften von Spektralplatten.*

	Ultrarapid	Rapid	Hart	Extrahart
Relative Empfindlichkeit, bezogen auf Sorte hart	5	2,5	1	0,2
Gradation γ	1,2	1,2	2,6	3,8
Körnigkeit (relatives Maß für Korndurchmesser)	19	20	13	8

Die maximale Gradation erhält man bei vollständiger Ausentwicklung der Platte, bei noch längerer Entwicklungsdauer nimmt sie nicht mehr zu, dagegen verstärkt sich der unerwünschte „Schleier" der Platte. Grundsätzlich ist jeder kräftig arbeitende

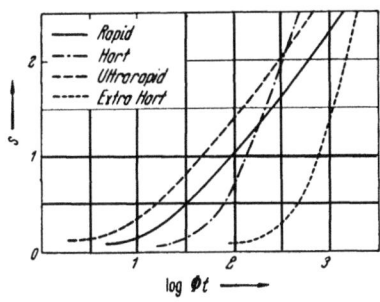

Abb. 68.
Schwärzungskurven der Agfa-Spektralplatten Ultrarapid, Rapid, Hart und Extrahart.

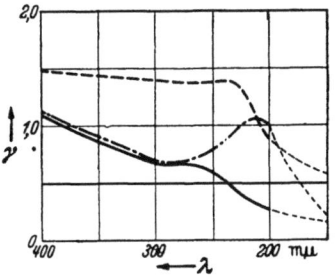

Abb. 69.
Gradation verschiedener Platten als Funktion der Wellenlänge.

Entwickler geeignet. Eine besonders steile Gradation ergibt der Agfa-1-Entwickler, bestehend aus 1 Liter Wasser, 5 g Metol, 6 g Hydrochinon, 40 g wasserfreies Na-Sulfit, 40 g Kaliumkarbonat, 2 g Kaliumbromid; Entwicklungsdauer 4 Minuten bei 18° C [1]. Weiterhin hängt die Gradation noch von der Wellenlänge des einwirkenden Lichtes ab. Wie groß diese Abhängigkeit in dem zugänglichen Spektralbereich werden kann, zeigt die Abb. 69, in welcher die Neigung der Schwärzungskurve für eine Normalplatte, die Agfa-Ultraviolettplatte und die Agfa-SCHUMANN-Platte in Abhängigkeit von λ dargestellt ist [2].

---
[1] Weitere Entwicklungsrezepte siehe z. B. bei H. K. WEICHMANN: s. S. 160; E. v. ANGERER: Wissenschaftl. Photographie, 3. Aufl. Leipzig 1943; E. STENGER u. H. STAUDE: Fortschritte der Photographie, Leipzig 1938.
[2] Nach H. ARENS: Veröff. wiss. Zentr.-Lab. photogr. Abt. Agfa 4, 98 (1935).

8. Stabilisierung von Stromquellen.

Für photometrische und spektrometrische Meßmethoden aller Art ist die zeitliche *Konstanz der Strahlungsquelle*, für alle elektrischen Meßmethoden, die einer äußeren Saugspannung bedürfen, außerdem die *Konstanz* dieser *Saugspannung* eine unerläßliche Voraussetzung. Man kann diese Konstanz einerseits durch Akkumulatoren genügend großer Kapazität, andererseits für sehr geringe Stromentnahme durch Trockenbatterien erreichen, wie sie für moderne Meßgeräte (z. B. das Unicam-Spektralphotometer, vgl. S. 319) tatsächlich verwendet werden. In den meisten Fällen benutzt man heute Netzanschlußgeräte und ist deshalb wegen der relativ großen Netzspannungsschwankungen auf die Verwendung von Stabilisierungsmitteln angewiesen.

Man unterscheidet zweckmäßig zwischen *Stromstabilisierung* und *Spannungsstabilisierung*. Ist der Innenwiderstand des Verbrauchers (z. B. Strahlungsquelle) klein gegenüber dem Innenwiderstand des in Serie geschalteten Stabilisators, so bleibt der Strom im Verbraucher trotz variabler Spannung des Netzes konstant; man spricht dann von Stromstabilisierung. Ist umgekehrt der Innenwiderstand des Verbrauchers (z. B. Photozelle) groß gegen den Innenwiderstand des parallel geschalteten Stabilisators, so bleibt die Spannung am Verbraucher trotz variabler Netzspannung und variabler Stromaufnahme des Verbrauchers konstant; in diesem Fall spricht man von Spannungsstabilisierung. Als Stabilisierungsmittel stehen zur Verfügung: Eisenwasserstoffwiderstände, magnetische Regler, Glimmröhren und Elektronenröhren bzw. Kombinationen von ihnen.

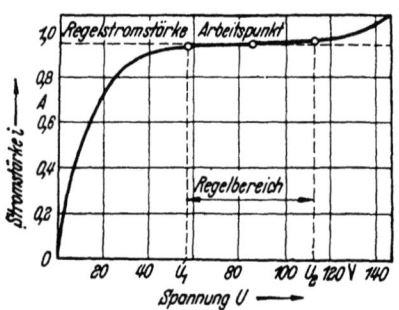

Abb. 70. Strom-Spannungs-Charakteristik eines Eisenwasserstoffwiderstandes.

a) **Eisenwasserstoffwiderstände.** Die einfachste Methode der Stromstabilisierung, wie sie vor allem für Strahlungsquellen gebraucht wird, ist für Gleichstrom wie für Wechselstrom die Vorschaltung eines Eisenwasserstoffwiderstands[1]. Dieser besteht aus einem in einen Glaskolben eingeschmolzenen Eisendraht in einer H_2-Atmosphäre. Die Strom-Spannungs-Charakteristik zeigt Abb. 70.

---

[1] Bezugsquelle: Osram, Heidenheim; Stabilovolt GmbH, Berlin SW 61.

Stabilisierung von Stromquellen.

Im sogenannten Regelbereich ändert sich die durchgehende Stromstärke selbst bei Verdoppelung der angelegten Spannung nur um wenige Prozent, weil in diesem Gebiet der OHMsche Widerstand mit Stromstärke und Temperatur steil ansteigt. Schaltet man den Verbraucher in Serie mit dem Eisenwasserstoffwiderstand und wählt letzteren so, daß er bei Normalbelastung des Verbrauchers in der Mitte des Regelbereichs arbeitet, so können selbst bei relativ großen Netzspannungsschwankungen die Änderungen der Stromstärke ebenfalls nur kleine Beträge annehmen. Bei den üblichen Netzschwankungen von ± 10% beträgt die Stromkonstanz etwa 1%. Durch Parallelschaltung mehrerer Eisenwasserstoffwiderstände, die bei beliebiger Regelstromstärke alle den gleichen Spannungsregelbereich besitzen müssen, kann man die Stromstärke im Verbraucher verändern. In Abb. 71 ist die Schaltskizze für die

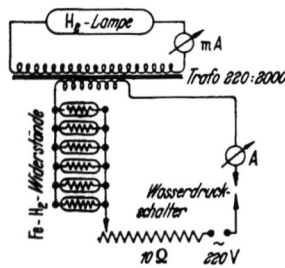

Abb. 71. Schaltskizze für eine mit Eisenwasserstoffwiderständen stromstabilisierte H_2-Lampe.

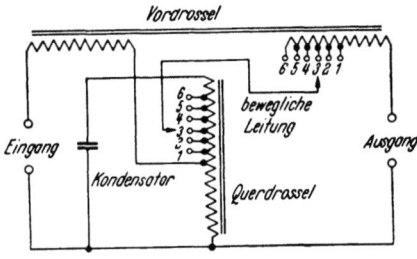

Abb. 72. Schaltskizze eines magnetischen Spannungsreglers.

Stromstabilisierung einer H_2-Lampe (vgl. S. 62) wiedergegeben. Nachteilig ist bei dieser Art der Stabilisierung die Trägheit der Eisenwasserstoffwiderstände, die bedingt, daß sich bei Spannungsänderungen der neue Gleichgewichtszustand erst nach mehreren Sekunden einstellt. Man kann die Stromstärkekonstanz noch dadurch weiter verbessern, daß man parallel zum Verbraucher noch Widerstände mit negativer Widerstands-Stromstärke-Charakteristik (wie etwa Kohlenfadenlampen) einschaltet, so daß sich die Widerstandsänderungen bei variabler Netzspannung gegenseitig weitgehend kompensieren[1].

b) Magnetische Spannungsregler arbeiten unter Ausnutzung der gegeneinander geschalteten Spannungsänderungen zweier Transformatoren bzw. Drosseln, von denen die eine im gesättigten, die andere im ungesättigten Teil ihrer Magnetisierungskurve betrieben wird. In Abb. 72 ist das Schaltschema eines solchen Reglers an-

---
[1] Vgl. dazu L. KAHOVEC u. E. TREIBER: Chem. Ing. Techn. **25**, 35 (1953).

gegeben. Die Querdrossel ist gesättigt, die Vordrossel mit einem Luftspalt versehen. Kleine Änderungen der Spannung haben große Stromänderungen in der Querdrossel zur Folge, die ihrerseits große Änderungen der Spannung an der Vordrossel bewirken. Eine Erhöhung der Netzspannung verursacht so eine beträchtliche Vergrößerung der Spannung an der Vordrossel, aber nur eine geringe an der Querdrossel. Diese geringe Änderung läßt sich dadurch noch weiter verkleinern, daß in einer getrennten Wicklung der Vordrossel eine kleine, aber stark variierbare Spannung erzeugt und der Spannung an der Querdrossel entgegengeschaltet wird. Bei geeigneter Wahl des Übersetzungsverhältnisses erhält man so eine von Netzschwankungen und Belastungsschwankungen weitgehend unabhängige Spannung am Verbraucher. Netzschwankungen von $\pm 15\%$ entsprechen bei konstanter Ohmzahl des Verbrauchers Spannungsschwankungen von $\pm 0,5\%$; bei Belastungsänderungen ist die Schwankung etwas größer. Die Regelung erfolgt praktisch trägheitslos, ist jedoch etwas frequenzabhängig. Spannungsregler dieser Art werden für verschiedenste Leistungen sowie für den Betrieb spezieller Strahlungsquellen (z. B. 6-Volt-Glühlampen, Gasentladungslampen usw.) von mehreren Firmen geliefert[1].

c) Glimmstabilisatoren. Die Spannungsstabilisierung einer Glimmstrecke beruht auf der bekannten Kennlinie einer selbständigen Gasentladung, die man als „fallende Charakteristik" bezeichnet. Da mit zunehmender Stromstärke und entsprechend zunehmender Temperatur die Zahl der Ladungsträger infolge der thermischen Ionisation außerordentlich steil (exponentiell) zunimmt, sinkt der Widerstand und damit die an der Entladungsstrecke liegende Spannung mit steigender Stromstärke ab. Aus diesem Grund muß man Leiter mit fallender Charakteristik stets mit einem Vorwiderstand versehen, damit die Charakteristik des Gesamtsystems wieder steigend wird. Im Arbeitsbereich der Glimmstrecke entspricht so einer sehr geringen Spannungsänderung eine sehr starke Änderung des Entladungsstromes. Schaltet man eine solche Glimmstrecke dem Verbraucher parallel, so bewirkt eine primäre Spannungsänderung eine entgegengesetzte Stromänderung in der Glimmstrecke und im Verbraucher, so daß die Gesamtstromstärke und damit auch die Gesamtspannung wieder konstant bleiben. In gleicher Weise wirkt eine Belastungsänderung im Verbraucher. Der Vorwiderstand ist ferner deshalb notwendig, weil zur Zündung der Glimmentladung eine höhere Spannung notwendig ist; diese wird nach der Zündung durch den

---

[1] Siemens & Halske AG; Ruhstrat, Göttingen; Dr. Bezler, Tübingen; Dr. B. Lange, Berlin-Zehlendorf.

geeignet gewählten Vorwiderstand automatisch auf die Betriebsspannung herabgesetzt. Man wählt ihn so, daß etwa ein Drittel der Gesamtspannung an ihm abfällt.

Die käuflichen Glimmstabilisatoren[1] enthalten häufig mehrere hintereinander geschaltete Glimmstrecken, an denen man jeweils eine Teilspannung abgreifen kann; statt dessen kann man auch mehrere Glimmröhren in Serie schalten. Die notwendige Gesamtspannung wird über einen Transformator und Gleichrichterröhren mit Siebkette erzeugt. Bei Schwankungen der Netzspannung um $\pm 10\%$ schwankt die stabilisierte Spannung nur noch um $\pm 0,2$ bis $0,1\%$. Man muß jedoch die Glimmröhren etwa $1/2$ Stunde einbrennen lassen, da die Spannung im Anfang noch langsam sinkt, bis thermisches Gleichgewicht erreicht ist.

d) Elektronenröhren. Die wirksamste und trägheitsärmste Strom- und Spannungsstabilisierung erreicht man mit Hilfe von Hochvakuumröhren. Für Stromstabilisierung schaltet man entsprechend den S. 164 angegebenen Bedingungen den Verbraucher mit einer Elektronenröhre hohen Innenwiderstands (kleinem Anodenstrom) in Serie, für Spannungsstabilisierung benutzt man Röhren mit kleinem Innenwiderstand, die man

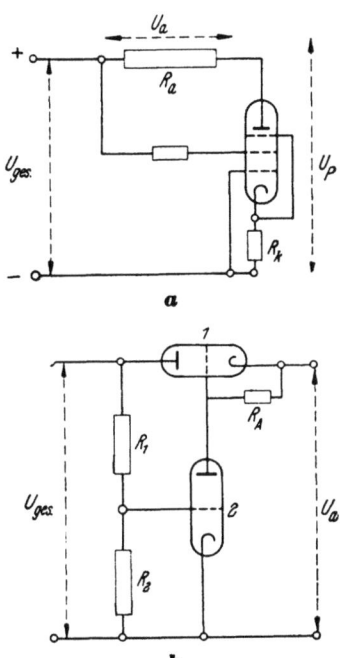

Abb. 73. Prinzipschaltungen a) der Stromstabilisierung, b) der Spannungsstabilisierung durch Elektronenröhren.

sowohl in Parallel- wie in Reihenschaltung zum Verbraucher benutzen kann[2]. Das Prinzip einer Stromstabilisierung zeigt Abb. 73a. Verbraucher R_a und Pentode liegen hintereinander. Der zu stabilisierende Strom wird durch Wahl der Steuergittervorspannung (mit Hilfe des Kathodenwiderstands R_K) eingestellt. Damit der Strom konstant bleibt, muß die Stromspannungskennlinie der Pentode auch bei

---

[1] Bezugsquelle: Stabilovolt GmbH, Berlin SW 61.
[2] Über Stabilisierung mit Elektronenröhren vgl. z. B.: Funktechnische Arbeitsblätter, Re 11 (Potsdam); F. V. HUNT u. R. W. HICKMAN: Rev. sci. Instruments **10**, 6 (1939).

Schwankungen der Netzspannung oder des Verbraucherwiderstands erhalten bleiben. Da der Anodenstrom im wesentlichen durch die Schirmgitterspannung bestimmt ist, muß man diese durch eine besondere Stabilisierungseinrichtung (z. B. durch einen Glimmspannungsteiler) konstant halten.

Das Prinzip der (praktisch wichtigeren) Spannungsstabilisierung ist in Abb. 73b dargestellt. Verbraucher und Stabilisatorröhre 1 kleinen inneren Widerstands liegen auch hier in Serie. Dieser Innenwiderstand wird über die Verstärkerröhre 2 gesteuert. Wird z. B. die Netzspannung größer, so steigt die Gitterspannung der Röhre 2, die Anodenspannung sinkt und verschiebt die Gittervorspannung der Regelröhre 1 nach negativeren Werten. Dadurch wird ihr Innenwiderstand erhöht, so daß die Spannung U_a am Verbraucher trotz der primären Netzschwankung konstant bleibt.

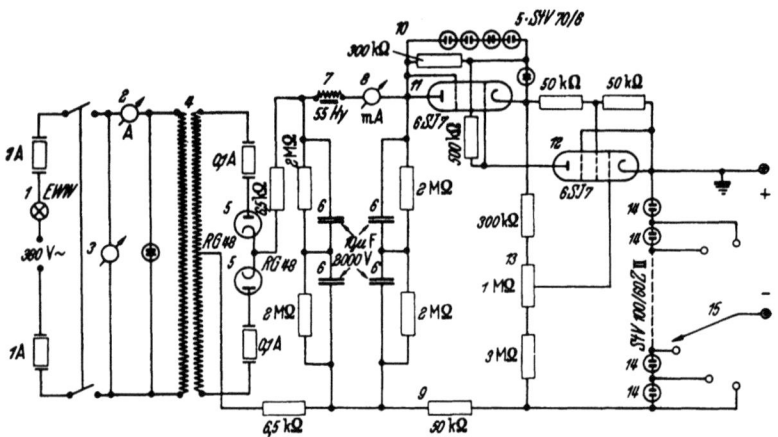

Abb. 74. Stabilisiergerät für Spannungen bis 2100 V für Sekundärelektronenvervielfacher. *1* Eisen-Wasserstoff-Widerstand; *4* Transformator (220/7000); *5* Gleichrichterröhren; *6,7* Siebkette; *11,12* Regelröhren; *10,14* Glimmstabilisatoren; *15* Stufenschalter.

Ist sehr hohe Spannungskonstanz notwendig, wie etwa für die Vorspannung von Sekundärelektronenvervielfachern (vgl. S. 134), so führt die Kombination der beschriebenen Stabilisierungsmaßnahmen zum Erfolg. In Abb. 74 ist die Schaltskizze eines für diesen Zweck entwickelten Stabilisiergerätes für Spannungen bis 2100 Volt dargestellt[1]. Die Gesamtspannung ergab sich innerhalb $10^{-3}\%$ konstant bei Schwankungen der Eingangsspannung von $\pm 5\%$. Spannungsstabilisatoren dieser Art sind auch im Handel zu haben[2].

---

[1] KORTÜM, G. u. H. MAIER: Z. Naturf. 8a, 235 (1953).
[2] Dr. Maurer, Neuffen b. Nürtingen; A. Knott, München 23.

III. Visuelle Methoden.

1. Fehlerdiskussion.

Aus den S. 119 ff. besprochenen Eigenschaften des menschlichen Auges ergibt sich für visuelle Meßverfahren eine Reihe von Regeln, die ganz allgemein beachtet werden müssen, wenn man die maximale Empfindlichkeit der Methoden ausnützen will. Zunächst sind Intensität der Lichtquelle bzw. Extinktion der zu messenden Lösungen so zu wählen, daß die Leuchtdichte der Vergleichsfelder noch innerhalb des angegebenen Bereichs der maximalen Kontrastempfindlichkeit des Auges liegt. Bei den üblichen zur Verfügung stehenden Lichtquellen soll die Extinktion etwa im Bereich $0,7 < E < 1$ liegen, was durch entsprechende Wahl von Schichtdicke und Konzentration zu erreichen ist. Weiterhin wird man nach Möglichkeit versuchen, im grünen Spektralbereich zu messen, soweit die Lösungen in diesem Gebiet genügend stark absorbieren. Die Genauigkeit der Messung ist häufig nur in diesem physiologisch günstigsten Spektralgebiet optimal, nach beiden Seiten des Spektrums nimmt sie meistens erheblich ab, wenn die Leuchtdichte unter den angegebenen Bereich zwischen 20 und 10000 asb absinkt. Sorgt man jedoch dafür, daß die Leuchtdichte stets in diesem Bereich liegt, so findet man, daß die *Meßgenauigkeit von der Wellenlänge praktisch unabhängig ist*[1]. Das WEBER-FECHNERsche Gesetz gilt also (im Gegensatz zu der vielfach herrschenden Ansicht) unabhängig vom benutzten Spektralbereich (vgl. Tabelle 16).

Wie schon erwähnt wurde (S. 54), läßt es sich bei visuellen Messungen fast stets erreichen, daß die relative Streuung und damit die *Genauigkeit* der Messung nicht durch die Ablesevorrichtung, sondern durch die Einstellempfindlichkeit des Auges auf gleiche Leuchtdichte gegeben ist. Läßt sich z. B. eine Schichtdicke mittels des Nonius auf 0,1 mm genau ablesen, so dürfen keine Schichtdicken unter 10 mm für die Messung verwendet werden, damit nicht der Ablesefehler die durch die Empfindlichkeit des Auges bedingte Einstellstreuung von etwa 1% überschreitet und damit die Gesamtstreuung vergrößert [vgl. Gleichung (61)]. Analoges gilt für die Ablesung an Meßblenden, Winkelteilungen usw. Aus dem WEBER-FECHNERschen Gesetz (104) erhält man die *relative Streuung* einer gemessenen Extinktion bzw. einer zu bestim-

---

[1] KORTÜM, G. u. J. GRAMBOW: Angew. Chem. A 59, 160 (1947).

Visuelle Methoden.

menden Konzentration analog zu (71):

$$\frac{dE}{E} = \frac{dc}{c} = -\frac{0{,}4343}{E} \cdot \frac{d\overset{*}{B}}{\overset{*}{B}}.\tag{121}$$

Bei gegebenem $d\overset{*}{B}/\overset{*}{B}$ wird also die *relative Streuung* der Konzentrationsbestimmung um so kleiner, je größer die Extinktion der Lösung ist. Daß man sie nicht beliebig klein machen kann, liegt entweder daran, daß bei sehr großen Extinktionen (z. B. $E > 3$) die Intensität der uns zur Verfügung stehenden Lichtquellen so stark geschwächt wird, daß die Messung nicht mehr in das Gebiet der maximalen Kontrastempfindlichkeit des Auges fällt (vgl. S. 119), so daß auch die Einstellstreuung $d\overset{*}{B}/\overset{*}{B}$ wieder größer wird, oder daran, daß störende Farbtonunterschiede auftreten, die ebenfalls die Einstellstreuung vergrößern (vgl. S. 120). Man erzielt daher bei den gebräuchlichen Lichtquellen die besten Ergebnisse bei Extinktionen von etwa 1, was nach (121) einer relativen Streuung von etwa 0,5% in der Konzentration entspricht, wenn man $d\overset{*}{B}/\overset{*}{B} = 0{,}01$ setzt. Diese Genauigkeit der Konzentrationsbestimmung von etwa 200 stellt deshalb das mittels visueller Methoden maximal Erreichbare dar; sie wird nur unter günstigsten Bedingungen und von geübten Beobachtern erreicht. Angaben, daß mittels visueller Methoden größere Genauigkeiten in der Konzentrationsbestimmung erreicht seien, dürften deshalb stets auf mangelnde Kritik der Messungen zurückzuführen sein.

Daß tatsächlich die Einstellstreuung bei visuellen Messungen häufig auch wesentlich größer ist als 1%, geht aus Tabelle 16 hervor, in der die nach Gleichung (59) berechneten Streuungen von Extinktionsmessungen ($E = 0{,}3$) mit dem PULFRICH-Photometer in verschiedenen Spektralgebieten und in zwei Fällen auch bei verschiedenen Leuchtdichten angegeben sind; sie sind aus je 320 Einzelmessungen gewonnen[1]. Nach Gleichung (121) sollte die Extinktionsstreuung für $E = 0{,}3$ und $d\overset{*}{B}/\overset{*}{B} = 0{,}01$ rund 1,4% betragen. Da die Ablesestreuung des PULFRICH-Photometers bei $E = 0{,}3$ rund 0,4% beträgt[2], ergibt sich aus dem kleinsten relativen Fehler der Tabelle von 2,1% nach dem Fehlerfortpflanzungsgesetz (61) eine Einstellstreuung von etwa 1,4% in Übereinstimmung mit dem nach (121) berechneten Wert. Man entnimmt der Tabelle, daß mit abnehmender Leuchtdichte (Filter 43 und 57) die Streuung rasch ansteigt, sobald die Messungen außerhalb des physiologisch günstigen Be-

---
[1] KORTÜM, G. u. J. GRAMBOW: Angew. Chem. A **59**, 160 (1947).
[2] KECK, P. H.: Optik **1**, 449 (1946).

reichs liegen (1 asb), ferner daß die Streuung sich bei konstanter Leuchtdichte nur wenig mit der Wellenlänge ändert, worauf oben schon hingewiesen wurde.

Tabelle 16. *Streuung* $100 \cdot \Delta E/E$ *einer Extinktionsmessung* ($E = 0,3$) *mit dem Pulfrichphotometer in verschiedenen Spektralbereichen und bei verschiedener Leuchtdichte.*

Filter: S	43	43	43	47	50	53	57	57	57	61	72	75
Leuchtdichte in Größenordnung von ··· asb	1	10	100	1	1	1	1	10	100	1	1	1
Beobachter I	4,4	2,9	2,1	3,3	5,4	3,8	3,0	1,8	2,0	5,0	6,1	5,3
Beobachter II	3,4	2,5	2,2	2,9	3,7	2,4	2,4	1,7	1,5	3,8	2,7	2,3
Beobachter III	4,1	2,9	2,7	3,3	3,9	3,6	3,4	2,4	2,0	3,7	3,5	3,7
Beobachter IV	4,3	2,7	2,5	2,8	6,0	4,4	3,8	3,1	2,9	5,9	6,0	7,2
Mittel: %	4,1	2,8	2,4	3,1	4,7	3,6	3,2	2,2	2,1	4,6	4,6	4,6

Die Berechnung des relativen Konzentrationsfehlers nach (121) setzt natürlich die Gültigkeit des BEERschen Gesetzes voraus. Ist diese nicht vorhanden, so muß die Abhängigkeit der Streuung von der Extinktion empirisch ermittelt werden, wie ja auch die Konzentrationsbestimmung selbst auf der Aufstellung empirischer Eichkurven beruht (vgl. S. 172).

2. Visuelle Kolorimetrie.

a) Meßprinzip. Unter einer visuellen kolorimetrischen Messung versteht man die Einstellung zweier aneinandergrenzender leuchtender Felder auf gleichen *Farbreiz*. Dieser ist dann gegeben, wenn die beiden Felder nicht nur gleiche Leuchtdichte besitzen, sondern auch Licht gleicher spektraler Zusammensetzung aussenden. Erzielt man diesen gleichen Farbreiz durch zwei Lichtbündel gleicher Intensität und gleicher spektraler Zusammensetzung, die zwei Lösungen desselben farbigen Stoffes verschiedener Konzentration und verschiedener Schichtdicke durchsetzt haben, so bedeutet dies offenbar, daß die beiden Lösungen die gleiche mittlere Extinktion besitzen, daß also nach Gleichung (27)

$$E_1 = \bar{\varepsilon} c_1 s_1 = E_2 = \bar{\varepsilon} c_2 s_2,$$

wobei $\bar{\varepsilon}$ den mittleren Extinktionskoeffizienten des Stoffes für das verwendete polychromatische Licht darstellt. Daraus ergibt sich

172 Visuelle Methoden.

das *Grundgesetz aller kolorimetrischen Messungen*

$$c_2 = c_1 \cdot \frac{s_1}{s_2}. \qquad (122)$$

Ist also die Konzentration der einen Lösung bekannt, so läßt sich die der anderen Lösung aus dem Schichtdickenverhältnis berechnen, bei welchem gleicher Farbreiz auftritt. Der eigentliche Meßvorgang besteht also in der Variation der Schichtdicke einer Lösung unbekannter Konzentration, bis sich gleicher Farbreiz mit einer zweiten Lösung bekannter Konzentration und Schichtdicke ergibt.

Gleichung (122) setzt voraus, daß der Extinktionskoeffizient der beiden zu vergleichenden Lösungen derselbe ist, daß also das LAMBERT-BEERsche Gesetz gilt. Abweichungen vom LAMBERT-BEERschen Gesetz sollten deshalb die Gültigkeit der Gleichung (122) einschränken. Wir untersuchen den Einfluß der in Kapitel I unterschiedenen wahren und scheinbaren Abweichungen vom LAMBERT-BEERschen Gesetz.

Wahre Abweichungen auf Grund konzentrationsabhängiger Gleichgewichte des absorbierenden Stoffes oder in Form von Mediumeffekten sind für die beiden zu vergleichenden Lösungen der Konzentrationen c_1 und c_2 naturgemäß verschieden groß, da sie ja konzentrationsabhängig sind. Das bedeutet, daß auch Gleichung (122) nicht mehr gilt. Es ist daher bei der optischen Konzentrationsbestimmung noch nicht untersuchter Stoffe in jedem Fall notwendig, die Gültigkeit des LAMBERT-BEERschen Gesetzes mit verschiedenen Lösungen bekannter Konzentration gesondert nachzuprüfen, indem man das Produkt cs in beiden Strahlengängen konstant hält und prüft, ob jeweils gleicher Farbreiz eintritt. Ist dies nicht der Fall, so muß man eine *empirische Eichkurve* aufstellen, indem man bei festgehaltenem Produkt $c_1 s_1$ die Konzentration c_2 gegen $1/s_2$ graphisch aufträgt[1]. Nach Gleichung (122) ergibt sich dann bei Gültigkeit des LAMBERT-BEERschen Gesetzes eine Gerade, bei Ungültigkeit eine mehr oder weniger stark gekrümmte Kurve, mittels deren man die Meßwerte für unbekannte Lösungen korrigiert.

Dagegen sind die *scheinbaren Abweichungen* vom LAMBERT-BEERschen Gesetz auf Grund mangelnder Monochromasie des verwendeten Lichtes auf kolorimetrische Messungen ohne Einfluß und schränken deshalb die Gültigkeit von Gleichung (122) nicht ein.

---

[1] Trägt man c_2 gegen s_2 auf, so erhält man bei Gültigkeit des LAMBERT-BEERschen Gesetzes eine gleichseitige Hyperbel, so daß man Abweichungen nicht ohne weiteres erkennen kann.

Wie S. 43 gezeigt wurde, ist der mittlere Extinktionskoeffizient $\bar{\varepsilon}$ für spektral zusammengesetztes Licht von der Gesamtextinktion abhängig. Da nun bei kolorimetrischen Messungen stets auf gleichen Farbreiz, d. h. gleiche Gesamtextinktion der beiden Lösungen eingestellt wird, ist $\bar{\varepsilon}$ für beide Lösungen immer dasselbe, unabhängig davon, was für eine Lichtquelle zur Messung verwendet wird. *Dies sichert, wie später im einzelnen gezeigt werden wird, den kolorimetrischen Verfahren gegenüber den modernen photometrischen einen so großen Vorsprung, daß sie für die optische Konzentrationsbestimmung immer vorzuziehen sind, wenn Herstellung und Haltbarkeit der Vergleichslösungen es irgend ermöglichen.*

Die Verwendung von Farbfiltern hat aus diesem Grunde bei kolorimetrischen Messungen auch nicht prinzipielle Gründe, sondern dient lediglich zur Erhöhung der Empfindlichkeit der Methode. Diese ist offenbar um so größer, je größere Intensitätsunterschiede bei einer kleinen Verschiebung der Schichtdicke auftreten, je stärker also das Licht von der Lösung absorbiert wird. Aus diesem Grund sollte der Schwerpunkt des Lichtfilters nach Möglichkeit mit dem Absorptionsmaximum des untersuchten Stoffes

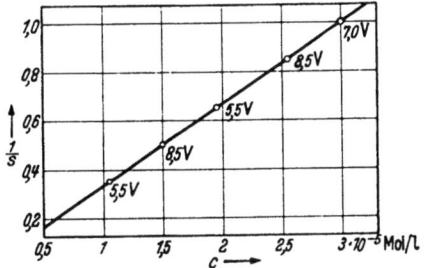

Abb. 75. Kolorimetrische Eichkurve für Benzopurpurin in $5 \cdot 10^{-1}$n NaOH bei verschiedener Lampenbelastung.

zusammenfallen. Das Filter hat also nur die Aufgabe, den außerhalb der Absorptionsbande des Stoffes liegenden „Lichtballast", der sonst die Empfindlichkeit der Methode herabsetzen würde, vom Auge fernzuhalten, dagegen spielt die Halbwertsbreite des Filters nur eine untergeordnete Rolle. Die Unabhängigkeit der Meßresultate von der Zusammensetzung geht aus Abb. 75 hervor, in welcher die „Eichkurve" nach S. 172 für Benzopurpurin in verdünnter NaOH nach Messungen mit einem Eintauchkolorimeter wiedergegeben ist[1]. Man erhält eine Gerade, was zunächst einen Beweis für die Gültigkeit des BEERschen Gesetzes darstellt. Für die verschiedenen Meßpunkte wurde gleichzeitig die Spannung an der Beleuchtungslampe und damit die spektrale Zusammensetzung des Lichtes geändert, die ja von der Temperatur des Glühfadens abhängig ist (vgl. S. 59). Die Eichkurve ist für verschiedene Lampenbelastung innerhalb der Meßgenauigkeit von 100 (1%) die

---
[1] KORTÜM, G. u. J. GRAMBOW: Z. angew. Chem. **53**, 183 (1940).

gleiche, was ein charakteristischer Unterschied ist gegenüber photometrischen Messungen, bei denen das Meßresultat infolge der mangelhaften Monochromasie des Lichts von der Lampenspannung abhängig wird (vgl. S. 183).

Für die Praxis ergibt sich hieraus die Folgerung, daß es für kolorimetrische Messungen stets genügt, Filter mit relativ großer spektraler Halbwertsbreite an Stelle von Monochromatoren zu verwenden, die nur die Lichtintensität in unerwünschter Weise herabsetzen. Ebensowenig ist es notwendig, auf konstante Betriebsbedingungen der Beleuchtungslampe zu achten. Dagegen liegt es auf der Hand, daß der Vorteil der Unabhängigkeit von der spektralen Zusammensetzung des Lichtes sofort verlorengeht, wenn als Vergleichslösung nicht eine Lösung des gleichen Stoffes, sondern eine ähnliche Farbstofflösung oder Standardfarbgläser verwendet werden. Je größer die Unterschiede in den Absorptionskurven der beiden Stoffe sind, um so schwieriger wird es, auf gleiche Extinktion der beiden Lösungen, d. h. auf gleichen Farbreiz, einzustellen, da sich mehr oder weniger deutliche Unterschiede im Farbton der beiden Hälften des Gesichtsfeldes bemerkbar machen. Diese Fehlerquelle läßt sich nur durch Verwendung weitgehend spektralreinen Lichtes (Spektrallampen mit Sperrfiltern, Dispersionsfiltern, Monochromatoren) ausschalten. Ebenso geht der genannte Vorteil verloren, wenn man sogenannte Graulösungen als Ersatz für die aus dem gleichen Stoff hergestellte Vergleichslösung verwendet.

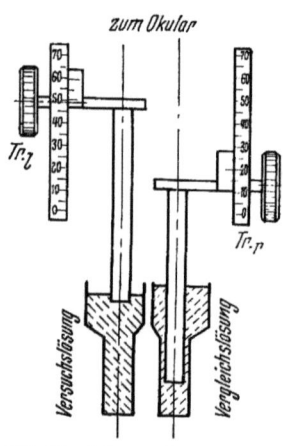

Abb. 76. Schema des Dubosq-Kolorimeters.

b) Einfache Eintauchkolorimeter. Faßt man das Prinzip kolorimetrischer Methoden kurz zusammen, so ergibt sich: Die Messung besteht in der Bestimmung der Schichtdicke, bei welcher eine Standardlösung bekannter Konzentration die gleiche Extinktion zeigt wie die Versuchslösung desselben Stoffes. Danach enthält jedes Kolorimeter als wesentlichen Teil zwei Küvetten variabler Schichtdicke, die sich mit Hilfe eines Nonius gewöhnlich auf $1/10$ mm genau ablesen läßt. Der Strahlengang des einfachsten *einstufigen* Kolorimeters nach Dubosq ist in Abb. 76 schematisch dargestellt.

Visuelle Kolorimetrie.

Die beiden die Tröge durchsetzenden Strahlenbündel werden mit Hilfe eines Doppelprismas so vereinigt, daß im Ocular zwei eng aneinander grenzende Felder erscheinen, die auf gleichen Farbreiz eingestellt werden. Dann ergibt sich die gesuchte Konzentration nach Gleichung (122) aus dem abgelesenen Schichtdickenverhältnis. Vor der Messung prüft man die Gleichmäßigkeit des Strahlenganges durch Einstellung der beiden Tauchstäbe auf gleiche Schichtdicke bei gleichzeitiger Füllung der beiden Tröge mit derselben Lösung. Unter diesen Bedingungen müssen beide Felder gleich erscheinen. Ist dies nicht der Fall, so ist der Strahlengang durch Justierung der Beleuchtung so lange zu korrigieren, bis kein Unterschied mehr bemerkbar ist. Dieses Verfahren setzt die Gültigkeit des LAMBERT-BEERschen Gesetzes voraus. Um dasselbe zu prüfen, stellt man, wie S. 172 beschrieben, eine Eichkurve auf (vgl. Abb. 75).

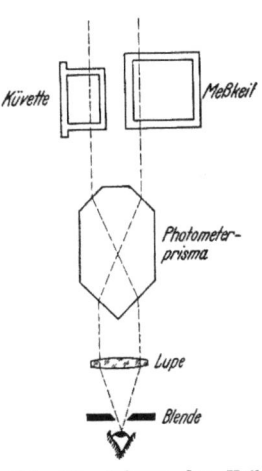

Abb. 77. Schema des Keilkolorimeters nach Autenrieth-Königsberger.

Verschiedene Ausführungsformen des einstufigen DUBOSQ-Kolorimeters[1] unterscheiden sich lediglich durch die Beleuchtungseinrichtungen, die Länge der Tauchbecher, die zur Messung notwendigen Flüssigkeitsmengen (Makro- und Mikrobecher), die Führung des optischen Strahlenganges, die Zahl und spektrale Breite der zur Empfindlichkeitserhöhung dienenden Lichtfilter usw. Der an manchen Geräten angebrachte Monochromator ist nach den früheren Ausführungen überflüssig, er kann stets durch geeignete Lichtfilter ersetzt werden.

Neben dem DUBOSQ-Kolorimeter hat sich für Reihenmessungen insbesondere bei klinischen Untersuchungen das *Keilkolorimeter* nach AUTENRIETH-KÖNIGSBERGER[2] eingebürgert. Das Meßprinzip geht aus Abb. 77 hervor. Eine der zu vergleichenden Lösungen befindet sich in einem Glaskeil, der durch einen Trieb längs einer Skala meßbar verschoben werden kann, die andere in einer danebenliegenden Küvette konstanter Schichtdicke. Durch eine geeignete Optik läßt sich leicht erreichen, daß die Vergleichsfelder von Küvette und Keil aneinandergrenzen; durch Verschiebung

---

[1] Zum Beispiel von E. Leitz, Wetzlar; F. Hellige, Freiburg/Br.; F. Schmidt & Haensch, Berlin.
[2] F. Hellige, Freiburg/Br.

des Keils wird auf gleichen Farbreiz eingestellt. Dabei müssen die Felder so schmal sein, daß die Leuchtdichtenänderung in der Steigungsrichtung des Keils noch nicht allzu störend wirkt. Man ermittelt für eine Reihe bekannter Konzentrationen der Lösung die zugehörige Keilstelle und legt so für jeden zu bestimmenden Stoff eine empirische Eichkurve fest, die bei Gültigkeit des BEERschen Gesetzes eine Gerade darstellt. Die Unsicherheit der Messung beträgt in günstigen Fällen 2 bis 3%.

Keile mit haltbaren Standardlösungen werden häufig von den Herstellerfirmen schon zusammen mit der Eichkurve geliefert. Dabei dürfen nur Lösungen des gleichen Stoffes verwendet werden, dessen Konzentration man bestimmen will, wenn man nicht auf die Vorteile des Meßprinzips kolorimetrischer Methoden, d.h. auf die Unabhängigkeit des Meßergebnisses von der Lichtzusammensetzung verzichten will. Nicht haltbare Standardlösungen sind deshalb auch in diesem Fall stets frisch herzustellen. Benutzt man statt dessen ähnlich gefärbte Lösungen als Standard[1], so wird die Messung je nach der Verschiedenheit der Absorptionskurven von Standard- und Versuchslösung von der spektralen Zusammensetzung des Lichts, also z.B. bei Tageslichtbeleuchtung von der Tageszeit, bei künstlicher Beleuchtung von der Belastung oder dem Alter der Lampe abhängig, so daß beträchtliche Fehler auftreten können[2]. Man benutzt deshalb in solchen Fällen am besten immer die gleiche Lampe, die bei gegebener konstanter Belastung eine bestimmte Farbtemperatur (vgl. S. 59) und damit konstante Zusammensetzung des Lichts besitzt[3].

Man kann die durch variable Lichtzusammensetzung bedingten Fehler ausschalten, wenn man monochromatische Lichtquellen (Spektrallampen mit Sperrfiltern oder Monochromatoren bzw. Dispersionsfilter) verwendet. Damit gibt man aber den wesentlichen Vorteil kolorimetrischer Meßmethoden, die Unabhängigkeit von der Lichtzusammensetzung, auf. *Es empfiehlt sich daher, in allen Fällen, in denen Vergleichslösungen des zu bestimmenden Stoffes schwer herstellbar oder nicht haltbar sind, auf behelfsmäßige Standardlösungen ganz zu verzichten und von vornherein photometrische Methoden unter Verwendung möglichst monochromatischer Beleuchtung zur Messung zu benutzen, die wesentlich sicherere Ergebnisse gewährleisten.*

---

[1] Vgl. etwa H. V. ARNY u. A. TAUB: J. Amer. pharmac. Assoc. **12**, 839 (1923); C. T. KASLINE u. M. G. MELLON: J. Amer. pharmac. Assoc. **26**, 227 (1937).

[2] Vgl. dazu G. DRAGT u. M. G. MELLON: Ind. Engng. Chem., analyt. Edit. **10**, 256 (1938).

[3] Vgl. auch die Anmerkung [2] auf S. 180.

Visuelle Kolorimetrie. 177

c) **Kompensations- und Mischfarbenkolorimeter.** Wie aus Abb. 76 hervorgeht, ist der Strahlengang in den beiden Hälften eines einstufigen Kolorimeters um so unsymmetrischer, je mehr sich die zu vergleichenden Lösungen in der Konzentration unterscheiden, je verschiedener also die Schichtdicken bei gleichem Farbreiz eingestellt werden müssen. Diese optische Unsymmetrie bedingt bei nicht völlig parallelem Strahlengang, wie er bei jeder künstlichen Beleuchtung auftritt, eine *Lichtstreuung*, die schon an sich eine Helligkeitsdifferenz der Vergleichsfelder hervorruft und damit eine variable, nicht kontrollierbare Fehlerquelle darstellt. Wie THIEL[1] festgestellt hat, kann dieser Fehler je nach dem zur Messung benutzten Lichtfilter bei einer Schichtdickendifferenz von 10 cm 13 bis 17% der Gesamthelligkeit betragen. Noch ungünstiger werden die Verhältnisse, wenn das Lösungsmittel eine wenn auch schwache *Eigenfärbung* bzw. *Trübung* besitzt, wie es häufig bei physiologischen Flüssigkeiten vorkommt, da dann jeder Schichtdickendifferenz der beiden Küvetten eine zusätzliche Extinktion entspricht, die als Fehler in die Messung eingeht.

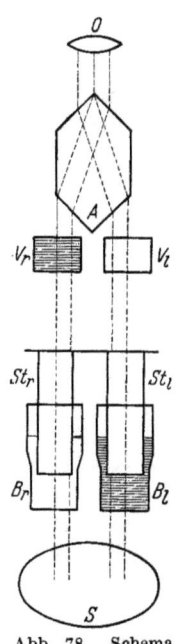

Abb. 78. Schema des Bürkerschen Kompensationsverfahrens.

Lichtstreuung und Eigenfarbe des Lösungsmittels lassen sich durch ein von BÜRKER[2] angegebenes Kompensationsverfahren unschädlich machen, dessen Prinzip in Abb. 78 dargestellt ist. Die vom Spiegel S kommenden Lichtbündel durchsetzen die beiden Eintauchbecher B_r und B_l, die miteinander festgekoppelten Eintauchstäbe St_r und St_l und schließlich die beiden Kompensationsgefäße V_r und V_l gleicher unveränderlicher Schichtdicke, um dann durch den symmetrischen ALBRECHT-HÜFNER-Rhombus A im Ocular O vereinigt zu werden. In V_r befindet sich die Vergleichslösung bekannter Konzentration, in B_l die unbekannte Versuchslösung, V_l und B_r werden mit reinem Lösungsmittel gefüllt. Der Strahlengang ist in den beiden Hälften des Kolorimeters völlig symmetrisch, so daß auch die Lichtstreuung die gleiche ist. Handelt es sich um eine Konzentrationsbestimmung in einem Lösungsmittel mit Eigenfärbung, wie z. B. Harn, wobei die Farbe des zu bestimmenden Stoffes durch Zusatz von einem Reagens hervorgerufen

---

[1] Marburger Sitzungsber. **71**, 1 (1936).
[2] BÜRKER, K.: Z. angew. Chem. **36**, 427 (1923).

12 Kortüm, Kolorimetrie, 3. Auflage.

wird, so füllt man in den Tauchbecher B_r die — entsprechend dem Reagenszusatz mit Wasser verdünnte — Lösung ohne das Reagens, wodurch auch die Eigenfarbe des Lösungsmittels kompensiert wird.

Ersetzt man die beiden Kompensationsgefäße konstanter Schichtdicke V_r und V_l der Abb. 78 durch zwei Tauchbecher mit ebenfalls gekoppelten Tauchstäben, so gelangt man zum *zweistufigen Kompensationskolorimeter*. Es wird in völlig analoger Weise benutzt wie das Instrument nach BÜRKER und besitzt lediglich den weiteren Vorteil, daß man bei beliebigen Extinktionen messen kann, während diese bei dem vorher genannten Kolorimeter durch das Kompensationsgefäß konstanter Schichtdicke festgelegt ist und nur durch Neufüllung desselben verändert werden kann.

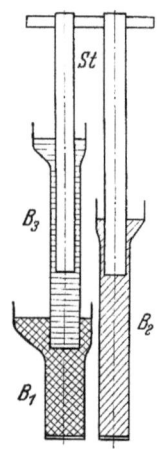

Abb. 79. Schema des Mischfarbenkolorimeters für p_H-Messungen.

Eine wichtige Rolle spielen für die Praxis Konzentrationsbestimmungen in Form der kolorimetrischen p_H-Bestimmung. Nach den bisher beschriebenen Verfahren lassen sich p_H-Messungen nur mit einfarbigen Indicatoren durchführen; bei der von THIEL[1] ausgearbeiteten *Mischfarbenkolorimetrie* können jedoch auch zweifarbige Indicatoren verwendet werden. Das Prinzip der Messung geht aus Abb. 79 hervor. Die Mischfarbe eines solchen Indicators im Umschlagsbereich kann man sich durch Hintereinanderschalten zweier Schichtdicken der sauren und alkalischen Grenzfarbe des gleichen Indicators hergestellt denken. Als Vergleichsstandard dienen daher die beiden hintereinandergeschalteten Grenzlösungen in B_1 und B_3, die den Indicator in derselben Konzentration enthalten wie die Versuchslösung in B_2. Entsprechend der Konzentration ist auch die gesamte Schichtdicke in beiden Strahlengängen die gleiche, variiert wird lediglich das *Schichtdickenverhältnis* der sauren und alkalischen Vergleichslösung, indem man den Tauchbecher B_3 hebt oder senkt, bis sich gleicher Farbreiz ergibt. Aus dem gemessenen Schichtdickenverhältnis von saurer und alkalischer Grenzlösung erhält man den *Umschlagsgrad* des Indicators, der zugehörige p_H-Wert wird einer Tabelle entnommen, die sich aus der Dissoziationskonstante des Indicators leicht berechnen läßt (vgl. S. 291, 436). Durch Variation der Gesamtschichtdicke mit Hilfe der gekoppelten Tauchstäbe läßt sich auch die Extinktion nach Belieben ändern.

---

[1] THIEL, A.: Marburger Sitzungsber. **66**, 37 (1931).

Visuelle Kolorimetrie. 179

Die Einstellung auf gleichen Farbreiz ist in solchen Fällen besonders empfindlich, weil sich mit der Variation des Schichtdickenverhältnisses der Farbton der Lösung kontinuierlich ändert. Sind z. B. die beiden Grenzlösungen blau und gelb, wie beim Bromthymolblau, so durchlaufen die Mischfarben alle Farbtöne von Grün, so daß sich die Farbreizgleichheit mit der Versuchslösung besonders scharf einstellen läßt. Soll daneben noch die Eigenfärbung des Lösungsmittels ausgeschaltet werden, so sind zwei weitere Kompensationsgefäße notwendig, wie schon oben beschrieben wurde. Diese Forderung führte zur Konstruktion eines *dreistufigen* Kolorimeters, bei dem zwei weitere Becher zur Kompensation der Eigenfarbe des Lösungsmittels dienen.

Ohne Kompensation der Eigenfarbe ist ein Mischfarbenkolorimeter auch nach dem Prinzip von AUTENRIETH-KÖNIGSBERGER möglich, indem man zwei mit den beiden Grenzlösungen gefüllte Keile hintereinanderschaltet (vgl. Abb. 80).

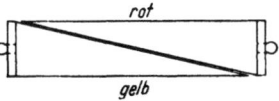

Abb. 80. Doppelkeil für das Mischfarbenkolorimeter nach Autenrieth-Königsberger.

d) **Komparatoren.** Neuerdings wird vielfach die Benutzung fester *Farbglas-* oder *farbiger Gelatinestandards* propagiert, die die jeweilige Herstellung von Vergleichslösungen vermeiden sollen. Sie werden gewöhnlich in Serien geliefert, jeder Standard der Serie entspricht einer bestimmten Konzentration des untersuchten Stoffes. Man gabelt durch Vergleich der unbekannten Lösung in gegebener Schichtdicke mit den verschiedenen Standards die gesuchte Konzentration so eng wie möglich ein, wofür einfache optische Geräte (Komparatoren) von verschiedenen Firmen geliefert werden[1]. In manchen Fällen werden die Standards auch keilförmig hergestellt, so daß man durch Verschieben des Keils gleichen Farbreiz mit der zu untersuchenden Probe herstellen kann. So besitzt z. B. ein ausschließlich für klinische Zwecke bestimmtes Gerät[2] als festen Vergleichsstandard kreisförmig auf einer Glasplatte aufgebrachte Gelatinekeile derselben Farbe, wie sie die zu untersuchende Lösung besitzt. Durch die Optik wird ein kleiner Ausschnitt des drehbaren Keils in Berührung mit dem Vergleichsfeld der Versuchslösung gebracht, die sich in einem Vierkantröhrchen befindet. Der abgelesene Skalenwert bei Gleichheit des Farbreizes ergibt nach einer empirischen Eichkurve die gesuchte Konzentration. Die häufig zu findende Behauptung, daß die Verwendung derartiger Standards völlig gleichwertig sei der Verwendung

---

[1] F. Hellige, Freiburg/Br.; Zeiß-Ikon, Stuttgart.
[2] Zeiß-Ikon, Stuttgart.

von Standardlösungen des untersuchten Stoffes, trifft nach dem früher Gesagten keineswegs zu. Einem Farbglasstandard können vielmehr – wie bereits hervorgehoben – je nach der Zusammensetzung des verwendeten Lichtes ganz verschiedene Schichtdicken einer Standardlösung des zu bestimmenden Stoffes entsprechen. Die dadurch bedingten Fehler können unter Umständen die Streuung der Meßmethode beträchtlich überschreiten, wie aus der folgenden Tabelle hervorgeht, in der eine Reihe von Eisenbestimmungen nach der Rhodanidmethode wiedergegeben ist[1], wobei die Messungen unter Benutzung eines Farbglasstandards mit dem Hellige-Komparator und bei verschiedener Beleuchtung durchgeführt wurden. Man sieht, daß je nach der verwendeten Beleuchtung beträchtliche Abweichungen (bis zu 20%) von den richtigen Werten auftreten.

Tabelle 17.
Eisenbestimmungen nach der Rhodanidmethode mit dem Hellige-Komparator unter Benutzung eines Farbglasstandards bei verschiedener Beleuchtung.

Konz. vorgegeben	Konz. gef. Nordfenster weißer Hintergrund	Sonnenlicht weißer Hintergrund	40-Watt-Lampe weißer Hintergrund
0,10	0,11	–	0,09
0,20	0,19	0,20	0,17
0,30	0,26	0,30	0,26–0,28
0,45	0,40	0,45	0,36
0,55	0,52	0,55	0,53–0,55

Um *reproduzierbare* Meßwerte zu bekommen, muß man deshalb wiederum Lichtquellen konstanter spektraler Zusammensetzung benutzen[2] und büßt dadurch den wesentlichen Vorteil der kolorimetrischen Methode ein. Ferner sind sorgfältige Untersuchungen über die Absorptionskurven des untersuchten Stoffes und der benutzten Standards notwendig, damit diese einander nach Möglichkeit ähnlich sind[3]. Nur auf diese Weise sind einigermaßen *richtige* Meßwerte zu erzielen.

---

[1] Nach freundlicher Mitteilung von P. WULFF, Dechema F. B. B. K.

[2] Hierfür eignen sich Glühlampen mit angegebener „Farbtemperatur" (vgl. S. 59). Über Standardlichtquellen vgl. R. DAVIS, K. S. GIBSON u. G. W. HAUPT: J. opt. Soc. America 43, 172 (1953). Die Firma Hellige, Freiburg/Br., liefert zu ihrem „Neo-Komparator" eine *Normalbeleuchtung*, die der Strahlung einer Glühlampe mit einer Farbtemperatur von 4800° K entspricht. Sie wird durch eine Glühlampe festgelegter Farbtemperatur in Verbindung mit einem geeigneten Farbfilter hergestellt. Dadurch wird die Zusammensetzung der Strahlung von Schwankungen der Netzspannung weitgehend unabhängig („Standard B" der Commission Internationale de l'Éclairage).

[3] Vgl. dazu die Arbeiten von K. S. GIBSON u. Mitarb.: J. Res. nat. Bur. Standards 2, 793 (1929); 12, 269 (1934); 13, 433 (1934).

Man kann noch einen Schritt weitergehen und die farbigen Standards durch einen allgemein verwendbaren *Grauglasstandard* bzw. eine *Graulösung* ersetzen, wie sie vor allem *Thiel*[1] in dem von ihm als „Absolutkolorimetrie" bezeichneten Meßverfahren verwendet. Die aus einem Gemisch von Farbstoffen hergestellte Graulösung besitzt in dem Meßbereich von 430 bis 700 mμ eine innerhalb 1% konstante Extinktion von 0,50 für 1 cm Schichtdicke und kann somit in analoger Weise als Lichtschwächungsmittel verwendet werden wie etwa eine Meßblende. Das bedeutet aber, daß Versuchslösung und Vergleichsstandard in jedem Fall beträchtlich verschiedene Absorptionskurven besitzen, so daß die Messung hier noch in stärkerem Maße von der spektralen Zusammensetzung des Lichtes abhängig wird als im Fall farbiger Standardgläser. Durch die Verwendung der Graulösung als Bezugsstandard geht daher ebenfalls der prinzipielle Vorteil kolorimetrischer Meßverfahren verloren, und die „Absolutkolorimetrie" stellt eigentlich ein photometrisches Verfahren dar, ohne jedoch deren sämtliche Vorteile zu besitzen.

3. Visuelle Photometrie.

a) **Meßprinzip.** *Photometer* unterscheiden sich dadurch grundsätzlich von Kolorimetern, daß nicht ein Farbvergleich zweier Lösungen, sondern eine *Extinktionsmessung mittels einer meßbar veränderlichen Lichtschwächungseinrichtung* vorgenommen wird. Aus der zahlenmäßig bestimmten Extinktion E der Lösung kann nach Gleichung (27) bei gegebener Schichtdicke die unbekannte Konzentration c oder der mittlere Extinktionskoeffizient $\bar{\varepsilon}$ berechnet werden, je nachdem, welche der beiden Größen bereits bekannt ist. Aus der Messung der Extinktion einer einzigen Lösung bekannter Konzentration kann so der Extinktionskoeffizient $\bar{\varepsilon}$ und nach Gleichung (27) durch Bestimmung von E die Konzentration beliebiger Lösungen des gleichen Stoffes ermittelt werden. Dabei ist die Gültigkeit des LAMBERT-BEERschen Gesetzes, d.h. die Konstanz des Extinktionskoeffizienten für alle zu messenden Konzentrationen, vorausgesetzt. Diese Konstanz unterliegt nun den gleichen Einschränkungen, die schon S. 34 ff. diskutiert worden sind und die durch wahre oder scheinbare Abweichungen vom LAMBERT-BEERschen Gesetz hervorgerufen werden. *Es ist daher auch in diesem Fall zunächst stets eine empirische Eichkurve aufzustellen,* indem man die gemessene Extinktion E verschiedener Lösungen bekannter Konzentration und konstanter Schichtdicke gegen die Konzen-

---
[1] Vgl. A. THIEL: Marburger S.-B. **71**, 17 (1936); A. THIEL: Absolutkolorimetrie, Berlin 1939; E. ASMUS: Z. analyt. Chem. **126**, 161 (1944).

tration aufträgt. Bei Gültigkeit des LAMBERT-BEERschen Gesetzes müßte sich dann nach Gleichung (27) eine Gerade ergeben.

Der aus E berechnete Extinktionskoeffizient $\bar{\varepsilon}$ ist jedoch in der Regel ein Mittelwert und ist nach S.43 von der Größe der gemessenen Extinktion und damit von der Konzentration abhängig. *Bei ungenügender Monochromasie des Lichtes erhält man daher auch dann keine lineare Eichkurve, wenn keine wahren Abweichungen vom LAMBERT-BEERschen Gesetz vorliegen, die Eichkurve und damit jedes einzelne Meßergebnis wird vielmehr von der Zusammensetzung des Lichtes abhängig. Dies ist der grundlegende Unterschied photometrischer Meßmethoden gegenüber kolorimetrischen; er ist ausschließlich für die Unterscheidung und für die Beurteilung der mit ihnen erreichbaren Ergebnisse maßgebend.*

Der wesentliche Vorteil photometrischer Methoden für Konzentrationsbestimmungen, auf Grund dessen sie in neuerer Zeit sehr stark bevorzugt werden, besteht darin, daß nach einmaliger Aufstellung einer ,,Eichkurve" die Herstellung von Vergleichslösungen bekannter Konzentration unnötig ist, was eine erhebliche Ersparnis an Zeit und Mühe bedeutet, besonders dann, wenn die Vergleichslösungen nicht haltbar sind. Nach dem Gesagten bietet die Eichkurve, welche die Grundlage der Konzentrationsbestimmungen bildet, aber nur dann für richtige Messungen Gewähr, wenn sich die spektrale Zusammensetzung des Lichts seit ihrer Aufstellung nicht geändert hat. Verwendet man zur Messung eine kontinuierliche Lichtquelle (Glühlampe) mit Lichtfilter, so hängt die Zusammensetzung des Lichts von der Temperatur des Glühfadens, d.h. außer von dem verwendeten Lampentyp noch von der Belastung der Lampe und schließlich von ihrer Brenndauer ab. Wieweit sich dies auf eine derartige Eichkurve auswirken kann, geht aus Abb. 81 hervor. Sie zeigt die Eichkurven für Kaliumchromatlösungen in 10^{-3} n NaOH im Konzentrationsbereich $4 \cdot 10^{-4} < c < 4 \cdot 10^{-3}$ Mol/l, aufgenommen mit dem PULFRICH-Photometer von Zeiß und einem Filter, dessen Schwerpunkt bei 430 mμ liegt[1]. Die Kurven stellen die gemessenen Extinktionen bei 1 cm Schichtdicke in Abhängigkeit von der Konzentration der Lösung dar, und zwar für drei verschiedene Belastungen der Beleuchtungslampe. Die an der Lampe liegende Spannung wurde bei jeder Meßreihe in engen Grenzen konstant gehalten. Obwohl das LAMBERT-BEERsche Gesetz in diesem Konzentrationsbereich streng gültig ist, wie sich aus Messungen mit konstant gehaltenem Produkt $c \cdot s$ ergibt (vgl. die untere Kurve), erhält man keine lineare Abhängigkeit der Extinktion von c, sondern stark ge-

---

[1] KORTÜM, G. u. J. GRAMBOW: Z. angew. Chem. **53**, 183 (1940).

krümmte Kurven, was ausschließlich durch die mangelnde Monochromasie des Lichts bedingt ist. Außerdem zeigen aber die Kurven für verschiedene Lampenbelastungen Abweichungen, die beträchtlich außerhalb der Streuung der Methode (1%) liegen. Man kann aus den Kurven leicht ablesen, wie groß der Fehler der Konzentrationsbestimmung ist, wenn Eichung und spätere Messung bei derartig verschiedenen Spannungen durchgeführt wird. Er beträgt z. B. bei einem Sprung von 7 zu 8,5 Volt etwa 2% und liegt damit bereits außerhalb der Streuung der Methode. Solche Spannungsunterschiede entsprechen Netzschwankungen von ± 10%, liegen also durchaus im Bereich der üblichen Toleranz der Netzspannung.

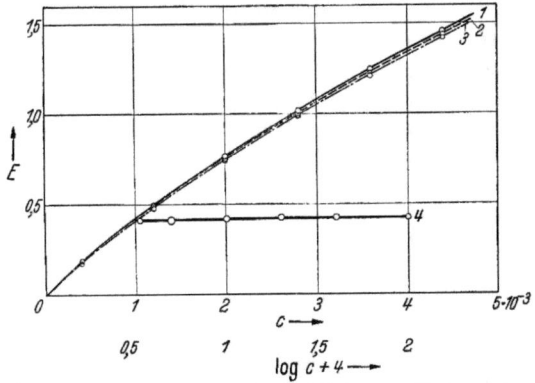

Abb. 81. Eichkurven für K_2CrO_4 in 10^{-3}n NaOH bei verschiedener Lampenbelastung. Kurve 1: 8,4 V; Kurve 2: 7,0 V; Kurve 3: 5,5 V; Kurve 4: Gültigkeit des Lambert-Beerschen Gesetzes bei konstant gehaltenem Produkt $c\,s$.

Die mangelnde Monochromasie des Lichts macht sich in solchen Fällen bereits durch einen verschiedenen Farbton der beiden Gesichtsfelder bemerkbar, was die Einstellung auf gleichen Farbreiz beträchtlich erschwert und auf diese Weise die Streuung stark vergrößert. Dies ist immer dann der Fall, wenn der Schwerpunkt des Filters nicht mit dem Absorptionsmaximum des untersuchten Stoffes zusammenfällt, das im Fall des Kaliumchromats bereits im UV liegt, und man gezwungen ist, im ansteigenden Ast einer Absorptionskurve zu messen. Besonders groß werden diese Farbtonunterschiede natürlich bei hohen Extinktionen, weil mit zunehmendem E die Lichtzusammensetzung in den beiden Strahlengängen immer verschiedener wird, so daß die Einstellstreuung $d\overset{*}{B}/\overset{*}{B}$ des Auges rasch anwächst. Dies ist der Grund dafür, daß man auch bei hohen Extinktionen keine größeren Genauigkeiten erreicht, obwohl nach Gleichung (121) die relative Streuung mit steigender Extinktion abnehmen sollte. Wesentlich günstiger liegen die Verhältnisse, sobald Filterschwerpunkt und Bandenmaximum sich annähernd decken. In solchen Fällen erhält man bei Gültigkeit des LAMBERT-BEERschen Gesetzes auch mit polychromatischem Licht angenähert geradlinige Eichkurven, deren Verschiebungen mit wechselnder Lampenbelastung zwar meistens noch deutlich bemerkbar sind, häufig jedoch noch in die Unsicherheitsgrenze visueller Methoden von etwa 1% fallen, so daß die mangelnde Monochromasie des Lichts nicht berücksichtigt zu werden braucht.

Aus dieser Abhängigkeit photometrischer Messungen von der spektralen Zusammensetzung des Lichts ergeben sich für die analytische Praxis zwei Folgerungen:

Einmal ist es im Gegensatz zu kolorimetrischen Messungen unbedingt notwendig, die Belastung der Beleuchtungslampe bei der Aufstellung von Eichkurven *und* bei allen späteren auf Grund der Eichkurve durchgeführten Messungen innerhalb enger Grenzen konstant zu halten. Dies läßt sich durch Verwendung von Akkumulatoren genügender Kapazität oder mit Hilfe der S. 164ff. beschriebenen Stabilisatoren erreichen. *Vor allem aber ist es durchaus unzulässig, die Leuchtdichte des Gesichtsfeldes beliebig durch Spannungsänderungen an der Lampe zu regeln,* wie es gelegentlich empfohlen wird. Bei längerer Brenndauer der Beleuchtungslampe ist die Eichkurve von Zeit zu Zeit nachzuprüfen, da mit zunehmendem Alter der Lampe sich ihre Energieverteilung ändert. Ebenso muß die Eichkurve natürlich bei Auswechseln der Lampe neu aufgestellt werden.

Zweitens liegt es auf der Hand, daß der durch mangelnde Monochromasie bedingte systematische Fehler um so geringer wird, je spektralreiner das verwendete Licht ist. *Die Verwendung von Spektrallampen mit Sperrfiltern oder von Monochromatoren bzw. Dispersionsfiltern ist deshalb* – ebenso im Gegensatz zu kolorimetrischen Methoden – *der Verwendung von Filtern stets vorzuziehen.* Die Brauchbarkeit eines Photometers für analytische Zwecke hängt deshalb sehr davon ab, wie weit sich die spektrale Zerlegung des Lichts bei noch genügender Helligkeit des Gesichtsfeldes treiben läßt.

Da bei kolorimetrischen Methoden, um dies nochmals zu wiederholen, die spektrale Zusammensetzung des Lichts keinerlei Bedeutung besitzt, folgt daraus die *prinzipielle Überlegenheit* kolorimetrischer Methoden gegenüber den photometrischen. *Auch die in zahlreichen Arbeiten und Druckschriften immer wieder aufgestellte Behauptung, daß mit Photometern eine wesentlich größere Genauig-*

Visuelle Photometrie. 185

keit der Konzentrationsbestimmung zu erzielen sei als mit Kolorimetern, trifft keineswegs zu. Da die Streuung der visuellen Messung in beiden Fällen, wie S. 169 dargelegt, ausschließlich durch die Kontrastempfindlichkeit des Auges bedingt ist, wäre sie — bei Verwendung des gleichen Lichtfilters — auch in beiden Fällen dieselbe, sofern alle durch mangelnde Monochromasie des Lichts bedingten zusätzlichen Fehlerquellen bei der photometrischen Messung ausgeschaltet werden könnten. Letztere rufen jedoch stets eine — durch verschiedene Farbtöne der Gesichtsfelder verursachte — *zusätzliche* Unsicherheit der Meßergebnisse hervor, die ihre Genauigkeit höchstens beeinträchtigen, sie aber in keinem Fall vergrößern kann.

Steht für ein Photometer eine genügende Anzahl von Filtern mit relativ geringer Halbwertsbreite zur Verfügung (vgl. z.B. die S-Filter-Serie zum PULFRICH-Photometer Abb. 23 und Tabelle 18), so kann man unter Benutzung von Lösungen bekannter Konzentration aus den Extinktionsmessungen die mittleren Extinktionskoeffizienten $\bar{\varepsilon}$ des betr. Stoffes für die einzelnen Filterschwerpunkte ermitteln und erhält so eine *angenäherte Absorptionskurve* des Stoffes. Wieweit diese Kurve mit der wahren Absorptionskurve übereinstimmt, hängt von der Halbwertsbreite der Filter und von der Struktur der Absorptionskurve ab.

Man muß berücksichtigen, daß bei spektraler Zerlegung des Lichtes eine für visuelle Messungen genügende Intensität nur dann erreichbar ist, wenn diese Zerlegung nicht zu weit getrieben wird. Man erhält deshalb bei derartigen absoluten Messungen stets *mittlere*

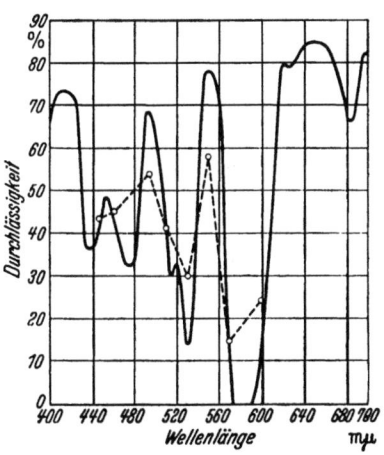

Abb. 82. Spektrale Durchlässigkeit eines Didymglases nach verschiedenen Meßmethoden.

$\bar{\varepsilon}$-Werte, die nach S. 43 von der Größe der gemessenen Extinktion abhängen und deshalb den Verlauf der wirklichen Absorptionskurve nur recht unvollkommen wiedergeben können. Ein Beispiel dafür ist die Abb. 82, in welcher die spektrale Durchlässigkeitskurve eines Didymglases wiedergegeben ist[1]. Die ausgezogene Kurve ist mit einem Photometer mit Lichtzerlegung durch einen Monochromator aufgenommen, wobei die Halbwerts-

[1] MELLON, M. G.: Ind. Engng. Chem. analyt. Edit. 11, 80 (1939).

breite des jeweils verwendeten Lichts 50 Å betrug. Die durch die gestrichelten Linien verbundenen Meßpunkte sind mit Hilfe von Lichtfiltern gewonnen, wobei die angegebenen Wellenlängen den Schwerpunkten der Filter entsprechen. Abgesehen von der geringen Anzahl der Meßpunkte, die schon an sich nur ein sehr rohes Bild des wirklichen Kurvenverlaufs vermitteln, sieht man, daß die Meßpunkte nicht auf der ausgezogenen Kurve liegen, sondern daß die Maxima der Durchlässigkeit zu klein und die Minima zu groß gefunden werden, wie dies infolge der beträchtlichen spektralen Breite der Filter auch zu erwarten ist. Die Fehler der absoluten Durchlässigkeitswerte betragen bis zu 25%, obwohl die Streuung der Messung bei visuellen Bestimmungen etwa 1% beträgt. Dies ist ein anschauliches Beispiel für die Notwendigkeit einer Unterscheidung zwischen zufälligen und systematischen Fehlern bei Messungen *absoluter* Extinktionskoeffizienten bzw. Durchlässigkeiten.

Man erhält natürlich wesentlich bessere Ergebnisse, wenn man zur Beleuchtung des Photometers Spektrallampen mit Sperrfiltern verwendet, da dann das Licht trotz genügender Intensität praktisch monochromatisch ist. Es bleibt jedoch der Nachteil, daß man wegen der begrenzten Anzahl der zur Verfügung stehenden Linienspektren nebst geeigneten Sperrfiltern nur eine beschränkte Zahl von Meßpunkten erhält, so daß sich eine eventuell vorhandene Feinstruktur des Absorptionsspektrums der Beobachtung trotzdem entzieht. Die besten Ergebnisse erzielt man, wenn man einen Monochromator in Verbindung mit einer kontinuierlichen Lichtquelle verwendet. Aber auch bei solcher „monochromatischen" Beleuchtung ist man zur Erreichung genügender Intensität auf die Verwendung relativ großer Spaltbreiten angewiesen, so daß man stets mit Licht eines mehr oder weniger breiten Wellenlängenbereichs arbeiten muß. Die Abhängigkeit der so gewonnenen *mittleren* Extinktionskoeffizienten von der gesamten Extinktion vermag deshalb auch in diesem günstigsten Fall je nach dem Verlauf des auszumessenden Spektrums die Streuung der visuellen Messung nicht unbeträchtlich zu überschreiten. Daraus ergibt sich, daß ganz allgemein visuelle photometrische Verfahren für die Ermittlung absoluter Extinktionskoeffizienten wenig geeignet sind und höchstens für orientierende Messungen herangezogen werden sollten. *Für die Untersuchung von Konstitutionsfragen, d.h. für die Aufnahme ganzer Absorptionskurven sind vielmehr,* wie später gezeigt werden wird (vgl. S. 199, 292 ff.), *spektrographische und licht- bzw. thermoelektrische Methoden — auch im sichtbaren Spektralbereich — allen anderen vorzuziehen.*

Visuelle Photometrie. 187

b) Blendenphotometer. Von den S. 78ff. behandelten Lichtschwächungseinrichtungen haben sich für die praktische visuelle Photometrie im wesentlichen Meßblenden und Polarisationsprismen eingeführt, daneben werden auch Graukeile und Graulösungen benutzt. Blendenphotometer sind gewöhnlich lichtstärker als Polarisationsphotometer, die Genauigkeit der mit ihnen gemessenen Werte wird dagegen noch durch den STILES-CRAWFORD-Effekt (vgl. S. 122) beeinträchtigt.

Da die Austrittspupille eines Blendenphotometers von der Öffnung der Meßblende abhängig ist, wird sie für die beiden Strahlengänge des Photometers verschieden groß, wenn die Meßblenden verschieden weit geöffnet sind, so daß hierdurch ein Helligkeitsunterschied der beiden Gesichtsfelder vorgetäuscht werden kann, der als Fehler in die Messung eingeht. HANSEN[1] hat die Größe dieses Extinktionsfehlers beim PULFRICH-Photometer gemessen, er ist stets positiv und ist deshalb von dem gemessenen Extinktionswert abzuziehen. Er hat für verschiedene Trommelablesungen folgende Werte:

Trommelteile	100	80	60	40	20	10	5	0
Fehler ΔE	0	0,006	0,012	0,017	0,023	0,026	0,028	0,030

Diese Werte gelten für nicht zu kleine Leuchtdichten. Bei geringen Leuchtdichten tritt der STILES-CRAWFORD-Effekt nur im roten Spektralbereich auf und verschwindet im Blau.

Neben dieser Abnahme des Helligkeitseindrucks nach dem Pupillenrand tritt noch ein zweiter STILES-CRAWFORD-Effekt, und zwar ein *Farbeffekt* auf insofern, als auch bei monochromatischer Beleuchtung (z.B. mit einer Hg-Linie) die Farbe der beiden Gesichtsfelder nicht gleich ist, wenn die Meßblenden verschieden weit geöffnet sind. Ersetzt man z. B. die Meßblende einerseits durch ein kreisrundes Loch, andererseits durch eine konzentrische Ringblende gleicher Fläche und beleuchtet mit der grünen Hg-Linie 546 mμ, so sind die beiden Gesichtsfelder etwa gleich hell, zeigen aber deutlich verschiedenen Farbton, nämlich Gelbgrün und Blaugrün. Wechselt man Loch- und Ringblende rasch aus, so kehrt sich auch der Farbton um. Solche Farbtonunterschiede setzen die Einstellgenauigkeit natürlich in derselben Weise herab wie der verschiedene Farbton infolge mangelnder Monochromasie des Lichts. Sie lassen sich dadurch verringern, daß man die Leuchtdichte möglichst klein wählt. Zur Verminderung der Helligkeit dienen z.B.

---
[1] HANSEN, G.: J. opt. Soc. America **36**, 321 (1946).

Platingraufilter; außerdem kann man das Gesichtsfeld durch Verengen einer Meßblende im Vergleichslichtweg beliebig verdunkeln. Die Regulierung der Leuchtdichte durch die Lampenbelastung ist aus den S. 184 genannten Gründen nicht zulässig.

Das bekannteste Blendenphotometer ist das PULFRICH-Photometer von Zeiß[1]. Ein schematischer Schnitt durch das Instrument ist in Abb. 83 wiedergegeben. Zwei von der Lampe ausgehende Lichtbündel durchsetzen die beiden Küvetten gleicher Schichtdicke und treten dann in das eigentliche Photometer ein. Über die beiden Objektive und ein Prismensystem werden sie dem Ocular zugeführt, das auf die Kante des kleinen Biprismas scharf ein-

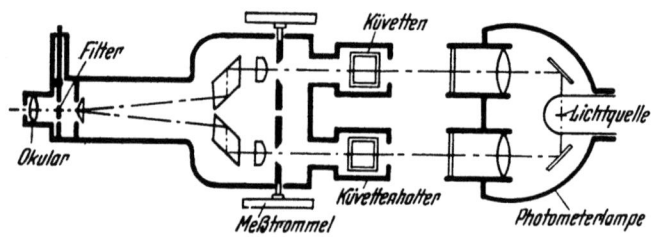

Abb. 83. Schematischer Schnitt durch das Pulfrich-Photometer.

gestellt wird. Dadurch entsteht ein durch eine scharfe Trennungslinie geteiltes Gesichtsfeld, dessen Hälften durch je eines der beiden Strahlenbündel beleuchtet werden. Vor dem Ocular befindet sich eine drehbare Filterscheibe mit den verschiedenen Farbfiltern, unmittelbar vor den Objektiven die beiden Meßblenden (vgl. Abb. 28). Der Strahlengang ist in den beiden Hälften völlig symmetrisch, das Instrument besteht im Prinzip aus zwei parallelen Fernrohren mit einem gemeinsamen Ocular. Der symmetrische Aufbau hat den Vorteil, daß die Lichtschwächung mit der einen oder der anderen Meßtrommel vorgenommen werden kann, so daß man die Messung nach Vertauschen der Lösungs- und Lösungsmittelküvette wiederholen kann. Eine besondere Wechselvorrichtung dient zur raschen Vertauschung der Küvetten. Der Mittelwert beider Ablesungen ist dann praktisch frei von Fehlern, die durch geringe Helligkeitsunterschiede in den beiden Strahlengängen hervorgerufen sein können. Voraussetzung für die Richtigkeit der

---

[1] C. Zeiß, Oberkochen; VEB Optik, Jena. Ausführliche Literatursammlungen über photometrische Bestimmungsmethoden mit dem PULFRICH-Photometer geben die Druckschriften CZ 32–V 505–510 von Zeiß, ferner M. Zimmermann, Stuttgart 1954. Über die Konstruktion anderer Blendenphotometer vgl. z. B. die Druckschriften von Schmidt & Haensch, Berlin.

Messung ist die Proportionalität zwischen freier Blendenfläche und durchtretendem Lichtstrom, d. h. die homogene Ausleuchtung der Blende (vgl. S. 82). Die unmittelbar hinter den Lampenkondensoren angebrachten Mattscheiben, die für die Gleichförmigkeit der Leuchtdichte im Sehfeld notwendig sind, verursachen einen geringen Abfall der Leuchtdichte in der Blendenebene nach dem Rand hin, der in ähnlicher Weise wirkt wie der STILES-CRAWFORD-Effekt.

Für die Brauchbarkeit eines Photometers spielt nach S. 184 die Halbwertsbreite der Lichtfilter eine maßgebende Rolle. Für das PULFRICH-Photometer werden mehrere Serien geliefert, deren einzelne Filter sich durch ihren Durchlaßbereich unterscheiden. Die meistgebrauchte *Spektral(S)-Filter*-Serie (vgl. S. 71) umfaßt 15 Filter, deren Nummernbezeichnung ein ungefähres Maß für die mittlere Wellenlänge ihres Spektralbereiches und den wirksamen Filterschwerpunkt darstellt. Die wirksame Halbwertsbreite der Filter geht aus der Tabelle 18 hervor[1]. Außerdem werden zu dem Instrument noch Sperrfilter für die Quecksilberlinien 708, 578, 546, 436 und 405 mμ zur praktisch monochromatischen Beleuchtung mit einer Hg-Lampe geliefert.

Tabelle 18. *Eigenschaften der S-Filter zum* PULFRICH-*Photometer.*

Filter	Wirksame Halbwertsbreite Å	Durchlässigkeitsmaximum Å	Wirksamer Schwerpunkt in Å für Farbtemperatur 3000°K	Durchlässigkeit im Schwerpunkt in %
S 75	400		7500	44,0
S 72	330		7260	47,0
S 69	320		6930	3,1
S 66	320	6800	6650	0,83
S 64	300	6470	6380	0,17
S 61	200	6200	6190	0,085
S 59	170	5870	5880	0,17
S 57	180	5720	5740	0,22
S 55	180	5510	5500	0,35
S 53	190	5290	5330	1,3
S 50	230	4900	4960	0,48
S 47	260	4580	4650	4,9
S 45	200	4450	4500	3,9
S 43	210		4360	0,65
S 42	220	4130	4280	4,5

Die Halbwertsbreiten der S-Filter sind im Vergleich zu den sonst üblichen Glas- und Gelatinefiltern sehr klein, so daß bei den üblichen Extinktionen ($E \sim 1$) im allgemeinen noch keine die Ein-

---
[1] Vgl. G. HANSEN: Zeiss-Nachr. **5**, 117 (1944).

stellstreuung vergrößernden Farbtonunterschiede in den Gesichtsfeldhälften auftreten.

Der relative Fehler dE/E der Extinktionsmessung und damit der Konzentrationsbestimmung mit dem PULFRICH-Photometer, nach dem Fehlerfortpflanzungsgesetz berechnet aus den Gleichungen (121) und (75), ist in Abhängigkeit von E in Abb. 84 wiedergegeben[1], und zwar für verschiedene konstante Werte der Einstellstreuung $d\overset{*}{B}/\overset{*}{B}$ (0,01; 0,02; 0,03) und für konstanten Ablesefehler $dl = 0,5$ mm an der Meßtrommel. Man sieht, daß der Fehler jeweils durch ein Minimum geht, das für $d\overset{*}{B}/\overset{*}{B} = 0,01$ bei $E \sim 1$ liegt. Das monotone Absinken der Einstellstreuung mit wachsendem E nach (121) wird bei hohen E-Werten durch die wieder ansteigende Ablesestreuung nach (75) überkompensiert, so daß es einen optimalen Meßbereich gibt, wo die Streuung am kleinsten ist.

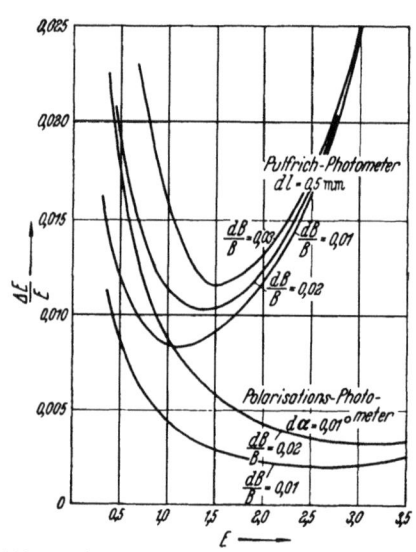

Abb. 84. Relativer Fehler der Konzentrationsbestimmung mit dem Pulfrich-Photometer und dem Polaphot in Abhängigkeit von der gemessenen Extinktion.

Die in den Kurven der Abb. 84 steckende Annahme einer konstanten Einstellstreuung $d\overset{*}{B}/\overset{*}{B}$ trifft in Wirklichkeit für höhere Extinktionen nicht mehr zu, weil mit E zunehmende Farbtonunterschiede der Gesichtshälften die Einstellung auf gleiche Extinktion erschweren.

Man kann dadurch, daß man im Vergleichslichtweg an Stelle der Lichtschwächungseinrichtung eine Vergleichslösung bekannter Konzentration verwendet und nur die Extinktions*differenz* photometrisch, d.h. mit Hilfe der Lichtschwächungseinrichtung bestimmt, diese Farbtonunterschiede auch bei hohen Extinktionen so klein machen, daß sie die Einstellstreuung des Auges nicht wesentlich erhöhen, so daß $d\overset{*}{B}/\overset{*}{B}$ praktisch konstant bleibt. Liegt diese Extinktionsdifferenz dann außerdem in dem Bereich der

---
[1] Nach G. HANSEN: Zeiss-Nachr. 5, 117 (1944).

minimalen Ablesestreuung nach (75), so läßt sich auf diese Weise der relative Fehler der Messung beträchtlich herabdrücken. Diese Art der Messung läuft also auf eine *Kombination von kolorimetrischen und photometrischen Meßverfahren* hinaus (vgl. die lichtelektrische „Feinkolorimetrie" auf S. 268, 283) und ist immer dann zu empfehlen, wenn sich Vergleichslösungen leicht herstellen lassen und man eine genügend intensive Lichtquelle zur Verfügung hat, mit der man auch bei hohen Extinktionen die maximale Kontrastempfindlichkeit des Auges nicht unterschreitet. Auf diese Weise konnte z. B. mit dem PULFRICH-Photometer unter Benutzung der Hg-Lampe bei einer Extinktion von 2,4 eine Meßgenauigkeit zwischen 200 und 300 (0,5 bis 0,3%) im Gelb bzw. Grün erreicht werden[1]. Diese „Photometrie mit Vergleichslösungen" vermeidet ferner weitgehend den S. 122, 187 genannten, bei Blendenphotometern auftretenden STILES-CRAWFORD-Effekt, weil infolge der photometrischen Bestimmung einer nur geringen Extinktions*differenz* die Öffnung der Meßblenden in den beiden Strahlengängen nicht sehr verschieden ist, so daß auf diese Weise die höheren Extinktionsbereiche auch für Blendenphotometer nutzbar gemacht werden können. Dabei ist es natürlich unerläßlich, daß man als Hilfsschwächung eine *Lösung des zu bestimmenden Stoffes* bekannter Konzentration verwendet, da sonst bei den hohen Extinktionen und den relativ breiten Filtern außerordentlich große Farbtonunterschiede auftreten würden, die ein starkes Anwachsen der Einstellstreuung zur Folge haben und damit die Genauigkeitssteigerung wieder illusorisch machen würden. Die Verwendung von Grau- oder Farbgläsern an Stelle solcher Lösungen ist deshalb unbedingt zu vermeiden. Andererseits besteht natürlich immer die Gefahr, daß bei derartig hohen Leuchtdichten die zu bestimmenden farbigen Stoffe photochemische Veränderungen erleiden, wodurch zusätzliche Fehler auftreten können. Um große Genauigkeiten zu erreichen, wird man deshalb die später zu besprechenden lichtelektrischen Methoden vorziehen.

Mit dem PULFRICH-Photometer lassen sich schließlich unter Benutzung eines Absorptionsgefäßes mit meßbar veränderlicher Schichtdicke auch *kolorimetrische* Messungen ausführen. Zu diesem Zweck wird das Photometer mittels einer besonderen Säule in

---

[1] Vgl. B. MADER: Die chem. Technik **16**, 165 (1943). G. HANSEN [Zeiss-Nachr. **5**, 117 (1944)] hat die Fehlerkurven auch für diesen Fall berechnet, und zwar für verschiedene Leuchtdichten der Lichtquelle und verschiedene Extinktionen E_0 der zusätzlich benutzten Vergleichslösung. Bei einer Leuchtdichte von 10^6 asb und mit $E_0 = 3$ kann man einen relativen Fehler von 0,2% erreichen. Vgl. auch P. H. KECK: Optik **1**, 449 (1946); C. F. HISKEY: Anal. Chem. **21**, 1440 (1949).

senkrechter Lage aufgestellt, das Licht tritt über einen Spiegel von unten her in die auf einem Objekttisch stehenden Küvetten und das Photometer ein. Die Schichtdicke des Absorptionsgefäßes läßt sich zwischen 0 und 20 mm variieren und wird an einer Skala auf $1/20$ mm abgelesen. Als Vergleichsküvette dient ein Tauchdeckelgefäß, das in den Schichtdicken von 1, 10 und 50 mm geliefert wird. Diese Art der Messung ist natürlich wieder von der Lichtzusammensetzung unabhängig, es treten keine Farbtonunterschiede der Gesichtsfeldhälften auf, so daß auch die Streuung der Meßergebnisse entsprechend geringer wird.

Es sei noch auf einige systematische *Fehlerquellen* hingewiesen, deren Beachtung bei der Benutzung des Photometers sich auf Grund praktischer Erfahrungen[1] als notwendig erwiesen hat, und die allgemein bei photometrischen Messungen eine Rolle spielen.

Die Symmetrie des Strahlengangs, d.h. die Einstellung auf gleiche Helligkeit bei ganz geöffneten Meßblenden, ist häufig nachzuprüfen und durch Justierung der Lampe zu korrigieren. Bei Austausch der mit reinem Lösungsmittel gefüllten Küvetten muß die Helligkeitsgleichheit bestehenbleiben, andernfalls sind die Küvetten nicht identisch (verschieden gefärbtes Glas, angeätzte Fenster usw.). Die Nullstellung kann auch in verschiedenen Spektralbereichen etwas verschieden sein. Für die eigentlichen Messungen ist die Ablesung stets an beiden Meßblenden unter Küvettenaustausch vorzunehmen. Die Trennungslinie des Gesichtsfeldes ist für jeden Spektralbereich von neuem scharf einzustellen. Allgemein ist natürlich auf peinliche Sauberkeit der Küvetten und auch der Spektralfilter (Staubfreiheit) zu achten.

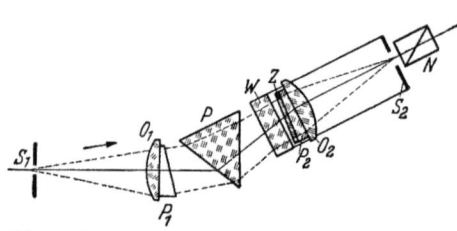

Abb. 85. Vertikalschnitt durch das Photometer von König-Martens.

c) **Polarisationsphotometer** haben, abgesehen von der Vermeidung des STILES-CRAWFORD-Effekts, gegenüber den Blendenphotometern den Vorteil, daß sich die Trennungslinie zwischen den Vergleichsfeldern besonders fein halten läßt, so daß sie bei Einstellung auf gleiche Extinktion mehr oder weniger vollkommen verschwindet. Dadurch wird die Einstellgenauigkeit erhöht. Ferner läßt sich mit Polarisationsphotometern auch ein größerer Extinktionsbereich direkt messen, ohne daß man gezwungen ist, die Lösungen

[1] Vgl. H. PINSL: Metallwirtsch., Metallwiss., Metalltechn. 18, 417 (1939).

Visuelle Photometrie.

gegebenenfalls zu verdünnen bzw. sehr große Schichtdicken zu verwenden.

Als Beispiel sei zunächst das früher weitverbreitete KÖNIG-MARTENSsche Spektralphotometer genannt[1], dessen Strahlengang in der Horizontal- und in der Vertikalebene in Abb. 85 und 86 schematisch dargestellt ist. Die beiden Strahlenbündel, die von dem mit einer Zweilochblende versehenen Spalt S_1 ausgehen, werden vom Objekt O_1 parallel gemacht, durch das Dispersionsprisma P abgelenkt und durch die Linse O_2 im Spalt S_2 vereinigt. Die Prismen P_1 und P_2 dienen zur Unschädlichmachung der Reflexionen. Wären das WOLLASTON-Prisma W und das Biprisma Z

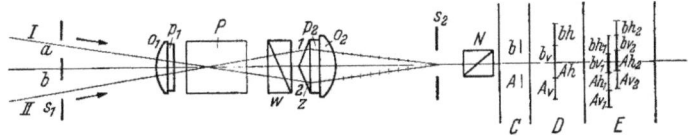

Abb. 86. Horizontalschnitt durch das Photometer von König-Martens.

nicht vorhanden, so würden von den Spalten a und b zwei Bilder b und A entstehen (Teil C der Abb. 86). Durch Einführung des WOLLASTON-Prismas W entstehen infolge der Doppelbrechung je zwei Spaltbilder b_h und A_h bzw. b_r und A_r mit horizontaler bzw. vertikaler Schwingungsrichtung des Lichts (Teil D). Durch Einfügen des Zwillingsprismas Z wird diese Spaltbilderreihe nochmals verdoppelt und nach oben und unten abgelenkt (Teil E). Vom Ocularspalt wird nur das Licht der beiden zentralen Bilder b_{v_1} und A_{h_2} durchgelassen. Ein am Spalt S_2 befindliches Auge sieht deshalb das Feld 1 mit vertikal schwingendem Licht vom Spalt b, das Feld 2 mit horizontal schwingendem Licht vom Spalt a beleuchtet. Beide Felder sind durch eine feine Trennungslinie, die Kante des Biprismas, getrennt. Durch das vor dem Ocularspalt angebrachte, mit Teilkreis versehene Analysatorprisma N kann die Beleuchtungsintensität meßbar verändert werden. Die Helligkeitsänderung der beiden Vergleichsfelder ist dabei zwangsläufig gekoppelt insofern, als bei der Drehung des Analysators das eine Feld aufgehellt, das

---

[1] MARTENS, F. F.: Physik. Zeitschr. 1, 299 (1900). Hersteller F. Schmidt & Haensch, Berlin; Gaertner Scient. Corp.; Hilger & Watts, London. Dieses Gerät besitzt einen Monochromator und wurde früher vielfach zur Ermittlung von Absorptionsspektren im Sichtbaren benutzt. Diese visuelle Spektrometrie ist heute aus den angegebenen Gründen als überholt zu betrachten. Für Konzentrationsbestimmungen ist der König-Martens dagegen sehr geeignet.

andere entsprechend verdunkelt wird. Bei der 45°-Stellung des Analysators gegen die zueinander senkrechten Schwingungsrichtungen des Lichts der beiden Vergleichsfelder zeigen diese gleiche Helligkeit, vorausgesetzt, daß die Eintrittsspalte a und b gleichmäßig beleuchtet sind[1].

Bezeichnet man den zugehörigen, am Teilkreis abgelesenen Winkel mit β_0, so ist die vom Analysator durchgelassene Beleuchtungsstärke der beiden Felder 1 und 2 nach S. 83

$$\frac{\overset{*}{B}_1}{\overset{*}{B}_0} = \cos^2\beta_0 \ ; \quad \frac{\overset{*}{B}_2}{\overset{*}{B}_0} = \cos^2(90-\beta_0) = \sin^2\beta_0 \ .$$

Daraus ergibt sich für das Helligkeitsverhältnis der beiden Felder

$$\frac{\overset{*}{B}_2}{\overset{*}{B}_1} = \frac{\sin^2\beta_0}{\cos^2\beta_0} = \operatorname{tg}^2\beta_0 \ . \tag{123}$$

Bringt man nun in den Strahlengang 1 eine Küvette mit absorbierender Lösung, in den Strahlengang 2 eine gleich lange Küvette mit Lösungsmittel, so ist das durch die Absorption geänderte Intensitätsverhältnis durch den Analysatorwinkel β_1 gegeben, bei dem erneut gleiche Helligkeit eintritt: $\overset{*}{B}_2/\overset{*}{B}'_1 = \operatorname{tg}^2\beta_1$; nach Vertauschen von Lösung und Lösungsmittel erhält man entsprechend $\overset{*}{B}'_2/\overset{*}{B}_1 = \operatorname{tg}^2\beta_2$. Durch Division ergibt sich

$$\frac{\overset{*}{B}'_1}{\overset{*}{B}_1} \cdot \frac{\overset{*}{B}'_2}{\overset{*}{B}_2} = \frac{\operatorname{tg}^2\beta_2}{\operatorname{tg}^2\beta_1}$$

oder, da die beiden Schwächungsverhältnisse natürlich gleich sind,

$$\frac{\overset{*}{B}'}{\overset{*}{B}} = \frac{\operatorname{tg}\beta_2}{\operatorname{tg}\beta_1}$$

bzw.

$$E \equiv \log\frac{\overset{*}{B}}{\overset{*}{B}'} = \log\operatorname{tg}\beta_1 - \log\operatorname{tg}\beta_2 \ . \tag{124}$$

Die Winkel lassen sich auf 0,1° genau schätzen. Man soll stets die Messung in mehreren Quadranten des Teilkreises wiederholen und von allen Bestimmungen das Mittel nehmen, wodurch geringe,

---

[1] Praktisch liegt die Mittelstellung nicht genau bei 45°, weil wegen der Polarisation des Lichtes bei der Reflexion nur das eine Vergleichsfeld durch die Reflexionsverluste am Prisma geschwächt wird.

durch ungleichmäßige Beleuchtung, Unsymmetrie des Strahlenganges oder Exzentrizität der Drehachse des Analysators bedingte Fehler ausgeschaltet werden.

Die verschiedenen Wellenlängen werden durch Heben oder Senken des Beobachtungsrohrs eingestellt, das mittels einer Mikrometerschraube um eine hinter dem Dispersionsprisma angebrachte Achse gedreht werden kann. Das Prisma wird in üblicher Weise mit Hilfe bekannter Linienspektren geeicht (vgl. S. 303).

Die Grundzüge des MARTENSschen Polarisationsphotometers, nämlich das WOLLASTON-Prisma als Polarisator, der drehbare Analysator und das Biprisma zur Teilung des Gesichtsfeldes finden sich auch bei dem „Polaphot" von Zeiß wieder. Im übrigen besitzt es die gleiche Beleuchtungseinrichtung und den S-Filter-Satz wie das PULFRICH-Photometer.

Der Einstellwinkel des Analysators läßt sich auf dem Teilkreis ohne Anwendung eines Nonius auf 0,01° genau bestimmen, indem man die Lage des Teilstrichs an einer 100teiligen Skala im Gesichtsfeld eines Mikroskops abliest.

Das Polaphot hat gegenüber dem Instrument von KÖNIG-MARTENS einige Vorteile, die auf folgendem beruhen: Einmal ist die Anbringung optischer Teile zwischen den beiden Polarisationsprismen vermieden, wodurch keine Unsymmetrien in den verschiedenen Quadranten des Teilkreises auftreten. Die Ablesungen sind daher in allen Quadranten stets gleich, so daß es genügt, die Messung in einem einzigen Quadranten vorzunehmen. Ferner wird durch eine besondere Anordnung der optischen Elemente[1] erreicht, daß die Trennungslinie zwischen den beiden Gesichtshälften bei Einstellung auf Helligkeitsgleichheit für alle Wellenlängen praktisch vollkommen verschwindet. Dadurch wird die Einstellempfindlichkeit des Auges voll ausgenützt, so daß die Unsicherheit der Messung auch unter die normale Grenze von 1% herabgedrückt werden kann. Der Extinktionsbereich, innerhalb dessen das Instrument benutzt werden kann, ist durch Vermeidung von Reflex- und Streulicht beträchtlich erweitert; so lassen sich z. B. noch Extinktionen von 3 messen, ohne daß die Messung bei dieser starken Verdunklung des Gesichtsfelds durch Streulicht beeinträchtigt wird. Wesentlich für die Genauigkeit der Messung ist schließlich die geringe Streuung der Winkelablesung, besonders wenn es sich um sehr kleine, bei hohen Intensitätsunterschieden auftretende Drehwinkel handelt. Der relative Fehler dE/E der Extinktionsmessung

---

[1] Die Ablenkung von WOLLASTON- und Biprisma geht nicht in der gleichen Ebene, sondern in gekreuzten Ebenen vor sich, wodurch die schädliche Farbenzerstreuung des WOLLASTON-Prismas vermieden wird.

mit dem Polaphot ist für die konstante Ablesestreuung $d\varphi = 0{,}01°$ und die Einstellstreuungen $d\overset{*}{B}/\overset{*}{B}$ von 0,01 bzw. 0,02 als Funktion von E in Abb. 84 mit eingetragen. Man erkennt, daß das Fehlerminimum wesentlich tiefer und flacher ist als beim PULFRICH-Photometer und nach größeren Extinktionen hin verschoben ist.

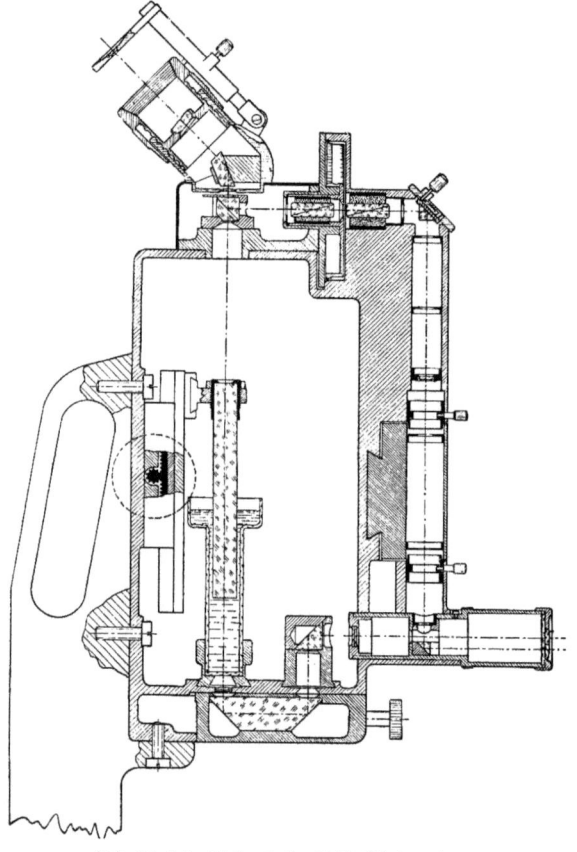

Abb. 87. Schnitt durch das Leifo-Photometer.

Ähnlich wie das Polaphot ist das HILGER-NUTTING-Polarisationsphotometer[1] konstruiert.

Ein Polarisationsphotometer, bei dem das Licht nur in einem der Strahlenwege durch Polarisation geschwächt wird, stellt das

---

[1] Hersteller: Hilger & Watts, London.

in Abb. 87 im Schnitt wiedergegebene Leifo-Photometer[1] dar. Das Licht wird im Eintrittsrohr durch ein total reflektierendes Prisma kleineren Querschnitts in zwei Strahlenbündel geteilt. Das eine Bündel durchsetzt nach Umleitung über einige Prismen die senkrecht stehende Küvette veränderlicher Schichtdicke mit dem Tauchstab, das andere kann durch zwei hintereinander stehende Polarisationsprismen meßbar geschwächt werden. Der Analysator trägt einen auf 0,1° ablesbaren Teilkreis. Beide Strahlenbündel werden durch einen LUMMER-BRODHUN-Würfel vereinigt und dem Ocular zugeführt. In einen Schlitz der Ocularfassung lassen sich die Lichtfilter einstecken. Besondere Justiervorrichtungen dienen im Verein mit einer Vorschlaglupe dazu, die Austrittspupillen beider Strahlengänge zur Deckung zu bringen. Die Filternummern geben wiederum angenähert das Maximum der Durchlässigkeit bzw. den optischen Schwerpunkt in mμ an; die Serie der engeren Filter mit ihren Halbwertsbreiten ist in Tabelle 19 aufgeführt.

Tabelle 19. *Wirksame Halbwertsbreiten der Filter zum Leifo-Photometer.*

Bezeichnung des Filters ..	445	460	495	510	530	550	570	600	620
Halbwertsbreite in Å für energiegleiches Spektrum	380	270	240	180	200	220	220	240	200

An Stelle einer Glühlampe mit Filtern können auch Spektrallampen mit Sperrfiltern verwendet werden.

An Stelle des Tauchbechers kann auch eine Mikroküvette mit auf 0,01 mm ablesbarer, veränderlicher Schichtdicke für konzentrierte Lösungen eingesetzt werden. Man stellt mit dem Analysator auf gleiche Helligkeit ein, liest den zugehörigen Winkel ab und wiederholt dasselbe für die Schichtdicke Null, indem man den Tauchstab bis auf den Boden des Bechers führt. Die Differenz der den abgelesenen Winkeln entsprechenden Extinktionen, die sich nach Gleichung (76) berechnen lassen bzw. einer Tabelle entnommen werden, stellt die Extinktion der Lösung dar. Dieses Verfahren ist wegen der Unsymmetrie des Strahlengangs bei den beiden Vergleichsmessungen nicht ganz exakt. Besser ist es, bei der Vergleichsmessung die Lösung durch das reine Lösungsmittel zu ersetzen, was im Fall einer Eigenabsorption des Lösungsmittels natürlich stets notwendig ist, dagegen den Meßvorgang etwas umständlicher macht. Im übrigen gelten auch hier zur Vermeidung systematischer Fehler die früher hervorgehobenen

---
[1] Hersteller: E. Leitz, Wetzlar.

Bedingungen[1]. Der relative Fehler der Extinktionsmessung für verschiedene Einstell- und Ablesestreuung ist ebenfalls von HANSEN[2] in Abhängigkeit von E berechnet worden, und zwar sowohl ohne wie mit Verwendung einer zusätzlichen Schwächung durch eine Vergleichslösung gegebener Extinktion (vgl. S. 190).

Zur Vermeidung der durch die Unsymmetrie des Strahlenganges bedingten Nachteile, wie sie das Leifo-Photometer besitzt, hat die Firma in neuerer Zeit ein sogenanntes *Kompensationsphotometer* mit Polarisationsprismen entwickelt, das in seinem äußeren Aufbau etwa dem PULFRICH-Photometer entspricht. Durch Benutzung zweier gleicher Küvetten werden Reflexionsverluste an den Fenstern sowie Eigenfärbung des Lösungsmittels von vornherein kompensiert. Die übrige Ausstattung des Geräts entspricht etwa der des Leifo-Photometers, jedoch gestattet eine Zusatzeinrichtung auch Messungen in Reagensgläsern, wie sie für Serienmessungen geringer Genauigkeit zuweilen erwünscht sind[3].

d) **Graukeilphotometer.** Graukeile sind den übrigen Lichtschwächungseinrichtungen wegen der Wellenlängenabhängigkeit ihrer Extinktion unterlegen, obwohl dies für ihre Brauchbarkeit zu photometrischen Konzentrationsbestimmungen belanglos ist, da man ohnehin stets eine Eichkurve mit Lösungen bekannter Konzentration aufnehmen muß (vgl. S. 182); sie werden in der visuellen Photometrie kaum noch verwendet[4]. Bezüglich Meßprinzip und Handhabung unterscheiden sich solche Geräte nicht von den bisher besprochenen.

Eine *Graulösung als Lichtschwächungseinrichtung* verwendet THIEL[5] bei dem von ihm als „Absolutkolorimetrie" bezeichneten Verfahren. Die besonderen Eigenschaften eines flüssigen Lichtschwächungsmittels machen es möglich, für die Messungen Eintauchkolorimeter zu verwenden, womit aber auch die Beziehungen des Verfahrens zur Kolorimetrie bereits erschöpft sind. Im übrigen gelten, abgesehen von den S. 87 genannten Besonderheiten von Graulösungen, die auch sonst für photometrische Messungen geltenden Voraussetzungen, insbesondere also die Abhängigkeit der Meßergebnisse von der spektralen Lichtzusammensetzung.

---

[1] Insbesondere ist die empfohlene Regulierung der Leuchtdichte durch den Vorschaltwiderstand der Lampe wegen der damit verbundenen Änderung der spektralen Lichtzusammensetzung keinesfalls gestattet.

[2] HANSEN, G.: Zeiss-Nachr. 5, 117 (1944).

[3] Photometrische Bestimmungsmethoden in Chemie, Medizin und Technik mit dem Leitz-Photometer sind von F. FRETWURST u. K. MAENNCHEN, Wetzlar, 1953 zusammengestellt worden.

[4] Ein Graukeilphotometer ist z. B. das Aminco-Photometer der Am. Instr. Comp.

[5] Absolutkolorimetrie. Berlin 1939.

4. Visuelle Spektrometrie.

Visuelle Methoden zur Ermittlung von Spektren, d. h. absoluter Extinktionskoeffizienten, sind heute als überholt zu betrachten, wie schon mehrfach begründet wurde: Entweder man benutzt Linienspektren als Lichtquelle und damit weitgehend monochromatische Beleuchtung, dann ist die Zahl der Meßpunkte meistens zu gering (vgl. Abb. 82); oder man benutzt eine kontinuierliche Lichtquelle zusammen mit einem Monochromator, dann muß man zur Gewinnung genügender Helligkeit die Spalte in der Regel so weit öffnen, daß man für die berechneten Extinktionskoeffizienten wieder nur Mittelwerte erhält (vgl. S. 43). Da trotzdem noch vielfach visuelle Spektrometer in Gebrauch sind, sollen sie hier kurz behandelt werden.

Das S. 193 beschriebene KÖNIG-MARTENSsche Photometer kann, da es ein Dispersionsprisma besitzt, als Spektrometer im Sichtbaren verwendet werden. Die brechende Kante des Prismas liegt hier horizontal (vgl. Abb. 85), die verschiedenen Wellenlängen werden durch Heben oder Senken des Beobachtungsrohres eingestellt, das gleichzeitig die beschriebene photometrische Einrichtung enthält. Denkt man sich die Photometereinrichtung (W, Z und N in Abb. 85) entfernt und den Spalt S_2 durch ein Ocular ersetzt, so hat man den Typ der gebräuchlichen *Spektrometer mit schwenkbarem Fernrohr* vor sich, wie sie zur *qualitativen* Beobachtung eines Spektrums benutzt werden. Die Schwenkbarkeit des Fernrohrs ist deswegen notwendig, weil das Gesichtsfeld des Fernrohrs gewöhnlich zu klein ist, um das ganze sichtbare Spektrum zu überblicken. Man schwenkt das Fernrohr mit Hilfe einer Mikrometerschraube mit Trommelteilung, bis sich die zu beobachtende Absorptionslinie oder -bande im Fadenkreuz des Fernrohrs befindet. An der Trommel, die mit Hilfe eines bekannten Linienspektrums geeicht wird[1], kann man die zugehörige Wellenlänge ablesen. An Stelle eines Prismas kann man auch ein Gitter zur Dispersion des Lichts benutzen[2] und hat so den Vorteil einer linearen Wellenlängenskala.

Statt das Fernrohr schwenkbar zu machen, kann man es auch unter einem festen Winkel (gewöhnlich 90°) anordnen und die verschiedenen Teile des Spektrums durch Drehen des Prismas ins Fadenkreuz des Fernrohrs bringen. Diese sogenannten *festarmigen Spektrometer* werden im allgemeinen vorgezogen. Denkt man sich

---

[1] Zur Eichung von Spektralapparaten vgl. auch S. 303.
[2] Gitterspektrometer nach LÖWE-SCHUMM, F. LÖWE: Z. Instrumentenkunde 28, 261 (1908).

das Ocular des Fernrohrs durch einen zweiten Spalt ersetzt, so hat man einen *Monochromator* vor sich. In solchen Fällen benutzt man Prismenkombinationen konstanter Ablenkung, wie sie früher beschrieben wurden (vgl. S. 99 und Abb.38), so daß für die das Fadenkreuz des Fernrohrs durchsetzenden Strahlenbündel stets die günstigste Bedingung des Minimums der Ablenkung gilt. Der Prismentisch wird wieder durch eine Mikrometerschraube mit Meßtrommel gedreht, die häufig unmittelbar in Wellenlängen geeicht ist.

Derartige Spektrometer werden von fast allen bekannten optischen Firmen geliefert. Sie ermöglichen nur eine *qualitative* Untersuchung von Absorptions- oder Emissionslinien bzw. -banden bezüglich ihrer spektralen Lage, nicht aber bezüglich ihrer Intensität. Will man die Lage einer breiten Bande, d.h. die Lage des Maximums feststellen, so verringert man am besten systematisch die Schichtdicke oder die Konzentration der absorbierenden Lösung, bis die Bande eben noch zu erkennen ist. Man kann auf diese Weise auch gewisse Aussagen über die Form der Bande machen, indem man für die verschiedenen Schichtdicken bzw. Konzentrationen jeweils die beiden Begrenzungen der Bande mit Hilfe der Wellenlängenskala notiert. Verläuft die Bande symmetrisch, so bleibt das arithmetische Mittel aus den beiden Werten konstant. Zur Variation der Schichtdicke, die einfacher ist als die Herstellung einer Verdünnungsreihe, benutzt man Balyrohre (vgl. S. 110) oder sogenannte PULFRICHsche Absorptionsgefäße mit Ferneinstellung der Schichtdicke[1] während der Beobachtung.

Einfacher als die Bestimmung der Lage von Absorptionsbanden ist der qualitative *Vergleich zweier Spektren* auf ihre Identität. Man projiziert das Spektrum der zu untersuchenden Lösung neben dasjenige einer Vergleichslösung des reinen Stoffes. Zu diesem Zweck läßt sich bei manchen Apparaten vor die eine Hälfte des Eintrittsspalts ein rechtwinkliges Prisma vorklappen, über das ein zweites Lichtbündel, das die Vergleichslösung durchsetzt hat, in das Spektrometer gelangt.

Für *quantitative* Messungen muß das Spektrometer zusätzlich eine photometrische Meßanordnung besitzen, wie dies beim König-Martens der Fall ist. Ein Gerät dieser Art stellt der sogenannte *Spektrodensograph*[2] dar, es ist ein festarmiges Spektrometer. Das mit einem Graukeil als Lichtschwächungseinrichtung ausgestattete Photometer ist mit einem lichtstarken Monochroma-

---
[1] Hersteller: F. Hellige, Freiburg; VEB Optik, Jena.
[2] Hersteller: Zeiß-Ikon, Stuttgart.

tor und einer Registriervorrichtung gekoppelt, so daß es möglich ist, jeden Meßpunkt und damit die ganze Extinktionskurve automatisch auf einem Diagrammblatt festzulegen. Der Strahlengang geht aus der schematischen Abb. 88 hervor. Das von L kommende, im Dispersionsprisma P_1 zerlegte Lichtbündel wird durch das Doppelobjektiv O_1 in zwei Teile zerlegt, von denen der eine die zu messende Lösung M, der andere den verschiebbaren Graukeil d durchsetzt. Nach dem Durchgang durch das zweite Dispersionsprisma P_2 werden die getrennten Lichtbündel durch das Zwillingsprisma Z wieder vereinigt und durch das Objektiv O_2 dem Ocular-

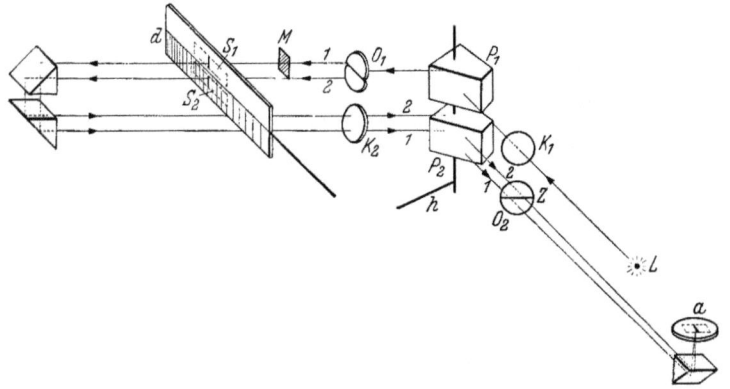

Abb. 88. Strahlengang im Spektrodensographen von Zeiß-Ikon.

spalt a zugeführt. Ein dahinter befindliches Auge erblickt dann das übliche, durch eine Trennungslinie geteilte Gesichtsfeld in der durch die Stellung der Dispersionsprismen gegebenen Spektralfarbe. Mit der Verschiebung des Graukeils und der Einstellung der Wellenlänge ist mittels Hebel- und Zahntriebübertragung die Verschiebung eines Registriertisches in Richtung von Ordinate (Extinktion) und Abszisse (Wellenlänge) zwangsläufig gekoppelt. Hat man mit dem Graukeil auf gleiche Helligkeit der Gesichtshälften eingestellt, so läßt sich der Meßpunkt auf dem Diagrammblatt durch Druck auf einen Stift markieren. Auf diese Weise ist es möglich, die Extinktionskurve über den ganzen sichtbaren Spektralbereich sehr rasch zu ermitteln. Damit die Reflexionsverluste in den beiden Strahlengängen gleich sind, gehen *beide* Strahlenbündel bei M durch eine (Spezial)küvette hindurch; bei dieser ist die untere Hälfte zum größten Teil durch einen SCHULZschen Glaskörper ausgefüllt, so daß nur die Differenz der beiden

Schichtdicken für die Absorption der Lösung wirksam ist. Diese Unsymmetrie des Strahlenganges verhindert allerdings die Kompensation einer eventuell vorhandenen Eigenfarbe des Lösungsmittels.

Aus den gemessenen Extinktionen lassen sich bei Kenntnis von Konzentration und Schichtdicke natürlich auch die Absorptionskurven gewinnen. Die Richtigkeit der Extinktionskurven hängt nach dem S. 185 Gesagten ausschließlich von der Reinheit des monochromatischen Lichts, also von der Dispersion des Monochromators und der verwendeten Spaltbreite ab. Beides ist durch die Forderung begrenzt, daß die Intensität im ganzen zugänglichen Spektralbereich auch bei Extinktionen von 3, die der Messung noch zugänglich sein sollen, noch innerhalb des Gebiets der normalen Kontrastempfindlichkeit des Auges liegt. Bei den durch das Instrument festgelegten Verhältnissen beträgt die spektrale Breite des verwendeten Lichts zwischen 10 und 90 Å. Gegenüber den Ergebnissen, die sich mit einem Spektrographen auch nur mittlerer Dispersion oder einem lichtelektrischen Spektrometer erzielen lassen, können deshalb die gewonnenen Kurven ebenfalls nur für allgemein orientierende Zwecke herangezogen werden.

Für *orientierende Beobachtungen* benutzt man auch vereinfachte *Handspektroskope* mit geradsichtigen Prismen (vgl. S. 100, Abb. 39), mit deren Hilfe man das ganze sichtbare Spektrum gleichzeitig übersehen kann. Das Schema eines solchen Handspektroskops geht aus Abb. 89 hervor. Das schwenkbare Fernrohr ist durch das Auge ersetzt, die Linse des auf unendlich eingestellten Auges bildet den Eintrittsspalt auf der Netzhaut ab. Eine beleuchtete Wellenlängenskala kann von der Seite durch Reflexion an der letzten Prismenfläche dem Spektrum überlagert werden.

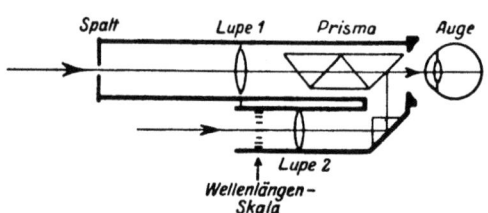

Abb. 89.
Handspektroskop mit geradsichtigem Amici-Prisma.

Das Spektrenbild ist bei diesen Apparaten nur klein, weil es nicht durch ein Fernrohr vergrößert wird. Handspektroskope eignen sich vor allem zur Beobachtung von Emissionsspektren, indem man die betr. Lichtquelle durch das Spektroskop hindurch betrachtet. Der Eintrittsspalt ist durch einen Tubus gegen Linse und Prisma verschiebbar, so daß man mit Hilfe eines Linienspektrums scharf einstellen kann.

5. Visuelle Fluorescenzmessungen.

a) Allgemeine Gesichtspunkte bei Fluorescenzuntersuchungen.
Wird die von Materie absorbierte Strahlung wieder in Form von Strahlung emittiert, so spricht man von Fluorescenz bzw. Phosphorescenz (vgl. S. 7ff.) oder auch zusammenfassend von Photoluminescenz. Die Photoluminescenz ist unabhängig von der Richtung der Erregerstrahlung über alle Raumrichtungen gleichmäßig verteilt und besitzt im allgemeinen eine von der Erregerstrahlung unabhängige spektrale Verteilung. Sie kann ebenso wie die Absorption zur Konstitutionsaufklärung oder Identifizierung von Verbindungen (Luminescenzspektrometrie) oder zur Konzentrationsbestimmung luminescierender Stoffe (Luminescenzphotometrie) benutzt werden. Die besonderen Eigenschaften der Luminescenzstrahlung bedingen jedoch in beiden Fällen eine spezielle Meßmethodik, so daß auf diese Eigenschaften kurz einzugehen ist. Da Phosphorescenz bei Gasen und Lösungen, die hier in erster Linie interessieren, nur selten vorkommt, seien die folgenden Betrachtungen auf die Fluorescenz beschränkt.

Da die Fluorescenzstrahlung sich gleichmäßig über alle Raumrichtungen verteilt und somit nur ein geringer, dem Öffnungswinkel des Empfängers entsprechender Anteil davon gemessen werden kann, und da außerdem die Fluorescenzausbeute häufig sehr klein ist, muß man zur *Erregung der Fluorescenz* intensive Strahlungsquellen benutzen. Außer den üblichen Quecksilberdampflampen benutzt man deshalb mit Vorteil die Quecksilberhöchstdrucklampe oder die Xenonlampe (vgl. S. 67 u. 63) mit einem geeigneten Filter je nach dem zur Erregung gewünschten Spektralbereich. Zur Messung der sichtbaren Fluorescenz verwendet man meistens ein Filter (Schott UG 1 oder UG 2), das den sichtbaren Bereich der Erregerstrahlung absorbiert[1], zur Messung der Fluorescenz im nahen und mittleren UV etwa die Hg-Resonanzlinie 2537 Å, die man durch ein Chlorfilter oder Interferenzfilter aus dem Hg-Spektrum isoliert (vgl. S. 74). Die Filter selbst müssen natürlich fluorescenzfrei sein.

Für die *geometrische Anordnung* von erregender Strahlungsquelle, fluorescierendem Stoff und Empfänger gibt es verschiedene Möglichkeiten: man mißt die Fluorescenz bei *durchfallender* oder *auffallender* Erregerstrahlung (Abb. 90a und b). Im ersten Fall muß die nicht absorbierte Erregerstrahlung durch geeignete *Sperr*-

---
[1] Die UG-Filter lassen im Rot durch; zur Untersuchung roter Fluorescenz muß zusätzlich $CuSO_4$-Lösung verwendet werden. Für längerwellige Fluorescenz kann man auch ammoniakalische $CuSO_4$-Lösung ohne Zusatzfilter benutzen.

filter vernichtet werden, die nur das längerwellige Fluorescenzlicht durchlassen. Geeignet sind z.B. die Schottfilter *GG* oder die Zeißfilter *L* je nach Lage des Fluorescenzspektrums. Man wählt ein Filter, dessen Durchlaßbereich möglichst mit dem Maximum des Fluorescenzspektrums zusammenfällt, was man mit Hilfe eines einfachen Handspektroskops kontrollieren kann. Außerdem muß die Erregerstrahlung frei von sichtbaren Komponenten sein, die sonst Fluorescenz vortäuschen. Im zweiten Fall ist weder eine nachträgliche Filterung noch eine sorgfältige Reinigung der Erregerstrahlung notwendig, dagegen ergibt sich infolge der zunehmenden Absorption der Primärstrahlung mit der durchlaufenen Schicht eine in dieser Richtung abfallende Helligkeit des Gesichtsfeldes, die bei visuellen Messungen sehr stören kann. Man kann die Vorteile beider Methoden vereinigen, indem man entgegengesetzt oder unter spitzem Winkel zur Einstrahlungsrichtung beobachtet (Abb. 90 c). Bei schwacher Absorption der Erregerstrahlung arbeitet man am besten nach der Methode b, bei starker Absorption nach der Methode a. Wird auch das Fluorescenzlicht infolge von Überlappung der Absorptions- und Fluorescenzbanden merklich reabsorbiert, muß man die Methode c anwenden. Diese eignet sich auch zur Untersuchung der *Fluorescenz fester Stoffe*. Sind diese pulverförmig, so daß die Erregerstrahlung diffus gestreut wird, so muß sie wie im Fall a durch ein Sperrfilter absorbiert werden[1]. Die Anordnung b läßt sich leicht mit Hilfe der käuflichen RAMAN-Lampen[2] verwirklichen, die somit auch für Fluorescenzmessungen benutzt werden können[3].

Bei allen Fluorescenzuntersuchungen sind ferner gewisse *Vorbedingungen chemischer Art* zu berücksichtigen, um systematische

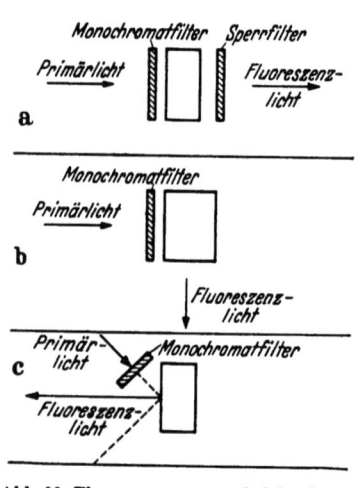

Abb. 90. Fluorescenzmessung bei durchfallender und auffallender Erregerstrahlung.

---

[1] UV-Strahlung, die ins Auge gelangt, kann dort ebenfalls Fluorescenz erregen, die die Messung zu fälschen vermag.
[2] VEB Optik, Jena; Steinheil, München.
[3] Vgl. G. KORTÜM und B. FINCKH: Spectrochim. Acta [Berlin] **2**, 140 (1941).

Fehler zu vermeiden. Bei schwach fluorescierenden Stoffen können schon durch geringe, aber stark fluorescierende Beimengungen oder durch fluorescierende Lösungsmittel beträchtliche Fehler entstehen. Die Reinheit der zu untersuchenden Proben ist in solchen Fällen besonders wichtig. Bei stark fluorescierenden Stoffen kann umgekehrt auf vollständige Reinigung und Isolierung häufig verzichtet werden, was insbesondere bei biochemischen Untersuchungen, wo nur geringe Stoffmengen verfügbar sind, von besonderem Vorteil ist. Andererseits muß man berücksichtigen, daß die Fluorescenz durch Fremdstoffe mehr oder weniger stark gelöscht werden kann, wobei ganz spezifische Löschwirkungen auftreten können[1]. Außerdem beobachtet man fast stets eine sogenannte *Konzentrationslöschung*, die bei Absorptionsmessungen kein Gegenstück besitzt: die Fluorescenz nimmt auch bei genügend hoher Intensität der Erregerstrahlung nicht monoton mit steigender Konzentration des fluorescenzfähigen Stoffes zu, sondern geht durch ein Maximum und nimmt dann wieder ab, ohne daß das Fluorescenzlicht von der Lösung reabsorbiert wird. Bei hohen Konzentrationen kann diese Auslöschung zum praktisch vollständigen Verschwinden der Fluorescenz führen. Liegen *chemische Gleichgewichte* in der Lösung vor, die durch das p_H der Lösung bestimmt sind, und ist das Auftreten von Fluorescenz an den einen Gleichgewichtspartner gebunden oder für beide Partner verschieden, so ist die Fluorescenz natürlich gegen p_H-*Änderungen* sehr empfindlich.

Trotz der Notwendigkeit, diese Empfindlichkeit der Fluorescenz gegenüber äußeren Einflüssen[2] berücksichtigen zu müssen und trotz der gegenüber Absorptionsmessungen umständlicheren Methodik wird die Fluorescenz als besonders charakteristisches Merkmal eines Moleküls häufig sowohl für analytische Zwecke (Photometrie) wie für die Identifizierung und Konstitutionsaufklärung (Spektrometrie) herangezogen. Sie ist einerseits spezifischer als die Absorption, da nicht jede Absorption von Strahlung auch zur Fluorescenz führt, und sie besitzt häufig eine untere Nachweisgrenze, die durch Absorptionsmessungen nicht erreicht wird[3].

---

[1] Vgl. z.B.: G. KORTÜM, H. BAUR u. G. FRIEDHEIM: Z. physik. Chem. **200**, 293 (1952).

[2] Vgl. dazu auch TH. FÖRSTER: Fluorescenz organischer Verbindungen, Göttingen 1951; F. BANDOW: Luminescenz, Stuttgart 1950; P. W. DANCKWORTT: Luminescenz-Analyse, 5. Aufl. Leipzig 1949.

[3] Zum Beispiel kommen Porphyrine in biologischem Material nur in so geringen Mengen vor, daß sie sich nur durch ihre rote Fluorescenz nachweisen lassen [vgl. O. VÖLKER: Z. Naturf. 2b, 316 (1947)]; vgl. auch J. EISENBRAND: Z. analyt. Chem. **140**, 401 (1953).

Zur *quantitativen Charakterisierung der Fluorescenz* dient einerseits das *äußere Fluorescenzvermögen*, definiert durch das Intensitätsverhältnis der gesamten austretenden Fluorescenzstrahlung zur eintretenden Erregerstrahlung, andererseits die *äußere Fluorescenzausbeute*, definiert durch das Intensitätsverhältnis der gesamten Fluorescenzstrahlung zum absorbierten Anteil der Erregerstrahlung. Je nach dem benutzten Maßsystem (vgl. S. 20) muß man zwischen Lumenausbeute, Energieausbeute und Quantenausbeute unterscheiden. Praktisch wichtig sind nur die beiden letzteren. Wie schon erwähnt wurde (S. 21), sind Energie- und Quantenausbeute wegen der verschiedenen spektralen Verteilung von Fluorescenz- und Erregerstrahlung voneinander verschieden.

Da die über alle Raumrichtungen integrierende Messung der Fluorescenzintensität praktisch sehr schwierig wäre, begnügt man sich im allgemeinen damit, die Fluorescenzintensität innerhalb eines Strahlenbündels gegebener Ausdehnung photometrisch zu messen. In der Mehrzahl der Fälle handelt es sich dabei um *relative* Messungen unter konstant gehaltenen Bedingungen der Erregung und der geometrischen Anordnung, die natürlich nur bei Fluorescenz *gleicher spektraler Zusammensetzung* sinnvoll sind. Derartige photometrische Methoden sind demnach auf vergleichende Messungen des Fluorescenzvermögens und der Fluorescenzausbeute am selben Stoff bei unverändertem Absorptions- und Fluorescenzspektrum beschränkt. Hierher gehören z. B. die Messungen über die *Fluorescenzauslöschung durch nichtabsorbierende Fremdstoffe*. In solchen Fällen sind die gemessenen Fluorescenzintensitäten den Fluorescenzausbeuten proportional.

Zur Untersuchung der oben erwähnten *Konzentrationsauslöschung* muß man die Konzentration des fluorescierenden Stoffes und damit die Extinktion der Lösung verändern. Zur Ermittlung der Fluorescenzausbeute sind demnach zusätzliche Absorptionsmessungen zur Bestimmung des jeweiligen absorbierten Anteils der Erregerstrahlung notwendig, auf den man die Fluorescenzintensität bezieht. Man kann auch den absorbierten Bruchteil der Erregerstrahlung dadurch konstant halten, daß man die durchstrahlte Schichtdicke umgekehrt proportional der Konzentration ändert, wobei die Gültigkeit des LAMBERT-BEERschen Gesetzes vorausgesetzt ist, oder man muß dafür sorgen, daß die Erregerstrahlung bei allen Konzentrationen praktisch vollständig absorbiert wird, dann kann man auf die Variation der Schichtdicke verzichten. In diesen Fällen muß man die Fluorescenz longitudinal messen (Abb. 90a oder c), wobei man gegebenenfalls noch den Einfluß des verschiedenen Öffnungswinkels der fluorescierenden Schichten gegenüber dem Empfänger berücksichtigen muß. Man erhält so die *relative* äußere Fluorescenzausbeute bei verschiedenen Konzentrationen des fluorescierenden Stoffes. Auch diese Messungen setzen gleiche spektrale Verteilung der Fluorescenz voraus. Mit Hilfe lichtelektrischer Empfänger und unter Zwischenschaltung eines zweiten fluorescierenden Stoffes, der Quanten beliebiger Frequenz mit konstanter Ausbeute in Quanten seines eignen Fluorescenzspektrums umwandelt, lassen sich auch *absolute* äußere Quantenausbeuten messen, worauf hier nicht näher eingegangen werden kann[1].

Wird das Fluorescenzlicht durch die Lösung reabsorbiert, d.h. überdecken sich Absorptions- und Fluorescenzspektrum teilweise, so sind die bisher besprochenen äußeren Fluorescenzeigenschaften gegenüber den wahren *inneren* Eigenschaften verfälscht. Die *innere Fluorescenzausbeute* ist definiert durch das Intensitätsverhältnis der in einem differentiellen Volumenelement erregten Fluorescenz zu dem im gleichen Volumenelement absorbierten Anteil der Erregerstrahlung, sie läßt sich aus der gemessenen äußeren Fluorescenzausbeute bei Kenntnis der Extinktionskoeffizienten von Erreger- und Fluorescenzstrahlung und der geometrischen Meßbedingungen rechnerisch ermitteln[2].

Zur Gewinnung *quantitativer Fluorescenzspektren* muß man das Fluorescenzlicht spektral zerlegen und seine Intensität bei verschiedenen Wellenlängen mit der Intensität einer geeigneten Strahlungsquelle photometrisch vergleichen, deren spektrale Energieverteilung bekannt ist oder besonders (durch Messungen mit Thermoelement oder Bolometer) geeicht werden muß. Man erhält so das relative *äußere Energiespektrum der Fluorescenz*, das gegenüber dem inneren Energiespektrum wiederum durch Reabsorption des Fluorescenzlichtes verändert sein kann. Diese Abweichungen können durch geeignete experimentelle Maßnahmen (geringe durchstrahlte Schichtdicken) klein gehalten werden oder müssen wieder rechnerisch berücksichtigt werden[2].

b) Visuelle Fluorescenzphotometrie. Wie bei Absorptionsmessungen wird die Fluorescenzphotometrie in erster Linie für Konzentrationsbestimmungen verwendet. Da die nach den Methoden der Abb. 90 gemessenen Fluorescenzintensitäten im allgemeinen infolge ihrer Abhängigkeit von der Intensität der Erregerstrahlung

---

[1] Vgl. E. J. BOWEN u. J. W. SAWTELL: Trans. Faraday Soc. **33**, 1425 (1937); P. PRINGSHEIM u. M. VOGEL: Luminescence, New York 1946; TH. FÖRSTER: Fluorescenz organischer Verbindungen, Göttingen 1951.

[2] Vgl. dazu TH. FÖRSTER: Fluorescenz organischer Verbindungen, Göttingen 1951.

und infolge von Konzentrationsauslöschung und eventueller Reabsorption keine einfache Funktion der Konzentration sind, kann es sich bei Konzentrationsbestimmungen nur um *Relativmessungen durch Vergleich von Fluorescenzlichtströmen derselben spektralen Zusammensetzung*, d. h. des gleichen Stoffes handeln. Man mißt das Fluorescenzvermögen einer Reihe von Lösungen bekannter Konzentration und erhält auf diese Weise eine *Eichkurve*, mit deren Hilfe sich aus dem Fluorescenzvermögen der zu untersuchenden Lösung deren Konzentration ergibt.

Man muß natürlich in einem Konzentrationsbereich messen, in dem die c-Abhängigkeit der Fluorescenz möglichst groß ist. Das ist im Gebiet kleiner Konzentrationen der Fall, in dem diese Abhängigkeit durch die mehr oder weniger starke Absorption der Erregerstrahlung bedingt ist. Bei sehr großen Verdünnungen ist die Fluorescenzintensität der Konzentration proportional, sofern keine Reabsorption des Fluorescenzlichts und keine Konzentrationslöschung stattfindet. Das ergibt sich aus folgender Überlegung: Nach Gleichung (27a) ist der von der Lösung durchgelassene Bruchteil der Erregerstrahlung gegeben durch

$$\frac{\Phi}{\Phi_0} = e^{-\varepsilon_n c s}, \qquad (125)$$

der absorbierte Bruchteil also durch

$$1 - \frac{\Phi}{\Phi_0} = 1 - e^{-\varepsilon_n c s}. \qquad (126)$$

Entwickelt man die e-Funktion und bricht nach dem zweiten Gliede ab, was für kleine Extinktionen, d. h. für kleine Konzentrationen bzw. Schichtdicken zulässig ist, so erhält man

$$1 - \frac{\Phi}{\Phi_0} \cong \varepsilon_n c s. \qquad (127)$$

Da unter den angegebenen Bedingungen die Fluorescenzintensität der Intensität der absorbierten Strahlung proportional ist, gilt die Näherungsgleichung auch für die Fluorescenzintensität, die somit bei gegebener Schichtdicke der Konzentration und bei gegebener Konzentration der Schichtdicke proportional anwächst[1]. Zur Aufstellung der Eichkurve wählt man deshalb nach Möglichkeit die Schichtdicke so, daß man sich noch in diesem linearen Konzentrationsgebiet befindet.

Da das Auge nur die Gleichheit zweier Lichtströme festzustellen vermag (vgl. S. 119), muß ein visuelles Fluorescenzphotometer

---
[1] Vgl. dazu J. EISENBRAND: Z. analyt. Chem. 140, 401 (1953).

ebenso wie ein visuelles Photometer für Absorptionsmessungen zwei symmetrische Strahlengänge und eine Lichtschwächungseinrichtung besitzen, mit der sich die Flurescenzintensität in einem derselben meßbar verändern läßt. Deshalb ist jedes visuelle Photometer auch für die Fluorescenzphotometrie geeignet, wenn man es mit einer geeigneten Strahlungsquelle für die Erregung und den notwendigen Sperrfiltern ausrüstet. Statt mit einer meßbaren Lichtschwächung kann man auch mittels einer variablen Schichtdicke der durchstrahlten Lösung auf gleiche Fluorescenzhelligkeit einstellen, d. h. man kann auch Kolorimeter für Fluorescenzmessungen heranziehen.

Für farblose Lösungen ist es prinzipiell gleichgültig, ob man zur Messung Kolorimeter oder Photometer benutzt, solange der Vergleichsstandard aus demselben Stoff besteht. Wird dagegen das Fluorescenzlicht durch *farbige Lösungen* zum Teil reabsorbiert, so hängt die Menge des absorbierten Lichtes und damit auch die spektrale Zusammensetzung des emittierten Lichtes von der Konzentration ab und ist deshalb bei photometrischen Messungen in den beiden Strahlengängen verschieden, auch wenn man als Standard eine Lösung des gleichen Stoffes verwendet. Die photometrische Messung wird also auch in diesem Fall im Gegensatz zur kolorimetrischen von der Konzentration des zu messenden Stoffes abhängig. Diese Abhängigkeit macht sich in verschiedenem Farbton der beiden Gesichtsfeldhälften bemerkbar und vergrößert so die Einstellstreuung der Messung. *Kolorimetrische Methoden haben deshalb auch bei Fluorescenzmessungen gegenüber den photometrischen einen prinzipiellen Vorteil.*

Farbtonunterschiede der zu vergleichenden Fluorescenzlichtströme können natürlich auch dann auftreten, wenn man statt einer Vergleichslösung desselben Stoffes fluorescierende Glasstandards benutzt, wie sie von einer Reihe von Firmen geliefert werden[1]. Man greift zu diesen Ersatzstandards deshalb nur dann, wenn die Vergleichslösungen nicht haltbar oder schwer herzustellen sind. Im übrigen müssen sie natürlich zunächst auch gegen eine Reihe bekannter Lösungen des zu bestimmenden Stoffes geeicht werden. Das vom Standard ausgesandte Licht sollte möglichst ähnliche spektrale Zusammensetzung haben wie das von der Lösung emittierte Licht, damit die Farbtonunterschiede möglichst gering sind. Dies ist deswegen wichtig, weil es wegen der meist geringen Intensität des Fluorescenzlichtes im allgemeinen nicht möglich ist, einen so schmalen Spektralbereich herauszublenden, daß man mit praktisch monochromatischem Licht arbeiten kann. Allgemein ist

---
[1] Zum Beispiel VEB Optik, Jena.

wegen der oben erwähnten Empfindlichkeit der Fluorescenz gegenüber Fremdstoffen (Löschwirkung) oder p_H-Änderungen besonders sorgfältig darauf zu achten, daß die Zusammensetzung der Lösungen bei der Aufstellung der Eichkurve und den später auf diese bezogenen Messungen immer die gleiche ist. Auch eine eventuelle Fluorescenz der Glasküvetten kann Fehler hervorrufen.

Die *p_H-Abhängigkeit der Fluorescenz* schwacher Säuren und Basen rührt daher, daß Ion und undissoziiertes Molekül im allgemeinen nicht gleich fluorescieren. Analog wie bei der Absorption können solche Verbindungen als *Fluorescenzindicatoren* verwendet werden[1], da die Fluorescenz in einem bestimmten p_H-Bereich umschlägt. Der wesentliche Vorteil der Fluorescenzindicatoren gegenüber den Absorptionsindicatoren liegt darin, daß die Erkennbarkeit des Umschlags durch die Gegenwart anderer farbiger Stoffe viel weniger gestört wird. Dafür kommen zu den allgemeinen Fehlerquellen der Indicatoren (Salzfehler, Eiweißfehler) noch die Störungen durch Fluorescenzlöschung hinzu[2]. Die Lage des Umschlagsbereichs hängt auch hier von der Dissoziationskonstante des Indicators ab (vgl. S. 289). Umgekehrt lassen sich durch Bestimmung der relativen Fluorescenzintensität bei gegebenem p_H die Dissoziationskonstanten berechnen[3] (vgl. S. 440). Für zahlreiche Fluorescenzindicatoren sind die Umschlagsbereiche und Grenzfluorescenzfarben angegeben[4].

Der Meßvorgang ist im übrigen völlig analog wie bei Absorptionsmessungen, nur daß man ultraviolette Strahlung verwendet und durch Zwischenschaltung von Sperrfiltern bzw. durch geeignete geometrische Anordnung dafür sorgt, daß diese nicht ins Auge gelangen kann. Bei durchfallender Strahlung (Abb. 90a) ist dies statt mit Sperrfiltern auch einfach dadurch zu erreichen, daß Beleuchtungslampe und Photometer nicht in gleicher Höhe aufgestellt werden, jedoch ist die zusätzliche Verwendung von Sperrfiltern stets anzuraten. Bei Verwendung von Blendenphotometern ist darauf zu achten, daß die ganze Öffnung der Meßblenden, durch deren Verengung ja die eigentliche Messung erfolgt, vom Strahlen-

---

[1] Vgl. z. B.: P. W. DANCKWORTT: Luminescenzanalyse, 5. Aufl., Leipzig 1949, und die dort angegebene Literatur.

[2] Vgl. z. B.: J. JONÁS u. L. SZEBELLEDY: Z. analyt. Chem. **113**, 326, 422 (1938).

[3] Bei genügend kurzwelliger Erregung beobachtet man außerdem einen p_H-abhängigen Umschlag des Fluorescenz*spektrums*, der die Einstellung des Dissoziationsgleichgewichtes im angeregten Zustand des Indicators anzeigt. Vgl. dazu TH. FÖRSTER: Z. Elektrochem. angew. physik. Chem. **54**, 42, 531 (1950).

[4] Vgl. z. B.: P. W. DANCKWORTT: Luminescenzanalyse, 5. Aufl., Leipzig 1949, und die dort angegebene Literatur.

bündel ausgefüllt ist. Zu diesem Zweck werden z. B. im PULFRICH-Photometer zwei Vorsatzobjektive hinter den Lösungsküvetten eingeschaltet. Die Ausleuchtung der Meßblenden wird dann mit einer vor dem Ocular angebrachten Vorschlaglupe geprüft, mittels deren sich die Austrittspupille des Instruments kontrollieren läßt.

Zu den käuflichen visuellen Photometern, wie sie S. 187 ff. besprochen wurden, wird in der Regel ein Zusatzgerät geliefert, mit dem man Fluorescenz- (und meistens auch Trübungs-) Messungen nach diesem Prinzip vornehmen kann, wobei teils mit durchfallender, teils mit auffallender Erregerstrahlung gearbeitet wird (vgl. auch Abb. 92). Das gleiche gilt für die Benutzung von Kolorimetern, bei denen die Erregerstrahlung entweder von unten (durchfallend) oder seitlich (auffallend) in die Tauchbecher eintreten kann. Im letzteren Fall muß man möglichst gut parallele Strahlenbündel verwenden. An Stelle der Tauchstäbe werden über die Flüssigkeitsbecher greifende Metallhülsen mittels Trieb und Noniusablesung meßbar verschoben, wodurch die Höhe der durchstrahlten und fluorescierenden Schicht begrenzt wird. Ein nach dem Prinzip der Abb. 90c arbeitendes Gerät, das sich auch für Lösungen eignet, die das Fluorescenzlicht reabsorbieren, ist von FÖRSTER[1] beschrieben worden, wobei ein MARTENSsches Polarisationsphotometer zur Messung der Intensität benutzt wurde. Ferner lassen sich alle käuflichen *Nephelometer* durch Anbringung von Filtern für Fluorescenzmessungen verwenden. Über diese wird später berichtet werden (S. 217). In allen Fällen wird visuell auf gleiche Helligkeit der Vergleichsfelder eingestellt.

Die *Genauigkeit* der Messungen hängt im wesentlichen von der Intensität des Fluorescenzlichts ab. Sie ist bei sehr kleinen Intensitäten natürlich wesentlich geringer als im Gebiet der normalen Kontrastempfindlichkeit des Auges (vgl. S. 120). Aber selbst bei genügender Intensität dürfte die Genauigkeit infolge der oben diskutierten sekundären Einflüsse (Fluorescenzauslöschung!) auch unter sonst optimalen Bedingungen (kolorimetrische Messung) die übliche Grenze von 100 (1%) bei visuellen Messungen nur in seltenen Fällen erreichen.

c) **Visuelle Fluorescenzspektrometrie.** Zur Charakterisierung von Stoffen mit Hilfe der Fluorescenz ist die Kenntnis ihrer spektralen Verteilung, d. h. Lage, Form und relative Höhe der Fluorescenzbanden erwünscht. Qualitativ läßt sich die Lage der Banden bereits grob mit Hilfe eines Spektrometers mit Wellenlängenskala

---

[1] FÖRSTER, TH.: Z. Elektrochem. angew. physik. Chem. **53**, 93 (1949).

(vgl. S. 200) leicht feststellen[1]. Die quantitative relative Intensitätsverteilung über die verschiedenen Wellenlängen läßt sich dadurch ermitteln, daß man die Fluorescenzintensität mit dem bekannten, durch Messungen mit Thermosäulen oder Bolometern festgelegten Energiespektrum einer geeichten Lampe in den verschiedenen Spektralgebieten vergleicht. Man gewinnt auf diese Weise ein äußeres Energiespektrum, bei dem die *Lage, Form* und *relative Höhe* der Banden richtig wiedergegeben wird, was für die Charakterisierung eines Stoffes völlig ausreicht. Um eine eventuelle Reabsorption des Fluorescenzlichts, die eine Verfälschung des so gewonnenen Spektrums gegenüber dem wahren „inneren" Fluorescenzspektrum (vgl. S. 207) verursacht, möglichst unwirksam zu machen, verwendet man geringe Schichtdicken und eine geometrische Anordnung nach Abb. 90c. Als Vergleichsstrahlungsquelle mit bekannter Energieverteilung verwendet man am besten eine Glühlampe mit angegebener „Farbtemperatur" (vgl. S. 59).

Man mißt in der Weise, daß man mit Hilfe eines Spektrometers die Fluorescenzintensität bei einer bestimmten Wellenlänge, die man durch Filter oder durch Zerlegung mit einem Prisma ausblendet, mit der Intensität des Bezugsspektrums vergleicht. Der gefundene Bruchteil, multipliziert mit der aus der Energieverteilungskurve der Vergleichslampe entnommenen Verhältniszahl für diese Wellenlänge, ergibt die relative Fluorescenzintensität. Durch Messung in den verschiedenen Spektralgebieten erhält man das gesamte Fluorescenzspektrum. Die geringe Intensität des Fluorescenzlichts wird in den meisten Fällen die Verwendung relativ breiter Filter verlangen; nur bei Benützung einer lichtstarken Optik wird es möglich sein, bei visuellen Messungen mit durch einen Monochromator zerlegtem Licht zu arbeiten[2]. Häufig ist z.B. das früher beschriebene Photometer von KÖNIG-MARTENS zu derartigen Messungen herangezogen worden[3]. Man bildet den Glühfaden einer Lampe unter Zwischenschaltung eines geeigneten Filters auf der Küvette ab und das fluorescierende Bild des Glühfadens seinerseits auf einem der Eintrittsspalte des Photometers, während durch den zweiten Eintrittsspalt das Licht des Glühfadens selbst eintritt. Der photometrische Vergleich der Leuchtdichten ergibt die spektrale Verteilung der Fluorescenz in Einheiten derjenigen der Glühlampe. Ist letztere bekannt, so kann daraus das relative

---
[1] Vgl. z.B. die von CH. DHÉRÉ beschriebene Anordnung. Fluorescence en Biochimie, Paris 1937.
[2] Ein Fluorescenzspektralphotometer hoher Lichtstärke liefert F. Schmidt & Haensch, Berlin.
[3] Vgl. z.B.: W. L. LEWSCHIN: Z. Physik 72, 368 (1931).

Energiespektrum der Fluorescenz ermittelt werden. Wird das Fluorescenzlicht von der Lösung merklich reabsorbiert, so benutzt man besser eine Anordnung nach der Abb. 90c, wie sie unter Verwendung des MARTENSschen Photometers erwähnt wurde[1]. Für Stoffe mit schmalen Fluorescenzbanden, die häufig noch eine Feinstruktur besitzen, ergibt eine derartige Untersuchung natürlich nur einen angenäherten Verlauf der Fluorescenzkurve, wie dies ja auch bei Absorptionsmessungen der Fall ist (vgl. Abb. 82). Zur rohen Charakterisierung der Fluorescenz reichen jedoch derartige Messungen meistens aus. Es bestätigt sich also hier in verstärktem Maße die schon S. 199 hervorgehobene Feststellung, daß visuelle Spektrometer für die Ermittlung ganzer Spektren nicht besonders geeignet sind und höchstens zur vorläufigen Orientierung herangezogen werden sollten. Wie später gezeigt wird (vgl. S. 292ff.), ist auch hier die spektrographische oder lichtelektrische Methode bei weitem vorzuziehen.

6. Visuelle Streuungs- und Trübungsmessungen.

Die auf der Messung des TYNDALL-Lichts beruhende Streuungsmessung hat mit der Fluorometrie insofern Ähnlichkeit, als es sich ebenfalls um die Messung *emittierten*, von den suspendierten Teilchen einer kolloiden Lösung gestreuten Lichts handelt, so daß auch die Meßmethoden in vieler Hinsicht durchaus analog sind. Unterschiede bestehen darin, daß die Intensität des Streulichts nicht im durchfallenden Licht gemessen werden kann, sondern daß stets in einem (gewöhnlich rechten) Winkel zur Primärstrahlung beobachtet wird, ferner darin, daß Streuungsmessungen an Lösungen praktisch ausschließlich zu Konzentrationsbestimmungen verwendet werden[2], da die Abhängigkeit der Streuintensität von der Wellenlänge des Lichts keine spezifische Eigenschaft der streuenden Substanz ist und deshalb kein besonderes Interesse bietet. Man mißt durch Vergleich der Intensität des gestreuten Lichts mit der Intensität des Lichts, das von einer Standardlösung des gleichen Stoffs oder von einem festen Trübungsstandard ausgesandt wird: *Streuungsmessung*. Daneben besteht die Möglichkeit, nicht die Intensität des gestreuten Lichts, sondern die Intensitätsschwächung des primär eingestrahlten Lichts durch die trübe Lösung in Form einer

---
[1] FÖRSTER, TH.: Z. Elektrochem. angew. physik. Chem. **53**, 93 (1949).
[2] Da die Streuintensität auch von der Größe der Teilchen abhängt, können nephelometrische Messungen auch zur Bestimmung des Dispersitätsgrades von Kolloiden verwendet werden.

scheinbaren Extinktion zu messen; dieses Verfahren sei zur Unterscheidung als *Trübungsmessung* bezeichnet. Da Trübungsreaktionen besonders empfindlich sind, gewinnt die Nephelometrie als Analysenmethode bei der Bestimmung kleinster Substanzmengen eine steigende Bedeutung, insbesondere in der Kolloid- und Fermentforschung[1].

a) Meßprinzip und allgemeine Vorschriften. Nach der von RAYLEIGH entwickelten Theorie der TYNDALL-Streuung ist die von der Volumeneinheit der streuenden Lösung ausgesandte Lichtintensität

$$\Phi = \text{prop} \frac{N V^2}{r^2 \lambda^4} \cdot \Phi_0. \tag{128}$$

N ist die Zahl der Kolloidteilchen in der Volumeneinheit, V das Volumen des einzelnen Teilchens, Φ_0 die eingestrahlte Lichtintensität, r die Entfernung von dem beleuchteten Volumenelement und λ die Wellenlänge des eingestrahlten Lichts. Der Proportionalitätsfaktor enthält eine Funktion des Winkels zwischen Primärstrahl und Beobachtungsrichtung des gestreuten Lichts. Der Faktor λ^{-4} erklärt die bekannte Tatsache, daß bei Bestrahlung mit weißem Licht das Streulicht bläulich erscheint, weil vorwiegend die kurzwelligen Komponenten des Lichts gestreut werden. Die Proportionalität mit dem Quadrat des Eigenvolumens, d. h. mit der 6. Potenz des Durchmessers der kolloiden Teilchen, zeigt, wie stark die Streuung von der Größe der Teilchen abhängt. Die Formel gilt allerdings nur, solange die Teilchen eine gewisse Größe nicht überschreiten ($d < 30$ mμ), für größere Teilchen gelten empirische Formeln.

Die für Konzentrationsbestimmungen wesentliche Aussage der Gleichung (128) liegt darin, daß die Streuintensität bei konstanten äußeren Bedingungen der Teilchenzahl N und damit der Konzentration proportional ist. *Dabei ist vorausgesetzt, daß die Teilchengröße, d.h. die Dispersität der kolloiden Lösungen des gleichen Stoffes, immer dieselbe ist.* Diese Bedingung läßt sich praktisch in vielen Fällen mit genügender Näherung erfüllen, was man leicht dadurch kontrollieren kann, daß bei einer Trübungsreaktion (z. B. Fällung) eine bestimmte Konzentration der trübenden Substanz bei mehrmaliger Wiederholung stets die gleiche Streuintensität liefern muß. Jede Reaktion ist deshalb auf diese Art zu prüfen, bevor

---

[1] Vgl. z. B. den Abschnitt „Nephelometrie" in Methoden der Fermentforschung, Leipzig 1940, oder im Handb. physiolog. patholog.-chem. Analyse, HOPPE-SEYLER-THIERFELDER, 10. Aufl. Bd. I, 1953; J. H. YOE: Photometric Analysis, New York 1928.

sie für nephelometrische Konzentrationsbestimmungen verwendet wird[1]. Die Messung könnte nun prinzipiell in der Weise vorgenommen werden, daß man einmal für eine Lösung bekannter Konzentration, dann für die unbekannte Lösung unter sonst gleichen Bedingungen das Verhältnis Φ/Φ_0 photometrisch bestimmt. Eine Schwierigkeit dieses Verfahrens liegt darin, daß in beiden Fällen die Intensität Φ_0 nicht dieselbe ist, weil das die TYNDALL-Streuung an der beobachteten Stelle erregende Primärlicht je nach der Konzentration der Lösung infolge der schon vorher erfolgten Streuung (also einer scheinbaren Absorption) bereits verschieden stark geschwächt ist. Ebenso kann auch das von dem beobachteten Volumen ausgehende Streulicht selbst sekundär gestreut werden, woraus sich ergibt, daß die gemessene Streuintensität auch noch von den Dimensionen des Untersuchungsgefäßes und des TYNDALL-Kegels abhängt. Die Verhältnisse sind also denen bei der Fluorescenzphotometrie durchaus analog. Man kann diese Einflüsse dadurch ausschalten, daß man die Beobachtungen in verschiedenen Entfernungen a von der Eintrittsstelle des Primärlichtes in die Lösung graphisch darstellt und auf die Entfernung Null extrapoliert. Die Beziehungen zwischen Streuintensität und (scheinbarer) Extinktion E und damit durchstrahlter Schichtdicke und Konzentration sind ferner für verschiedene Winkel zwischen Primärstrahl und Beobachtungsrichtung theoretisch abgeleitet und mit den experimentellen Erfahrungen verglichen worden[2]. *Dabei ergibt sich, daß für genügend kleine Werte von E und a die Streuintensität proportional mit E, d. h. mit Konzentration und Schichtdicke, zunimmt* (vgl. Abb. 91, wo dies für Querbeobachtung schematisch dargestellt ist). Bei

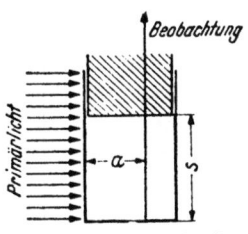

Abb. 91. Schematische Darstellung zur Nephelometergleichung.

größeren Werten von E und gleichbleibendem a wird die Zunahme geringer und die Streuintensität Φ nimmt nach Erreichung eines

---

[1] Die mangelnde Reproduzierbarkeit der kolloiddispersen Lösungen bildet die Hauptschwierigkeit der Nephelometrie, da die Teilchengröße von sehr vielen Faktoren, wie Temperatur, p_H, Anwesenheit von Neutralsalzen, Geschwindigkeit der Ausfällung usw., abhängig ist, so daß die Fällungsbedingungen sehr konstant gehalten werden müssen. Zusatz stabilisierender Schutzkolloide erhöht meistens die Reproduzierbarkeit, trotzdem beträgt die Unsicherheit der Konzentrationsbestimmung in der Regel wenigstens 2 bis 3%, ist also größer als bei anderen optischen Analysenmethoden. Vgl. dazu z. B.: B. W. VOLMER u. F. FRÖHLICH: Z. analyt. Chem. **126**, 401 (1944).

[2] SAUER, H.: Z. techn. Physik **12**, 148 (1931).

Maximums wieder ab. Innerhalb des linearen Bereichs der Abhängigkeit von $\varPhi$ und E gilt daher für die Streuintensität zweier Lösungen verschiedener Konzentration unter sonst gleichen Bedingungen $\varPhi_1 = \text{prop } \varepsilon\, c_1 s_1$ und $\varPhi_2 = \text{prop } \varepsilon\, c_2 s_2$. Macht man beide Intensitäten gleich, so gilt analog wie bei der Kolorimetergleichung (122)

$$c_2 = c_1 \cdot \frac{s_1}{s_2}. \qquad (129)$$

Daraus folgt, daß sich Konzentrationen unter den genannten Bedingungen nephelometrisch genau so bestimmen lassen wie kolorimetrisch. In welchem Konzentrations- und Schichtdickenbereich die Proportionalität zwischen $\varPhi$ und E gilt, ist in jedem Fall empirisch festzulegen, genauso wie im Fall der Kolorimetrie der Geltungsbereich des BEERschen Gesetzes; ist sie nicht mehr erfüllt, so ist in analoger Weise eine empirische Eichkurve aufzustellen, indem man c gegen $1/s$ für verschiedene bekannte Konzentrationen aufträgt (vgl. S. 172).

Allgemein ist bei nephelometrischen Messungen eine Reihe von Vorsichtsmaßnahmen zu beachten, die mit der besonderen Empfindlichkeit der Methode gegenüber inkonstanten Versuchsbedingungen zusammenhängen. Voraussetzung für einwandfreie Messungen ist ein besonders hohes Maß an Sauberkeit, da jede noch so kleine unbeabsichtigte Trübung der Lösungen beträchtliche Fehler hervorrufen kann. Dies gilt z. B. für Filterfasern, weswegen es nützlich ist, die Lösungen vor der Fällungsreaktion durch Glasfritten zu filtrieren. Die verwendeten Reagenzien und Lösungsmittel müssen selbst „optisch leer" sein, was man daran erkennt, daß beim Einfüllen des Lösungsmittels in die Küvetten das Gesichtsfeld vollkommen dunkel bleiben muß. Auch anscheinend völlig klare Flüssigkeiten geben manchmal einen unerwartet hellen TYNDALL-Kegel.

b) Verschiedene Meßgeräte. Nach den bisher angestellten Überlegungen läßt sich prinzipiell jedes Kolorimeter für nephelometrische Messungen verwenden. Zu diesem Zweck beleuchtet man die beiden Flüssigkeitsbecher seitlich mit parallelem Licht und begrenzt die Höhe der durchstrahlten Schicht z. B. durch Metallhülsen, die über die Küvetten greifen und an Stelle der Tauchstäbe mittels Trommel mit Noniusablesung meßbar verschoben werden können. Die Konzentrationen der beiden zu vergleichenden Lösungen verhalten sich dann bei gleicher Helligkeit umgekehrt wie die bestrahlten Schichthöhen. Zusatzgeräte zu den käuflichen DUBOSQ-Kolorimetern für nephelometrische Messungen werden von einzelnen Firmen geliefert[1]; sie enthalten im wesentlichen eine

---
[1] Zum Beispiel F. Hellige, Freiburg/Br.

geeignete Beleuchtungseinrichtung für Einstrahlung von parallelem Licht.

Ein speziell für nephelometrische Messungen konstruiertes Kolorimeter wurde von KLEINMANN[1] entwickelt; einen schematischen Schnitt zeigt die Abb. 92. Das von der Lampe kommende, praktisch parallele Strahlenbündel wird durch zwei Blendenplatten begrenzt, von denen die untere meßbar verschoben werden kann. Auf diese Weise läßt sich die Höhe des TYNDALL-Kegels in der hinter der Blende stehenden Küvette zwischen 0 und 45 mm ein-

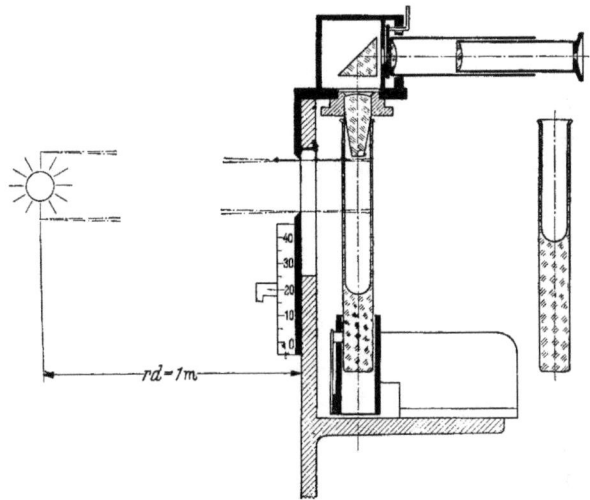

Abb. 92. Nephelometer nach Kleinmann.

stellen. Die Ablesegenauigkeit beträgt 0,1 mm. Das nach oben abgebeugte Licht tritt ohne Störung durch einen Flüssigkeitsmeniscus in einen konischen Glasstöpsel ein und wird über das totalreflektierende Prisma dem Ocular zugeleitet. Zur Messung gelangt nur Licht aus dem axialen, gleichmäßig beleuchteten inneren Teil der Küvette. Im Ocularprisma wird es mit dem zweiten aus der Standardlösung kommenden Lichtbündel in einem Gesichtsfeld mit scharfer Trennungslinie vereinigt. Das Instrument wird auch mit kleineren Flüssigkeitsbechern für Mikrountersuchungen ausgerüstet[2]. Als Lichtquelle dient eine besondere 1 m lange

---

[1] KLEINMANN, H.: Kolloid-Z. **27**, 236 (1920). Hersteller: F. Schmidt & Haensch, Berlin.
[2] KLEINMANN, H.: Biochem. Z. **234**, 25 (1931).

Beleuchtungseinrichtung in Form eines Rohres, das an einer Seite die Opallampe trägt und durch eine Anzahl eingebauter Kreisblenden genügende Parallelität des Lichts gewährleistet. Gemessen wird in durchaus analoger Weise wie bei kolorimetrischen Untersuchungen. Man füllt zunächst beide Küvetten mit der gleichen trüben Lösung und stellt bei gleicher Schichthöhe der beiden Fenster durch Justierung der Lampe auf Helligkeitsgleichheit der beiden Gesichtsfeldhälften ein. Die Symmetrie der Beleuchtung ergibt sich daraus, daß auch beim Vertauschen der beiden Küvetten die Helligkeitsgleichheit erhalten bleibt. Dann wird die eine Lösung durch eine andere, unbekannte ersetzt, deren Konzentration sich bei erneuter Einstellung auf Helligkeitsgleichheit mittels einer der verschiebbaren Blenden aus dem Schichthöhenverhältnis bzw. der Eichkurve ergibt. Die Genauigkeit der Schichthöhenablesung beträgt 0,1 bis 0,2 mm. Damit die durch das Auge begrenzte Einstellgenauigkeit visueller Methoden voll ausgenutzt wird, soll man nicht unter Schichthöhen von 10 mm heruntergehen. Das meßbare Konzentrationsverhältnis der beiden Lösungen liegt dann zwischen 1 und 4.

In neuerer Zeit wird häufig an Stelle einer gleichstofflichen und gleichbehandelten Standardlösung die *Verwendung fester unveränderlicher Trübungsstandards* empfohlen. Das entspricht völlig dem Übergang von der Vergleichslösung zur Graulösung bzw. Meßblende bei der Absorption, mit anderen Worten dem Übergang vom kolorimetrischen zum photometrischen Meßprinzip. Infolge der verschiedenartigen Streuung an Lösung und Vergleichsstandard ergibt sich ebenso wie bei der Absorption eine verschiedene Zusammensetzung des Lichts, was sich häufig in einer verschiedenen Farbtönung der Gesichtsfeldhälften bemerkbar macht, die dann die Vorschaltung von Farbfiltern erfordert. Dadurch wird die Messung analog wie bei der Photometrie von der Konstanz der Primärbeleuchtung abhängig. Man kann diese Fehlerquelle zum Teil dadurch vermeiden, daß man auch den Farbton des vom Trübungsstandard ausgesandten Lichtes variierbar macht. KLEIN-

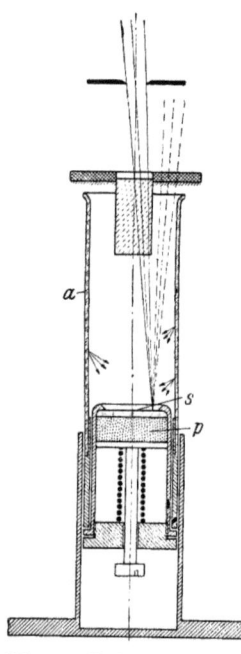

Abb. 93. Trübungsstandard nach Kleinmann.

MANN erreicht dies in dem von ihm angegebenen festen Trübungsstandard dadurch, daß er hinter das als Reflektor dienende mattierte Deckglas s ein Farbpulver p preßt, dessen Zusammensetzung so gewählt wird, daß das Streulicht denselben Farbton zeigt wie das Streulicht der zu untersuchenden Lösung. s empfängt das Primärlicht von den ebenfalls mattierten Wänden des Röhrchens a, deren Mattierung durch Ausgießen mit einer Suspension von Talk in ätherischer Kollodiumlösung abstufbar gemacht werden kann (vgl. Abb. 93). Wie aber KLEINMANN selbst betont, ist *der Vergleich der Versuchslösung gegen eine gleichzeitig hergestellte gleichartige Standardlösung stets vorzuziehen, da man wesentlich sicherere Ergebnisse erhält.* Dies ist auch darauf zurückzuführen, daß zufällige Bedingungen, wie z. B. die Reinheit der Reagenzien, die nicht immer völlig konstant gehalten werden können, gerade die empfindliche Trübungsreaktion stark beeinflussen können[1], so daß sie nur bei gleichzeitiger Herstellung von Versuchs- und Vergleichslösung unter gleichen Bedingungen herausfallen. Man wird daher feste Trübungsstandards nur dann verwenden, wenn die Beschaffung der Vergleichslösung schwierig ist, oder wenn man auf Erreichung der höchstmöglichen Genauigkeit der Messung verzichten kann. Die Verhältnisse liegen also durchaus analog wie bei der Auswahl kolorimetrischer bzw. photometrischer Methoden für die Konzentrationsbestimmung (vgl. S. 181 ff.).

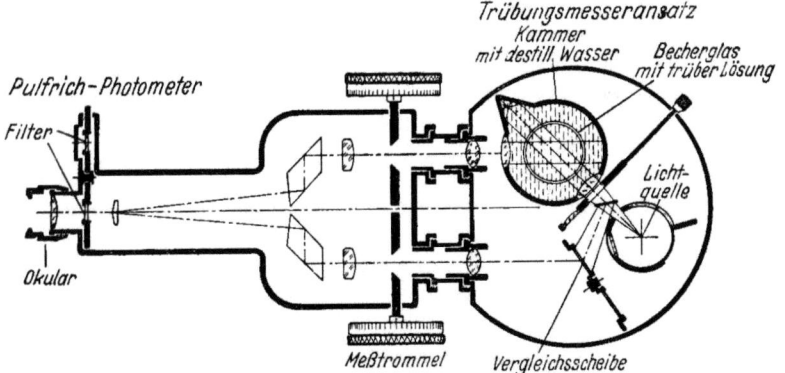

Abb. 94. Nephelometeransatz zum Pulfrich-Photometer.

Unter Benützung eines festen Trübungsstandards lassen sich natürlich auch Photometer für nephelometrische Messungen verwenden. Als Beispiel seien die aus dem PULFRICH-Photometer bzw.

---
[1] Dies bezieht sich vor allem auf die Teilchengröße des entstehenden Kolloids.

Leifo-Photometer entwickelten Trübungsmesser genannt. Der Nephelometeransatz zum PULFRICH-Photometer ist in Abb. 94 schematisch wiedergegeben. Es wird unter 45° zum Primärstrahl beobachtet, als Vergleichsstandard dienen vier abgestufte, mittels Drehscheibe auswechselbare Milch- und Mattglasscheiben. Vorsatzobjektive sorgen auch hier für volle Ausleuchtung der Meßblenden. Die zu messenden Solen werden je nach der Stärke der Trübung in Bechergläsern verschiedener Weite oder in Planküvetten untersucht. Für kleine Flüssigkeitsmengen verwendet man Reagensgläser und ersetzt das parallel einfallende Primärlicht durch Vorschalten einer weiteren Linse durch ein schmales keilförmiges Strahlenbündel. Die Gefäße stehen in einer Wasserkammer mit einem Temperierboden, die einerseits zur Konstanthaltung der Temperatur, andererseits zur Verhinderung störender Reflexe dient. Ein ähnliches Zusatzgerät existiert auch für Streuungsmessungen an Gasen.

Völlig auf einen Vergleichstrübungsstandard verzichtet das *Leifo-Nephelometer*. Als Vergleich dient hier direkt das im Eintrittsstutzen abgezweigte Primärlicht, das wie üblich durch zwei Polarisationsprismen meßbar geschwächt werden kann. An Stelle des totalreflektierenden Prismas hinter dem Eintrittsstutzen (vgl. Abb. 87) tritt die Streuküvette, an Stelle des Tauchbechers für Absorptionsmessungen ein Lichtschutzrohr mit einer Anzahl von Blenden. Die starke Abhängigkeit der Lichtstreuung von der Wellenlänge [siehe Gleichung (128)] bedingt in diesem Fall natürlich einen merklich verschiedenen Farbton der beiden Gesichtsfeldhälften, da das Vergleichsstrahlenbündel die Zusammensetzung des Primärlichtes besitzt, während das Streulicht an den kurzwelligen Komponenten des Lichts angereichert ist. Hier ist also die Vorschaltung von Filtern unerläßlich, und die Meßergebnisse müssen eine beträchtliche Abhängigkeit von der Lichtzusammensetzung zeigen.

Eine völlig analoge Meßanordnung liegt in dem schon von MECKLENBURG und VALENTINER[1] entwickelten TYNDALL-Meter vor, mit dem Unterschied, daß hier außerdem das Untersuchungsgefäß in zwei Richtungen meßbar verschoben werden kann, so daß der TYNDALL-Kegel in verschiedenen Entfernungen von der Eintrittsstelle des Lichts in die Lösung untersucht und so die scheinbare Absorption des Lichts durch Extrapolation der Messungen auf die Entfernung Null eliminiert werden kann (vgl. S. 215).

---

[1] MECKLENBURG, W. u. S. VALENTINER: Z. Instrumentenkunde **34**, 209 (1914). Hersteller: F. Schmidt & Haensch, Berlin.

Photometrische Messungen unter Benutzung fester Trübungsstandards ergeben natürlich nur relative Streuintensitäten, bezogen auf den jeweiligen Standard. Messungen an verschiedenen Apparaten sind wegen der Verschiedenheit der Trübungsstandards natürlich nicht ohne weiteres miteinander vergleichbar. Es sind deshalb auch Trübungsstandards in einem absoluten physikalischen Maß geeicht worden[1]. Dabei dient zur Kennzeichnung der Trübung das Intensitätsverhältnis von Streulicht und Primärlicht in der Weise, daß man den von einer 1 cm tiefen Schicht in die Beobachtungsrichtung ausgesandten Lichtstrom mit dem rechnerisch zugänglichen Lichtstrom vergleicht, der in diese Richtung ausgestrahlt werden müßte, wenn die gesamte Primärstrahlung gleichmäßig nach allen Seiten gestreut wird. Dieses Intensitätsverhältnis läßt sich für den als Absolutstandard dienenden trüben Glaskörper[2] nach verschiedenen Methoden bestimmen[1]. Ersetzt man nun die trübe Lösung durch den absolut geeichten Glaskörper und wiederholt die Messung gegen denselben beliebigen Vergleichsstandard, so ist die Trübung des Sols im absoluten Maß gleich dem Quotienten beider Meßwerte, multipliziert mit dem aus der Eichung bekannten Trübungswert des Absolutstandards. Ist die wirksame Schichttiefe s der Lösung nicht gleich der des Glaskörpers, so ist das Ergebnis auch noch mit s zu multiplizieren. Dieses Verfahren setzt natürlich die oben erwähnte Proportionalität zwischen Streuintensität und (scheinbarer) Extinktion der Lösung voraus (vgl. S. 215), gilt also nur innerhalb des Geltungsbereichs der Gleichung (129). Auch die so bestimmten Absolutwerte der Trübung hängen natürlich von der spektralen Zusammensetzung des Lichts ab und werden deshalb für monochromatisches Licht oder einen engen, durch Filter ausgeblendeten Spektralbereich bestimmt.

Trübungsmessungen im oben definierten Sinn einer Messung der scheinbaren Extinktion der trüben Lösung (vgl. S. 214) unterscheiden sich prinzipiell nicht von gewöhnlichen Extinktionsmessungen, es gelten also auch hier alle früher angestellten grundsätzlichen Überlegungen, z.B. über das Auftreten von Farbtonunterschieden. Im übrigen ist natürlich auch hier auf konstante Meßbedingungen zu achten, insbesondere auf die Konstanz der Teilchengröße[3].

---

[1] SAUER, H.: Z. techn. Physik **12**, 148 (1931).
[2] Solche absolut geeichte Standards werden von den Firmen mitgeliefert.
[3] Eine Zusammenstellung von Anwendungsbeispielen nebst Literatur gibt z.B. C. Zeiß in einem Sonderverzeichnis; ferner M. G. MELLON in „Analytical Absorption Spectroscopy", New York 1950.

7. Visuelle Reflexionsmessungen.

In neuerer Zeit wird das Reflexionsvermögen fester Stoffe in zunehmendem Maße zur Charakterisierung und Normung industrieller Produkte aller Art herangezogen. Das Verfahren wurde ursprünglich zur Bestimmung des sogenannten „Weißgehaltes" von Deckfarben (Bleiweiß, Zinkweiß) oder von Papier- und Textilproben entwickelt. Man vergleicht die Gesamtreflexion weißen Lichts durch die Probe mit der Gesamtreflexion eines festgelegten Standards (z. B. MgO) und erhält so unmittelbar die Reflexion der Probe in Prozenten der Reflexion des Standards. Man mißt in der Weise, daß man Probe und Standard nebeneinander mit derselben Lampe gleichmäßig beleuchtet und photometrisch (etwa mit dem MARTENSschen oder dem PULFRICH - Photometer) auf gleiche Leuchtdichte des reflektierten Lichts einstellt. Das Verfahren setzt voraus, daß die beiden Oberflächen ideal diffus reflektieren und keinerlei Struktur aufweisen, da sonst der gemessene Wert von den geometrischen Bedingungen, also z. B. von der Richtung der auffallenden Primärstrahlung abhängt. Um diesen Fehler zu vermeiden, beleuchtet man die Proben mit Hilfe einer sogenannten ULBRICHTschen Kugel, die innen mit einem diffus reflektierenden weißen Belag (MgO) versehen ist (vgl. Abb. 95). Die Lichtquelle ist so angeordnet, daß das Licht nicht direkt auf die Proben fallen kann, sondern nur durch diffuse Reflexion von den Wänden auf die Proben gelangt, so daß diese von allen Seiten gleichmäßig beleuchtet werden. Als Vergleichsstandard kann die Kugelinnenwand selbst dienen. Abb. 95 zeigt schematisch das für diesen Zweck umgebaute PULFRICH-Photometer von Zeiß[1]. Die Beleuchtungsstärke der Proben kann durch Verschieben der Lampenfassung in einem Halterohr weitgehend verändert werden.

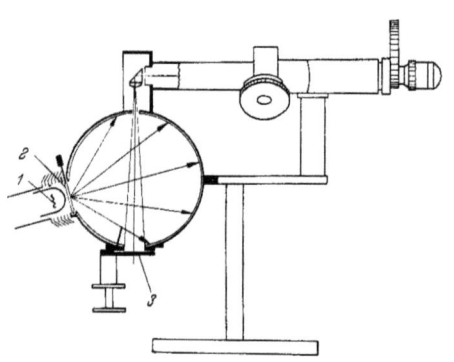

Abb. 95. Pulfrich-Photometer mit Ulbrichtscher Kugel für Reflexionsmessungen.
1 Lichtquelle; *2* Milchglasfenster; *3* Probe.

---
[1] Ein ähnliches Instrument ist z. B. das PRIEST-LANGE-Reflektometer. J. G. PRIEST: J. Res. nat. Bur. Standards **15**, 529 (1935).

Sind die zu messenden Proben nicht weiß bzw. grau, sondern farbig, so kann man unter Benutzung einer Filterserie mit dem gleichen Instrument auch das relative *spektrale* Reflexionsvermögen bezogen auf das Normalweiß des Standards messen und so die *Farbe* des festen Stoffes charakterisieren. Trägt man die Meßwerte gegen die Filterschwerpunkte auf, so erhält man die *spektrale Reflexionskurve*, die etwa die gleiche Bedeutung hat, wie eine mit dem PULFRICH-Photometer aufgenommene Absorptionskurve (vgl. Abb. 82), also nur für eine grobe orientierende Charakterisierung der Probe brauchbar ist. Wichtig für die Reproduzierbarkeit der Messung ist vor allem, daß die Dicke der diffus reflektierenden Probe so groß ist, daß sie für das Licht praktisch vollkommen undurchlässig ist, da sonst die Meßwerte von dem Reflexionsvermögen des dahinter befindlichen Trägers der Schicht abhängig werden.

Zerlegt man das reflektierte Licht spektral durch ein Prisma oder Gitter, so erhält man ein *Reflexionsspektrum* des festen Stoffs. Da die Intensität des monochromatisch zerlegten Reflexionslichtes für visuelle Messung zu gering ist, hat man für die Aufnahme dieser Spektren photographische und lichtelektrische Methoden entwickelt, die natürlich auch auf das IR und UV ausgedehnt werden können. Es hat sich gezeigt, daß sich unter geeigneten Bedingungen aus derartigen Reflexionsspektren die „typische Farbkurve" des festen Stoffes ermitteln läßt (vgl. S. 336).

IV. Lichtelektrische Methoden.

Die Einstellstreuung visueller Messungen ist nach S. 119 durch den *relativen Leuchtdichteunterschied* $d\overset{*}{B}/\overset{*}{B}$ gegeben, auf den das Auge gerade noch reagiert. Sie beträgt unter günstigsten Bedingungen etwa 1%. Danach läßt sich auch die relative Streuung der Extinktionsmessung nicht wesentlich unter etwa 0,5% herabdrücken, wodurch also die maximale, mit visuellen Methoden erreichbare Genauigkeit zu etwa 200 gegeben ist. Abgesehen von dieser begrenzten Genauigkeit spielen jedoch bei visuellen Messungen noch andere nicht immer erfaßbare Einflüsse eine Rolle, unter denen vor allem die Ermüdung des Auges bei längeren Meßreihen und die verschiedene Farbtüchtigkeit einzelner Beobachter hervorgehoben sei. Sie können unter Umständen die Genauigkeit der Messung stark beeinträchtigen, ohne daß dies immer kontrolliert werden kann[1]. Außerdem sind visuelle Messungen auf einen

---
[1] Vgl. dazu z. B.: G. KORTÜM u. J. GRAMBOW: Z. angew. Chem. A **59**, 160 (1947).

relativ engen Spektralbereich beschränkt, und es ist meistens von Interesse, die Messungen auch auf das UV ausdehnen zu können.

Aus diesen Gründen ist immer wieder versucht worden, das Auge durch objektive Strahlungsempfänger zu ersetzen. *Der Zweck objektiver Methoden besteht also in erster Linie darin, eine wesentlich höhere und gleichbleibende Genauigkeit der Messung zu erreichen.* Da die visuellen Apparate heute auf Grund langjähriger Erfahrungen eine kaum noch zu übertreffende konstruktive Vollendung erreicht haben, sowohl bezüglich der Einfachheit der Handhabung wie der Ausnützung sämtlicher durch die Eigenschaften des Auges gegebenen Möglichkeiten, ist ihr Ersatz durch objektive Meßanordnungen nur dann sinnvoll, wenn sich mit diesen mehr erreichen läßt. Zahlreiche der in neuerer Zeit entwickelten lichtelektrischen Geräte werden aber dieser Forderung keineswegs gerecht, sondern es wird lediglich das Auge durch einen objektiven Strahlungsempfänger ersetzt, ohne daß die Genauigkeit der Messung oder der spektrale Meßbereich nennenswert vergrößert worden wäre. Die vielfach angegebene „hohe Genauigkeit" solcher Apparate beruht sehr häufig auf der mangelnden Berücksichtigung einer Reihe systematischer Fehlerquellen, die mit der Einführung der objektiven Meßelemente zwangsläufig wirksam werden und die angeblich erreichte Genauigkeit der Messung gewöhnlich illusorisch machen.

Andererseits ist zu betonen, daß *lichtelektrische Methoden unter Benutzung eines geeigneten Meßverfahrens*, das die photometrisch ungünstigen Eigenschaften von Photozellen und Photoelementen unwirksam macht, *den visuellen Methoden stets überlegen sind*, und zwar sowohl in bezug auf die Richtigkeit (systematische Fehler) wie in bezug auf die Genauigkeit (Streuung) der Meßwerte. Dies gilt sowohl für die Photometrie wie für die Spektrometrie, was bedeutet, daß sich die lichtelektrischen Methoden gegenüber den visuellen immer mehr durchsetzen werden.

1. Verschiedene Meßverfahren.

Für die Brauchbarkeit lichtelektrischer Geräte und die Genauigkeit der mit ihnen ausgeführten Messungen ist das benutzte *Meßverfahren* von ausschlaggebender Bedeutung. Wir unterscheiden:

Ausschlagsmethoden. Man mißt nacheinander den Strahlungsstrom Φ_0 bzw. Φ in Form des von der Photozelle gelieferten Photostroms, entweder unmittelbar galvanometrisch oder durch Messung des Spannungsabfalls an einem Hochohmwiderstand elektrometrisch.

Kompensationsmethoden. Man benutzt Galvanometer oder Elektrometer als Nullinstrument und kompensiert den durch Φ_0 bzw. Φ gelieferten Photostrom oder seinen Spannungsabfall an einem Hochohmwiderstand *elektrisch* mit Hilfe einer Brückenschaltung oder einer variablen und meßbaren Gegenspannung.

Substitutionsmethoden. Man mißt die Extinktion mit Hilfe einer meßbar veränderlichen Lichtschwächungseinrichtung (photometrisch) oder mit Hilfe einer Vergleichslösung variabler Schichtdicke (kolorimetrisch), die man an Stelle der zu messenden Lösung in den Strahlengang einschaltet. Dabei handelt es sich also um eine *optische* Substitution, so daß die Photozelle zusammen mit dem Anzeigegerät (wie das Auge bei visuellen Messungen) lediglich die Aufgabe hat, die Gleichheit zweier Strahlungsströme festzustellen, die hier nicht nebeneinander, sondern *nacheinander* registriert werden.

Flimmermethoden. Man läßt das Strahlenbündel mit Hilfe eines geeigneten Unterbrechers in raschem Wechsel einmal die Meßlösung, das andere Mal die Lichtschwächungseinrichtung bzw. die Vergleichslösung durchsetzen, die man so lange variiert, bis der entstandene Photostrom keine Wechselstromkomponente mehr zeigt. Dann ist die Extinktion in beiden Strahlengängen die gleiche.

Bei diesen verschiedenen Meßverfahren unterscheidet man weiterhin *Einzellen-* und *Zweizellenmethoden.* Letztere dienen stets dazu, Intensitätsschwankungen der Strahlungsquelle möglichst weitgehend auszuschalten und sind deshalb vorzuziehen; sie beruhen darauf, daß man die Photoströme der beiden Zellen gegeneinander kompensiert. Lediglich die Flimmermethode ist von solchen Intensitätsschwankungen völlig unabhängig[1] und stellt deshalb stets eine Einzellenmethode dar.

Je nach dem benutzten Verfahren besitzen die früher diskutierten Eigenschaften der Photozellen und Photoelemente verschieden starken Einfluß auf das Meßergebnis, so daß es notwendig ist, diese Verfahren im einzelnen zu diskutieren.

a) Ausschlagsmethoden. Die denkbar einfachste Anordnung für lichtelektrische Messungen geht aus Abb. 96 hervor, in der eine *Einzellenausschlagsmethode* schematisch dargestellt ist. Vertauscht man Lösungsmittel und Lösung, so ergibt sich die Extinktion des gelösten Stoffes aus dem Verhältnis der beiden Ausschläge A des Galvanometers:

$$E = \log \frac{\Phi_0}{\Phi} = \log \frac{A_1}{A_2}. \quad (130)$$

---

[1] Dabei ist allerdings vorausgesetzt, daß diese Schwankungen wesentlich langsamer erfolgen als der Beleuchtungswechsel.

Dieses Verfahren setzt einmal voraus, daß die Strahlungsquelle während der beiden Messungen keine Intensitätsschwankungen zeigt, und zweitens, daß Photostrom und Bestrahlungsstärke einander proportional sind. Die letzte Bedingung bedeutet bereits eine Begrenzung der erreichbaren Meßgenauigkeit, da die Proportionalität von Beleuchtungsstärke und Photostrom vielfach von äußeren Bedingungen abhängt, in *keinem* Fall aber innerhalb von 0,1 % gewährleistet ist (vgl. S. 145 ff.). In den weitaus meisten Fällen werden jedoch die früher diskutierten Eigenschaften der photoelektrischen Empfänger die Streuung wesentlich vergrößern, was beson-

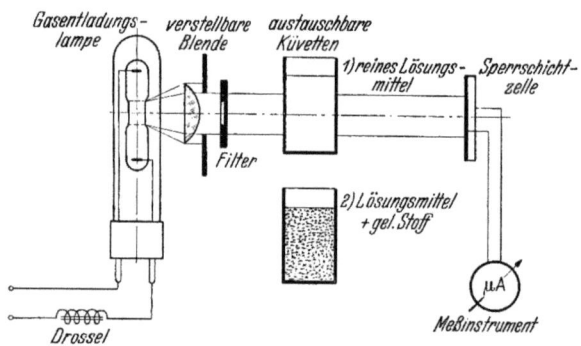

Abb. 96. Schema einer Einzellen-Ausschlagsmethode.

ders für die Verwendung von Photoelementen gilt. Benutzt man Photozellen oder Sekundärelektronenvervielfacher, so wird der Photostrom elektrometrisch gemessen oder durch den Spannungsabfall, den der Photostrom an den Enden eines Hochohmwiderstandes hervorruft. Dabei muß man beachten, daß durch dieses Verfahren die an die Zelle angelegte Spannungsdifferenz verändert wird, so daß es auf die Verwendung von Vakuumzellen im Bereich ihres Sättigungsstromes beschränkt ist.

Unabhängig davon, ob man galvanometrisch oder elektrometrisch mißt, ist bei Benutzung von Instrumenten mit Skalenablesung die Genauigkeit schon durch die Ablesestreuung begrenzt, da diese sich selten unter 0,5% drücken läßt. Berücksichtigt man schließlich noch Nullpunktsschwankungen und Empfindlichkeitsänderungen des Meßinstruments, so gelangt man zu dem Ergebnis, daß bezüglich erreichbarer Genauigkeit derartige Ausschlagsmethoden den visuellen Methoden nicht überlegen sind, sondern daß gegebenenfalls die Unsicherheit des Meßergebnisses sogar recht beträchtlich erhöht sein kann.

Dies gilt noch in besonderem Maße, wenn die Strahlungsquelle *Intensitätsschwankungen* zeigt. Will man z.B. eine Extinktion von 0,100 messen, so mögen die Galvanometerausschläge, entsprechend den Intensitäten Φ_0 und Φ, 1000 bzw. 794 Skalenteile betragen. Hat sich nun die Strahlungsintensität bei der zweiten Messung infolge einer Netzschwankung z.b. um 1% erhöht, so mißt man statt dessen 802 Skalenteile, was einer Extinktion von 0,096 entspricht, d.h. man macht bereits einen Fehler von 4% in der Extinktion. Umgekehrt muß man die Strahlungsintensität auf etwa 0,2% konstant halten, damit der Extinktionsfehler nicht mehr als 1% beträgt. *Wie diese Rechnung zeigt, müssen bei Ausschlagsmethoden schon außerordentlich hohe Anforderungen an die Konstanz der Strahlungsquelle gestellt werden, damit man nur die Genauigkeit visueller Methoden erreicht.* Praktisch läßt sich diese Konstanz bei Netzanschlußgeräten nur unter großem Aufwand verwirklichen(vgl. S. 164ff.), so daß man auf die Verwendung von Akkumulatoren genügender Kapazität angewiesen ist. Man muß dabei berücksichtigen, daß Spannungsschwankungen des Netzes bei Glühlampen wegen der steilen Charakteristik bei voller Belastung etwa 4- bis 5fach größere Helligkeitsschwankungen des ungefilterten Lichts zur Folge haben, so daß schon sehr geringe Netzschwankungen außerordentlich große systematische Fehler der Extinktionsmessung hervorrufen können.

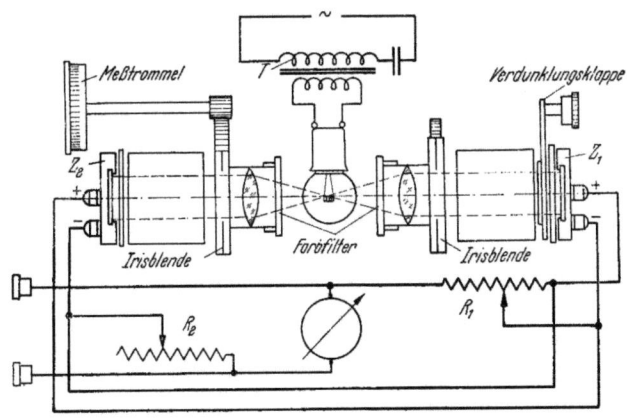

Abb. 97. Schema einer Zweizellen-Ausschlagsmethode.

Das Schema einer *Zweizellenausschlagsmethode* mit Sperrschichtelementen zeigt Abb.97. Die gleiche Strahlungsquelle beleuchtet zwei möglichst identische, gegeneinander geschaltete Photoelemente Z_1 und Z_2. Im Strahlengang von Z_1 befinde sich die Lösungsmittelküvette. Man kompensiert die Photoströme mit Hilfe der Blenden, so daß das Galvanometer keinen Ausschlag zeigt ($i_1 = i_2$). Ersetzt man nun das Lösungsmittel durch die Lösung, so wird

$$i_1 = k\vartheta\Phi_0; \quad i_2 = k\Phi_0, \qquad (131)$$

wenn man Proportionalität zwischen Beleuchtungsstärke und Photostrom voraussetzt[1]. ϑ ist die durch Gleichung (16) definierte, von Φ_0 unabhängige Durchlässigkeit der Lösung. Der durch das Galvanometer fließende Strom ergibt sich so zu

$$i = i_2 - i_1 = k\Phi_0(1-\vartheta) = k\Phi_0\alpha. \qquad (132)$$

α ist der durch (17) definierte Absorptionsgrad. Der Galvanometerausschlag ist demnach bei konstantem Φ_0 dem Absorptionsgrad proportional, der Proportionalitätsfaktor wird durch eine Lösung bekannter Konzentration empirisch ermittelt. Stellt man etwa mit Hilfe eines zum Galvanometer parallel geschalteten Widerstands unter völliger Abdunklung des Elements Z_1 auf den Ausschlag 100 ein, so ergibt die Messung unmittelbar die Prozente Absorption.

In der Nullstellung des Galvanometers kompensieren sich Intensitätsschwankungen der Strahlungsquelle, wie die Differentiation von (132) zeigt, denn aus

$$\frac{di}{d\Phi_0} = k(1-\vartheta) \qquad (133)$$

folgt $\frac{di}{d\Phi_0} = 0$ für $\vartheta = 1$. Die Galvanometerausschläge selbst sind jedoch von Intensitätsschwankungen nicht unabhängig, wie häufig angenommen wird. Aus (132) und (133) ergibt sich

$$\frac{di}{i} = \frac{d\Phi_0}{\Phi_0}, \qquad (134)$$

d. h. *die relativen Schwankungen* (in Prozenten) *sind für Galvanometerausschlag und Strahlungsintensität gleich groß. Wie diese Rechnung zeigt, kann man bei Ausschlagsmethoden auch durch Verwendung zweier Zellen keine Unabhängigkeit der Messung von der Inkonstanz der Strahlungsquelle erreichen.* Dagegen sind diese durch Schwankungen von Φ_0 bedingten Fehler wesentlich kleiner als bei

---

[1] Strenggenommen wird auch monochromatische Strahlung vorausgesetzt, denn nur in diesem Fall ändert sich die spektrale Zusammensetzung der Strahlung durch Einschalten der Lösung nicht. Bei polychromatischer Strahlung (Verwendung von Filtern!) bleibt k nicht konstant, selbst wenn die spektrale Empfindlichkeitsverteilung der beiden Empfänger gleich ist.

Einzellenmethoden. Will man also die Genauigkeit visueller Methoden erreichen, so muß man die Intensität der Strahlungsquelle auf wenigstens 1% und damit die an der Lampe liegende Spannung auf wenigstens 0,3% genau konstant halten, was ebenfalls die Benutzung der Netzspannung ohne besondere Stabilisierung ausschließt.

Eine erhöhte Meßgenauigkeit läßt sich dadurch erzielen, daß man nicht den Ausschlag für die Gesamtextinktion der Lösung, sondern für eine Extinktions*differenz* gegenüber einer Vergleichslösung bekannter Konzentration mißt. Auf diese Weise steht der gesamte Skalenbereich des Strommeßinstruments für diese Differenz zur Verfügung. Beträgt die Differenz $1/n$ der zu messenden Gesamtextinktion, so sinkt die relative Streuung auf den n-ten Teil, falls die Konzentration der Vergleichslösung mit entsprechend großer Sicherheit bekannt ist.

Bei hohen Ansprüchen an die zu erreichende Meßgenauigkeit muß man mit einer einzigen Küvette arbeiten, die man nacheinander mit Lösungsmittel und Lösung füllt; falls man unter Benutzung zweier Küvetten Lösung und Lösungsmittel gegeneinander vertauscht, wie dies in Abb. 97 angedeutet ist, so ist man gewöhnlich gezwungen, die sogenannte „Trogdifferenz" zu bestimmen, die durch geringe Verschiedenheiten der Küvetten bzw. Unsymmetrien des Verschiebungsmechanismus bedingt ist. Man füllt zu diesem Zweck beide Küvetten mit dem reinen Lösungsmittel, bringt sie abwechselnd in den Strahlengang und berücksichtigt den dabei auftretenden Ausschlag als Korrektur bei der eigentlichen Messung. Diese Trogdifferenz ist gewöhnlich klein, muß jedoch von Zeit zu Zeit nachgeprüft werden, wenn man größere Meßgenauigkeit erreichen will.

Bei manchen nach dem Zweizellenausschlagsverfahren arbeitenden Geräten ist die Lösungsmittelküvette vor dem einen, die Lösungsküvette vor dem andern Photoelement angebracht, so daß die Strahlengänge symmetrisch sind. Man kompensiert, indem man beide Küvetten mit dem Lösungsmittel füllt, mit Hilfe der Blenden und ersetzt dann in einer derselben das Lösungsmittel durch die Lösung. Diese Methode bedeutet nichts prinzipiell Neues.

b) Kompensationsmethoden eignen sich, soweit man Einzellenmethoden benutzt, in erster Linie für Photozellen: man kompensiert die an einem Hochohmwiderstand abfallende Photospannung mit einem Potentiometer, wobei sich die Extinktion aus dem Widerstandsverhältnis bei der aufeinanderfolgenden Messung von Lösungsmittel und Lösung ergibt. Das Elektrometer wird dabei nicht als Meß-, sondern als Nullinstrument benutzt, so daß eventuelle Nullpunkts- und Empfindlichkeitsschwankungen die Messung nicht beeinflussen. Das Schema einer solchen *Einzellenkompensationsmethode* ist in Abb. 98 dargestellt. Die vom Monochromatorspalt S ausgehende Strahlung fällt auf die Zelle Z, der Photostrom ruft an den Enden des Hochohmwiderstands R_2 einen Spannungsabfall hervor, der durch das Potentiometer R_3 kompensiert wird, bis der Elektrometerfaden wieder das Potential Null erhält. Als Nullinstrument dient das Elektrometer E mit den Schutzwiderständen R_4. Als Potentiometer verwendet man am besten eine Kurbelmeßbrücke. Steht eine solche nicht zur Verfügung, so läßt

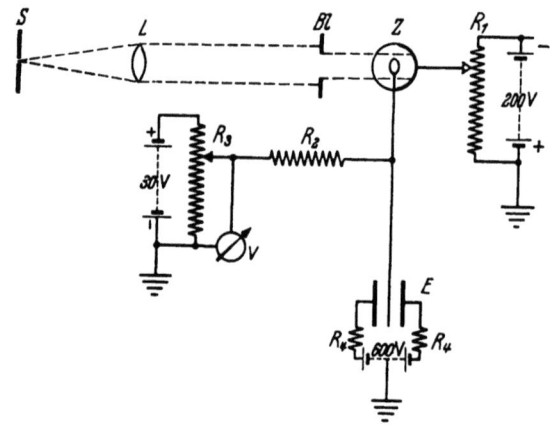

Abb. 98. Schema einer Einzellenkompensationsmethode mit Photozelle.

sich die Kompensationsspannung auch mittels eines geeigneten, zum abgegriffenen Widerstand parallel gelegten Voltmeters V messen. Nach diesem Prinzip ist die von v. HALBAN und GEIGEL[1] beschriebene Anordnung aufgebaut, die als das erste brauchbare lichtelektrische Photometer überhaupt bezeichnet werden kann.

Kompensation ist erreicht, wenn die Bedingung erfüllt ist

$$\frac{U_Z}{R_Z} = \frac{U_2}{R_2}, \qquad (135)$$

wobei U_Z die an die Zelle angelegte Spannung, U_2 die variable Kompensationsspannung, R_Z den mit der Bestrahlungsstärke variablen Widerstand der Zelle, R_2 den Hochohmableitwiderstand

---

[1] HALBAN, H. v. u. H. GEIGEL: Z. physik. Chem. **96**, 214 (1920).

darstellt. Ist der Photostrom i der Bestrahlungsstärke proportional, d.h.

$$i = \frac{U_Z}{R_Z} = k\Phi, \qquad (136)$$

so folgt

$$\Phi = \frac{1}{kR_2} U_2 = \text{const} \cdot U_2. \qquad (137)$$

Bei Kompensation ist der auf die Zelle fallende Strahlungsstrom der angelegten Gegenspannung proportional, so daß das Verhältnis der Gegenspannungen bzw. der zugehörigen Abgreifwiderstände am Potentiometer bei Φ bzw. Φ_0 unmittelbar die Durchlässigkeit des absorbierenden Stoffes liefert. *Auch in diesem Fall ist also die Proportionalität zwischen Beleuchtungsstärke und Photostrom vorausgesetzt*, die deshalb in jedem Fall nachzuprüfen ist und eine Steigerung der Genauigkeit über 1000 (0,1%) hinaus begrenzt. Da infolge der Kompensation der Spannungsabfall an der Zelle stets der gleiche bleibt und man daher immer an derselben Stelle der Charakteristik arbeitet, lassen sich in diesem Fall auch *gasgefüllte Zellen* verwenden.

Die Intensitätsschwankungen der Strahlungsquelle lassen sich in diesem Fall nicht durch eine Zweizellenanordnung eliminieren; dabei müßte nämlich die zweite Zelle an Stelle des Widerstands R_2

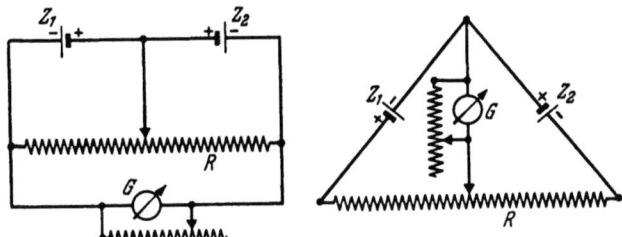

Abb. 99. Brückenschaltungen für Kompensationsmethode mit 2 Photoelementen.

eingebaut werden, und die variable Kompensationsspannung an dieser Zelle wäre wegen der nichtlinearen Stromspannungscharakteristik der Zellen (vgl. Abb. 54) den Bestrahlungsstärken der Meßzelle nicht proportional. Dagegen kann man mit Photoelementen *Zweizellenkompensationsmethoden* aufbauen, die auch in manchen käuflichen Geräten verwendet werden, und zwar mit Hilfe von Brückenschaltungen, wie sie in Abb. 99 dargestellt sind. Wählt man bei gegebenen Photoströmen i_1 und i_2 die Widerstände R_1 und R_2 so, daß die Spannungsabfälle U_1 und U_2 an ihnen gleich groß sind, so fließt im Galvanometer G kein Strom. Für diese Kompensationsstellung gilt demnach, wieder unter Voraussetzung der Proportionalität von Bestrahlungsstärke und Photostrom, analog zu (131)

$$U_1 = i_1 R_1 = k\vartheta\Phi_0 R_1 = U_2 = i_2 R_2 = k\Phi_0 R_2, \quad (138)$$

wenn sich im Strahlengang 1 der absorbierende Stoff mit der Durchlässigkeit ϑ befindet. Es folgt

$$\vartheta = \frac{R_2}{R_1}; \quad (139)$$

die Durchlässigkeit ergibt sich unmittelbar aus dem Widerstandsverhältnis in Kompensationsstellung. Benutzt man als Widerstand etwa einen homogenen Schleifdraht auf einer Meßlatte, so wird ϑ gleich dem Längenverhältnis der Brückenzweige. Das Galvanometer dient hier ausschließlich als Nullinstrument.

Auch hier kompensieren sich in der Nullstellung des Galvanometers die eventuellen Intensitätsschwankungen der Strahlungsquelle. Ohne Kompensation fließt durch das Galvanometer ein Strom

$$i = \frac{U_2 - U_1}{R_G} = \frac{k\Phi_0 R_2 - k\vartheta\Phi_0 R_1}{R_G}. \quad (140)$$

Durch Differentiation erhält man

$$\frac{di}{d\Phi_0} = \frac{k R_2 - k\vartheta R_1}{R_G}. \quad (141)$$

Es wird $di/d\Phi_0 = 0$ für $\vartheta = R_2/R_1$, d.h. für Kompensationsstellung. *Da in diesem Fall stets durch Einstellung der Kompensation gemessen wird, ist diese Methode im Gegensatz zur Zweizellenausschlagsmethode von der Inkonstanz der Strahlungsquelle völlig unabhängig.* Dies gilt streng zwar nur unter den gemachten und in Wirklichkeit nicht zutreffenden Voraussetzungen (Proportionalität zwischen i und Φ [1]; monochromatische Strahlung usw.), ist aber praktisch für die von Filterphotometern verlangten Genauigkeiten meistens genügend erfüllt, wenn man möglichst identische Photoelemente benutzt.

Zu den beschriebenen Brückenschaltungen zur Kompensation von Photoströmen gibt es verschiedene Variationen, die im Prinzip dasselbe leisten und deshalb nicht im einzelnen behandelt werden sollen [2].

---

[1] Damit diese angenähert gewahrt ist, dürfen die Widerstände R nicht zu hoch sein (vgl. Abb. 60).

[2] Vgl. dazu B. A. BRICE: Rev. sci. Instruments 8, 279 (1937).

c) **Substitutionsmethoden.** Die in den bisher beschriebenen Meßverfahren vorausgesetzte Proportionalität zwischen Bestrahlungsstärke und Photostrom, die bei Photozellen nur bedingt und in gewissen Grenzen, bei den übrigen lichtelektrischen Empfängern grundsätzlich nicht vorhanden ist (vgl. S. 139, 145), schränkt den Wert dieser Methoden stark ein und macht die Meßergebnisse so unsicher, daß man mit visuellen Methoden im allgemeinen das gleiche oder sogar mehr erreichen wird. Damit ist aber ein *wesentlicher* Zweck objektiver Methoden, nämlich die Erreichung höherer Meßgenauigkeiten verfehlt. Um ihn verwirklichen zu können, muß man zu *Substitutionsmethoden* übergehen, indem man die Extinktion der Lösung durch eine meßbar veränderliche Lichtschwächung oder durch eine Vergleichslösung variabler Schichtdicke ersetzt, so daß der vom Empfänger gelieferte Strom während der Messung konstant bleibt und man eine *reine Nullmethode* vor sich hat. Verwendet man außerdem zwei Empfänger in Kompensationsschaltung, so werden die

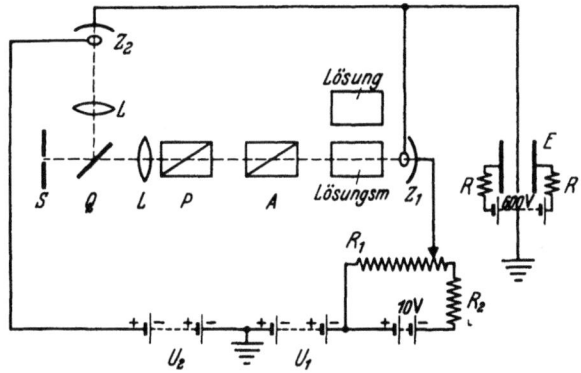

Abb. 100. Schema einer Zweizellen-Substitutionsmethode.

wesentlichen durch die Eigenschaften der Empfänger und durch Intensitätsschwankungen der Lichtquelle bedingten Fehlerquellen[1] unwirksam, so daß alle Voraussetzungen für die Erreichung höherer Meßgenauigkeiten gegeben sind[2]. Das Schema einer Zweizellen-Substitutionsmethode ist in Abb. 100 wieder-

---

[1] Bestehen bleibt lediglich die S. 228, Anm. 1, genannte Voraussetzung.
[2] Erstmalig wurde eine Zweizellensubstitutionsmethode von H. v. HALBAN u. K. SIEDENTOPF [Z. physik. Chem. **100**, 208 (1922)] für Absorptionsmessungen verwendet.

gegeben[1]; sie eignet sich in erster Linie für gasgefüllte Photozellen oder Multiplier. Die meßbare Lichtschwächung wird hier durch zwei Polarisationsprismen P und A dargestellt, von denen der Analysator A die Kreisteilung trägt. Das Strahlenbündel wird mit der um 45° gegen die optische Achse geneigten Quarzplatte Q geteilt, die etwa 10% durch Reflexion auf die Vergleichszelle Z_2 wirft. Die beiden Photoströme werden vor der Messung mit Hilfe der Spannungsregulierung R_1 und R_2 kompensiert[2], als Nullinstrument dient das Elektrometer E. Im übrigen haben die Bezeichnungen dieselbe Bedeutung wie in Abb. 98. Zwischen den beiden Methoden besteht insofern eine Analogie, als in der Zweizellenanordnung lediglich der Hochohmwiderstand R_2 der Abb. 98 durch die Kompensationszelle Z_2 ersetzt ist, die einen mit der Beleuchtung variablen Widerstand darstellt (vgl. auch S. 240). Bei Kompensation ist der Spannungsabfall des Photostroms an der Kompensationszelle gleich der Saugspannung U_2, die an der Zelle liegt. Mit solchen Anordnungen läßt sich, wie später im einzelnen gezeigt werden soll (vgl. S. 282), ein Höchstmaß an Genauigkeit erreichen. Ist die Strahlungsintensität genügend groß bzw. sind die Empfänger in dem benutzten Spektralgebiet genügend empfindlich, so ist die Genauigkeit praktisch allein durch die Ablesestreuung der Lichtschwächungseinrichtung begrenzt (vgl. S. 252) und kann außerordentlich weit getrieben werden.

Eine völlig analoge Anordnung läßt sich natürlich auch mit Photoelementen aufbauen, mit dem Unterschied, daß hier die beiden Photoströme nicht durch Regulierung der Vorspannung, sondern durch Änderung des Intensitätsverhältnisses der beiden Lichtbündel (z. B. mit Hilfe einer Blende) oder durch eine der Brückenschaltungen der Abb. 99 kompensiert werden.

d) **Flimmermethoden.** Das Meßprinzip beruht darauf, daß die zu vergleichenden Intensitäten der beiden Strahlenbündel, die einerseits die Lösung, andererseits das Lösungsmittel durchsetzt haben, *abwechselnd* auf die gleiche Zelle fallen, wobei man das letztere mittels einer Lichtschwächungsvorrichtung so lange schwächt, bis die beiden Photoströme einander gleich geworden sind und man einen konstanten Ausschlag des Meßinstruments er-

---

[1] Es ist vielleicht nicht überflüssig, darauf hinzuweisen, daß man keine Nullmethode mehr vor sich hat, wenn man die zu messende Extinktion in dem einen, die meßbare Lichtschwächung im anderen Strahlengang anbringt, wie es gelegentlich empfohlen wird.

[2] R_1 ist z.B. ein in 10 Stufen unterteiltes Potentiometer von 10^5 Ohm, R_2 ein in Stufen von 1 Ohm variierbarer Kurbelrheostat von 10^4 Ohm. Auf diese Weise läßt sich die Spannung an Z_1 sehr fein regulieren.

hält[1]. Der Bestrahlungswechsel wird z.b. mit Hilfe eines Strahlenunterbrechers[2] erreicht, der so konstruiert sein muß, daß *die Intensitäten der beiden Bündel einen Phasenunterschied von 90° gegeneinander zeigen.* Während also das eine Bündel allmählich schwächer wird, wird das andere in gleichem Maße stärker, so daß bei gleicher Extinktion in beiden Strahlengängen die Summe der Intensitäten stets konstant ist. Dies läßt sich etwa durch einen rotierenden Sektor (vgl. Abb. 120) mit einer ungeraden Zahl von Öffnungen oder durch ein rotierendes Polarisationsprisma (vgl. Abb. 101) erreichen. Intensitätsschwankungen der Strahlungsquelle werden dabei allerdings nur dann kompensiert, wenn sie langsamer erfolgen als der Wechsel der Beleuchtung; dagegen spielen Abweichungen von der Proportionalität zwischen Beleuchtungsstärke und Photostrom keine Rolle, weil man auf gleiche Intensität der beiden Strahlenbündel einstellt. Man mißt wie bei der Kompensationsmethode (vgl. S. 230) den Spannungsabfall an einem Hochohmwiderstand mit einem Potentiometer und Elektrometer als Nullinstrument. In neuerer Zeit verstärkt man meistens die Wechselstromkomponente des Photostroms, die mit einem geeigneten Anzeigeinstrument registriert wird; man variiert die Lichtschwächungseinrichtung so lange, bis diese Wechselstromkomponente verschwindet.

Dieses Meßverfahren hat sich in den letzten Jahren wegen seiner Voraussetzungslosigkeit[3] weitgehend durchgesetzt und wird in zahlreichen käuflichen Geräten benutzt, insbesondere bei IR-Spektrometern. Eine wesentliche Forderung bei der Konstruktion eines solchen Gerätes ist die, daß wegen der variablen Oberflächenempfindlichkeit aller lichtelektrischen Empfänger die beiden Strahlenbündel jeweils auf exakt die gleiche Stelle der Photokathode fallen. Diese Bedingung erfordert einen recht beträchtlichen konstruktiven Aufwand (vgl. z.B. Abb. 127). Man kann sie dadurch umgehen, daß man die beiden Strahlenbündel über eine ULBRICHTsche Kugel (vgl. S. 222) dem Empfänger zuführt. Abb. 101 zeigt das Schema einer derartigen Einzellenflimmermethode (*Hardy*-Spektrophotometer, vgl. S. 320).

Die aus dem Spalt S eines Doppelmonochromators austretende Strahlung wird durch das NICOLsche Prisma N_1 polarisiert und durch das WOLLASTON-Prisma W in zwei zueinander senkrecht pola-

---

[1] Hier befinden sich also — im Gegensatz zur Substitutionsmethode — Lösung und Lichtschwächung in verschiedenen Strahlengängen.

[2] Über verschiedene Typen von Strahlenunterbrechern vgl. z.B. G. KIVENSON: J. opt. Soc. America **40**, 112 (1950).

[3] Vorausgesetzt wird eigentlich nur monochromatische Strahlung (vgl. S. 228, Anm. 1).

risierte Strahlenbündel zerlegt, die das rasch rotierende zweite
Nicol N_2 passieren. Dadurch wird jedes der beiden Strahlenbündel
abwechselnd durchgelassen und ausgelöscht; die Phasenverschiebung beträgt 90°. Dann durchsetzen die beiden Strahlenbündel je
einen Trog mit Lösung bzw. Lösungsmittel (T_1 und T_2) und treten
in eine ULBRICHTsche Kugel U ein, wo die Strahlung durch die
Flächen R_1 und R_2 gestreut und durch eine hinter dem Fenster C
befindliche Photozelle gemessen wird. Durch Verdrehen des ersten
Nicols kann das Verhältnis der Intensitäten beider Strahlenbündel

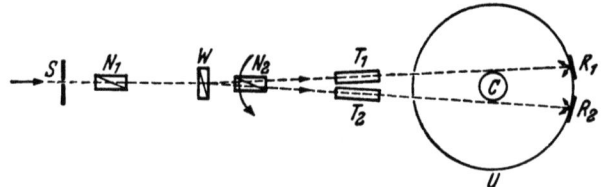

Abb. 101. Schema einer Einzellenflimmermethode.

beliebig geändert werden, so daß man die Absorption der Lösung
kompensieren und messen kann. Solange die beiden Bündel verschiedene Intensität haben, entsteht ein pulsierender Gleichstrom,
dessen Wechselstromkomponente verstärkt wird. Der verstärkte
Wechselstrom wird der Erregerspule eines Motors zugeführt, der
den Nicol N_1 so lange dreht, bis Gleichheit der Strahlungsintensität
hinter den beiden Trögen erreicht ist. Dann verschwindet die Wechselstromkomponente des Photostroms, und aus dem Drehwinkel
von N_1 läßt sich die Extinktion der Lösung berechnen.

Im *Hardy*-Spektrophotometer ist die oben genannte Bedingung,
daß die Intensitäten der beiden Strahlenbündel einen Phasenunterschied von 90° gegeneinander zeigen, in idealer Weise erfüllt.
Bei Benutzung eines Sektors als Strahlenunterbrecher (Abb. 120)
verlangt diese Bedingung, daß die Intensität beider Strahlenbündel
über den ganzen Querschnitt homogen ist, und damit eine sehr
exakte Strahlenführung. Man kann nun den für das Flimmerprinzip
notwendigen Bestrahlungswechsel auch in der Weise erreichen, daß
man ein Strahlenbündel mit Hilfe eines Kippspiegels abwechselnd
auf die beiden Lichtwege umlenkt (vgl. Abb. 121). Dann ist jedoch
die obige Bedingung nicht mehr erfüllt, d. h. man erhält bei gleicher
Extinktion in beiden Strahlengängen keinen Gleichstrom, sondern
einzelne Stromimpulse, die einem Wechselstrom äquivalent sind.
Bei ungleicher Extinktion erhält man einen modulierten Wechselstrom ungleicher Amplitude, so daß eine Einstellung auf gleiche
Extinktion mit Hilfe der Lichtschwächung nicht ohne weiteres

möglich ist. In diesem Fall benutzt man ein *Phasentrennverfahren* (vgl. S. 286), das mit Hilfe eines mit dem Kippspiegel synchronisierten Umschalters die Stromimpulse der Photozelle voneinander trennt und den Gittern zweier Verstärkerröhren zuführt. Eine geeignete Schaltung ermöglicht es, wieder mit Hilfe der Lichtschwächung auf gleiche Extinktion in beiden Strahlengängen einzustellen, jedoch ist dieses Verfahren nicht ganz so einwandfrei, da die Messung von den Röhrencharakteristiken abhängig wird.

e) Verstärkung des Photostroms. Man kann die Empfindlichkeit einer lichtelektrischen Meßanordnung ganz wesentlich dadurch vergrößern, daß man den Photostrom verstärkt. Man ist dazu immer dann gezwungen, wenn die zur Verfügung stehende Strahlungsintensität so gering ist, daß der Photostrom mit den empfindlichsten Meßinstrumenten nicht mehr mit der erwünschten Genauigkeit gemessen werden kann, oder wenn die Meßanordnungen zu träge werden. Daraus ergeben sich für Verstärkermethoden verschiedene Anwendungsgebiete: a) Die Messung soll im kurzwelligen UV vorgenommen werden, wo die spektrale Empfindlichkeit aller Photozellen stark absinkt, so daß auch bei relativ hoher Intensität keine direkt meßbaren Photoströme mehr erhalten werden. b) Man will mit sehr spektralreiner Strahlung arbeiten, um absolute Extinktionswerte zu erhalten (Spektrometrie). Dies bedingt sehr enge Monochromatorspalte bei hoher Dispersion, wie sie auch bei spektrographischen Methoden verwendet werden, und deshalb entsprechend geringe Intensitäten. c) Die zur Verfügung stehenden Intensitäten sind außerordentlich gering, wie es etwa bei Fluorescenz- und Trübungsmessungen, insbesondere aber bei der RAMAN-Streuung der Fall ist.

Häufig wird man solche Probleme dadurch lösen können, daß man in den beschriebenen Anordnungen die Photozellen durch Sekundärelektronenvervielfacher ersetzt. Es hat sich jedoch gezeigt, daß es in vielen Fällen trotzdem wünschenswert ist, den Photostrom nachträglich noch zu verstärken, so daß moderne käufliche Geräte, auch solche, die mit Multipliern ausgerüstet sind, meistens mit zusätzlicher Verstärkung arbeiten. Das hat den Vorteil, daß man die hochempfindlichen Anzeigeinstrumente wie Spiegelgalvanometer oder Elektrometer durch einfachere Zeigerinstrumente (Mikroamperemeter) ersetzen kann. Bei Multipliern kann man außerdem die Stufenspannung und damit auch den Dunkelstrom merklich herabsetzen, wenn man den Photostrom nachträglich verstärkt.

Wenn man ohne Verstärkung und ohne Sekundärelektronenvervielfacher auskommen will, wird man, um möglichst hohe Empfindlibhkeit zu erreichen, Photoelemente, Widerstandszellen oder gasgefüllte Photozellen verwenden. Die Empfindlichkeitsgrenze einer Zweizellenanordnung etwa nach Abb. 100 läßt sich leicht aus der Stromspannungscharakteristik der gasgefüllten Zellen berechnen[1], wenn man die Kompensationszelle als variablen Hochohmwiderstand auffaßt (vgl. S. 234), dessen Wert R von der angelegten Spannung U und von der auffallenden Strahlungsintensität abhängt. R ist bei konstantem Photostrom i um so kleiner, je kleiner die Zellenspannung, d.h. je größer die Strahlungsintensität ist. Für eine gasgefüllte Na-Zelle ergab sich z.B. für $i = 2 \cdot 10^{-10}$ Amp. ein Zellenwiderstand $R = 10^{11}$ Ohm, und aus der Charakteristik der Zelle eine Stromempfindlichkeit

$$\Delta i = \frac{\Delta U}{R} = 3 \cdot 10^{-14} \text{ Amp.} \tag{142}$$

Je größer nun R und je größer die Kapazität des ganzen angeschlossenen Systems (Elektrometer, Photozellen und Leitungen) ist, um so größer wird die *Trägheit* der Apparatur; diese läßt sich durch die sogenannte Halbwertszeit messen, welche angibt, innerhalb welcher Zeit eine Spannung U infolge Abfließens der Ladung über den Widerstand R auf die Hälfte abgesunken ist. Für eine Zweizellenapparatur ($C \cong 100$ cm) und den angegebenen Wert von $R = 10^{11}$ Ohm ergibt sich eine Halbwertszeit von 7 sec, was bedeutet, daß die Apparatur bei Photoströmen von der Größenordnung 10^{-11} Amp. schon sehr träge ist. Dies macht sich im „Kriechen" des Elektrometerfadens bemerkbar. Kleinere Photoströme als etwa $2 \cdot 10^{-10}$ Amp. lassen sich deshalb mit einer Zweizellenanordnung nicht direkt messen, so daß man in solchen Fällen auf die Verstärkung des Photostroms angewiesen ist, obwohl die Stromempfindlichkeit der Anordnung von $3 \cdot 10^{-14}$ Amp. bei Benutzung eines Einfadenelektrometers von $3 \cdot 10^{-3}$ Volt/Skalenteil Empfindlichkeit noch genügen würde, um eine Meßgenauigkeit von 10000 (0,01%) zu erreichen.

Der *Verstärkungsfaktor* für den Photostrom kann nun nicht beliebig weit getrieben werden, da selbst unter günstigsten Versuchsbedingungen die statistischen Schwankungen des Photostroms infolge des Schroteffekts (vgl. S. 127) bei zu hoher Verstärkung eine so große Inkonstanz des Nullpunkts bewirken, daß dadurch die Meßgenauigkeit stark beeinträchtigt werden würde. Bezeichnet man die Zahl der je Sekunde austretenden Photoelektronen mit z, so ist die mittlere Stromstärke gegeben durch $i_0 = z e_0$, und Glei-

---

[1] Vgl. W. DECK: Helv. physica Acta **11**, 3 (1938).

chung (111) läßt sich in der Form schreiben

$$\sqrt{\overline{i^2}} = \frac{C\,i_0}{\sqrt{z}} \quad \text{oder} \quad \frac{\sqrt{\overline{i^2}}}{i_0} \approx \frac{1}{\sqrt{z}}. \qquad (143)$$

Die mittlere relative Schwankung des Photostroms ist $\sqrt{z}$ umgekehrt proportional. Für verschiedene Werte von z ergeben sich z. B. die folgenden mittleren relativen und absoluten Schwankungen des Photostroms:

Tabelle 20. *Relative und absolute Schwankungen des Photostroms in Abhängigkeit von der Stromstärke.*

z Elektronen/sec	i_0 Photostrom in Amp.	$1/\sqrt{z}$	Absolute Schwankungen in Amp.
10^8	$1{,}6 \cdot 10^{-11}$	$10^{-4} = 0{,}01\%$	$1{,}6 \cdot 10^{-15}$
10^6	$1{,}6 \cdot 10^{-13}$	$10^{-3} = 0{,}10\%$	$1{,}6 \cdot 10^{-16}$
10^4	$1{,}6 \cdot 10^{-15}$	$10^{-2} = 1{,}00\%$	$1{,}6 \cdot 10^{-17}$

Diese statistischen Schwankungen des Photostroms begrenzen natürlich die maximal erreichbare Genauigkeit der Strommessung und damit der Messung der Strahlungsintensität bei so kleinen Photoströmen. Praktisch sind die Schwankungen infolge Inkonstanz der Strahlungsquelle, ungleichmäßiger Stoßionisation in gasgefüllten Zellen und ähnlicher Fehlerquellen sogar noch etwas größer. Man kann also z. B. einen Photostrom der Größenordnung von 10^{-13} Amp. im günstigsten Fall mit einer Unsicherheit von 0,1 % messen, vorausgesetzt, daß der Verstärker eine Stromempfindlichkeit von $1 \cdot 10^{-16}$ Amp. besitzt. Umgekehrt ist es daher zwecklos, die Stromempfindlichkeit des Verstärkers über diesen Betrag hinaus wesentlich zu vergrößern, da die natürlichen Schwankungen des Stroms die höhere Empfindlichkeit wertlos machen würden.

Der Photostrom kann auf verschiedene Weise verstärkt werden. Entweder man leitet den zu verstärkenden Strom direkt über einen großen Gitterableitwiderstand einer Elektronenröhre; dadurch erleidet das Gitterpotential eine Änderung, die ihrerseits eine Änderung des Anodenstroms der Röhre bewirkt: Gleichstromverstärkung; oder man formt den Photostrom in Wechselstrom um. Dazu zerhackt man den auf die Zelle fallenden Strahlungsstrom mechanisch[1] oder man benutzt sogenannte Wechsellichtmethoden, in-

---
[1] Statt dessen kann man zur periodischen Unterbrechung auch eine KERR Zelle unter Benutzung polarisierter Strahlung verwenden (vgl. V. K ZWORYKIN u. E. G. RAMBERG: Photoelectricity and its application, New York 1950).

dem man die Strahlungsquelle selbst periodisch unterbricht, d.h. mit einer Wechselspannung betreibt. Dazu eignen sich natürlich nur Gasentladungslampen, die allein genügend trägheitsarm sind[1]. Der so entstehende pulsierende Photostrom wird verstärkt und schließlich zur Messung wieder gleichgerichtet: Wechselstromverstärkung. Bei derartigen Methoden ist natürlich stets dafür zu sorgen, daß die Frequenz der intermittierenden Beleuchtung dem benutzten Empfänger angepaßt wird, da manche derselben schon bei kleinen Frequenzen merklich frequenzabhängig sind (vgl. S. 148).

α) *Gleichstromverstärkung.* Legt man an eine Photozelle, die mit einem Widerstand R in Serie geschaltet ist, eine Gleichspannung U, so fließt bei Bestrahlung der Kathode ein Strom. Der Spannungsabfall an R bei gegebener Bestrahlungsstärke läßt sich graphisch aus der Stromspannungscharakteristik der Photozelle mit Hilfe der

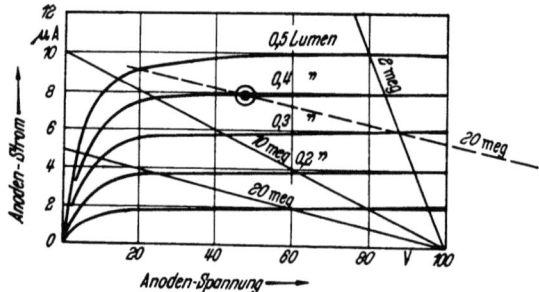

Abb. 102. Prinzip der Widerstandsgeraden angewendet auf Photozelle und Widerstand.

sogenannten Widerstandsgeraden (load line) sofort ablesen: Man zieht von dem gegebenen U aus eine Gerade mit negativer Neigung des Betrags $1/R$; der Schnittpunkt dieser Geraden mit der Charakteristik der Photozelle gibt an, wie sich die angelegte Spannung U auf die Photozelle und den Widerstand verteilt. In Abb. 102 ist dies an einer Schar von Charakteristiken einer Vakuumzelle nach Abb. 54 dargestellt[2], wobei $U = 100$ Volt und R gleich 2 bzw. 10 bzw. 20 Megohm gewählt wurde. Mit einem Widerstand von 10 Megohm und einem Strahlungsstrom von 0,1 Lumen beträgt der Spannungsabfall an der Zelle 80 Volt, am Widerstand R 20 Volt. Erhöht man die Strahlungsintensität auf 0,2 Lumen, so beträgt die Spannungsänderung an R angenähert 20 Volt, wie aus Abb. 102

---

[1] Über die Modulierung von Glühlampen mit Hilfe von Wechselstrom vgl. J. E. TYLER: J. opt. Soc. America **40**, 693 (1950).

[2] RICHTER, W., Fundamentals of Industrial Electronic Circuits, New York 1947.

hervorgeht. Das ist wesentlich mehr, als zum Betrieb einer Verstärkerröhre notwendig ist, woraus umgekehrt folgt, daß man noch sehr viel kleinere Intensitätsänderungen durch Verstärkung des Photostroms messen kann. Damit bei Verwendung hoher Widerstände, die größere Spannungsänderungen bei kleinen Intensitätsänderungen ergeben und deshalb höhere Empfindlichkeiten erreichen lassen, der Schnittpunkt der Widerstandsgeraden nicht in den gekrümmten Teil der Photozellencharakteristik fällt, muß man gegebenenfalls die Gesamtspannung U entsprechend erhöhen (vgl. die gestrichelte Gerade in Abb. 102).

Da eine auch nur annähernd vollständige Beschreibung der Verstärkungstechnik von Photoströmen mit ihren zahlreichen Schaltungsmöglichkeiten den Rahmen dieses Buches weit überschreiten würde, soll hier nur auf die Grundprinzipien eingegangen werden; bezüglich Einzelheiten muß auf die Originalliteratur oder zusammenfassende Darstellungen verwiesen werden[1]. Benutzt man den Spannungsabfall am Widerstand R in Abb. 102 als Gitterspannung einer Verstärkerröhre, so erhält man das einfachste Schaltbild einer Photostromverstärkung, wie es in

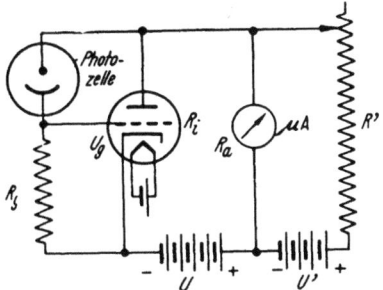

Abb. 103. Einfaches Schaltbild einer Photogleichstromverstärkung mit Kompensationsschaltung.

Abb. 103 dargestellt ist. Mit zunehmender Bestrahlungsstärke der Photozelle wird nach Abb. 102 der Spannungsabfall an R_g größer, das Gitter positiver gegenüber der Kathode, so daß der Anodenstrom ansteigt. Es gelten folgende Definitionen: Der *Verstärkungsfaktor* der Röhre

$$\mu \equiv -\left(\frac{\Delta U_A}{\Delta U_g}\right)_{i_A\,=\,\text{const}} \qquad (144)$$

ist der Betrag, um den die Anodenspannung geändert werden muß, um bei einer gegebenen Gitterspannungsänderung den Anodenstrom konstant zu halten, d. h. ein Maß dafür, wieviel stärker die Gitterspannung den Anodenstrom beeinflußt als die Anodenspannung.

---
[1] Vgl. z.B.: W. RICHTER: Fundamentals of Industrial Electronic Circuits, New York 1947; V. K. ZWORYKIN u. E. G. RAMBERG: Photoelectricity and its application, New York 1950; J. MARKUS u. V. ZELUFF: Handbook of Industrial Electronic Circuits, New York 1948, S. 183ff.; H. ROTHE u. W. KLEEN: Elektronenröhren, Leipzig 1948; M. KULP: Elektronenröhren und ihre Schaltungen, Göttingen 1951.

Der *dynamische* (*innere*) *Widerstand* der Röhre

$$R_i \equiv \frac{\Delta U_A}{\Delta i_A} \quad (U_g = \text{const}) \qquad (145)$$

ist die Tangente an jedem Punkt der Stromspannungscharakteristik einer Röhre bei gegebenem Gitterpotential. Die *Steilheit* einer Röhre

$$S \equiv \frac{\Delta i_A}{\Delta U_g} \quad (U_A = \text{const}) \qquad (146)$$

gibt die Änderung des Anodenstroms bei einer Änderung des Gitterpotentials bei konstanter Anodenspannung an. Es gilt offenbar die Beziehung

$$\mu = S R_i. \qquad (147)$$

Erhöht man also die Anodenspannung um ΔU_A bei konstanter Gitterspannung, so ändert sich der Anodenstrom um

$$\Delta i'_A = \frac{\Delta U_A}{R_i}. \qquad (148)$$

Macht man die Gitterspannung, die nach (144) eine μ-mal größere Wirkung auf den Anodenstrom hat, um ΔU_g positiver, so ändert sich dieser um

$$\Delta i''_A = \frac{\mu \Delta U_g}{R_i}. \qquad (149)$$

Für kleine (differentielle) Änderungen gilt bei gleichzeitiger Änderung von Anoden- und Gitterspannung

$$\Delta i_A = \Delta i'_A + \Delta i''_A = \frac{\mu \Delta U_g + \Delta U_A}{R_i}. \qquad (150)$$

Eine Erhöhung der Gitterspannung um ΔU_g hat nun in der Anordnung Abb. 103 stets eine gleichzeitige Abnahme der Anodenspannung zur Folge, denn da Röhre und Lastwiderstand R_a in Serie liegen, und die Gesamtspannung U konstant ist, muß eine Erhöhung des Anodenstroms eine Vergrößerung des Spannungsabfalls an R_a und damit eine Verkleinerung des Spannungsabfalls an der Röhre bewirken, die gegeben ist durch

$$\Delta U_A = - \Delta i_A R_a. \qquad (151)$$

Setzt man dies in Gleichung (150) ein, die ganz allgemein gültig ist, so wird

$$\Delta i_A = \frac{\mu \Delta U_g - \Delta i_A R_a}{R_i} \qquad (152)$$

Verschiedene Meßverfahren.

oder umgeformt

$$\Delta i_A = \frac{\mu \Delta U_g}{R_i + R_a}. \tag{153}$$

Diese Anodenstromänderung ruft eine Spannungsänderung am Lastwiderstand R_a hervor, die gegeben ist durch

$$\Delta U_a = \frac{\mu \Delta U_g}{R_i + R_a} \cdot R_a. \tag{154}$$

Der *Spannungsgewinn* durch die Verstärkung ergibt sich demnach zu

$$G \equiv \frac{\Delta U_a}{\Delta U_g} = \mu \frac{R_a}{R_i + R_a} = \mu \frac{1}{1 + \frac{R_i}{R_a}}. \tag{155}$$

Der Spannungsgewinn ist also einerseits durch den Verstärkungsfaktor μ, andererseits durch den Faktor $R_a/(R_i + R_a)$ bestimmt. Da letzterer stets kleiner ist als 1, kann G niemals größer werden als μ, d.h. μ ist gewissermaßen der Grenzwert von G bei $R_a \to \infty$, woher auch der Name ,,Verstärkungsfaktor" kommt. Die Größen μ, R_i und S sind für die Arbeitsbedingungen einer Röhre gewöhnlich gegeben bzw. können aus der Charakteristik entnommen werden, so daß man G für verschiedene R_a berechnen kann. Ist z.B. $\mu = 10$, $R_i = 2000$ Ohm, $R_a = 2000$ Ohm, so wird $G = 5$; ist der Gitterableitwiderstand $R_j = 1$ Megohm, so entspricht das einem Gewinn an Stromempfindlichkeit von

$$\frac{\Delta i_A}{\Delta i_g} = G \cdot \frac{R_g}{R_a} = 2500.$$

Der Widerstand R' in Abb. 103 zusammen mit der Hilfsspannung U' dient als Potentiometer zur Kompensation des Dunkelstroms der Photozelle.

Um hohe Empfindlichkeiten zu erreichen, muß man R_a möglichst hoch wählen, damit kleine Intensitätsänderungen der Strahlung merkliche Änderungen des Gitterpotentials bewirken. Das bedeutet andererseits, daß sowohl Kathode der Photozelle wie Gitter der Verstärkerröhre möglichst gut isoliert sind, damit nicht Kriechströme über die Wände der Röhren auftreten, die von derselben Größenordnung sind wie der zu verstärkende Photostrom. Man wählt deshalb für derartige Zwecke häufig sogenannte *Elektrometerröhren*, bei denen die Träger der Elektroden aus Quarz bestehen und die Gitterzuführung sich am Kopf der Röhre befindet, so daß der Isolationswiderstand sehr groß (bis zu 10^{15} Ohm) wird[1]. Macht man außerdem den normalen Gitterstrom möglichst klein, indem man Röhren mit besonders gutem Vakuum auswählt, die Anodenspannung so klein macht, daß noch keine Stoßionisation eintreten kann und schließlich die Heizung der Kathode auf etwa zwei Drittel der normalen reduziert, so daß kein Oxyd von der Kathode verdampfen und sich auf dem Gitter niederschlagen kann, so kann man Gitterableitwiderstände R_g in der Größenordnung von 10^9 Ohm verwenden. Trotz der geringen Steilheit solcher Spezialröhren kann man bei so großem R_g eine Stromverstärkung um den Faktor 10^6 bis 10^7 erreichen, wie die obige Rechnung zeigt. Verwendet man also im Anodenstromkreis ein Galvanometer von 10^{-10} Amp. Empfindlichkeit, so lassen sich mittels *einer* Verstärkerstufe noch Photoströme von etwa 10^{-16} Amp. nachweisen bzw. Photoströme von 10^{-13} Amp. noch mit einer Unsicherheit von etwa 0,1 % messen, was auch die durch den Schroteffekt gegebene Grenze darstellt (vgl. Tabelle 20). Will man Zeigerinstrumente benutzen, so muß man weitere Verstärkerstufen anfügen[2].

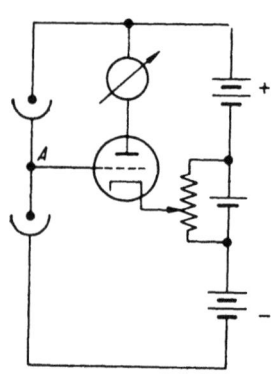

Abb. 104. Zweizellenanordnung mit Gleichstromverstärkung.

Für *Zweizellenmethoden* kann man auch bei Verstärkung des Photostroms eine Anordnung benutzen, die der von Abb. 100 völlig analog ist. Die Schaltung ist in Abb. 104 angegeben. Die beiden Zellen sind in Serie geschaltet. Besitzen sie die gleiche Charakteristik und werden sie gleich stark bestrahlt, so beträgt das Potential des Punkts A genau die Hälfte der angelegten Gesamtspannung. Faßt man wieder die eine Zelle als mit der Beleuchtungsstärke variablen Arbeitswiderstand der anderen Zelle auf, so kann man auch hier die Gitterpotentialänderungen bei Änderung der Bestrahlungsstärke mit Hilfe des in Abb. 102 dargestellten Prinzips unmittelbar ablesen. Der Unterschied besteht nur darin, daß die „Widerstandsgerade" hier keine Gerade mehr ist, sondern durch die Charakteristik der zweiten Zelle ersetzt werden muß, d. h. man trägt die Charakteristiken der beiden Photozellen gegeneinander auf, wie es in Abb. 105

---

[1] Stehen solche Röhren nicht zur Verfügung, so kann man auch den Sockel einer Röhre abnehmen und die Gitterzuführung gesondert herausführen. Auch durch nachträgliches Überziehen der Röhre mit Wachs kann man die Isolation weiter verbessern.

[2] Über die verschiedenen Schaltungsmöglichkeiten zur Kopplung mehrerer Gleichstromverstärkerstufen vgl. z. B.: W. RICHTER, s. S. 241.

dargestellt ist. Unter den angenommenen Bedingungen (gleiche Charakteristik und gleiche Bestrahlungsstärke der beiden Zellen) schneiden sich die beiden Charakteristiken im Punkt P_1. Wird nun die Bestrahlungsstärke der einen Zelle um einen kleinen Betrag verringert, so daß sich ihre Charakteristik von b nach b' verschiebt, so wandert der Schnittpunkt nach P_2, d.h. das Gitterpotential ändert sich um einen sehr hohen Betrag, der um so größer ist, je flacher die Charakteristiken der beiden Zellen verlaufen[1]. Die Anordnung ist daher außerordentlich empfindlich.

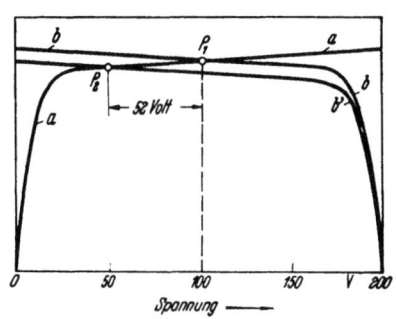

Abb. 105. Arbeitsweise der Anordnung von Abb. 104 auf Grund der Zellencharakteristiken.

Um diese Empfindlichkeit ausnutzen zu können, muß man wieder die oben erwähnten Maßnahmen treffen (hochisoliertes Gitter, kleine Gitterströme usw.). Häufig ist sie allerdings so groß, daß dauernde Schwankungen des Meßinstruments auftreten. Man kann dem dadurch entgegenwirken, daß man die Charakteristiken der beiden Zellen steiler macht, was sich durch eine der beiden Schaltungen in Abb. 106 erreichen läßt: Man schaltet den beiden Photozellen bzw. der Verstärkerröhre einen Hochohmwiderstand parallel. Je nach der Größe desselben kann man die Empfindlichkeit in weiten Grenzen variieren. Die beiden Schaltungen sind einander prinzipiell äquivalent.

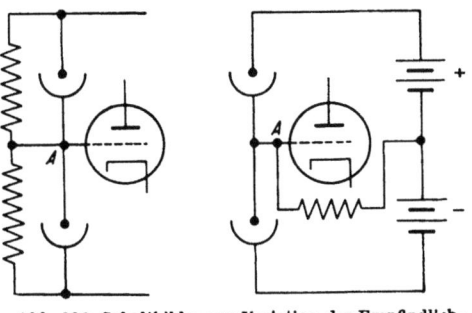

Abb. 106. Schaltbilder zur Variation der Empfindlichkeit von Zweizellenanordnungen nach Abb. 104.

Die bisher erwähnten Anordnungen haben den Nachteil, daß der Gewinn an Stromempfindlichkeit durch den Verstärker stark

---

[1] Der Ausschlag des Mikroamperemeters ist also in erster Näherung der *Differenz* der Bestrahlungsstärken proportional. Mit zwei Zellen lassen sich auch Schaltungen ausführen, bei denen der Ausschlag der Abweichung des Intensitäts*verhältnisses* vom Wert 1 proportional ist (vgl. dazu z. B.: W. RICHTER, s. S. 241).

von kleinen Änderungen in den Arbeitsbedingungen der Röhren (angelegte Spannungen, Charakteristik) abhängt, was sich in der Inkonstanz des Nullpunkts am Meßinstrument bemerkbar macht. Man kann dies sehr weitgehend verhindern, allerdings auf Kosten des Verstärkungsfaktors, durch die sogenannte *Gegenkopplung* (inverse feedback). Das Prinzip besteht darin, daß man einen bestimmten Bruchteil $-\beta U_2$ der Ausgangsspannung U_2 des Verstärkers mit der zu verstärkenden Eingangsspannung U_1 in Serie schaltet in der Weise, daß beide sich entgegenwirken (vgl. Abb. 107). Der gesamte Spannungsgewinn des Verstärkers ohne Gegenkopplung sei G, d. h. die Ausgangsspannung am Lastwiderstand sei G-mal größer als die Eingangsspannung am Gitter. Dann wird die Ausgangsspannung mit Gegenkopplung

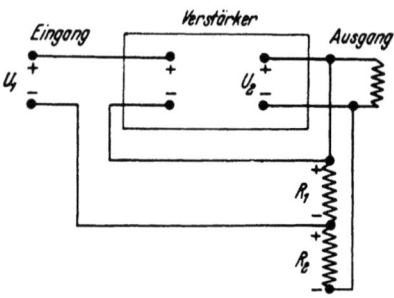

Abb. 107. Prinzip der Gegenkopplung.

$$U_2 = G(U_1 - \beta U_2), \tag{156}$$

d. h. der Spannungsgewinn beträgt nur noch

$$\frac{U_2}{U_1} = \frac{G}{1 + \beta G}. \tag{157}$$

Für große Werte von G (hohe Verstärkung) wird

$$\frac{U_2}{U_1} \cong \frac{1}{\beta} \quad (\beta G \gg 1), \tag{158}$$

was bedeutet, daß der Spannungsgewinn von den Eigenschaften der Verstärkerröhre weitgehend unabhängig wird und praktisch nur noch von den Elementen der Kopplungsschaltung abhängt. In Abb. 107 bestehen diese einfach aus den beiden Widerständen R_1 und R_2, durch deren Verhältnis β festgelegt ist. Ist z. B. $G = 1000$, $R_1/R_2 = 1/9$, so wird 1/10 der Ausgangsspannung durch Gegenkopplung der Eingangsspannung überlagert, d. h. es ist $\beta = 0,1$. Damit wird nach Gleichung (158) $U_2/U_1 = 9,9$, d. h. der Gesamtspannungsgewinn geht von 1000 auf rund 10 zurück, dafür wird er aber von der Charakteristik des Verstärkers praktisch unabhängig. Derartige Verstärker mit Gegenkopplung zeigen deshalb eine sehr weitgehende Linearität zwischen Ausschlag des Meßinstruments und Gitterpotential bzw. Photostrom, so daß sie heute fast ausschließlich zur Photostromverstärkung verwendet werden. Für photometrische Zwecke wäre allerdings auch eine logarithmische Beziehung zwischen Ausschlag und Bestrahlungsstärke sehr erwünscht. Tatsächlich lassen sich Röhren herstellen (sogenannte Regelröhren [remote cuttoff tubes]), die zusammen mit einem Kathodenwiderstand geeigneter Größe einen Anodenstrom liefern, der in einem gewissen Bereich dem Logarithmus des angelegten Gitterpotentials proportional ist. Der Kathodenwiderstand bewirkt dabei eine Gegenkopplung. Benutzt man einen solchen logarithmischen Verstärker etwa zusammen mit einer Photozelle zur Photometrierung von Lösungen, so ist der Ausschlag des Anodenstrommeßinstruments direkt den Extinktionen und damit den Konzentrationen des absorbierenden Stoffs proportional. Durch geeignete Wahl des Gitterableitwiderstands kann man den Meßbereich auch den Extinktionen bzw. Extinktionskoeffizienten verschiedener Stoffe anpassen[1].

Für die Gegenkopplung gibt es zahlreiche andere Schaltungsmöglichkeiten, auf die hier im einzelnen nicht eingegangen werden kann[2]. Auch für die Benützung von Photoelementen und Widerstandszellen sind Verstärkerschaltungen mit Gegenkopplung entwickelt worden[3].

Eine sehr eingehende und kritische Untersuchung über die *Leistungsfähigkeit* von Verstärkeranordnungen, über die erreichbare Genauigkeit bei Extinktionsmessungen mit kleinsten Photoströmen sowie über die kurzwellige Grenze, bei welcher noch Messungen möglich sind, hat DECK[4] durchgeführt. Die höchstmögliche Genauigkeit erreicht man aus den früher eingehend diskutierten Gründen (vgl. S. 233) natürlich auch hier nur mit Substitutionsmethoden. Es zeigte sich, daß bei größeren Photoströmen ($i \sim 3 \cdot 10^{-11}$ Amp.) sich Extinktionen mit einer Streuung von weniger als 0,02% messen lassen, was der Meßgenauigkeit mit analogen Methoden ohne Verstärkung entspricht (vgl. S. 282); bei kleinsten Photoströmen ($10^{-12} > i > 10^{-13}$ Amp.) erreicht die relative Streuung nicht ganz 0,1%, was wegen der natürlichen Schwankungen ohnehin etwa die Grenze des Erreichbaren darstellt. Für die

---

[1] Vgl. R. H. MÜLLER u. G. F. KINNEY: J. opt. Soc. America 25, 342 (1935).
[2] Vgl. dazu etwa H. W. BODE: Network Analysis and Feedback Amplifier Design, New York 1945; R. H. MÜLLER, R. L. GARMAN u. M. E. DROZ: Experimental Electronics, New York 1942; M. KULP: Elektronenröhren und ihre Schaltungen, Göttingen 1951.
[3] RITTNER, E. S.: Rev. sci. Instruments 18, 36 (1947).
[4] DECK, W.: Helv. physica Acta 11, 2 (1938).

letztgenannten Messungen wurden als Strahlungsquelle die Hg-Linien 2750, 2537 und 2480 Å bei doppelter Zerlegung benutzt.

β) *Wechselstromverstärkung.* Die Gleichstromverstärkung hat auch bei photometrischen und spektrometrischen Aufgaben, bei denen gewöhnlich nur langsam variierende Photoströme und entsprechende Gitterspannungen auftreten, eine Reihe prinzipieller Nachteile, die teils durch Schwankungen der Heiz- und Anodenspannung und das dadurch bewirkte Wandern der Röhrenkennwerte bedingt sind, teils durch die erhöhten Anforderungen an gute Isolation des Gitters, geringe Gitterströme usw. (vgl. S. 243ff.) Diese Nachteile treten in besonderem Maße hervor, wenn man gezwungen ist, wegen sehr kleiner Strahlungsintensitäten mehrstufig zu verstärken. Jedes Wandern des Arbeitspunktes der Röhre in der ersten Stufe wird natürlich durch die folgenden Stufen mitverstärkt. Außerdem treten gewisse Schwierigkeiten in der Kopplung der verschiedenen Stufen auf, die damit zusammenhängen, daß das Anodenpotential der ersten Röhre sehr viel höher (positiver) liegt als die notwendige Gittervorspannung der darauffolgenden Stufe, was nur durch zusätzliche Batteriespannungen kompensiert werden kann[1]. Aus diesen Gründen erweist es sich häufig als vorteilhafter, die kleinen durch den Photostrom bewirkten Eingangsspannungen in Wechselspannungen umzuwandeln, die sich sehr viel einfacher verstärken lassen. Auf diese Weise können auch Photoströme aus Photoelementen oder Widerstandszellen trotz deren geringem inneren Widerstand leicht verstärkt werden, indem man den Wechselstrom über einen Kondensator oder einen Transformator dem Gitter zuführt.

Man erreicht die Umwandlung in Wechselspannungen dadurch, daß man die auf die Photozelle fallende Strahlung periodisch unterbricht. Dazu dienen Sektoren oder Lochscheiben, die gewöhnlich von Synchronmotoren angetrieben werden[2]. Die Frequenz ergibt sich aus dem Produkt von Umlaufzahl der Scheibe und Zahl der Öffnungen. Statt mit dieser mechanischen Methode kann man das Strahlenbündel auch mit Hilfe einer KERR-Zelle in Verbindung mit zwei Polarisationsprismen periodisch unterbrechen, oder man kann eine Strahlungsquelle sehr geringer Trägheit (Gasentladungslampen) mit Wechselstrom konstanter Frequenz betreiben und erhält so unmittelbar einen periodischen Intensitätswechsel. Schließlich kann man einen Wechselstrom in einem Sekun-

---

[1] Über die verschiedenen Schaltungsmöglichkeiten zur Kopplung zwischen Gleichstromverstärkerstufen vgl. z. B.: W. RICHTER, M. KULP s. S. 241.

[2] Über verschiedene Typen von Unterbrechern vgl. G. KIVENSON: J. opt. Soc. America 40, 112 (1950).

Verschiedene Meßverfahren. 249

därelektronenvervielfacher dadurch erzeugen, daß man an die letzte Stufe eine Wechselspannung statt einer Gleichspannung legt[1]. Bei konstanter Bestrahlungsstärke besteht dann der Photostrom aus einer Folge einzelner Impulse, die äquivalent ist einer Gleichstromkomponente (bestimmt durch den zeitlichen Mittelwert des Photostroms), überlagert durch eine Wechselstromkomponente gegebener Grundfrequenz (bestimmt durch die Frequenz des Unterbrechers) und einer Reihe von Oberschwingungen. Sowohl die Gleichstromkomponente wie die Oberschwingungen lassen sich durch geeignete Filterkreise leicht eliminieren, so daß nur die Grundfrequenz des Wechselstroms übrigbleibt. Variiert die Intensität der Strahlung langsam, so treten kleine Verschiebungen (Modulation) dieser Grund- oder Trägerfrequenz auf, die dadurch zustande kommen, daß sich Trägerfrequenz und Modulationsfrequenz überlagern. Dieser einen schmalen Frequenzbereich überdeckende Wechselstrom wird in analoger Weise wie in Abb. 103 dem Gitter der ersten Verstärkerstufe zugeführt.

Weitere Verstärkerstufen werden kapazitiv mit einem Kondensator (in Verbindung mit einem Widerstand) oder induktiv mit einem Transformator angekoppelt. Beide Methoden haben Vor- und Nachteile. Während für die Verstärkung hochfrequenter Wechselströme die kapazitive Kopplung bei weitem geeigneter und praktisch unentbehrlich ist, hat die induktive Kopplung für den hier vorliegenden Fall den Vorteil, daß man Gleichstromkomponente und Oberschwingungen durch Verwendung eines Resonanzkreises für die Trägerfrequenz gleichzeitig aussieben kann[2]. In Abb. 108 ist das Schema einer solchen Wechselstromverstärkung dargestellt. Der aus der Kapazität C_1 und der parallel geschalteten Selbstinduktion L_1 bestehende Schwingungskreis verhält sich bei der Resonanzfrequenz v_0 wie ein (scheinbarer) Widerstand R, der gegeben ist durch

$$R = \frac{\sqrt{r^2 + (2\pi v_0 L_1)^2}}{r \cdot 2\pi v_0 C_1} \cong \frac{2\pi v_0 L_1}{r \cdot 2\pi v_0 C_1} = \frac{L_1}{rC_1} \quad \text{(für } r \ll 2\pi v_0 L_1\text{)} \quad (159)$$

r ist der (sehr kleine) OHMsche Widerstand der Induktionsspule. Hat die an das Gitter angelegte Wechselspannung ebenfalls die Frequenz v_0, so kann man die an den Enden von L_1 auftretende Wechselspannung nach Gleichung (154) berechnen, indem man R_a

---
[1] CLIPPELEIR, C. DE u. R. BRECKPOT: Spectrochim. Acta [Berlin] 4, 516 (1950—52).
[2] Man gewinnt dadurch die weitere Annehmlichkeit, daß Tageslicht keinen Einfluß auf die Messung hat; man kann ohne Abdeckung des Strahlenganges im Photometer arbeiten.

durch den scheinbaren Widerstand R ersetzt:

$$\Delta U_{L_1} = \frac{\mu \Delta U_g R}{R_i + R}. \qquad (160)$$

An den Enden der Sekundärspule L_2 des Transformators tritt dann eine Wechselspannung auf von der Größe

$$\Delta U_{L_2} = \Delta U_{L_1} \cdot \frac{M}{L_1}, \qquad (161)$$

worin M die gegenseitige Induktion der beiden Spulen darstellt. Damit erhält man für den Spannungsgewinn je Stufe des Verstärkers den Ausdruck

$$\frac{\Delta U_{L_2}}{\Delta U_g} = \frac{\mu R}{R_i + R} \cdot \frac{M}{L_1}. \qquad (162)$$

Der Kathodenwiderstand R_k hat den Zweck, das Gitter negativ gegenüber der Kathode zu machen, er ersetzt also die Gittervorspannung. Ihm parallel liegt die Kapazität C_k, deren Impedanz

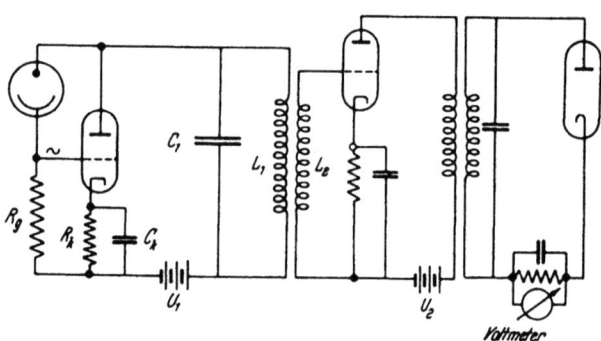

Abb. 108. Schaltbild einer Wechselstromverstärkung mit induktiver Kopplung.

bei der Frequenz ν_0 klein sein muß gegenüber dem Widerstand R_k, damit die Wechselstromkomponente praktisch ungehindert durchgelassen wird. Die Ausgangsspannung des Verstärkers wird mit einem Wechselstromvoltmeter gemessen, oder der Wechselstrom wird, wie in Abb. 108 angedeutet, mit einer Diode gleichgerichtet und mit einem Gleichstrominstrument gemessen.

Auch die Wechselstromverstärkung kann durch Gegenkopplung von der Charakteristik der Röhren und von Spannungsschwankungen weitgehend unabhängig gemacht werden, so daß man eine gut lineare Beziehung zwischen Endausschlag und Gitterpotential erhält.

Schließlich bestehen noch Möglichkeiten zur Verstärkung des Photostroms auf optischem Weg mit Hilfe sogenannter *Galvanometerverstärker*[1]. In Abb. 109 ist das Prinzip schematisch dargestellt. Der Glühfaden einer Lampe wird vergrößert auf dem Spiegel des primären Spannbandgalvanometers abgebildet; die rechteckige Blende in der Linsenebene wird ihrerseits von der Linse vor dem Galvanometer auf einem aus zwei Hälften bestehenden Differentialphotoelement (vgl. die Schaltung Abb. 99) abgebildet, deren Hälften über ein sekundäres empfindliches Galvanometer gegenein-

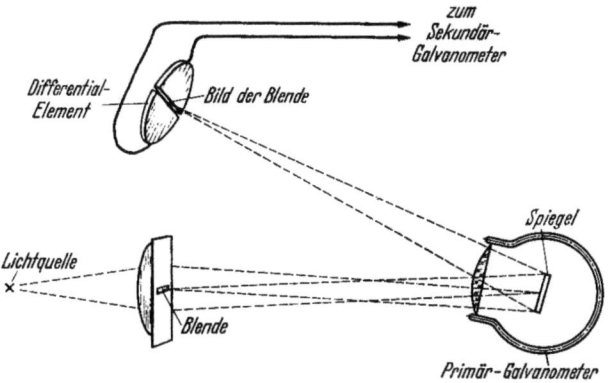

Abb. 109. Prinzip des Galvanometerverstärkers.

ander geschaltet sind. Durch Tordierung des Spannbandsystems stellt man auf Nullstellung (gleiche Beleuchtung der beiden Hälften der Differentialzelle) ein. Ein geringer, durch das primäre Galvanometer fließender Photostrom bewirkt eine Verschiebung des Bildes der Blende auf der Differentialzelle und ruft dadurch einen vergrößerten Ausschlag des Sekundärgalvanometers hervor. Der Verstärkungsfaktor beträgt etwa 10^3, so daß sich auf diese Weise mit einem Sekundärgalvanometer von 10^{-10} Amp. Empfindlichkeit noch Photoströme von 10^{-13} Amp. bemerken lassen.

Für quantitative Messungen hat diese Methode den Nachteil, daß die variierende Oberflächenempfindlichkeit der Photoelemente (vgl. S. 147) merkliche Abweichungen von der Linearität zwischen den beiden Galvanometerausschlägen bewirken kann. Auch Nullpunktsänderungen des Primärgalvanometers werden mitverstärkt.

---

[1] Vgl. z. B.: A. v. HILL: J. sci. Instruments 8, 262 (1931); L. BERGMANN: Z. techn. Physik 13, 568 (1932); R. B. BARNES u. R. MATOSSI: Z. Physik 76, 24 (1932); C. H. CARTWRIGHT: Rev. sci. Instruments 3, 221 (1932). Hersteller: B. Lange, Berlin-Zehlendorf.

Es sind deshalb zahlreiche Verbesserungsvorschläge gemacht worden[1], die zum Teil einen erheblichen Aufwand erfordern und die nur dadurch gerechtfertigt sind, daß man diese Art der Verstärkung auch für Thermoströme (IR-Spektrometrie) benutzt. Für derartige Zwecke sind sie jedoch häufig zu träge, so daß man sie neuerdings ebenfalls durch Elektronenröhrenverstärker ersetzt.

2. Fehlerdiskussion.

Der Vorteil der lichtelektrischen Zelle gegenüber dem Auge besteht darin, daß sie nicht auf relative Leuchtdichteunterschiede $d\overset{*}{B}/\overset{*}{B}$, sondern auf *absolute Intensitätsänderungen* $d\Phi_0$ der Strahlung reagiert, so daß die relative Einstellstreuung $d\Phi_0/\Phi_0$ durch Erhöhung der Beleuchtungsstärke fast beliebig klein gemacht werden kann. Daraus geht umgekehrt hervor, daß für genügend kleine Strahlungsintensitäten dieser Betrag $d\Phi_0$ unter Umständen einen so beträchtlichen Bruchteil der Gesamtintensität ausmacht, daß die Genauigkeit der Messung unter die visueller Methoden absinkt. *Tatsächlich trifft die sehr verbreitete Ansicht, daß die Photozelle dem Auge an Empfindlichkeit stets überlegen sei, für kleine Beleuchtungsstärken nicht zu* (vgl. S. 123), was stets zu beachten ist, wenn nur sehr geringe Strahlungsintensitäten zur Verfügung stehen, wie dies etwa bei Fluorescenzmessungen der Fall sein kann.

Während man bei visuellen Messungen stets erreichen kann, daß die Genauigkeit praktisch allein durch die Einstellstreuung des Auges begrenzt wird (vgl. S. 119, 169), hängt bei lichtelektrischen Methoden die Genauigkeit und damit auch die relative Streuung der Messung einerseits von der *Empfindlichkeit der Photozelle* gegenüber der absoluten Intensitätsänderung $d\Phi_0$ der Strahlung, andererseits von dem *Ablesefehler der eigentlichen Meßvorrichtung*, also z. B. der Schichtdicke, der Meßblende, des Teilkreises, der Galvanometerskala usw. ab. Man muß sich deshalb bei jeder einzelnen Methode darüber klar sein, durch welchen Faktor die Gesamtstreuung bestimmt ist, bevor man Zahlenangaben darüber macht. So ist es beispielsweise sinnlos, eine Genauigkeit der gemessenen Extinktion von 1000 (0,1%) anzugeben, wenn man zur Messung des Photostroms ein Zeigerinstrument mit Skalenablesung benutzt, da bereits der Ablesefehler derartiger Instrumente wesentlich größer ist. Ebenso sinnlos wäre es, ein lichtelektrisches Kolorimeter zu kon-

---

[1] Vgl. z. B.: J. D. HARDY: Rev. sci. Instruments 1, 429 (1930); A. H. PFUND: Science 69, 71 (1929); F. A. FIRESTONE: Rev. sci. Instruments 1, 630 (1930); E. D. MCALLISTER, G. L. MATHESON u. W. J. SWEENEY: Rev. sci. Instruments 12, 314 (1941).

struieren, wenn man nicht die bei den gebräuchlichen Kolorimetern übliche Schichtdickenunterteilung wesentlich verfeinert. Außerdem haben Genauigkeitsangaben natürlich nur dann einen Wert, wenn nicht durch Inkonstanz der Meßbedingungen oder durch mangelnde Berücksichtigung der früher genannten spezifischen Eigenschaften der Photozellen zusätzliche und nicht kontrollierbare systematische Fehlerquellen einen wesentlich größeren Einfluß gewinnen als die Einstellstreuung der Zelle bzw. die Ablesestreuung der Meßvorrichtung.

Unter der Annahme, daß die Genauigkeit der Messung nicht durch die Ablesestreuung der Meßvorrichtung, sondern praktisch allein durch den absoluten Intensitätsunterschied $d\Phi$ der Strahlung begrenzt ist, auf den die Zelle eben noch reagiert, ergibt sich die relative Streuung der Extinktionsmessung nach Gleichung (71) und dem Fehlerfortpflanzungsgesetz (61) zu

$$\frac{dE}{E} = \frac{-0{,}4343}{E} \sqrt{\left(\frac{d\Phi_0}{\Phi_0}\right)^2 + \left(\frac{d\Phi}{\Phi}\right)^2}. \qquad (163)$$

Der zweigliedrige Ausdruck entspricht der Tatsache, daß zu jeder Extinktionsmessung zwei Messungen des Photostroms notwendig sind. Je nach dem benutzten Meßverfahren ergeben sich etwas verschiedene Werte für dE/E. Bei Ausschlags-, Kompensations- und Flimmermethoden ist der auf den Empfänger fallende Strahlungsstrom gegeben durch Φ_0 bzw. $\Phi = \Phi_0/10^E$, so daß man erhält (mit $d\Phi = d\Phi_0$):

$$\frac{dE}{E} = \frac{-0{,}4343 \sqrt{10^{2E} + 1}}{\Phi_0 E} d\Phi_0; \qquad (164)$$

bei Substitutionsmethoden fällt beide Male der Strahlungsstrom Φ auf den Empfänger, so daß

$$\frac{dE}{E} = -\frac{\sqrt{2} \cdot 0{,}4343 \cdot 10^E}{\Phi_0 E} d\Phi_0 = \frac{-0{,}61}{\Phi E} d\Phi_0. \qquad (165)$$

Man sieht, daß die relative Streuung nicht mehr umgekehrt proportional mit E abnimmt, wie bei visuellen Messungen, sondern durch ein Minimum gehen muß, da die Ausdrücke $\sqrt{10^{2E} + 1}/E$ bzw. $10^E/E$ sowohl für sehr kleine wie für sehr große Werte von E anwachsen. Aus der Minimumbedingung ergibt sich $E_{\text{Min}} = 0{,}48$ bzw. $E_{\text{Min}} = 0{,}43$, bei dieser Extinktion ist demnach die relative Streuung am kleinsten. Ihr Betrag ist ferner der Gesamtintensität Φ_0 umgekehrt und der Empfindlichkeit $d\Phi_0$ des Empfängers direkt proportional. Man erhält für Ausschlags-, Kompensations- und

Flimmermethoden

$$\left(\frac{dE}{E}\right)_{Min} = 2{,}7 \cdot \frac{d\Phi_0}{\Phi_0}, \qquad (166)$$

für Substitutionsmethoden

$$\left(\frac{dE}{E}\right)_{Min} = 3{,}8 \cdot \frac{d\Phi_0}{\Phi_0}. \qquad (167)$$

Setzt man den minimalen Fehler bei $E = 0{,}48$ bzw. $E = 0{,}43$ willkürlich gleich 1, so ergibt sich die Abhängigkeit der relativen Streuung von der gemessenen Extinktion aus Abb. 110. Man sieht, daß die Streuung innerhalb des Bereichs $0{,}1 < E < 1{,}1$ nicht über den doppelten Betrag der minimalen Streuung anwächst und erst außerhalb dieser Grenzen rasch größer wird. Man wird daher nach Möglichkeit in der Nähe der Extinktion von 0,43 bzw. 0,48, jedenfalls aber innerhalb der angegebenen Grenzen messen, um die Genauigkeit der Methode weitgehend auszunützen.

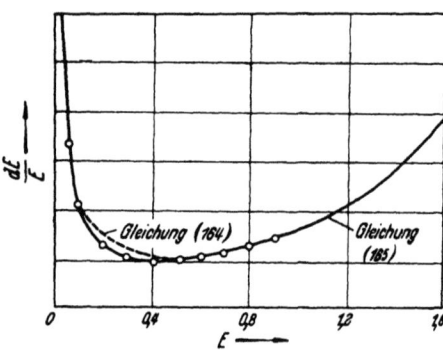

Abb. 110. Relative Streuung lichtelektrischer Extinktionsmessungen in Abhängigkeit von E, wenn die Genauigkeit durch $d\Phi_0$ begrenzt ist.

Besonders interessant an diesem Ergebnis ist die Tatsache, daß auch kleine Extinktionen von etwa 0,1 sich noch mit großer Genauigkeit messen lassen, was bei visuellen Methoden nicht der Fall ist. Dies muß als ein besonderer Vorteil der lichtelektrischen Messung gewertet werden.

Aus Gleichung (163) kann man schließlich auch die *Nachweisgrenze* dc eines absorbierenden Stoffs berechnen, d.h. die Konzentration, die sich eben mit einer lichtelektrischen Methode noch erkennen läßt. Bei sehr kleinen Konzentrationen geht E gegen Null und Φ gegen Φ_0, so daß folgt

$$dc = \lim_{E \to 0} \frac{dE}{\varepsilon\,s} = \frac{-0{,}61}{\varepsilon\,s\,\Phi_0}\,d\Phi_0. \qquad (168)$$

Die Nachweisgrenze liegt um so niedriger, je höher die zur Verfügung stehende Strahlungsintensität und je größer Schichtdicke und Extinktionskoeffizient ist bei gegebener Empfindlichkeit $d\Phi_0$ des Empfängers.

Fehlerdiskussion.

Für *Geräte mit nachfolgender Verstärkung des Photostroms* ergibt sich folgende Überlegung[1]: Während Φ_0 in der Regel ohne Verstärkung des Photostroms gemessen werden kann, hat man zur Messung von Φ je nach Größe der zu messenden Extinktion meistens mehrere Verstärkungsstufen zur Verfügung (z. B. beim BECKMAN-Photometer S. 317), die im Verhältnis $1:10^n$ stehen, wobei n eine ganze Zahl ist. Infolge der 10^n-fachen Verstärkung ist die von dem Empfänger (Photozelle + Verstärker) eben noch registrierte Intensitätsänderung nicht mehr durch $d\Phi_0$ gegeben, sondern durch

$$d\Phi = \frac{d\Phi_0}{10^n}, \qquad (169)$$

d. h. die Empfindlichkeit der Anordnung ist durch die Verstärkung um den Faktor 10^n erhöht. Damit ergibt sich aus Gleichung (163) durch Berücksichtigung von (169) für den relativen Fehler der gemessenen Extinktion bei einer Ausschlagsmethode an Stelle von (164):

$$\frac{dE}{E} = -\frac{0{,}4343 \sqrt{1 + 10^{2(E-n)}}}{\Phi_0 E} d\Phi_0, \qquad (170)$$

bei einer Substitutionsmethode an Stelle von (165):

$$\frac{dE}{E} = -\frac{\sqrt{2} \cdot 0{,}4343 \cdot 10^{E-n}}{\Phi_0 E} d\Phi_0. \qquad (171)$$

Für $n = 0$ gehen die Formeln wieder in die früheren über. Will man eine Extinktion $E > 1$ messen, so erhält man z. B. aus (170), indem man $E = n + \Delta E$ setzt

$$\frac{dE}{E} = -\frac{0{,}4343}{(n + \Delta E)\Phi_0} \sqrt{1 + 10^{2\Delta E}} d\Phi_0. \qquad (172)$$

Der relative Fehler wird jetzt ein Minimum, wenn $\Delta E = 0$, und wächst mit zunehmendem ΔE monoton an. Man wählt also nach Möglichkeit die Extinktion so, daß sie eben oberhalb des Verstärkungsfaktors n liegt. Auf diese Weise kann man erreichen, daß der relative Fehler bei großen Extinktionen sehr klein wird, wie dies auch bei visuellen Messungen der Fall war. Abb. 111 gibt die relative Streuung nach Gleichung (170) als Funktion von E an, wenn n nacheinander gleich 0, 1, 2, 3 gesetzt wird, während Φ_0 und $d\Phi_0$ als konstant angenommen sind.

Statt nach (169) durch Verstärkung $d\Phi$ zu verkleinern, kann man natürlich auch Φ_0 erhöhen, um die relative Streuung möglichst

---
[1] Vgl. G. CHARLOT u. R. GAUGUIN: Dosages Colorimetriques, Paris 1952.

klein zu machen. Bei der Messung großer Extinktionen tritt dann wieder das Problem auf, daß man Φ und Φ_0 nicht mit der gleichen Anordnung messen kann, da bei Ausschlagsmethoden die Skala des Strommeßinstruments nicht ausreicht und bei den übrigen Methoden die Ablesestreuung der Schwächungseinrichtungen bei großen Werten von E sehr rasch anwächst (vgl. Abb. 26, 29, 32). Man kann

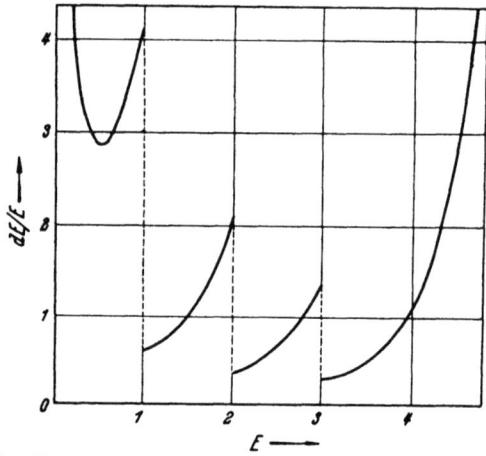

Abb. 111. Relative Streuung lichtelektrischer Extinktionsmessungen bei Photostromverstärkung in Abhängigkeit von E, wenn mehrere Empfindlichkeitsstufen ($n = 0, 1, 2, 3, 4$) zur Verfügung stehen.

sich dann dadurch helfen, daß man eine Vergleichslösung desselben Stoffes bekannter Konzentration und ähnlicher Extinktion verwendet und lediglich die *Extinktionsdifferenz* ΔE mißt[1]. Bezeichnet man die Extinktion der Vergleichslösung mit E_v, die zugehörige Strahlungsintensität mit Φ_v, so ergibt die analoge Rechnung für die relative Streuung an Stelle von (172)

$$\frac{dE}{E} = \frac{-0{,}4343}{(E_v + \Delta E)\,\Phi_v} \sqrt{1 + 10^{2\Delta E}}\, d\Phi_0\,. \qquad (173)$$

Damit die Streuung möglichst klein wird, müssen die Extinktionen von Vergleichs- und Meßlösung möglichst ähnlich sein; für konstantes ΔE nimmt die Streuung mit E_v ab. Diese Methode eignet sich also vor allem dann, wenn keine Verstärkung des Photostroms möglich ist. Notwendig ist dazu eine hohe Primärintensität Φ_0. Diese läßt sich stets auf Kosten der Spektralreinheit der Strahlung

---

[1] Dies läuft wieder auf eine Kombination von photometrischer und kolorimetrischer Messung hinaus (vgl. S. 191).

erreichen, indem man breitere Spalte oder Filter benutzt. Das bedeutet, daß man diese Methode vorwiegend für photometrische Zwecke heranziehen wird.

Die gewonnenen Beziehungen gelten, wie erwähnt, unter der Voraussetzung, daß die Genauigkeit der Messung maßgeblich durch die Einstellstreuung des Empfängers bestimmt wird. Da man diese durch Verringerung von $d\Phi$ mit Hilfe von Verstärkern oder durch Erhöhung von Φ_0 prinzipiell beliebig klein machen kann, wird häufig die Genauigkeit der lichtelektrischen Extinktionsmessung nicht durch die Einstellstreuung des Empfängers, sondern durch die Ablesestreuung der Meßvorrichtung begrenzt oder jedenfalls mitbestimmt sein. In solchen Fällen ist der relative Fehler wieder nach dem Fehlerfortpflanzungsgesetz zu berechnen, worauf schon S. 190 hingewiesen wurde.

3. Lichtelektrische Kolorimetrie.

Das wesentliche Merkmal des Meßprinzips kolorimetrischer Methoden, nämlich die Einstellung auf gleiche Extinktion zweier Lösungen desselben Stoffs und die dadurch bedingte Unabhängigkeit des Meßergebnisses von der spektralen Reinheit der verwendeten Strahlung (vgl. S. 173), wird dadurch nicht berührt, daß man die Registrierung der Extinktionsgleichheit nicht mehr durch das Auge, sondern durch andere Empfänger vornimmt. *Im Gegenteil gewinnt diese Unabhängigkeit von der spektralen Reinheit der Strahlung gerade bei objektiven Methoden noch eine besondere Bedeutung dadurch, daß sich*, wie später gezeigt werden wird (vgl. S. 260ff.), *der Einfluß ungenügender Monochromasie der Strahlung bei objektiven photometrischen Messungen praktisch kaum ausschalten läßt*, wenn man die an sich erreichbare, den visuellen Methoden überlegene Genauigkeit wirklich ausnutzen will. Die prinzipielle Überlegenheit der Kolorimetrie gegenüber der Photometrie für relative Messungen (Konzentrationsbestimmungen) bleibt also durchaus bestehen.

Die früher diskutierten Eigenschaften der lichtelektrischen Empfänger, insbesondere die mangelnde Proportionalität zwischen Beleuchtungsstärke und Photostrom, bedingen es, daß man die Messung nicht gleichzeitig mit den beiden zu vergleichenden Lösungen und entsprechend mit zwei Empfängern vornehmen kann, indem man etwa die Lösungen in die beiden Strahlengänge einer Zweizellenanordnung einbringt, sondern daß die Extinktionsgleichheit *nacheinander* mit dem gleichen Empfänger registriert werden muß. Eine zweite Zelle kann wieder lediglich dazu dienen, die Messung von Schwankungen der Strahlungsintensität unabhängig zu machen. Die kolorimetrische Messung verlangt also entweder für die beiden Küvetten bzw. den registrierenden Empfänger einen Verschiebungsmechanismus, der nach den früheren Überlegungen (vgl. S. 147) die Erreichung bestmöglicher Genauigkeit verhindert, oder man verzichtet ganz auf die Vergleichsküvette und füllt Versuchs- und Vergleichslösung nacheinander in den gleichen Tauchbecher und stellt durch Veränderung der Schichtdicke jeweils auf die gleiche Extinktion ein. Dieses letztere Verfahren ist einwandfreier, es läßt sich jedoch mit Hilfe eines Präzisionsschlittens oder einer entsprechenden Drehvorrichtung auch mit dem erstgenannten eine Genauigkeit von 1000 (0,1% der zu messenden Konzentration) leicht und mit Sicherheit erreichen, und zwar im ganzen Empfindlichkeitsbereich des Empfängers, was gegenüber den Möglichkeiten bei visuellen Methoden einen wesentlichen Fortschritt bedeutet. Dabei ist natürlich vorauszusetzen, daß die Ablesestreuung der Schichtdicke diese Genauigkeit nicht merklich beeinträchtigt. *Da bei der Einstellung auf Extinktionsgleichheit der beiden Lösungen Intensität und spektrale Zusammensetzung der Strahlung identisch bleiben, verlieren alle spezifischen Eigenschaften der Empfänger ihren Einfluß, so daß die objektive kolorimetrische Konzentrationsbestimmung eine der sichersten und voraussetzungslosesten überhaupt darstellt.*

Leider sind lichtelektrische Kolorimeter bisher im Handel kaum zu haben. Eine von GOUDSMIT und SUMMERSON[1] beschriebene Anordnung mit Photoelementen besitzt die übliche Form eines DUBOSQ-Kolorimeters mit umgekehrtem Strahlengang. Als Strahlungsquelle dient eine von einer Glühlampe beleuchtete Mattglasscheibe am Ort des Oculars, die durch eine Linse parallel gerichtete Strahlung wird durch ein Biprisma in *zwei* Bündel zerlegt, welche die Tauchstäbe und Tauchbecher durchsetzen, unter deren Boden sich die Photoelemente befinden, die in üblicher Weise über ein Galvanometer gegeneinandergeschaltet sind. Man füllt zunächst beide Becher mit der Vergleichslösung, stellt auf eine geeignete gleiche Schichtdicke ein und reguliert durch geringe Verschiebungen des Biprismas mit Hilfe von Justierschrauben das Galvanometer auf Null ein. Ersetzt man nun die Vergleichslösung in einem der Becher durch die Versuchslösung und verändert die Schichtdicke, bis das Galvanometer wieder Null zeigt, so ergibt sich die Konzentration der Versuchslösung in üblicher Weise nach der Kolorimetergleichung (122) aus dem Schichtdickenverhältnis bei den beiden Einstellungen. Der Zweck der Lichtteilung besteht auch

---

[1] GOUDSMIT, A. u. W. H. SUMMERSON: J. biol. Chemistry **111**, 421 (1935). Hersteller: Klett, New York.

hier lediglich darin, die Messung von den Schwankungen der Intensität unabhängig zu machen, tatsächlich ist der zweite Tauchbecher eigentlich überflüssig, da sich die Kompensation der Photoströme auch mit Hilfe einer Brückenschaltung erreichen läßt (vgl. Abb. 99).

Ähnliche Anordnungen sind gelegentlich beschrieben worden[1], sie unterscheiden sich lediglich durch die Art der Lichtteilung, die Form der Küvetten, die Auswahl der Lichtfilter, Vorrichtungen zur Konstanthaltung der Temperatur der Lösungen usw. Wesentlich bleibt immer die Einhaltung des kolorimetrischen Meßprinzips, nämlich die Einstellung auf Extinktionsgleichheit zweier Lösungen lediglich durch Änderung der Schichtdicke.

Die wesentliche Forderung bei der Konstruktion eines lichtelektrischen Kolorimeters besteht darin, daß nicht durch die Variation der Schichtdicke eine Veränderung des Strahlenganges eintritt, die zu einer Vergrößerung oder Verkleinerung der bestrahlten Fläche des Empfängers führt[2]. Die variable Oberflächenempfindlichkeit aller lichtelektrischen Empfänger (vgl. S. 147) würde in diesem Fall jede genaue Messung unmöglich machen. Es ist also eine sehr sorgfältig berechnete optische Strahlenführung notwendig mit achsenparallelen Randstrahlen des Bündels in den Tauchbechern und Tauchstäben und Abbildung dieses konstanten Bündelquerschnitts auf dem Empfänger. Ein Gerät dieser Art befindet sich in der Entwicklung[3]. Es handelt sich dabei um ein Kolorimeter, das nach der *Flimmermethode* arbeitet: Die beiden, die Tauchbecher durchsetzenden Strahlenbündel werden mit Hilfe einer Schwingblende abwechselnd auf die gleiche Stelle der Photokathode geworfen, wobei die Sektoren der Blende so angeordnet sind, daß die entstehende Wechselstrahlung in beiden Bündeln einen Phasenunterschied von 90° zeigt. Der entstehende Photostrom besitzt eine Wechselstromkomponente, die verstärkt wird und deren Amplitude verschwindet, wenn die Extinktion in beiden Strahlengängen gleich geworden ist. Es handelt sich also um eine exakte *Nullmethode* (vgl. auch S. 235), bei der alle möglichen Störungen durch Schwankungen der Intensität der Strahlungsquelle, durch die Eigenschaften des Empfängers und durch

---

[1] Vgl. z. B.: H. SELIGMAN: Diss. Zürich 1937.
[2] Auch Unterschiede im Brechungsindex der zu vergleichenden Lösungen könnten solche Verschiebungen des Lichtflecks hervorrufen, doch ist diese Gefahr wegen der meist benutzten kleinen Konzentrationen wesentlich kleiner.
[3] E. Leitz, Wetzlar; eine photometrische Meßanordnung nach dem Flimmerprinzip mit Polarisationsprismen als Lichtschwächung wird von der gleichen Firma geliefert (vgl. S. 285).

Änderungen der Röhrencharakteristik (Nullverstärker!) eliminiert sind, und bei der außerdem die spektrale Zusammensetzung der Strahlung prinzipiell unwesentlich ist. Die Genauigkeit wird in diesem Fall ausschließlich durch die Ablesestreuung der Schichtdicken bestimmt: Durch partielle Differentiation der Kolorimetergleichung (122) nach s_1 und s_2 ergibt sich mit Hilfe des Fehlerfortpflanzungsgesetzes

$$\frac{d c_2}{c_2} = d s \sqrt{\frac{1}{s_1^2} + \frac{1}{s_2^2}}. \tag{174}$$

$ds = ds_1 = ds_2$ ist durch die Ablesegenauigkeit des Nonius gegeben. Ist diese z. B. gleich $\pm$ 0,05 mm, $s_1 = 50$ mm, $s_2 = 20$ mm, so ergibt sich die relative Streuung der Konzentration c_2 zu $\pm$ 0,27%.

4. Lichtelektrische Photometrie.

a) Die Bedeutung der Eigenschaften lichtelektrischer Empfänger für das Meßprinzip. Der früher hervorgehobene Gegensatz zwischen kolorimetrischen und photometrischen Methoden bezüglich ihrer *Eignung für relative Messungen* wird, wie schon erwähnt, durch Einführung lichtelektrischer Empfänger an Stelle des Auges nicht abgeschwächt, sondern im Gegenteil noch erheblich verschärft. Dies hängt mit den spezifischen Eigenschaften der lichtelektrischen Empfänger zusammen. Der grundsätzliche Unterschied kolorimetrischer und photometrischer Messungen besteht nach S. 182 darin, daß bei letzteren die als Grundlage der Konzentrationsbestimmung dienende „Eichkurve" von der spektralen Zusammensetzung der Strahlung abhängt, während kolorimetrische Messungen von der Zusammensetzung der Strahlung und ihren möglichen Änderungen völlig unabhängig sind. Diese Abhängigkeit der Eichkurve von der Zusammensetzung der Strahlung kann nun wesentlich größer werden als bei visuellen Methoden aus drei Gründen: a) Da eine genügende Genauigkeit der Messung nur bei hinreichend hoher Strahlungsintensität Φ_0 erreicht werden kann (vgl. S. 255), verlangen lichtelektrische Methoden im allgemeinen eine *erheblich intensivere Strahlungsquelle* als visuelle Methoden[1]. Aus diesem Grunde ist man auf die Verwendung relativ breiter Filter bzw. weiter Spalte bei Benutzung von Monochromatoren angewiesen, was bedeutet, daß man stets mit mehr oder weniger polychromatischer Strahlung arbeitet, selbst wenn man zur Beleuchtung Spektrallampen benutzt, da man auch bei diesen zur

---
[1] Dies gilt nur dann nicht, wenn man den Photostrom verstärkt (vgl. S. 237ff., 255).

Erreichung genügender Intensität keine zu engen Sperrfilter verwenden kann. b) Der Einfluß veränderlicher spektraler Zusammensetzung der Strahlung kann durch die spektrale Empfindlichkeitsverteilung der Empfänger vervielfacht werden, wenn diese etwa für Streustrahlung oder für die von der zu messenden Substanz nicht absorbierte Strahlung wesentlich empfindlicher sind als für die eigentliche Meßstrahlung, die durch den Schwerpunkt des Filters oder durch die Prismenstellung des Monochromators charakterisiert ist[1]. Dies kann besonders dann von Bedeutung werden, wenn in einem Spektralgebiet gemessen wird, in welchem die Empfindlichkeitskurve des Empfängers bereits stark abfällt. c) Auch die auf S. 147 erwähnte wechselnde *Oberflächenempfindlichkeit* der Empfängerkathoden hängt noch von der spektralen Zusammensetzung der Strahlung ab, so daß die einzelne Messung und damit auch die Reproduzierbarkeit einer ganzen Eichkurve noch vom geometrischen Strahlengang abhängig wird. Dies bedeutet, daß geringfügige Änderungen in den Meßbedingungen, die für visuelle Methoden völlig belanglos sind, wie z. B. geringe Verschiebungen der Strahlungsquelle, Einengung des Strahlenbündels durch Blenden, Temperaturschwankungen, geringe Unterschiede der Küvetten usw., für die lichtelektrische Messung bereits systematische Fehler hervorrufen können, die außerhalb der an sich erreichbaren Streuung der Messung liegen, wobei nochmals darauf hingewiesen sei, daß ein wesentlicher Zweck lichtelektrischer Messungen ja gerade in einer Erhöhung der Genauigkeit gegenüber visuellen Methoden besteht. Zieht man schließlich noch die *Temperaturabhängigkeit* des Photostroms sowie *Trägheits-* und *Ermüdungserscheinungen* bei manchen Empfängern in Betracht, so ergeben sich aus dem Zusammenwirken aller dieser Faktoren von vornherein die Schwierigkeiten, welche der Aufstellung einer z. B. auf 0,1% reproduzierbaren Eichkurve entgegenstehen.

Diese Überlegungen werden durch die Praxis vollauf bestätigt. In Abb. 112 sind die Eichkurven für die Konzentrationsbestimmung von Naphtholgelb in verdünnter Natronlauge in Analogie zu Abb. 81 für drei verschiedene, jeweils in engen Grenzen konstant gehaltene Belastungen der Beleuchtungslampe wiedergegeben[2]. Zur Messung wurde eine Ausschlagsmethode mit dem weiter unten beschriebenen Photometer von LANGE benutzt; zur spektralen Zerlegung der kontinuierlichen Strahlung diente ein Blaufilter mit einer Halbwertsbreite von etwa 1000 Å. Die Messungen zeigen in

---

[1] Vgl. dazu z.B.: H. v. HALBAN u. J. EISENBRAND: Z. wiss. Photogr., Photophysik Photochem. 25, 138 (1928).
[2] KORTÜM, G. u. J. GRAMBOW: Z. angew. Chemie 53, 183 (1940).

besonders starkem Maß den Einfluß mangelnder Monochromasie der Strahlung. Obwohl die Spannung an der Lampe nur innerhalb der Grenzen einer schwankenden Netzspannung variiert wurde, werden die durch die veränderte Zusammensetzung der Strahlung bedingten Fehler hier außerordentlich groß. Wie sich leicht aus den Kurven ablesen läßt, kann man bei einem Sprung von 20 Volt (10%) zwischen Eichung und späterer Messung einen Fehler bis über 60% in der Konzentrationsbestimmung machen! Nimmt man in erster grober Näherung an, daß Spannungsänderung und Fehler

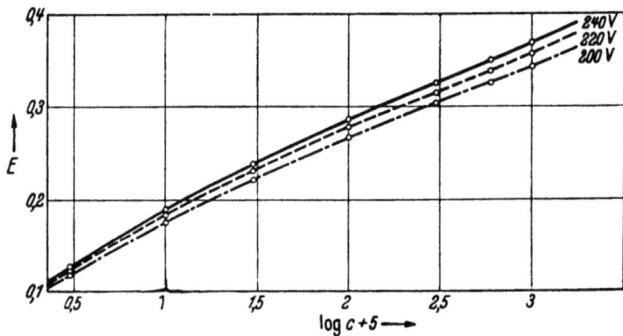

Abb. 112. Eichkurve für Naphtholgelb in 5 · 10⁻³ n NaOH nach lichtelektrischen Messungen bei verschiedener Lampenbelastung.

einander proportional sind, so bedeutet dieses Ergebnis, daß man die Spannung an der Lampe auf wenigstens 0,1% konstant halten muß, wenn man eine Reproduzierbarkeit der Eichkurve auf etwa 0,5% gesichert haben will, was nicht wesentlich mehr ist, als man mit visuellen Methoden auch erreichen kann. Eine so hohe Spannungskonstanz ist mit einfachen Mitteln nicht zu erreichen, woraus sich ergibt, wie große Bedeutung die Polychromasie der Strahlung für die Genauigkeit der Messung gewinnen kann. Hieraus folgt die Unzulässigkeit der gelegentlich aufgestellten Forderung[1], daß man im Interesse einer möglichst großen Intensität die Halbwertsbreite der verwendeten Filter so groß wie möglich halten soll. Man kann vielmehr durch Verwendung selektiver Strahlungsquellen oder enger Spektralfilter diese durch Schwankungen in der Zusammensetzung der Strahlung bedingten systematischen Fehler beträchtlich herabsetzen.

Eine langsame Änderung der Eichkurve ist ferner infolge der durch *Alterung der Lampe* bewirkten Temperaturänderung des Glühfadens zu erwarten[2]. Man hat versucht, die hierdurch beding-

[1] Vgl. R. HAVEMANN: Biochem. Z. **301**, 105 (1939).
[2] HAVEMANN, R.: Z. angew. Chem. **54**, 105 (1941).

ten systematischen Meßfehler dadurch zu umgehen, daß man durch eine Testmessung einer geeigneten unveränderlichen Extinktion die jeweilige Abweichung von der ursprünglich aufgestellten Eichkurve, die durch den Alterszustand der Lampe und die gerade herrschende Netzspannung gegeben ist, bestimmt und mit Hilfe dieser Testmessung den aus der Eichkurve entnommenen Konzentrationswert korrigiert. Als Test dient etwa eine Filterscheibe, deren Absorptionskurve der des zu bestimmenden Stoffes möglichst ähnlich sein soll und deren Extinktion innerhalb des Meßbereichs der Eichkurve liegt. Die Berechtigung dieses Verfahrens wird daraus abgeleitet, daß der durch eine bestimmte Helligkeitsänderung bewirkte Fehler in der Konzentration über den gesamten Verlauf der Eichkurve ungefähr konstant sein soll. Danach sollte also der Konzentrationsunterschied für zwei der Eichkurven in Abb. 112 im ganzen Meßbereich den gleichen prozentualen Wert aufweisen.

Dies trifft nun keineswegs allgemein zu und ist z. B. für die Eichkurven der Abb. 112 nicht einmal angenähert erfüllt. Nimmt man etwa an, daß die ursprüngliche Eichkurve bei 240 Volt Lampenspannung aufgenommen wurde (Kurve 1) und daß die spätere Konzentrationsbestimmung bei 220 bzw. 200 Volt erfolgt (Kurven 2 und 3), so würden die durch die Helligkeitsänderungen bewirkten Konzentrationsfehler in Prozenten für verschiedene Konzentrationen der zu bestimmenden Lösung folgende Werte annehmen:

Tabelle 21. *Größe von Konzentrationsfehlern, die durch Veränderung der Eichkurve infolge Helligkeitsschwankungen vorkommen können.*

c Mol/l	$3 \cdot 10^{-5}$	$1 \cdot 10^{-4}$	$3 \cdot 10^{-4}$	$1 \cdot 10^{-3}$	$3 \cdot 10^{-3}$
$\Delta c\%$ Kurve 2 ...	8,6	14,8	19,1	24,5	64,4
$\Delta c\%$ Kurve 3 ...	21,0	38,7	54,8	73,8	100,9

Der Fehler steigt also in dem untersuchten Meßbereich der Eichkurve in einem Fall auf etwa den fünffachen, im andern Fall auf fast den achtfachen Betrag an. Aus einer einzigen Testmessung an irgendeinem Punkt der Eichkurve läßt sich also über den Fehler bei einer andern Extinktion nichts Bestimmtes aussagen. Dieses Ergebnis, daß der prozentuale Fehler unter Zugrundelegung verschiedener Eichkurven weder konstant ist noch einen gleichartigen Gang zeigt[1], wurde mehrfach bestätigt, woraus sich ergibt, *daß sich auch mit Hilfe einer Testmessung die durch variable Glühfadentemperatur bedingten Fehler bei Messungen mit polychromatischer*

---
[1] Diese Beobachtung läßt sich auf Grund der Gleichung (58) auch theoretisch verständlich machen.

Strahlung und Benutzung von Eichkurven nicht einmal so weit reduzieren lassen, daß man die Genauigkeit visueller Methoden erreicht. Man ist daher gezwungen, die Glühfadentemperatur in kurzen Zeitabständen zu kontrollieren und jeweils mit Hilfe eines Vorschaltwiderstands der Lampe auf einen bestimmten Sollwert einzuregulieren. Diese Kontrolle läßt sich am besten mit Hilfe einer Standardlösung oder eines Standardfilters ausführen, indem man die Belastung der Lampe so lange variiert, bis der Standard die geforderte Extinktion zeigt[1]. Auf diese Weise läßt sich der Alterungsprozeß der Glühlampen weitgehend ausschalten. Wichtig ist dabei, daß man als Standard eine Lösung bzw. ein Filterglas benutzt, deren Absorption im Spektralbereich der verwendeten Strahlung möglichst steil verläuft, weil dadurch der Standardwert sehr empfindlich gegen die Zusammensetzung der Strahlung und damit gegen Änderungen der Glühfadentemperatur wird.

Man kann die Empfindlichkeit der Eichkurven gegen spektrale Änderungen der Meßstrahlung natürlich dadurch wesentlich herabsetzen, daß man Monochromatoren oder Filter geringer Halbwertsbreite (z. B. Interferenzfilter) benutzt. Das bedeutet aber fast immer eine so starke Verringerung der Intensität, daß man den Photostrom verstärken muß, um genügende Empfindlichkeit der Apparatur zu erreichen. Die Entwicklung moderner lichtelektrischer Photometer bewegt sich in dieser Richtung. Das erfordert allerdings einen wesentlich größeren Aufwand, der durch die Modulierung der Strahlung (Zerhacker) und die nachfolgende Wechselstromverstärkung bedingt ist und die Geräte kostspielig macht. Selbstverständlich kann man auch die später zu behandelnden lichtelektrischen *Spektrometer*, bei denen die genannten Bedingungen erfüllt sind, für Konzentrationsbestimmungen heranziehen, was bedeutet, mit Kanonen nach Spatzen zu schießen, abgesehen davon, daß diese Geräte, die für Absolutmessungen bestimmt sind, für Konzentrationsbestimmungen und insbesondere für Reihenmessungen recht unhandlich sind.

Man erzielt jedoch mit einfachen Geräten ohne Verstärkung ebenso gute Resultate, wenn man Gasentladungslampen mit Sperrfiltern benutzt, die bei genügender Intensität praktisch monochromatische Strahlung liefern. Man erkennt dies schon daran, daß die Eichkurven in solchen Fällen linear verlaufen (Gültigkeit des LAMBERT-BEERschen Gesetzes vorausgesetzt). In Abb. 113 sind derartige Eichkurven von Naphtholgelb wiedergegeben[2], die mit dem vom Verfasser entwickelten Photometer (vgl. S. 276) auf-

---

[1] Vgl. dazu R. HAVEMANN: Biochem. Z. **310**, 378 (1942).
[2] Nach Messungen von S. D. GOKHALE.

genommen wurden, und zwar einmal mit Glühlampe und Schottschen Glasfiltern, das andere Mal mit Hg-Lampe und Sperrfiltern. Die zugehörigen Durchlässigkeitskurven der Filter sowie das

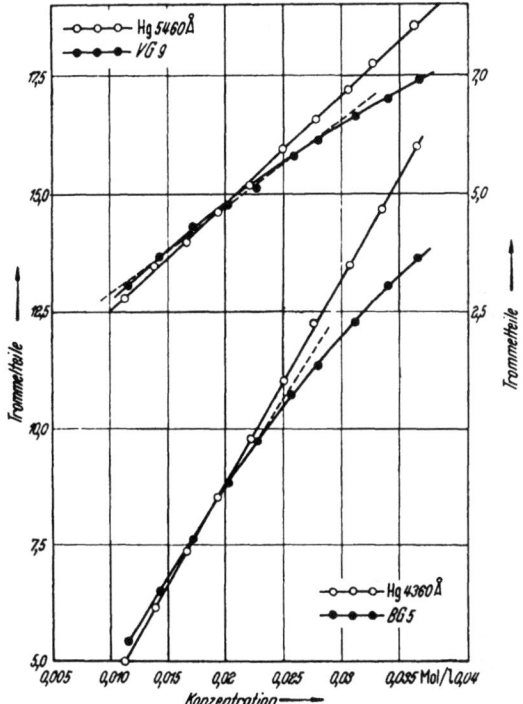

Abb. 113. Eichkurven für Naphtholgelb in $5 \cdot 10^{-3}$n NaOH nach lichtelektrischen Messungen mit monochromatischer und mit Filterstrahlung.

photographisch ermittelte Absorptionsspektrum des Naphtholgelbs zeigt Abb. 114.

Umgekehrt ist die häufig in Firmenprospekten und zusammenfassenden Darstellungen vertretene Ansicht, daß weitgehend monochromatische Strahlung bereits die Gewähr für hohe photometrische Meßgenauigkeit biete, durchaus irreführend. Man kann unter Beachtung der diskutierten Fehlermöglichkeiten auch mit Filtern großer Halbwertsbreite mit Sicherheit Genauigkeiten der Konzentrationsbestimmung von 1000 (0,1%) erreichen und umgekehrt mit monochromatischer Strahlung Fehler von vielen Prozenten machen. Das hängt davon ab, was für ein Meßverfahren man benutzt. *Ausschlags- und Kompensationsmethoden (mit und ohne Ver-*

266   Lichtelektrische Methoden.

stärkung) *schließen die Erreichung von Genauigkeiten unter* 1% *aus den früher genannten Gründen* (vgl. S. 227ff.) *fast immer aus*, ganz abgesehen davon, daß die Ablesestreuung der üblichen Strommeßinstrumente nur selten unter 1% vom Skalen*endwert* beträgt[1]; in ungünstigen Fällen (starke Abweichungen von der Proportionalität zwischen Beleuchtungsstärke und Photostrom) können außer-

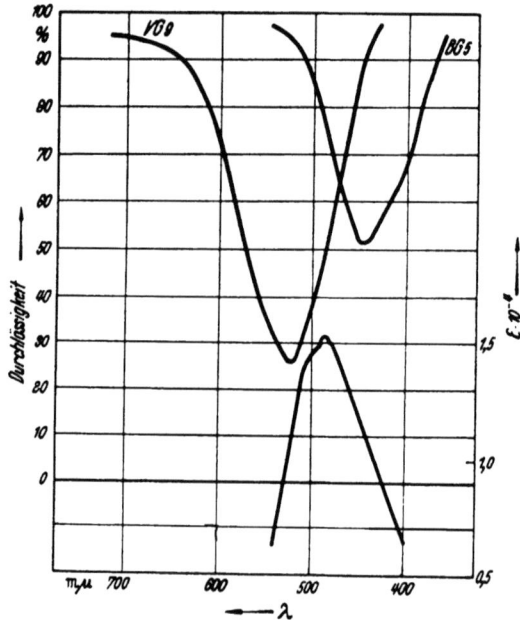

Abb. 114. Absorptionsspektrum von Naphtholgelb in $5 \cdot 10^{-3}$n NaOH und Durchlässigkeitskurven der für die Eichkurven von Abb. 113 benutzten Filter.

ordentlich große Fehler auftreten, ohne daß der Benutzer des Geräts es bemerkt. *Nur mit Substitutions- und Flimmermethoden lassen sich Genauigkeiten unter* 1% *mit Sicherheit erreichen*, wiederum unabhängig davon, ob man den Photostrom verstärkt oder nicht. Die nach manchen Arbeiten und auch Zusammenfassungen[2] mit im Handel befindlichen Geräten angeblich erreichten oder erreichbaren Genauigkeiten (0,01%!) können nur als phantastisch bezeichnet

---

[1] Bei einer Ablesestreuung von 0,2% vom Endwert, wie sie bei Präzisionsdrehspulinstrumenten angegeben wird, erreicht man eine Streuung der gemessenen Extinktion von etwa 1% im Bereich $0,1 < E < 1$; vgl. dazu TH. W. SCHMIDT: Z. Instrumentenkunde 55, 357 (1935).

[2] Vgl. z.B.: J. FISCHER: Z. Erzbergbau u. Metallhüttenwesen 5, 142 (1952); G. H. AYERS: Anal. Chem. 21, 652 (1949).

werden[1]. Bei hohen Ansprüchen an die Genauigkeit spielt die Unreproduzierbarkeit der Eichkurven sogar dann noch eine beträchtliche Rolle, wenn man zur Messung bestmöglich gereinigte „monochromatische" Strahlung unter Verwendung von Spektrallampen in Verbindung mit einem Monochromator benutzt, wie eingehend nachgewiesen wurde[2]. Dies liegt daran, daß infolge der vielen Reflexionen immer etwas Streulicht anderer Wellenlängen aus dem Spalt austritt. Außerdem sind zahlreiche Spektrallinien, wie vor allem die meistbenutzten Hg-Linien, nicht einfach, sondern aus mehreren Komponenten zusammengesetzt, so daß man stets mit einem Anteil uneinheitlich zusammengesetzter Strahlung zu rechnen hat. Da sich die spektrale Zusammensetzung der Strahlung schon mit den geometrischen Bedingungen des Strahlengangs ändert (z. B. mit der Stellung der Lichtquelle vor dem Monochromatorspalt), und unter Berücksichtigung der Inkonstanz der spektralen Empfindlichkeitsverteilung der Empfänger, ist es verständlich, daß sich die Eichkurven nicht mit der Sicherheit reproduzieren lassen, wie es die Empfindlichkeit der Empfänger an sich ermöglichen würde, selbst wenn man in der Lage ist, die Betriebsbedingungen der Lampe in sehr engen Grenzen konstant zu halten[3].

---

[1] Häufig wird die Genauigkeit der Konzentrationsbestimmung einfach aus der Reproduzierbarkeit einer mehrmals hintereinander vorgenommenen Messung derselben Lösung berechnet. Man erhält jedoch meistens ein wesentlich ungünstigeres Ergebnis, wenn man die Messung zu verschiedenen Zeiten (nach Löschen und Wiederanzünden der Lampe, Wechseln oder Neufüllung der Küvette usw.) wiederholt, wie es ja in der Praxis der Fall ist. Erst dann machen sich die durch die Schwankungen der Intensität, der spektralen Zusammensetzung, der Empfängereigenschaften, der Röhrencharakteristiken, der Temperatur usw. bedingten zusätzlichen Fehlerquellen bemerkbar. Vgl. dazu W. O. CASTER: Anal. Chem. 23, 1229 (1951) und die dort angegebene Literatur.

[2] KORTÜM, G. u. H. v. HALBAN: Z. physik. Chem., Abt. A 170, 212 (1934).

[3] Eine sehr sorgfältige experimentelle Untersuchung der Fehlerquellen und ihre statistische Auswertung hat W. O. CASTER (s. Anm. 1) beim BECKMAN-Spektrometer vorgenommen, wenn man dieses Gerät für analytische Zwecke verwendet. Er findet z. B. die folgenden relativen Fehler einer gemessenen Extinktion bzw. Konzentration, ausgedrückt in Prozenten:

	%
Bei Ersatz einer rot- gegen eine UV-empfindliche Zelle	3,2
Bei Benutzung verschiedener UV-empfindlicher Zellen nach verschiedenen Meßreihen	1,0 bzw. 5,4
Bei Austausch der Lichtquelle	1,3
Bei Änderung der Spaltbreite	0,3
Bei Wiederholung der Messung nach längerer Zeit	2,0
Bei Variation der benutzten Wellenlänge	0,4 bzw. 3,6
Bei sofort wiederholter Messung	0,2

Alle diese Fehlermöglichkeiten sind bei Benutzung einer Eichkurve gegeben. Den zuletzt genannten Wert als die „Meßgenauigkeit mit dem BECKMAN-

Die Unmöglichkeit, die durch Schwankungen in der spektralen Zusammensetzung der Strahlung oder durch die spezifischen Eigenschaften der Empfänger bedingten Fehlerquellen so weit auszuschalten, daß man Eichkurven mit der an sich möglichen hohen Genauigkeit lichtelektrischer Extinktionsmessungen aufstellen könnte, führt zwangsläufig zu dem von KORTÜM und v. HALBAN vorgeschlagenen und stets bewährten Meßverfahren, auf Eichkurven ganz zu verzichten und für jede einzelne Messung einen optisch gleichartigen Standard desselben Stoffes und möglichst ähnlicher Extinktion zu verwenden, wodurch alle die beschriebenen systematischen Fehlerquellen unwirksam werden. Dies entspricht aber völlig einem *kolorimetrischen* Verfahren, weshalb es zweckmäßig als „*Feinkolorimetrie*" bezeichnet wird[1]. *Nur dieses Verfahren bietet die unbedingte Sicherheit, daß man eine gegenüber visuellen Methoden wesentlich höhere Genauigkeit der Konzentrationsbestimmung in jedem einzelnen Fall auch wirklich erreicht* (vgl. auch S. 282).

b) Gebräuchliche Photometer nach dem Ausschlagsverfahren. Nach dem einfachen Einzellen-Ausschlagsverfahren der Abb. 96 arbeiten zahlreiche käufliche Geräte, von denen einige in Tabelle 22 zusammengestellt sind[2].

Abgesehen davon, daß es sich bei diesen Geräten nicht um Kolorimeter handelt, bieten die zum Teil phantasievollen Bezeichnungen noch keine Gewähr für ihre Leistungsfähigkeit. Sie besitzen sämtlich die für die Ausschlagsmethode angegebenen Nachteile, die durch die Voraussetzung der Proportionalität zwischen Beleuchtungsstärke und Photostrom und die eventuellen Schwankungen der Strahlungsintensität bedingt sind (vgl. S. 225ff.). Um letztere möglichst klein zu halten, sollte man die Beleuchtungslampe stets unter Vorschaltung eines Netzkonstanthalters (der in manchen Fällen bereits eingebaut ist) oder besser mit Batteriestrom betreiben. Die bei Photoelementen und Widerstandszellen stets, bei Photozellen häufig vorhandenen und zeitlich variierenden Abweichungen von der Proportionalität zwischen i und Φ verhindern jedoch prinzipiell, daß sich der Fehler der Konzentrationsbestimmung unter 1% herabdrücken läßt, in vielen Fällen wird er wesent-

---

Photometer" zu bezeichnen, ist offenbar durchaus irreführend. Zahlreiche weitere Angaben über die mangelnde Proportionalität zwischen Photostrom und Bestrahlungsstärke und ihre Zeitabhängigkeit sowie zahlreiche Literaturzitate über ähnliche Beobachtungen findet man in der gleichen Arbeit.
[1] Nach einem Vorschlag von H. v. HALBAN u. L. EBERT: Z. physik. Chem. **112**, 321 (1924). Vgl. dazu auch C. F. HISKEY: Anal. Chem. **21**, 1440 (1949).
[2] Weitere Angaben z. B. bei P. WULFF: Beih. Z. Ver. dtsch. Chemiker **48**, 31 (1944); F. LÖWE: Chem. Ztg. **74**, 393 (1950).

lich größer sein. Diese Grenze ist meistens auch durch die Ablesestreuung der Meßinstrumente im üblichen Meßbereich der Extinktion von 0,1 bis 1 bereits festgelegt[1]. Wie oben gezeigt wurde, ist im Interesse geradliniger Eichkurven und der Unabhängigkeit der Messungen vom Alter der Lampe eine möglichst gute spektrale Zerlegung der Strahlung wünschenswert. Geräte mit besonders empfindlichen Empfängern oder mit Verstärkereinrichtungen, die trotzdem mit Filtern großer Halbwertsbreite ausgerüstet sind, enthalten einen inneren Widerspruch.

Bei den meisten Geräten sind Lampe, Küvette und Empfänger ohne Zwischenschaltung einer Optik (außer des Dispersionssystems) direkt hintereinander angeordnet, der Strahlengang wird lediglich durch Blenden festgelegt. Dadurch wird ein Maximum an Intensität erreicht, dagegen ist wegen der Divergenz des Strahlenbündels die wirksame durchlaufene Schichtdicke der Küvetten nicht gut definiert. Das unterstreicht die Notwendigkeit der *Aufstellung einer Eichkurve mit den gleichen Küvetten, die man später für die Messungen benutzen will*. Wirkt eine zylindrische Küvette als Zylinderlinse, so ist die Eichkurve gegen mechanische Mängel der Halterung oder gegen Austausch der Küvette besonders empfindlich und sollte deshalb häufig nachgeprüft werden. Ob man, wie häufig in Prospekten angegeben, ,,Präzisionsküvetten" benutzt oder Reagensgläser, ist prinzipiell unwichtig, solange sie nur exakt reproduzierbar eingesetzt werden können, und solange man immer die gleichen benutzt.

Es wird als ein wesentlicher Vorzug aller Ausschlagsmethoden betrachtet, daß die Messung sehr rasch geht, da der Ausschlag unmittelbar auf einer entsprechend kalibrierten Skala die Durchlässigkeit oder die Extinktion angibt. Solche Skalen werden meistens mitgeliefert. Um dem Benutzer jegliches Nachdenken und außerdem die Aufstellung einer Eichkurve zu ersparen, werden zu manchen Geräten (z. B. 5, 9) bereits vorkalibrierte Meßskalen für die Konzentrationsbestimmung bestimmter Stoffe unter Verwendung bestimmter Vorschriften für die Herstellung der Lösungen mitgeliefert. Vor der Benutzung dieser Skalen ohne vorherige Kontrolle mit Lösungen bekannter Konzentration kann nicht nachdrücklich genug gewarnt werden. Die für jedes Gerät und jeden zu bestimmenden Stoff unter den Bedingungen der späteren Messung vom Benutzer selbst aufgestellte Eichkurve bildet die Grundlage für zuverlässige Ergebnisse.

---
[1] Vgl. dazu TH. W. SCHMIDT: Z. Instrumentenkunde **55**, 357 (1935); der Ablesefehler des Instruments ist dabei zu 0,2% vom Endwert angenommen.

Tabelle 22.

Nr.	Bezeichnung	Hersteller	Empfänger	Strahlungszerlegung	Besonderheiten
1	Kolorimeter nach Schmidt[1]	Schmidt & Haensch, Berlin	Photoelement	Gasentladungslampen mit Sperrfiltern	Lochblenden; keine Optik
2	Kolorimeter nach Landt und Hirschmüller[2]	Schmidt & Haensch, Berlin	Photoelement	Gasentladungslampen mit Sperrfiltern	Definierte Strahlenführung durch Optik und Blenden
3	Becherglaskolorimeter	B. Lange, Berlin-Zehlendorf	Photoelement	4 Farbfilter	Für Reagens- und Bechergläser als Küvetten; keine Optik
4	Medico-Kolorimeter	B. Lange, Berlin-Zehlendorf	Photoelement	4 Farbfilter	KPG-Rohre als Küvetten wirken als Zylinderlinsen; keine Optik
5	Rapid-Kolorimeter	Hartmann & Braun, Frankfurt/M.	Photoelement	Farbfilter	Hauptsächlich medizinisches Anwendungsgebiet
6	Engel[3]-Kolorimeter	Kipp & Zonen, Delft/Holland	Photoelement	12 Farbfilter Bandbreite 50—80 mμ	Keine Optik; Küvetten mit geringen Volumens
7	Unicam-Spektrophotometer. Modell D. G.	Unicam, Cambridge, England	Photoelement	Gitter. Bandbreite 35 mμ	Reagensgläser und rechteckige Tröge als Küvetten; außer Monochromator keine Optik
8	Cenco-Spektrophotometer	Central Scient. Comp., Chicago	Photoelement	Gitter, Bandbreite 20 bis 5 mμ	Außer Monochromator keine Optik

9	Coleman-Junior-Spektrophotometer	W. H. Kessel & Co. Chicago		Gitter, Bandbreite 35 mµ	Runde und quadratische, auch Mikro-Küvetten; außer Monochromator keine Optik
10	Universal-Absolut-Kolorimeter	Riele K.-G., Berlin-Hermsdorf	CdS-Widerstandszelle	5 Farbfilter	Zylindrische Küvetten kleinen Volumens wirken als Zylinderlinsen
11	Ultra-Transparenz- und Trübungsmesser	Eisemann GmbH, Stuttgart	Vakuumphotozelle mit Gleichstromverstärkung	Farbfilter	Keine Optik
12	Spektrophotometer CF 2	Optica, Mailand		Glasprisma 0,8 bis 3 mµ Bandbreite	Planparallele Küvetten; außer Monochromator keine Optik
13	Photometer „Eppendorf"	Medeor GmbH, Hamburg	Vakuumphotozellen mit Wechselstromverstärkung	Gasentladungslampen mit Sperrfilter	Quarzoptik; auch im UV verwendbar; Glas- und Quarzküvetten
14	Monochromat. Kolorimeter	Bausch & Lomb, Rochester, N.Y.	Photoelement	12 Interferenzfilter, Halbwertsbreite 20 mµ	Wärmeschutzfilter
15	Unicam-Spektrophotometer S.P. 600	Unicam, Cambridge, England	Vakuumphotozellen mit Gleichstromverstärkung	Glasprisma 3 bis 10 mµ Bandbreite	Zusätzliche Filter zur Absorption von Streulicht

[1] SCHMIDT, TH. W.: Z. Instrumentenkunde 55, 336, 357 (1935).
[2] LANDT, E. u. H. HIRSCHMÜLLER: Z. Zuckerind. 87, 449 (1937).
[3] ENGEL, CHR.: Chem. Weekbl. 44, 309 (1948).

Einige allgemeine, zum Teil schon früher erwähnte Hinweise, die sich aus der praktischen Erfahrung ergeben haben: Häufig lohnt es sich, in das Gerät hinter der Lampe ein Wärmefilter einzubauen, insbesondere dann, wenn die Wattaufnahme der Lampe relativ hoch ist. Um Ermüdungserscheinungen der Empfänger, die unmittelbar nach dem Einsetzen der Bestrahlung am größten sind (vgl. Abb. 63) zu vermeiden, ist es – im Gegensatz zu der gelegentlich empfohlenen Abdeckung des Empfängers vor jeder Messung – zweckmäßig, den Empfänger eine Zeitlang vorzubestrahlen. Um Ungleichmäßigkeiten von Meß- und Vergleichsküvette zu eliminieren, empfiehlt es sich, beide mit dem Lösungsmittel zu füllen und die eventuell gefundene ,,Trogdifferenz" bei der Messung zu berücksichtigen. In den meisten Fällen wird diese allerdings in die Streuung der Messungen hineinfallen. Wichtig ist die Füllhöhe der Küvetten, die stets gleich gehalten werden soll, da das von der Oberfläche durch Totalreflexion auf den Empfänger gelangende Streulicht sonst verschiedene Intensität besitzt und so beträchtliche Fehler hervorrufen kann.

Als *Strommeßinstrument* ist bei Verwendung von Photoelementen jedes genügend empfindliche Galvanometer brauchbar, das keinen zu hohen Eigenwiderstand besitzt, da sonst die Abweichungen von der Proportionalität zwischen Beleuchtungsstärke und Photostrom besonders groß werden (vgl. S. 139). Da Photoelemente einen inneren Widerstand in der Größenordnung von 1000 Ohm besitzen, muß der aperiodische Grenzwiderstand des Galvanometers ebenfalls von dieser Größenordnung sein, damit es sich aperiodisch einstellt. Als sehr bequem haben sich tragbare Galvanometer mit Lichtzeigern erwiesen, wie sie heute von mehreren Firmen hergestellt werden[1]. Bei ebener Meßskala ist gegebenenfalls, besonders bei großen Ausschlägen, auf den Kreisbogen zu korrigieren. Die bei manchen käuflichen Geräten mitgelieferten Zeigerinstrumente besitzen größere Ablesestreuung.

Man kann sich lichtelektrische Photometer nach der Einzellenausschlagsmethode leicht unter Benutzung von Laboratoriums- und Werkstatthilfsmitteln (z. B. auf einer optischen Bank) aufbauen, da es bei diesen Geräten auf exakten optischen Strahlengang nicht ankommt. Diese Anordnungen arbeiten meistens genauer als käufliche Geräte und sind zum viel billiger.

---

[1] Galvanometer A 75 von Kipp & Zonen, Delft; Multiflexgalvanometer von B. Lange, Berlin-Zehlendorf; Lichtmarkengalvanometer von Siemens bzw. der AEG; Skalengalvanometer von VEB Optik, Jena; Galvolux von R. Fueß, Berlin-Steglitz. Die beiden letzten besitzen eine sehr bequem ablesbare Wanderskala: das projizierte Bild der Skala läuft an einer feststehenden Marke vorbei.

Nach dem *Zweizellenausschlagsverfahren* arbeitet das vielgebrauchte Photometer nach LANGE[1] (vgl. Abb. 97). Dieses Gerät wird auch als *Durchfluß*-Photometer zur laufenden Überwachung der Extinktion bzw. Trübung von Flüssigkeiten oder Gasen gebaut und kann zu diesem Zweck mit Schaltkontakten für Signalisierung bzw. Regelung (Schaltleistung 500 Watt) und mit Registriereinrichtung geliefert werden. Über Meßprinzip und erreichbare Genauigkeit vgl. S. 228. Auch Anordnungen dieser Art sind mehrfach beschrieben worden[2].

c) Geräte nach dem Kompensationsverfahren. Eine Zweizellenkompensationsanordnung stellt das weit verbreitete Lumetron[3]

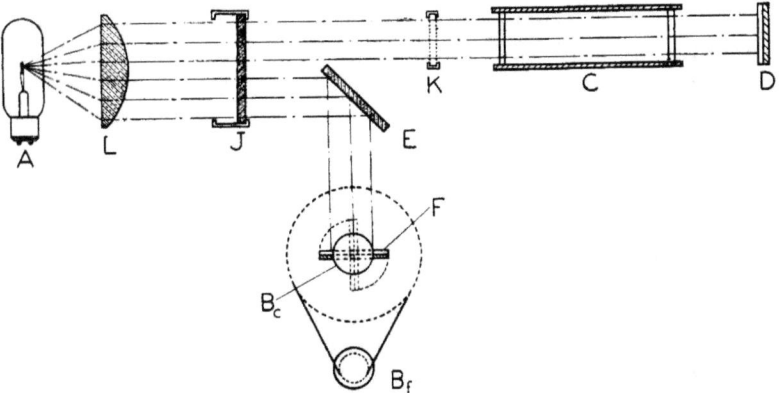

Abb. 115. Schema des Lumetron-Photometers. A 100-Watt-Lampe; I Lichtfilter; E Spiegel; D u. F Photoelemente; B_c u. B_f Drehknöpfe für Vergleichselement; K Graufilter.

dar. Es arbeitet mit Photoelementen in Brückenschaltung und ist deshalb von Schwankungen der Strahlungsquelle sehr weitgehend unabhängig, wie oben gezeigt wurde (vgl. S. 232). Es verdankt dies vor allem auch der Benutzung relativ enger Filter, so daß nicht nur Intensitätsschwankungen, sondern auch Änderungen der Farbtemperaturen der Lampe kompensiert werden. Das Schema der Anordnung ist in Abb. 115 wiedergegeben. Zur Messung stellt man den Kontakt des Schleifdrahtes auf 100 und kompensiert (mit der Lösungsmittelküvette im Strahlengang des Meßelements) durch Drehen der Vergleichszelle um ihre Mittelachse auf den Ausschlag

---

[1] B. Lange, Berlin-Zehlendorf.
[2] Vgl. etwa die Literatur bei G. KORTÜM: Z. angew. Chem. **50**, 193 (1937).
[3] Hersteller: Photovolt Corporation, New York 16.

Null. Ersetzt man nun das Lösungsmittel durch die Lösung, verschiebt den Schleifkontakt, bis wieder Kompensation erreicht ist, so gibt die Stellung des Kontakts unmittelbar die Durchlässigkeit in Prozenten an.

Das Gerät ist mit einem Filtersatz von 12 Filtern (Bandbreite etwa 30 mμ) für den sichtbaren Bereich ausgerüstet, die auch durch Interferenzfilter ersetzt werden können. Ein Quarzkondensor ermöglicht Messungen im UV, wozu die Glühlampe durch eine Hg-Lampe mit Sperrfiltern für die Hg-Linien ersetzt wird. Um den Meßbereich auszudehnen, kann man bei der Kompensation mit dem Lösungsmittel im Strahlengang zusätzlich ein Graufilter von 20% Durchlässigkeit einsetzen und bei der Kompensation mit der Lösung wieder entfernen. Die Durchlässigkeit der Lösung ist dann fünfmal kleiner als die auf der Skala abgelesene. Statt des Graufilters kann man (besser!) auch eine Vergleichslösung bekannter Konzentration benutzen. Über die Verwendung des Geräts zu Fluorescenzmessungen vgl. S. 324.

Im Lumetron sind alle Gesichtspunkte berücksichtigt, die für die Erreichung maximaler Genauigkeit nach dem Kompensationsverfahren wesentlich sind. Nachteilig für die Kompensation könnte höchstens die Art der Strahlungsteilung sein, da das Bündel nicht über den ganzen Querschnitt homogen sein wird, so daß Schwankungen der Intensität sich nicht gleichmäßig auf beide Strahlengänge verteilen, wie dies in Abb. 100 der Fall ist. Nicht eliminiert werden dagegen die Abweichungen von der Proportionalität zwischen Photostrom und Beleuchtungsstärke, die bei Photoelementen stets vorhanden sind, auch wenn wie hier die Widerstände in der Brücke absichtlich klein gehalten sind. Dies gilt grundsätzlich für alle Ausschlags- und Kompensationsmethoden.

Nach dem Kompensationsprinzip arbeitet eine ganze Reihe käuflicher Geräte (z. B. das Fisher-Elektrophotometer[1]), auf die im einzelnen nicht eingegangen zu werden braucht, da sie nichts grundsätzlich Neues bieten.

d) Geräte nach dem Substitutionsverfahren. Wesentlich sicherere Ergebnisse als mit den bisher beschriebenen Geräten erreicht man nach dem früher Gesagten mit Substitutionsmethoden, bei denen sämtliche unerwünschten Eigenschaften der Empfänger herausfallen, da es sich um *wahre Nullmethoden* handelt. Im Interesse der erreichbaren hohen Genauigkeiten wird man stets *Zweizellen*-methoden verwenden, um Intensitätsschwankungen der Strahlungsquelle auszuschließen.

---

[1] Hersteller: Fisher, Scient. Comp., Pittsburgh, und Emer & Amend, New York.

Die verschiedenen im Handel befindlichen Geräte unterscheiden sich gewöhnlich durch die verwendete Lichtschwächungseinrichtung. Das von Hilger[1] konstruierte Spektroabsorptiometer (vgl. Abb. 116) besitzt zur Lichtschwächung eine mit Trommel und Teilung versehene Meßblende E, ähnlich wie die des PULFRICH-Photometers (vgl. Abb. 28). Als Strahlungsquelle dient eine 100-Watt-Lampe A, deren Glühfaden durch die Optik B und C auf dem Meßphotoelement D abgebildet wird. In dem Strahlengang zwischen A

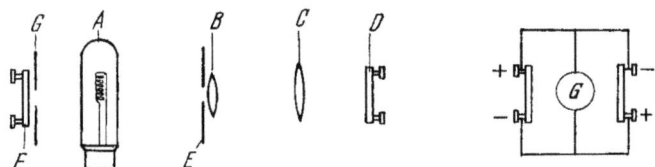

Abb. 116.
Strahlengang und Schaltschema des Hilger-Spekker-photoelectric-absorptiometer.

und D befinden sich die auswechselbaren Küvetten für Lösung und Lösungsmittel. Durch eine zweite Irisblende G vor dem Kompensationselement F werden die beiden Photoströme auf Null abgeglichen. Das Gerät ist mit 8 Filterpaaren für den sichtbaren Bereich, auswechselbarer Hg-Lampe mit Sperrfiltern für Messungen auch im nahen UV, speziellen Filtern für p_H-Messungen mit

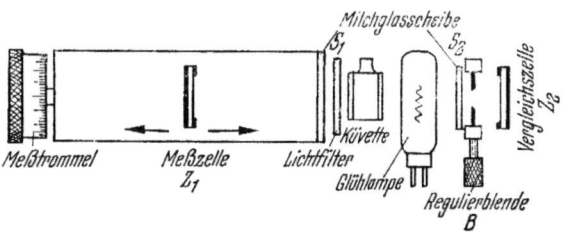

Abb. 117. Lichtelektrisches Photometer nach Havemann.

bestimmten Indicatoren, ferner verkitteten Küvetten, Mikroküvetten und Durchflußküvetten verschiedener Länge ausgestattet.

In einem von HAVEMANN[2] angegebenen Gerät (vgl. die schematische Abb. 117) erfolgt die meßbare Lichtschwächung durch Abstandsänderung des Meßelements Z_1 von einer beleuchteten

---

[1] Hilger & Watts, Ltd, London.
[2] HAVEMANN, R.: Biochem. Z. **301**, 105 (1939); **306**, 224 (1940); **310**, 378 (1942). Hersteller: W. Kauhausen, Berlin-Dahlem.

Milchglasscheibe S_2[1]. Der Abstand kann an einer Meßtrommel abgelesen werden, die insgesamt mögliche Verschiebung entspricht 1000 Trommelteilen. Hinter einer zweiten Milchglasscheibe S_2 und der Irisblende B befindet sich das Kompensationselement Z_2. Zwischen Küvette und Milchglasscheibe können Filter eingeschaltet werden. Die Glühlampe (100 Watt), die auch durch Gasentladungslampen ersetzbar ist, ist mit einem Zylinder aus infrarotabsorbierendem Glas umgeben. Wegen des Fehlens einer Richtoptik ist auch hier auf konstante Füllhöhe der Küvetten zu achten. Da die als eigentliche Strahlungsquelle dienende Milchglasscheibe nicht punktförmig ist, fällt die Bestrahlungsstärke nicht mit dem Quadrat der Entfernung des Meßelements ab, die Messung gibt deshalb auch keine absoluten Extinktionswerte, was aber für relative Messungen belanglos ist, da den Konzentrationsbestimmungen stets eine Eichkurve (Trommelteile aufgetragen gegen Konzentration) zugrunde liegt.

Die bisher beschriebenen Geräte besitzen weiterhin den Nachteil, daß der Zusammenbau der Einzelteile einschließlich der Strahlungsquelle in einem relativ kleinen, geschlossenen Gehäuse *Temperaturänderungen* hervorruft, die sowohl wegen der Temperaturabhängigkeit der Absorption zahlreicher Stoffe wie auch wegen der Temperaturabhängigkeit des Photostroms der Photoelemente eine zusätzliche, beträchtliche systematische Fehlerquelle bilden können. Da Temperaturkoeffizienten der Extinktion bis zu 1% je Grad und mehr gemessen sind, ist für Konzentrationsbestimmungen, die eine Genauigkeit von mehr als 100 (1%) erreichen sollen, schon aus diesem Grund eine sorgfältige Definition der Temperatur der zu messenden Lösungen unerläßlich. Sie ist bei dem von KORTÜM[2] beschriebenen Gerät gewährleistet (vgl. Abb. 118). Als Lichtquelle S dient eine Glühlampe mit möglichst punktförmigem Leuchtkörper, eine Wolfram-Punktlichtlampe[3] oder eine Osram-Spektrallampe, die an einer Akkumulatorenbatterie oder stabilisierten Netzspannung liegt. Die Irisblende B dient zur Regulierung der Gesamthelligkeit, der Kondensor L macht die Strahlung parallel bzw. schwach kon-

---

[1] Nach dem gleichen Prinzip arbeiten auch die von R. SHOOK u. B. SCRIVENER [Rev. sci. Instrumentes **3**, 553 (1932)] sowie von R. SEIFERT [Süddtsch. Apotheker-Ztg. **73**, 597 (1933)] angegebenen Anordnungen.

[2] KORTÜM, G.: Z. angew. Chem. **54**, 442 (1941); Chem. Technik **15**, 167 (1942). Hersteller: E. Bühler, Tübingen.

[3] Hersteller: Osram, Berlin. Die Punktlichtlampe hat gegenüber Glühfadenlampen den Vorteil, daß sie bei konstanter Belastung eine nahezu zeitunabhängige spektrale Energieverteilung zeigt, so daß die Eichkurven vom Alter der Lampe praktisch unbeeinflußt bleiben. Das gleiche gilt für Xenon-Hochdrucklampen.

vergent. Eine unter 45° zur optischen Achse geneigte Platte Q aus wärmeundurchlässigem Glas dient als Lichtteilung für das Meßphotoelement Z_1 und das Kompensationsphotoelement Z_2. Die mit einem Präzisionsschlitten vertauschbaren Flüssigkeitsküvetten befinden sich in einem mit Fenstern versehenen Trogkasten T mit doppelten Wänden und Boden von etwa 1 cm Zwischenraum, durch den Thermostatenwasser gepumpt wird. Als meßbare Lichtschwächung dient ein Graukeil aus Graphit[1] oder Grauglas von 100 mm nutzbarer Länge und 40 mm Breite[2], mit einer Steigung von $\Delta E = 0{,}01/\text{mm}$, so daß eine Gesamtextinktion von 1 gemessen werden kann. Der Keil wird mittels einer Präzisionsspindel mit

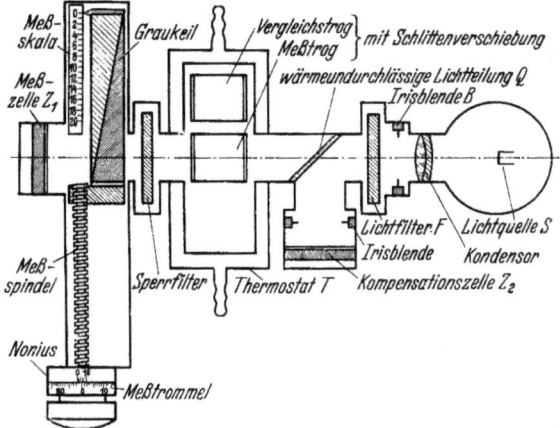

Abb. 118. Schematischer Schnitt durch das lichtelektrische Photometer nach Kortüm.

5 mm Steigung verschoben, die zugehörige Trommel ist in 500 Teile geteilt, so daß noch 10^{-2} mm Keilverschiebung ablesbar sind. Auf diese Weise läßt sich eine Extinktion von 0,1 noch auf 0,1 % genau ablesen, so daß die Genauigkeit der Messung im wesentlichen nicht durch die Ablesestreuung, sondern durch die Einstellstreuung des Photoelements begrenzt ist (vgl. S. 252). Als Nullinstrument dient z. B. das Multiflexgalvanometer. Zum Ausblenden verschiedener Spektralbereiche dienen 14 Lichtfilter F verschiedener Dicke (Zeiß- bzw. Schottfilter). Das Gerät kann unter Verwendung von Glasoptik bis 365 mμ benutzt werden. Die Temperaturkonstanz der Lösungen beträgt wenigstens ± 0,1 °C. Ein ähnliches, ebenfalls mit

---

[1] Hersteller: Zeiß-Ikon, Stuttgart.
[2] Die durchstrahlte Fläche des Keils beträgt etwa 7 cm², so daß evtl. geringe Unregelmäßigkeiten in der Steigung sich herausmitteln.

Graukeil als Lichtschwächungsmittel arbeitendes Photometer ist von MEUNIER[1] beschrieben.

Eine Zweizellensubstitutionsmethode dieser Art hat sich auch für die S. 49 erwähnten Messungen über die Gültigkeit des LAMBERT-BEERschen Gesetzes im Bandenspektrum von Gasen als sehr brauchbar erwiesen[2]; die scheinbaren Extinktionskoeffizienten wurden bei 130° C gemessen und streuten selbst bei langandauernden Meßreihen nur um wenige Promille.

Die Überlegenheit der Photozellen gegenüber den Photoelementen auf Grund der spezifischen Eigenschaften der verschiede-

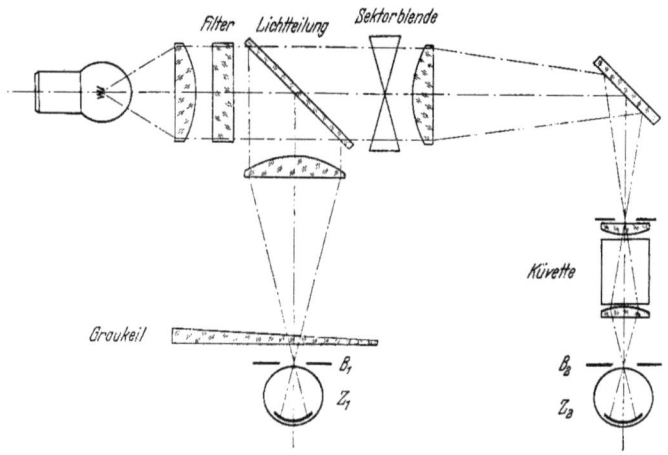

Abb. 119. Schematischer Schnitt durch das Elektrophotometer „Elko II" von Zeiß.

nen Empfängertypen sichert ihnen für Präzisionsmessungen den unbedingten Vorzug, wobei die Nachteile der notwendigen Saugspannung und der elektrometrischen Messung bzw. der Verstärkung in Kauf zu nehmen sind. Einige neu entwickelte, nach dem Substitutionsverfahren arbeitende Geräte sind deshalb mit Vakuumphotozellen ausgerüstet. Hierher gehört das *Elko II*[3], dessen optische Anordnung schematisch in Abb. 119 angegeben ist und dem der Abb. 118 weitgehend ähnlich ist. An Stelle des dort verwendeten Graukeils wird hier die S. 82 beschriebene Sektorblende (vgl. Abb. 30) als Einrichtung zur meßbaren Strahlungsschwächung

---

[1] MEUNIER, P.: Compt. rend. **201**, 1371 (1935). Hersteller: Jobin & Yvon, Arcueil.
[2] KORTÜM, G. u. W. LUCK: Z. Naturf. 6a, 305 (1951).
[3] HANSEN, G.: Optik 8, 251 (1951). Hersteller: Carl Zeiß, Oberkochen.

benutzt, die den Vorteil hat, von der Wellenlänge unabhängig zu sein, dagegen sehr empfindlich ist gegen Inhomogenitäten im Querschnitt des Strahlenbündels und somit auch gegen Altern (Schwärzung) oder Austausch der Glühlampe. Man soll deshalb die Durchlässigkeitsangaben der Blende mit Hilfe von Graugläsern mit Durchlässigkeiten von 50 und 25 oder 75%, deren Werte genau bekannt sind, von Zeit zu Zeit nachprüfen und gegebenenfalls mit Hilfe der eingebauten Korrektoren auf den Sollwert nachstellen. Die Meßgenauigkeit beträgt etwa 0,2%.

Als Strahlungsquelle dient wahlweise eine 50-Watt-Glühlampe oder eine Hg-Lampe HQE 40 mit Netzanschlußgerät wie beim PULFRICH-Photometer. Die durch die Gleichstromverstärkung des Photostroms bedingte hohe Empfindlichkeit erlaubt es, zur spektralen Zerlegung die S-Filterserie des PULFRICH-Photometers mit ihren geringen Halbwertsbreiten zu benutzen (vgl. Tabelle 18). Lediglich an Stelle der Filter S 59, S 57 und S 55 mit ihrer sehr geringen Durchlässigkeit werden etwas hellere Filter benutzt, ohne daß die Halbwertsbreite über 220 Å steigt. Dafür werden die Filter S 42 und S 47 etwas dunkler gemacht, wobei ihre Halbwertsbreite sinkt. Diese Filter sind mit dem Zusatz E versehen. Außerdem stehen Interferenzfilter (an Stelle von S 66 und S 61) sowie Sperrfilter für die Hg-Linien zur Verfügung. Trotz der Glasoptik kann noch mit der Hg-Liniengruppe 3655 Å und Filter S 38 E gemessen werden. Ein Nachteil des Geräts ist (wie bei den meisten früher beschriebenen) die Erwärmung durch die eingebaute Lampe, die bei Dauerbetrieb 4° Temperaturunterschied gegenüber der Umgebung erreicht. Es werden deshalb auf Wunsch auch Küvetten mit Temperiereinrichtung geliefert.

Will man die Empfindlichkeit der lichtelektrischen Zelle voll ausnutzen, um *Konzentrationsbestimmungen hoher Präzision* auszuführen, wie sie manche speziellen Aufgaben (z. B. die optische Bestimmung von Dissoziationskonstanten) verlangen, so muß man auf die Verstärkung des Photostroms verzichten, da die mangelnde Konstanz der Hilfsspannungen und der Röhrencharakteristiken stets einen zusätzlichen Störpegel hervorrufen. Es bleibt dann nur die elektrometrische Nullpunktsanzeige in einer Zweizellenanordnung nach Abb. 100, wobei naturgemäß nur die Substitutionsmethode Gewähr für die Erreichung höchster Genauigkeit bietet. Man kann dann leicht erreichen, daß die Genauigkeit praktisch ausschließlich durch die Ablesestreuung der Lichtschwächungseinrichtung begrenzt ist, was entsprechend hohe Anforderungen an die Unterteilung der Meßvorrichtung stellt (vgl. S. 85). Praktisch kommen dafür nur der rotierende Sektor oder Polarisationsprismen in Frage. In einer von KORTÜM und v. HALBAN[1] angegebenen Anordnung wurde ein Analysatorteilkreis verwendet, der eine Teilung von 10' zu 10' besaß, die mit Hilfe des Nonius auf 10'' genau abgelesen werden konnte[2]. Das entspricht nach Gleichung (77) einer Streuung der Extinktion im Minimum der Fehlerkurve von $dE/E = 0,011\%$. Man kann also mit dieser Teilung im günstigsten Fall ($E = 0,6919$) eine Genauigkeit von fast 10000 ($0,01\%$) erreichen.

Die Lichtschwächung mit dem *rotierenden Sektor* setzt die Gültigkeit des TALBOTschen Gesetzes voraus, welches fordert, daß intermittierende Beleuchtung (abwechselnd 100 und 0%) den gleichen Photostrom hervorruft wie der zeitliche Mittelwert bei kontinuierlicher Beleuchtung (vgl. S. 122, 148). Es ist bisher stets innerhalb der möglichen Meßgrenzen bestätigt worden[3]. Die wesentliche Schwierigkeit bildet die Veränderung seiner Extinktion während des Umlaufens, was einen beträchtlichen konstruktiven Aufwand erfordert. Eine von KORTÜM[4] angegebene Konstruktion hat sich auch bei jahrelangem Gebrauch außerordentlich bewährt. Die Sektoröffnung kann an einer auf dem Umfang angebrachten Kreisteilung mittels Nonius auf $2 \cdot 10^{-5}$ der Gesamtöffnung abgelesen werden. Das entspricht nach Gleichung (73) einer Streuung $dE/E = 2 \cdot 10^{-3}\%$ im Minimum der Fehlerkurve bei $E = 0,4343$, was die größte bisher erreichte Genauigkeit in der Lichtschwächung darstellt. Die Zellsaugspannung sowie die Schneidenspannung des Elektrometers wird am besten von guten Trockenbatterien geliefert[5], die auch über längere Zeit sehr konstant sind, da ihnen nur wenig Strom entnommen wird (maximal etwa 10^{-6} Amp.), und sich im allgemeinen besser bewähren als kleine Akkumulatoren. Die Zellspannung für die Kompensationszelle wird direkt an den von 10 zu 10 Volt unterteilten Batterien abgegriffen, zur feineren Unterteilung für die Meßzelle wird eine gesonderte Batterie von 10 Volt, bestehend aus geeigneten Akkumulatoren, über das Potentiometer R_1 (Abb. 100) von insgesamt $10 \cdot 10^4$ Ohm kurzgeschlossen[6], so daß die Spannung von Volt zu Volt variiert werden kann. Zur endgültigen Kompensation der Photoströme dient ein dem Potentio-

---

[1] KORTÜM, G. u. H. v. HALBAN: Z. physik. Chem. Abt. A **170**, 212 (1934).
[2] Solche Teilkreise werden z.B. von Heyde, Dresden; Schmidt & Haensch, Berlin; Kern & Co., Aarau (Schweiz), geliefert.
[3] Vgl. z.B.: C. MÜLLER u. R. FRISCH: Z. techn. Physik **9**, 444 (1928).
[4] KORTÜM, G.: Z. Instrumentenkunde **54**, 373 (1934). Vgl. auch Anmerkung[3], S. 79.
[5] Zum Beispiel Pertrix, Stuttgart.
[6] Geeignet sind die Einzeldekadenwiderstände, wie sie von verschiedenen Firmen geliefert werden.

meter vorgeschalteter Kurbelwiderstand R_2 von 10000 Ohm, der bis auf 1 Ohm variiert werden kann. Den Schneiden des Elektrometers und ebenso den Photozellen werden zweckmäßig Schutzwiderstände von einigen Megohm vorgeschaltet, damit bei Glimmentladungen weder die Zellen noch der Elektrometerfaden zerstört werden. Als Nullinstrument wird am besten ein WULFsches Einfadenelektrometer verwendet[1], dessen Empfindlichkeit etwa 500 Teilstriche/Volt betragen soll. Erfahrungsgemäß werden die Messungen bei einer mittleren Elektrometerempfindlichkeit besser, als wenn durch gesteigerte Empfindlichkeit das ganze System sehr instabil gemacht wird. Ebenso hat es sich gezeigt, daß es für die Erreichung hoher Meßgenauigkeit günstig ist, wenn die Strahlungsintensität so gewählt wird, daß die an den Zellen liegende Spannung etwa 10 bis 20 Volt unterhalb der Glimmspannung liegt. Alle Drahtverbindungen müssen verlötet sein, die Zellen und ebenso die Leitungen befinden sich in elektrostatisch abgeschirmten Metallkästen bzw. -röhren, die zu erden sind. Zur Isolation dient ausschließlich Bernstein oder Quarz.

Zur Erreichung höchster Genauigkeit ist es wegen der großen *Empfindlichkeit der Meßanordnung gegen geometrische Änderungen des Strahlengangs* notwendig, die Flüssigkeitsküvetten fest im Strahlengang anzuordnen und auf jeden Verschiebungsmechanismus zu verzichten. Lösungsmittel und Lösung werden durch Spülen der feststehenden Küvette ausgewechselt. Muß man – z.B. für die Prüfung des BEERschen Gesetzes bei konstantem Produkt cs – die Küvetten selbst auswechseln, so müssen die effektiven Schichtdicken der Tröge bzw. ihr Verhältnis mit einer der gewünschten Meßgenauigkeit entsprechenden Genauigkeit bekannt sein. Sie werden deshalb optisch durch Vergleich mit einer bekannten Schichtdicke und bei gleicher Gesamtextinktion mit Hilfe von Lösungen bestimmt, für welche das BEERsche Gesetz streng erfüllt ist. Dafür eignen sich z.B. Lösungen von K_2CrO_4 oder 2,4-Dinitrophenolat in verd. NaOH. Beide Bestimmungen müssen stets direkt nacheinander ausgeführt werden[2].

Eine Temperaturkonstanz der Lösungen von wenigstens $0,1°$ ist nach dem früher Gesagten für Präzisionsmessungen unerläßlich. In manchen Fällen (z.B. bei Gleichgewichtsmessungen, bei denen außer der Extinktion auch noch die Lage des Gleichgewichts temperaturabhängig ist) ist sogar eine Konstanz von 1 bis $2 \cdot 10^{-2}$ Grad

---

[1] Hersteller: Günther & Tegetmeyer, Braunschweig; Edelmann, München; Leybold, Köln; C. Leiß, Berlin-Steglitz.
[2] Einzelheiten über die genaue Prüfung des BEERschen Gesetzes siehe bei G. KORTÜM: Z. physik. Chem. Abt. B **33**, 243 (1936).

notwendig; dann empfiehlt es sich, den Trogkasten, der die Küvette enthält, direkt zu einem Teil des Thermostaten zu machen. Das Licht wird durch Rohrstutzen zugeführt, die zwischen die Wand des Thermostaten und die Wand des Trogkastens eingelötet werden.
Die mit derartigen Zweizellen-Substitutionsmethoden erreichbare Meßgenauigkeit geht aus Tabelle 23 hervor, in welcher die

Tabelle 23. *Erreichbare Meßgenauigkeit bei Zweizellen-Substitutionsmethoden.*

Gelbscheibe		Lösung	
Sektor	E	Sektor	E
38,250	0,4173	45,464	0,34233
38,232	0,4176	45,462	0,34235
38,240	0,4174	45,462	0,34235
38,240	0,4174	45,462	0,34235
38,210	0,4178	45,460	0,34237
38,210	0,4178		
38,204	0,4179	Mittel	0,34235 ± 0,000014
38,234	0,4176	29,722	0,52692
Mittel	0,4176 ± 0,0002	29,718	0,52698
		29,716	0,52701
		29,714	0,52704
		29,716	0,52701
		Mittel	0.52699 ± 0,000046

Extinktion einer Gelbscheibe[1] sowie zweier 2,4-Dinitrophenolatlösungen bei 436 mµ nach Messungen mit dem beschriebenen Sektor nach KORTÜM wiedergegeben ist[2]. Die für die Lösungen angegebenen Zahlen beziehen sich jeweils auf die Neufüllung der Küvette, enthalten also alle mit der Spülung und mit Temperaturschwankungen verbundenen Fehler.

Wie schon erwähnt, ist die Genauigkeit der Messung bei der Gelbscheibe geringer wegen der Änderung des geometrischen Strahlengangs, welche ihr Einbringen in den Lichtweg verursacht. Dagegen liegt die Streuung der Extinktionsmessung an den Lösungen unterhalb von 0,01%! Diese hohe Genauigkeit von mehr als 10000 läßt sich, wie schon erwähnt, zur Konzentrationsbestimmung nur dann ausnutzen, wenn man jedesmal eine Standardlösung desselben Stoffes und möglichst ähnlicher Extinktion als Vergleich heranzieht (vgl. S. 268). In Tabelle 24 ist eine solche Konzentrationsbestimmung wiedergegeben[2], wobei die Messungen in größeren

---
[1] Einschließlich der Reflexionsverluste.
[2] KORTÜM, G. u. H. V. HALBAN: Z. physik. Chem. Abt. A 170, 212 (1934).

Abständen im Verlauf von zwei Tagen gemacht wurden. Obwohl der Absolutwert der gemessenen Extinktion im Verlauf der Meßreihe innerhalb 0,5% schwankt — was wiederum einen Hinweis auf die Unreproduzierbarkeit von Eichkurven bedeutet —, ließ sich mit Hilfe einer jeweiligen Vergleichsmessung an einer Standardlösung die Konzentration der unbekannten Lösung doch mit einer mittleren Genauigkeit von 5000 (0,02%) bestimmen, was wohl die höchste

Tabelle 24.
„*Feinkolorimetrische*" *Konzentrationsbestimmung höchster Präzision.*

Standardlösung ($c = 4.867 \cdot 10^{-5}$ Mol/l)			Unbekannte Lösung		
Sektor	E	ε	Sektor	E	c
37,072	0,43096	4439,6	36,214	0,44112	$4,982 \cdot 10^{-5}$
37,100	0,43063	4436,1	36,254	0,44064	4,980
37,114	0,43046	4434,3	36,280	0,44033	4,979
36,940	0,43250	4455,4	36,108	0,44239	4,977
36,968	0,43217	4451,9	36,130	0,44213	4,980
36,994	0,43187	4448,9	36,164	0,44172	4,978
				Mittel	$4,979 \cdot 10^{-5} \pm 0,001$

bisher mit Sicherheit erreichte Genauigkeit der optischen Konzentrationsbestimmung darstellt.

Als letztes Beispiel sei die Prüfung des BEERschen Gesetzes an wäßrigen Lösungen von $K_3Fe(CN)_6$ angeführt, wobei eine Zweizellen-Substitutionsmethode mit Polarisationsprismen als Lichtschwächung verwendet wurde.[1] Man sieht aus Tabelle 25, daß das

Tabelle 25. *Prüfung des Beerschen Gesetzes an* $K_3[Fe(CN)_6]$-*Lösungen im Bereich verschiedener Absorptionsbanden.*

| c Mol/l | $8,680 \cdot 10^{-5}$ | $3,103 \cdot 10^{-4}$ | $8,175 \cdot 10^{-1}$ | $1,6715 \cdot 10^{-3}$ | $2,9209 \cdot 10^{-3}$ | $1,5813 \cdot 10^{-2}$ |
| ε_{436} | 742,3 | 742,4 | 742,5 | 742,6 | 742,7 | 742,7 |

| c Mol/l | $1,6027 \cdot 10^{-4}$ | $5,780 \cdot 10^{-4}$ | $1,8546 \cdot 10^{-3}$ | $6,637 \cdot 10^{-3}$ | $3,6101 \cdot 10^{-2}$ | |
| ε_{366} | 366,4 | 366,5 | 366,5 | 366,4 | 366,5 | |

| c Mol/l | $1,0023 \cdot 10^{-5}$ | $4,3196 \cdot 10^{-5}$ | $1,5498 \cdot 10^{-4}$ | $8,351 \cdot 10^{-4}$ | | |
| ε_{313} | 1323,2 | 1323,3 | 1325,5 | 1331,6 | | |

BEERsche Gesetz im Bereich der ersten Absorptionsbande (bei 436 und 366 mμ) in dem untersuchten Konzentrationsgebiet innerhalb einer Unsicherheit von 0,02% erfüllt ist, während im Bereich der zweiten Bande (313 mμ) beträchtliche Abweichungen auftreten. Auch in solchen Fällen höchster Beanspruchung läßt sich demnach die Meßgenauigkeit der Methode außerordentlich weit treiben.

---
[1] KORTÜM, G.: Z. physik. Chem. Abt. B **33**, 243 (1936).

Selbstverständlich sind bei so hohen Anforderungen an die Meßgenauigkeit systematische Fehlerquellen, wie sie mehrfach diskutiert wurden, sorgfältig auszuschließen. Insbesondere lassen sich zu vergleichende Konzentrationen nicht mehr durch volumetrische Verdünnung, sondern ausschließlich durch Wägung herstellen.

e) Geräte nach dem Flimmerverfahren. Flimmermethoden benutzen nur eine Photozelle, sind aber trotzdem von Intensitätsschwankungen der Lampe unabhängig und stellen ebenfalls reine *Nullmethoden* dar (vgl. S. 235). Ein modernes Gerät dieser Art ist das Wechsellichtphotometer (Wepho) von Zeiß[1]. Der äußere Aufbau und großenteils auch die optische Einrichtung entsprechen denen des PULFRICH-Photometers; die elektrische Zusatzeinrichtung,

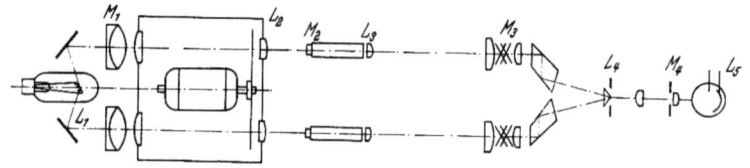

Abb. 120. Strahlengang im Wechsellichtphotometer (Wepho) von Zeiß.

die in Verbindung mit jedem PULFRICH-Photometer, das auf einer optischen Bank justiert ist, verwendet werden kann, besteht aus einem Unterbrecher, der Photozelle hinter dem Ocular des Photometers mit Verstärker und Anzeigegerät. Der optische Strahlengang ist (durch Vorsatzlinsen) gegenüber dem visuellen Gerät abgeändert, da die Mattscheiben zur Erhöhung der Lichtausbeute weggelassen werden; er hängt außerdem von der Größe der benutzten Küvetten ab. Das Schema des Strahlengangs für Kleinküvetten ist in Abb. 120 wiedergegeben. M_1 ist der Kondensor, der ein erstes Bild der Lichtquelle bei L_2 erzeugt. Diese Linse bildet die Kondensoröffnung bei M_2 ab. Das Bild der Lichtquelle wird am rechten Küvettenfenster bei L_3 und in der Sehfeldblende L_4 wiederholt. Bei M_4 entwirft das Ocular ein Bild der Meßblende M_3, die dort befindliche Linse bildet bei L_5 das Gesichtsfeld scharf auf der Zellkathode ab. Das bedeutet, daß die zu vergleichenden Strahlenbündel auf benachbarte Teile der Kathode fallen, die im allgemeinen verschiedene Empfindlichkeit besitzen. Ersetzt man jedoch das Biprisma durch eine Feldlinse, so wird in beiden Strahlengängen die ganze Fläche der Sehfeldblende an der gleichen Kathodenstelle abgebildet.

---

[1] HANSEN, G.: Optik 8, 251 (1951). Hersteller: Carl Zeiß, Oberkochen.

Ein wesentlicher Vorteil des „Wepho" besteht darin, daß es mit entsprechenden Filtern ausgerüstet ist wie das PULFRICH-Photometer, so daß die für letzteres ausgearbeiteten Analysenverfahren ohne weiteres übernommen werden können, d. h. die S-Filterserie wurde in analoger Weise wie beim „Elko" in die SE-Serie umgewandelt, damit man gleiche Ergebnisse erhält wie mit der S-Serie bei der visuellen Messung. Von Vorteil ist weiter der kleine Lichtleitwert des Geräts (vgl. S. 106), so daß man Mikroküvetten mit sehr kleinen Flüssigkeitsvolumen (0,2 cm^3 je cm Schichtdicke) benutzen kann, was insbesondere für die klinische Photometrie wichtig ist. Die dadurch bedingten geringen Strahlungsströme erfordern eine hohe Verstärkung des Photostroms (Wechselstromverstärker), so daß auch bei den dunkelsten Filtern noch eine genügend hohe Empfindlichkeit erreicht wird. Tatsächlich ist die Meßgenauigkeit hier durch die Einstellstreuung der Anzeigeeinrichtung (Photozelle + Verstärker) begrenzt, so daß sie in den gleichen Grenzen liegt wie beim PULFRICH-Photometer. Man erhält jedoch mit einer einzigen Einstellung die gleiche Genauigkeit, die beim visuellen Messen nur durch Bildung des Mittelwerts aus einer großen Anzahl von Einzelmessungen erreicht wird, da hier die Einstellstreuung des Auges für die Genauigkeit maßgebend ist.

Man mißt in der Weise, daß man mit der Lösung in einem, mit dem Lösungsmittel im andern Strahlengang die Meßblende des letzteren so lange zuzieht, bis die Wechselstromkomponente des Photostroms verschwindet, das Anzeigeinstrument also wieder auf Null steht. Statt dessen kann man auch hier nach dem Substitutionsverfahren messen, indem man nachträglich noch die Lösung ebenfalls durch das Lösungsmittel ersetzt und die zugehörige Meßblende ebenfalls zuzieht, bis der ursprüngliche Zustand wieder hergestellt ist. Bei der neuesten Form des Geräts wird dieses Meßverfahren vorausgesetzt, da das Gerät nur noch eine Meßblende enthält, während die andere durch einen nicht ablesbaren Kreisgraukeil ersetzt ist.

Nach der Flimmermethode arbeitet ferner das elektrische Photometer der Firma Leitz, Wetzlar, dessen optische Einrichtung der des visuellen Kompensationsphotometers der gleichen Firma (vgl. S. 198) entspricht. Als Empfänger dient ein Sekundärelektronenvervielfacher, als Wechselvorrichtung eine Schwingblende, die so angeordnet ist, daß die Intensitäten der beiden Strahlenbündel um 90° phasenverschoben sind, so daß bei gleicher Extinktion in beiden Strahlengängen die Summe der Intensitäten konstant ist, und die Photozelle einen Gleichstrom liefert (vgl. S. 235). Die bei ungleicher Extinktion auftretende Wechselstromkomponente wird verstärkt, gleichgerichtet und dem Meßinstrument zugeführt. Mit Hilfe der Lichtschwächung (Polarisationsprismen) wird auf Verschwinden der Wechselstromkomponente eingestellt.

Nach dem *Flimmerverfahren mit Phasentrennung* (vgl. S. 237) arbeitet das von der Firma Hellige, Freiburg/Br. entwickelte Photometer, dessen Schema Abb. 121 zeigt. Als Strahlungsquelle L dient eine Hg-Cd-Kapillarlampe, die in Verbindung mit einem Monochromator M sehr spektralreine und geometrisch konstante Strahlung liefert. Als Strahlenwechsel-Vorrichtung dient der Kippspiegel S. Die Küvette K_1 enthält die Lösung, K_2 das Lösungsmittel, F ist die Lichtschwächungseinrichtung. Der von der Photozelle P gelieferte Strom wird mit Hilfe des synchron mit S gesteuerten

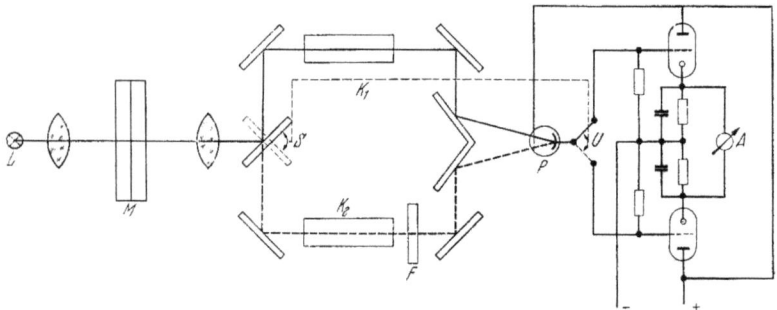

Abb. 121. Lichtelektrisches Photometer von Hellige.
L Gasentladungslampe; M Interferenzfilter oder Monochromator; S Schaltspiegel, synchron mit U; $K_1 K_2$ Küvetten; F veränderliche Lichtschwächung; U Umschalter; A Nullinstrument.

Umschalters U abwechselnd zwei Ableitwiderständen zugeführt; der jeweils auftretende Spannungsabfall liegt an den Gittern zweier Röhren, die so den beiden Strahlengängen zugeordnet sind. Die im Kathodenzweig der Röhren liegenden Kondensatoren werden durch die den Strahlungsimpulsen zugehörigen Spannungsimpulse auf deren Spitzenwerte aufgeladen. Diese Spitzenwertanzeige wird durch geeignete Dimensionierung der Schaltelemente erreicht, die infolge kleinen Röhreninnenwiderstands und hohen Kathodenwiderstands eine kurze Auflade- und eine lange Entladezeit der Kondensatoren bewirkt. Außerdem ergeben diese extrem hohen Kathodenwiderstände und die dadurch erzeugte starke Gegenkopplung eine weitgehende Unabhängigkeit der Schaltung von Veränderungen der Röhrencharakteristiken (vgl. S. 246). Wenn die Intensitäten in beiden Stahlengängen abgeglichen sind, sind auch die Spannungen an beiden Kondensatoren gleich, so daß das Nullanzeigegerät A keinen Anschlag zeigt. Man arbeitet auch hier am besten nach dem Substitutionsverfahren, indem man zunächst beide Küvetten mit der Lösung füllt, auf Null abgleicht, dann in der Küvette K_2 die Lösung durch das Lösungsmittel ersetzt und mit Hilfe der Lichtschwächung wieder auf Null abgleicht.

5. Lichtelektrische Titrationen.

Einer besonderen Besprechung bedürfen die sogenannten lichtelektrischen Titrationsmethoden[1]. Sie gewährleisten eine außerordentlich hohe Sicherheit der Konzentrationsbestimmung, weil sie ebenfalls auf einem *kolorimetrischen* Vergleich zweier Lösungen gleicher Extinktion, Schichtdicke *und* Konzentration des absorbierenden Stoffes beruhen, so daß sie ein Minimum an Voraussetzungen enthalten, *insbesondere also von der Zusammensetzung der Strahlung unabhängig sind*, ohne daß es einer Variation der Schichtdicke bedarf; man kann also ein Photometer mit festen Schichtdicken benutzen, ohne das *kolorimetrische* Meßprinzip aufzugeben, und ist selbst von der Gültigkeit des BEERschen Gesetzes unabhängig. Man hat dabei zwischen zwei verschiedenen Verfahren zu unterscheiden: bei den *Vergleichsmethoden* wird die Extinktion einer Lösung durch Verdünnen so lange variiert, bis sie mit derjenigen einer zweiten Lösung des gleichen Stoffs identisch wird, bei den *Umschlagsmethoden* wird der Äquivalenzpunkt der Titration mit Hilfe eines Indicators auf lichtelektrischem Weg festgestellt.

Bei den *Vergleichsmethoden* geht man so vor, daß man entweder die unbekannte Lösung mit dem Lösungsmittel verdünnt, bis sich gleiche Extinktion ergibt wie bei einer Vergleichslösung bekannter Konzentration, oder man fügt dem reinen Lösungsmittel so lange eine Vergleichslösung bekannten Gehalts zu, bis die Extinktion derjenigen der unbekannten Lösung gleich geworden ist. Abgesehen davon, daß man für ausreichende Durchmischung zu sorgen hat, wird in analoger Weise gemessen, wie es früher beschrieben wurde. Die besten Meßergebnisse erhält man auch hier mit Zweizellenmethoden, die die Messung von Schwankungen der Strahlungsquelle unabhängig machen. Bei der Bestimmung der „Trogdifferenz" (vgl. S. 229, 272) ist zu beachten, daß man die beiden Küvetten nicht mit reinem Lösungsmittel, sondern mit der Versuchslösung füllt, weil die spektrale Empfindlichkeitsverteilung der Empfänger gewöhnlich bewirkt, daß die Trogdifferenz von der Zu-

---

[1] Vgl. A. RINGBOM: Z. analyt. Chem. **115**, 332 (1938); A. RINGBOM u. F. SUNDMAN: Z. analyt. Chem. **115**, 402 (1938); **116**, 104 (1939); G. KORTÜM: Chem. Technik **15**, 167 (1942); G. KORTÜM u. H. SCHÖTTLER: Angew. Chem. **61**, 204 (1949); A. RINGBOM u. K. ÄSTERHOLM: Anal. Chem. **25**, 1798 (1953).

sammensetzung der Strahlung und damit auch von der Füllung der Küvetten abhängig wird. Sie muß daher unter den gleichen äußeren Bedingungen bestimmt werden, wie sie bei der eigentlichen Messung vorliegen.

Damit es sich wirklich um eine *kolorimetrische* Messung handelt, müssen Vergleichslösung und Versuchslösung bei Extinktionsgleichheit auch vollständig gleiche Zusammensetzung besitzen. Will man etwa zur Eisenbestimmung in Aluminium mittels der $Fe^{\cdots}$-Absorption im UV ein Titrationsverfahren anwenden, so verdünnt man die Versuchslösung mit einer (aus der ursprünglichen Aluminiumeinwaage berechneten) gleichkonzentrierten reinen $AlCl_3$-Lösung, die gleichzeitig auch zur Herstellung der Vergleichslösung bekannten Eisengehalts dient. Auf diese Weise fallen alle „Salzfehler" heraus, die sonst die Sicherheit der photometrischen Konzentrationsbestimmung erheblich beeinträchtigen können. Ist der Salzgehalt der Versuchslösung nicht bekannt, so kann man sich in vielen Fällen dadurch helfen, daß man *beiden* Lösungen ein indifferentes Salz in so großer Menge zusetzt, daß der Salzfehler dadurch weitgehend festgelegt und so angenähert kompensiert wird.

Bei manchen mit Hilfe einer Farbreaktion hergestellten Lösungen ist allerdings dieses Verdünnungsverfahren nicht zulässig. So erhält man z.B. beim $Fe^{\cdots}$-o-Phenanthrolinkomplex, der häufig zur Eisenbestimmung benutzt wird, bei nachträglicher Verdünnung nicht die gleiche Extinktion, wie wenn man die komplexbildende Reaktion in der verdünnten Lösung selbst vornimmt, so daß in diesem Fall die Titrationsmethode nicht anwendbar ist.

Die *Genauigkeit* derartiger Vergleichsmethoden ist wiederum — Gültigkeit des BEERschen Gesetzes vorausgesetzt — durch die Gleichung (165) gegeben, wenn die Gesamtstreuung der Messung durch die Einstellstreuung des Empfängers beherrscht wird. Erhält man etwa für eine Änderung dΦ_0 von 1% der Gesamtintensität Φ_0 einen Galvanometerausschlag von 9 Skalenteilen mit einer Streuung von ± 1 Skalenteil, so entspricht dem nach Gleichung (165) eine relative Streuung der zu bestimmenden Konzentration von ± 0,4% im Minimum der Fehlerkurve ($E = 0{,}4343$).

Bei den *Umschlagsmethoden* mit Hilfe eines Indicators, die in erster Linie für die Säure-Basen-Titration Bedeutung haben, kommt es ebenfalls darauf an, daß die Zusammensetzung der Vergleichslösung mit derjenigen der Versuchslösung im Äquivalenzpunkt identisch ist. Hier kann außer Salzfehlern vor allem noch die Hydrolyse eine Rolle spielen, die von der Konzentration des bei der Titration gebildeten Salzes abhängen kann. Danach sollte also für die Herstellung der Vergleichslösung der Gehalt der zu titrierenden

Lösung von vornherein angenähert bekannt sein. Falls er sich nicht durch eine vorläufige Titration ermitteln läßt, kann man diese Schwierigkeit durch einen von RINGBOM und SUNDMAN[1] angegebenen Kunstgriff beseitigen, der am einfachsten an Hand eines speziellen Beispiels beschrieben wird. Die Versuchslösung bestehe aus einer NH_3-Lösung unbekannter Konzentration, die mit n/10 HCl titriert werden soll. Man benutzt als Vergleichslösung eine n/10-NH_4Cl-Lösung und macht außerdem die NH_3-Lösung durch entsprechende Einwaage 0,1 normal an NH_4Cl. Da bei der Titration eine der HCl-Lösung äquivalente Salzmenge gebildet wird, bleibt die Versuchslösung ständig 0,1 normal an NH_4Cl, so daß im Äquivalenzpunkt Versuchs- und Vergleichslösung identische Zusammensetzung und damit auch den gleichen p_H-Wert besitzen. Auf diese Weise kann man, unabhängig vom Gehalt der Versuchslösung, stets dieselbe Vergleichslösung benutzen, solange man den Titer der Maßflüssigkeit nicht ändert.

Zur identischen Zusammensetzung von Versuchs- und Vergleichslösung gehört natürlich auch die *gleiche Indicatorkonzentration*. Fügt man anfänglich beiden Lösungen die gleiche Indicatormenge zu, so nimmt die Indicatorkonzentration in der Versuchslösung während der Titration ab. Man muß deshalb kurz vor dem Endpunkt der Titration eine der Volumenänderung entsprechende Indicatormenge erneut zusetzen. Da für hohe Genauigkeitsansprüche, für die lichtelektrische Titrationsmethoden in erster Linie in Frage kommen, Volumenmessungen in der Regel zu unsicher sind, so daß man zur Titration eine Wägebürette benutzen und alle Lösungen einwägen muß, ist dieses Verfahren ziemlich umständlich. Man setzt deshalb besser allen Lösungen einschließlich der Maßflüssigkeit von vornherein den Indicator in gleicher Menge zu, so daß sich seine Konzentration auch während der Titration nicht ändert.

Für die *Wahl des Indicators* ist einerseits der p_H-Bereich maßgebend, innerhalb dessen der Äquivalenzpunkt zu erwarten ist, d.h. der Indicator muß natürlich in diesem Bereich umschlagen, andererseits verwendet man am besten Indicatoren, deren eine Form ein Absorptionsmaximum in einem Spektralgebiet besitzt, wo der Empfänger besonders empfindlich ist. Sehr geeignet sind z.B. die meisten Sulfophthaleine. Die theoretischen Grundlagen für die Beurteilung der erreichbaren Genauigkeit der lichtelektrischen p_H-Bestimmung haben ebenfalls RINGBOM und SUNDMAN[1] angegeben. Als Maß für diese Genauigkeit dient die Änderung des

---

[1] RINGBOM, A. u. F. SUNDMAN: Z. analyt. Chem. **116**, 104 (1939).

p_H der Versuchslösung bei Änderung der Lichtintensität um 1% von Φ_0, d.h. der Ausdruck $dp_H/d\Phi$. Handelt es sich um den einfachsten Fall eines einfarbigen Indicators, also das Dissoziationsgleichgewicht $HA + H_2O \rightleftarrows H_3O^{\cdot} + A'$, wo A' das absorbierende Anion des Indicators bedeutet, so ist die relative Streuung der Messung – Gültigkeit des BEERschen Gesetzes vorausgesetzt – nach Gleichung (71) gegeben durch

$$\frac{\left(\dfrac{dE}{E}\right)}{d\Phi} = \frac{\left(\dfrac{dc_{A'}}{c_{A'}}\right)}{d\Phi} = -\frac{0{,}4343}{E\,\Phi}. \tag{175}$$

Sieht man von den Aktivitätskoeffizienten ab, so ergibt sich mit Hilfe der Dissoziationskonstante K des Indicators der Zusammenhang zwischen $dc_{A'}/c_{A'}$ und $dc_{H_3O^{\cdot}}/c_{H_3O^{\cdot}}$ zu

$$\frac{dc_{A'}}{c_{A'}} = -(1-\alpha)\frac{dc_{H_3O^{\cdot}}}{c_{H_3O^{\cdot}}}. \tag{176}$$

Durch Einsetzen erhält man

$$\frac{\left(\dfrac{dc_{H_3O^{\cdot}}}{c_{H_3O^{\cdot}}}\right)}{d\Phi} \equiv \frac{d\ln c_{H_3O^{\cdot}}}{d\Phi} = \frac{0{,}4343}{(1-\alpha)E\,\Phi} \tag{177}$$

oder

$$\frac{dp_H}{d\Phi} = -\frac{0{,}4343^2}{(1-\alpha)E\,\Phi} = -\frac{0{,}188}{(1-\alpha)E\,\Phi}. \tag{178}$$

Diese Gleichung gibt die erreichbare Genauigkeit einer p_H-Bestimmung bei gegebener Einstellstreuung $d\Phi$ (ausgedrückt in Prozenten von Φ_0) der Photozelle an. Arbeitet man im Minimum der Fehlerkurve ($E = 0{,}4343$ und $\Phi = 36{,}8\%$), so erhält man für das p_H des Äquivalenzpunktes bei der Titration, d.h. für einen gegebenen Dissoziationsgrad α des Indicators

$$\frac{dp_H}{d\Phi} = -\frac{0{,}0118}{1-\alpha} = -0{,}0118\left(1 + \frac{K}{c_{H_3O^{\cdot}}}\right). \tag{179}$$

Hat man Indicatorkonzentration und Schichtdicke so gewählt, daß bei $\alpha = 0{,}5$ die Extinktion den Wert $0{,}4343$ annimmt, so wird $dp_H/d\Phi = 0{,}024$, d.h. einer Einstellstreuung von 1% der Strahlungsintensität Φ_0 entspricht ein Fehler von $0{,}024$ p_H-Einheiten. Da bei den heute zur Verfügung stehenden lichtelektrischen Geräten die Streuung $d\Phi$ wesentlich kleiner ist, können also grundsätzlich sehr genaue p_H-Bestimmungen auf lichtelektrischem Wege gemacht werden. Wie aus Gleichung (179) ferner hervorgeht, ist die Genauigkeit der Messung nicht am größten bei $c_{H_3O} = K$ bzw. $\alpha = 0{,}5$, wie es bei visuellen Methoden mit einfarbigem Indicator der Fall ist, sondern sie wächst mit zunehmendem c_{H_3O}, d. h. mit abnehmendem p_H bzw. abnehmendem α. Man wählt also zweckmäßig den Indicator so aus, daß das p_H des Äquivalenzpunkts auf der sauren Seite von $p_K \equiv -\log K$ liegt. Natürlich kann man nicht beliebig weit nach der sauren Seite gehen, da dann die Konzentration des absorbierenden Anions und damit die Extinktion bei gegebener Schichtdicke nicht mehr genügend groß wird, so daß man nicht mehr im Minimum der Fehlerkurve arbeiten würde.

Die Indicatorkonzentration ist nach dem Gesagten dadurch gegeben, daß beim Äquivalenzpunkt die Extinktion nach Möglichkeit 0,43 betragen soll. Sie läßt sich aus dem Dissoziationsgrad α des Indicators beim p_H des Äquivalenzpunkts, dem Extinktionskoeffizienten ε der absorbierenden Indicatorform und der gegebenen Schichtdicke s nach der Gleichung

$$c = \frac{0{,}43}{\varepsilon s \alpha} \qquad (180)$$

ermitteln. Der Zusammenhang zwischen dem p_H-Wert und α ist (unter Vernachlässigung der Aktivitätskoeffizienten) durch die bekannte Gleichung gegeben

$$p_H = p_K + \log \frac{\alpha}{1-\alpha} \quad \text{bzw.} \quad \alpha = \frac{K}{K + c_{H_3O}}. \qquad (181)$$

Diese Berechnung der günstigsten Indicatorkonzentration setzt natürlich ebenso wie die als Ausgangspunkt dieser Überlegungen dienende Gleichung (71) die Gültigkeit des BEERschen Gesetzes voraus. Ist diese nicht vorhanden, so muß man wieder empirisch feststellen, bei welcher Extinktion das Minimum der Fehlerkurve liegt, und daraus die Indicatorkonzentration berechnen[1].

Die durch Gleichung (179) gegebene Möglichkeit, mit genügend empfindlichen lichtelektrischen Geräten und unter geeigneten Versuchsbedingungen noch sehr kleine p_H-Sprünge messen zu können, macht die Verwendung lichtelektrischer Methoden gerade in den Fällen vorteilhaft, in denen die visuellen Methoden versagen, d. h. bei der Titration sehr schwacher (auch mehrwertiger) Säuren oder Basen, bei Verdrängungsreaktionen usw., bei denen der Äquivalenzpunkt weit im sauren oder basischen Gebiet liegt. Ist die Einstellstreuung $d\Phi$ des verwendeten lichtelektrischen Geräts in Prozenten von Φ_0 bekannt, so läßt sich mit Hilfe der Gleichung (179)

---

[1] RINGBOM, A. u. F. SUNDMAN, s. S. 289.

aus den von KOLTHOFF[1] aufgestellten Tabellen, die den Titrierexponenten (p_H-Wert beim Äquivalenzpunkt) und gleichzeitig den p_H-Sprung in der Nähe des Äquivalenzpunkts für die Neutralisation und Verdrängung von Säuren und Basen verschiedener Stärke bei verschiedenen Konzentrationen angeben, leicht abschätzen, mit welcher Genauigkeit die Titration ausgeführt werden kann. Eine Reihe von Beispielen ist ebenfalls von RINGBOM und SUNDMAN[2] zusammengestellt worden. Ist z. B. ein p_H-Sprung von 0,01 im Äquivalenzpunkt noch bemerkbar, so lassen sich noch Säuren und Basen mit einer Dissoziationskonstante von 10^{-8} in 0,01 normalen Lösungen titrieren, woraus die Überlegenheit der lichtelektrischen Methoden hervorgeht.

Bei allen diesen Überlegungen ist natürlich zu berücksichtigen, daß gerade bei der Titration *schwacher* Säuren und Basen die systematischen Fehler durch Verunreinigungen aus der Atmosphäre oder im Wasser (NH_3, CO_2, Alkali aus dem Glas usw.), durch Temperaturschwankungen usw. sehr viel größer werden können als die zufälligen Fehler der lichtelektrischen Messung, so daß man sich stets durch mehrfache Wiederholung der gleichen Titration an Lösungen bekannten Gehalts von der Größe des Gesamtfehlers überzeugen muß.

6. Lichtelektrische Spektrometrie.

a) Vorzüge und Nachteile gegenüber der photographischen Methode. Für die Ermittlung absoluter Extinktionskoeffizienten in einem größeren oder kleineren Spektralbereich, d. h. für die Gewinnung von Absorptionsspektren, standen bis vor etwa zwei Jahrzehnten praktisch ausschließlich photographische Meßmethoden zur Verfügung. Das lag daran, daß die Unzulänglichkeiten visueller Methoden (vgl. S. 199) auch für die bereits bekannten lichtelektrischen Methoden zutrafen. Erst die moderne Entwicklung der Verstärkungstechnik, die es ermöglichte, auch sehr kleine Strahlungsintensitäten quantitativ zu messen, indem man die Photoströme verstärkt, erlaubte es, die spektrale Zerlegung kontinuierlicher Strahlung so weit zu treiben, daß es gelingt, auch Absolutwerte der Extinktion lichtelektrisch mit gleicher Genauigkeit zu messen, wie es die photographische Platte durch zeitliche Summation der auffallenden Strahlung vermag. Dies hat dazu geführt, daß heute die lichtelektrische Spektrometrie der photographischen den Rang abgelaufen hat, ohne sie jedoch völlig ersetzen zu können, ein Vorgang,

---
[1] KOLTHOFF, I. M.: Die Maßanalyse II, S. 122 u. 158, Berlin 1931.
[2] RINGBOM, A. u. F. SUNDMAN, s. S. 289.

der noch dadurch begünstigt wurde, daß auch für die thermoelektrische Spektrometrie im IR die Verstärkung kleiner Thermoströme eine wesentliche Rolle spielte, so daß die Entwicklung der Meßmethoden im IR und die allmähliche Verdrängung der photographischen Platte durch die Photozelle nebeneinanderher liefen.

Wägt man Vor- und Nachteile der lichtelektrischen und der photographischen Methoden gegeneinander ab, so erweist sich als ausschlaggebende Ursache für die Bevorzugung der lichtelektrischen Spektrometrie die Tatsache, daß diese für die Aufnahme eines Spektrums ganz *wesentlich weniger Zeit* braucht als die photographische Methode. Gilt dies schon für den Fall, daß man das Spektrum Punkt für Punkt ausmißt, so gilt es in noch viel stärkerem Maße, wenn man zusätzlich Registriereinrichtungen verwendet, mit deren Hilfe sich ein über den gesamten sichtbaren und ultravioletten Bereich erstreckendes Spektrum in wenigen Minuten gewinnen läßt. Das ist von besonderem Vorteil, wenn es sich um die Untersuchung von Stoffen handelt, deren Haltbarkeit begrenzt ist, deren Spektrum sich auf Grund von Umwandlungen oder Reaktionen langsam ändert oder die photochemisch empfindlich sind.

Ein weiterer und wichtiger Vorteil der lichtelektrischen Spektrometrie besteht darin, daß sich auch sehr *schwache Absorptionen mit gleicher Genauigkeit* messen lassen, da ja der günstige Extinktionsbereich der Messung zwischen $E = 0,1$ und $E = 1$ liegt (vgl. Abb. 110), während die photographische Methode in solchen Fällen sehr große Schichtdicken erfordert, damit eine gleichbleibende Genauigkeit erreicht wird.

Vorzüge der photographischen Meßmethode bestehen im folgenden: Die photographische Platte stellt ein dauerndes und jederzeit kontrollierbares Dokument der Messung dar, das viel weniger durch systematische Fehler der Apparatur gefälscht sein kann, als dies etwa bei einem lichtelektrisch registrierten Spektrogramm möglich ist. Dies hängt damit zusammen, daß eine photographische Meßeinrichtung weniger störanfällig ist als eine lichtelektrische einschließlich ihres Verstärkers. Die photographische Methode wird deshalb auch dann stets vorzuziehen sein, wenn es sich nicht um Serien-, sondern um einzelne Messungen handelt, da die Meßanordnung auch bei langandauernder Unterbrechung der Messungen stets einsatzbereit bleibt. Schließlich ist die photographische Methode auch für spezielle Probleme, etwa Untersuchungen über die Temperaturabhängigkeit der Absorption, die zusätzliche Einrichtungen erfordern (heizbare Balyrohre, Dewarbecher mit Fenstern usw.) besser geeignet als die lichtelektrische Methode, wenigstens dann, wenn es sich um käufliche Spektrometer handelt, die in der Regel durch engen Zusammenbau nur für Serienmessungen brauchbar sind. Diese und ähnliche Gründe wirken dahin zusammen, daß die photographische Messung auch in Zukunft eine gewisse Bedeutung behalten wird. Überhaupt nicht zu entbehren wird sie stets dann sein, wenn es sich um höchste Auflösung handelt, also etwa um die Untersuchung der Hyperfeinstruktur von Spektrallinien.

b) Effektive Bandbreite und absolute Extinktionskoeffizienten. Für die *Richtigkeit* der gemessenen Extinktionskoeffizienten ist in erster Linie die Spektralreinheit der Strahlung, d. h. die Dispersion des verwendeten Prismas oder Gitters und der weitgehende Ausschluß von Streustrahlung maßgebend. Je geringer die *effektive Bandbreite* $\Delta \lambda$[1] der verwendeten Strahlung ist, um so sicherer sind die ermittelten ε-Werte, um so geringer ist jedoch auch die Intensität, d. h. um so empfindlicher muß die Meßanordnung sein[2]. Für die Güte eines lichtelektrischen Spektrometers ist deshalb die durch eine ausreichende Empfindlichkeit $d\Phi$ [Gleichung (169)] der Meßanordnung bestimmte minimale Bandbreite $\Delta \lambda$ maßgebend, mit der man noch die gewünschte photometrische Genauigkeit erreicht. Die durch $\Delta\lambda$ der benutzten Strahlung bedingte Unsicherheit in den Absolutwerten der gemessenen Extinktionen bzw. Extinktionskoeffizienten sollte nach Möglichkeit geringer sein als die durch Einstellstreuung der Photozelle oder durch die Ablesestreuung des Meßinstruments gegebene Unsicherheit. Ändert sich ε stark mit der Wellenlänge, so bedarf es demnach – damit diese Bedingung erfüllt ist – einer um so größeren Dispersion, d. h. einer um so kleineren Bandbreite, je steiler die Absorptionsbande verläuft.

Bei dieser Überlegung ist ein kontinuierliches Spektrum der Strahlungsquelle vorausgesetzt, das, wie schon früher erwähnt (S. 58), bei spektrometrischen Messungen einem Linienspektrum stets vorzuziehen ist. Benutzt man ein linienarmes Spektrum als Strahlungsquelle (Gasentladungslampen), so ist die genannte Bedingung natürlich wesentlich leichter zu erfüllen[3]. Dafür muß man

---

[1] Die effektive spektrale Bandbreite $\Delta\lambda$ entspricht der Halbwertsbreite bei Filtern. Sie ergibt sich aus der an der Spalttrommel abgelesenen geometrischen Spaltbreite Δs und der linearen Dispersion $ds/d\lambda$ nach (89) zu

$$\Delta \lambda = \Delta s \cdot \frac{d\lambda}{ds}.$$

[2] Die Empfindlichkeit ist letzten Endes durch das Verhältnis von Signal zum Rauschen von Empfänger + Verstärker begrenzt.

[3] Bei Benutzung eines Linienspektrums ist die Spaltbreite eines Monochromators nur durch die Forderung begrenzt, daß das Spaltbild benachbarter Linien sich noch nicht zu überlagern beginnt. Je größer die Dispersion des Monochromators ist, um so weiter kann der Spalt gewählt werden.

aber in Kauf nehmen, daß die Zahl der Meßpunkte dann sehr gering ist.

Bildet man die Strahlungsquelle auf den Eintrittsspalt eines Monochromators ab (vgl. Abb. 122), so wirkt dieser als sekundäre Strahlungsquelle für den Wellenlängenbereich $\Delta \lambda$ mit der Strahlungsdichte

$$B_e = B \cdot \Delta \lambda, \tag{182}$$

wenn man unter B die spektrale Strahlungsdichte je Wellenlängeneinheit versteht. Die Strahlungsdichte des Austrittsspalts ist gegeben durch

$$B_a = B \cdot \Delta \lambda \cdot L, \tag{183}$$

worin L den durch (102) definierten Lichtleitwert des Monochromators darstellt. L ergibt sich (unter Vernachlässigung von Reflexionsverlusten) zu

$$L = \frac{l \cdot \Delta s \cdot A}{f^2}. \tag{184}$$

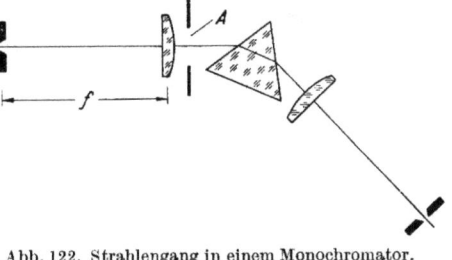

l ist die Spaltlänge, Δs die Spaltbreite, $l \cdot \Delta s$ also die Spaltfläche, A der (gewöhnlich durch eine Kreisblende vor dem Prisma begrenzte) Querschnitt des Bündels ($A = \pi a^2/4$), f die Spaltrohrbrennweite.

Abb. 122. Strahlengang in einem Monochromator.

Der Wellenlängenbereich $\Delta \lambda$, der der Spaltbreite Δs entspricht, ergibt sich (von Beugungseffekten abgesehen) aus der Beziehung (89) für die Lineardispersion des Prismas zu

$$\Delta \lambda = \frac{\Delta s}{f \cdot \frac{d\vartheta}{d\lambda}}. \tag{185}$$

($d\vartheta/d\lambda$) ist die Winkeldispersion des Prismas. Setzt man (184) und (185) in (183) ein und eliminiert Δs, so wird

$$B_a = B (\Delta \lambda)^2 \frac{l}{f} A \cdot \frac{d\vartheta}{d\lambda} \tag{186}$$

oder unter Einführung des Auflösungsvermögens nach Gleichung (93)

$$B_a = B (\Delta \lambda)^2 \frac{l\,a}{f} \left[b \frac{dn}{d\lambda}\right], \tag{187}$$

worin b die Basislänge des Prismas, $dn/d\lambda$ die lineare Dispersion des Prismenmaterials bedeutet.

Die Intensität der austretenden Strahlung ist demnach proportional der Intensität der Strahlungsquelle, dem Quadrat des durchgelassenen Wellenlängenbereichs $\Delta \lambda$, dem Verhältnis von Spaltlänge zu Spaltrohrbrennweite, der Fläche der Öffnungsblende und der Winkeldispersion des Prismas. Von der Brennweite des Kollimators ist also die sogenannte „Lichtstärke" des Monochromators unabhängig, solange das Verhältnis l/f konstant bleibt[1]. Bei einem gegebenen Instrument kann man die Intensität der austretenden Strahlung nur dadurch erhöhen, daß man die Spaltbreiten Δs und damit auch $\Delta \lambda$ vergrößert. Damit man umgekehrt $\Delta \lambda$ genügend klein halten kann („spektralreine" Strahlung), muß man ein Prismenmaterial hoher Dispersion verwenden.

In Praxis tritt aus dem Austrittsspalt eines Monochromators nicht nur der durch die Einstellung der Wellenlängentrommel bestimmte Wellenlängenbereich $\Delta \lambda$ aus, sondern außerdem ein gewisser Betrag an *Streustrahlung* anderer Wellenlängen, der die Extinktionsmessung natürlich um so mehr verfälscht, je mehr sich die Extinktionskoeffizienten des untersuchten Stoffes für die eigentliche Meßstrahlung und für die Streustrahlung unterscheiden (vgl. S. 42ff. und Abb. 14). Man erhält so die früher schon besprochenen scheinbaren Abweichungen vom LAMBERTschen oder LAMBERT-BEERschen Gesetz, aus denen man umgekehrt den Anteil der Streustrahlung ermitteln kann[2]. Dieser betrug z.B. bei einem einfachen Quarzmonochromator bei 3700 Å etwa 0,4%, bei 2200 Å etwa 1,1% der gewünschten Strahlung. Besonders in der Nähe der Durchlässigkeitsgrenzen der Prismenmaterialien (vgl. Tabelle 6), wo bereits ein merklicher Teil der gewünschten Strahlung absorbiert wird, kann der Anteil der Streustrahlung sehr hohe Beträge annehmen. Dies gilt vor allem auch im IR, wenn außerdem die Strahlungsquelle ihre maximale Ausstrahlung bei anderen Wellenlängen besitzt, als sie zur Messung gebraucht werden[3].

Für das Auftreten der Streustrahlung sind verschiedene Gründe verantwortlich. Zunächst tritt an jeder optischen Grenzfläche eine Oberflächenstreuung auf[4], die durch Rauhigkeiten molekularer Dimension bedingt ist. Sodann wird die an den Grenzflächen reflektierte Strahlung durch mehrfache Streuung ebenfalls teilweise in den Austrittsspalt gelangen können. Dieser Anteil kann durch

---
[1] Dies ist beim Vergleich der Leistungsfähigkeit verschiedener Monochromatoren zu berücksichtigen.

[2] Vgl. dazu T. R. HOGNESS, F. P. ZSCHEILE u. A. E. SIDWELL: J. physic. Chem. **41**, 379 (1937).

[3] Vgl. dazu R. R. GORDON, H. POWELL u. R. ISBELL: J. scient. Instruments **25**, 277 (1948).

[4] Vgl. P. H. KECK: Optik **1**, 144, 169 (1946).

Anbringung von Blenden und Auskleidung des Inneren mit absorbierendem Material (schwarzer Samt), ferner durch Aufdampfen reflexionsvermindernder Schichten auf die optischen Flächen (vgl. S. 90) stark herabgesetzt werden. Besonders gefährlich sind schließlich Staub- und Schmutzteilchen, die sich im Lauf der Zeit auf den optischen Flächen absetzen und den Streuanteil vervielfachen können. Die Flächen sind deshalb stets peinlich sauber zu halten. Die beste Methode, die Streustrahlung zu reduzieren, ist die Benutzung von *Doppelmonochromatoren*, die im wesentlichen dem Zweck dienen, von der Streustrahlung aller Wellenlängen, die aus dem ersten Monochromator kommt, nur den Bereich durchzulassen, der mit der eingestellten Wellenlänge zusammenfällt[1].

Eine weitere Möglichkeit dazu besteht in folgendem[2]: Man schwenkt den Littrow-Spiegel des Monochromators periodisch (10 Hz) um eine horizontale Achse und über einen kleinen Winkel von etwa 0,5°. Dadurch wird die gewünschte Strahlung moduliert und periodisch über den Austrittsspalt dem Empfänger zugeführt, während die Streustrahlung vom Kollimatorspiegel und der Vorderfläche des Prismas nicht moduliert wird und so durch einen Resonanzverstärker eliminiert werden kann.

Ein einfaches Verfahren, den Beitrag der Streustrahlung durch zusätzliche Messungen zu eliminieren, besteht in folgendem[3]: Bezeichnet man die „Nutzstrahlungsleistung" mit Φ_n, die Streustrahlungsleistung mit Φ_s, so ergibt sich die Gesamtdurchlässigkeit einer Probe zu $\vartheta' = \dfrac{\Phi_n + \Phi_s}{\Phi_{0n} + \Phi_{0s}}$, die gewünschte Durchlässigkeit ohne Streustrahlung zu $\vartheta = \dfrac{\Phi_n}{\Phi_{0n}}$. Schaltet man nun ein zusätzliches Filter, das Φ_n bzw. Φ_{0n} völlig absorbiert und Φ_s bzw. Φ_{0s} völlig durchläßt[4], zunächst vor eine zweite Küvette mit Lösungsmittel, sodann vor die Meßprobe, so ergibt die Messung zwei weitere Durchlässigkeiten $A = \Phi_{0s}/(\Phi_{0n} + \Phi_{0s})$ und $B = \Phi_s/(\Phi_{0n} + \Phi_{0s})$. Dann ergibt sich durch Umformung

$$\vartheta' = \frac{\Phi_n}{\Phi_{0n}} \cdot \frac{\Phi_{0n}}{\Phi_{0n} + \Phi_{0s}} + \frac{\Phi_s}{\Phi_{0n} + \Phi_{0s}} = \vartheta(1-A) + B \text{ oder } \vartheta = \frac{\vartheta' - B}{1 - A}.$$

---

[1] Vgl. dazu F. Rössler: Z. Physik **125**, 427 (1949).
[2] Hammond, H. V. u. W. C. Price: J. opt. Soc. America **43**, 924 (1953).
[3] Nach freundlicher Mitteilung von Herrn Dr. H. J. Höfert, Oberkochen.
[4] Da die Streustrahlung besonders im fernen UV störend wirkt, genügt in der Regel ein Kantenfilter (Phosphatglas), das den langwelligen Teil des Spektrums durchläßt und den kurzwelligen etwa ab 240 mμ weitgehend absorbiert.

Man kann so durch die beiden Hilfsmessungen den durch die Streustrahlung bedingten Fehler eliminieren.

Wie die Erfahrung gezeigt hat, läßt sich die zu Beginn dieses Abschnitts aufgestellte Forderung, daß die durch die Größe von $\Delta \lambda$ bzw. den Anteil an Streustrahlung bedingte Streuung der absoluten ε-Werte kleiner sein sollte als die Streuung der photometrischen Messung, mit den heute zur Verfügung stehenden Geräten nicht verwirklichen. Wie wir sahen, kann man unter Benutzung geeigneter Meßverfahren (Substitutions- und Flimmermethoden) die photometrische Meßgenauigkeit ohne allzu großen Aufwand auf Werte von 1000 (0,1%) und höher treiben. Dagegen hat sich ergeben[1], daß die Streuung der so gemessenen Absolutwerte selbst bei Benutzung eines Linienspektrums (Hg-Lampe) zusammen mit einem Doppelmonochromator, d.h. bei bestmöglicher Monochromasie der Meßstrahlung, immer noch in der Größenordnung von 1% liegt (vgl. die mit D bezeichnete Kurve in Abb. 15), obwohl die photometrische Meßgenauigkeit etwa 0,02% betrug (vgl. S. 283). Da bei der benutzten Substitutionsmethode alle durch die Eigenschaften der Photozellen bedingten Fehlermöglichkeiten herausfallen, und da mit konstanter Schichtdicke und variabler Konzentration der Lösungen gemessen wurde, kann dies nur durch die mangelnde Monochromasie, d.h. durch immer noch vorhandene Streustrahlung verursacht sein. Daraus muß man schließen, was allgemein durch die Erfahrung bestätigt wird, daß sich die *Absolutwerte der Extinktionskoeffizienten bisher nicht genauer als auf etwa 1% messen lassen*, eine Grenze, die auch bei der photographischen Methode erreicht wird. Das ist allerdings für die Charakterisierung von Stoffen durchaus ausreichend.

Benutzt man zur Messung keine Nullmethode, sondern eine Ausschlags- oder Kompensationsmethode, wie das bei der Mehrzahl käuflicher lichtelektrischer Spektrometer der Fall ist, so kann bereits die photometrische Streuung der Meßwerte wesentlich höher liegen als 1% (vgl. S. 225ff.) und so die Absolutwerte der Extinktionskoeffizienten zusätzlich verfälschen. So wird z.B. die Streuung der mit dem BECKMAN-Spektrometer gemessenen Absolutwerte nach sorgfältigen Untersuchungen zu 5% und mehr angegeben[2].

c) **Aufnahme und Kontrolle der Spektren.** α) *Monochromatoren.* Damit man den Empfänger nicht verschieben muß, verwendet man in lichtelektrischen Spektrometern fast ausschließlich Monochromatoren zur Zerlegung der Strahlung, wobei in der Regel Prismen,

---

[1] KORTÜM, G. u. H. v. HALBAN: Z. physik. Chem. (A) **170**, 212 (1934).
[2] CASTER, W. O.: Anal. Chem. **23**, 1229 (1951).

zuweilen auch Gitter als Dispersionsmittel dienen. Damit sich das Prisma bei feststehendem Eintritts- und Austrittsspalt für jede gewünschte Wellenlänge im Minimum der Ablenkung befindet, benutzt man die S. 99 erwähnte LITTROW- bzw. FUCHS-WADSWORTH-Aufstellung. In neuerer Zeit werden nicht nur im IR, sondern auch im Sichtbaren und im UV immer häufiger Konkavspiegel statt Linsen zur Führung des Strahlenganges verwendet, da sie

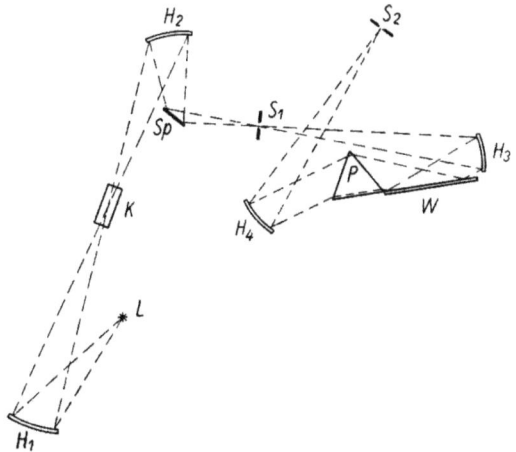

Abb. 123a. Spiegelprismen-Monochromator in Fuchs-Wadsworth-Aufstellung mit gekreuzten Strahlenbündeln zur Erhöhung der Abbildungsgüte.

stets achromatisch sind. Um die übrigen Abbildungsfehler der Spiegel nach Möglichkeit herabzusetzen und damit die Reinheit des Spektrums zu erhöhen, kann man entweder die von zwei Hohlspiegeln reflektierten Strahlenbündel sich kreuzen lassen[1] (Abb. 123a), so daß sich die Abbildungsfehler teilweise wieder aufheben, oder das in Abb. 40 dargestellte Prinzip benutzen und die Strahlung parallel zur Achsenrichtung des Spiegels reflektieren lassen (Abb. 123b), wobei man noch den Vorteil hat, daß man größere Aperturen der Spiegel (d/f) wählen kann, ohne daß die Abbildungsgüte wesentlich absinkt. Einen unter Ausnutzung dieser Vorteile gebauten Doppelmonochromator mit auswechselbaren Prismen aus Glas, Quarz und Steinsalz stellt z.B. die Firma Kipp & Zonen, Delft, her; einen Doppelmonochromator mit ebenfalls auswechselbaren Prismen in LITTROW-Aufstellung für IR, sichtbares Gebiet und UV liefert die Firma C. Leiß, Berlin.

---

[1] CZERNY, M. u. V. PLETTIG: Z. Physik **63**, 590 (1930).

Bei Prismenmonochromatoren sind ferner für die Abbildungsgüte des Eintrittsspalts zwei Bedingungen wichtig: a) daß das Strahlenbündel parallel zur Hauptebene des Prismas (vgl. Abb. 35) verläuft, und b) daß es symmetrisch durchgeht, damit für den gewählten Wellenlängenbereich jeweils die Bedingung minimaler Ablenkung herrscht. Die erste Bedingung ist nur für Strahlen erfüllt, die von der Mitte des Spaltes auf der Achse der Kollimatorlinse ausgehen, während Strahlen von den übrigen Teilen des Spalts das Prisma unter einem Winkel zur Hauptebene durchlaufen, der um so größer ist, je länger der Spalt wird. Die von den Enden des Spalts ausgehenden Strahlen durchlaufen deshalb einen längeren Weg im Prisma und werden stärker abgelenkt, so daß das

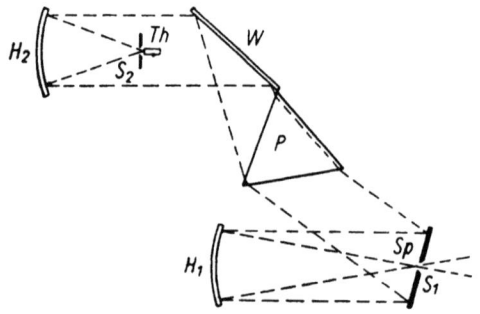

Abb. 123b. Spiegelprismen-Monochromator in Fuchs-Wadsworth-Aufstellung mit achsenparallelem Strahlenbündel.

Spaltbild parabolisch gekrümmt erscheint, und zwar um so mehr, je größer der Brechungsindex n des Prismas ist. Kürzerwellige Strahlung ergibt so stärker gekrümmte Spaltbilder als längerwellige. Man gibt deshalb bei Einfachmonochromatoren dem Austrittsspalt eine Krümmung, die der mittleren Krümmung der Linien angepaßt ist, oder macht sogar diese Krümmung variabel. Bei Doppelmonochromatoren dient der Austrittsspalt des ersten Teils gleichzeitig als Eintrittsspalt des zweiten; da dieser bereits gekrümmt ist, kann der Austrittsspalt des zweiten Teils wieder gerade sein, was besonders in der IR-Spektrometrie von Vorteil ist, wenn man die Strahlung auf einer linearen Thermosäule auffangen will.

Wie neuerdings WALSH[1] gezeigt hat, kann man einen Einfachmonochromator dadurch in einen Zweifach- oder sogar *Vielfach-*

---

[1] WALSH, A.: J. opt. Soc. America **42**, 94, 96 (1952); **43**, 215 (1953). — N. S. HAM, A. WALSH u. J. B. WILLIS: J. opt. Soc. America **42**, 496 (1952); **43**, 989 (1953).

monochromator umwandeln, daß man die Strahlung den gleichen Monochromator mehrmals durchlaufen läßt. Das Prinzip dieser Methode zeigt Abb. 124 am Beispiel eines Zweifachmonochromators. Das durch S_1 eintretende Strahlenbündel wird durch das Prisma P dispergiert, am Planspiegel M_2 reflektiert (LITTROW-Aufstellung), nochmals dispergiert und in der Fokalebene AO fokussiert. Aus dem Spalt S_2 tritt dann eine durch die Stellung von P und M_2 gegebene Strahlung der Wellenlänge λ_1 aus. Mit Hilfe von zwei senkrecht zueinander angeordneten Planspiegeln M_3 und M_4 kann man erreichen, daß ein zweites Bündel der Wellenlänge λ_2 das Dispersionssystem ein zweites Mal durchläuft und ebenfalls durch S_2 austritt. Dieses Spektralband „zweiter Ordnung" kann man nun dadurch von dem Band λ_1 „erster Ordnung" isolieren, daß man es durch einen Unterbrecher periodisch zerhackt und so eine

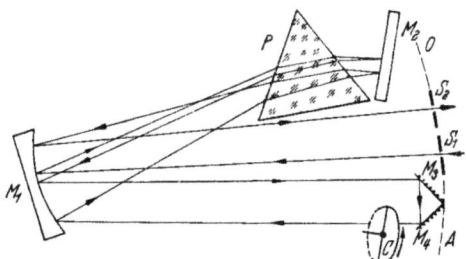

Abb. 124. Prinzip des Vielfachmonochromators.

Wechselstrahlung erzeugt, die im Empfänger einen Wechselstrom ergibt. Dieser kann durch Resonanzverstärkung, wie S. 249 beschrieben, von der Gleichstromkomponente, hervorgerufen durch λ_1, leicht getrennt werden. Das Auflösungsvermögen des Monochromators wird auf diese Weise verdoppelt bzw. durch Wiederholung des Verfahrens vervielfacht, die austretende Wechselstrahlung ist entsprechend rein und weitgehend frei von Streustrahlung anderer Wellenlängen. Dieses Verfahren wird bereits im Perkin-Elmer-Monochromator 99 und im IR-Spektrometer 112 technisch verwendet[1]. Es läßt sich in analoger Weise bei Konkav- und Plangittern durchführen[2].

Außer dem Auflösungsvermögen kann man auch die sogenannte „*Lichtstärke*", d.h. die Strahlungsdichte eines gegebenen Mono-

---

[1] Perkin-Elmer, Gleenbrook, Conn.
[2] JENKINS, F. A. u. L. W. ALVAREZ: J. opt. Soc. America 42, 699 (1952).
— D. H. RANK u. Mitarb.: J. opt. Soc. America 42, 983 (1952); 43, 214 (1953).

chromators beträchtlich erhöhen, ohne daß er an Auflösungsvermögen einbüßt, indem man prinzipiell mehrere Spalte eng nebeneinander anordnet[1]. Zur Isolierung der gewünschten Strahlung von benachbarten Wellenlängen läßt man besondere Diaphragmen synchron vor dem (weit geöffneten) Eintritts- und Austrittsspalt rotieren und sondert die gewünschte Wellenlänge wieder mit Hilfe eines Resonanzverstärkers aus. Auch ein Mehrspaltdoppelmonochromator mit entgegengesetzt orientierten Prismen und ohne bewegte Teile ist beschrieben worden[2].

Für das *ferne* UV (500—2000 Å), wo außer LiF keine gut geeigneten Prismenmaterialien zur Verfügung stehen, benutzt man deshalb Gittermonochromatoren, die zusätzlich evakuierbar sein müssen, um die Absorption durch Luft auszuschließen. Geräte dieser Art sind mehrfach beschrieben worden[3]. Man verwendet mit Vorteil Konkavgitter, die kein abbildendes System brauchen, und bewegt das auf einem Arm montierte Gitter auf dem ROWLAND-Kreis, so daß die Fokussierung für jede Wellenlänge erhalten bleibt (vgl. Abb. 42). Statt dessen kann man auch für nicht zu große λ-Bereiche zur Einstellung der gewünschten Wellenlänge das Gitter ähnlich wie ein Prisma oder Plangitter um eine Achse auf dem ROWLAND-Kreis drehen, wobei Eintritts- und Austrittsspalt ebenfalls fest bleiben. Der Verlust an Auflösungsvermögen durch Defokussierung ist nicht sehr groß. Um auch die Absorption durch Verschlußfenster auszuschließen, bringt man die zu untersuchende Probe im Monochromator selbst unter und schließt sowohl den Empfänger wie die H_2-Lampe unmittelbar an die Spalte an. Auch das Fenster der H_2-Lampe kann man weglassen, wenn man den ganzen Monochromator mit H_2 geeigneten Drucks füllt. Die Wand der Photozelle bzw. des Multipliers wird mit einem fluorescierenden Stoff (z. B. Na-Salicylat) bestrichen.

β) *Bestimmung der Wellenlängen.* Wie früher gezeigt wurde, unterscheiden sich die Dispersionen eines Gitters bzw. Prismas in charakteristischer Weise. Nach Gleichung (93) bzw. (89) gilt für ein Prisma

$$d\vartheta = \frac{b}{a}\frac{dn}{d\lambda}d\lambda \quad \text{bzw.} \quad ds = \frac{fb}{a}\frac{dn}{d\lambda}d\lambda, \tag{188}$$

---

[1] GOLAY, M. J. E.: J. opt. Soc. America **39**, 437 (1949).
[2] SHURCLIFF, W. A.: J. opt. Soc. America **39**, 1048 (1949).
[3] Vgl. z. B.: W. W. PARKINSON u. F. E. WILLIAMS: J. opt. Soc. America **39**, 705 (1949); R. F. BAKER: J. opt. Soc. America **28**, 55 (1938); J. N. FERGUSON: Physic. Rev. **66**, 220 (1944); R. TOUSEY u. Mitarb.: J. opt. Soc. America **41**, 696 (1951); T. B. THOMAS u. E. E. SCHNEIDER: J. opt. Soc. America **41**, 1002 (1951); P. D. JOHNSON: J. opt. Soc. America **42**, 278 (1952).

nach Gleichung (97) bzw. (89) für ein Gitter

$$d\vartheta = \frac{n}{d\cos\vartheta} d\lambda \quad \text{bzw.} \quad ds = \frac{fn}{d\cos\vartheta} d\lambda. \tag{189}$$

Die Dispersion des Prismas hängt maßgeblich von der Dispersion $dn/d\lambda$ des Materials ab, und wo $dn/d\lambda$ negativ ist, nimmt die Dispersion mit zunehmender Wellenlänge mehr oder weniger ab, die Wellenlängenskala erscheint im langwelligen Bereich stark zusammengedrückt (Beispiel: Quarz). Die Dispersion des Gitters ist dagegen in der Nähe der Gitternormalen ($\cos\vartheta = 1$) nahezu konstant und liefert so eine angenähert lineare Wellenlängenskala. Analoges gilt für Konkavgitter in der ROWLAND- oder WADSWORTH-Aufstellung[1] (vgl. S. 104). Da für die automatische Registrierung von Spektren bzw. für Interpolationszwecke eine lineare Wellenlängenskala erwünscht ist, wird in manchen modernen Geräten über ein Getriebe und eine Steuerscheibe eine solche Skala erzeugt, indem man die Krümmung der Scheibe der Dispersionskurve des gedrehten Prismas anpaßt. Die weitere Entwicklung geht dahin, aus den S. 29 genannten Gründen die lineare Wellenlängenskala durch eine lineare Wellenzahlskala zu ersetzen[2].

Obwohl im Handel befindlichen Spektrometern stets eine lineare oder direkt in Wellenlängen ablesbare Dispersionsskala beigegeben wird, empfiehlt es sich immer, diese Skala nachzuprüfen. Bei guter Justierung sollten die Abweichungen von den Standardwerten im Gebiet der größten Dispersion höchstens einige Å betragen, es kommt jedoch nicht selten vor, daß die Justierung sich mit der Zeit merklich verschlechtert, so daß die Nachprüfung häufig wiederholt werden sollte.

Als primärer absoluter Standard für die Wellenlängenbestimmung dient die rote Cd-Linie bei 6438, 4696 Å, ein Wert, der nach zahlreichen interferometrischen Messungen auf etwa 10^{-4} genau geschätzt wird. Nach neuen Messungen[3] gibt das ^{198}Hg-Isotop schärfere Linien als alle bekannten Elemente, so daß auch die grüne ^{198}Hg-Linie bei 5460, 7532 Å sich als Primärstandard eignen würde. Relativ zur roten Cd-Linie sind zahlreiche sekundäre Standardlinien der Edelgase und des Eisens interferometrisch bestimmt worden, die sich einigermaßen gleichmäßig über das Spek-

---

[1] Ein Gitterspektrometer mit streng linearer Wellenlängenskala beschreiben G. P. KOCH u. Mitarb.: J. opt. Soc. America **41**, 125 (1951).
[2] Vgl. dazu J. H. DANIEL u. F. S. BRACKETT: J. opt. Soc. America **43**, 960 (1953).
[3] MEGGERS, W. F. u. K. G. KESSLER: J. opt. Soc. America **40**, 737 (1950).

trum zwischen 7032 und 2447 Å verteilen; sie werden auf 10^{-3} Å genau geschätzt. Daneben gibt es Tabellen zahlreicher anderer Atomlinien, die zwar nicht so genau vermessen sind, jedoch für übliche spektrometrische Zwecke meistens ausreichen[1]. Hierher gehört vor allem das leicht reproduzierbare Hg-Spektrum.

Exakte Standardwerte im SCHUMANN-UV unterhalb 2100 Å, das interferometrisch nicht mehr zugänglich ist, sind bisher nicht festgelegt. Die bekannten Linien sind entweder nach der Koinzidenzmethode sich überlappender Ordnungen eines Konkavgitters[2] oder aus Serienformeln bzw. Termdifferenzen ermittelt, die sich aus interferometrisch gemessenen längerwelligen Linien ergeben[3]. Sie sind ebenfalls in Tabellen zusammengestellt[4]. Alle diese Angaben beziehen sich auf Messungen in Luft unter Normalbedingungen. Für sehr genaue Messungen sind sie mit Hilfe der Brechungsindices von Luft auf Vakuum umzurechnen ($\lambda_{Vak} = \lambda_{Luft} \cdot n$). Die Dispersionskurve der Luft bedarf jedoch anscheinend einer Revision[5].

Im IR gibt es nur wenige Emissionslinien genügender Intensität, die als Standardwerte brauchbar sind, so daß man zur Nacheichung gezwungen wäre, eine ganze Reihe von Strahlungsquellen nacheinander in das Spektrometer einzubauen. Außerdem sind diese Linien auf das nahe IR beschränkt. Man hat deshalb geeignete scharfe Absorptionsbanden, deren Lage mit Gitterspektrometern möglichst genau bestimmt wurde, an diese Emissionslinien angeschlossen und benutzt sie heute ausschließlich für die Kalibrierung der Wellenlängentrommel. Im nahen IR verwendet man Chloroform, Benzol und Trichloräthylen[6], im mittleren IR vor

---

[1] Vgl. die zusammenfassende Diskussion bei R. A. SAWYER: Experimental Spectroscopy, 2. Aufl., New York 1952; ferner die Tabellenwerke: LANDOLT-BÖRNSTEIN, 6. Aufl., Bd. I, 1, 3, 1950; H. KAYSER u. K. RITSCHL: Hauptlinien der Spektren aller Elemente, 2. Aufl., Berlin 1939; H. KAYSER: Handb. d. Spektroskopie, Bd. 5 bis 8 (1910–1934); Tables Annuelles de Constantes, Bd. I–X (1912–1934). Daneben existiert eine Reihe von Atlanten, in denen die gebräuchlichsten Spektren wiedergegeben sind, so daß die Orientierung in linienreichen Spektren und die Zuordnung der Linien sehr erleichtert ist: J. M. EDER u. E. VALENTA, Wien 1928; A. GATTERER u. J. JUNKES: Specola Vaticana 1937–1949; F. GÖSSLER: Bogen- und Funkenspektrum des Eisens, Jena 1942 und zahlreiche andere.
[2] Vgl. z.B.: R. L. WEBER u. W. W. WATSON: J. opt. Soc. America **26**, 307 (1936).
[3] PASCHEN, F.: S.-B. preuß. Akad. Wiss., physik.-math. Kl. **1929**, 662. — A. G. SHENSTONE: Phil. Trans. Roy. Soc. London A **235**, 195 (1936).
[4] BOYCE, J. C.: Rev. mod. Physics **13**, 34 (1941).
[5] Vgl. dazu W. F. MEGGERS u. K. G. KESSLER: J. opt. Soc. America **40**, 737 (1950); B. EDLÉN: J. opt. Soc. America **43**, 339 (1953).
[6] MECKE, R. u. F. OSTWALD: Z. Physik **130**, 445 (1951).

allem NH_3, CO_2, CH_4 und H_2O in Gasform[1]. Da sich die letztgenannten nur sehr schwierig vollständig aus dem Strahlengang des Spektrometers entfernen lassen, treten sie meistens als zusätzliche Kontrollbanden im Spektrum auf[2]. Die Lage dieser Banden ist ebenfalls auf Vakuum zu reduzieren, andernfalls hängt sie von Druck und Art des Füllgases ab. Ersetzt man z.B. die Luft im Spektrometer durch Helium, so wird die λ-Skala merklich verschoben[3].

Zur Interpolation zwischen den Bezugslinien oder -banden stellt man am einfachsten eine *graphische Dispersionskurve* auf, indem man die Wellenlängen der Linien gegen die Trommelteile aufträgt und eine glatte Kurve durchzieht. Je nach der verlangten Genauigkeit muß man den Maßstab wählen und genügend viele Standardwerte ausgemessen haben. Ist die Wellenlängenskala des benutzten Geräts linear, so sollte man eine Gerade erhalten, andernfalls erhält man die Dispersionskurve des betr. Prismas. Nach einer von MARTIN[4] beschriebenen Methode kann man auch folgendermaßen vorgehen: Man ersetzt den interessierenden Teil der Dispersionskurve durch eine Gerade mittlerer Neigung, bestimmt für eine Reihe bekannter Linien oder Banden die Differenz $(\lambda - \lambda')$ zwischen der wahren Wellenlänge λ und dem zugehörigen Wert λ' dieser Geraden und trägt sie gegen die Trommelteile d auf. Die gewonnene $(\lambda - \lambda')$-d-Kurve benutzt man als Korrekturkurve für die auf der Geraden interpolierten Wellenlängen λ'. Ist die Gleichung der Geraden gegeben durch $\lambda' = \lambda_0 + A(d - d_0)$, so kann man für ein auf der Wellenlängentrommel abgelesenes d sofort λ' berechnen und die zugehörige Korrektur $\lambda - \lambda'$ aus der Korrekturkurve entnehmen.

Neben diesen graphischen Methoden gibt es rechnerische, indem man die Dispersionskurve durch die HARTMANNsche Dispersionsformel

$$\lambda = \lambda_0 + \frac{C}{d_0 - d} \qquad (190)$$

darstellt, die für Prismenmaterialien mit guter Näherung gilt. Die Konstanten λ_0, C und d_0 werden aus den Messungen von drei

---
[1] PLYLER, E. K., N. M. GAILAR u. TH. A. WIGGINS: J. Res. nat. Bur. Standards 48, 221 (1950). — D. R. J. BOYD u. H. W. THOMPSON: Trans. Faraday Soc. 48, 493 (1952). — R. A. OETJEN, C. L. KAO u. H. M. RANDALL: Rev. sci. Instruments 13, 515 (1942). — A. R. DOWNIE u. Mitaub. (Zusammenfassung): J. opt. Soc. America 43, 941 (1953).
[2] Diese Banden sind auch im LANDOLT-BÖRNSTEIN, 6. Aufl., Bd. I, 3 tabelliert.
[3] BRODE, W. R., J. H. GOULD u. G. M. WYMAN: J. opt. Soc. America 43, 969 (1953).
[4] MARTIN, A. E.: J. opt. Soc. America 41, 56 (1951).

bekannten Standardlinien berechnet[1]. Soll die Formel über sehr große Wellenlängenbereiche benutzt werden, so stellt man wiederum eine Korrekturkurve auf, wie soeben beschrieben wurde; sie zur Extrapolation über die zur Aufstellung der Gleichung verwendeten Standardlinien hinaus zu benutzen, ist nicht ratsam. Die Berechnung von Wellenlängen aus abgelesenen Trommelteilen d nach Gleichung (190) ist allerdings recht umständlich, so daß man auch in diesem Fall versucht hat, die Dispersionskurve des Prismas mit Hilfe geometrischer Projektionen linear zu machen[2]. Auch empirische Interpolationsformeln sind vorgeschlagen worden[3]. Vorteilhafter ist es, die Dispersionskurve nicht in Wellenlängen, sondern in *Wellenzahlen* aufzustellen, da sie dann wesentlich weniger gekrümmt ist, so daß die oben erwähnte lineare Interpolation mit Hilfe einer Korrekturkurve sich auch über größere Bereiche durchführen läßt. Auch quadratische Gleichungen haben sich für diesen Fall als brauchbar erwiesen[2,4]. Über die interferometrische Kalibrierung von Wellenlängenskalen vgl. S. 350 ff.

γ) *Photometrische Skala und Standardwerte von Extinktionskoeffizienten.* Während die Wellenlängenkalibrierung eines Spektrometers mit Hilfe geeigneter Standardlinien stets einfach nachzuprüfen ist, macht die Kontrolle der photometrischen Skala recht große Schwierigkeiten. Das hängt damit zusammen, daß es exakte und reproduzierbare absolute Extinktionsstandards praktisch nicht gibt. Ein solcher Standard müßte folgende Eigenschaften besitzen:

a) Er sollte über einen größeren Wellenlängenbereich streng neutral grau sein, so daß seine Extinktion von λ unabhängig ist.

b) Er sollte sich in den Strahlengang bringen lassen, ohne daß dieser geometrische Änderungen erleidet.

c) Er sollte zeitlich konstant und von äußeren Einflüssen (Temperatur, Bestrahlung usw.) unabhängig sein.

Die erste Bedingung, ohne die die Extinktion von der spektralen Reinheit der benutzten Strahlung abhängen würde (vgl. S. 42 ff.), wird streng von keinem Stoff, auch nicht von feinverteiltem Ruß, Graphit

---

[1] Zur Lösung der drei Simultangleichungen vgl. z.B.: R. A. SAWYER: Experimental Spectroscopie, New York 1951.
[2] Vgl. dazu R. A. SAWYER, Anm. 1.
[3] Vgl. D. S. MCKINNEY u. R. A. FRIEDEL: J. opt. Soc. America **38**, 222 (1948); W. GUY u. J. H. TOWLER: J. sci. Instruments **28**, 103, 105 (1951); W. L. ROSS u. D. E. LITTLE: J. opt. Soc. America **41**, 1006 (1951).
[4] RUSSELL, H. N. u. A. G. SHENSTONE: J. opt. Soc. America **18**, 298 (1928).

oder Metall erfüllt[1]. Diese erfüllen auch nicht die zweite Bedingung, da sie Streuwirkung zeigen, so daß die Extinktion von geometrischen Bedingungen des Strahlenganges abhängig wird. Diese zweite Bedingung wird praktisch nur von verdünnten Lösungen erfüllt, die man an Stelle des Lösungsmittels in der gleichen Küvette in den Strahlengang bringt. Aber die sogenannten Graulösungen, die man hergestellt hat (vgl. S. 87), erfüllen weder die erste noch die letzte Bedingung in dem Maße, wie es für einen Standard erwartet werden muß.

Die einzigen, von der Wellenlänge und von Inhomogenitäten im Bündelquerschnitt unabhängigen und sehr genau meßbaren Absolutextinktionen lassen sich nach den Überlegungen von S. 85 mit Hilfe von rotierenden Sektoren und von Polarisationsprismen herstellen, wobei ausschließlich das TALBOTsche Gesetz bzw. Gleichung (78) als gültig vorausgesetzt wird (vgl. S. 84, 122), was durch den Vergleich der beiden Schwächungseinrichtungen miteinander geprüft werden kann. Solche Prüfungen sind vom National Bureau of Standards visuell mit dem MARTENS-Photometer durchgeführt worden[2]. Aber sowohl Sektor wie Prismen lassen sich nicht ohne weiteres in ein gegebenes Spektrometer einbauen, so daß sie als gebräuchliche und leicht zugängliche Standards ebenfalls ausscheiden. Auch die Extinktion von Drahtnetzen läßt sich sowohl nach älteren wie nach neueren Messungen[3] nicht genauer als auf etwa $\pm 2\%$ reproduzieren. Man hat deshalb bisher notgedrungen auf Graustandards völlig verzichtet und benutzt statt dessen selektiv absorbierende Standards z.B. in Form von Farbgläsern[4] oder Standardlösungen, die wenigstens den beiden letzten Bedingungen teilweise genügen, dafür aber in ihrem Extinktionswert von der Spektralreinheit der Meßstrahlung abhängen. Da, wie wir sahen (S. 298), absolute Extinktionskoeffizienten sich nicht genauer als auf etwa $\pm 1\%$ genau messen lassen, ist dies im allgemeinen auch die Genauigkeitsgrenze, innerhalb deren sich die absolute photometrische Skala von Spektrometern nachprüfen läßt.

Glasstandards haben den Nachteil, daß die in der gemessenen Extinktion enthaltenen Reflexionsverluste vom Strahlengang ab-

---

[1] Vgl. F. RÖSSLER u. H. BEHRENS: Optik **6**, 145 (1950); H. K. PAETZOLD: Optik **6**, 327 (1950).
[2] Vgl. dazu auch G. KORTÜM u. H. MAIER: Z. Naturf. **8a**, 235 (1953).
[3] WINTHER, CH.: Z. wiss. Photogr., Photophysik Photochem. **22**, 125 (1922). — L. J. HEIDT u. D. E. BOSLEY: J. opt. Soc. America **43**, 760 (1953).
[4] Diese werden zusammen mit Eichscheinen vom Bur. of Stand. geliefert. [Vgl. K. S. GIBSON u. Mitarb.: J. Res. nat. Bur. Standards **38**, 601 (1947); **44**, 463 (1950); J. opt. Soc. America **37**, 593 (1947).]

hängen, und daß mit der Zeit, besonders im UV, photochemische Veränderungen eintreten können. Man benutzt deshalb besser Standards in Form von Lösungen chemisch indifferenter, leicht zu reinigender Stoffe, die sich in jedem Laboratorium reproduzieren lassen und die dem BEERschen Gesetz gehorchen. Eine Reihe solcher Stoffe ist vorgeschlagen worden, und die Spektren sind zum Teil nach verschiedenen, lichtelektrischen und photographischen Methoden ermittelt worden. Die von verschiedenen Autoren angegebenen Absolutwerte der Extinktionskoeffizienten stimmen im allgemeinen (außer im weitesten UV für $\lambda < 2300$ Å) innerhalb von $\pm$ 1% überein, was die oben angegebene Grenze bestätigt. In den Tabellen 26, 27 und 28 sind diese Werte für das Pikration in $5 \cdot 10^{-3}$ n NaOH bei 20°[1], für das Chromation in $5 \cdot 10^{-3}$ n NaOH bei 20°[2], für Kupfersulfat in 0,19 m H_2SO_4 bei 25°[3] und für Kobaltammoniumsulfat in 0,19 m H_2SO_4 bei 25°[3] angegeben. Damit sind für den Spektralbereich zwischen 7500 und 2100 Å brauchbare Standardwerte für Eichzwecke aller Art festgelegt.

Tabelle 26. *Absolute Extinktionskoeffizienten des Pikrations zwischen 22 000 und 41 000 cm^{-1} und des Chromations zwischen 41 000 und 48 000 cm^{-1} bei 20°C.*

cm^{-1}	Å	log ε	cm^{-1}	Å	log ε	cm^{-1}	Å	log ε
22000	4545	3,155	31000	3225	3,922	40000	2500	4,027
22500	4444	3,445	31500	3174	3,850	40500	2469	4,050
23000	4348	3,660	32000	3125	3,775	41000	2439	4,063
23500	4255	3,803	32500	3077	3,695	41000	2439	3,250
24000	4167	3,898	33000	3031	3,615	41500	2410	3,170
24500	4081	3,960	33500	2986	3,530	42000	2381	3,075
25000	4000	4,006	34000	2942	3,458	42500	2353	2,985
25500	3922	4,032	34500	2899	3,390	43000	2326	2,900
26000	3846	4,055	35000	2857	3,365	43500	2299	2,860
26500	3774	4,095	35500	2817	3,375	44000	2273	2,855
27000	3704	4,130	36000	2778	3,428	44500	2247	2,875
27500	3637	4,150	36500	2740	3,510	45000	2222	2,940
28000	3571	4,160	37000	2703	3,600	45500	2198	3,030
28500	3509	4,156	37500	2667	3.703	46000	2174	3,125
29000	3448	4,138	38000	2631	3,798	46500	2150	3,215
29500	3390	4,100	38500	2597	3,875	47000	2127	3,305
30000	3334	4,050	39000	2564	3,940	47500	2105	3,400
30500	3279	3,990	39500	2532	3,990	48000	2084	3,495

[1] HALBAN, H. v., G. KORTÜM u. B. SZIGETI: Z. Elektrochem. angew. physik. Chem. **42**, 628 (1936).
[2] HALBAN, H. v. u. M. LITMANOWITSCH: Helv. chim. Acta **24**, 44 (1941). — Vgl. auch G. W. HAUPT: J. opt. Soc. America **42**, 441 (1952) und die dort angegebene frühere Literatur.
[3] DAVIS, R. u. K. S. GIBSON: Nat. Bur. Stand. misc. Publ. **114** (1931).

Lichtelektrische Spektrometrie.

Tabelle 27. *Extinktionskoeffizienten für Kobaltammoniumsulfat.*
[$CoSO_4 \cdot (NH_4)_2SO_4 \cdot 6H_2O$] in 0,19 m H_2SO_4 bei 25° C. $c = 3,664 \cdot 10^{-2}$ Mole/Liter. Schichtdicke 1 cm.

Kobaltammoniumsulfat [$CoSO_4(NH_4)_2SO_4 \cdot 6H_2O$]	14,481 g
Schwefelsäure (Dichte 1,835)	10 cm³
Mit destilliertem Wasser aufgefüllt auf	1000 cm³.

cm⁻¹	Å	log ε	cm⁻¹	Å	log ε
25000	4000	− 0,4670	18180	5500	0,3254
24390	100	− 0,3386	17856	600	0,1316
23810	200	− 0,2137	17543	700	− 0,0753
23255	300	− 0,0324	17243	800	− 0,2479
22725	400	0,1538	16946	900	− 0,3652
22225	4500	0,3243	16665	6000	− 0,4272
21735	600	0,4494	16395	100	− 0,4705
21275	700	0,5200	16130	200	− 0,5032
20835	800	0,5661	15873	300	− 0,5147
20410	900	0,6040	15623	400	− 0,5225
20000	5000	0,4596	Hg 24710	4047	− 0,4055
19605	100	0,6771	Hg 22945	4358	0,0766
19230	200	0,6637	Hg 20340	4916	0,6113
18866	300	0,5981	He 19935	5016	0,6565
18520	400	0,4826	Hg 18310	5461	0,3908
			Hg 17303	5780	− 0,2235
			He 17016	5876	− 0,3412
			He 14976	6678	− 0,6145

Tabelle 28. *Extinktionskoeffizienten für Kupfersulfat* ($CuSO_4 \cdot 5H_2O$) in 0,19 m H_2SO_4 bei 25°C.
$c = 8,010 \cdot 10^{-2}$ Mole/Liter. Schichtdicke 1 cm.

Kupfersulfat ($CuSO_4 \cdot 5H_2O$)	20 g
Schwefelsäure (Dichte 1,835)	10 cm³
Mit destilliertem Wasser aufgefüllt auf	1000 cm³.

cm⁻¹	Å	log ε	cm⁻¹	Å	log ε
18180	5500	− 0,7133	13700	300	0,9507
17856	600	− 0,5691	13513	400	0,9818
17543	700	− 0,4382	13333	7500	1,0086
17243	800	− 0,3125			
16946	900	− 0,1893	Hg 24710	4047	− 1,5814
16665	6000	− 0,0711	Hg 22945	4358	− 1,7897
16395	100	0,0433	Hg 20340	4916	− 1,6248
16130	200	0,1476	He 19935	5016	− 1,4564
15873	300	0,2517			
15623	400	0,3517	Hg 18310	5461	− 0,7733
15385	6500	0,4466	Hg 17303	5780	− 0,3378
15153	600	0,5342	He 17016	5876	− 0,2161
14923	700	0,6175	He 14976	6678	0,6002
14706	800	0,6897			
14493	900	0,7582			
14286	7000	0,8182			
14083	100	0,8687			
13890	200	0,9133			

δ) *Registrierung der Spektren.* Die lichtelektrische Aufnahme eines Absorptionsspektrums geht so vor sich, daß man die Durchlässigkeit der Lösung für jede am Monochromator eingestellte Wellenlänge bestimmt. Da jede Änderung der Wellenlänge oder der Spaltbreite die Strahlungsdichte verändert, und da die Empfindlichkeit des Empfängers ebenfalls wellenlängenabhängig ist, muß vor jeder einzelnen Messung der Bezugspunkt (mit dem reinen Lösungsmittel gleicher Schichtdicke im Strahlengang) festgelegt werden, d.h. man bestimmt so das Verhältnis Φ/Φ_0 bzw. die daraus berechnete Extinktion des gelösten Stoffes. Zu diesem Zweck sind die Spektrometer mit einer Schlittenverschiebung versehen, mit der man die beiden gleichen Küvetten rasch nacheinander in den Strahlengang bringen kann[1]. Dieses Meßverfahren ist zwar sehr sicher und einwandfrei, dafür aber bei Ausmessung vieler oder strukturreicher Spektren über größere Bereiche sehr zeitraubend, so daß man immer häufiger dazu übergeht, die Spektren automatisch zu registrieren. Dazu dreht man das Dispersionssystem mit einem Synchronmotor kontinuierlich und koppelt diese Bewegung über Getrieberäder und eine Steuerscheibe mit der Drehung der Registriertrommel, so daß die Abszisse des Registrierpapiers eine lineare Wellenlängen- oder Wellenzahlskala darstellt. Die Ordinate des Registrierpapiers ist eine lineare Durchlässigkeits- (Φ/Φ_0-) oder (besser) eine lineare Extinktions- [log (Φ_0/Φ)]- Skala[2]. Die Absorptionskurve wird mit einem Tintenschreiber aufgezeichnet, dessen Bewegung in der Ordinatenrichtung durch den (verstärkten) Photostrom gesteuert wird. Dafür gibt es, je nach dem benutzten Meßverfahren, mehrere Möglichkeiten, auf die kurz einzugehen ist[3].

Während man früher[4] den Photostrom, eventuell nach einer Gleichstromverstärkung, galvanometrisch gemessen und den Galvanometerausschlag über einen Lichtzeiger auf lichtempfindlichem Papier registriert hat, arbeitet man heute ausschließlich mit Wechselspannungen, die man durch ein vibrierendes Relais[5] oder durch

---

[1] Die schon mehrmals erwähnte „Trogdifferenz" zweier gleicher mit Lösungsmittel gefüllter Küvetten überschreitet häufig, insbesondere im weiteren UV, die Meßgenauigkeit von 1% und sollte deshalb des öfteren nachgeprüft werden.
[2] Vgl. dazu J. H. DANIEL u. F. S. BRACKETT: J. opt. Soc. America 43, 960 (1953).
[3] Vgl. dazu R. A. OETJEN u. L. C. ROESS: J. opt. Soc. America 41, 203 (1951); J. U. WHITE u. M. D. LISTON: J. opt. Soc. America 40, 29 (1950).
[4] KREUZER, J.: Z. Physik 125, 707 (1950).
[5] Vgl. M. D. LISTON: J. opt. Soc. America 37, 515 A (1947).

periodische Unterbrechung des Strahlenganges erzeugt (vgl. S. 248) und so weit verstärkt, daß die Ausgangsleistung zur Steuerung der Registriereinrichtung[1] ausreicht.

A. Einfacher Strahlengang

Der denkbar einfachste Fall ist auch hier die Einzellenausschlagsmethode (S. 225): Der vom Empfänger gelieferte, durch einen Unterbrecher bestimmter Frequenz modulierte Photostrom wird durch einen Resonanzverstärker verstärkt, gleichgerichtet und der Meßspule des Registrierinstruments zugeführt. Die Registrierkurven werden *nacheinander* mit der Meßküvette und der Vergleichsküvette im Strahlengang aufgenommen, und aus den beiden Kurven wird nachträglich die Durchlässigkeit bzw. Extinktion des gelösten Stoffs berechnet, was eine ziemlich umständliche Rechenarbeit verursacht. Um diese zu ersparen, hat man ein Verfahren entwickelt[2], das die Durchlässigkeit der Vergleichsküvette bei der Aufnahme der Meßküvette automatisch in Rechnung stellt (memory device method), so daß das Registriergerät unmittelbar die Durchlässigkeit Φ/Φ_0 des gelösten Stoffs aufzeichnet. Man erreicht dies dadurch, daß man bei der Aufnahme der Vergleichsküvette die Spaltbreite des Monochromators über eine Steuerscheibe in Verbindung mit einer Regelschaltung automatisch so einstellt, daß der verstärkte Photostrom stets denselben konstanten Wert (entsprechend einem konstanten Φ_0) annimmt, unabhängig von der eventuellen Extinktion des Lösungsmittels und von der eventuell stark variierenden Intensität der Strahlungsquelle in verschiedenen Spektralbereichen. Dabei wird die Abhängigkeit der Spaltbreite von der Wellenlänge auf einem Magnetband registriert, mit dessen Hilfe bei der nachfolgenden Aufnahme der Lösung der Spalt jeweils wieder genau so eingestellt wird wie bei der ersten

---

[1] Eine Übersicht über moderne Registriergeräte findet man bei L. PALM: Registrierinstrumente, Berlin 1950. Die üblichen registrierenden Milliamperemeter oder Millivoltmeter (sog. Linienschreiber) haben den Nachteil, daß die Ansprechzeit von der Dichte der benutzten Tinte und den Adhäsionskräften zwischen Feder und Papier abhängt, so daß sie bei höheren Registriergeschwindigkeiten zu träge werden können. Sie werden deshalb immer mehr von röhrengesteuerten Registriereinrichtungen verdrängt. (Bezugsquellen: Rohde & Schwarz, München 9; Hartmann & Braun, Frankfurt/M.) Die Zeitkonstante der Registriereinrichtung spielt für die Genauigkeit der Messung und das Auflösungsvermögen eine maßgebende Rolle. Nach K. F. LUFT [Angew. Chem. B. **19**, 2 (1947)] gilt für die drei Größen Auflösungsvermögen A, Meßgenauigkeit g und Registriergeschwindigkeit w die empirische Beziehung $g\,A\,\sqrt[2]{w} = \text{const}$. Es können also nur zwei von diesen Größen willkürlich gewählt werden, die dritte ist dadurch zwangsläufig festgelegt.

[2] AVERY, W. M.: J. opt. Soc. America **31**, 633 (1941).

Aufnahme, so daß der Ausschlag des Registriergeräts direkt die Durchlässigkeit angibt. Voraussetzung für die Brauchbarkeit der Methode ist – abgesehen von den allgemeinen, S. 225 ff. besprochenen Bedingungen für Ausschlagsmethoden – die Linearität des Verstärkers und die *Konstanz* der ganzen Einrichtung *für die gesamte Registrierzeit* innerhalb 1% der Durchlässigkeit.

B. Doppelter Strahlengang

Von dieser letzten Bedingung frei sind die sogenannten Doppelstrahlmethoden, bei denen man den Strahlengang in zwei Hälften zerlegt und die Lösungsküvette in der einen, die Lösungsmittelküvette in der anderen Hälfte anbringt, das Verhältnis Φ/Φ_0 also *gleichzeitig* bestimmt. Je nach dem dabei angewendeten Verfahren muß man wieder zwischen Ausschlags-, Kompensations- und Flimmermethoden unterscheiden mit allen ihren früher besprochenen prinzipiellen Vor- und Nachteilen.

1. Das Schema einer Ausschlagsmethode[1] zeigt Abb. 125. Die beiden von der Strahlungsquelle nach verschiedenen Richtungen ausgehenden Strahlenbündel durchsetzen den Monochromator auf etwas verschiedenen Wegen (man fokussiert sie übereinander auf dem Eintrittsspalt) und gelangen auf zwei möglichst identische Empfänger, deren Photostrom von zwei gleichen Verstärkern verstärkt und dem Registriergerät zugeführt wird, das unmittelbar das Verhältnis der Photoströme registriert. Die Methode besitzt alle Nachteile der Ausschlagsmethoden: Schwankungen der Strahlungsquelle werden nur teilweise kompensiert (vgl. S. 228),

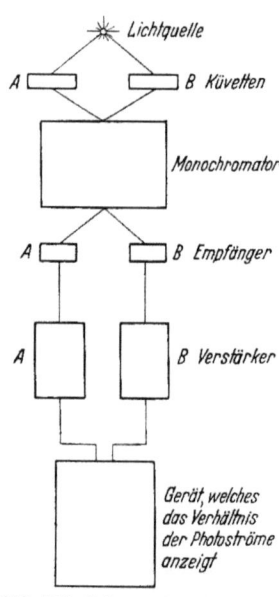

Abb. 125. Schema einer Doppelstrahl-Ausschlagsmethode mit Verstärkung und Registrierung

Proportionalität zwischen Beleuchtungsstärke und Photostrom wird vorausgesetzt. Hinzu kommt die Forderung, daß die Empfindlichkeit der beiden Empfänger über den ganzen Spektralbereich gleich oder wenigstens in einem konstanten Verhältnis sein sollte, und daß auch der Verstärkungsgrad der beiden Verstärker identisch sein muß.

---

[1] Vgl. z. B.: G. B. M. SUTHERLAND u. H. W. THOMPSON: Trans. Faraday Soc. 41, 179 (1945).

2. Eine Art optischer Kompensationsmethode[1] zeigt das Schema der Abb. 126. Die beiden Empfänger sind gegeneinander geschaltet, der Differenzstrom wird von einem mehrstufigen Verstärker verstärkt, dessen Ausgangsleistung der Erregerspule eines Motors zugeführt wird, der durch Veränderung einer Lichtschwächungseinrichtung (z. B. Verschiebung einer Kammblende) im Vergleichsstrahlengang auf gleiche Intensität in beiden Strahlengängen einstellt. Mit dieser Verschiebung ist der Ausschlag eines Tintenschreibers mechanisch gekoppelt, so daß hier also nicht der Photostrom, sondern unmittelbar die Extinktion der Lichtschwächungseinrichtung registriert wird. Trotzdem handelt es sich nicht um eine Substitutionsmethode, denn in die Messung gehen alle Unterschiede in der Charakteristik der beiden Empfänger ein, die praktisch stets vorhanden sein werden. Da jedoch stets auf Abgleich eingestellt wird, ist wie bei den Methoden mit elektrischer Kompensation (S. 232) die Methode von Schwankungen der Strahlungsquelle unabhängig.

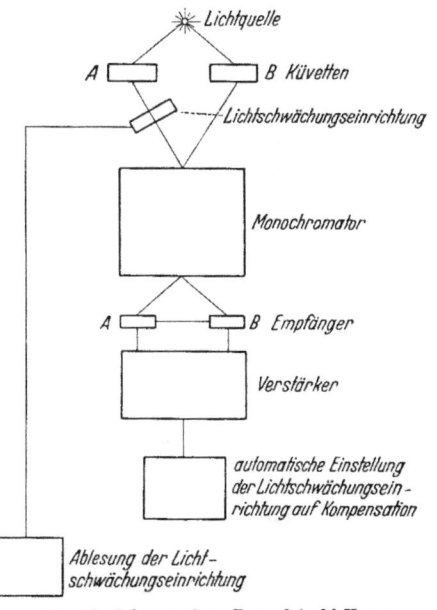

Abb. 126. Schema einer Doppelstrahl-Kompensationsmethode mit Verstärkung und Registrierung.

3. Eine modifizierte Ausschlagsmethode mit doppeltem Strahlengang, aber nur einem Empfänger haben Savitzky und Halford[2] angegeben. Die beiden Strahlenbündel fallen gleichzeitig auf den Eintrittsspalt des Monochromators, werden aber mit einem Strahlenunterbrecher so moduliert, daß ihre Impulse um 180° phasenversetzt sind, so daß der vom Empfänger gelieferte Strom mit Hilfe synchron vibrierender Schalter entsprechender Phasendifferenz zwei Verstärkern zugeführt werden kann. Ihre Ausgangsströme werden gleichgerichtet und sind den

---
[1] Vgl. J. D. Hardy u. A. I. Ryder: Physic. Rev. 55, 1112 (1939).
[2] Savitzky, A. u. R. S. Halford: Rev. sci. Instruments 21, 203 (1950).

Intensitäten der beiden Strahlenbündel proportional, ihr Verhältnis wird potentiometrisch verglichen und registriert. Dieses Verfahren der „phase discrimination" (vgl. auch S. 237 u. 286) ist bei einer Reihe neuerer Konstruktionen angewendet worden[1]. Es setzt als Ausschlagsmethode ebenfalls die Linearität des Empfängers und der Verstärker voraus. Das gleiche gilt für den Vorschlag[2], die beiden Strahlenbündel mit verschiedener Frequenz zu modulieren und die beiden Frequenzen durch entsprechend abgestimmte Verstärker voneinander zu trennen.

4. Die meist gebrauchte und voraussetzungsärmste Doppelstrahlmethode ist die S. 234 ff. beschriebene Flimmermethode. Auch in diesem Fall wird die jeweilige Stellung einer Lichtschwächungseinrichtung und damit die Extinktion des gelösten Stoffes automatisch-mechanisch registriert. Die verschiedenen, meistens für IR-Messungen entwickelten, aber ebenso für das Sichtbare oder UV anwendbaren Konstruktionen nach diesem Prinzip[3] unterscheiden sich durch die Art der Lichtschwächungseinrichtung (Polarisationsprismen wie in Abb. 101 oder Kammblenden wie Abb. 31), durch die Art der Strahlenwechselvorrichtung und dadurch, daß die beiden Strahlenbündel entweder von der gleichen oder von geometrisch verschiedenen Stellen der Strahlungsquelle ausgehen. Letzteres ist nachteilig, weil (etwa infolge von Temperaturunterschieden) die Strahlenbündel verschiedene spektrale Zusammensetzung haben könnten, und weil sich Intensitätsschwankungen nicht so gut kompensieren wie im ersten Fall. Will man dies vermeiden, so ist man meistens gezwungen, für den Strahlenwechsel rotierende, einseitig oder doppelseitig verspiegelte Sektoren zu benutzen. Dann ist es wichtig, daß die beiden Strahlengänge möglichst weitgehend *optisch symmetrisch* sind, damit die Reflexionsverluste und (bei IR-Spektrometern) die Absorptionsverluste durch Gase wie CO_2, H_2O usw. identisch sind und die Meßwerte nicht verfälschen. Ein Beispiel für eine solche symmetrische Anordnung zeigt Abb. 127.

Man kann schließlich Teile des Spektrums unmittelbar auf dem

---

[1] HORNIG, D. F., G. E. HYDE u. W. A. ADCOCK: J. opt. Soc. America 40, 497 (1950). — J. SCHOEN: Arch. techn. Mess. 170, 725 (1950). — S. F. D. ORR: J. opt. Soc. America 43, 709 (1953).
[2] ETZEL, H. W.: J. opt. Soc. America 43, 87 (1953).
[3] Vgl. z. B.: A. C. HARDY u. J. C. MICHAELSON: J. opt. Soc. America 28, 360, 365 (1938); J. U. WHITE u. M. D. LISTON: J. opt. Soc. America 40, 29, 36, 93 (1950); D. F. HORNIG, G. E. HYDE u. W. A. ADCOCK: J. opt. Soc. America. 40, 497 (1950); T. M. RUGG, W. L. CALVERT u. J. J. SMITH: J. opt. Soc. America 41, 32 (1951); R. A. OETJEN u. L. C. ROESS: J. opt. Soc. America 41, 203 (1951).

Schirm eines *Kathodenstrahl-Oszillographen* sichtbar machen[1], wenn man den verstärkten Photostrom den y-Platten des Oszillographen zuführt und einen Schirm benutzt, der lange Nachleuchtdauer besitzt. Die Zeitbasis (x-Platten) wird mit dem LITTROW-Spiegel des Monochromators gekoppelt. Jeder x-Koordinate entspricht so eine bestimmte Wellenlänge. Wenn man den LITTROW-Spiegel periodisch schwenkt, läuft das Spektrum mehrere Male je Sekunde über den Schirm und erscheint dem Auge als stehende Kurve.

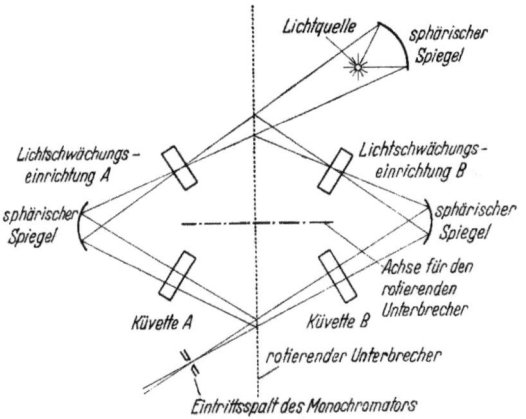

Abb. 127.
Schema einer optisch symmetrischen Doppelstrahlanordnung für Flimmermethoden.

Dieses Verfahren hat besonders für die IR-Spektrometrie Interesse und ist für die Untersuchung rasch ablaufender Reaktionen benutzt worden[2].

d) Spezielle Konstruktionen und Geräte. Nach den Überlegungen der vorangehenden Abschnitte ist für die Leistungsfähigkeit eines lichtelektrischen Spektrometers einerseits die spektrale Reinheit der Meßstrahlung, andererseits das verwandte photometrische Meßverfahren maßgebend. Wie bei visuellen Messungen (KÖNIG-MARTENS!) kann man zur allgemeinen Orientierung über den Verlauf eines Spektrums auch Photometer für Absolutmessungen heranziehen, wenn die spektrale Bandbreite der benutzten Strahlung relativ gering ist. Von den in Tabelle 22 aufgeführten Geräten kämen dafür etwa die unter 12 und 15 genannten in Frage. Für

---

[1] KING, W. H., R. TEMPLE u. H. W. THOMPSON: Nature **158**, 196 (1946).
— E. F. DALY u. G. B. M. SUTHERLAND: Proc. physic. Soc. **59**, 77 (1947). —
DIEKE, G. H. u. H. M. CROSSWHITE: J. opt. Soc. America **36**, 192 (1946). —
E. F. DALY: J. sci. Instruments **28**, 308 (1951).
[2] WHEATLEY, P. J. u. Mitarb.: J. opt. Soc. America **41**, 665 (1951).

auch nur wenig höhere Ansprüche wird man jedoch stets Spektrometer mit wesentlich besserer spektraler Zerlegung der Strahlung verwenden müssen. Leider arbeitet die Mehrzahl der im Handel befindlichen lichtelektrischen Spektrometer nach der Ausschlagsoder Kompensationsmethode, was die oben erwähnte zusätzliche Unsicherheit der absoluten ε-Werte und damit der ermittelten Absorptionskurven mit sich bringt. Im folgenden sollen von den zahlreichen entwickelten Geräten die wichtigsten mit ihren Besonderheiten kurz besprochen werden.

Nach dem *Ausschlagsverfahren* arbeitet das neu entwickelte nichtregistrierende *Spektralphotometer von Zeiß*[1], das mit einem Sekundärelektronenvervielfacher mit Nachverstärkung ausgerüstet ist. Auf die Stabilisierung der Netzspannung ist besonders Wert gelegt; 10% Schwankung der Netzspannung ruft nur 0,3% Änderung des Ausschlags hervor. Mit Glasoptik und Glühlampe kann das Gerät im Bereich von 370 bis 1100 mμ, mit Quarzoptik und H_2-Lampe im Bereich von 210 bis 1000 mμ benutzt werden[2]. Die Durchlässigkeit bzw. Extinktion wird an einem Zeigerinstrument mit einer Genauigkeit von 0,2 Teilstrichen unmittelbar abgelesen, die photometrische Meßgenauigkeit ist dadurch auf etwa 1% begrenzt. Für höhere Ansprüche sind Buchsen vorgesehen, an die man ein Galvanometer anschließen kann. Die Empfindlichkeit kann durch Änderung der Stufenspannung des Vervielfachers bzw. durch verschiedene Ableitwiderstände am Gitter der Verstärkerröhre geregelt werden. Sie ist genügend hoch, daß die spektrale Bandbreite im sichtbaren Bereich unter 10 Å, im UV bzw. IR je nach dem Gebiet 15 bis 40 Å betragen kann. Der Dunkelstrom des Vervielfachers wird durch Änderung der Gittervorspannung mit einem Potentiometer kompensiert. Der mit Spiegelabbildung arbeitende Monochromator enthält ein 30°-Prisma von 2 cm Basislänge, das zweimal durchsetzt wird (LITTROW-Aufstellung), so daß die wirksame Basislänge 4 cm beträgt.

Zur Wellenlängenablesung wird ein neuartiges Prinzip benutzt[3], das vom Mangel mechanischer Einrichtungen (toter Gang!) frei ist: Die an der Eintrittsfläche des Prismas P reflektierte Strahlung wird mit einem Hohlspiegel H aufgefangen, nochmals am Prisma reflektiert und erzeugt auf einer Skala S ein scharfes Bild des Eintrittsspalts (vgl. Abb. 128). Wird das Prisma gedreht, so bewegt

---

[1] Carl Zeiß, Oberkochen.
[2] Die praktisch erreichbare kurzwellige Grenze ist durch den zunehmenden Anteil an Streustrahlung gegeben. Für die weitere Entwicklung ist deshalb ein Doppelmonochromator vorgesehen.
[3] HANSEN, G.: Optik 8, 425 (1951).

sich dieses Bild mit der vierfachen Winkelgeschwindigkeit über die Skala, seine Lage gibt also unabhängig von der Mechanik die jeweilige Stellung des Prismas und damit die eingestellte Wellenlänge an. Die Breite des Spaltbildes läßt sich an der Skala in Å ablesen, sie ist ein unmittelbares Maß für das $\Delta\lambda$ der austretenden Strahlung.

Als ein besonderer Vorteil dieses Geräts ist anzusehen, daß die einzelnen Teile (Strahlungsquelle, Monochromator, Vervielfacher, Anzeigeinstrument) nicht zusammengebaut sind, so daß man sie auch einzeln für andere Zwecke benutzen kann. Eine Zusatzausrüstung dient für Remissionsmessungen an festen Oberflächen (vgl. S. 334).

Nach dem Ausschlagsverfahren arbeitet ferner: Das BECKMAN - *Spektrophotometer*[1] *Modell B* für Messungen im Bereich von 320 bis 1000 mμ. Es ist mit Glühlampe, Monochromator mit FÉRY-Prisma (vgl. S. 99), auswechselbaren „rot"- bzw. „blau"-empfindlichen Vakuumzellen, Gleichstromverstärker und Anzeigeinstrument ausgerüstet. Die für ausreichende Empfindlichkeit notwendige spektrale Bandbreite beträgt zwischen 0,3 und 5 mμ.

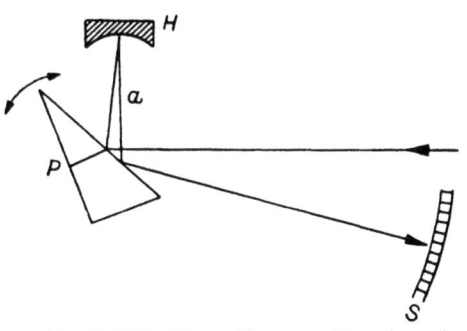

Abb. 128. Wellenlängenablesung am Monochromator des Zeißschen Spektralphotometers.

Eine ganze Reihe im Handel befindlicher lichtelektrischer Spektrometer für das Sichtbare und UV arbeitet nach dem *Einzellenkompensationsverfahren*: der über einen Hochohmwiderstand abfließende Photostrom erzeugt einen Spannungsabfall, der mit einem Potentiometer kompensiert wird. Die Leistungsfähigkeit und die Nachteile dieses Verfahrens wurden früher besprochen (vgl. S. 230ff.). Der bekannteste und weit verbreitete Vertreter dieser Gruppe ist das BECKMAN-*Quarzspektrophotometer*[2] Modell DU. Die Empfindlichkeit des Geräts ist infolge des hohen Ableitwiderstands ($2 \cdot 10^9$ Ohm) und des mehrstufigen Verstärkers ($\Delta i_a/\Delta i_g = 5 \cdot 10^7$) sehr groß, so daß sehr schmale Bandbreiten von 10 Å und darunter verwendet werden können. Als Nullinstrument dient ein Milliamperemeter. Die Kompensation wird vor jeder Messung (mit der

---

[1] BECKMAN, A. O. u. Mitarb.: J. opt. Soc. America **39**, 377 (1949). Hersteller: Beckman Instr., Inc. South Pasadena, California.
[2] CARY, H. H. u. A. O. BECKMAN: J. opt. Soc. America **31**, 682 (1941).

Vergleichsküvette im Strahlengang) mit Hilfe der Gittervorspannung der ersten Verstärkerröhre neu einreguliert. Dabei wird das Potentiometer auf 100% Durchlässigkeit eingestellt. Auch die Empfindlichkeitsregelung und die Kompensation des Dunkelstroms erfolgt durch Änderung der Gittervorspannung an zusätzlichen Potentiometern. Ersetzt man nun das Lösungsmittel durch die Lösung, so muß die Kompensation durch Änderung der Kompensationsspannung am Potentiometer wieder hergestellt werden, an dessen Skala die Durchlässigkeit bzw. Extinktion der zu messenden Probe abgelesen wird. Von den Eigenschaften der Verstärkerröhren ist, wie schon erwähnt wurde, die Messung unabhängig, von den Eigenschaften der Photozelle und Intensitätsschwankungen der Strahlungsquelle dagegen nicht.

Das Gerät ist mit auswechselbaren Photozellen verschiedener spektraler Empfindlichkeit und mit auswechselbarer Glüh- bzw.

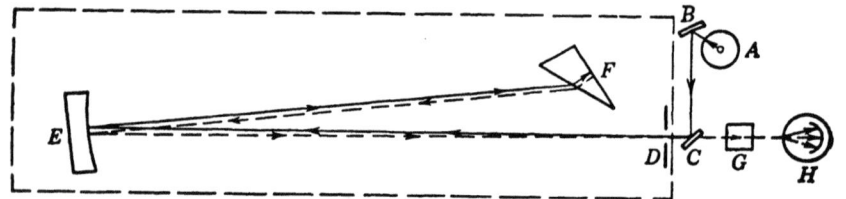

Abb. 129. Strahlengang des Beckman-Quarzspektrophotometers DU.
A Strahlungsquelle; *B* Kondensorspiegel; *C* Planspiegel; *D* Eintrittsspalt; *E* Kollimatorspiegel; *F* Quarzprisma in Littrow-Aufstellung mit 2,5 cm Basislänge; *G* Küvette; *H* Photozelle.

H_2-Lampe ausgestattet. Der Meßbereich reicht von 220 bis 1000 mμ. Der sehr einfache optische Strahlengang ist in Abb. 129 dargestellt. Eintritts- und Austrittsspalt des Monochromators liegen vertikal übereinander. Die Wellenlängenskala ist 1 m lang und kann auf 1 Å im UV und auf 10 Å im IR abgelesen werden. Sie ist häufig mit Hilfe einer zusätzlich gelieferten Hg-Lampe nachzuprüfen. Streustrahlung kann durch zusätzliche Filter stark herabgesetzt werden. Das Gerät wird auch zusammen mit Durchflußküvette und Registriereinrichtung geliefert, die in gewissen Zeitabständen die Durchlässigkeit der strömenden Probe bei einer beliebig gewählten Wellenlänge auf ± 1% genau automatisch registriert und so eine laufende Kontrolle ermöglicht.

Den Umbau des BECKMAN-Spektrometers in ein registrierendes Gerät mit linearer Wellenlängenskala beschreiben COOR und SMITH[1]. Es arbeitet nach der Ausschlagsmethode entsprechend dem

---
[1] COOR, T. u. D. C. SMITH: Rev. sci. Instruments **18**, 173 (1947).

Schema der Abb. 125, mit dem Unterschied, daß das von der Strahlungsquelle ausgehende Bündel erst nachträglich mit einer teilweise mit Aluminium belegten Quarzplatte in die beiden Hälften zerlegt wird. Als Empfänger dienen zwei Multiplier mit nachfolgender Gleichstromverstärkung, registriert wird die Durchlässigkeit Φ/Φ_0. Ein besonderes, röhrengesteuertes Korrekturgerät soll automatisch alle Fehler korrigieren, die durch Schwankungen im Intensitätsverhältnis der beiden Strahlenbündel, durch ,,Trogfehler" und durch Unterschiede in der spektralen Empfindlichkeit der beiden Empfänger bedingt sind. Ein Spektrum zwischen 4000 und 2000 Å wird in weniger als 15 Minuten registriert. KAYE und DEVANEY[1] beschreiben ebenfalls den Umbau des DU-Spektrometers in ein registrierendes Doppelstrahlgerät. Sie benutzen einen rotierenden Spiegel zur Teilung des Strahlenbündels, eine PbS-Widerstandszelle, Verstärker, Kommutator und zwei Gleichrichter; registriert wird das Verhältnis Φ/Φ_0. Hierbei handelt es sich um die S. 313 beschriebene modifizierte Ausschlagsmethode B 3.

Das BECKMAN-Spektralphotometer ist von mehreren Autoren[2] eingehend und kritisch auf seine Leistungsfähigkeit hin untersucht worden. Die dabei gemachten Erfahrungen dürften für alle Geräte dieser Gruppe mehr oder weniger zutreffen. Hierzu gehören z.B das *Unicam*-Quarzspektrophotometer[3] und das *Uvispek*-Spektrophotometer[4], die sich bezüglich Aufbau, Empfindlichkeit, Auflösungsvermögen und spektralem Meßbereich nicht wesentlich vom BECKMAN-Spektrophotometer unterscheiden. Alle diese Geräte sind auch mit Zusatzeinrichtungen für Reflexionsmessungen versehen (vgl. S. 334).

Das registrierende CARY-Spektrophotometer[5] ist ähnlich konstruiert wie das registrierende BECKMAN-Spektrometer, ist ebenfalls für das Sichtbare und das UV verwendbar, hat aber den Vorteil der doppelten Strahlungszerlegung und somit sehr spektralreiner Strahlung. Es arbeitet mit zwei Sekundärelektronenvervielfachern und registriert unmittelbar die Extinktion des gelösten Stoffes. Die Reproduzierbarkeit der Spektren und das Auflösungsvermögen unter verschiedenen Arbeitsbedingungen (Registriergeschwindigkeit, Spaltbreite, Konzentration, absorbierendes Lösungsmittel)

---

[1] KAYE, W. u. R. G. DEVANEY: J. opt. Soc. America **42**, 567 (1952).
[2] GIBSON, K. S. u. M. M. BALCOM: J. Res. nat. Bur. Standards **38**, 601 (1947); J. opt. Soc. America **37**, 593 (1947). — W. O. CASTER: Anal. Chem. **23**, 1229 (1951). — Vgl. auch Anm. 3, S. 267.
[3] Hersteller: Unicam Instr., Cambridge, England.
[4] Hersteller: Hilger & Watts, London.
[5] CARY, H. H.: Rev. sci. Instruments **17**, 558 (1946). Hersteller: Appl. Physics Corp., Pasadena, Calif.

ist eingehend geprüft worden[1], ebenso die Richtigkeit der mit dem Gerät gemessenen absoluten Extinktionskoeffizienten[2].

Nach dem *Einzellen-Flimmerverfahren* arbeitet das HARDY-*Spektrophotometer*[3], das von Schwankungen der Strahlungsquelle und von den Charakteristiken der Photozellen und Verstärkerröhren völlig unabhängig ist. Es besitzt außerdem eine Registriereinrichtung und ermöglicht so eine sehr rasche und sichere Aufnahme der Spektren, wird aber bisher nur für den sichtbaren Bereich (400 bis 750 mμ) hergestellt. Ein Doppelmonochromator schließt Streustrahlung weitgehend aus, die effektive Bandbreite beträgt jedoch 10 mμ [4], ist also wesentlich größer als bei den früher besprochenen Geräten; die Spaltbreite wird beim Durchlaufen des Spektrums automatisch verändert, so daß die effektive Bandbreite konstant bleibt. Der weitere optische Strahlengang entspricht dem der Abb. 101. Das Gerät ist durch zahlreiche Zusatzeinrichtungen modifiziert und vervollkommnet worden[5] und läßt sich auch zur Messung der Rotationsdispersion und zu Reflexionsmessungen verwenden.

Die Kostspieligkeit der käuflichen lichtelektrischen Spektrometer hat veranlaßt, daß auch zahlreiche, aus Laboratoriumsmitteln erbaute Geräte in der Literatur beschrieben worden sind[6]. Sofern ein guter Monochromator zur Verfügung steht, lassen sich einfache Konstruktionen nach dem Ausschlags- oder Kompensationsverfahren relativ leicht und zuverlässig ausführen, wenn man auf die Registrierung der Spektren verzichtet. Derartige Geräte stehen den käuflichen bezüglich Empfindlichkeit und Genauigkeit keineswegs nach, insbesondere nicht, wenn man die Empfänger (Photozellen oder Sekundärelektronenvervielfacher) vorher sorgfältig auf ihre Proportionalität (vgl. S. 145) und auf ihre spektrale

---

[1] FORSTNER, J. L. u. L. B. ROYERS: Anal. Chem. **25**, 1560 (1953).
[2] BRODE, W. R. u. Mitarb.: J. opt. Soc. America **43**, 862 (1953).
[3] HARDY, A. C.: J. opt. Soc. America **25**, 305 (1935); **28**, 360 (1938); neue Form: J. L. MICHAELSON: J. opt. Soc. America **28**, 365 (1938). Hersteller: General Electric.
[4] Es sind auch Geräte mit geringeren Bandbreiten von 4, 5 oder 8 mμ hergestellt worden; durch Einbau von Multipliern an Stelle der Photozellen kann die Empfindlichkeit weiter erhöht werden.
[5] KIENLE, R. H. u. E. I. STEARNS: Instruments **20**, 1057 (1947). — G. L. BUC u. E. I. STEARNS: J. opt. Soc. America **35**, 458, 465, 521 (1945).
[6] Vgl. z. B. an neueren Arbeiten: D. L. DRABKIN: J. opt. Soc. America **35**, 163 (1945); E. P. LITTLE: J. opt. Soc. America **36**, 168 (1946) für Schumann-UV: L. M. KLOTZ u. M. DOLE: Ind. Eng. Chem. Anal. Ed. **18**, 741 (1946); F. P. ZSCHEILE: J. phys. Chem. **51**, 903 (1947); F. J. STUDER: J. opt. Soc. America **37**, 288 (1947); T. B. THOMAS u. E. E. SCHNEIDER: J. opt. Soc. America **41**, 1002 (1951).

Empfindlichkeitsverteilung hin auswählt. Wesentlich schwieriger sind Geräte nach dem Flimmerverfahren zu bauen, da es hier sehr auf exakten Strahlengang (vgl. S. 235) ankommt. Den Umbau eines Perkin-Elmer-IR-Spektrometers in ein UV-Spektrometer, das nach dem Prinzip der Phasentrennung zweier Strahlenbündel arbeitet (vgl. S. 237, 314), beschreibt W. H. KING[1].

Steht kein Monochromator zur Verfügung, so kann man auch einen *Spektrographen* für lichtelektrische spektrometrische Messungen heranziehen, indem man die Plattenkassette durch einen Präzisionsschlitten ersetzt, auf dem der (eventuell gekrümmte) Austrittsspalt samt der Photozelle oder dem Vervielfacher am Spektrum vorbeigeführt wird. Die Schlittenverschiebung (mit Hilfe einer Spindel) wird direkt in Wellenlängen geeicht und kann auch mittels eines Synchronmotors auf eine Trommel übertragen und registriert werden. Über die Aufstellung und Leistungsfähigkeit eines solchen behelfsmäßigen lichtelektrischen Spektrometers ist mehrfach berichtet worden[2]. Auch bei großen Konkavgittern hat man die lichtelektrische Messung von Absorptions- und Emissionsspektren auf dem Gitterkreis benutzt[3].

e) **Mikrospektrometrie.** Zur Untersuchung kleinster Substanzmengen (Kriställchen, Fasern, einzelner Zellen usw.) kombiniert man ein Mikroskop mit einem Spektrometer und kann so prinzipiell in einem beliebigen Spektralgebiet Absorptions-, Fluorescenz- oder RAMAN-Spektren solcher Proben aufnehmen. Für diese Kombination gibt es zwei Möglichkeiten: 1. Man benutzt zur Beleuchtung des Mikroskops monochromatische Strahlung und bildet den gewünschten Teil des mikroskopischen Bildes auf einem geeigneten Empfänger ab. 2. Man zerlegt die Strahlung erst nach dem Durchgang durch das Untersuchungsobjekt. Die erste Methode benutzt man vorwiegend für Messungen im UV, um die Meßprobe nicht längere Zeit der gesamten UV-Strahlung auszusetzen, die leicht photochemische Veränderungen hervorrufen kann. Die zweite Methode wird für visuelle und photographische Methoden, insbesondere aber für die IR-Mikrospektroskopie vorgezogen (vgl. S. 368).

Mikroskope mit Glasoptik sind im Bereich von etwa 3500 bis 10000 Å durchlässig, damit sie jedoch über einen größeren Wellenlängenbereich brauchbar sind, müssen sie mit guten Apochromaten

---

[1] KING, W. H., J. opt. Soc. America **43**, 866 (1953).
[2] LUTHER, H. u. G. BERGMANN: Chem. Ing. Techn. **25**, 499 (1953). — J. K. BRODY: J. opt. Soc. America **42**, 408 (1952). — J. BRANDMÜLLER u. H. MOSER: S.-B. Bayr. Akad. Wiss. 1952, Nr. 14.
[3] KOCH, G. P., W. J. TAYLOR u. H. L. JOHNSON: J. opt. Soc. America **41**, 125 (1951). — G. H. DIEKE u. Mitarb.: J. opt. Soc. America **36**, 185 (1946).

ausgerüstet sein (vgl. S. 92). Außerhalb dieses Bereichs muß man Spezialoptik verwenden. Die von KOHLER[1] angegebenen Quarzobjektive sind eigentlich nur für eine bestimmte Wellenlänge verwendbar, können aber über einen größeren Bereich von etwa 2300 bis 3500 Å benutzt werden, wenn man sie für jede Wellenlänge refokussiert. Die effektive Bandbreite $\Delta\lambda$ (vgl. S. 294) sollte wegen der mangelnden Achromasie nicht über 10 Å betragen. Sie kann wesentlich größer sein (100 Å), wenn man Quarz-Flußspat-Objektive benutzt[2]. Einen entscheidenden Fortschritt sowohl in der Durchlässigkeit über größere Spektralbereiche wie in der Achromasie der Objektive erzielte man durch Einführung der Spiegeloptik. Es sind sphärische und asphärische Systeme, mit einem oder zwei Spiegeln, mit und ohne Hilfslinsen bzw. Reflexionsprismen entwickelt worden[3], von denen das ausschließlich mit zwei asphärischen Spiegeln ausgerüstete Mikroskop von BURCH (vgl. Abb. 130) am bekanntesten geworden ist. Es besitzt den wesentlichen Vorteil, daß es vollständig achromatisch ist, so daß man mit sichtbarem Licht fokussieren und dann in einem beliebigen Spektralbereich vom UV bis zum IR messen kann.

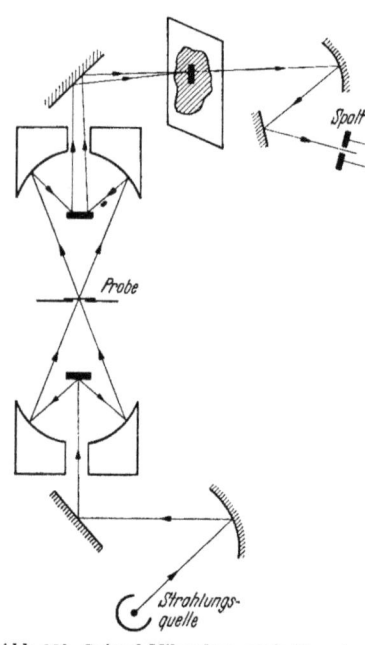

Abb. 130. Spiegel-Mikroskop nach Burch.

Dem steht der Nachteil gegenüber, daß der Querschnitt des benutzten Strahlenbündels ringförmig ist, so daß die Apertur des Objekts nicht gleichmäßig mit Licht ausgefüllt ist, worunter die Güte des Bildes leidet.

[1] KOHLER, A.: Z. wiss. Mikroskop. mikroskop. Techn. 21, 129, 273 (1904).
[2] Vgl. L. V. FOSTER u. E. M. THIEL: J. opt. Soc. America 38, 689 (1948); FOSTER, L. V.: Anal. Chem. 21, 432 (1949).
[3] BRUMBERG, E. M.: Nature 152, 357 (1943). — D. S. GREY u. P. LE. : J. opt. Soc. America 39, 719 (1949). — D. S. GREY: J. opt. Soc. America 39, 723 (1949). — W. E. LEEDS u. M. H. F. WILKINS: Nature 164, 228 (1949). — C. R. BURCH: Nature 152, 748 (1943); Proc. physic. Soc. 59, 41 (1947).

Die Methode, mit zerlegter monochromatischer Strahlung zu messen, ist vor allem von CASPERSON[1] eingeführt und angewendet worden, wobei Quarzoptik und ein Photometer mit rotierendem Sektor, Photozelle und Elektrometer, als Strahlungsquelle Linienspektren benutzt werden. Kontinuierliche Strahlung wurde wegen der für die Quarzobjektive notwendigen schmalen Bandbreiten nicht verwendet, so daß nur Durchlässigkeitsmessungen bei einer begrenzten Anzahl von Emissionslinien (Hg-Bogen, Funkenlinien) gemacht werden konnten. Hat man eine genügende Anzahl von Sperr- oder Interferenzfiltern zur Verfügung, so kann man diese auch an Stelle eines Monochromators benutzen und gewinnt dadurch an Intensität. Man mißt nach der Substitutionsmethode, indem man die Extinktion einer bestimmten Stelle des Objekts durch die Extinktion des Sektors ersetzt und auf gleiche Intensität einstellt. Auch Geräte für die kontinuierliche Registrierung von Mikroabsorptionsspektren sind beschrieben worden[2].

7. Lichtelektrische Fluorescenz-, Streuungs- und Trübungsmessungen.

a) Photometrische Messungen. Die im Abschnitt III,5 angestellten allgemeinen Überlegungen über die Besonderheiten von Fluorescenzmessungen gegenüber Absorptionsmessungen gelten auch für die lichtelektrische Photometrie und Spektrometrie der Fluorescenz. Während über die lichtelektrische Fluorescenzspektrometrie noch nicht allzu viele Erfahrungen und Messungen vorliegen, beginnt die lichtelektrische Fluorescenzphotometrie zur Konzentrationsbestimmung allmählich die visuellen Methoden zu verdrängen, analog wie es bei den photometrischen Absorptionsmessungen der Fall ist, weil man lichtelektrisch mit geeigneten Meßverfahren mühelos eine wesentlich höhere Genauigkeit der Konzentrationsbestimmung erreicht.

Die allgemeinen Gesichtspunkte, die bei Fluorescenzmessungen berücksichtigt werden müssen (vgl. S. 203 ff.), bleiben natürlich bestehen, unabhängig davon, ob die Messung mit dem Auge oder mit einem lichtelektrischen Empfänger vorgenommen wird. Hierher gehört vor allem die Konstanz von Temperatur, p_H und Zusammensetzung der Lösungen (Fremdstoffgehalt!), sowie der Anregungsbedingungen bei der Aufstellung der Eichkurve sowohl wie

---

[1] Vgl. z.B.: T. CASPERSSON: J. Roy. Microsc. Soc. **60**, 8 (1940); Chromosoma **1**, 562 (1940); Exp. Cell Res. **1**, 595 (1950).

[2] SINSHEIMER, R. L.: Dissert. 1948. — Vgl. dazu J. R. LOOFBOUROW: J. opt. Soc. America **40**, 317 (1950); dort auch weitere Literaturangaben.

bei den späteren auf diese Eichkurve bezogenen Konzentrationsbestimmungen unbekannter Lösungen. Die besten Ergebnisse erzielt man auch in diesem Fall, wenn man als Vergleichsstandard eine Lösung des gleichen Stoffs bekannter Konzentration verwendet. Dagegen führt bei der lichtelektrischen Photometrie die Benutzung fluorescierender Glasstandards ebenso wie die Untersuchung farbiger Lösungen, bei denen sich Absorptions- und Fluorescenzspektrum überschneiden, zu geringeren Fehlern als bei visuellen Methoden, weil die verschiedene spektrale Zusammensetzung der Strahlung bei Messung von Standard und Lösung bzw. der beiden verschieden konzentrierten Lösungen die Genauigkeit der Messung nicht wie beim Auge herabsetzt. Auch die Reproduzierbarkeit der Eichkurve bei schwankender Belastung der anregenden Hg-Lampe ist von diesen Schwankungen weniger abhängig, als dies bei Extinktionsmessungen mit Glühlampen der Fall ist, weil derartige Schwankungen praktisch nur die Intensität, nicht aber die Zusammensetzung der Fluorescenzstrahlung beeinflussen.

Ebenso gelten für das eigentliche Meßverfahren die früher angestellten Überlegungen. Die besten Ergebnisse erhält man danach mit Zweizellen-Substitutionsmethoden; bei konstanten Anregungsbedingungen (Hg-Lampe an Akkumulatorenbatterie oder stabilisiertem Netz) lassen sich aber auch mit Ausschlags- und Kompensationsmethoden ebenso gute oder bessere Ergebnisse erzielen wie mit visuellen Methoden[1]. Prinzipiell kann man jedes lichtelektrische Photometer auch für Fluorescenzmessungen im durchfallenden Licht verwenden, indem man die Primärstrahlung durch Zwischenschaltung geeigneter Sperrfilter von dem Empfänger fernhält. Solche Sperrfilter werden zusammen mit fluorescierenden Glasstandards zum Teil auch zu den käuflichen lichtelektrischen Geräten geliefert. Häufig besitzen diese Geräte auch zusätzliche Empfänger seitlich oder unterhalb der Meßküvette, so daß man das Gerät durch einfaches Umschalten aus einem Absorptionsphotometer in ein Fluorescenzphotometer verwandeln kann (z. B. das Lumetron). Man mißt dann mit auffallender Primärstrahlung nach dem Schema der Abb. 90b.

In vielen Fällen empfiehlt es sich, *spezielle Anordnungen* für fluorescenzphotometrische Messungen zu benutzen, die gewöhnlich den Vorteil haben, lichtstärker und damit empfindlicher zu sein als die für Extinktionsmessungen gebauten Apparate. Es handelt sich in der Regel um Anordnungen, die nach der Ausschlagsmethode arbeiten, und die man sich leicht aus Laboratoriums-

---

[1] Vgl. z. B.: G. KORTÜM: Chem. Technik 15, 167 (1942).

mitteln zusammenstellen kann. Sie sind häufig in der Literatur beschrieben worden[1], werden aber auch von manchen Firmen geliefert[2]. Man benutzt meistens Sperrschichtelemente als Empfänger, aber auch Geräte mit Photozelle und Verstärker sind beschrieben worden. Um Schwankungen der primären Strahlungsquelle ganz oder weitgehend zu eliminieren, verwendet man auch hier *Zweizellenmethoden*, wobei man sich zur Erhöhung der Empfindlichkeit meistens ebenfalls auf Ausschlags- oder Kompensationsmethoden beschränkt. Eine einfache, aus Laboratoriumsmitteln zusammengestellte Apparatur dieser Art[3] zeigt die schematische Abb. 131. Zur Fluorescenzerregung dient die hinter der Blende B horizontal angebrachte Hg-Lampe L, deren Licht durch das gleichzeitig als Sammellinse wirkende Filter F_1 auf die Doppelküvette K mit Standard- und Versuchslösung fällt. F_1 ist ein mit ammoniakalischer $CuSO_4$-Lösung gefüllter Rundkolben aus dickem Glas von etwa 10 cm Durchmesser, der praktisch nur die Liniengruppen 436 bis 366 mμ der Hg-Lampe durchläßt. Das in K erregte Fluorescenzlicht fällt durch die UV-

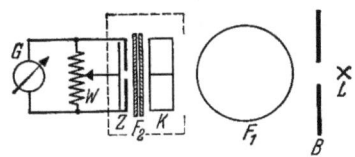

Abb. 131.
Zweizellen-Anordnung für relative photometrische Fluorescenzmessungen.

absorbierenden Sperrfilter F_2 auf das Differentialphotoelement Z, dessen Differenzstrom mit dem Galvanometer G gemessen wird. Die Nullstellung wird mit Hilfe des Widerstands W eingestellt, wenn beide Küvetten mit der gleichen Lösung gefüllt sind. Küvette und Photoelement befinden sich in einem mit Doppelwänden versehenen Trogkasten, durch deren Zwischenraum Thermostatenwasser fließt. Bei der beträchtlichen Energie, die von der Hg-Lampe eingestrahlt wird, kann sonst die Temperaturkonstanz der Lösungen nicht genügend gewahrt werden. Mit ausgesuchten Photoelementen ließ sich auf diese Weise eine Genauigkeit der Messung von 500 (0,2%) erreichen. Ähnliche Anordnungen, zum Teil auch mit Photozellen an Stelle von Sperrschichtelementen, sind mehrfach beschrieben worden[4]. Für die Messung sehr schwacher Fluorescenzintensitäten hat man neuerdings auch Sekundär-

---

[1] Vgl. z.B.: R. W. STOUGHTON u. K. G. ROLLEFSON: J. Amer. chem. Soc. **61**, 2632 (1939); K. WEBER: Z. physik. Chem. (B) **30**, 69 (1935); E. RABINOWITSCH u. L. F. EPSTEIN: J. Amer. chem. Soc. **63**, 69 (1941).
[2] Zum Beispiel: B. Lange, Berlin-Zehlendorf; Hilger & Watts, London.
[3] KORTÜM, G.: Z. physik. Chem. B **40**, 431 (1938).
[4] Vgl. z.B.: A. JETTE u. W. WEST: Proc. Roy. Soc. [London] A **121**, 299 (1928); P. ELLINGER u. M. HOLDER: J. Soc. chem. Ind. **63**, 115 (1944); E. J. BOWEN u. E. COATES: J. chem. Soc. [London] **1947**, 105.

elektronenvervielfacher eingesetzt[1]. Zahlreiche weitere Literaturangaben über lichtelektrische Fluorescenzphotometer, über geeignete Strahlungsquellen, Standards sowie über neuere Anwendungen auf anorganischem, organischem und biologischem Gebiet hat WHITE[2] zusammengestellt.

Auch *Streuungsmessungen* sind vielfach unter Benutzung lichtelektrischer Empfänger inklusive Multipliern ausgeführt worden[3]. Auch dabei werden fast ausschließlich Einzellen-Ausschlagsmethoden verwendet. Häufig benutzt man auch zur Konzentrationsbestimmung nicht das abgebeugte Licht, sondern mißt die *scheinbare Absorption* der trüben Lösung in üblicher Weise an Hand einer vorher aufgestellten empirischen Eichkurve (*Trübungsmessung*[4]). Da nach Gleichung (128) die Intensität der TYNDALL-Streuung mit λ^{-4} zunimmt, verwendet man zweckmäßig kurzwellige Strahlung, die einen großen scheinbaren Extinktionskoeffizienten besitzt. Um auch bei durchfallender Strahlung die Streuung selbst zu erfassen, kann man durch Abbildung der Lichtquelle auf einer kleinen Blendenscheibe vor dem Empfänger die Primärstrahlung von der Streustrahlung trennen, so daß nur letztere wirksam wird[5]. Alle diese Methoden mit einem Empfänger setzen natürlich die Konstanz der Lichtquelle und Proportionalität zwischen Beleuchtungsstärke und Photostrom voraus, weswegen die Meßresultate stets einer besonders kritischen Bewertung bedürfen.

Wie schon erwähnt wurde (vgl. S. 215), sind die Fehler bei Trübungsanalysen wegen der Schwierigkeit, Niederschläge reproduzierbarer Teilchengröße herzustellen, recht beträchtlich, so daß es sich im allgemeinen nicht lohnt, lichtelektrische Methoden zu Streuungs- und Trübungsmessungen heranzuziehen[6]. Man kann jedoch diese Schwierigkeit weitgehend ausschalten, wenn man ein

---

[1] LOWRY, O. H.: J. biol. Chemistry **173**, 677 (1948). — J. R. DE VORE: J. opt. Soc. America **38**, 692 (1948). Ein Gerät dieser Art liefert die Photovolt Corp. New York.

[2] WHITE, C. E.: Anal. Chem. **21**, 104 (1949).

[3] Vgl. z. B.: C. H. GREENE: J. Amer. chem. Soc. **56**, 1269 (1934); R. P. KREBS u. Mitarb.: Rev. sci. Instruments **13**, 229 (1942); G. F. BARNETT u. A. L. FREE: Electronics **19**, 116 (1946); zahlreiche Literaturangaben bei F. MÜLLER: Physik. Meth. der analyt. Chem. 3. Teil **1939**, 387.

[4] Vgl. z. B.: H. A. WANNOW u. K. HOFFMANN: Kolloid-Z. **80**, 294 (1937).

[5] GEFFCKEN, H. u. H. RICHTER: Die lichtempfindliche Zelle als techn. Steuerorgan. Berlin 1933. — W. P. WENDT: Chem. Zentralblatt **1938**, II, 897.

[6] Bei sorgfältiger Konstanthaltung der Arbeitsbedingungen und unter Benutzung einer Substitutionsmethode gelingt es in günstigen Fällen, eine Genauigkeit von etwa $\pm$ 1% zu erreichen bei Konzentrationen, deren Messung mit den üblichen optischen Methoden überhaupt nicht möglich ist. Vgl. dazu G. BERGOLD u. L. PISTER: Z. Naturforschg. **3b**, 332 (1948).

titrimetrisches Verfahren benutzt, d. h. die *Veränderung* der Trübung während der Ausfällung untersucht, weil man dabei von den Eigenschaften des entstehenden Sols unabhängiger ist. Aus diesem Grund scheinen lichtelektrische *Fällungstitrationen* größere Bedeutung zu gewinnen, jedenfalls liegen in dieser Richtung recht vielversprechende Untersuchungen von RINGBOM[1] vor.

Man mißt die scheinbare Extinktion der trüben Lösung bei steigendem Zusatz des Fällungsmittels. Gilt das BEERsche Gesetz und vernachlässigt man die Volumenzunahme, so erhält man theoretisch eine lineare Fällungskurve, die im Äquivalenzpunkt einen scharfen Knickpunkt zeigt, wie dies von konduktometrischen oder elektrometrischen Titrationen her bekannt ist. Praktisch wird man statt des scharfen Knickpunkts eine über einen größeren oder kleineren Bereich der Abszisse stetig verlaufende Richtungsänderung der Kurve beobachten (vgl. Abb. 132), so daß der wahre Äquivalenzpunkt durch Interpolation ermittelt werden muß. Dies hat mehrere Gründe. Ein scharfer Knickpunkt kann nur dann erwartet werden, wenn der gebildete Niederschlag sehr schwer löslich ist. Handelt es sich etwa

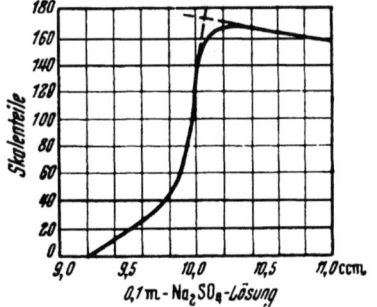

Abb. 132. Fällungstitration von Ba··-Ionen.

um ein binäres Salz, dessen Löslichkeitsprodukt $L = 10^{-10}$ betragen möge, so bleiben im Äquivalenzpunkt der Fällung $\sqrt{L} = 10^{-5}$ Mol/l in Lösung. Soll der durch unvollständige Ausfällung bedingte Fehler z. B. unter $\pm 0{,}1\%$ liegen, so muß die ursprüngliche Lösung wenigstens 0,01 molar sein. Ferner hängt die Krümmung der Kurve in der Nähe des Äquivalenzpunkts noch von der Geschwindigkeit der Ausfällung ab, die ihrerseits durch die Häufigkeit der Kristallkeimbildung und damit durch den Grad der Übersättigung bedingt ist. Die Löslichkeit muß also in Wirklichkeit noch geringer sein, als aus dem Löslichkeitsprodukt und der verlangten Genauigkeit der Bestimmung berechnet, damit die Fällung praktisch momentan stattfindet. Schließlich spielen natürlich auch hier Änderungen der Teilchengröße des entstehenden Sols eine Rolle, da gerade in der Nähe des Äquivalenzpunkts leicht durch Ausgleich der elektrischen Ladungen der kolloiden Micellen Änderungen des Dispersi-

---

[1] RINGBOM, A.: Z. analyt. Chem. **122**, 263 (1941). — Vgl. auch die dort angegebene frühere Literatur. — A. RINGBOM u. F. SUNDMAN: Särtr. Finska Kem. Medd. 1942, Nr. 1–2.

tätsgrades auftreten (Flockung), wodurch die scheinbare Extinktion der Lösung ebenfalls stark geändert werden kann.

Um diese Nachteile der Fällungstitration zu vermeiden, kann man in verschiedener Weise vorgehen. Entweder man setzt der Lösung Schutzkolloide zu (z. B. Gummi arabicum, Gelatine, Agar-Agar usw.) und sorgt auf diese Weise dafür, daß die Dispersität des Niederschlags genügend groß und konstant bleibt und daß keine Flockung eintritt; oder man bestimmt die Flockungsgrenze im Äquivalenzpunkt, die sich dadurch bemerkbar macht, daß infolge des Anwachsens der Teilchengröße die scheinbare Extinktion nach Gleichung (128) plötzlich stark ansteigt. Schließlich könnte man beide Verfahren kombinieren, indem man zunächst den Hauptteil der Substanz als grobdispersen filtrierbaren Niederschlag abscheidet und im Filtrat die Ausfällung unter Konstanthaltung des Dispersitätsgrades durch Zusatz von Schutzkolloiden beendet. Das erstgenannte Verfahren scheint die besten Resultate zu geben, weil bei hoher Dispersität des Niederschlags auch seine Verunreinigung durch Einschlüsse und Adsorption am geringsten ist. Damit das Löslichkeitsprodukt genügend klein wird, setzt man organische Lösungsmittel zu (Alkohol, Aceton usw.), da es sich bei den Trübungen ja gewöhnlich um schwerlösliche *Salze* handeln wird.

Die höchste Genauigkeit, d. h. das Minimum der Streuung, erhält man auch in diesem Fall wieder, wenn im Äquivalenzpunkt die scheinbare Extinktion den Wert 0,43 hat, wobei Gültigkeit des BEERschen Gesetzes vorausgesetzt ist (vgl. S. 253). Die Versuchsbedingungen sind daher nach Möglichkeit so zu wählen, daß der Äquivalenzpunkt in der Nähe von 37% Durchlässigkeit der trüben Lösung liegt. Farbglasfilter sind dabei nicht notwendig, dagegen muß natürlich während der Titration die Intensität der Strahlung konstant bleiben. Im übrigen hängt die Richtigkeit der Meßergebnisse weitgehend von systematischen Fehlern ab, so daß für jeden einzelnen Fall eine genaue Arbeitsvorschrift auszuarbeiten ist. So ist es z. B. keineswegs gleichgültig, wie schnell und in welcher Richtung die Fällung vorgenommen wird, was für Neutralsalze oder sonstige Stoffe in der Lösung vorhanden sind usw. Die Verhältnisse sind also ähnlich wie bei manchen gravimetrischen Fällungsanalysen. So ist z. B. das entstehende Sol sehr hochdispers, wenn man eine 0,2 molare $BaCl_2$-Lösung mit einer gleichkonzentrierten $(NH_4)_2SO_4$-Lösung versetzt, während bei der Ausfällung in umgekehrter Richtung ein grobdisperser Niederschlag entsteht. Bei Berücksichtigung aller dieser Fehlerquellen und unter sorgfältig ausgearbeiteten Arbeitsbedingungen konnte RINGBOM bei der Titration von $BaCl_2$ mit Na_2SO_4 eine Genauigkeit von 250 bis 500 (0,4 bis 0,2%) erreichen (vgl. Abb. 132), was die Genauigkeit visueller Trübungsmessungen recht beträchtlich übertrifft (vgl. S. 215). Häufig treten allerdings nach Erfahrungen des Verfassers bei derartigen Fällungsreaktionen dadurch Schwierigkeiten auf, daß bei verdünnten Lösungen, bei denen das Verfahren besonders von Wert sein würde, der Niederschlag sich so langsam ausbildet, daß man nach jeder Zugabe des Fällungsreagenzes längere Zeit warten muß, bis sich ein annähernd konstanter Extinktionswert einstellt, so daß die Titration sehr viel Zeit in Anspruch nimmt.

Lichtelektrische Methoden zur Messung der Lichtstreuung verdünnter Lösungen hochmolekularer Stoffe zwecks Bestimmung von Molekulargewichten gehen über den Rahmen dieses Buches hinaus. Eine eingehende Beschreibung eines für derartige Messungen geeigneten Photometers und zahlreiche Literaturangaben über frühere Messungen findet man bei BRICE und Mitarbeitern[1].

b) Lichtelektrische Fluorescenzspektrometrie. Wie schon S. 213 betont wurde, läßt sich das relative Energiespektrum der Fluorescenz wegen seiner im allgemeinen geringen Intensität nur mit lichtelektrischen oder photographischen Methoden ermitteln, insbesondere dann, wenn das Spektrum nicht aus einer einzelnen breiten Bande besteht, sondern eine mehr oder weniger ausgeprägte Feinstruktur besitzt, wie dies z.B. bei aromatischen Kohlenwasserstoffen der Fall ist. Das Prinzip der Messung bleibt jedoch das gleiche wie bei visuellen Messungen: Man bezieht die spektral zerlegte Strahlungsdichte der Fluorescenz auf die Strahlungsdichte einer Vergleichslampe bei gleicher Wellenlänge, deren relative spektrale Energieverteilung bekannt ist, d.h. im allgemeinen auf eine Glühlampe bekannter „Farbtemperatur".

Lichtelektrische Messungen dieser Art sind erst in neuerer Zeit bekanntgeworden, seit es gelingt, durch hohe Verstärkungsgrade des Photostroms oder durch Verwendung von Sekundärelektronenvervielfachern die spektrometrische Messung so empfindlich zu machen, daß trotz der geringen Intensität der (spektral zerlegten) Fluorescenz der Photostrom mit ausreichender Genauigkeit gemessen werden kann[2]. Aus dem gleichen Grunde hat man sich bisher im allgemeinen auf die Verwendung von Einzellen-Ausschlagsmethoden beschränkt.

Das einfachste Meßverfahren besteht darin, daß man die durch konstante Primärstrahlung (Hg-Lampe + UG-Filter) angeregte

---

[1] BRICE, B.A., M. HALWER u. R. SPEISER: J.opt.Soc.America 40, 768 (1950).

[2] Für derartige Messungen ist es deshalb besonders wichtig, daß der Dunkelstrom des Empfängers möglichst klein ist (vgl. S. 126). Gegebenenfalls muß man den Empfänger auf tiefe Temperatur kühlen.

Fluorescenzstrahlung abwechselnd mit der Strahlung einer Glühlampe bekannter Farbtemperatur auf den Eintrittsspalt eines Monochromators fokussiert, hinter dessen Austrittsspalt eine Photozelle mit Gleichstromverstärker oder ein Multiplier angebracht ist, und jedesmal den Photostrom galvanometrisch oder durch Kompensation des auftretenden Spannungsabfalls am Gitterableitwiderstand einer Verstärkerröhre mißt. Wichtig ist dabei, daß jedesmal der gleiche Teil der Photokathode bestrahlt wird. Bezeichnet man die durch die fluorescierende Probe bzw. durch die Standardlampe hervorgerufenen Galvanometerausschläge oder Kompensationsspannungen mit $A_{x,\lambda}$ bzw. $A_{s,\lambda}$, so ergibt sich die relative Strahlungsdichte der Fluorescenz für den betreffenden Wellenlängenbereich zu

$$B_\lambda = \frac{A_{x,\lambda} R_\lambda}{A_{s,\lambda}}, \qquad (191)$$

wobei R_λ den aus der spektralen Energieverteilungskurve (Abb. 18) entnommenen Faktor für die betreffende Wellenlänge darstellt. Man mißt auf diese Weise je nach der Form des Spektrums bei einer Anzahl von Wellenlängen und erhält unmittelbar das relative Energiespektrum der Fluorescenz. Die effektive Spaltbreite des Monochromators sollte auch hier möglichst klein sein, damit eine eventuelle Feinstruktur der Fluorescenz erfaßt werden kann. Im übrigen ist ihre Größe ebenso wie die spektrale Empfindlichkeitsverteilung des Empfängers ohne Belang, da diese Größen bei der Vergleichsmessung mit der Standardlampe herausfallen. Vorausgesetzt ist ausschließlich zeitliche Konstanz der Strahlungen und Proportionalität zwischen Bestrahlungsstärke und Photostrom des Empfängers; es lassen sich so Genauigkeiten von wenigen Prozenten erreichen[1].

Von den letztgenannten Voraussetzungen kann man sich ebenfalls frei machen, indem man die Methode zu einer *Flimmermethode* erweitert: Man benutzt eine Strahlenwechselvorrichtung genügend hoher Frequenz (vgl. S. 235) und bringt im Strahlengang der Standardlampe eine meßbar veränderliche Lichtschwächungseinrichtung [etwa in Form einer Kammblende (Abb. 31)] an, die man so lange variiert, bis die Wechselstromkomponente des Photostroms verschwindet, die Intensitäten der beiden zu vergleichenden Strahlenbündel also gleich geworden sind. Die Durchlässigkeit der Blende multipliziert mit R_λ gibt unmittelbar die relative Strahlungsdichte der Fluorescenz an.

---

[1] Vgl. z.B.: F. J. STUDER: J. opt. Soc. America **37**, 288 (1947).

Will man auf den jedesmaligen Vergleich mit der Standardlampe bekannter Farbtemperatur verzichten und das Fluorescenzspektrum allein durchmessen bzw. registrieren[1], so muß man Korrekturen für die variierende spektrale Empfindlichkeit des Empfängers und die veränderliche Dispersion des Monochromators berücksichtigen, gegebenenfalls auch noch für die Absorptions- und Reflexionsverluste zusätzlicher Linsen, mit denen man die Fluorescenzküvette auf dem Eintrittsspalt abbildet. Dies geschieht am einfachsten, indem man die Ausschläge $A_{s,\lambda}$ in Gleichung (191) mit derselben Apparatur und fixierten Spalten gesondert bestimmt und den Quotienten $R_\lambda / A_{s,\lambda}$ als Funktion der Wellenlänge aufträgt[2]. Aus dieser Kurve kann man dann jeweils den Korrekturfaktor entnehmen, mit dem man die Ausschläge $A_{x,\lambda}$ der Fluorescenz multiplizieren muß, um B_λ zu erhalten. Diese Korrekturkurve gilt natürlich nur für konstante äußere Bedingungen, d.h. für einen bestimmten Empfänger und für fixierte Spaltbreiten.

Manche handelsüblichen Spektrometer, soweit sie nach der Ausschlags- oder der Kompensationsmethode arbeiten, lassen sich leicht für die Ermittlung von Fluorescenzspektren heranziehen. Besonders geeignet hierfür ist das Spektrophotometer von Zeiß

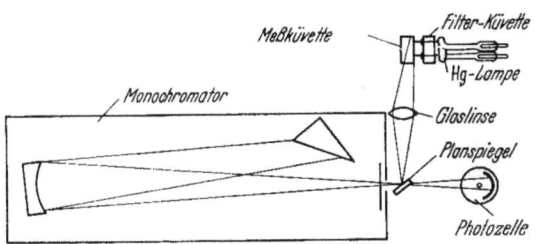

Abb. 133. Benutzung des Beckman-Quarzspektrophotometers für die Aufnahme von Fluorescenzspektren.

(S. 316), da die einzelnen Teile nicht eng zusammengebaut sind, aber auch z.B. für das BECKMAN-Quarzspektrophotometer sind geeignete Zusatzeinrichtungen zur Aufnahme von Fluorescenzspektren beschrieben worden. Ein Beispiel[3] zeigt Abb. 133; es wird mit durchfallender Primärstrahlung nach dem Prinzip der Abb. 90b gearbeitet. Da dies leicht zu teilweiser Reabsorption der Fluorescenz und damit zu einer Verfälschung des äußeren Energie-

---

[1] Vgl. F. J. STUDER: J. opt. Soc. America 38, 467 (1948).
[2] BURDETT, R. A. u. L. C. JONES: J. opt. Soc. America 37, 554 (1947).
[3] BURDETT, R. A. u. L. C. JONES: Anm. 2. —, Vgl. auch F. B. HUKE u. Mitarb.: J. opt. Soc. America 43, 400 (1953).

spektrums gegenüber dem inneren Energiespektrum führen kann[1], ist es vorzuziehen, die Zusatzeinrichtung nach dem Schema der Abb. 90c zu bauen[2]. Auch das S. 319 erwähnte registrierende CARY-Quarzspektrophotometer wird mit einer Zusatzeinrichtung für Fluorescenzspektren geliefert. Bei diesem Gerät wird die Intensität der Fluorescenzstrahlung jedoch auf die Intensität der erregenden primären Hg-Strahlung bezogen, so daß es keine spektrale Energieverteilung der Fluorescenz liefert.

8. Lichtelektrische Reflexionsmessungen.

Das zur Bestimmung des „Weißgehaltes" oder zur Charakterisierung der „Farbe" fester Stoffe entwickelte visuelle Meßverfahren (vgl. S. 222) läßt sich wesentlich empfindlicher machen, wenn man lichtelektrische Empfänger an Stelle des Auges für den Vergleich von Probe und Standard heranzieht. Ein neueres Gerät dieser Art[3] zeigt Abb. 134 in zwei zueinander senkrechten Schnitten. Die zu

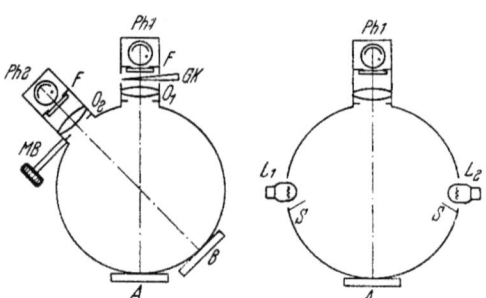

Abb. 134. Aufbau des lichtelektrischen Remissionsphotometers (Elrepho) von Zeiß.

messende Probe B wird an die Öffnung einer ULBRICHTschen Kugel angepreßt und durch zwei Glühlampen indirekt über die Kugel diffus beleuchtet. Direktes Licht wird durch die Schirme S abgehalten. Bei A wird eine Vergleichsplatte angelegt. Die beleuchteten Flächen werden jeweils durch ein Objektiv O auf eine vor den Photozellen angebrachte Blende abgebildet. Vor den Zellen können 7 verschiedene Farbfilter F von 250 bis 350 Å Halbwertsbreite eingeschaltet werden. Als Meßeinrichtung dient eine Meßblende MB, die zunächst auf den Eichwert eines bei B angelegten Standards eingestellt wird. Mit Hilfe des Graukeils GK wird der (ver-

---

[1] SAMBURSKY, S. u. G. WOLFSOHN: J. opt. Soc. America 38, 739 (1948).
[2] LAUER, J. L. u. E. J. ROSENBAUM: J. opt. Soc. America 41, 450 (1951).
[3] Carl Zeiß, Oberkochen.

stärkte) Strom der gegeneinander geschalteten Photozellen auf Null abgeglichen. Ersetzt man nun den Standard durch die zu messende Probe und verstellt die Meßblende, bis das Anzeigeinstrument wieder Null zeigt, so kann das Reflexionsvermögen, bezogen auf den Standard, an der Meßblende abgelesen werden. Die Platte A und Zelle Ph_1 dienen nur zur Ausschaltung von Intensitätsschwankungen der Beleuchtungslampen. Es handelt sich also um eine Zweizellen-Substitutionsmethode (vgl. S. 233) und damit um eine echte Nullmethode, wobei allerdings der optische Strahlengang so geführt sein muß, daß durch Veränderung der Meßblende der beleuchtete Teil der Zellkathode nicht geändert wird. Die Reproduzierbarkeit der Einstellung beträgt etwa 0,1%, die Genauigkeit der Messung, bezogen auf den Eichwert des Standards ± 0,2%, sie ist also beträchtlich größer als bei visuellen Messungen. Als Standard dient Milchglas, dessen Reflexionsvermögen zu 100% angenommen ist[1], so daß man leicht auch auf MgO als Standard umrechnen kann. Daß man nicht letzteres selbst als Standard benutzt, liegt daran, daß MgO rasch altert und an Reflexionsvermögen einbüßt, so daß es häufig erneuert werden müßte.

Zur Charakterisierung und Normung technischer Produkte wie Papier, Deckfarben usw., reicht dieses Meßverfahren aus. Man mißt in diesem Fall die Gesamtreflexion, die sich aus einem *diffusen* und einem *regulären* Anteil (Spiegelreflexion) zusammensetzt[2]. Ideal diffus reflektierende Stoffe lassen sich auch bei feinstmöglicher Pulverisierung nur angenähert herstellen[2]. Es ist auch eine Reihe lichtelektrischer Meßverfahren angegeben worden[3], mit denen man bei Stoffen mit ebenen oder polierten Oberflächen die beiden Anteile mehr oder weniger voneinander trennen kann. Ein Beispiel zeigt Abb. 135, in der die ULBRICHTsche Kugel des HARDY-Photometers (Abb. 101) vergrößert wiedergegeben ist. Läßt man die Küvetten T_1 und T_2 in Abb. 101 weg, so kann man das Gerät für spektrale Reflexionsmessungen verwenden, indem man die Refle-

---

[1] Die Gesamtreflexion (diffuse + reguläre Reflexion) beträgt nach neuen Messungen etwa 98% im sichtbaren Gebiet und mehr als 95% im UV bis 240 mμ [F. BENFORD u. Mitarb.: J. opt. Soc. America **38**, 445, 964 (1948); W. E. K. MIDDLETON u. C. L. SANDERS: J. opt. Soc. America **41**, 419 (1951)]; auch im nahen IR bis 2,4 μ beträgt sie nach den gleichen Autoren [J. opt. Soc. America **43**, 58 (1953)] etwa 94—96%. Auch BaSO$_4$ hat sich als Standard bewährt [vgl. G. KORTÜM u. P. HAUG: Z. Naturf. **8a**, 372 (1953); K. MIESCHER u. R. ROMETSCH: Experientia **6**, 302 (1950)]; ferner MgO mit Wasserglas als Bindemittel [vgl. M. W. MÜLLER u. F. RÖSSLER: Z. techn. Physik **24**, 140 (1943)].

[2] Vgl. G. KORTÜM u. M. KORTÜM-SEILER: Z. Naturf. **2a**, 652 (1947).

[3] Vgl. z. B.: R. S. HUNTER: J. opt. Soc. America **30**, 536 (1940); P. MOON u. J. LAURENCE: J. opt. Soc. America **31**, 130 (1941).

xionsflächen B und C als Probe und Standard benutzt. Hat z.B. die Probe B eine ebene und polierte Oberfläche, so gelangt der regulär reflektierte Anteil der Strahlung nach B'. Besteht B' aus MgO, so wird dieser Anteil diffus zerstreut und mitgemessen, besteht B' aus einer total absorbierenden „Lichtfalle", so wird allein der diffus von B gestreute Anteil gemessen, so daß man durch zwei derartige Messungen die beiden Anteile getrennt erhält. C und C' bestehen beide aus MgO oder einem geeichten Milchglasstandard. Auch bei Pulvern läßt sich auf diese Weise der diffuse und der reguläre Anteil angenähert trennen, indem man das Pulver preßt, so daß die Oberfläche unter dem Reflexionswinkel „Glanz" zeigt. Jedoch kann man den regulären Anteil der Reflexion auf diese Weise nicht vollständig erfassen.

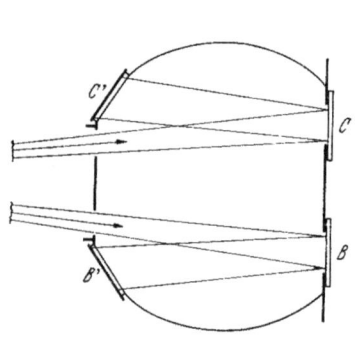
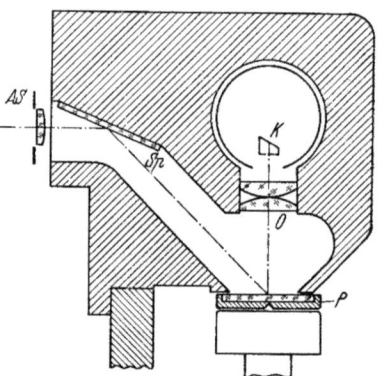

Abb. 135. Ulbrichtsche Kugel des Hardy-Spektrophotometers für Reflexionsmessungen.

Abb. 136. Remissionsansatz zum Zeiß-Spektralphotometer.

Wie das letztgenannte Beispiel zeigt, kann man prinzipiell jedes lichtelektrische Spektrometer auch für spektrale Reflexionsmessungen verwenden; tatsächlich wird zu den meisten käuflichen Geräten bereits eine entsprechende Zusatzeinrichtung geliefert. In Abb. 136 ist dieser sogenannte Remissionsansatz zum Zeißschen Spektralphotometer schematisch dargestellt. Die monochromatische Primärstrahlung fällt unter $45°$ auf die auswechselbare Probe P, die durch das Objektiv O auf der Kathode des Multipliers abgebildet wird. Diese Anordnung ist nicht so günstig wie die der Abb. 135, bei der der Einfallswinkel der Primärstrahlung nur $6°$ beträgt, da sich gezeigt hat[1], daß das LAMBERTsche Kosinusgesetz

---

[1] Vgl. G. KORTÜM u. M. KORTÜM-SEILER: Z. Naturf. 2a, 652 (1947) und die dort angegebene Literatur.

für die räumliche Verteilung der diffusen Reflexion

$$B = k \cos \alpha \cos \vartheta \qquad (192)$$

(α = Einfallswinkel der Primärstrahlung, ϑ = Ausstrahlungsrichtung der diffus reflektierten Strahlung) um so besser erfüllt ist, je kleiner die Winkel α und ϑ sind. Auch spezielle Geräte zur Messung des spektralen diffusen Reflexionsvermögens sind beschrieben worden, so z.B. ein mit PbS-Widerstandszelle ausgerüstetes und nach dem Ausschlagsverfahren arbeitendes Instrument für den Bereich von 0,4 bis 2,8 μ[1], das mit Hilfe eines HARDY-Spektrometers kalibriert wird, oder ein registrierendes Gerät, das die Reflexionskurve im Bereich von 220 bis 700 mμ direkt aufzeichnet[2].

Im übrigen verläuft die Messung analog wie bei Absorptionsmessungen, jedoch müssen die effektiven Spaltbreiten gewöhnlich wesentlich größer gewählt werden (3 bis 15 mμ), um gleiche Empfindlichkeit zu erreichen. Das bedeutet, daß auch die Fehler durch die relativ großen Bandbreiten $\Delta \lambda$ und durch Streustrahlung (vgl. S. 294) im allgemeinen größer sein werden als bei Absorptionsmessungen. Für die Benutzung des BECKMAN-Quarzspektrometers zu Reflexionsmessungen sind die Größen dieser Fehler und die Möglichkeiten, sie durch zusätzliche Filter zu verringern, im einzelnen untersucht worden[3].

Bei *Pulvern* ist das so gemessene, auf einen Standard bezogene spektrale Reflexionsvermögen

$$R \equiv \frac{B_x}{B_{\text{Stand}}} \qquad (193)$$

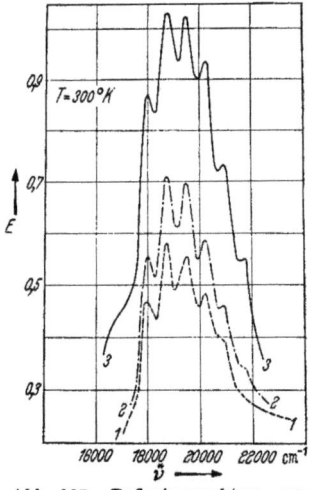

Abb. 137. Reflexionsspektren von Mischkristallen K(Mn, Cl)O$_4$ (Molenbruch $x_{\text{K MnO}_4}$ = 0,0017) bei verschiedener Korngröße d.
1) $d \sim 2\mu$; 2) $d \sim 20\mu$; 3) $d \sim 50\mu$.

sehr stark von der Korngröße des Pulvers abhängig[4], nähert sich aber mit abnehmender Korngröße ($d \sim \lambda$) einem Grenzwert. Als Beispiel sind in Abb. 137 die Reflexionsspektren von Mischkristallen

---
[1] DERKSEN, W. L. u. T. I. MONAHAN: J. opt. Soc. America 42, 263 (1952).
[2] SCHULMAN, J. H. u. C. C. KLICK: J. opt. Soc. America 43, 516 (1953).
[3] HAMMOND, H. K. u. I. NIMROFF: J. opt. Soc. America 42, 367 (1952).
[4] KORTÜM, G. u. M. KORTÜM-SEILER: Z. Naturf. 2a, 652 (1947). — G. KORTÜM u. H. SCHÖTTLER: Z. Elektrochem. Ber. Bunsenges. physik. Chem. 57, 353 (1953). — G. KORTÜM u. P. HAUG: Z. Naturf. 8a, 372 (1953). — P. D. JOHNSON: J. opt. Soc. America 42, 978 (1952).

K(Mn, Cl)O$_4$ (Molenbruch $x_{\text{KMnO}_4} = 0{,}0017$) bei drei verschiedenen Korngrößen wiedergegeben, wobei log $(1/R)$ als Funktion der Wellenzahl aufgetragen ist. Der Grenzwert entspricht dem rein diffusen Anteil der Reflexion. Für diesen Grenzwert läßt sich ableiten, daß

$$f(R) \equiv \frac{(1-R)^2}{2R} = \frac{\varepsilon_\lambda c}{0{,}43\,S} = \text{prop}\,c \qquad (194)$$

ist, worin ε_λ der durch Gleichung (23b) definierte λ-abhängige molare Extinktionskoeffizient, c die molare Konzentration des absorbierenden Stoffes im Mischkristall und S der λ-unabhängige Streukoeffizient des Pulvers ist. Die Gleichung gilt in dem genannten Beispiel bis etwa $c = 1{,}5$ [1]. Für diesen Geltungsbereich erhält man durch Logarithmieren

$$\log f(R) = \log \varepsilon + \log c + \text{const}. \qquad (195)$$

Trägt man also die aus den Messungen berechneten $\log f(R)$-Werte als Funktion der Wellenlänge (bei konstantem c) auf, so erhält man die „typische Farbkurve" des betreffenden Stoffs (vgl. S. 28), die so auch für pulverförmige Stoffe zugänglich wird.

Große systematische Fehler können bei spektralen Reflexionsmessungen auftreten, wenn der zu untersuchende Stoff *Fluorescenz* zeigt. Die Fehler werden wesentlich größer als bei Absorptionsmessungen, wo nur ein Bündel geringer Öffnung auf den Empfänger fällt, während hier — geometrisch gesehen — der Anteil an Fluorescenz- und diffuser Reflexionsstrahlung etwa gleich ist. Außerdem hängt das Meßergebnis noch davon ab, ob die Primärstrahlung zunächst spektral zerlegt und dann reflektiert wird, oder ob erst die reflektierte Strahlung spektral zerlegt wird. Das letztere Verfahren liefert in solchen Fällen die besseren Ergebnisse[2]. Für das erstere Verfahren ist eine Methode zur Trennung des reflektierten und des Fluorescenzanteils der auf den Empfänger gelangenden Strahlung angegeben worden[3].

9. Lichtelektrische Messung von Raman-Spektren.

a) Allgemeine experimentelle Vorbedingungen. Die Untersuchung des RAMAN-Effekts dient analog wie die Absorptions- und Fluorescenzmessung einerseits der Konstitutionsermittlung ein-

---

[1] Für höhere Konzentrationen und ebenso natürlich für reines KMnO$_4$ macht sich der Einfluß des regulären Anteils der Reflexion bereits störend bemerkbar.

[2] GIBSON, K. S. u. H. J. KEEGAN: J. opt. Soc. America **28**, 180 (1938). — Vgl. auch G. KORTÜM u. P. HAUG, s. S. 335.

[3] TYLER, J. E. u. F. P. CALLAHAN: J. opt. Soc. America **41**, 997 (1951).

schließlich der Bestimmung von Molekülkonstanten (Kernabstände, Valenzwinkel, Rotationsisomerie usw.), andererseits der quantitativen Analyse von Gemischen[1]. Man kann also prinzipiell wieder zwischen spektrometrischen und photometrischen Methoden unterscheiden, jedoch hat diese Unterscheidung vom experimentellen Standpunkt aus keine große Bedeutung, da es sich beim RAMAN-Spektrum stets um ein Linienspektrum[2] handelt, bei dem die qualitative Beobachtung der spektralen Lage und die quantitative Messung der Intensität in jedem Fall eine genügend große Dispersion der Streustrahlung voraussetzt. Das Schema einer RAMAN-spektroskopischen Anordnung zeigt Abb. 138.

Man gibt die Lage der RAMAN-Linien üblicherweise in Wellenzahldifferenzen $\varDelta \overset{*}{\nu}$ gegenüber der Lage der Primärlinie an. Das Spektrum erstreckt sich im allgemeinen nur über einen Bereich von etwa 3000 cm^{-1}, da aus Intensitätsgründen praktisch ausschließlich die Grundschwingungsfrequenzen der streuenden Moleküle beobachtet werden. Damit die Energie der erregenden Primärstrahlung nicht zur Elektronenanregung ausreicht, d.h. damit die Primärstrahlung nicht absorbiert wird, wählt man fast immer eine Strahlung im sichtbaren Spektralgebiet, die natürlich möglichst monochromatisch sein soll, da jede Primärlinie RAMAN-Linien anregt, so daß bei Erregung durch mehrere Primärlinien das Spektrum unübersichtlich wird. Praktisch verwendet man ausschließlich die Hg-Linien, die man durch geeignete Sperr-

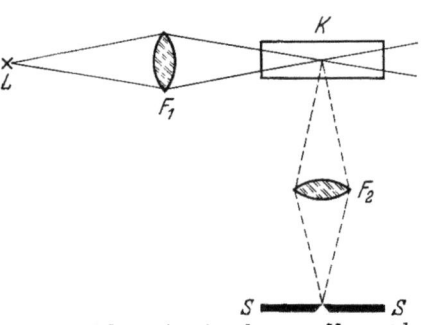

Abb. 138. Schema einer Anordnung zur Messung des Raman-Effektes. L Primärlichtquelle (Hg-Lampe); F_1, F_2 Linsen; K Küvette; S Spalt des Spektrometers bzw. Spektrographen.

---

[1] Neuere zusammenfassende Darstellungen: J. GOUBEAU: Raman-Spektralanalyse, Physik. Meth. der anal. Chemie, Bd. III, Leipzig 1939; K. W. F. KOHLRAUSCH: Raman-Spektren, Hand- u. Jahrbuch d. chem. Physik, Bd. 9/VI, Leipzig 1943; J. H. HIBBEN: The Raman effect and its chemical application, New York 1939; H. PAJENKAMP: Fortschritte der chem. Forschung 1, 417—484 (1950); W. OTTING: Der Raman-Effekt, Berlin 1952.

[2] Die RAMAN-Linien können zwar auf Grund einer Rotationsfeinstruktur verbreitert erscheinen, es handelt sich jedoch immer um sehr kleine Frequenzbereiche, etwa im Vergleich zu Fluorescenzspektren. Von dem schwierig beobachtbaren Rotations-RAMAN-Effekt sehen wir im folgenden ab.

filter[1] aussiebt. Bei farbigen Stoffen, die sowohl die Primärstrahlung wie die RAMAN-Strahlung absorbieren, läßt sich der RAMAN-Effekt im allgemeinen nicht beobachten.

Da die RAMAN-Streuung je nach dem Aggregatzustand des untersuchten Stoffs nur ein bis wenige Prozent der Gesamtstreuung ausmacht, sind die Spektren sehr lichtschwach und waren bis vor wenigen Jahren ausschließlich photographisch zugänglich. Erst die Einführung der Sekundärelektronenvervielfacher in die lichtelek-

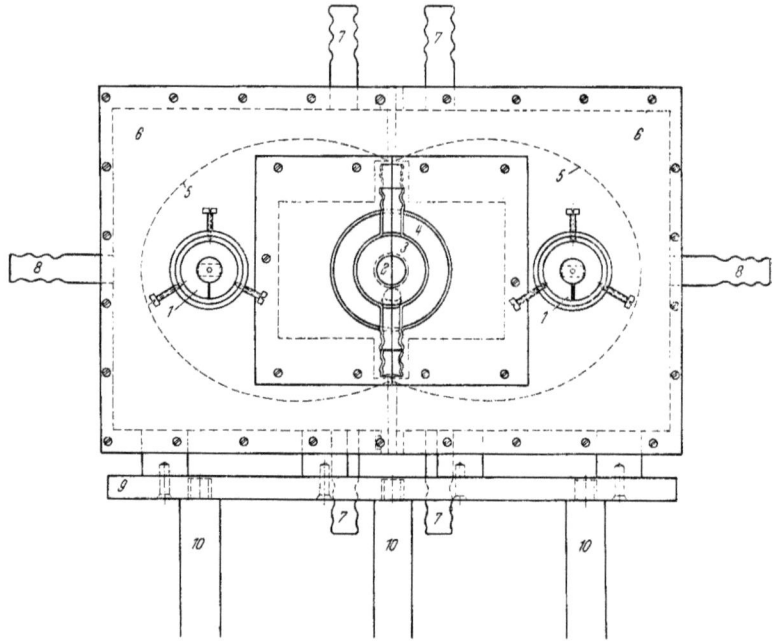

Abb. 139. Schnitt durch eine Raman-Lampe. *1* Brenner S 700 (Heraeus) in verstellbarer Halterung; *2* Streurohr ⌀ 13 mm; *3* Mantel für Filterflüssigkeit ⌀ 31 mm; *4* Mantel für H_2O-Kühlung ⌀ 50 mm; *5* Elliptische Spiegel, mit MgO überzogen; *6* Wasserkühlung; *7* Wasserzufluß; *8* Wasserabfluß; *9* Stahlplatte zur Halterung der Lampe.

trische Meßtechnik hat auch ihre lichtelektrische Messung und Registrierung ermöglicht. In jedem Fall ist ein Spektrograph bzw. Spektrometer hoher Lichtstärke und große Intensität der erregenden Strahlung notwendig. Man hat deshalb besondere RAMAN-

---

[1] Zur Isolierung des meist verwendeten Hg-Tripletts 4358 Å hat sich konz. $NaNO_2$-Lösung bewährt. Einen Rhodamin oder p-Nitrotoluol enthaltenden Filterlack, mit dem man die RAMAN-Küvette überzieht, beschreiben G. GLOEKLER u. J. F. HASKIN: J. chem. Physics 15, 759 (1947).

Quecksilberlampen entwickelt, die von manchen Firmen geliefert werden[1], die man aber auch in einer Werkstatt unter Verwendung käuflicher Brenner[2] selbst anfertigen lassen kann. Wichtig ist, daß die Kontinua des Hg-Bogens möglichst unterdrückt werden, was nach systematischen Untersuchungen[3] über das Intensitätsverhältnis der Triplettlinie 4358 Å zum benachbarten Untergrund bei niedrigen Dampfdrucken des Quecksilbers der Fall ist. Man verwendet deshalb (zuweilen wassergekühlte) Niederdruck-Hg-Lampen und kühlt zusätzlich durch ein Luftgebläse[4]. Eine geeignete Konstruktion[5] mit zwei Hg-Brennern von je 700 Watt Leistung zu beiden Seiten der Küvette und elliptischen mit MgO bedampften[6] Innenflächen zeigt Abb. 139. Die das RAMAN-Rohr umgebende Filterlösung wird mit einer *KPG*-Pumpe[7] umgepumpt und durchläuft dabei ein Kühlsystem. In den Kühlwasserstrom wird eine Sicherheitsvorrichtung eingebaut, wie sie bereits bei der H_2-Lampe erwähnt wurde. Die Stromstärke der Hg-Brenner wird am einfachsten durch Eisenwasserstoffwiderstände (vgl. S. 165) stabilisiert. Wegen des hohen Einbrennstroms der Hg-Lampen schließt man beim Zünden die Eisenwasserstoffwiderstände d zunächst bei a kurz und erniedrigt einen in Serie dazu liegenden 2-Rohr-Schiebewiderstand c während des Einbrennens langsam, bis d und $\frac{c}{2}$ einander parallel geschaltet sind (vgl. Abb. 140). Dann unterbricht man bei a.

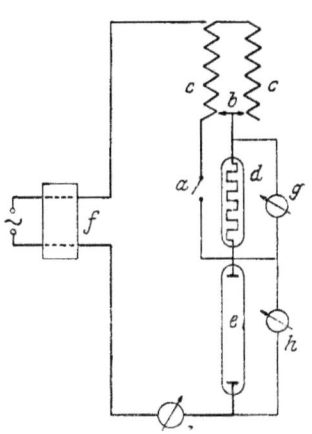

Abb. 140.
Schaltschema eines Hg-Brenners·
c 2 × 55 Ohm, 5 Amp.; d 2 × 2,5 Amp.,
44 bis 148 V; e Hg-Brenner 120 V,
5 Amp.; f Schutzrelais.

---
[1] VEB Optik, Jena; Steinheil, München.
[2] Heraeus-Quarzlampen-Ges., Hanau.
[3] RANK, D. H. u. J. S. McCARTNEY: J. opt. Soc. America **38**, 279 (1948). — J. W. KEMP u. J. L. JONES: J. opt. Soc. America **42**, 811 (1952).
[4] Über die Abhängigkeit der relativen Intensitätsverteilung der einzelnen Hg-Linien von der Art des Vorschaltgerätes (Ohmscher Widerstand, Drossel, Kondensator + Drossel) vgl. A. E. H. MEYER u. E. O. SEITZ: Ultraviolette Strahlen, Berlin 1942.
[5] Vgl. Dissertation H. MAIER, Tübingen 1955.
[6] Bedampfen mit MgO erweist sich wesentlich wirksamer als Hochglanzeloxierung [vgl. H. LUTHER u. G. BERGMANN: Chem. Ing. Techn. **25**, 399 (1953)].
[7] Schott & Gen., Mainz.

Außer dieser Konstruktion sind zahlreiche andere beschrieben worden[1], bei denen z.B. das Leuchtrohr des Hg-Brenners die RAMAN-Küvette spiralförmig umgibt[2], oder bei denen mehrere (bis zu 12) Brenner sternförmig oder zylindrisch um die Küvette angeordnet sind[3]. Bei diesen modernen Lampentypen ist die Intensität so groß, daß man starke RAMAN-Linien bereits mit dem Auge erkennen kann.

Die RAMAN-Küvetten besitzen am Stirnende ein aufgeschmolzenes Planfenster, das andere Ende wird geschwärzt und häufig umgebogen, damit kein direktes Streulicht von den Wandungen auf den Spalt gelangt. Die beste Ausbeute an Streuung liefern reine Flüssigkeiten, weswegen man die Küvetten oft heizbar macht (durch Umwickeln mit Widerstandsdraht) und die Stoffe im geschmolzenen Zustand untersucht[4]. Für zersetzliche Stoffe benutzt man „Umlauf"-Apparaturen, indem man sie durch kontinuierliche Destillation während der Messung ständig erneuert[5]. Zur Untersuchung der Rotationsisomerie muß man die Temperaturabhängigkeit des RAMAN-Effekts messen, insbesondere bei tiefen Temperaturen. Dafür ist eine ganze Reihe von Kryostaten beschrieben wor-

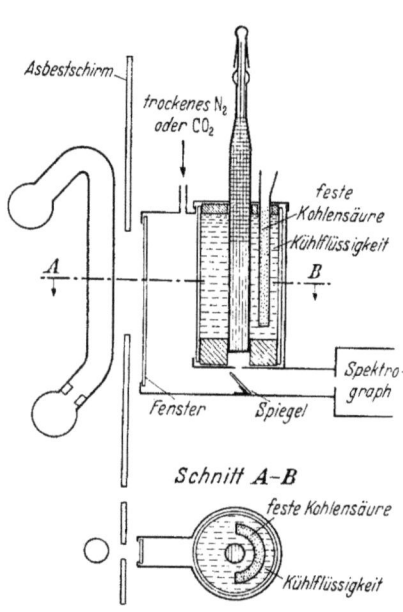

Abb. 141. Kryostat für Raman-Untersuchungen bei tiefen Temperaturen.

---

[1] Vgl. dazu H. PAJENKAMP: Fortschr. der chem. Forschg. **1**, 417 (1950); W. R. BUSING: J. opt. Soc. America **42**, 774 (1952).
[2] Vgl. J. H. HIBBEN: The Raman effect and its chemical application, New York 1939; J. W. KEMP u. J. L. JONES: J. opt. Soc. America **42**, 811 (1952).
[3] FEHÉR, F.: Angew. Chem. **61**, 334 (1949). – G. GLOCKLER: Rev. mod. Physics **15**, 111 (1943). – R. F. STAMM: Ind. Engng. Chem., analyt. Edit. **17**, 318 (1945).
[4] LUTHER, H.: Z. Elektrochem. angew. physik. Chem. **52**, 210 (1948).
[5] Vgl. K. W. F. KOHLRAUSCH: Hand- u. Jahrb. d. chem. Pysik 9/VI, Leipzig 1943.

den[1]. Eine einfache Anordnung von GOUBEAU[2] zeigt Abb. 141. Auch Apparaturen für sehr kleine Substanzmengen und spezielle Anordnungen für die Untersuchung von Gasen[3] sind entwickelt worden[4].

Die *optimale Ausnutzung des Streulichts* durch das benutzte Spektrometer erhält man nach HANSEN[5] dann, wenn der Lichtleitwert der RAMAN-Küvette, die als Volumenstrahler auf dem Spalt abzubilden ist, gleich dem Lichtleitwert des Spektrometers ist (sogenannte vollständige Abbildung; vgl. S. 106, 114), wobei man am Spalt eine Kreisblende vom Durchmesser der Spaltlänge l, am Kollimator eine kreisförmige Öffnung vom Durchmesser d annehmen muß. Ist f die Brennweite der Kollimatorlinse, so wird nach Gl. (102) der Lichtleitwert des Spektrometers $L_1 = \dfrac{\pi l^2 \cdot \pi d^2}{16 f^2}$. Man bringt zur vollständigen Abbildung am vorderen Ende der RAMAN-Küvette (Durchmesser a, Länge s) eine Linse an, die das hintere Ende auf dem Spalt abbildet, und am Spalt eine Linse, die das vordere Ende auf die Kollimatorlinse abbildet. Der Lichtleitwert des zylindrischen RAMAN-Rohres ist näherungsweise $L_2 = \dfrac{\pi a^2 \cdot \pi a^2}{16 s^2}$. Aus der Gleichsetzung der Lichtleitwerte folgt

$$\frac{l d}{f} = \frac{a^2}{s}, \qquad (196)$$

eine Formel, aus der man Länge und Durchmesser der RAMAN-Küvette berechnen kann für ein gegebenes Spektrometer. Empirische Versuche[6] haben jedoch ergeben, daß man durch Anordnung der RAMAN-Küvette unmittelbar vor dem Spalt ohne Zwischenabbildung höhere Streuintensitäten erhält als bei vollständiger Abbildung, weil der Anteil des an den Rohrwandungen total reflektierten RAMAN-Lichts größer ist, dafür allerdings auch die Intensität der Primärlinie und des Untergrunds.

b) Lichtelektrische RAMAN-Spektrometer. Bei genügender Empfindlichkeit der Meßanordnung bietet die lichtelektrische Messung

---
[1] Vgl. z. B.: K. W. F. KOHLRAUSCH: s. S. 340; D. H. RANK u. Mitarb.: J. chem. Physics **17**, 83 (1949); LORD, R. C. u. E. NIELSEN: J. opt. Soc. America **40**, 655 (1950); W. J. TAYLOR u. Mitarb.: J. opt. Soc. America **41**, 91 (1951).
[2] GOUBEAU, J.: Chem. Ber. **81**, 287 (1948).
[3] Vgl. H. H. CLAASTEN u. J. R. NIELSEN: J. opt. Soc. America **43**, 352 (1953); WELSH, H. L., C. CUMMING u. E. J. STANSBURY: J. opt. Soc. America **41**, 712 (1951).
[4] Vgl. M. VACHER: Analyt. chim. Acta **2**, 664 (1948).
[5] HANSEN, G.: Optik **6**, 337 (1950). — Vgl. auch J. R. NIELSEN: J. opt. Soc. America **37**, 494 (1947).
[6] LUTHER, H. u. G. BERGMANN: Chem. Ing. Techn. **25**, 499 (1953).

von RAMAN-Spektren etwa gegenüber der von Fluorescenzspektren nichts prinzipiell Neues. Wegen der geringen Intensität der RAMAN-Streuung verwendet man ausschließlich Einzellen-Ausschlagsmethoden mit Sekundärelektronenvervielfachern als Empfänger. Von den zahlreichen, in der Literatur beschriebenen Apparaturen arbeitet die Mehrzahl[1] mit gleichstrombetriebenen Hg-Lampen, Gleichstromverstärkung des Photostroms und Galvanometeranzeige bzw. Registrierung, wobei häufig auch Spektrographen in der S. 321 beschriebenen Art mit Hilfe eines in der Plattenebene verschiebbaren Spalts in Spektrometer umgebaut werden. Die wesentlichen Voraussetzungen für die Leistungsfähigkeit eines lichtelektrischen

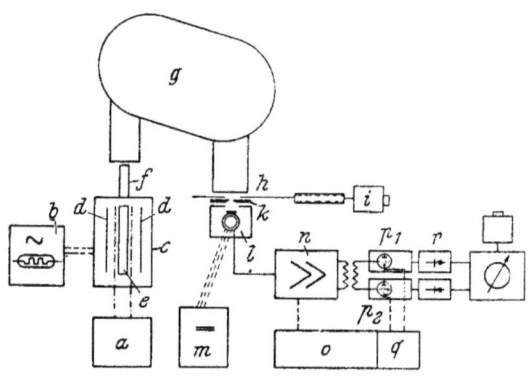

Abb. 142. Blockschema eines lichtelektrischen Raman-Spektrometers nach der Wechsellichtmethode. a Filter- u. Kühlflüssigkeitspumpe; b Eisenwasserstoff-Widerstände; c RAMAN-Lampe; d Hg-Brenner; e Raman-Küvette mit Filter; f spiegelndes Rohr als Lampenvorsatz; g Spektrograph; h Transportschlitten für Spaltverschiebung; i Synchronmotor; k Austrittsspalt; l Elektronenvervielfacher mit Kühlgefäß; m Vorspannung des Sekundärelektronenvervielfachers; n Wechselstromverstärker; o Netzgerät; p_1, p_2 Gegentaktstufen; q 100-Hz-Generator; r Gleichrichter; s Tintenschreiber.

RAMAN-Spektrometers hat BUSING[2] diskutiert. Wichtig ist vor allem, worauf schon S. 134, 329 hingewiesen wurde, die Reduktion bzw. Ausschaltung des Dunkelstroms des Vervielfachers, was einerseits durch Kühlung, andererseits durch Wechsellichtmethoden mit nachfolgender Resonanzverstärkung möglich ist. Derartige Appa-

---

[1] Vgl. z. B.: D. H. RANK, R. J. PFISTER u. P. D. COLEMAN: J. opt. Soc. America **32**, 390 (1942); D. H. RANK u. R. V. WIEGAND: J. opt. Soc. America **36**, 325 (1946); J. J. HEIGL u. Mita b.: Anal. Chem, **21**, 554 (1949); **22**, 154 (1950); J. BRANDMÜLLER u. H. MOSER: S.-B. Bayr. Akad. Wiss. **1952**, 181; R. F. STAMM u. Mitarb.: J. opt. Soc. America **43**, 119, 126 (1953). Seriengeräte liefern z. B. Applied Research Labor. Pasadena, Calif.; Hilger & Watts, London.

[2] BUSING, W. R.: J. opt. Soc. America **42**, 774 (1952).

raturen sind ebenfalls in allen Einzelheiten angegeben worden[1]. Das Blockschema einer solchen Meßeinrichtung ist in Abb. 142 wiedergegeben. Das Wechsellicht der Hg-Lampen erregt eine RAMAN-Streustrahlung von 100 Hz, die einen Photostrom der Frequenz 100 Hz liefert. Dieser Ausgangsstrom des Vervielfachers wird dem Eingang des 4-Stufen-Vorverstärkers zugeführt, wobei die Bandbreite durch geeignete Bemessung der Kopplungselemente begrenzt und im Ausgang durch einen Resonanzkreis weiter eingeengt wird (vgl. S. 249). Um das Ausgangssignal von Rauschspannungen anderer Frequenzen und Phasen und vom Dunkelstrom zu befreien, wird es über einen Transformator im Gegentakt den Gittern zweier Röhren zugeführt. An die zugehörigen Kathoden wird eine Gleichtakthilfsspannung von 100 Hz aus dem Generator q angelegt, die somit den Gitterspannungen gleich- bzw. gegensinnig ist. Im Gegensatz zu den Rauschspannungen, die in beiden Zweigen gleichmäßig verstärkt werden, wird die Amplitude des 100-Hz-Signals in dem einen Zweig vergrößert, im anderen verkleinert. Diese Gleichtakthilfsspannung bewirkt also eine analoge Phasentrennung, wie sie auch durch vibrierende Schalter bei der Flimmermethode erreicht wird (vgl. S. 237). Die Anodenströme laden nach Gleichrichtung gleich große Kondensatoren auf, deren Spannungsdifferenz durch einen Tintenschreiber registriert wird. Nur für das zu messende Signal ist diese Spannungsdifferenz von Null verschieden, so daß Rauschspannungen aller Art herausfallen.

Zur *wirklichkeitsgetreuen Registrierung der Spektren* müssen bestimmte Bedingungen eingehalten werden, die ganz allgemein für die Registrierung von Linien oder schmalen Banden gelten, und die das Verhältnis von Lineargeschwindigkeit des Empfängers bzw. des vorbeigeführten Spektrums, Spaltbreiten des Spektrographen oder Monochromators und Zeitkonstante des Registriergeräts regeln[2]. Der Eintrittsspalt der Breite s_e wird in der Plattenebene mit der durch den Abbildungsmaßstab b[3] gegebenen Breite $b s_e = s_e'$ abgebildet. Beim Vorbeigleiten des Austrittsspalts mit der Breite s_a wird eine Linie für $s_a = s_e'$ dreiecksförmig, für $s_a \gtreqless s_e'$ trapezförmig registriert. Da aber sowohl Spaltgeschwindigkeit wie Zeitkonstante des Registriergeräts nicht unendlich klein sind, bleibt die Intensitätsanzeige bei $s_a = s_e'$ um einen gewissen Bruchteil D hinter dem Sollwert zurück, wenn sich Spalt und Linie überdecken.

---

[1] MILLER, C. H. u. Mitarb.: Proc. physic. Soc. **62 A**, 401 (1947). — H. LUTHER u. G. BERGMANN: Chem. Ing. Techn. **25**, 499 (1953).
[2] Vgl. H. LUTHER u. G. Bergmann: Anm. 1.
[3] Bei Monochromatoren ist $b = 1$.

Es gilt
$$D = \frac{1 - e^{-t/T}}{t/T}, \qquad (197)$$

wenn man mit t die Durchlaufzeit von s_a und mit T die Zeitkonstante der Verstärkungs- und Registriereinrichtung bezeichnet. Diese Verzögerung der Anzeige bewirkt, daß auch bei beginnender Auswanderung des Spalts aus der Linie der Ausschlag zunächst noch zunimmt und erst dann verzögert abfällt. Das bedeutet, daß die Linie mit verschobenem Maximum und verringerter Intensität registriert wird. Damit dieser Fehler bei gegebenem T und noch brauchbarer Registriergeschwindigkeit t noch innerhalb der durch das Meßverfahren bedingten Genauigkeit liegt, muß man den Sollwert der Intensität einige Zeit konstant halten, was dadurch erreicht wird, daß man den Eintrittsspalt s_e' gegenüber dem Austrittsspalt s_a vergrößert. Die für verschiedene Verhältnisse t/T und s_e'/s_a berechneten Werte von D haben LUTHER und BERGMANN angegeben. Praktisch wurde $s_e'/s_a = 1{,}64$ benutzt. Zur Kalibrierung und Kontrolle eines RAMAN-Spektrometers dient gewöhnlich das Spektrum von CCl_4, ein Stoff, der sich durch intensive RAMAN-Streuung auszeichnet und häufig gemessen wurde. Lage und relative Intensität der Linien sind in Tabelle 29 als Mittelwerte zahlreicher Messungen angegeben.

Tabelle 29. *Lage in $\overset{*}{\Delta \nu}$ und relative Intensität der* RAMAN-*Linien von* CCl_4.

$\overset{*}{\Delta \nu}$ cm^{-1}	217	313	459	762	791
relative Intensität	85	93	100	25	25

Für die Bestimmung *relativer Intensitäten* wie auch für Zwecke der *quantitativen Analyse* von Gemischen muß natürlich analog wie bei der Fluorescenzspektrometrie die Leuchtdichte der RAMAN-Linie auf die bekannte Leuchtdichte einer Glühlampe bekannter „Farbtemperatur" bei der gleichen Wellenlänge und gleichen Spaltbreiten bezogen werden, damit die durch Reflexion, Absorption und spektrale Empfindlichkeitsverteilung des Empfängers bedingten Fehlerquellen eliminiert werden. Bei der quantitativen Analyse von Gemischen (z. B. Kohlenwasserstoffen) kann man auch die benutzten Linien der verschiedenen Stoffe auf die Linie 459 cm^{-1} von CCl_4 beziehen, die jedesmal bei konstanter Primärlichtquelle und unter konstanten Bedingungen (Temperatur, Küvette usw.) mit aufgenommen wird[1]. Die Streuintensitäten werden

---

[1] FENSKE, M. R. u. Mitarb.: Analyt. Chem. 19, 700 (1947).

so auf Streukoeffizienten umgerechnet. Auf diese Weise hat man für die Hauptlinien zahlreicher Stoffe, insbesondere von Kohlenwasserstoffen, diese relativen Streukoeffizienten ermittelt, die sich unmittelbar für die quantitative Analyse von Gemischen verwenden lassen, wenn man voraussetzt, daß diese Koeffizienten in der Mischung der Konzentration der betreffenden Komponente proportional sind. Um etwa in einem komplizierten Gemisch den totalen Gehalt an Aromaten und Olefinen zu bestimmen, kann man das gleiche Verfahren benutzen, muß aber an Stelle der Linienintensität im Maximum die Fläche unter der (durch die Anwesenheit verschiedener ähnlicher Moleküle verbreiterten) registrierten Bande als Intensitätsmaß benutzen[1].

Intensitätsmessungen sind auch für die Ermittlung des *Depolarisationsgrads* der RAMAN-Streuung notwendig. Auch hierfür sind lichtelektrische Methoden beschrieben worden[2], auf deren Einzelheiten nicht eingegangen werden kann.

V. Thermoelektrische Methoden.

Das Gebiet thermoelektrischer Meßmethoden reicht praktisch von etwa 1 bis 50 μ und wird im kurzwelligen IR (bis etwa 6 μ; vgl. Tabelle 13) vom Gebiet lichtelektrischer Methoden überschnitten, wo die Widerstandszellen vermehrte Bedeutung gewinnen (vgl. S. 137). Da lichtelektrische Empfänger meist wesentlich empfindlicher sind als thermoelektrische, wird man sie im nahen IR gelegentlich vorziehen, doch verhindern bisher die photometrisch ungünstigen Eigenschaften der Widerstandszellen ihre allgemeine Einführung. Oberhalb von 6 μ ist man bisher ausschließlich auf thermische Empfänger angewiesen, und diese werden auch in fast allen modernen Geräten benutzt. Sie haben ihrerseits den Nachteil größerer Zeitkonstanten (vgl. S. 153).

Bei der IR-Spektroskopie treten wie bei der RAMAN-Spektroskopie quantitative analytische Aufgaben bisher noch gegenüber Konstitutionsproblemen zurück, d.h. die Zuordnung der beobachteten Banden zu den Normal- oder Gruppenschwingungen und die damit zusammenhängende Konstitutions- und Strukturaufklärung organischer Moleküle nimmt das größere Interesse in An-

---

[1] HEIGL, J. J., J. F. BLACK u. B. F. DUDENBOSTEL: Analyt. Chem. **21**, 554 (1949).
[2] RANK, D. H. u. R. V. WIEGAND: J. opt. Soc. America **37**, 798 (1947). — A. E. DOUGLAS u. D. H. RANK: J. opt. Soc. America **38**, 281 (1948).

spruch[1]. Aber auch die quantitative photometrische Analyse im IR gewinnt ständig an Bedeutung, insbesondere auch für industrielle Aufgaben, so daß die Anwendungsgebiete der IR-Spektroskopie sozusagen von Tag zu Tag zunehmen. Hand in Hand mit dieser rasch wachsenden Bedeutung für die theoretische Forschung und die praktische Anwendung hat sich die Meßmethodik[2] in wenigen Jahren so außerordentlich vervollkommnet, daß sie der Methodik im sichtbaren Gebiet und im UV keineswegs mehr nachsteht.

1. Besonderheiten thermoelektrischer Messungen im IR.

Die allgemeinen experimentellen Hilfsmittel für Messungen in allen Spektralgebieten (Strahlungsquellen, Filter, Optik, Strahlungsempfänger, Lösungsmittel) sind bereits im Kap. II behandelt worden, so daß hier nur noch einige Besonderheiten erwähnt werden sollen, die speziell für Messungen im IR von Wichtigkeit sind.

a) Die Meßproben. Die Schwierigkeit, ein über größere Bereiche des IR genügend durchlässiges *Lösungsmittel* zu finden, wurde bereits S. 117 diskutiert. Insbesondere eignet sich Wasser sehr schlecht als Lösungsmittel, so daß Stoffe, die sich praktisch nur in Wasser lösen, wie etwa Eiweißstoffe, bisher nur in Form von Suspensionen in Paraffinöl oder Nujol untersucht werden konnten. Auch das Problem der Untersuchung *fester Stoffe* war bisher nur unbefriedigend gelöst. Man versuchte, durch Aufschmelzen, Aufdampfen, Verdunsten aus Lösungen, Pressen usw. dünne Filme meßbarer und gleichmäßiger Dicke herzustellen. Eine kürzlich entwickelte Methode[3] hat diese Schwierigkeit weitgehend behoben: Man mischt die zu untersuchende Probe mit feingepulvertem KBr im gewünschten Verhältnis und preßt unter Wasserstrahlvakuum bei Drucken von 6 bis 9 Tonnen/cm² durchsichtige Scheiben, die quantitativ brauchbare Spektren liefern[4]. Zur homogenen Ver-

---

[1] Neuere zusammenfassende Darstellungen: G. HERZBERG: Infrared and Raman spectra of polyatomic molecules, New York 1947; J. LECOMTE: Rayonnement infrarouge, Bd. 1 u. 2, Paris 1948 u. 1949; R. SUHRMANN u. H. LUTHER: Neuere Ergebnisse der Ultrarotspektroskopie, Fortschr. chem. Forschg. 2, 758 (1955); W. BRÜGEL, Einführung in die Ultrarotspektroskopie, Darmstadt 1954. Dort zahlreiche weitere Literaturangaben.

[2] Sammelreferate: V. Z. WILLIAMS: Rev. sci. Instruments 19, 135, (1948); R. SUHRMANN u. H. LUTHER: Chem. Ing. Techn. 22, 409 (1950); W. LÜTTKE: Angew. Chem. 63, 402 (1951); E. LIPPERT: Z. angew. Physik 4 390, 434 (1952); G. R. HARRISON, R. C. LORD u. J. R. LOOFBOUROW: Practical Spectroscopy, New York 1948.

[3] SCHIEDT, U. u. H. REINWEIN: Z. Naturf. 7b, 270 (1952); 8b, 66 (1953). — M. M. STIMSON u. M. J. O'DONELL: J. Amer. chem. Soc. 74, 1805 (1952).

[4] Die Druckapparatur wird von der Firma R. Bosch, Stuttgart, geliefert.

mischung der beiden Stoffe benutzt man einen Vibrator[1], ein vor den Polen eines wechselstrombetriebenen Magneten schwingendes Röhrchen, in das kleine Stahlkugeln gebracht werden. Zur feinsten Pulverisierung der Untersuchungsprobe, die im Interesse einer geringen Streuwirkung der Preßscheiben notwendig ist, existiert ein – allerdings nur für lösliche Stoffe anwendbares – Verfahren, das alle mechanischen Zerkleinerungsmethoden übertrifft: Man löst den Stoff in einem geeigneten Lösungsmittel, bringt die Lösung rasch mit CO_2-Aceton oder flüssiger Luft zum Erstarren und sublimiert anschließend das Lösungsmittel im Vakuum weg. Der Stoff bleibt je nach Geschwindigkeit des Ausfrierens und Konzentration als feines Pulver mit Korngrößen von wenigen Zehntel μ und darunter zurück. Diese Methode der sogenannten „Lyophilisierung" ist auch für Reflexionsmessungen an Pulvern wichtig.

Bei Absorptionsmessungen an Lösungen mißt man das Verhältnis Φ_0/Φ in der üblichen Weise, daß man einmal die Strahlungsintensität nach dem Durchgang durch eine Küvette mit Lösung (Φ) und dann nach dem Durchgang durch die gleiche Küvette mit Lösungsmittel (Φ_0) bestimmt. Auf diese Weise heben sich Reflexionsverluste an den verschiedenen Grenzflächen heraus, weil der Unterschied in den Brechungsindices zwischen Lösung und Lösungsmittel nicht ins Gewicht fällt. Benutzt man zwei Küvetten (Meß- und Vergleichsküvette bei Doppelstrahlmethoden), so muß man die mehrfach erwähnte Prüfung auf identische Durchlässigkeit bzw. „Trogfehler" sehr häufig wiederholen, da die empfindlichen Fenster aus NaCl oder KBr leicht trübe werden und gelegentlich nachgeschliffen werden müssen. Bei Messungen an reinen Flüssigkeiten sind die Unterschiede in den Brechungsindices von Flüssigkeit und Luft so groß, daß man nicht einfach die Vergleichsküvette leer lassen darf. Man hilft sich so, daß man zum Vergleich eine Küvette mit verschwindend kleiner Schichtdicke, gefüllt mit der gleichen Flüssigkeit, benützt. Dann gilt $E = \lg(\Phi_0/\Phi) = \varepsilon c(s - s_0)$, wobei Φ die Strahlungsintensität nach Durchgang durch eine Küvette der Schichtdicke s bedeutet, Φ_0 die Intensität nach Durchgang durch die Vergleichsküvette mit der sehr kleinen Schichtdicke s_0.

Diese Schwierigkeiten in der Beschaffung geeigneter Lösungsmittel oder der Herstellung kleiner Schichtdicken wirken sich besonders bei *quantitativen Messungen*, d.h. bei der *Infrarotphotometrie* aus, bei der man aus der Intensität einer Absorptionsbande auf die Menge des absorbierenden Stoffs schließen will. Um den Extinktionskoeffizienten ε bzw. die Konzentration c mit genügender

---
[1] ARDENNE, H. v.: Angew. Chem. 54, 144 (1941).

Genauigkeit bestimmen zu können, muß auch die Schichtdicke s mit der gleichen Genauigkeit bekannt sein. Schichtdicken von 0,1 cm und darüber können noch mit einer Genauigkeit von wenigen Promillen eingehalten werden, dagegen beträgt die Unsicherheit bei Küvetten von 0,01 cm bereits etwa 5%. Man muß ferner berücksichtigen, daß man bei IR-Geräten die Küvetten häufig im Fokus des Strahlengangs anbringt, statt in einem parallelen Strahlengang. Gegebenenfalls ist die „wirksame Schichtdicke" nach S. 113 einzusetzen.

Um auch ohne Lösungsmittel mit größeren Schichtdicken arbeiten zu können, hat man zwei Wege zur Verfügung. Entweder man mißt die Absorption im Dampfzustand, also eventuell bei erhöhter Temperatur, oder man wählt, wo dies nicht möglich ist, zur Untersuchung das Gebiet des *nahen Infrarot* (1 bis 3 μ), in dem die *Oberschwingungen* der in Betracht kommenden Bindungen liegen[1]. Die Intensitäten dieser Banden sind um so kleiner, je höher ihre Frequenz ist. Beispielsweise nehmen die Extinktionskoeffizienten der CH-Bande im Spektrum von $CHCl_3$ von der 1. bis zur 4. Oberschwingung im Verhältnis von 6000 : 1 ab[2]. Diesen niedrigen Extinktionskoeffizienten entsprechend wird man mit Schichtdicken bis zu mehreren Zentimetern arbeiten können.

b) Infrarot-Empfänger; Verstärkung von Thermoströmen. Als Empfänger für IR-Strahlung oberhalb etwa 6 μ kommen ausschließlich Thermoelemente, Bolometer oder GOLAY-Zellen in Frage (vgl. S. 152ff.). Diese besitzen vergleichbare Empfindlichkeit[3], unterscheiden sich aber merklich in ihren Zeitkonstanten, die in der angegebenen Reihenfolge abnehmen. Da heute in der IR-Spektroskopie fast ausschließlich Wechselstrahl- bzw. Unterbrechermethoden verwendet werden, ist dies bei der Wahl der Frequenz zu berücksichtigen. Daß die früher übliche Methode der punktweisen Ausmessung des Spektrums unter Benutzung von Galvanometerverstärkern (vgl. S. 251) praktisch völlig verlassen ist, hat im wesentlichen zwei Gründe: Einmal müssen wegen der Schmalheiu und der Struktur der Schwingungsbanden die Meßpunkte in sehr dichter Folge gewählt werden, wobei außerdem jeder Durchlässigkeitswert wenigstens zwei Messungen (mit bzw. ohne Meßprobe) erfordert. Damit wird der Zeitbedarf für die Ausmessung

---

[1] SUHRMANN, R.: Angew. Chem. **62**, 507 (1950). — R. SUHRMANN u. H. LUTHER: Chem. Ing. Techn. **22**, 409 (1950).
[2] KEMPTER, H. u. R. MECKE: Z. Naturf. 2a, 549 (1947).
[3] Thermistoren und Vakuum-Thermoelemente sind bis etwa 6 μ gleich empfindlich. Zwischen 6 und 8 μ absorbieren Thermistoren, die nicht geschwärzt sind, ungenügend, so daß Thermoelemente empfindlicher sind; oberhalb 8 μ sind die Empfindlichkeiten wieder annähernd gleich.

des ganzen Spektrums sehr hoch. Zweitens beeinträchtigen die Temperaturschwankungen der Umgebung gerade bei thermoelektrischen Messungen die Meßgenauigkeit besonders stark. Durch Umwandlung der Thermogleichspannung in eine Wechselspannung mit nachfolgender Resonanzverstärkung (vgl. S. 248) und durch kontinuierliche Registrierung der Durchlässigkeitswerte werden diese Nachteile vermieden. Zur Erzeugung der Wechselspannung benutzt man die schon früher diskutierten Möglichkeiten: 1. Umwandlung der Gleichspannung in Wechselspannung mit Hilfe eines Vibrators oder rotierenden Schalters, 2. Modulation der Meßstrahlung durch mechanische Unterbrecher, wobei sowohl Einstrahl- wie Doppelstrahlmethoden in Betracht kommen oder 3. — bei Verwendung von Bolometern als Empfänger — Betreiben der WHEATSTONschen Brücke mit Wechselstrom.

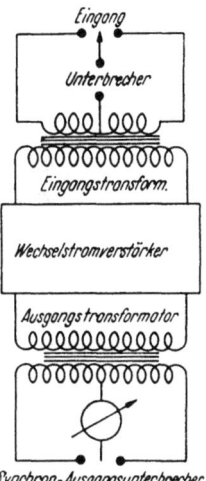

Abb. 143. Blockschema eines Verstärkers für Thermoströme nach dem Unterbrecherprinzip.

Ein Blockschema der erstgenannten Methode[1] zeigt Abb. 143. Sie hat den Vorteil, daß die relativ großen Zeitkonstanten von Thermoelementen unberücksichtigt bleiben können. Die Eingangsgleichspannung des Thermoelements wird mit einem motorgetriebenen Unterbrecher in Wechselspannung von 75 Hz umgewandelt und abwechselnd den beiden Hälften der Primärwicklung eines Transformators zugeführt. Die Frequenz wird absichtlich verschieden von der Netzfrequenz gewählt, um Störungen mittels der folgenden dreistufigen Resonanzverstärkung auszusieben. Die Wechselspannung des Ausgangstransformators wird wiederum mit Hilfe eines synchron laufenden Unterbrechers gleichgerichtet und dem Galvanometer bzw. der Meßspule eines Tintenschreibers zugeführt. Die Eingangsimpedanz dieses Verstärkers beträgt nur 5 bis 20 Ohm, so daß er sich speziell für die niedrigohmigen Thermoelemente eignet[2].

Ein Verstärker nach der zweiten Methode[3] (Modulation der Meßstrahlung) muß die Trägheit der Thermoelemente berücksichtigen; es werden deshalb niedrige Unterbrecherfrequenzen (etwa 1 bis 15 Hz) gewählt. Durch diese Methode werden Nullpunkts-

---

[1] LISTON, M. D. u. Mitarb.: Rev. sci. Instruments 17, 194 (1946).
[2] Er wird von der Perkin-Elmer-Corp. als Modell 53 hergestellt.
[3] ROESS, L. C.: Rev. sci. Instruments 16, 172 (1945).

schwankungen durch Temperaturänderungen der Umgebung wesentlich besser eliminiert als durch die erste.

Eine nach der dritten Methode arbeitende Verstärkeranordnung mit einem Bolometer in einer wechselstrombetriebenen WHEATSTONschen Brückenschaltung beschreiben SCHLESMAN und BROCKMAN[1]. Auch in diesem Fall ist die Zeitkonstante des Bolometers ohne wesentlichen Einfluß. Die Frequenz der benutzten Wechselspannung beträgt 1000 Hz, auf sie ist der nachfolgende Verstärker abgestimmt. Nullpunktsschwankungen lassen sich ebenfalls schwerer eliminieren als bei Methode 2. Man zieht deshalb die Methode 2 in der Regel vor, auch bei Bolometern als Empfänger, zumal diese eine wesentlich kleinere Zeitkonstante besitzen als Thermoelemente (vgl. S. 156).

c) **Wellenlängen-Kalibrierung.** Auf die Schwierigkeit, geeignete Standardwerte von Emissionslinien zu finden, die zur Eichung der Dispersionsskala im IR verwendet werden könnten, und auf die Möglichkeit, statt dessen scharfe Absorptionsbanden für diesen Zweck heranzuziehen, wurde schon S. 304 hingewiesen. Man hat deshalb in neuerer Zeit die schon lange bekannte[2] Methode der *interferometrischen Wellenlängenmessung* wieder aufgenommen, die prinzipiell für beliebige Spektralgebiete anwendbar ist, sich jedoch im IR als besonders brauchbar erweist[3,4,5]. Sie beruht auf folgendem: Man mißt die Durchlässigkeit zweier paralleler Platten mit dünner Luftzwischenschicht (leere Küvette oder FABRY-PEROT-Etalon) als Funktion der Wellenlänge und erhält eine Kurve mit überlagerten Maxima und Minima, die durch Interferenz zwischen den durchgelassenen und innerhalb der Platten reflektierten kohärenten Strahlen zustande kommen. Um die Intensitätsdifferenz zwischen Maximum und Minimum zu vergrößern, kann man die Platten auf der Innenseite mit einem halbdurchlässigen Überzug von Aluminium oder Silber[3] bzw. mit einer $\lambda/4$-Schicht von ZnS[4] versehen. Ein Beispiel[6] für sinusförmige Registrierkurven dieser Art im Gebiet von 1 bis 10 μ mit zwei verschiedenen Plattenabständen zeigt Abb. 144. Ein solches Etalon stellt also ein Interferenzfilter hoher Ordnung dar (vgl. S. 74).

---

[1] SCHLESMAN, C. H. u. F. G. BROCKMAN: J. opt. Soc. America **35**, 755 (1945).
[2] RUBENS, H.: Pogg. Annal. **45**, 238 (1892).
[3] RANK, D. H., H. D. RIX u. T. A. WIGGINS: J. opt. Soc. America **43**, 157 (1953). — D. H. RANK, J. M. BENNETT u. T. A. WIGGINS: J. opt. Soc. America **43**, 213 (1953).
[4] HEIDT, L. J. u. D. E. BOSLEY: J. opt. Soc. America **43**, 760 (1953).
[5] JAFFE, J. H.: J. opt. Soc. America **43**, 1170 (1953).
[6] Abb. 144 wurde freundlicherweise von Herrn Prof. MECKE zur Verfügung gestellt.

Besonderheiten thermoelektrischer Messungen im IR.

Da Interferenzmaxima nur dann auftreten, wenn der Gangunterschied der kohärenten Strahlen ein ganzes Vielfaches der Wellenlänge λ ist, gilt für diese Maxima analog zu (69)

$$2s = n\lambda, \tag{198}$$

worin s den Plattenabstand und n eine ganze Zahl, nämlich die

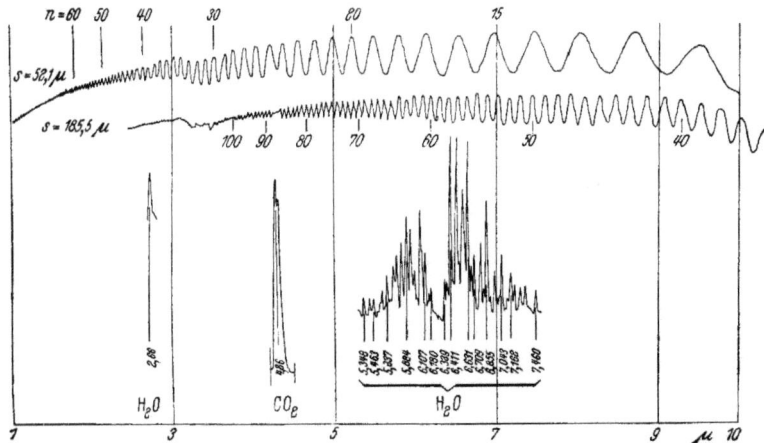

Abb. 144. Interferenzmaxima und -minima in der Durchlässigkeitskurve zweier Fabry-Perot-Etalons mit Bezugsbanden von Wasser und CO_2.

Ordnung der Interferenz bedeutet. Für zwei benachbarte Maxima, deren Ordnung sich um 1 unterscheidet, gilt demnach

$$2s\left(\frac{1}{\lambda_1} - \frac{1}{\lambda_2}\right) = 1, \tag{199}$$

für zwei beliebige Maxima

$$2s\left(\frac{1}{\lambda_x} - \frac{1}{\lambda_y}\right) = \Delta n. \tag{200}$$

Die Gleichungen gelten über den Wellenlängenbereich, für den die Änderung im Brechungsindex der Luft vernachlässigt werden kann. Besser evakuiert man das Etalon.

Man bestimmt aus (200) zunächst den Plattenabstand s, indem man für zwei Spektrallinien bekannter Wellenlängen λ_a und λ_b, die man zusätzlich mit aufnimmt, durch Abzählen der dazwischenliegenden Maxima die Differenz Δn ermittelt, die wegen der willkürlichen Wahl von λ_a und λ_b im allgemeinen natürlich nicht mehr ganzzahlig sein wird. Ist s auf diese Weise gegeben, so kann man nach (198) für eine bekannte Wellenlänge λ_a die Ordnung n der Interferenz bestimmen und damit die Wellenlängen λ für sämtliche Interferenzmaxima. Diese liefern also eine fortlaufende Skala, an der man die Lage von Absorptionsbanden ablesen kann, wenn man das zu untersuchende Spektrum mit der Durchlässigkeitskurve des Etalons überlagert. Eine Kontrolle der Kalibrierung ergibt sich daraus, daß nach (198) die so ermittelten Wellenzahlen $\tilde{\nu} = 1/\lambda$ der Maxima gegen die Reihe ganzer Zahlen aufgetragen eine Gerade mit der Neigung $1/2\,s$ ergeben müssen. Das ist umgekehrt auch die Methode, mit der man bei bekannter Wellenlängenskala eines Spektrometers Schichtdicken von Küvetten sehr genau ermitteln kann[1]. Die Bedingungen, unter denen man die maximale Genauigkeit der Wellenlängenkalibrierung mit Hilfe eines FABRY-PEROT-Etalons erreicht, hat JAFFE[2] diskutiert.

2. Infrarotspektrometrie.

a) **Gruppenfrequenzen.** Auf die Bedeutung der IR-Spektroskopie für die Aufklärung der Molekülstruktur (Zuordnung der beobachteten Banden zu bestimmten Normalschwingungen, Ermittlung von Kraftkonstanten, Trägheitsmomenten, thermodynamischen Zustandsgrößen, Symmetrieeigenschaften usw.) kann hier nicht eingegangen werden, sondern es muß auf die oben erwähnten zusammenfassenden Darstellungen verwiesen werden. Derartige Untersuchungen beschränken sich wegen der mangelnden Kenntnis der innermolekularen Wechselwirkung der einzelnen Atomgruppen meistens auf niedermolekulare und nach Möglichkeit symmetrische Moleküle[3].

Dagegen sind die schon S. 12 erwähnten charakteristischen Gruppenfrequenzen, die man bestimmten Atomgruppierungen zuordnen kann, für die Konstitutionsermittlung ganz allgemein von größter Wichtigkeit geworden[4]. Dieser analytischen Anwendung verdankt die Infrarotspektroskopie auch ihre außergewöhnlich rasche experimentelle Entwicklung, die dazu geführt hat, daß heute in den meisten Forschungs- und Industrielaboratorien registrierende Geräte hoher Präzision sich in ständigem Einsatz befinden. Die bereits unübersehbar gewordene Zahl von IR-Spektren erfordert bereits besondere Maßnahmen zur Dokumentation[5],

---

[1] LORD, R. C., R. S. MCDONALD u. F. A. MILLER: J. opt. Soc. America **42**, 149 (1952).
[2] JAFFE, J. H.: J. opt. Soc. America **43**, 1170 (1953).
[3] Vgl. z.B.: R. MECKE: Angew. Chem. **63**, 439 (1951).
[4] Vgl. dazu J. GOUBEAU: Z. Elektrochem. angew. physik. Chem. **54**, 505 (1950).
[5] MECKE, R. u. E. D. SCHMID: Angew. Chem. **65**, 253 (1953).

Tabelle 30. *IR-Absorptionsbanden funktioneller Gruppen.*

Funktionelle Gruppe	Lage der Absorptionsbande μ
H_2O (atm)	2,58; 2,68
CO_2	2,69
CO_2 (atm)	2,76
Asym. NH_2	2,82—2,94
Gebundenes —OH und $\overset{\mid}{N}$—H	2,84—2,99
Sym. NH_2	2,87—2,99
C=N—H	2,96—2,99
≡C—H (Acetylene)	3,02—3,10
C—H (Phenyl)	3,22—3,24
	3,22—3,28
	3,28—3,31
C—H (Olefine)	3,30—3,36
—CH_3	3,37—3,49
>CH_2 sat.	3,42—3,52
—$\overset{\mid}{C}$—H sat.	3,48—3,54
S—H	3,85—4,08
—C≡N (Nitril)	4,16—4,55
CO_2 (atm)	4,22 u. 4,28
—C≡C—	4,46—4,61
—C≡N	4,59—4,72
>C=O (Carbonyl)	5,37—6,1
C=O (Anhydrid)	5,41—5,56
	5,56—5,71
Enddoppelbindung	5,44—5,54
C=O (Ester)	5,71—5,81
C=O (Säuren)	5,75—5,98
C=O (Aldehyde und Ketone)	5,76—5,98
C=N	6,04—6,21
—NH_2 (Amine)	6,08—6,35
C=C (Aromatischer Ring)	6,17—6,30
	6,60—6,75
C=C—C=C (aliphatisch, konjugiert)	6,21—6,34
—NO_2 (Nitro)	6,32—6,44
=C= S	6,45—6,63
—$\overset{\mid}{C}$—Cl	6,63—6,74
CH_2 und CH_3	6,78—7,03
—CH=CH_2	7,04—7,16
—$\overset{\mid}{C}$—CH_3 (Methyl)	7,20—7,33
C—F	7,63—7,78
—$\overset{\mid}{C}$—O—	9,05—9,17
	9,32—9,42

wie sie z. B. im Nat. Bur. Standards systematisch betrieben werden[1].

In Tabelle 30 und Abb. 145 sind die Lagen der wichtigsten Gruppenschwingungen zusammengestellt[2].

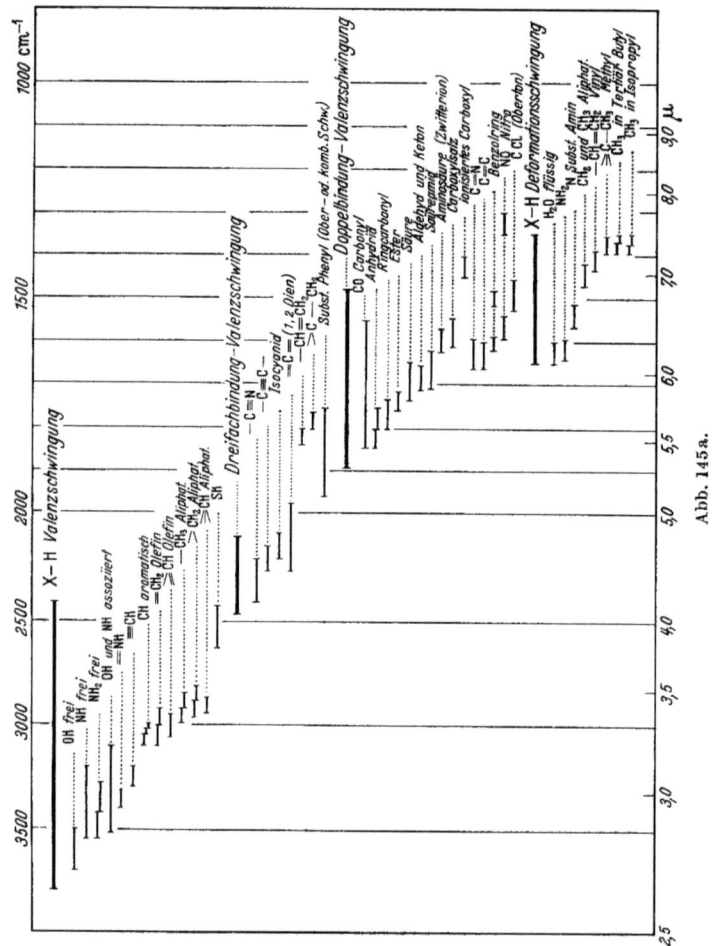

Abb. 145a.

---

[1] Vgl. auch die Sammlung von Spektren im LANDOLT-BÖRNSTEIN, 6. Aufl., Bd. I, 2 u. 3 (1951); ferner J. H. DANIEL u. F. S. BRACKETT: J. opt. Soc. America **43**, 960 (1953).

[2] Nach W. LÜTTKE: Angew. Chem. **63**, 402 (1951). — Weitere Angaben z. B. bei N. B. COLTHUP: J. opt. Soc. America **40**, 397 (1950); R. SUHRMANN u. H. LUTHER: Fortschr. chem. Forschung **2**, 758 (1953).

Um eine Verbindung zu identifizieren, ist es notwendig, daß alle den einzelnen Gruppen zugeordneten Banden nachgewiesen werden. Dabei ist allerdings folgendes zu berücksichtigen: Daß die Normalschwingungen sich gegenseitig nicht beeinflussen und des-

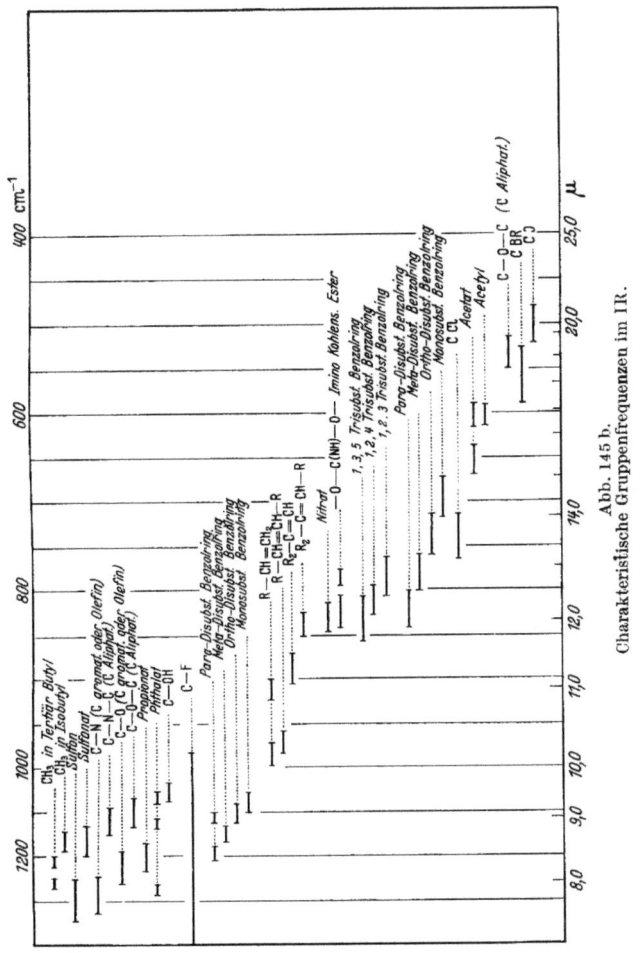

Abb. 145 b. Charakteristische Gruppenfrequenzen im IR.

halb bei gleicher Atomgruppierung in verschiedenen Molekülen unverändert auftreten, gilt nur in erster Näherung. In Wirklichkeit beobachtet man stets geringe Frequenzverschiebungen, die teils durch äußere (zwischenmolekulare), teils durch innermolekulare Beeinflussung der Kraftkonstanten bedingt sind. Als Beispiel sei die Verschiebung der infraroten OH-Bande erwähnt, die man beobachtet, wenn die Molekeln (wie Phenole oder Alkohole) durch Wasserstoffbrückenbindungen teilweise assoziieren[1]. Die Verschiebung ist hier so groß, daß eine völlig getrennte neue Bande auftritt, aus deren Intensität der Anteil der Moleküle bestimmt werden kann, der durch eine Wasserstoffbrücke gebunden ist (vgl. S. 426 ff.). Während diese Verschiebung der OH-Bande auf zwischenmolekulare Kräfte zurückzuführen ist (sie läßt sich unter anderm auch im flüssigen Wasser nachweisen), treten kleinere Verschiebungen z. B. der CH-Schwingungsbande auch infolge von innermolekularen Kräften auf. So bewirkt z. B. die Nachbarschaft der Cl-Atome im Chloroform eine Verschiebung der CH-Bande um 407 cm^{-1} gegenüber der CH-Bande etwa in Cyclohexan[2]. Die Verschiebung ist größer als die Halbwertsbreite der Bande, so daß auf diese Weise Chloroform neben Cyclohexan infrarotspektroskopisch quantitativ nachweisbar ist. Als weiteres Beispiel zeigt Tabelle 31, wie stark verschieden die Lage der C–H-Valenzschwingung in aliphatischen, aromatischen und olefinischen Kohlenwasserstoffen ist. Man kann diese Differenzierung noch verfeinern, wenn man nicht nur die Lage, sondern auch die Intensität der Banden zur Unterscheidung heranzieht[3].

Tabelle 31.
Lage und Höhe verschiedener C—H-Schwingungsbanden (2. Oberschwingung).

Verbindungstyp	Beispiel	Lage cm^{-1}	Intensität cm^2/Mol
„Hyperaromatisch"	Pyrrol	9050	1400
Aromatisch	Benzol	8750	2000—2400
Olefinisch	Cyclooctatetraen	8580	2450
Aliphatisch :			
—CH$_3$	Hexamethyläthan	8430	1830
—CH$_2$—	Cyclohexan	8300	2330

b) Entwicklung zu den modernen Registriergeräten. Die Bedeutung der IR-Spektroskopie für betriebstechnische Probleme wurde schon sehr früh erkannt und führte in Ludwigshafen-Oppau (B. A. S. F.) zur Konstruktion des ersten in der Literatur beschriebenen[4] registrierenden IR-Spektrometers, das sich in jahrelangem Gebrauch bewährte. Dieses Gerät berücksichtigte bereits fast

---
[1] KEMPTER, H. u. R. MECKE: Z. physik. Chem. (B) **46**, 229 (1940).
[2] SUHRMANN, R.: Angew. Chem. **62**, 509 (1950).
[3] LIPPERT, E. u. R. MECKE: Z. Elektrochem. angew. physik. Chem. **55**, 366 (1951).
[4] LEHRER, E.: Z. techn. Physik **18**, 393 (1937); **23**, 169 (1942). – K. F. LUFT: Z. techn. Physik **24**, 97 (1943); Z. angew. Chem. B. **19**, 2 (1947). – Vgl. auch W. SIEBERT: Z. Elektrochem. angew. physik. Chem. **54**, 512 (1950).

sämtliche Meßprinzipien, die nach ihrer Weiterentwicklung und Vervollkommnung die Grundlage der heute gebräuchlichen modernen Geräte bilden, und zwar handelte es sich um eine *Doppelstrahlflimmermethode* mit *einem* Empfänger und optischer Kompensation, die sowohl von Schwankungen der Strahlungsintensität wie von den Charakteristiken des Empfängers und der Verstärkerröhren unabhängig ist (vgl. S. 235). Das Schema der Bestrahlungseinrichtung zeigt Abb. 146. Die von einem *Nernst*stift ausgehende Strahlung wird in zwei Bündel zerlegt, die Meß- bzw. Vergleichsküvette durchlaufen und mit Hilfe einer Unterbrecherscheibe ab-

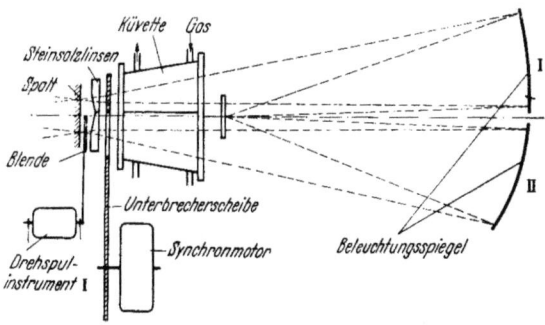

Abb. 146. Bestrahlungseinrichtung zum IR-Spektrometer nach Lehrer.

wechselnd dem Dispersionssystem nebst dem hinter dem Austrittsspalt aufgestellten Bolometer zugeführt werden. Sind die Intensitäten von Meß- und Vergleichsstrahlung verschieden, so wird das Bolometer im Wechsel der Unterbrecherfrequenz verschieden stark erwärmt und gibt infolgedessen eine Wechselspannung ab, die mit einem entsprechend abgestimmten Verstärker verstärkt wird. Der verstärkte Wechselstrom wird gleichgerichtet und mit Hilfe eines Galvanometerverstärkers (S. 251) weiter verstärkt. Der Endstrom fließt durch ein Drehspulinstrument, dessen Zeiger eine Kammblende trägt, mit deren Hilfe der Vergleichsstrahlengang proportional der Stromstärke bzw. dem Ausschlag abgeblendet wird, bis beide Strahlenbündel gleiche Intensität besitzen und die Wechselstromkomponente des Bolometerstroms verschwindet. Der die Blendenbewegung hervorrufende Strom ist der Absorption der Meßstrahlung proportional und wird mit einem Tintenschreiber registriert. Das Gerät besitzt auch schon die *lineare Wellenlängenskala* und die Vorrichtung zur automatischen *Spaltweitenverstellung*, wie sie noch heute allgemein gebräuchlich ist (vgl. dazu S. 311, 364).

358 Thermoelektrische Methoden.

Die heute im Handel befindlichen IR-Spektrometer[1] sind sämtlich Prismenapparate mit linearer Wellenlängen- oder Wellenzahlskala, linearer Durchlässigkeitsskala und Registriereinrichtung, sie unterscheiden sich lediglich dadurch, daß sie teils nach der Einzelstrahlmethode, teils nach der Doppelstrahlmethode arbeiten (vgl. S. 311 ff.), ferner in der Führung des Strahlengangs, in Zahl und Art der auswechselbaren Dispersionsprismen, im Auflösungsvermögen und in Konstruktionseinzelheiten. Die Genauigkeit der Intensitätsmessung ist für diese Geräte ebenfalls vergleichbar. Die gebräuchlichsten dieser Geräte nebst dem verwendeten Meßprinzip seien im folgenden kurz beschrieben.

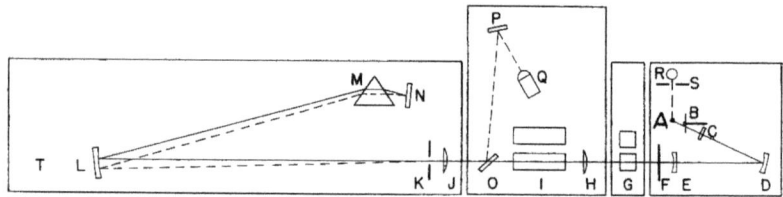

Abb. 147. Strahlengang im Beckman-Spektralphotometer IR 2.

Nach der Einzelstrahl-Ausschlagsmethode (vgl. S. 311) arbeitet das BECKMAN-Spektrophotometer IR 2. Der Strahlengang (vgl. Abb. 147) ist ähnlich wie im Spektrometer DU (Abb. 129).

Der Nernststift A besitzt eine automatische Zündeinrichtung, seine Leistung wird mit Hilfe eines lichtelektrisch gesteuerten Regulators R innerhalb 0,1% konstant gehalten. Zur Vermeidung von Temperaturschwankungen ist das Lampengehäuse von Kühlwasser umflossen. Die Strahlung wird durch einen rotierenden Sektor B mit einer Frequenz von 10 Hz moduliert; sie gelangt über die Optik C, D, E, H, J auf den Eintrittsspalt des Monochromators. F ist ein Filterschlitten, G bzw. I sind auswechselbare Flüssigkeits- bzw. Gasküvetten. Das Prisma M in LITTROW-Aufstellung besitzt 6 cm Basislänge. Der Austrittsspalt liegt unterhalb des Eintrittsspaltes. Die monochromatische Strahlung gelangt über den Planspiegel O und den Konkavspiegel P auf das Vakuumthermoelement Q. Der Thermowechselstrom wird durch einen auf 10 Hz abgestimmten Resonanzverstärker verstärkt. Streustrahlung, die nicht durch den Unterbrecher gegangen ist, wird so ausgesiebt. Der verstärkte Thermostrom wird gleichgerichtet und der Meßspule der Registriereinrichtung zugeführt.

Man nimmt nacheinander zwei Kurven mit der Meß- (B) bzw. Vergleichsküvette (A) im Strahlengang auf, wie sie in Abb. 148 wiedergegeben sind. Der betreffende Stoff (Polystyrol) absorbiert

---

[1] Baird Associates, Cambridge, Mass. USA; Beckman Instruments, South Pasadena, Calif.; Ernst Leitz, Wetzlar; Hilger and Watts, London NW 1, England; Kipp & Zonen, Delft, Holland; Perkin-Elmer, Glenbrook, Conn. USA; Unicam Instruments, Cambridge, England.

bei P praktisch vollständig. Die Nullinie O ist mit einem völlig undurchlässigen Filter im Strahlengang aufgenommen; sie zeigt, daß praktisch keine Streustrahlung auf den Empfänger gelangt.

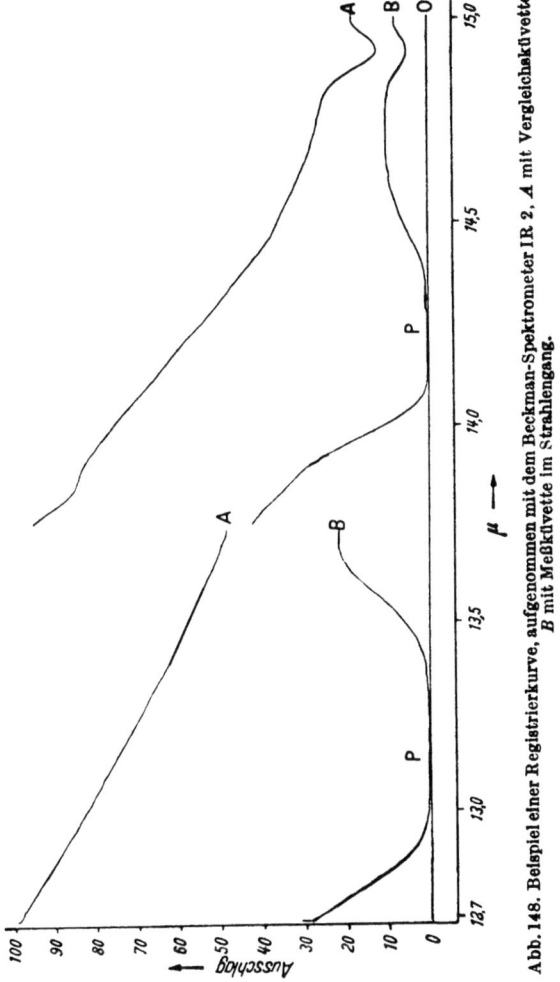

Abb. 148. Beispiel einer Registrierkurve, aufgenommen mit dem Beckman-Spektrometer IR 2, A mit Vergleichsküvette, B mit Meßküvette im Strahlengang.

Aus den beiden Kurven läßt sich die Durchlässigkeit bzw. Extinktion der Probe für jede Wellenlänge berechnen. Der Sprung bei 13,7 μ rührt daher, daß dort die Gesamtempfindlichkeit geändert wurde, was sich am einfachsten durch Änderung der Spaltweite erreichen läßt. Das Auflösungsvermögen beträgt etwa 3 cm^{-1} bei 10 μ und 30 cm^{-1} bei 4 μ mit Steinsalzprisma.

Nach dem gleichen Verfahren arbeitet das *IR-Spektrometer von Hilger und Watts* mit dem Unterschied, daß die Strahlung nicht moduliert, und der Thermogleichstrom mit einem Galvanometerverstärker (vgl. S. 251) verstärkt und photographisch registriert wird[1].

Um die mühsame Berechnung der Durchlässigkeiten aus den beiden Registrierkurven zu umgehen, wurde das BECKMAN-*Spektrophotometer* IR 3 entwickelt. Es ist ein Einzelstrahlgerät mit „memory device" (vgl. S. 311) und arbeitet ebenfalls nach der Ausschlagsmethode. Das Schema des Strahlengangs zeigt Abb. 149.

A ist der Nernststift, dessen Leistung durch die Photozelle Z gesteuert und konstant gehalten wird, C der Unterbrecher (10 Hz), B, E, H, J die Abbildungsoptik auf den Eintrittsspalt K des Doppelmonochromators. Die bei K' austretende Strahlung kann mit Hilfe des schwenkbaren Hohlspiegels X entweder auf die Thermosäule W oder (für Messungen im Sichtbaren bzw. UV) auf die Sekundärelektronenvervielfacher Y bzw. Y' geleitet werden. Die Flüssigkeits- bzw. Gasküvette kann entweder vor dem Monochromator (bei G bzw. I) oder hinter dem Monochromator (bei R bzw. T) in den Strahlengang gebracht werden. Das ganze Gerät ist evakuierbar, so daß störende Absorption durch CO_2, H_2O, NH_3 usw. vermieden wird. Es wird durch zirkulierendes Wasser auf konstanter Temperatur gehalten. Es wird mit linearer Wellenlängen- oder linearer Wellenzahlskala geliefert, die durch ein spezielles, optisch gesteuertes System kontrolliert wird. Die Geschwindigkeit des Wellenlängenmotors wird vom Verstärker her in der Weise gesteuert, daß sie der Ansprechzeit des Registriersystems umgekehrt proportional ist[2]. Der Vorschub erfolgt also um so langsamer, je stärker die jeweilige Intensitätsänderung ist. Bei vorgegebener Genauigkeit der Intensitätsmessung wird das Spektrum auf diese Weise in der kürzest möglichen Zeit registriert.

Dieses Modell hat gegenüber dem Modell IR 2 mehrere Vorteile: Die symmetrische Anordnung der beiden Hälften des Doppelmonochromators bewirkt, daß die Aberrationen der Spiegel (vgl. S. 101) sich gegenseitig aufheben, so daß man nahezu theoretisches Auflösungsvermögen erhält. Dieses ist infolge des vierfachen Durchgangs durch Prismen von 7,5 cm Basislänge außerordentlich hoch, so daß man die Rotationsstruktur der Schwingungsbanden voll auflösen kann. Das Spektrum von HCl in Abb. 1 ist mit einem solchen Gerät aufgenommen. Streustrahlung ist praktisch ausgeschlossen.

---

[1] Das gleiche Gerät ist auch für Messungen nach der Doppelstrahlausschlagsmethode (Prinzip B,1 von S. 312) eingerichtet, wobei zwei gleiche Thermosäulen verwendet werden. Registriert wird das Verhältnis der beiden durch Galvanometerverstärker verstärkten Thermoströme.

[2] BRATTAIN, R. R.: Physic. Rev. 60, 164 (1941).

Nach dem Einzelstrahl-Ausschlagsverfahren arbeiten außerdem die IR-Spektrometer von Perkin-Elmer, *Modell 12 und Modell*

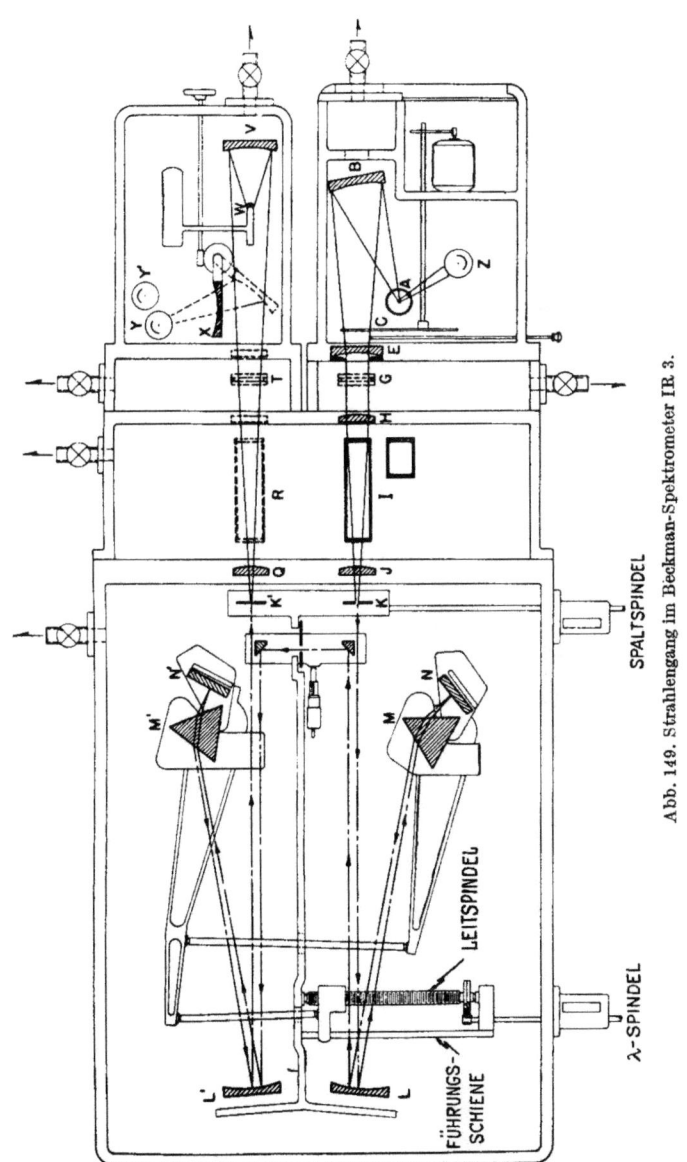

Abb. 149. Strahlengang im Beckman-Spektrometer IR 3.

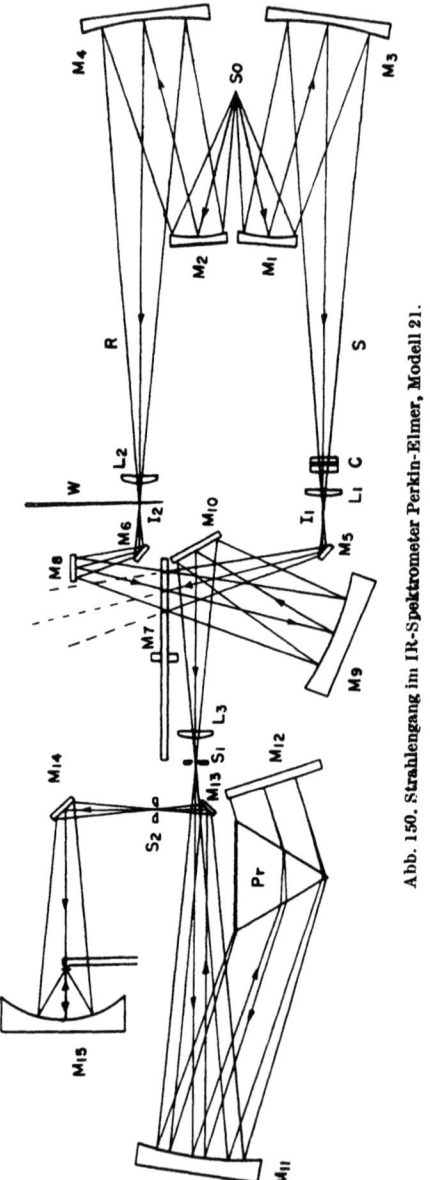

Abb. 150. Strahlengang im IR-Spektrometer Perkin-Elmer, Modell 21.

112, die sich voneinander im wesentlichen dadurch unterscheiden, daß das Modell *112* den Zweifachmonochromator nach WALSH (Abb. 124) verwendet mit entsprechend etwa doppeltem Auflösungsvermögen.

Vorteile der Einzelstrahl-Ausschlagsmethoden gegenüber den später zu besprechenden Doppelstrahlmethoden bestehen im folgenden: Da man für Meßprobe und Vergleich stets dieselbe Küvette benutzen kann, entfallen alle Fehlermöglichkeiten durch sogenannte „Trogfehler", wie sie S. 229, 347 besprochen wurden. Der Strahlengang ist für die aufeinanderfolgenden Messungen streng identisch, so daß eventuelle Absorptions- oder Reflexionsverluste sich kompensieren. Besondere Zusatzeinrichtungen wie z. B. heizbare Küvetten, Kryostaten usw. müssen nicht in doppelter, identischer Ausführung vorhanden sein. Es bedarf keiner absoluten Lichtschwächungseinrichtung, die ein stets schwierig zu lösendes Problem darstellt (vgl. S. 78 ff.). Dem stehen allerdings die Nachteile gegenüber, daß die Genauigkeit der Messungen von der Konstanz der gesamten Einrichtung über die doppelte Registrierzeit, von der

Linearität des Verstärkers und, soweit Photozellen benutzt werden, von der Proportionalität zwischen Photostrom und Bestrahlungsstärke abhängig werden.

Die andere Gruppe der gebräuchlichen IR-Spektrometer arbeitet nach der Doppelstrahl-Flimmermethode (Prinzip B, 4 von S. 314). Das bekannteste Gerät, das sich auch in Deutschland eingeführt hat, ist das IR-Spektrophotometer von Perkin-Elmer, *Modell 21*, dessen Strahlengang in Abb. 150 wiedergegeben ist[1].

Zwei vom Nernststift S_0 ausgehende Strahlenbündel werden durch zwei Spiegelsysteme bei I_1 bzw. I_2 fokussiert. Im Bündel S befindet sich die Untersuchungsprobe C_1 bzw. die Lösungsküvette, im Bündel R eine keilförmige Meßblende W (Abb. 31) und evtl. die Lösungsmittelküvette gleicher Schichtdicke. Die beiden Bündel werden mit Hilfe eines rotierenden, einseitig verspiegelten Sektors M_7 und des Spiegelsystems M_8, M_9, M_{10} abwechselnd auf den gekrümmten Eintrittsspalt S_1 des Monochromators fokussiert, durchsetzen das Prisma in LITTROW-Aufstellung (Basislänge 7,5 cm) zweimal und gelangen über den geraden Austrittsspalt S_2 und die Spiegel M_{14} und M_{15} auf das Vakuumthermoelement. Bei ungleicher Intensität der

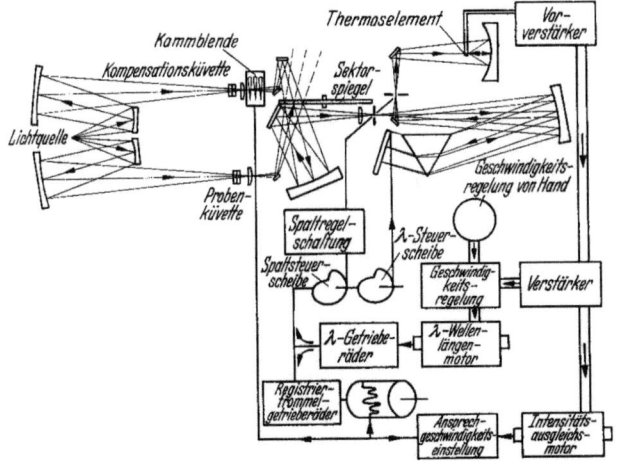

Abb. 151. Blockschema des IR-Spektrometers Perkin-Elmer, Modell 21.

beiden Bündel entsteht eine Wechselspannung (13 Hz), die durch einen Resonanzverstärker verstärkt über einen Intensitätsausgleichsmotor die Kammblende so lange verschiebt, bis gleiche Intensität der beiden Bündel erreicht ist. Mit der Bewegung der Kammblende ist der Ausschlag eines Tintenschreibers gekoppelt, der die Durchlässigkeit der Probe registriert. Ein Wellenlängenmotor bewirkt über auswechselbare Getrieberäder den

---

[1] Vgl. J. U. WHITE: Anal. Chem. **22**, 768 (1950); J. U. WHITE u. M. D. LISTON: J. opt. Soc. America **40**, 29, 36, 93 (1950).

Vorschub der Registriertrommel und über eine Steuerscheibe die Drehung des LITTROW-Spiegels und der Spaltbreiten. Mit einer zweiten Steuerscheibe zusammen mit einer Regelschaltung wird ein konstanter Energiestrom dem Empfänger zugeführt, entsprechend der spektralen Energieverteilung der Strahlungsquelle und der Durchlässigkeit des Monochromators. Auf diese Weise wird stets bei optimaler Auflösung registriert. Eine besondere Kontrolleinrichtung regelt die Geschwindigkeit der Registrierung je nach der Größe der Intensitätsdifferenzen in den beiden Strahlenbündeln, wie schon beim Beckman IR 3 beschrieben wurde. Sie kann zwischen 0,25 und 900 Minuten/μ variiert werden, je nach dem gewünschten Auflösungsvermögen. Dieses beträgt etwa 2 cm^{-1} bei 12 μ mit NaCl-Prisma. Ein Blockschema der ganzen Anordnung zeigt Abb. 151.

Je nach dem gewünschten Wellenlängenbereich können Prismen aus verschiedenem Material eingesetzt werden. Die Linsen bestehen aus KBr. Eine unter der Grundplatte des Instruments angebrachte Heizung hält die Temperatur auf etwa 40° C konstant zum Schutz der hygroskopischen Optik. Die exakte Justierung des Strahlenganges ist sehr wichtig und muß von Zeit zu Zeit nachgeprüft werden. Besonders die geometrische Lage des Nernststifts ist wichtig, da die beiden Strahlenbündel von verschiedenen Seiten desselben ausgehen, so daß schon leichte Durchbiegungen den Strahlengang unsymmetrisch machen.

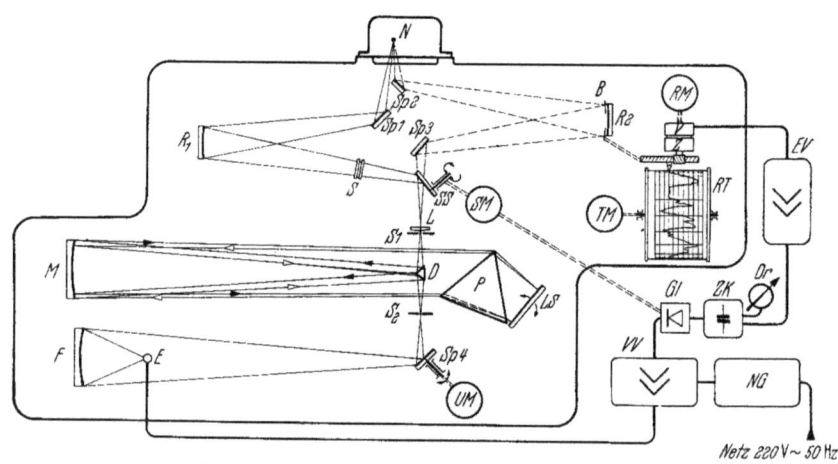

Abb. 152. Strahlengang im IR-Spektrometer von Leitz.

Eine der des Modells 21 ähnliche Anordnung besitzt das Modell 13, es verwendet jedoch das S. 237, 314 beschriebene Verfahren der „phase discrimination", arbeitet also nicht mit Nullabgleich der beiden Strahlenbündel.

Die Doppelstrahl-Flimmermethode wird in analoger Weise bei den IR-Spektrometern von Baird Associates[1], Unicam und Leitz

---

[1] BAIRD, W. S. u. Mitarb.: J. opt. Soc. America **37**, 754 (1947).

verwendet, ohne daß Unterschiede grundsätzlicher Art bei diesen Geräten vorhanden wären. Verbesserungen des Strahlengangs lassen sich noch dadurch erzielen, daß man dafür sorgt, daß beide Strahlenbündel von der exakt gleichen Stelle der Strahlungsquelle ausgehen, und daß beide Strahlengänge optisch streng symmetrisch sind. Für die beiden letztgenannten Geräte ist der Strahlengang in Abb. 152 und Abb. 153 wiedergegeben.

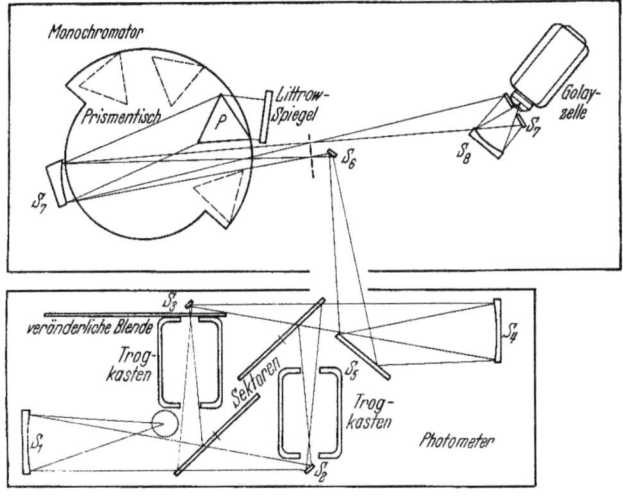

Abb. 153. Strahlengang im IR-Spektrometer von Unicam.

Im Gerät von Leitz besteht die Lichtschwächungseinrichtung aus einer Sektorblende B. Sie wird analog wie beim Perkin-Elmer zusammen mit dem Stift des Tintenschreibers durch einen Motor gesteuert, dem die verstärkte Wechselspannung, entstanden durch ungleiche Intensität in beiden Strahlengängen, zugeführt wird. Als Empfänger dient das Vakuumthermoelement E mit sehr geringer Zeitkonstante.

Das Gerät von Unicam zeichnet sich durch hohe Symmetrie des Strahlengangs aus. Es ist völlig evakuierbar und besitzt einen Monochromator, bei dem die Prismen auf einer Drehscheibe ausgewechselt werden können, ohne daß das Vakuum aufgehoben werden muß. Es kann auch mit Doppelmonochromator oder mit Zweifachmonochromator nach WALSH (vgl. S. 301) geliefert werden. Als Empfänger dient eine GOLAY-Zelle, als Lichtschwächungseinrichtung ein sternförmiger Sektor (vgl. S. 81), der senkrecht zum Strahlengang verschoben wird.

Außer diesen im Handel befindlichen Geräten sind in der Literatur zahlreiche andere angegeben, die nicht im einzelnen beschrieben werden sollen[1]. Sie bieten nichts grundsätzlich Neues und sind nur Modifikationen der geschilderten Meßprinzipien. Bei Doppelstrahlgeräten ist besonderer Wert darauf zu legen (vgl. S. 364), daß beide Strahlenbündel von der exakt gleichen Stelle der Strahlungsquelle ausgehen, und daß die beiden Strahlengänge bezüglich Länge, Zahl der optischen Reflexionen usw. exakt gleich sind. Eine Spaltbeleuchtungseinrichtung dieser Art, die für jeden vorhandenen Monochromator benutzt werden kann, beschreiben HORNIG, HYDE und ADCOCK[2]. Die beiden Strahlenbündel sind um 180° phasenverschoben, ihre Impulse werden nach der S. 237 beschriebenen Methode mit Hilfe zweier synchron vibrierender Schalter „sortiert", verstärkt, gleichgerichtet und potentiometrisch verglichen.

Für Sonderprobleme, bei denen sehr hohes Auflösungsvermögen erforderlich ist, sind *IR-Gitterspektrometer* vorzuziehen. Registrierende Geräte dieser Art sind ebenfalls mehrfach beschrieben worden[3]. Die hier auftretende Schwierigkeit, daß höhere Ordnungen kürzerer Wellenlänge die langen Wellen niedrigerer Ordnung überlappen, muß im IR besonders berücksichtigt werden, da die gebräuchlichen Strahlungsquellen im nahen IR wesentlich größere Strahlungsdichte besitzen als im langwelligen IR. Man nimmt deshalb in der Regel eine Vorzerlegung mit einem Prisma geringer Dispersion vor und dispergiert nur ein schmales Band des Spektrums weiter mit einem Gitter hoher Auflösung. Das Auflösungsvermögen solcher Geräte kann allerdings im IR in den seltensten Fällen voll ausgenützt werden, da die Strahlungsintensität im langwelligen Gebiet nicht ausreicht, so daß man gezwungen ist, mit relativ sehr weiten Spalten zu arbeiten. Als Beispiel für den Strahlengang in einem Gitterspektrometer hohen Auflösungsvermögens ist in Abb. 154 die Anordnung von HARDY wiedergegeben. Die vom Nernststift ausgehende Strahlung wird mit einem NaCl-Prisma vorzerlegt, das nicht mitgezeichnet ist. Es wird die S. 101 erwähnte Methode von PFUND zur Vermeidung des Astigmatismus der Parabolspiegel S_1 und S_2 benutzt. Das Gitter enthielt 75000 Striche. Ein registrierendes IR-Spektrometer *für das langwellige Gebiet* von

---

[1] Literaturangaben bei E. LIPPERT: Z. angew. Physik 4, 390 (1952).
[2] HORNIG, D. F., G. E. HYDE u. W. A. ADCOCK: J. opt. Soc. America 40, 497 (1950).
[3] BELL, E. E., R. H. NOBLE u. H. H. NIELSON: Rev. sci. Instruments 18, 48 (1947). — C. H. MILLER u. H. W. THOMPSON: Proc. Roy. Soc. [London] A 200, 1 (1949). — J. D. HARDY: Physic. Rev. 38, 2162 (1931).

40 bis 150 μ haben neuerdings OETJEN und Mitarbeiter[1], ein ähnliches für das Gebiet von 100 bis 700 μ McCUBBIN und SINTON[2] beschrieben. Sie sind mit ECHELETTE-Gitter und GOLAY-Zelle als Empfänger ausgerüstet und arbeiten mit Wechselstrahlung nach der Ausschlagsmethode.

Die weitere Entwicklung der Spektrometrie geht in der Richtung, daß man einerseits bestrebt ist, bei den käuflichen registrierenden Spektrophotometern die Skalen zu vereinheitlichen, damit die mit verschiedenen Geräten aufgenommenen Spektren unmittelbar vergleichbar werden[3]. Wie schon mehrmals erwähnt wurde, ist die lineare Wellenzahlskala als Abszisse und die lineare Extinktionsskala als Ordinate für die Wiedergabe der Spektren in den

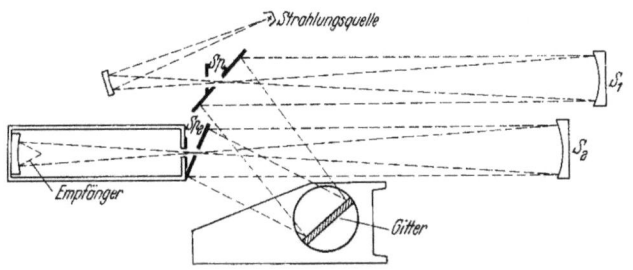

Abb. 154. Strahlengang im IR-Gitterspektrometer nach Hardy.

meisten Fällen allen andern vorzuziehen. Auch die Vereinheitlichung der Dispersionsskala (Anzahl cm^{-1} je cm Abszisse) bei der Dokumentation der Spektren ist vorgeschlagen worden[3]. Andererseits geht man dazu über, an Stelle abgeschlossener Einzweckgeräte für bestimmte Untersuchungsmethoden die einzelnen Komponenten solcher Apparate (Monochromatoren, Empfänger + Verstärker, Strahlungsquellen, elektronische Hilfs- und Kontrollgeräte usw.) als abgeschlossene Einheiten zu entwickeln, die man durch geeignete Kombination für jedes beliebige spektroskopische Problem einsetzen kann[4]. Ein derartiges System würde sich für Forschungszwecke und für die Weiterentwicklung der Methodik als besonders geeignet erweisen.

[1] OETJEN, R. A. u. Mitarb.: J. opt. Soc. America **42**, 559 (1952); dort auch zahlreiche Literaturangaben über frühere Konstruktionen für das langwellige IR.
[2] McCUBBIN, T. K. u. W. M. SINTON: J. opt.Soc. America **42**, 113 (1952).
[3] DANIEL, J. H. u. F. S. BRACKETT: J. opt. Soc. America **43**, 960 (1953); M. PESTEMER u. G. SCHEIBE, Angew. Chem. **66**, 553 (1954); dieses Prinzip wird auch in der neuen Auflage des LANDOLT-BÖRNSTEIN angewendet.
[4] Sog. „Building Blocks" der Firma Perkin-Elmer.

c) **Mikrospektrometrie.** Für mikrospektrometrische Untersuchungen im IR verwendet man meistens die zweite, S. 321 genannte Methode und zerlegt die Strahlung erst nach dem Durchgang durch die Meßprobe, jedoch muß man darauf achten, daß letztere dabei nicht zu stark erwärmt wird, was praktisch nur dann der Fall ist, wenn sie im Bereich um 3 μ stark absorbiert[1]. Über Messungen dieser Art mit Hilfe von Spiegelmikroskopen (vgl. Abb. 130) ist inzwischen von zahlreichen Autoren berichtet worden[1-5]. Man kann für das Mikroskop die einfach herzustellenden sphärischen Spiegel benutzen, ohne daß die Qualität der Abbildung wesentlich verschlechtert wird, wenn man die numerische Apertur des Objektivs unter 0,6 hält[6]. Tatsächlich ist die apparative Entwicklung auf diesem Gebiet leistungsfähiger als die praktischen Möglichkeiten der Probenvorbereitung. Man erhält befriedigende Spektren bereits von Proben, die nur in Mengen von 5 bis 10 · 10^{-6} g vorliegen[3], so daß sich z.B. die Eluate von Papierchromatogrammen quantitativ spektroskopisch untersuchen lassen. Liegt die Probe in Form eines einzelnen Kristalls vor, so genügt bereits eine Menge von 10^{-7} g. Einzelheiten über die Leistungsfähigkeit einer gegebenen Kombination von Mikroskop und Spektrometer, über die zulässige maximale Vergrößerung in Abhängigkeit von den numerischen Aperturen beider Geräte, über minimalen Querschnitt und minimales Volumen der Probe, die noch mit tragbarem Verhältnis von Signal zu Rauschpegel meßbar sind, über geeignete Mikroküvetten für flüssige Proben usw. sind in den angegebenen Arbeiten ausführlich diskutiert worden.

Schwierigkeiten treten bisweilen dadurch auf, daß infolge der großen Weglänge, die das Strahlenbündel innerhalb des Mikroskops bis zum Eintrittsspalt des Spektrometers in Luft zurücklegen muß, die starken Wasserdampfabsorptionsbanden bei 6 μ die Messung in diesem Spektralgebiet unmöglich machen. Es ist deshalb ein Spiegelmikroskop konstruiert worden[7], bei dem auf jegliche Hilfsoptik verzichtet und das Bild der Probe durch das Objektiv unmittelbar auf den Eintrittsspalt des Spektrometers projiziert werden kann.

[1] COLE, A. R. H. u. R. N. JONES: J. opt. Soc. America **42**, 348 (1952).
[2] BARER, R., A. R. H. COLE u. R. W. THOMPSON: Nature **163**, 198 (1949).
[3] BLOUT, E. R., G. B. BIRD u. D. S. GREY: J. opt. Soc. America **40**, 304 (1950); **41**, 547 (1951). — E. R. BLOUT u. Mitarb.: J. opt. Soc. America **42**, 966 (1952).
[4] WOOD, D. L.: Rev. sci. Instrumen s **21**, 764 (1950).
[5] Trans. Faraday Soc. Discussions **9**, 353ff. (1950) und die dort angegebene Literatur.
[6] SEEDS, W. E. u. M. H. F. WILKINS: Nature **164**, 228 (1949). — K. P. NORRIS, W. E. SEEDS u. M. H. F. WILKINS: J. opt. Soc. America **41**, 111 (1951).
[7] FRASER, R. D. B.: J. opt. Soc. America **43**, 929 (1953).

Vor der Aufnahme des Spektrums wird das Mikroskop mit einem Gehäuse überdeckt, das mit trockenem Stickstoff durchspült wird. Ein den IR-Spektrometern von Perkin-Elmer Modell 12, 112 oder 13 angepaßtes Spiegelmikroskop[1] nach BURCH ist hinter dem Austrittsspalt des Monochromators aufgestellt, so daß die Proben nur monochromatisch bestrahlt und so sehr geschont werden. Auswechselbare Empfänger (Thermoelement, Widerstandszelle, Multiplier) ermöglichen die Messung in den verschiedensten Spektralgebieten.

d) Polarisationsmessungen. Messungen mit polarisierter IR-Strahlung dienen zur Untersuchung der Orientierung einzelner Bindungen in Kristallen oder geordneten festen Phasen (Fasern, Hochpolymere, Adsorbate usw.), da die Stärke der Absorption vom Winkel zwischen dem elektrischen Vektor der Strahlung und der Schwingungsrichtung des Dipolmoments der betreffenden Bindung abhängt[2]. Zur Herstellung polarisierter Strahlung im IR kann man die gleichen Methoden benutzen wie im Sichtbaren, Polarisation durch *Reflexion* oder Polarisation durch *Doppelbrechung*. Da jedoch die sonst üblichen Polarisationsprismen aus Kalkspat nur bis etwa $3\,\mu$ durchlässig sind, ist man praktisch darauf angewiesen, die polarisierte Strahlung durch Reflexion zu erzeugen.

Aus den FRESNELschen Formeln (81 a) und (81 b) folgt, daß für einen bestimmten Einfallswinkel α_P, für den $\alpha_P + \beta = \pi/2$ ist, reflektierter und gebrochener Strahl also senkrecht zueinander verlaufen, $R_\parallel = 0$ ist, d.h. es wird nur die senkrecht zur Einfallsebene schwingende Komponente der Strahlung reflektiert, und zwar nach (81 a) mit einem Reflexionsvermögen von

$$R_\perp = \sin^2(\alpha_P - \beta) = \left(\frac{n^2-1}{n^2+1}\right)^2. \tag{201}$$

Die beim Einfallswinkel α_P reflektierte Strahlung ist also vollständig linear polarisiert. Aus dem SNELLIUSschen Brechungsgesetz folgt weiter

$$\operatorname{tg}\alpha_P = n \tag{202}$$

(BREWSTERsches Gesetz.) Daraus sieht man, daß der dieses Gesetz erfüllende Einfallswinkel α_P, der sogenannte *Polarisationswinkel*, infolge der Dispersion von n noch mit der Wellenlänge der Strahlung variiert. Benutzt man jedoch als reflektierendes Material einen

---
[1] COATES, V. J., A. OFFNER u. E. H. SIEGLER: J. opt. Soc. America **43**, 984 (1953).
[2] Über Anwendungsbeispiele vgl. W. LÜTTKE: Angew. Chem. **63**, 402 (1951); H. W. THOMPSON: Z. Elektrochem. angew. physik. Chem. **54**, 495 (1950) und die dort angegebene Literatur.

Stoff geringer Dispersion, so braucht man den Einfallswinkel praktisch nicht zu ändern. Ein solches Material ist amorphes Selen, das deshalb vorwiegend zur Herstellung polarisierter IR-Strahlung durch Reflexion verwendet wird. Mit $n = 2{,}54$ ergibt sich aus (201) ein Reflexionsvermögen $R_\perp \cong 0{,}54$ für den Polarisationswinkel von $68{,}5°$[1].

Selenspiegel lassen sich leicht herstellen, indem man geschmolzenes Selen zwischen zwei Spiegelglasplatten preßt[2]. Damit der Polarisationswinkel konstant bleibt, sollte man die Spiegel nur im parallelen Strahlengang benutzen, was wegen der Größe dieses Winkels unhandlich große Spiegel erfordert. Wie PFUND[2] gezeigt hat, ist jedoch in Praxis auch unter dem Polarisationswinkel die Polarisation der reflektierten Strahlung nicht ganz vollständig, so daß man unter Hinnahme einer geringen Depolarisation von $(R_{||}/R_\perp)^2 = 0{,}01$ auch Einfallswinkel im Bereich zwischen 59 und 77° zulassen kann. Das bedeutet, daß man die Spiegel auch in konvergentem Strahlengang benutzen und so ihre Größe stark reduzieren kann. Eine geeignete Anordnung nach PFUND mit zwei parallelen Selenspiegeln, zwischen denen das Bündel fokussiert wird, zeigt Abb. 155, sie ist bis zu Wellenlängen von $16\,\mu$ brauchbar, man verliert jedoch etwa 82 % der einfallenden unpolarisierten Strahlung (statt etwa 73 % bei einmaliger Reflexion).

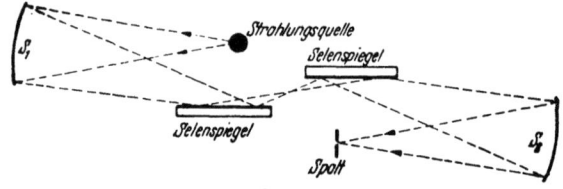

Abb. 155.
Polarisation von IR-Strahlung auf Selenspiegeln im konvergenten Strahlengang nach Pfund.

Außer dieser relativ geringen Ausbeute besitzen die Reflexionspolarisatoren den weiteren Nachteil, daß der Strahlengang geknickt wird, und daß die Reflexion von der Glasunterlage des Selenspiegels, die nicht unter dem zugehörigen Polarisationswinkel erfolgt, eine zusätzliche teilweise Depolarisation der gewünschten Strahlung verursacht. Man kann dies zum Teil verhindern, indem man die Glasunterlage aufrauht[2], man erhält jedoch bessere Polarisatoren, indem man nicht den reflektierten, sondern den durchgehenden Anteil der auffallenden Strahlung ausnutzt. Da beim Polari-

---
[1] CZERNY, M.: Z. Physik 16, 321 (1923).
[2] PFUND, A. H.: J. opt. Soc. America 37, 558 (1947).

sationswinkel der in der Einfallsebene schwingende Anteil der Strahlung nicht reflektiert wird, kann man diesen Anteil (50% der Gesamtstrahlung) dadurch anreichern bzw. praktisch isolieren, daß man die andere Komponente durch mehrmals wiederholte Reflexion an einem „Plattensatz" aussiebt. Dann ist der durchgehende Anteil ebenfalls praktisch vollständig linear polarisiert. Einen solchen „Plattensatz" kann man aus $4\,\mu$ dicken Selenfilmen herstellen, die man zunächst auf Blättchen aus Zellulosenitrat im Vakuum aufdampft, später von der Unterlage ablöst und auf Messingrähmchen aufklebt[1]. Ein Satz von 6 Filmen ergibt im Bereich von 2 bis $14\,\mu$ eine Durchlässigkeit von 47% der auffallenden Strahlung mit einem Polarisationsgrad von mehr als 98%.

Statt der mechanisch sehr empfindlichen Selenfilme kann man auch käufliche AgCl-Platten von etwa 1 mm Dicke zur Herstellung von Polarisations-Plattensätzen benutzen[2]. Sie sind bis $15\,\mu$ brauchbar, der Polarisationswinkel beträgt 63,5°. Ebenso haben sich Platten aus Thallium-Bromid-Jodid (KRS–5) als Polarisatoren bewährt[3]. Ihr Brechungsindex ist größer ($n_D = 2{,}63$), die Durchlässigkeit etwas geringer, aber der erreichbare Polarisationsgrad ebenfalls größer als bei AgCl. Sie haben den weiteren Vorteil, nicht lichtempfindlich und bis zu $40\,\mu$ verwendbar zu sein.

Diese Durchlässigkeitspolarisatoren haben den Vorteil, daß die Intensität der Strahlungsquelle besser ausgenutzt wird und daß der Strahlengang unverändert bleiben kann. Man muß beachten, daß von der auf den Eintrittsspalt des Spektrometers fallenden polarisierten Strahlung durch Reflexion an den Prismen und Spiegeln ein Teil verlorengeht. Um gleiche Strahlungsleistung zu erhalten, wenn man den Polarisator um 90° dreht, muß die Schwingungsebene der Strahlung unter 45° zum Spalt orientiert sein.

3. Reflexionsmessungen im Infrarot.

Wie S. 333 erwähnt wurde, muß man zwischen regulärer (Spiegel-) und diffuser Reflexion unterscheiden. Die *Spiegelreflexion* von dünnen Metallfilmen spielt für die IR-Spektroskopie eine besondere Rolle, da für die Strahlenführung praktisch ausschließlich Metallspiegel verwendet werden, und man natürlich daran interessiert

---

[1] ELLIOTT, A., E. J. AMBROSE u. R. TEMPLE: Proc. Roy. Soc. [London] A **199**, 183 (1949); J. opt. Soc. America **38**, 212 (1948). – J. AMES u. A. M. D. SAMPSON: J. sci. Instruments **26**, 132 (1949).
[2] WRIGHT, N.: J. opt. Soc. America **38**, 69 (1948). – R. NEWMAN u. R. S. HALFORD: Rev. sci. Instruments **19**, 270 (1948).
[3] LAGEMANN, R. T. u. T. G. MILLER: J. opt. Soc. America **41**, 1063 (1951).

ist, möglichst geringe Reflexionsverluste zu haben. Es sind deshalb mehrfach Anordnungen beschrieben worden[1], mit denen sich die Spiegelreflexion an ebenen Flächen in Abhängigkeit von Einfallswinkel, Filmdicke, Polarisationsebene und Wellenlänge der Strahlung messen läßt. Prinzipiell bietet die Messung gegenüber den früher beschriebenen (S. 334) keine wesentlichen Unterschiede. Natürlich spielt bei solchen Messungen die Güte der Politur und die Reinheit der Oberfläche eine maßgebliche Rolle. Im allgemeinen macht man auch hier *Relativmessungen*, indem man das Reflexionsvermögen mit dem eines Standards (Ag oder Al) unter konstant gehaltenen äußeren Bedingungen vergleicht. Will man die Abhängigkeit des Reflexionsvermögens vom Einfallswinkel untersuchen, so muß man ein angenähert paralleles Strahlenbündel benutzen. Eine geeignete Anordnung, die als Zusatzgerät für ein IR-Spektrometer Modell 12 von Perkin-Elmer entwickelt wurde[1], zeigt Abb. 156. Das von dem Globar ausgehende Strahlenbündel

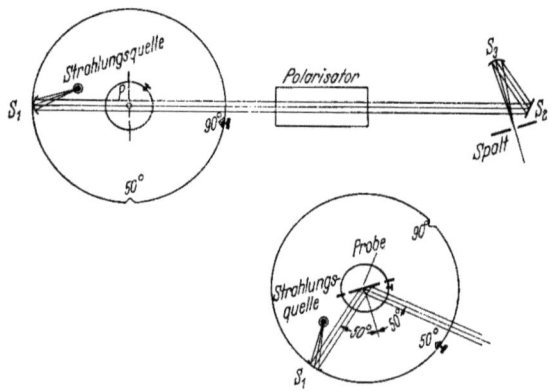

Abb. 156. Schema einer Anordnung zur Messung der Spiegelreflexion im IR.

wird durch den Parabolspiegel S_1 parallel gerichtet und über die Spiegel S_2 und S_3 auf den Spalt des Spektrometers fokussiert. Globar und S_1 sind fest auf einer um P als vertikale Achse drehbaren Scheibe montiert. Die Meßprobe (gestrichelte Linie bei P) ist auf einer zweiten, um die gleiche Achse drehbaren Scheibe angebracht, so daß der Strahlengang durch den Polarisator bei beliebigem Einfallswinkel unverändert bleibt. Als Polarisator dient am besten ein Plattensatz aus Selenfilmen oder AgCl-Platten (vgl. S. 371). Die

---

[1] Vgl. z.B.: M. S. OLDHAM: J. opt. Soc. America **41**, 673 (1951).

Strahlung wird vor dem Eintritt in das Spektrometer durch einen Unterbrecher zerhackt, der Thermowechselstrom verstärkt, gleichgerichtet und galvanometrisch gemessen (Ausschlagsmethode). Mit der gleichen Anordnung kann auch die eventuelle Durchlässigkeit der Proben gemessen werden. Sind diese merklich durchlässig, so muß man dafür sorgen (z. B. durch Aufrauhen des Trägers), daß nicht das Reflexionsvermögen der Unterlage die Reflexionsmessungen fälscht[1].

Man kann derartige Messungen der regulären Reflexion bei stark absorbierenden Stoffen (auch Flüssigkeiten), deren Durchlässigkeit sich direkt schlecht bestimmen läßt, dazu benutzen, sowohl den Brechungsindex n wie den Absorptionsindex $\varkappa$ der Gleichung (22) zu ermitteln, indem man Messungen bei zwei verschiedenen Einfallswinkeln φ macht. Diese bekannte „Reststrahlenmethode" ist neuerdings von SIMON[2] wieder aufgenommen worden. Die aus der Dispersionstheorie folgenden Formeln für $R_{\parallel}$, $R_{\perp}$ und $R = \frac{1}{2}(R_{\parallel} + R_{\perp})$ eines absorbierenden Mediums [siehe Gleichung (80) bis (81)] als Funktion von n, $\varkappa$ und φ lassen sich am einfachsten graphisch lösen, indem man R bzw. $R_{\parallel}$ oder $R_{\perp}$ als Funktion von n bei zwei gegebenen Winkeln φ und mit $\varkappa$ als Parameter aufträgt. Aus den gewonnenen Kurvenscharen lassen sich mit Hilfe der gemessenen Werte von R bei unpolarisierter oder linear polarisierter Strahlung zusammengehörige Werte von n und $\varkappa$ entnehmen.

Zur Messung der *diffusen Reflexion* im IR kann man analoge Meßverfahren verwenden, wie bei der lichtelektrischen Messung (S. 332 ff.), indem man für Wellenlängen oberhalb 3 μ die Photo-

---

[1] Bei durchlässigen Proben mißt man ein „scheinbares" Reflexionsvermögen R^*, das wesentlich größer ist als das „wahre" Reflexionsvermögen R, weil die eindringende Strahlung zwischen der hinteren und vorderen Begrenzungsfläche der Probe hin und her reflektiert wird, wobei jedesmal ein Teil davon durch die Vorderfläche austritt und die Primärreflexion verstärkt. Es gilt

$$R^* = R\left(1 + \frac{\vartheta^2(1-R)^2}{1-R^2\vartheta^2}\right), \qquad (203)$$

worin ϑ die Durchlässigkeit der Probe bedeutet. Nur wenn $\vartheta = 0$, wird $R^* = R$. Für vollständig durchlässige Proben ($\vartheta = 1$) wird

$$R^* = 2R/(1+R), \qquad (204)$$

so daß für kleine Werte von R das scheinbare Reflexionsvermögen fast doppelt so groß ist wie das wahre. Vgl. dazu H. O. McMahon: J. opt. Soc. America **40**, 376 (1950).

[2] ŠIMON, I.: J. opt. Soc. America **41**, 336 (1951).

zelle durch PbS-Zellen bzw. Thermoelemente oder Bolometer ersetzt. Schwierigkeiten macht die Auskleidung von ULBRICHTschen Kugeln, da die für das Sichtbare und UV brauchbaren Stoffe im IR zu stark absorbieren. Man benutzt deshalb halbkugelförmige Reflektoren aus Glas, die man mit Aluminium bedampft[1] und ordnet Meßprobe P und Empfänger R in der Weise an, daß die in beliebiger Richtung reflektierte Primärstrahlung nach einmaliger Spiegelreflexion an der Wand der Halbkugel auf den Empfänger gelangt (Abb. 157). Man mißt auf diese Weise natürlich die Summe von regulärer und diffuser Reflexion, deren Verhältnis noch von der Rauheit der Oberfläche bzw. der Korngröße des Pulvers abhängt (vgl. S. 335). Statt dessen kann man nach dem in Abb. 136 angegebenen Prinzip messen, wobei man gleichzeitig die Abhängigkeit der diffusen Reflexion von Einfalls- und Ausstrahlungswinkel untersuchen kann[2]. Als Standard, auf den man die Messungen bezieht und der an der gleichen Stelle anzubringen ist wie die Meßprobe, benutzt man aus den genannten Gründen am besten ebenfalls einen ebenen Al-Spiegel, jedoch sind auch andere willkürliche Standards ($MgCO_3$) für relative Messungen verwendet worden. Nach neueren Messungen[2] im Gebiet von 0,8 bis 20 μ zeigen Schwefel, Selen, Aluminium und NaCl möglichst kleiner Korngröße das beste diffuse Reflexionsvermögen im längerwelligen IR.

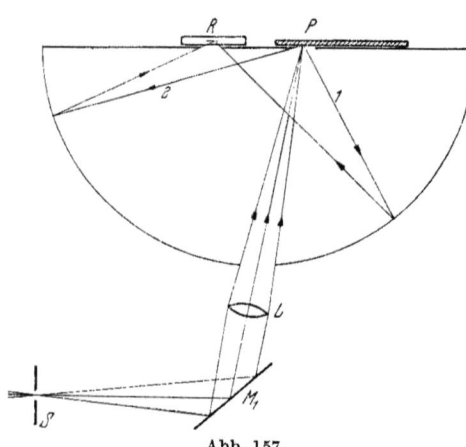

Abb. 157.
IR-Reflektometer zur Messung der Gesamtreflexion.

Man kann die Meßmethode durch Anbringen eines zweiten Empfängers zur Ausschaltung von Schwankungen der primären Strahlungsquelle (Abb. 134) verbessern, ferner durch Benutzung von Wechselstrahlung mit nachfolgender Resonanzverstärkung, um unerwünschte Streustrahlung unschädlich zu machen.

---

[1] ROYDS, T.: Physik. Z. **11**, 316 (1910). — J. A. SANDERSON: J. opt. Soc. America **37**, 771 (1947). — W. L. DERKSEN u. I. I. MONAHAN: J. opt. Soc. America **42**, 263 (1952).

[2] AGNEW, J. T. u. R. B. McQUISTAN: J. opt. Soc. America **43**, 999 (1953).

4. Infrarotphotometrie.

a) Allgemeine Vorbedingungen für die quantitative Analyse.
Im Infrarotgebiet lassen sich qualitative und quantitative Analyse, d.h. spektrometrische und photometrische Meßmethoden – ähnlich wie beim RAMAN-Effekt – nicht mit derselben Strenge unterscheiden wie bei Messungen im sichtbaren oder ultravioletten Spektralgebiet. Das liegt auch hier daran, daß es sich im IR in der Regel um relativ schmale Banden handelt, deren Messung bezüglich Lage und Intensität stets eine genügend gute spektrale Zerlegung der Strahlung erfordert. Immerhin sind diese Banden im allgemeinen wesentlich breiter als RAMAN-Linien, so daß sich zuweilen quantitative photometrische Messungen auch mit Strahlung relativ großer effektiver Bandbreite ausführen lassen (vgl. S. 428).

Die photometrische Analyse beruht auf der Intensitätsmessung einzelner charakteristischer Gruppenfrequenzen, deren maximale Bandenhöhe bestimmt wird, ohne daß das Gesamtspektrum aufgenommen werden muß. Die Anwendung des LAMBERT-BEERschen Gesetzes zur Berechnung der Konzentration mit Hilfe eines einzigen Extinktionskoeffizienten ist aus den mehrfach diskutierten Gründen mit Unsicherheit belastet. Einmal können, wie bei photometrischen Messungen im Sichtbaren und Ultraviolett, *scheinbare Abweichungen vom BEERschen Gesetz* auftreten, wenn man mit spektral unreiner Strahlung arbeitet (vgl. S. 42ff.), d.h. wenn z.B. die Spaltweite des Monochromators zu groß oder seine Dispersion zu klein ist. Da die Schwingungsbanden viel schmaler sind als die Elektronenbanden, und da die Abweichungen um so größer werden, je größer die Änderung des Extinktionskoeffizienten mit der Wellenlänge, d.h. je schmaler und steiler eine Bande ist, muß diese Fehlermöglichkeit bei quantitativen Infrarotmessungen besonders beachtet werden. Wenn die effektive Bandbreite der benutzten Strahlung größer ist als die Halbwertsbreite der betreffenden Bande, sind stets merkliche Abweichungen vom LAMBERT-BEERschen Gesetz zu erwarten[1]. In dieser Hinsicht eignet sich das nahe Infrarot besser für die Messungen als das mittlere, weil die Banden der Oberschwingungen im allgemeinen flacher und breiter sind als diejenigen der Grundschwingungen.

Besondere Beachtung verlangt diese Fehlerquelle bei Messungen an Dämpfen, da hier die Schwingungsbanden eine Rotationsfeinstruktur besitzen, die starke scheinbare Abweichungen sowohl vom LAMBERTschen als auch vom BEERschen Gesetz verursacht (vgl. S. 48 ff.). In solchen Fällen muß man bei hohen Drucken oder unter

---
[1] Vgl. D. Z. ROBINSON: Anal. Chem. **23**, 273 (1951).

Zusatz eines geeigneten Fremdgases (N_2) messen, da dann die Rotationsstruktur verschwindet.

Eine weitere Fehlermöglichkeit besteht in *wahren Abweichungen vom BEERschen Gesetz*, falls sich mit steigender Konzentration die Form der Absorptionsbanden ändert. Dies ist vor allem dann leicht der Fall, wenn es sich nicht um eine einheitliche Absorptionsbande, sondern um zwei miteinander verschmolzene Banden handelt. Eine geringfügige gegenseitige Verschiebung der beiden Banden bei einer Konzentrationsänderung kann starke Abweichungen vom BEERschen Gesetz zur Folge haben. Es empfiehlt sich demnach in allen Fällen, für Konzentrationsbestimmungen das BEERsche Gesetz mit Hilfe einer Eichkurve (Extinktion in Abhängigkeit von der Konzentration) nachzuprüfen.

Eine weitere Möglichkeit, die genannten Fehlerquellen auszuschalten, besteht darin, daß man nicht die Extinktion im Bandenmaximum als Maß für die Konzentration benützt, sondern daß man die von der Bande und der Frequenz- bzw. Wellenzahlabszisse eingeschlossene Fläche, d.h. die integrale Absorption $\int \varepsilon d\nu$ ermittelt. Ist z.B. die effektive Bandbreite der Strahlung gleich der halben Halbwertsbreite der zu messenden Bande, so können die Fehler in ε_{max} bis zu 20% betragen, während die integrale Absorption nur um 2 bis 3% gefälscht wird, weil die Intensitätserniedrigung des Maximums zum größten Teil durch die Zunahme der Halbwertsbreite kompensiert wird[1].

Quantitative Messungen dieser Art sind vielfach auch bei Problemen der Konstitutionsermittlung herangezogen worden. So ist die integrale Extinktion einer bestimmten Bande, z.B. der CH-Schwingungsbande, der Anzahl der Bindungen der betreffenden Art proportional, so daß man umgekehrt aus der integralen Extinktion auf die Zahl dieser Bindungen im Molekül schließen kann[2]. Vorausgesetzt ist dabei, daß es sich um gleichartige und in gleicher Weise beanspruchte Bindungen, also z.B. um lauter aliphatische CH-Bindungen, handelt. Die Übergangswahrscheinlichkeit ist z.B. bei den (endständigen) CH_3-Gruppen kleiner als in den (mittelständigen) CH_2-Gruppen. Daher nimmt der Wert der integralen Extinktion je CH-Bindung von Pentan nach Heptan zu. Auch andere im Molekül vorhandene Gruppen können sich in dieser Hinsicht auswirken. Zum Beispiel wird E_{CH} durch das Vorhandensein mehrerer Halogenatome um Beträge bis zu 11%, durch den Einfluß von CN-, NO_2- und CO-Gruppen um Beträge bis zu 40 und 50% herabgesetzt.

---

[1] Vgl. dazu D. H. RAMSEY: J. Amer. chem. Soc. **74**, 72 (1952); A. E. MARTIN: Trans. Faraday Soc. **47**, 1182 (1951).
[2] SUHRMANN, R.: Angew. Chem. **62**, 507 (1950).

Bei der quantitativen Analyse von Mehrstoffgemischen findet man häufig (im Gegensatz zu den Messungen im Sichtbaren oder UV) für jeden Stoff eine charakteristische Gruppenfrequenz, die von anderen Frequenzen nicht überdeckt wird, so daß sie unmittelbar zur Intensitätsmessung benutzt werden kann. Ist dies nicht der Fall, so muß man das S. 31 ff. beschriebene Verfahren anwenden, das sich jedoch im allgemeinen nur für Serienmessungen lohnt, da es recht mühsam ist. Die ε- bzw. $\int \varepsilon \, d\nu$-Werte, die zur Anwendung des LAMBERT-BEERschen Gesetzes notwendig sind, bestimmt man entweder an den reinen Stoffen oder an verdünnten Lösungen bekannter Konzentration je nach dem vorliegenden Problem. Das Verfahren hat sich vor allem bei der quantitativen Analyse von Kohlenwasserstoffen (Erdöle, Benzinsynthese) bewährt[1]. Man zerlegt das Gemisch zunächst durch Rektifikation oder Extraktion in einzelne Fraktionen von höchstens 10 bis 11 Bestandteilen (obere Analysengrenze), die dann durch Intensitätsmessungen der Gruppenfrequenzen analysiert werden.

Die *Genauigkeit* der *Konzentrationsbestimmung* hängt einerseits davon ab, ob eine intensive, von anderen Banden nicht überdeckte Gruppenfrequenz vorhanden ist, andererseits von dem benutzten Meßverfahren. Dafür gelten die früher angestellten Überlegungen (S. 224 ff.). Die besten Ergebnisse erhält man mit Substitutions- und Flimmermethoden, auf die Registrierung wird man im Interesse höherer Genauigkeit häufig verzichten müssen.

b) Verschiedene Meßverfahren. Jedes registrierende oder nichtregistrierende IR-Spektrometer kann natürlich für die quantitative Analyse herangezogen werden, da ja die jeweils gemessenen Durchlässigkeiten bei Kenntnis der Bandenhöhe bzw. Bandenfläche der den Komponenten der Mischung zugeordneten Gruppenfrequenzen die Konzentrationen der Komponenten nach dem LAMBERT-BEERschen Gesetz liefert. Im übrigen gelten die gleichen Überlegungen, die für die Verwendung lichtelektrischer Spektrometer für quantitative photometrische Messungen angestellt wurden (vgl. S. 298). Trotz des großen experimentellen Aufwands läßt sich infolge der Undefiniertheit der absoluten Extinktionskoeffizienten und der relativ großen Ablesestreuung der Meßvorrichtung käuflicher Geräte (Kammblende, Skala des μ-Amperemeters, Ordinate des Registrierpapiers usw.) die Streuung der Konzentrationsbestimmung selbst bei binären Gemischen nicht unter 1 bis 2% drücken[2].

---

[1] Beispiele und Literaturangaben z. B. bei R. SUHRMANN u. H. LUTHER: Fortschr. d. chem. Forschg. 2, 758ff. (1953).
[2] Die gelegentlich in der Literatur zu findenden, wesentlich höheren Genauigkeitsangaben sollten sehr kritisch beurteilt werden (vgl. auch S. 267).

Dabei ist bereits besondere Sorgfalt zur Konstanthaltung der Meßbedingungen (Spaltbreite des Monochromators, Temperatur, Belastung der Strahlungsquelle usw.) vorausgesetzt, wenn die Messung, etwa an verschiedenen Tagen wiederholt, keine größeren Streuungen zeigen soll. Man kann jedoch mit einfacheren Mitteln, indem man sich eine Anordnung ähnlich der von Abb. 100 aus Laboratoriumsgeräten aufbaut, die photometrische Meßgenauigkeit wesentlich höher treiben, wobei man natürlich auf die Aufstellung und häufige Kontrolle von Eichkurven angewiesen ist (vgl. S. 260 ff.). Derartige Meßanordnungen mit geringerer Streuung dürften vor allem dann von Vorteil sein, wenn es sich um die *Ermittlung von Gleichgewichten* und ihrer Temperaturabhängigkeit handelt (Keto-Enol-Tautomerie[1], Assoziation von Hydroxylverbindungen über Wasserstoffbrücken[2] usw.), bei der hohe Meßgenauigkeiten notwendig sind.

Bei Verwendung von Einzelstrahlmethoden (S. 311) bringt man Lösung und Lösungsmittel bzw. Mischung unbekannter und bekannter (ähnlicher) Zusammensetzung nacheinander in den Strahlengang. Zur Vermeidung von „Trogfehlern" benutzt man am besten die gleiche Küvette. Trogfehler können wegen der leichten Verletzlichkeit und unterschiedlichen Durchlässigkeit und Schichtdicke der Küvetten im IR besonders große systematische Fehler hervorrufen. Bei Verwendung von Doppelstrahlmethoden (S. 312 ff.) wird die Meßküvette in dem einen, die Vergleichsküvette im anderen Strahlengang angebracht. Dann gelten folgende Überlegungen:

Absorbieren in einer *binären* Mischung beide Stoffe bei der benutzten Wellenlänge und bezeichnen wir ihre Molenbrüche mit x_2 bzw. $x_1 = 1 - x_2$, die (gleiche) Schichtdicke der Küvetten mit s, so gilt nach dem LAMBERT-BEERschen Gesetz für die Extinktion der Mischung

$$E = \varepsilon_1 x_1 s + \varepsilon_2 x_2 s = \varepsilon_1 s + (\varepsilon_2 - \varepsilon_1) x_2 s = E_1 + (\varepsilon_2 - \varepsilon_1) x_2 s. \quad (205)$$

E_1 ist die Extinktion des reinen Stoffes 1 in der Vergleichsküvette. Es folgt

$$E - E_1 = (\varepsilon_2 - \varepsilon_1) x_2 s \quad \text{oder} \quad x_2 = \frac{E - E_1}{(\varepsilon_2 - \varepsilon_1) s}. \quad (206)$$

$E - E_1$ bzw. das zugehörige Verhältnis der Durchlässigkeiten ϑ_1/ϑ

---
[1] LE FÈVRE, R. J. W. u. H. WELSH: J. chem. Soc. [London] **1949**, 2230.
[2] MECKE, R.: Z. Elektrochem. angew. physik. Chem. **52**, 273 (1948). — W. LÜTTKE u. R. MECKE: Z. Elektrochem. angew. physik. Chem. **53**, 241 (1949). — N. D. COGGESHALL u. E. L. SAIER: J. Amer. chem. Soc. **73**, 5414 (1951).

ist durch die Messung gegeben, so daß bei bekanntem ε_1 und ε_2, die gesondert mit den reinen Komponenten bestimmt werden müssen, die unbekannte Konzentration x_2 berechnet werden kann. Ist die Schichtdicke der beiden Küvetten nicht exakt gleich, was bei ihrer meist notwendigen Beschränkung auf Bruchteile von Millimetern praktisch kaum zu erreichen ist, und bezeichnen wir die Schichtdicke der Vergleichsküvette mit s', so wird die Extinktion der Vergleichsküvette

$$E_1' = \varepsilon_1 s' \tag{207}$$

und

$$\Delta E \equiv E - E_1' = \varepsilon_1(s - s') + (\varepsilon_2 - \varepsilon_1) x_2 s. \tag{208}$$

Man bestimmt üblicherweise den Trogfehler, indem man beide Küvetten mit dem reinen Stoff 1 beschickt, und erhält so

$$\Delta E_1 \equiv E_1 - E_1' = \varepsilon_1(s - s'). \tag{209}$$

Aus den Gleichungen (208) und (209) läßt sich wieder x_2 berechnen:

$$\Delta E - \Delta E_1 = (\varepsilon_2 - \varepsilon_1) x_2 s \quad \text{oder} \quad x_2 = \frac{\Delta E - \Delta E_1}{(\varepsilon_2 - \varepsilon_1) s}. \tag{210}$$

Statt dessen kann man auch folgendes Verfahren einschlagen[1], das höhere Genauigkeit liefert. Man beläßt die beiden Küvetten in ihren Strahlengängen, vertauscht aber ihre Füllung, so daß sich der reine Stoff 1 jetzt in der Meßküvette, die Mischung in der Vergleichsküvette befindet. Dann ist

$$E_1 = \varepsilon_1 s \tag{211}$$

und

$$\overset{*}{E} = \varepsilon_1 x_1 s' + \varepsilon_2 x_2 s'$$
$$= \varepsilon_1 s' + (\varepsilon_2 - \varepsilon_1) x_2 s'. \tag{212}$$

Daraus folgt

$$\Delta \overset{*}{E} \equiv \overset{*}{E} - E_1 = \varepsilon_1(s' - s) + (\varepsilon_2 - \varepsilon_1) x_2 s'. \tag{213}$$

Aus (208) und (213) ergibt sich $\Delta E + \Delta \overset{*}{E} = (\varepsilon_2 - \varepsilon_1) x_2 (s + s')$ oder

$$x_2 = \frac{\Delta E + \Delta \overset{*}{E}}{(\varepsilon_2 - \varepsilon_1)(s + s')}. \tag{214}$$

x_2 wird genauer als nach Gleichung (210), weil es sich hier aus dem Mittelwert zweier ähnlich großer Extinktionen ergibt, während ΔE_1 in (210) meistens sehr klein und deshalb nicht sehr genau

---
[1] ROBINSON, D. Z.: Anal. Chem. **24**, 619 (1952).

bestimmbar ist. Dieses Verfahren eignet sich speziell, wenn kleine Unterschiede in der Zusammensetzung zweier Mischungen bestimmt werden sollen. Diese ergeben nämlich beim Austausch Ausschläge des Meßinstruments in verschiedener Richtung, während Schichtdickenunterschiede Ausschläge in der gleichen Richtung verursachen. Es ließ sich so z.B. ein Gehalt von 0,0125% Cyclohexan in reinem Benzol noch deutlich nachweisen.

Ein von der Gültigkeit des LAMBERT-BEERschen Gesetzes völlig unabhängiges Meßverfahren ist die S. 287 ff. besprochene *Titration auf gleiche Extinktion*, die ein kolorimetrisches Verfahren darstellt. Es wurde im sogenannten Spektrenkomparator von DALY[1] in die quantitative IR-Analyse eingeführt. Man bringt in die beiden Strahlengänge eines Doppelstrahlspektrometers zwei gleiche Küvetten mit der zu analysierenden binären Mischung gefüllt und gleicht auf Nullausschlag ab. Als Anzeigegerät dient ein Oszillograph, wie es S. 315 beschrieben wurde. Ersetzt man nun die Mischung in der einen Küvette durch eine der beiden reinen Komponenten, so beobachtet man auf dem Schirm des Oszillographen das überlagerte Spektrum der beiden Stoffe. Man gibt nun die zweite Komponente solange zu, bis wieder die Zusammensetzung der unbekannten Mischung erreicht ist, bis also der Oszillograph für keine Wellenlänge mehr einen Vertikalausschlag zeigt. Aus der vorgegebenen bzw. zugefügten Menge der reinen Komponenten ergibt sich die Zusammensetzung der unbekannten Mischung. Dieses Verfahren ist, wie schon mehrfach betont wurde, denkbar voraussetzungslos und liefert deshalb sehr sichere Werte. Auch die Reinheit der Strahlung (Verhältnis der effektiven Bandbreite zur Halbwertsbreite der Absorptionsbanden) ist ohne Einfluß auf das Meßergebnis.

c) **Gasanalysengeräte.** Für die quantitative Analyse von strömenden Gasgemischen hat LUFT ein Gerät entwickelt, das ohne spektrale Zerlegung mit einem selektiv wirkenden Strahlungsempfänger arbeitet und sich trotz seiner Einfachheit für die laufende Betriebskontrolle in der Technik vorzüglich bewährt hat. Es wird als *Ultrarotabsorptionsschreiber* (URAS) bezeichnet[2]. Das Verfahren beruht darauf, daß man die Schwächung der Strahlungsintensität durch das zu untersuchende Gas nicht mittels eines Bolometers oder einer Thermosäule bestimmt, sondern ein *abgeschlossenes Volumen dieses Gases selbst als Strahlungsempfänger benutzt* und die

---

[1] DALY, E. F.: J. sci. Instruments 28, 308 (1951).
[2] LEHRER, E. u. K. F. LUFT: DRP 730478 (1938). – Vgl. auch K. F. LUFT: Z. angew. Chem. B 19, 2 (1947); Z. techn. Physik 24, 97 (1943). Hersteller: Badische Anilin- und Sodafabrik, Ludwigshafen.

selektive Erwärmung dieses Gasvolumens in geeigneter Weise mißt. Von zwei gleichen Strahlenbündeln (vgl. Abb. 158) durchläuft das eine die Analysenkammer, die das zu untersuchende Gasgemisch (z. B. $CO + CO_2$) enthält, das andere eine gleich große, z. B. mit Luft gefüllte Vergleichskammer. Beide Strahlenbündel werden durch eine rotierende Lochblende periodisch mit einer Frequenz von 6 Hz unterbrochen. Soll z. B. der Gehalt des Mischgases an CO bestimmt werden, so treten die beiden Bündel anschließend in zwei weitere, mit reinem CO gefüllte Meßkammern ein, die durch einen Membrankondensator voneinander getrennt sind, werden dort weitgehend absorbiert und rufen infolge der Erwärmung des Gases eine Druckerhöhung hervor. Diese ist infolge der bereits in der Analysenkammer durch das dort vorhandene CO absorbierten Strahlung auf der einen Seite des Membrankondensators geringer als auf der anderen, d. h. in den CO-Kammern treten periodische Druckschwankungen auf, die entsprechende Kapazitätsänderungen des Kondensators hervorrufen. Letztere werden in Spannungsschwankungen umgesetzt, die man verstärkt, gleichrichtet und dem Meßinstrument zuführt. Auf diese Weise lassen sich noch sehr geringe CO-Mengen in CO_2-

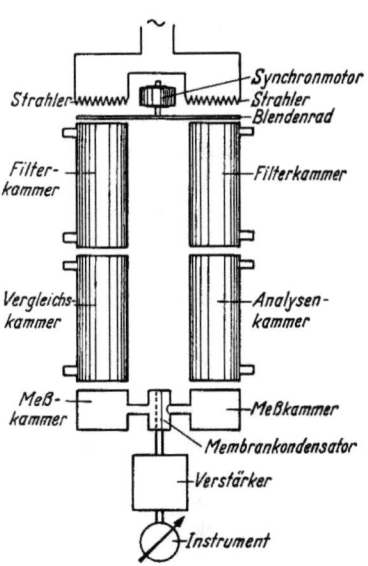

Abb. 158. Schematischer Aufbau des Ultrarotabsorptionsschreibers (URAS) der BASF Ludwigshafen.

reichen Gasgemischen bestimmen, obwohl das CO_2 an sich viel stärker absorbiert. Notwendig ist lediglich, daß sich die Absorptionsbanden möglichst wenig überschneiden. Indem man das zu untersuchende Gas durch die Analysenkammer durchströmen läßt, kann man das Gerät als selbstregistrierendes Überwachungsgerät für Dauerbetrieb verwenden (z. B. zur Bestimmung des CO- oder CO_2-Gehalts der Raumluft, wobei noch Änderungen des CO_2-Gehalts von etwa $10^{-4}\%$ bemerkbar sind). Auch für die Bestimmung mehrerer Bestandteile eines Gasgemisches nebeneinander läßt sich das Gerät verwenden, wenn man die Empfängerkammern mit einem entsprechenden Gemisch füllt und die Wirkung der verschiedenen Komponenten jeweils durch geeignete Vorfilterkammern ausschaltet.

In der technischen Ausführung des Geräts besteht die Strahlungsquelle aus hintereinandergeschalteten Heizwendeln mit Reflektor, deren Leistung nur wenige Watt beträgt und durch Eisenwasserstoffwiderstände stabilisiert ist. Filter-, Analysen- und Meßkammern sind innen vergoldet und mit NaCl-Fenstern versehen. Zur Einstellung des Nullpunkts dient eine Kippblende. Die Folie des Membrankondensators erhält eine Vorspannung von etwa 20 Volt, die hochisolierte Gegenplatte liegt am Gitter der Elektrometerröhre des dreistufigen Verstärkers. URAS werden für zahlreiche Gase oder Dämpfe (CO, CO_2, CH_4, C_2H_2, C_2H_4, NO, Butadien, Aceton, Benzol usw.) geliefert. Der jeweilige Meßbereich läßt sich durch Wahl der Länge der Analysenkammer in weiten Grenzen variieren. Die Zeitkonstante des Geräts ist sehr klein und wird im wesentlichen durch die Strömungsgeschwindigkeit des Gasgemisches in der Analysenkammer bestimmt. Als Anzeigegerät dient ein Tintenschreiber. Der Anwendungsbereich ist außerordentlich vielseitig. Außer für die automatische Fabrikationskontrolle oder die laufende Sicherheitsüberwachung (CH_4 im Bergbau!) kann der URAS auch für das Laboratorium und für wissenschaftliche Untersuchungen mit Erfolg eingesetzt werden. Ein Beispiel ist etwa die Messung der Assimilation und Atmung von Pflanzen[1].

Nach dem Prinzip der URAS sind zahlreiche ähnliche Geräte entwickelt worden, die ebenfalls teilweise im Handel zu haben sind[2]. Sie können auch zur Analyse von *Flüssigkeiten* benutzt werden[3]. Diese strömen durch eine Küvette sehr geringer Schichtdicke, während als selektiver Empfänger wiederum ein Gas dient, dessen Absorptionsbanden in dem gleichen Spektralgebiet liegen wie die der zu analysierenden Flüssigkeitskomponente.

Neben den Gasanalysengeräten ohne Dispersion mit selektivem Empfänger sind solche mit *nichtselektivem Empfänger* entwickelt worden[4], die nach dem Prinzip der sogenannten „negativen Filterung" arbeiten. Man benutzt Doppelstrahlmethoden mit einem oder zwei Empfängern (Thermoelemente, Bolometer) und vorgeschalteten Gasfiltern. Zwei Beispiele zeigen die Abb. 159 und 160.

Die von der Lampe ausgehende Strahlung (Abb. 159) tritt durch

---

[1] EGLE, K. u. A. ERNST: Z. Naturf. 4b, 351 (1949).
[2] Infra Red Gas Analyser (IRGA), Grubb, Parsons & Co., Newcastle/Tyne; Infrared Development Co, Hertfordshire.
[3] HARTZ, N. W.: Chem. Eng. News 29, 3989 (1951).
[4] Vgl. z.B.: W. G. FASTIE u. A. H. PFUND: J. opt. Soc. America 37, 762 (1947); R. C. FOWLER: Rev. sci. Instruments 20, 175 (1949); N. C. JAMISON, T. R. KOHLER u. O. G. KOPPIUS: Anal. Chem. 23, 551 (1951); O. G. KOPPIUS: Anal. Chem. 23, 554 (1951) und die dort angegebene Literatur.

ein LiF-Fenster in die Analysenkammer ein und von dort, in zwei Bündel geteilt, in zwei Gaskammern, von denen die eine z.B. mit reinem CO, die andere mit reinem O_2 gefüllt ist. Sämtliche Kammern sind innen vergoldet, so daß die Strahlung durch mehrfache Reflexion schließlich auf das unterhalb der Gaskammern befindliche Differentialthermoelement gelangt, was weiterhin durch die Konusform der Gaskammern gefördert wird. Der Differenzstrom der Thermoelemente, verursacht durch die Strahlungsabsorption in der CO-Kammer, wird verstärkt und potentiometrisch kompensiert, so daß das Anzeigeinstrument sich in Nullstellung befindet. Ein CO-Gehalt des Analysengases bewirkt, daß die Kompensation verlorengeht, da das Thermoelement unterhalb der O_2-Kammer weniger Strahlung erhält. Der Ausschlag wird mit Gemischen bekannten CO-Gehalts geeicht. Je nach Füllung der Gaskammern können verschiedene Komponenten eines Gemisches analysiert werden.

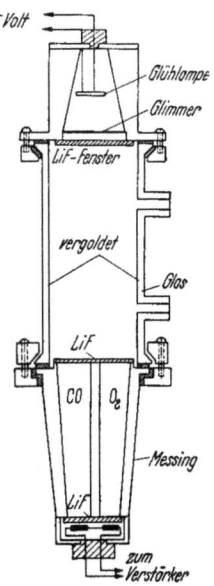

Abb. 159. Schema eines IR-Gasanalysengerätes ohne Dispersion mit zwei nichtselektiven Empfängern.

Abb. 160 zeigt ein ähnliches Gerät, das nach der Wechselstrahlmethode und mit *einem* nichtselektiven Empfänger arbeitet. Das von der Lampe ausgehende Strahlenbündel wird durch C geteilt und durch die Sektoren K periodisch unterbrochen (6 Hz). Der Strahlengang beider Bündel ist vollständig symmetrisch, er endet auf dem Thermistor H, der entstehende Wechselstrom wird mit einem Resonanzverstärker verstärkt. Durch das S. 237 beschriebene Phasentrennverfahren werden die beiden Signale getrennt, ihre Intensitätsdifferenz wird nach vorheriger Gleichrichtung registriert. Das Gerät wird zur Messung einer bestimmten Komponente in der Meßküvette selektiv sensibilisiert durch zwei Mischungen, von denen die in der Sensibilisierungsküvette alle Komponenten enthält, während die in der Kompensationsküvette alle Komponenten mit Ausnahme der zu messenden enthält. Die Konzentrationen der beiden Mischungen werden so gewählt, daß nur eine Konzentrationsänderung der zu bestimmenden Komponente in der von beiden Strahlenbündeln durchsetzten Meßküvette die Intensitätsdifferenz der beiden Bündel beeinflußt, während eine Konzentrationsänderung der Begleitstoffe ohne Wirkung bleibt.

Von derartigen Geräten mit nichtselektivem Empfänger sind ebenfalls zahlreiche Varianten beschrieben worden, auf die nicht im einzelnen eingegangen werden kann[1].

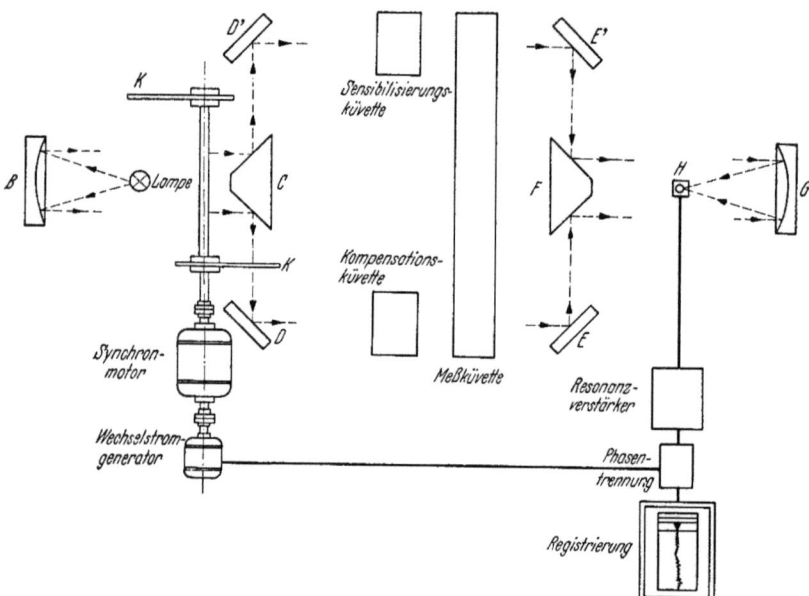

Abb. 160. Schema eines IR-Gasanalysengerätes ohne Dispersion mit einem Empfänger und Wechselstrahlmethode.

VI. Photographische Methoden.

1. Meßprinzip und Fehlerdiskussion.

Photographische Meßmethoden (Spektrographie) dienen ausschließlich[2] zur Ermittlung absoluter Extinktionskoeffizienten als Funktion der Wellenlänge, sie sind deshalb als Spezialfall der

---

[1] Zusammenstellungen geben G. D. PATTERSON u. M. G. MELLON: Anal. Chem. **23**, 101 (1951); **24**, 131 (1952); J. L. WATERS u. N. W. HARTZ: Instruments **25**, 622 (1952); vgl. auch die allgemeinen Betrachtungen über die zweckmäßige Konstruktion solcher Geräte von G. KIVENSON: J. opt. Soc. America **40**, 112 (1950). Geräte dieser Art werden von der Firma Perkin-Elmer geliefert.

[2] Ein Beispiel für *relative* spektrographische Messungen stellt die Bestimmung von Dissoziationskonstanten schwacher Säuren und Basen dar, wie sie von L. A. FLEXSER, L. P. HAMMETT u. A. DINGWALL: J. Amer. chem. Soc. **57**, 2103 (1935) ausgeführt wurde.

Spektrometrie zu betrachten. Die Langwierigkeit der photographischen Methoden hat bewirkt, daß sie mehr und mehr von den lichtelektrischen Methoden verdrängt werden, doch behalten sie für manche speziellen Zwecke auch heute noch ihre Bedeutung, worauf S. 293 schon hingewiesen wurde. Die heute ausschließlich verwendeten Verfahren der ,,Vergleichsspektren"[1] beruhen auf folgendem Meßprinzip: Es werden Doppelspektren einer Strahlungsquelle photographiert, von denen das eine durch den zu untersuchenden Stoff, das andere durch eine Lichtschwächung bekannter Extinktion geschwächt ist. Stellen gleicher Schwärzung auf der photographischen Platte entsprechen gleicher Bestrahlungsstärke und damit gleicher Extinktion von Meßprobe und Lichtschwächung, so daß nach dem LAMBERT-BEERschen Gesetz bei gegebener Schichtdicke entweder ε oder c berechnet werden kann. Der eigentliche Meßvorgang besteht demnach in der Ermittlung der Wellenlängen, bei welchen beide Spektren die gleiche Schwärzung S aufweisen. Die Genauigkeit des Meßergebnisses ist einerseits begrenzt durch die Genauigkeit, mit der diese Stellen aufgefunden werden können, und andererseits durch die Genauigkeit, mit der gleiche Bestrahlungsstärken von benachbarten Stellen der photographischen Platte in Form von gleichen Schwärzungen registriert werden.

Die Beantwortung der letzteren Frage hängt im wesentlichen von der Güte des verwendeten Plattenmaterials, ferner von der Entwicklung und Trocknung der Platte ab. Während man früher annahm, daß zwei nebeneinanderliegende Plattenstellen, die mit derselben Bestrahlungsstärke gleich lange belichtet worden sind, bei gleichzeitiger Entwicklung innerhalb von etwa 5% dieselbe Schwärzung zeigen, liegt die Unsicherheitsgrenze bei neuzeitlichem Plattenmaterial anscheinend wesentlich günstiger. Abgesehen von den Randpartien der Platte, wo Randschleier leicht Fehler verursachen können, läßt sich eine unter gleichen Bedingungen hervorgerufene Schwärzung S auf benachbarten Stellen einer Platte mit einem absoluten Fehler von $dS = 0,02$ bis $0,007$ reproduzieren[2]. Dieser absoluten Unsicherheit der Schwärzung

---

[1] Die früher allgemein gebräuchliche HARTLEY-BALY-Methode (beschrieben z.B. bei F. WEIGERT: Optische Methoden der Chemie, Leipzig 1927, oder bei W. SEITH u. K. RUTHARDT: Chemische Spektralanalyse, Berlin 1938), bei der die Schwellenwerte der Schwärzung (vgl. Abb. 66) bestimmt werden, ist von H. STÜCKLEN [J. opt. Soc. America **29**, 37 (1939)] unter Verwendung der H_2-Lampe wieder aufgenommen worden. Sie eignet sich für Serienuntersuchungen, die eine geringere Genauigkeit beanspruchen. Vgl. dazu F. MÜLLER u. W. SCHOLTAN: Z. angew. Chem. **53**, 552 (1940).

[2] Vgl. z.B.: J. EGGERT: Veröff. wiss. Zentr. Lab. photogr. Abt. Agfa **3**, 11 (1933); H. KAISER: Z. techn. Physik **17**, 233 (1936).

entspricht nach Gleichung (119) im linearen Gebiet der Schwärzungskurve eine relative Streuung der einwirkenden Strahlungsenergie von

$$\frac{d(\Phi t)}{(\Phi t)} = \frac{dS}{0,4343 \cdot \gamma}, \qquad (215)$$

die also um so kleiner wird, je größer die Gradation der Platte ist. Im übrigen liegen die gleichen Verhältnisse vor wie bei visuellen Methoden, d. h. die relative Streuung der photographisch gemessenen Extinktion ergibt sich wieder nach Gleichung (121) als abhängig von der Extinktion selbst:

$$\frac{dE}{E} = -\frac{dS}{\gamma E}. \qquad (216)$$

Kleine Extinktionen lassen sich deshalb nur mit geringer Genauigkeit bestimmen. Man kann die relative Streuung sehr klein machen, indem man die Extinktion möglichst hoch wählt, muß dann aber eine entsprechend große Belichtungszeit bei gegebener Intensität der Lichtquelle in Kauf nehmen, damit die Schwärzung noch in den linearen Bereich der Schwärzungskurve fällt und γ seinen maximalen Wert annimmt.

Die Genauigkeit der Messung hängt weiterhin von der Einstellstreuung *bei der Bestimmung der Schwärzungsgleichheit* benachbarter Felder ab. Führt man diese Bestimmung mit visuellen Methoden durch, so ist dieser Fehler in Analogie zu Gleichung (121) durch den relativen Intensitätsunterschied $d\overset{*}{B}/\overset{*}{B} = 0,01$ gegeben, auf den das Auge bei dem Schwärzungsvergleich eben noch anspricht, d. h. es wird

$$\frac{dS}{S} = -\frac{0,4343}{S} \cdot \frac{d\overset{*}{B}}{\overset{*}{B}}. \qquad (217)$$

Dieser Fehler ist unter optimalen Bedingungen von derselben Größenordnung wie der durch die Eigenschaften der Platte bedingte, durch Gleichung (216) gegebene Fehler, wenn man die Schwärzung durch entsprechend lange Belichtung genügend groß macht, so daß prinzipiell die Streuung der gemessenen Extinktion nach Gleichung (61) zu gleichen Teilen durch die Einstellstreuung der Platte und die Einstellstreuung der visuellen Schwärzungsmessung bestimmt wird. Praktisch ergibt sich jedoch infolge der raschen Ermüdung des Auges und anderer Unzulänglichkeiten der visuellen Schwärzungsmessung bald ein beträchtliches Überwiegen des zweiten Faktors und damit eine wesentlich vergrößerte Unsicherheit der Meßergebnisse, so daß objektive (licht- und thermoelektrische) Methoden der Schwärzungsmessung bei weitem vorzuziehen sind (vgl. S. 405). Mit derartigen Methoden läßt sich durch Erhöhung der Leuchtdichte und unter Beachtung der notwendigen Vorsichtsmaßregeln (vgl. S. 408) die Streuung der Schwärzungsmessung leicht so klein machen, daß sie gegenüber dem durch die Empfindlichkeitsschwankungen der photographischen Schicht bedingten Fehler völlig vernachlässigt werden kann.

Schließlich hängt die Sicherheit, mit der die Stellen gleicher Schwärzung aufgefunden werden können, noch von der *Steilheit der untersuchten Absorptionskurve* und den dadurch bedingten *Kontrasten* in den Schwärzungen des Doppelspektrums ab[1]. Dies liegt daran, daß bei der Methode der Vergleichsspektren nicht die Extinktion, sondern die Wellenlänge bestimmt wird, bei der Schwärzungsgleichheit der beiden Spektren eintritt. Ändert sich die Extinktion der untersuchten Lösung stark mit der Wellenlänge (steile Absorptionskurve), so ist auch die Änderung der Schwärzung entsprechend groß, und Gleichheit der Schwärzung innerhalb der Plattenstreuung ist nur in einem sehr kleinen Wellenlängenbereich des Doppelspektrums festzustellen, d. h. die Stellen gleicher Schwärzung lassen sich sehr genau festlegen. Je flacher dagegen die Absorptionskurve, um so flauer werden die Kontraste, über ein um so größeres Stück des Doppelspektrums lassen sich keine Schwärzungsunterschiede feststellen, d. h. die Bestimmung der Wellenlänge wird ungenau. Wie sich leicht zeigen läßt[1], ergibt sich der Fehler $d\overset{*}{\nu}$ in der Bestimmung der Wellenzahl durch den Ausdruck:

$$d\overset{*}{\nu} = \frac{0{,}4343\,dS}{E} \cdot \frac{1}{\dfrac{\partial \log \varepsilon}{\partial \overset{*}{\nu}}}. \tag{218}$$

Darin bedeutet $\partial \log \varepsilon / \partial \overset{*}{\nu}$ die Neigung der Absorptionskurve. Aus diesem Grund ist die Streuung der Meßergebnisse im Maximum einer Absorptionsbande wesentlich größer als in den ansteigenden Ästen. Sie wird z. B. von LEY und VOLBERT[2] mit 50 cm^{-1}, im flachen Bandengebiet noch größer angegeben.

Zusammenfassend läßt sich sagen, daß nach ziemlich übereinstimmenden Erfahrungen und Angaben die Genauigkeit der photographischen Extinktionsmessung unter optimalen Bedingungen durch eine relative Streuung von $dE/E = d\varepsilon/\varepsilon = 0{,}02$ bis $0{,}01$ gegeben ist. Sie ist daher von derselben Größenordnung wie bei visuellen Messungen. Bei absoluten Messungen hängt die *Richtigkeit* der gefundenen Werte wieder von den S. 43ff., 294ff. genannten

---

[1] Vgl. M. PESTEMER u. G. SCHMIDT: Monatsh. **69**, 399 (1936).
[2] LEY, H. u. F. VOLBERT: Z. physik. Chem. **130**, 321 (1927).

Bedingungen ab, unter der Voraussetzung also, daß das BEERsche Gesetz gültig ist und keine störenden Gleichgewichte oder Fremdstoffe vorliegen, allein von der Spektralreinheit des verwendeten Lichts. Diese ist nun bei Spektrographen genügend großer Dispersion und bei Verwendung genügend enger Spalte optimal, so daß spektrographische Methoden die bestgeeigneten sind, um absolute Extinktionskoeffizienten und damit ganze Absorptionsspektren zu ermitteln. Eine Spaltbreite von wenigen Hundertstel oder Tausendstel Millimetern, die genügende Gewähr für spektralreines Licht gibt, ist bei spektrographischen Messungen im Gegensatz zu den sonstigen objektiven Methoden deswegen stets möglich, weil die Einwirkung auch sehr geringer Bestrahlungsstärken auf die Platte durch entsprechend längere Belichtung zeitlich summiert werden kann. So beträgt z. B. bei einem Quarzspektrographen mittlerer Dispersion die effektive Bandbreite der Strahlung bei einer Spaltbreite von 0,01 mm im Bereich von 5000 Å etwa 0,5 Å, im Bereich von 2300 Å etwa 0,05 Å, ist also wesentlich schmaler als bei den üblichen lichtelektrischen Messungen unter Verwendung von Monochromatoren (vgl. S. 295 ff.). Diese Gegenüberstellung zeigt nach den S. 293 angestellten Überlegungen deutlich die Überlegenheit der spektrographischen Methoden für absolute Messungen, bei denen es auf hohe Auflösung ankommt.

2. Verschiedene Meßverfahren.

Das Meßprinzip der ,,*Vergleichsspektren*" wurde von HENRI[1] in die Methodik der Absorptionsspektrographie eingeführt. Die Schwächung des Vergleichsspektrums wurde von ihm nicht durch eine meßbar veränderliche Lichtschwächungseinrichtung, sondern durch Verringerung der Expositionszeit erreicht, denn nach dem Gesetz von BUNSEN-ROSCOE [Gleichung (119)] ist die photochemische Wirkung der Strahlung und damit auch die Schwärzung der Platte in gewissen Grenzen nur von dem Produkt Φt abhängig. Beträgt daher bei konstanter Bestrahlungsstärke die Expositionszeit für das Lösungsmittel t_0 und für die Lösung t, so ist für Stellen gleicher Schwärzung im Doppelspektrum die Extinktion der Lösung gegeben durch

$$E = \log \frac{\Phi_0}{\Phi} = \log \frac{t}{t_0}. \tag{219}$$

Diese Beziehung gilt nur für *geringe Unterschiede* der Expositionszeiten, bei größeren Unterschieden hängt die Schwärzung nach

---

[1] HENRI, V.: Physik. Z. **14**, 515 (1913).

dem von SCHWARZSCHILD empirisch gefundenen Gesetz (120) nicht mehr von Φt, sondern von $\Phi \cdot t^p$ ab, so daß für die Extinktion der Lösung an Stelle von (219) gilt

$$E = \log \frac{\Phi_0}{\Phi} = p \log \frac{t}{t_0}. \qquad (220)$$

Der „SCHWARZSCHILD-Exponent" p hängt vom Plattenmaterial, von der Wellenlänge des Lichts und vom Verhältnis der Belichtungszeiten ab und muß deshalb gesondert bestimmt werden. Dieser Nachteil der HENRIschen Methode sowie ihre Abhängigkeit von der Konstanz der Strahlungsquelle haben dazu geführt, daß sie heute praktisch verlassen ist. An ihre Stelle sind die beiden im folgenden beschriebenen Meßverfahren getreten:

a) **Doppelstrahlmethoden.** Die von der Strahlungsquelle emittierte Strahlung wird in zwei Bündel gleicher Intensität zerlegt, die nach dem Durchgang durch die Lösung bzw. das reine Lösungsmittel + Lichtschwächung nahe aneinandergrenzend auf den Spalt des Spektrographen fokussiert werden und auf der Platte das Doppelspektrum erzeugen. Der Vorteil dieses Verfahrens besteht darin, daß Intensitätsschwankungen der Strahlungsquelle unwirksam gemacht werden, es eignet sich also insbesondere auch für die Verwendung von Funken als Strahlungsquelle. Die von verschiedenen Autoren angegebenen Methoden dieser Art unterscheiden sich lediglich durch Verwendung verschiedener Lichtschwächungseinrichtungen bzw. durch die optische Anordnung der Lichtteilung.

In der Praxis bewährt haben sich in erster Linie das SPEKKER-Photometer[1] und die Anordnung von SCHEIBE[2]; ersteres besitzt eine verstellbare Blende als Lichtschwächung analog wie etwa das PULFRICH-Photometer (vgl. Abb. 28), bei letzterer wird das Bündel durch einen rotierenden Sektor geschwächt. Statt dessen kann man auch Raster[3] benutzen, wie es die von WINTHER[4] angegebene Methode vorsieht. Der Strahlengang im SPEKKER-Photometer ist in Abb. 161 wiedergegeben. Zur Lichtteilung dienen 4 FRESNELsche Reflexionsprismen C, H und 4 Kondensorlinsen L, G aus Quarz; die Meßblende E kann durch die Trommel D meßbar verstellt werden. Lösung bzw. Lösungsmittel befinden sich in den gleich langen Küvetten F. Voraussetzung für einwandfreie Licht-

---
[1] TWYMAN, F.: Trans. opt. Soc. America **33**, 9 (1931). Hersteller: Hilger & Watts, London.
[2] SCHEIBE, G., F. MAY u. H. FISCHER: Ber. dtsch. chem. Ges. **57**, 1331 (1924). Hersteller: VEB Optik, Jena; R. Fueß, Berlin-Steglitz.
[3] Als solche dienen mit Ruß geschwärzte Drahtnetze oder Quarzplatten mit metallischem Strichgitter. Hersteller: VEB Optik, Jena.
[4] WINTHER, CHR.: Z. wiss. Photogr., Photophysik Photochem. **22**, 125 (1922).

schwächung ist natürlich hier völlige Homogenität des Strahlenbündels über den ganzen Querschnitt der Meßblende, was hohe Anforderungen an die Justierung des Strahlengangs stellt und eine punktförmige Strahlungsquelle voraussetzt. Die Anordnung nach

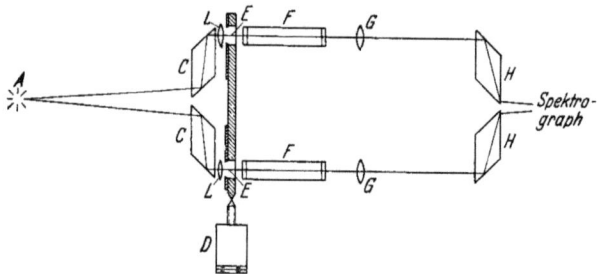

Abb. 161. Strahlengang im Spekker-Photometer.

SCHEIBE ist in Abb. 162 dargestellt. Als eigentliche Strahlungsquelle dient die beleuchtete Mattscheibe M aus Quarz. Das Lichtbündel wird mit Hilfe der Linse Li und der Blenden B_1 und B_2 geteilt. Zur Aneinandergrenzung der Spektren auf dem Spalt Sp des Spektrographen wird ein HÜFNER-Rhombus R verwendet. K_1 ist die Küvette mit der Lösung, K_2 die Küvette mit dem Lösungsmittel, die meßbare Lichtschwächung besteht aus dem rotierenden Sek-

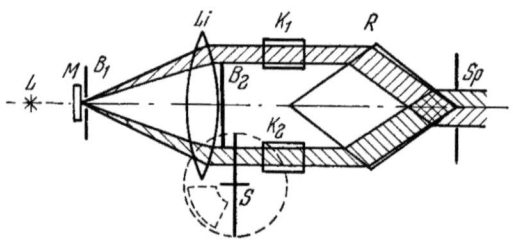

Abb. 162. Strahlengang im Scheibe-Photometer.

tor S. Bei dieser Schwächungsmethode ist zu beachten, daß die Schwächung nicht in einer Herabsetzung der Intensität, sondern infolge des intermittierenden Durchlasses in einer Herabsetzung der Belichtungszeit besteht, so daß auch in diesem Fall eigentlich das SCHWARZSCHILDsche Gesetz (220) berücksichtigt werden müßte. Der hierdurch bedingte Fehler wird jedoch, wie sich empirisch ergeben hat[1], durch den S. 159 erwähnten „Intermittenzeffekt" angenähert kompensiert.

---

[1] Vgl. z. B.: M. PESTEMER u. G. SCHMIDT: Monatsh. 69, 399 (1936).

Dem Vorteil dieser Methoden, der Unabhängigkeit von Schwankungen der Strahlungsquelle, stehen die Nachteile der großen Empfindlichkeit der optischen Justierung, die einer häufigen Nachprüfung bedarf, und der begrenzten Länge der verwendbaren Flüssigkeitsküvetten gegenüber. Da die Verwendung der sehr bequemen BALY-Rohre (vgl. S. 110) aus geometrischen Gründen häufig nicht möglich ist[1], muß man zahlreiche Einzelküvetten verschiedener Schichtdicke füllen, was mühsam und zeitraubend ist und bei leichtflüchtigen Lösungsmitteln auch beträchtliche Konzentrationsfehler verursachen kann. Der durch gleichzeitige Belichtung von Lösungsmittel und Lösung erzielte Zeitgewinn geht dadurch gewöhnlich wieder verloren. Als prinzipieller Nachteil bei der Verwendung rotierender Sektoren muß es bezeichnet werden, daß nach Untersuchungen von PESTEMER und SCHMIDT[2] die beste der modernen Lichtquellen für das UV, die Wasserstofflampe (vgl. S. 61 ff.) nicht verwendet werden kann, weil infolge des Auftretens stroboskopischer Effekte (Koinzidenz zwischen Tourenzahl des Sektors und Frequenz des die H_2-Lampe betreibenden Wechselstroms) auch in solchen Fällen, in denen die beiden Frequenzen nicht gleich groß sind bzw. im Verhältnis ganzer Zahlen stehen, keine definierte Lichtschwächung mehr möglich ist[3], so daß man auf Funken oder Glühlampen als Lichtquelle angewiesen ist.

Ein wesentlicher Nachteil der beschriebenen Meßverfahren besteht darin, daß die Aufnahme einer Reihe von Spektren mit verschiedener Schichtdicke bzw. verschiedener Extinktion der Lichtschwächung (vgl. S. 401) sehr viel Zeit erfordert. Bei Messungen im UV kann durch die langen Expositionszeiten außerdem eine photochemische Zersetzung der Lösungen eintreten. Man hat versucht[4], durch Verwendung stufenförmiger Küvetten, mit denen man durch *eine* Exposition 10 Spektrenpaare erhält, diese Nachteile zu vermeiden, jedoch hat sich dieses Verfahren nicht durchgesetzt.

b) Einstrahlmethoden. Bei dem zweiten Verfahren werden Lösung bzw. Lösungsmittel + Lichtschwächung nacheinander in

---

[1] Ein gemeinsam verstellbares Doppel-BALY-Rohr für die SCHEIBE-Anordnung beschreibt F. BANDOW: Z. Instrumentenkunde **55**, 464 (1935).

[2] Vgl. z.B.: M. PESTEMER u. G. SCHMIDT: Monatsh. **69**, 399 (1936).

[3] Nach eigenen Versuchen des Verfassers, die bei einer Wechselstromfrequenz von 50 Hz und Tourenzahlen des Sektors von 80, 1500 und 3000/Minute ausgeführt wurden, fällt der hierdurch bedingte Fehler jedoch in die durch Gleichung (216) gegebene Fehlergrenze. Die Versuche wurden in der Weise ausgeführt, daß die erste Absorptionsbande von K_2CrO_4 in wässeriger Lösung einmal mit der H_2-Lampe, einmal mit einer (mit Gleichstrom betriebenen) Glühlampe als Lichtquelle unter sonst gleichen Bedingungen aufgenommen wurde. Es ergab sich völlige Übereinstimmung der Meßpunkte.

[4] TWYMAN, F.: Proc. physic. Soc. **45**, 1 (1931).

den Strahlengang gebracht, wobei das Doppelspektrum durch Verwendung zweier aneinandergrenzender Spaltblenden erzeugt wird, wie sie jedem Spektrographen beigegeben sind. Dieses Verfahren bedingt also eine zeitliche Konstanz der Strahlungsquelle innerhalb etwa 1% der Intensität für die Dauer der beiden Belichtungen, wenn nicht die durch die Plattenstreuung gegebene Genauigkeit der Methode beeinträchtigt werden soll. Bei Verwendung einer Akkumulatorenbatterie genügender Kapazität ist eine solche Konstanz stets gewährleistet. Bei der Wasserstofflampe ist die Intensität der Strombelastung proportional, so daß es auch in diesem Fall genügt, die Stromstärke der Lampe mit Hilfe von Eisenwasserstoffwiderständen auf 1% konstant zu halten (vgl. Abb. 71). Dagegen eignet sich der kondensierte Funke als Lichtquelle für dieses Verfahren nicht. Als meßbar veränderliche Lichtschwächung dient der POOLsche Sektor[1], der die Vorteile des rotierenden Sektors und der Meßblende vereinigt, ohne ihre Nachteile zu besitzen. Er besteht ebenfalls aus einem Sektor bestimmten Ausschnitts, der jedoch nicht exzentrisch zur Achse des Strahlengangs angebracht wird, sondern *zentral* im Strahlenbündel justiert ist. Der Strahlengang der von v. HALBAN, KORTÜM und SZIGETI[2] angegebenen Anordnung ist in Abb. 163 wiedergegeben. Die punktförmige Strahlungsquelle W wird durch die Linse L vergrößert auf dem Spalt Sp des Spektrographen abgebildet. Direkt hinter dem Kondensor, d. h. praktisch in der Hauptebene der Linse, befindet sich der zentrale Sektor, der infolgedessen wie eine Aperturblende wirkt. Dadurch wird nicht wie beim exzentrischen Sektor die Belichtungs*zeit*, sondern wie bei einer Meßblende die Belichtungs*stärke* herabgesetzt,

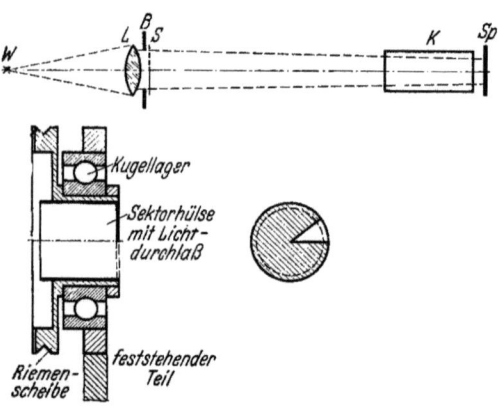

Abb. 163. Strahlengang und zentraler Sektor des Poolschen Photometers.

---

[1] POOL, G. M.: Z. Physik **29**, 311 (1924). Hersteller: R. Fueß, Berlin-Steglitz.

[2] HALBAN, H. v., G. KORTÜM u. B. SZIGETI: Z. Elektrochem. angew. physik. Chem. **42**, 628 (1936).

so daß alle durch SCHWARZSCHILD-Exponent und Intermittenzeffekt möglichen systematischen Fehlerquellen (vgl. S. 390) vollkommen ausgeschaltet sind, ebenso auch Störungen, die durch stroboskopische Effekte hervorgerufen sein könnten, so daß mit dieser Anordnung auch die Wasserstofflampe verwendbar ist. Andererseits sind die Nachteile der Meßblende, wie sie im SPEKKER-Photometer verwendet wird, nämlich die hohen Anforderungen an die Homogenität des Strahlenbündels und die Empfindlichkeit der optischen Justierung ebenfalls vermieden, da durch die Rotation des Sektors die Inhomogenitäten im Querschnitt des Strahlenbündels herausgemittelt werden. Die Anordnung hat schließlich noch den Vorteil eines äußerst einfachen Strahlengangs, der neben einer leichten Justierbarkeit auch einen beträchtlichen Gewinn an Intensität zur Folge hat und außerdem die Benutzung von BALY-Rohren beliebig großer Schichtdicken gestattet, was die Arbeitsweise außerordentlich vereinfacht. Dieses Verfahren stellt daher bis heute die am einfachsten zu handhabende und trotzdem voraussetzungsloseste und genaueste Methode zur photographischen Absorptionsmessung dar.

Die Justierung des Sektors wird durch die hinter der Beleuchtungslinse angebrachte Blende B erleichtert. Die richtige Justierung der Anordnung erkennt man daran, daß beim Einschalten des Sektors in den Strahlengang nur eine Abnahme der Beleuchtungsstärke auf dem Spalt, dagegen keine lokalen durch unscharfe Abbildung der Lichtquelle bewirkten Intensitätsschwankungen auftreten dürfen. Eine scharfe Abbildung der Strahlungsquelle auf dem Spalt ist nur dann möglich, wenn die Quelle in axialer Richtung keine größere Ausdehnung besitzt, wie dies bei den gewöhnlichen Wasserstoffentladungsröhren der Fall ist. Aus diesem Grund wurde eine Wasserstofflampe mit quasipunktförmigem Leuchtraum entwickelt (vgl. Abb. 19), welche dieser Bedingung genügt und sich zusammen mit der beschriebenen Anordnung in jahrelangem Gebrauch bewährt hat. Damit die Abbildung der Strahlungsquelle für alle Wellenlängen scharf ist, wird als Kondensor vorteilhaft ein Quarz-Flußspat-Achromat verwendet, aber auch mit gewöhnlichen Quarzlinsen wird die Genauigkeit des Verfahrens nicht beeinträchtigt, wie besonders zu diesem Zweck unternommene Versuche gezeigt haben.

Der Sektor rotiert in einem am Umfang angebrachten Kugellager und besitzt eine einstellbare Öffnung bzw. eine Reihe leicht auswechselbarer Scheiben mit verschiedenen Ausschnitten, so daß die Extinktion beliebig gewählt werden kann. Zweckmäßig verwendet man einen Satz von Sektorscheiben, deren Öffnung logarithmisch abgestuft ist, so daß sich eine Absorptionskurve auch bei konstanter Schichtdicke durch Verwendung der verschiedenen Extinktionen gewinnen läßt[1]. *Wie eine Reihe von Kontrollmessungen mit verschiedenen Sektorausschnitten gezeigt hat*[2], *übersteigen die Streuungen bei verschiedenen Aufnahmen, die von verschiedenen Beobachtern gemacht und ausgewertet wurden, in keinem Fall die Grenze $\mp 1\%$ des Extinktionskoeffizienten, was das Optimum der mit photographischen Methoden erreichbaren Genauigkeit darstellen dürfte.*

Eine Modifikation dieses zweiten Verfahrens, bei dem Lösung und Lösungsmittel nacheinander in den Strahlengang gebracht werden, hat v. KEUSSLER[3] beschrieben. Als Strahlungsquelle wird der S. 65 beschriebene Unterwasserfunke benutzt. Die zeitlichen Intensitätsschwankungen werden ausgeglichen, indem man die beiden Küvetten zusammen mit geeignet angebrachten Spaltblenden mit einer Frequenz von etwa 100/Minute hin und her pendeln läßt. An Stelle mit einer Lichtschwächung wird mit einer Schwärzungsskala gearbeitet, die auf jeder Platte mit Hilfe eines keil- oder stufenförmigen Spaltes aufgenommen wird und zur Ermittlung der Stellen gleicher Schwärzungen dient. Dieses umständlichere und weniger einwandfreie Verfahren ließe sich umgehen, wenn man die Lichtschwächung in Form von Drahtnetzen verschiedener Extinktion vor der Vergleichsküvette anbringen und an der Pendelbewegung teilnehmen lassen würde. Ein ähnliches Verfahren beschreibt VAN DEN AKKER[4]: Die beiden Küvetten (bzw. ein Biprisma) oszillieren synchron mit einem 10stufigen Sektor vor dem Spalt, so daß das Strahlenbündel abwechselnd den Sektor + Lösungsmittelküvette und die Lösungsküvette durchsetzt. Auf diese Weise erhält man mit *einer* Exposition 10 Vergleichsspektren verschiedener Schwärzung, so daß mehrere ,,Stellen gleicher Schwärzung" aufgefunden werden können.

Allen bisher beschriebenen Methoden ist gemeinsam, daß die photometrische Anordnung nebst den Küvetten vor dem Spektrographenspalt angeordnet werden. Ein völlig anderes Verfahren, bei dem sich die Küvette und eine Blende mit logarithmisch verlaufender Extinktion zwischen Spalt und Prisma des Spektrographen befindet, haben PHILPOT und SCHUSTER[5] angegeben. Bezüglich der

---

[1] Zur Eichung der Sektorscheiben vgl. H. v. HALBAN u. M. LITMANOWITSCH: Helv. chim. Acta **24**, 44 (1940).
[2] HALBAN, H. V., G. KORTÜM u. B. SZIGETI: s. S. 392.
[3] KEUSSLER, V. V.: Z. angew. Physik **3**, 110 (1951).
[4] AKKER, VAN DEN: J. opt. Soc. America **36**, 561 (1946).
[5] PHILPOT, J. L. ST. u. E. H. F. SCHUSTER: Med. Res. Council, Spec. Rep. Ser. **177**.

Einzelheiten dieses Verfahrens, das ein besonders konstruiertes Densitometer erfordert, muß auf die Originalarbeit verwiesen werden[1].

3. Einzelheiten zur Aufnahme der Spektren.

a) Spektrographen. Der Aufbau eines Spektrographen entspricht dem eines Monochromators mit dem Unterschied, daß der Austrittsspalt durch die Kamera ersetzt ist. Das Spektrum ist die Gesamtheit der nebeneinander liegenden Bilder des Eintrittsspaltes in verschiedenen Wellenlängen (vgl. Abb. 164). Während beim Monochromator die Brennweite der beiden Linsen bzw. Spiegel gleich ist, kann beim Spektrographen die Brennweite des Kameraobjektivs beliebig gewählt werden und bestimmt die Vergrößerung des Spaltbilds in der Plattenebene und damit die Höhe l_k des Spektrums. Ist l_s die benutzte Spaltlänge, f_k die Kamerabrennweite und f_s die Kollimatorbrennweite, so gilt

$$l_k = l_s \cdot \frac{f_k}{f_s}. \qquad (221)$$

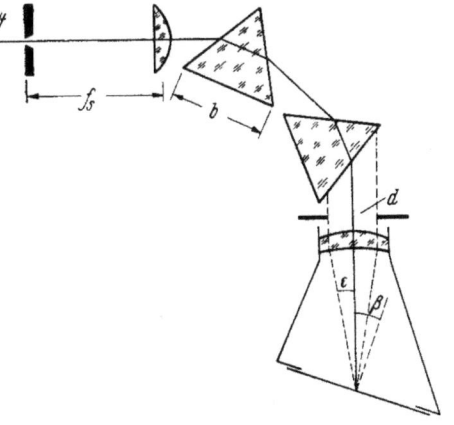

Abb. 164. Aufbau eines Spektrographen. f_s Kollimatorbrennweite; b Basislänge; d Blendendurchmesser vor der Kameralinse; ε halber Öffnungswinkel des Bündels; β Neigung der Plattenebene gegen die Normallage.

Die Kameralinse wird von den verschiedenen Wellenlängen unter ganz verschiedenen Winkeln durchsetzt, was hohe Anforderungen an die Abbildungsgüte der Linse stellt. Man verwendet deshalb korrigierte Linsensysteme. Dagegen ist die chromatische Aberration (S. 92) ohne Bedeutung, da ja die Spaltbilder für die verschiedenen Wellenlängen ohnehin auseinandergezogen werden. Verwendet man für Kollimator und Kameraobjektiv keine Achromate, so ist die Fokalfläche stark gegen die Achse des Spektrographen geneigt, was ebenfalls die Höhe des Spektrums beeinflußt. Die Fokalfläche ist häufig keine Ebene, sondern mehr oder weniger gekrümmt. Man sucht

---

[1] Eine eingehende Beschreibung gibt auch M. G. MELLON: Anal. Absorption Spectroscopy, New York 1950.

durch Korrektur der Objektive diese Krümmung möglichst klein zu machen, damit man die Platten nicht zu stark durchbiegen bzw. der Krümmung anpassen muß, was immer nur mit einer gewissen Näherung möglich ist.

Für die Leistungsfähigkeit eines Spektrographen ist a) seine Dispersion, b) sein Auflösungsvermögen und c) seine „Lichtstärke" kennzeichnend. Die Winkel- bzw. Lineardispersion von Prismen und Gittern wurde bereits im Abschnitt II,4 behandelt, ebenso das Auflösungsvermögen. Beides ist in Abb. 165 an einem Ausschnitt des Fe-Spektrums mit drei verschiedenen Zeiß-Quarz-Spektrographen demonstriert[1]. Das Dublett bei 3100 Å ist nur bei den beiden obersten Spektren deutlich aufgelöst. Durch Vergrößerung der Kamerabrennweite bzw. durch nachträgliche Vergrößerung des Spektrums kann man die Lineardispersion, nicht aber das Auflösungsvermögen erhöhen.

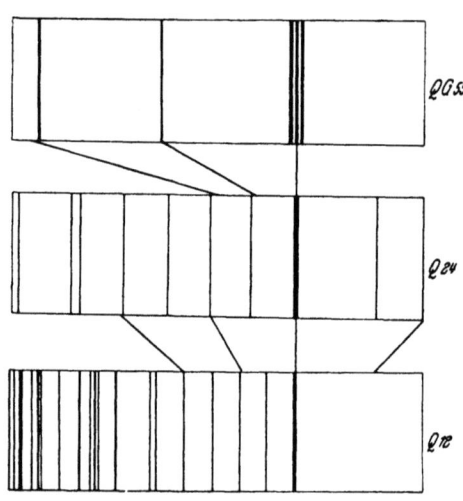

Abb. 165. Bogenspektrum des Eisens bei 3100Å, aufgenommen mit den Zeiß-Spektrographen QG 55, Q 24 und Q 12. 15fache Vergrößerung.

Um die „Lichtstärke" eines Spektrographen zu definieren, berechnet man nach HANSEN[2] zunächst die Bestrahlungsstärke der Platte. Diese entspricht der Strahlungsdichte im Austrittsspalt eines Monochromators nach Gleichung (183), dividiert durch die bestrahlte Fläche F der Platte:

$$S = B\Delta\lambda L/F. \qquad (222)$$

Dabei ist L der Lichtleitwert des Spektrographen, der analog zu (184) gegeben ist durch (vgl. Abb. 164)

$$L = \frac{F\pi d^2}{f_k^2 \; 4}. \qquad (223)$$

$\pi d^2/4$ ist die kreisförmige Öffnungsblende am Kameraobjektiv,

---

[1] Nach F. GÖSSLER: Optik 1, 85 (1946).
[2] HANSEN, G.: Optik 1, 269 (1946).

Einzelheiten zur Aufnahme der Spektren.

f_k die Kamerabrennweite. Da ferner $d/2f_k \sim \sin \varepsilon$, kann man auch schreiben

$$S = B \Delta \lambda \pi \sin^2 \varepsilon. \quad (224)$$

Steht die bestrahlte Fläche F nicht senkrecht zur Strahlungsrichtung, sondern um den Winkel β geneigt, muß man den Richtungscosinus berücksichtigen:

$$S = B \Delta \lambda \pi \sin^2 \varepsilon \cos \beta = \frac{B \Delta \lambda \pi d^2}{4 f_k^2} \cos \beta. \quad (225)$$

Die ,,Lichtstärke" ist also durch das Verhältnis der ausgeleuchteten Fläche der Kameralinse zum Quadrat ihrer Brennweite oder durch das Quadrat der sogenannten ,,Öffnungszahl" $k = f_k/d$ bestimmt. Bei zwei Spektrographen, deren Öffnungszahlen sich wie 1:3 verhalten, erfordert der letztere die neunfache Belichtungszeit, wenn man gleiche Schwärzungen erhalten will.

Die Anforderungen an Dispersion, Auflösungsvermögen und Lichtstärke, wie sie bei der Absorptions- und Emissionsspektrographie gestellt werden müssen, werden sowohl von Prismen- wie von Gittergeräten erfüllt. Während bisher Prismenspektrographen für spektrochemische Aufgaben meistens vorgezogen wurden, hat

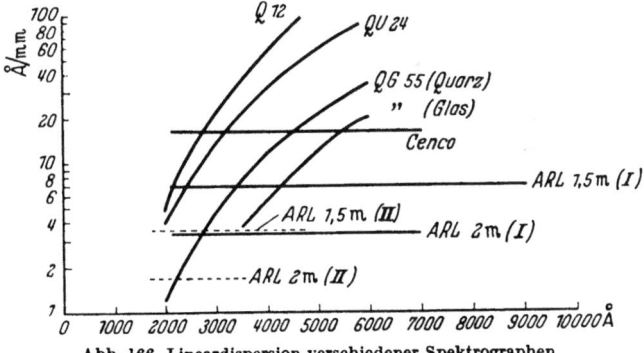

Abb. 166. Lineardispersion verschiedener Spektrographen.

die Entwicklung und leichte Zugänglichkeit moderner Gitter (vgl. S. 105) die zunehmende Einführung von Gitterspektrographen begünstigt. Das hat mehrere Gründe: Von besonderem Vorteil ist die über den gesamten Spektralbereich praktisch konstante Dispersion und Auflösung [Gleichung (189) und (101)], während man bei Prismen im kurzwelligen Bereich eine unnötig große Lineardispersion in Kauf nehmen muß, damit diese im langwelligen Bereich noch ausreicht. In Abb. 166 ist die Lineardispersion von drei Quarz- und einem Glasspektrographen von Zeiß, zwei Gitterspektrographen der Applied Research Laboratories (Detroit) und einem kleinen Gitterspektrographen der Central Scientific Corp. wiedergegeben. Im kurzwelligen UV hat der Qu 24 eine größere Dispersion als das 1,5-m-Gitter in der I. Ordnung, bei 2200 Å ist die Dispersion beider Geräte gleich, dann bleibt der Prismenspektrograph mehr und mehr hinter dem Gitterspektrographen zurück. Gelegentlich unterscheidet man[1] zwischen „nutzbarem Spektralbereich" und „Aufnahmebereich". Ersterer ist der Wellenlängenbereich, in dem man mit ausreichender Dispersion arbeiten kann, letzterer gibt den Bereich an, in dem man mit einer gegebenen Einstellung des Spektrographen auskommt. Der Gitterspektrograph hat den weitaus größeren nutzbaren Spektralbereich, denn die mit λ absinkende Lineardispersion der Prismenapparate verlangt für einen größeren Spektralbereich von etwa 2000 bis 10000 Å wenigstens zwei, wenn nicht drei verschiedene Arten von Optik (Quarz, Glas, Steinsalz). Bei der Aufstellung nach ROWLAND (Abb. 42) bietet das Gitter sogar die Möglichkeit, mit Hilfe mehrerer Kassetten den gesamten Spektralbereich mit *einer* Aufnahme zu umfassen (nutzbarer und Aufnahmebereich werden identisch), während bei der WADSWORTH- und EAGLE-Aufstellung (Abb. 43) der erfaßbare Bereich kleiner ist und durch Drehen des Gitters bzw. Schwenken der Kassette verändert werden muß. Ferner kann man bei Gitterspektrographen bei ungenügender Dispersion in eine höhere Ordnung übergehen. Als Nachteile der Gitterspektrographen sind die S. 105 erwähnten „Gittergeister" und die Überlagerung verschiedener Ordnungen anzusehen. Erstere sind jedoch im wesentlichen nur bei der Emissionsspektralanalyse störend, ihre Intensität ist außerdem bei den modernen Gittern außerordentlich gering; die Überlagerung der Spektren verschiedener Ordnung läßt sich durch Auswahl geeigneter Empfänger (Platten begrenzten Empfindlichkeitsbereichs) und durch Filter weitgehend ausschalten.

Bei Prismenspektrographen benutzt man außer der in Abb. 164 dargestellten Anordnung, die vor allem für Spektrographen mittlerer Größe gebräuchlich ist, auch die LITTROW-Aufstellung (Abb. 36) mit einem 30°-Prisma und das Prisma nach FÉRY (vgl. S. 99) für hohe Auflösungen. Beim FÉRY-Spektrograph[2], dessen Strahlengang in Abb. 167 dargestellt ist, sind die beiden Objektive durch den sphärischen Schliff zweier Prismenflächen ersetzt, das Prisma wird wie beim LITTROW-Spektrographen zweimal durchlaufen. Man hat also wie beim Gitterspektrographen nur ein

---
[1] Vgl. W. SCHUHKNECHT: Z. analyt. Chem. **136**, 81 (1952).
[2] Hersteller: Ch. Beaudouin, Paris.

einziges optisches Element, der Spektrograph ist sehr lichtstark, aber stark astigmatisch[1]. Die Fokalkurve ist kreisförmig, so daß man an Stelle von Platten besser Film verwendet[2]. Zahlreiche Literaturangaben über moderne Spektrographen und über Herstellerfirmen findet man z.B. bei SCHUHKNECHT[3]. Über Mikrospektrographie vgl. S. 321 sowie die Zusammenfassung von LOOFBOUROW[4].

b) Aufnahmetechnik. Besondere Sorgfalt erfordert die Justierung der Lichtquelle und damit des ganzen Strahlengangs zum Spektrographen. Blickt man nach Entfernung des zur Beleuchtung des Spalts dienenden Kondensors bei weitgeöffnetem Spalt vom Ort der photographischen Platte gegen die Lichtquelle, so muß ihr unscharfes Bild in der Mitte der Kameralinse bzw. einer vor dem Prisma zuweilen angebrachten Blende erscheinen.

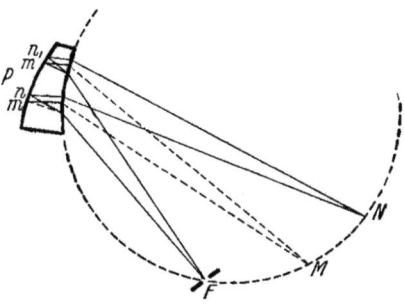

Abb. 167. Strahlengang im Féry-Spektrographen. F Spalt; P Féry-Prisma; M–N Fokalkurve.

Bewegt man die Lichtquelle auf einer optischen Bank gegen den Spektrographen, so darf sich dieses Bild nicht aus der Mitte der Blende verschieben, was bedeutet, daß die optische Bank mit der Achse des Kollimatorrohrs parallel läuft. Stellt man jetzt den Kondensor so auf, daß die Lichtquelle scharf auf dem Spalt abgebildet ist, so erscheint das ganze Prisma von Licht erfüllt, wenn die Öffnung des vom Kondensor ausgehenden Strahlenbündels gleich ist der Öffnung der Kollimatorlinse des Spektrographen. Andernfalls sieht man die Fassung des Kondensors und muß die Entfernung der Lichtquelle und des Kondensors vom Spalt entsprechend ändern. Andererseits muß man dafür sorgen, daß die Kollimatorlinse des Spektrographen das gesamte von der Öffnung der photometrischen Einrichtung ausgehende Strahlenbündel aufnimmt, da sonst die Kollimatorlinse als Blende wirkt, was sich speziell bei Doppelstrahlmethoden in einer Ungleichheit der beiden Strahlenbündel auswirken kann. Die geeig-

---

[1] Man kann deshalb nicht die sonst gebräuchlichen Stufenblenden oder -sektoren vor dem Spalt anbringen; vgl. dazu R. E. THIERS: J. opt. Soc. America **40**, 849 (1950).
[2] SCHUHKNECHT, W.: Optik **10**, 237 (1953).
[3] SCHUHKNECHT, W.: Z. analyt. Chem. **136**, 81 (1952).
[4] LOOFBOUROW, J. R.: J. opt. Soc. America **40**, 317 (1950).

netste Spaltbeleuchtung ist die nach Abb. 49 c. Man überzeugt sich am besten durch eine Reihe von Aufnahmen bei verschiedenen Stellungen des Teilungssystems, wann die beiden Spektren gleiche Intensität besitzen. Die korrekte Justierung[1] ist von Zeit zu Zeit nachzuprüfen.

Da nach Gleichung (216) die Genauigkeit der photographischen Extinktionsmessung mit steigender Extinktion zunimmt, ist es an sich erwünscht, die Extinktion der Lichtschwächung möglichst hoch zu wählen. Im allgemeinen wird man jedoch die Extinktion 1 bis 1,5 nicht überschreiten, damit die Belichtungszeiten nicht zu groß werden. Bei gegebener Extinktion und Schichtdicke läßt sich die für die Aufnahme zu wählende Konzentration des zu untersuchenden Stoffs leicht abschätzen. Da erfahrungsgemäß Absorptionsbanden mit einem Extinktionskoeffizienten $\varepsilon_{max} < 10$ praktisch selten vorkommen[2], so daß es jedenfalls selten notwendig ist, die Messung auf kleinere Werte als $\varepsilon = 1$ auszudehnen, beträgt die Konzentration für eine Extinktion $E = 1$ und eine größte Schichtdicke von $s = 10$ cm nach Gleichung (27 b) $c_{max} = 10^{-1}$ Mol/l. Umgekehrt sind bei intensiven Banden Werte von $\varepsilon_{max} > 10^5$ äußerst selten, so daß bei einer kleinsten Schichtdicke von 1 cm und einer Extinktion von 1 die minimale Konzentration $c_{min} = 10^{-5}$ Mol/l beträgt. Dieser für die Messung notwendige Konzentrationsbereich $10^{-1} > c > 10^{-5}$ läßt sich natürlich verringern, wenn man einen größeren Schichtdickenbereich zur Verfügung hat und außerdem die Extinktion der Lichtschwächung etwa im Bereich $0,5 < E < 1,5$ variiert. Sind z. B Schichtdicken zwischen 50 cm und 0,1 mm vorhanden, was sich mit Hilfe zweier BALY-Rohre für große bzw. sehr kleine Schichtdicken verwirklichen läßt (vgl. S. 111), so sind die Konzentrationsgrenzen für den genannten Extinktionsbereich durch $10^{-2} > c > 10^{-3}$ gegeben, man braucht also in diesem Fall nur eine einzige Verdünnung herzustellen, um den Bereich von 5 Zehnerpotenzen in ε zu überdecken. Dies ist besonders dann von Vorteil, wenn das LAMBERT-BEERsche Gesetz über ein größeres Konzentrationsgebiet versagt. Kommen bei dem untersuchten Stoff nicht gleichzeitig niedrige und hohe Extremwerte von ε vor, so gelingt es meistens, lediglich durch Änderung von Schichtdicke und Extinktion in den angegebenen Grenzen die

---

[1] Für die Justierung des HÜFNER-Prismas in der SCHEIBE-Anordnung gibt Zeiß eine ausführliche Anleitung.

[2] Werden noch kleinere Werte gefunden, so besteht die Gefahr, daß es sich um Verunreinigungen handelt, weswegen in solchen Fällen stets zu untersuchen ist, ob die betreffende Bande auch bei weiterer Reinigung der Substanz erhalten bleibt.

ganze Absorptionskurve zu gewinnen, ohne daß man die Konzentration überhaupt ändern muß.

Um einen *Überblick* über ein unbekanntes Spektrum zu gewinnen, stuft man zunächst die Schichtdicken sehr grob ab, indem man z. B. mit der größten vorhandenen Schichtdicke beginnend jeweils die folgenden um den Faktor 2 oder 3 verkleinert. Das entspricht einer Abstufung in log ε um 0,301 bzw. 0,477, so daß sich durch etwa 16 bzw. 10 Aufnahmen der ganze in Frage kommende Bereich von etwa 5 Einheiten in log ε überdecken läßt. Stehen keine genügend kleinen Schichtdicken zur Verfügung, so geht man zu einer kleineren Konzentration der Lösung über. Legt man etwa den SCHEIBEschen Küvettensatz zugrunde, so ergibt sich z. B. folgende Reihe von Aufnahmen:

Tabelle 32.
Schema einer Übersichtsaufnahme mit dem Scheibeschen Küvettensatz.

Sektor	Extinktion	c Mol/l	s cm	log s	ε	log ε
10%	1,000	10^{-2}	10	1,000	10,00	1,00
			5,02	0,700	19,95	1,30
			2,51	0,400	39,8	1,60
			1,26	0,100	79,4	1,90
			0,631	− 0,200	158,5	2,20
			0,316	− 0,500	316	2,50
			0,159	− 0,800	631	2,80
			0,100	− 1,000	1000	3,00
		10^{-4}	10	1,000	1000	3,00
			5,02	0,700	1995	3,30
			2,51	0,400	3980	3,60
			1,26	0,100	7940	3,90
			0,631	− 0,200	15850	4,20
			0,316	− 0,500	31600	4,50
			0,159	− 0,800	63100	4,80
			0,100	− 1,000	100000	5,00

Auf diese Weise läßt sich in der Regel auf einer einzigen Platte eine Übersicht über das ganze Spektrum gewinnen. Aus der Verteilung der Stellen gleicher Schwärzung läßt sich sofort ersehen, in welchem Bereich eine feinere Abstufung der Schichtdicken erwünscht ist, um die Lage der Absorptionskurve genauer festzulegen. Insbesondere ist für die Bestimmung der Maxima und eventueller Wendepunkte der Kurve ein geringerer Abstand zwischen den Meßpunkten notwendig. Mittels des SCHEIBEschen Küvettensatzes läßt sich eine Abstufung von $\Delta \log \varepsilon = 0,100$ erreichen, will man noch feiner abstufen, so müssen andere Konzentrationen bzw.

402   Photographische Methoden.

eine andere Extinktion des Sektors gewählt werden. BALY-Rohre haben demgegenüber den Vorteil, daß man diese Abstufung fast beliebig fein machen kann, ohne die Konzentration ändern zu müssen. So ergibt z.B. die Schichtenfolge 200, 191, 182, 174, 166, 159 usw. mm eine Abstufung von $\Delta \log \varepsilon = 0{,}020$, die natürlich noch weiter unterteilt werden kann, falls dies notwendig sein sollte. In Abb. 168 ist eine Aufnahme von Anthracen in Dioxan wiedergegeben. Es wurde die POOLsche Sektormethode und eine H_2-

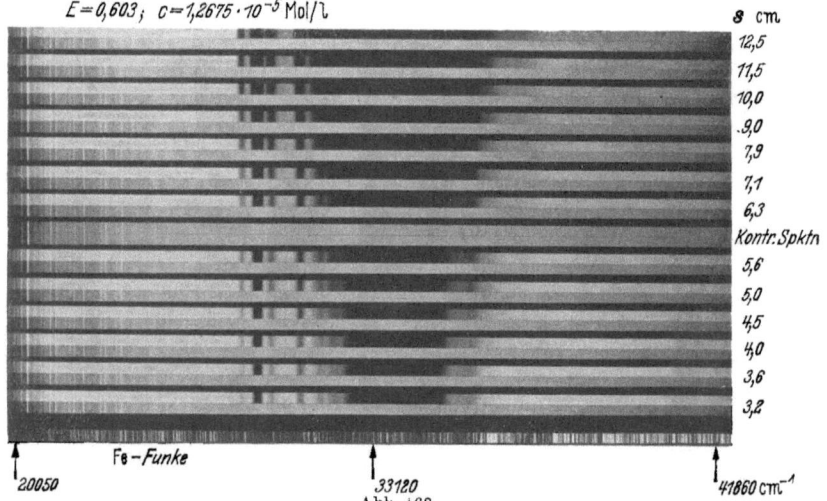

Abb. 168.
Absorptionsspektren von Anthracen in Dioxan, aufgenommen nach der Poolschen Sektormethode mit Wasserstofflampe als Strahlungsquelle und mittlerem Quarzspektrographen.

Lampe als Strahlungsquelle verwendet. Der Verlauf der Absorptionskurve läßt sich bereits bei der bloßen Betrachtung der Platte erkennen. Unten auf der Platte sieht man das Bezugsspektrum des Eisenfunkens, in der Mitte das Kontrollspektrum gleicher Intensität für die Ausmessung der Platte (vgl. S. 407).

Die günstigsten *Belichtungszeiten* müssen für jede benutzte Strahlungsquelle und jeden Spektrographen empirisch ermittelt werden. Sie sollen in jedem Fall so groß sein, daß die Schwärzung noch ins Gebiet der maximalen Gradation der Platte fällt und daß der Fehler in der Zeitbestimmung kleiner bleibt als 1%. Bei einer Ablesemöglichkeit auf der Stoppuhr von $^1/_5$ Sekunde soll daher die Belichtungszeit nicht unter 20 Sekunden betragen. Arbeitet man bei verschiedenen Extinktionen, so ist die Belichtungszeit der

Durchlässigkeit der Lichtschwächung umgekehrt proportional. Die Spaltbreite soll je nach der Dispersion des Spektrographen ein bis einige Hundertstel Millimeter betragen. Bei Spektrographen mittlerer Lichtstärke wird man bei einer Spaltbreite von 0,05 mm, einer Extinktion von 1 und einer Belichtungszeit von 60 Sekunden mit den üblichen Lichtquellen eine genügende Schwärzung erzielen. Spaltbreite, Belichtungszeit, Extinktion, Schichtdicken, Konzentration und Temperatur der Lösung sowie Datum der Aufnahme werden stets auf dem Rand der Platte vermerkt[1].

Bei der Herstellung der Lösungen von schwachen Säuren oder Basen bzw. ihrer Salze ist wegen der verschiedenen Absorption von Ionen und undissoziierten Molekülen darauf zu achten, daß man die *Dissoziation* bzw. *Solvolyse* genügend weit durch Zusatz von starken Säuren oder Laugen zurückdrängt, was häufig übersehen wird. Wie sich leicht abschätzen läßt[2], liegen die Grenzen, innerhalb deren sich das Spektrum eines schwachen Elektrolyten bzw. seines Ions noch direkt messen läßt, für die Dissoziationskonstante im Bereich $10^{-4} > K > 10^{-10}$, weil dem Zusatz größerer Mengen an starken Mineralsäuren oder -laugen infolge der auftretenden „Salzeffekte" Grenzen gesetzt sind. Aus diesem Grunde läßt sich bei noch schwächeren Elektrolyten ($K < 10^{-10}$) das Spektrum des Ions und bei stärkeren Elektrolyten ($K > 10^{-4}$) das Spektrum des undissoziierten Moleküls nur dann *exakt* ermitteln, wenn gleichzeitig die Dissoziationskonstante des Elektrolyten bei der Temperatur der Messung bekannt ist, so daß man die Gleichung (53) anwenden kann[3].

c) Auswertung der Platten. Der eigentliche Meßvorgang bei den Methoden der „Vergleichsspektren" besteht, wie schon dargelegt, in der Aufsuchung der Wellenlängen, bei welchen die beiden Spektren gleiche Schwärzung aufweisen. Zu diesem Zweck muß die „*Dispersionskurve*" des verwendeten Spektrographen bekannt sein, die man durch Ausmessung der Abstände eines bekannten Linienspektrums auf der Platte ermittelt. Zur Ausmessung dient in der Regel ein mit Mikroskop und Schlitten für die meßbare Verschiebung der Platte versehenes Meßgerät (Komparator), das in mehr oder weniger präziser Ausführung von einer Reihe von Firmen hergestellt wird[4]. Für die Zwecke der Absorptionsspektrographie

---

[1] Man schreibt mit Tusche direkt auf die Gelatineseite der Platte.
[2] Vgl. G. KORTÜM: Z. physik. Chem., Abt. B **42**, 46 (1939).
[3] Vgl. das Beispiel der Absorption des undissoziierten 2,4-Dinitrophenols bei G. KORTÜM: Z. physik. Chem., Abt. B **42**, 47 (1939).
[4] Zum Beispiel Askaniawerke, Berlin; VEB Optik, Jena; C. Leiß, Berlin-Steglitz; R. Fueß, Berlin-Steglitz.

genügt in der Regel ein einfaches Modell, welches die Abstände auf 0,05 mm sicher abzulesen gestattet. Trägt man die bekannten Wellenlängen des Linienspektrums gegen die abgelesenen Skalenteile auf, so erhält man die Dispersionskurve. Man wählt den Maßstab des Koordinatennetzes so groß, daß die erreichbare Genauigkeit der Einstellung durch die Ablesung auf der Kurve nicht beeinträchtigt wird. Die Konstruktion der Kurve wird durch Verwendung des HARTMANNschen Dispersionsnetzes erleichtert, das in zwei Ausführungen für das sichtbare und ultraviolette Spektralgebiet hergestellt wird[1]. In diesen Dispersionsnetzen stellen die Eichkurven angenähert gerade Linien dar (vgl. S. 305). Verwendet man zur Aufnahme der Absorptionsspektren z. B. den Eisenfunken, so dient dieser direkt als Bezugsspektrum für die Eichung, verwendet man eine kontinuierliche Strahlungsquelle (Glühlampe oder H_2-Lampe), so sind auf jeder Platte ein oder besser zwei Bezugsspektren mit aufzunehmen, als welche neben dem Eisenspektrum etwa das des Quecksilbers oder im äußersten UV das des Kupfers geeignet sind. Manche Spektrographen besitzen auch eine Einrichtung, um eine Wellenlängenskala auf der Platte mit aufzunehmen. Da die Richtigkeit einer solchen Skala jedoch davon abhängig ist, daß die Justierung des Spektrographen sich nicht geändert hat, ist es in jedem Fall vorzuziehen, ein bekanntes Linienspektrum auf jeder Platte mitzuphotographieren, um stets ein einwandfreies Bezugssystem zu haben. Das Spektrum der Wasserstofflampe besitzt im langwelligen Teil ebenfalls einige charakteristische Atomlinien, von denen vor allem die scharfe und intensive Linie bei 4861 A als Bezugslinie für die Wellenlängeneichung sehr geeignet ist.

Das *Aufsuchen der Stellen gleicher Schwärzung* erfolgt in ähnlicher Weise wie die Aufstellung der Dispersionskurve. Immer von der gleichen Bezugslinie und dem zugehörigen, durch die Dispersionskurve gegebenen Skalenteil der Meßtrommel ausgehend, stellt man mit dem Mikroskop fest, wo die Trennungslinie des Doppelspektrums wegen der gleichen Schwärzung der beiden Hälften nahezu verschwindet. Dies wird gewöhnlich dadurch sehr erleichtert, daß man mit Hilfe zweier an dem Mikroskop angebrachter Blenden einen schmalen Ausschnitt des Doppelspektrums so ausblendet, daß von der Umgebung kein Licht mehr in das Mikroskop gelangt. Auch gibt es eine optimale Helligkeit des Gesichtsfelds, bei der die Einstellung am besten wird. Für die entsprechende Ablesung der Skala und Meßtrommel entnimmt man die zugehö-

---

[1] Schleicher & Schüll, Düren.

rige Wellenlänge aus der Dispersionskurve. Man markiert zweckmäßig diese Stellen für ihre leichte Wiederauffindung und eine eventuelle spätere Kontrolle durch einen *neben* dem Spektrum anzubringenden Stich mit einer dünnen Stahlspitze in die Gelatine der Platte.

Obwohl man nach einiger Übung in der Auffindung der Stellen gleicher Schwärzung auf die beschriebene Weise recht große Sicherheit erreicht, nimmt doch die Genauigkeit der visuellen Messung infolge der raschen Ermüdung des Auges schnell ab, wenn es sich um die laufende Ausmessung ganzer Spektren handelt. Für die Auswertung der Platten haben sich daher licht- oder thermoelektrische Methoden als ganz besonders wertvoll erwiesen. Auch hier läßt sich der Intensitätsvergleich des von den beiden Spektren durchgelassenen Lichts und damit der Schwärzungsvergleich der beiden Spektren mit Hilfe eines Thermoelements oder einer Photozelle durchführen. Da es sich dabei fast stets um ,,Ausschlagsmethoden" handeln wird (vgl. S. 225), ist das Thermoelement der Photozelle bzw. dem Multiplier wegen der unbedingten Proportionalität zwischen Schwärzung und Galvanometerausschlag überlegen. In die Praxis hat sich eine Reihe derartiger einfacher Photo-

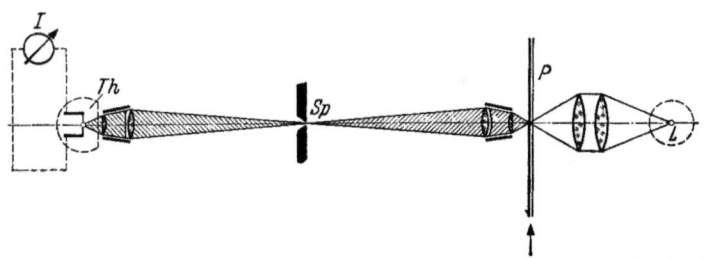

Abb. 169. Thermoelektrisches Spektralphotometer für Schwärzungsmessungen nach Scheibe.

meter eingeführt[1]. Der Strahlengang der von SCHEIBE angegebenen thermoelektrischen Anordnung ist in Abb. 169 dargestellt. Auf der in Richtung des Pfeiles verschiebbaren Platte P entsteht ein verkleinertes Bild des Glühfadens der Lampe L, dieses wird vergrößert auf dem Photometerspalt Sp abgebildet, von welchem schließlich wiederum ein verkleinertes Bild auf dem Thermobändchen Th entworfen wird. Der Ausschlag des Galvanometers I gegenüber dem

---

[1] Vgl. die Übersicht und Literaturangaben bei A. HENRICI u. G. SCHEIBE: Physikalische Methoden der analyt. Chemie, 3. Teil, Leipzig 1939. Hersteller: B. Lange, Berlin-Zehlendorf; R. Fueß, Berlin-Steglitz; VEB Optik, Jena.

Ausschlag bei ungeschwärzten Stellen der Platte ist ein Maß für die Schwärzung an der untersuchten Stelle.

Man kann diese eigentlich für Schwärzungsmessungen an Spektrallinien bestimmten Photometer natürlich auch für die Auffindung der Stellen gleicher Schwärzung in einem Doppelspektrum benutzen, indem man rasch nacheinander die eine bzw. andere Hälfte des Spektrums in den Strahlengang des Photometers bringt und die Platte so lange verschiebt, bis bei diesem Wechsel der Ausschlag des Galvanometers der gleiche bleibt. Dabei handelt es sich also um eine *Wechsellichtmethode,* die von langperiodischen Intensitätsschwankungen der Lichtquelle und ebenso von der Proportionalität zwischen Beleuchtungsstärke und Photostrom unabhängig und deshalb sehr zuverlässig ist (vgl. S. 235). Zum raschen Wechsel der beiden Spektren wird in dem von Zeiß konstruierten *Schnellphotometer* zwischen Abbildungslinse und Zelle ein Biprisma eingeschaltet, das auf einem Schlitten sitzt, bei dessen Verschiebung die eine oder die andere Hälfte des Prismas wirksam wird. Infolge der Ablenkung wird dann jeweils das eine oder das andere der zu vergleichenden Spektren auf den Spalt vor dem Photoelement projiziert. Diese Methode ist wegen der Notwendigkeit, ständig die Schlittenverschiebung zu betätigen und gleichzeitig den Plattentisch zu verschieben, immer noch recht mühsam, besonders wenn etwa im Bereich mehrerer Schwingungsbanden eine Reihe von Stellen gleicher Schwärzung aufeinanderfolgt. In einem von BODFORSS[1] angegebenen Gerät erfolgt der Projektionswechsel der zu vergleichenden Spektren automatisch und kontinuierlich mit Hilfe eines oszillierenden Spiegels, der durch einen Synchronmotor mit Exzenter angetrieben wird. Als Empfangsorgan dient hier eine Alkalizelle, die über e nen Zweiröhrenverstärker an einen Kathodenstrahloszillographen angeschlossen ist. Weiterhin empfiehlt es sich, die Plattenverschiebung mit Hilfe eines Synchronmotors automatisch zu machen, damit der Galvanometerausschlag nicht nachhinkt[2]. Von da ist es nur noch ein Schritt zum registrierenden Photometer, indem man das Galvanometer durch ein Registriergerät ersetzt[2].

Die Wechsellichtmethoden haben für die hier interessierende Aufgabe des Aufsuchens von Stellen gleicher Schwärzung den prinzipiellen Nachteil, daß geringe, z. B. durch mangelhafte Justierung der Lichtteilung verursachte Schwärzungsunterschiede der zu vergleichenden Spektren (vgl. S. 390) die Messung fälschen. Diese Fehlerquelle läßt sich vermeiden, wenn man die in neuerer Zeit

---

[1] BODFORSS, S.: Z. wiss. Photogr., Photophysik Photochem. **40**, 154 (1941).

[2] SCHUHKNECHT, W.: Spectrochim. Acta [Berlin] **3**, 412 (1948).

mehrfach beschriebenen[1] *Plattenmeßapparate* mit zwei Photoelementen verwendet. Das in Abb. 170 schematisch dargestellte Prinzip solcher Anordnungen besteht darin, daß die beiden durch das verkleinerte Bild eines Glühfadens stark beleuchteten Hälften des Doppelspektrums D auf einem aus zwei getrennten Hälften bestehenden Differentialphotoelement Z vergrößert abgebildet werden, die über ein Galvanometer G gegeneinander geschaltet sind. Bei Stellen gleicher Schwärzung ist der Galvanometerausschlag Null. Dieser Nullpunkt wird durch ein auf jeder Platte aufzunehmendes Doppelspektrum gleicher Intensität kontrolliert. Indem man die durch Skala und Trommelteilung meßbare Schlittenverschiebung der Platte mit Hilfe eines bekannten Linienspektrums (Fe) in Wel-

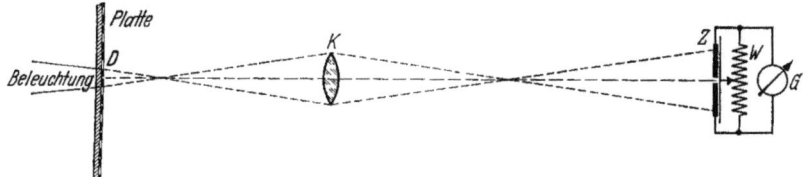

Abb. 170. Schema eines lichtelektrischen Plattenmeßapparates zur Auffindung von Stellen gleicher Schwärzung.

lenlängen eicht, erhält man direkt die Stellen gleicher Schwärzung und damit die gesuchte Absorption in Abhängigkeit von der Wellenlänge. Auf diese Weise lassen sich auch Aufnahmen komplizierter Spektren außerordentlich rasch und sicher auswerten, ohne daß die Ergebnisse wie bei visuellen Messungen mit der Zeit verschlechtert werden. Die Methode ist ferner wegen der Benutzung zweier Zellen von Schwankungen der Lichtintensität im Photometer weitgehend unabhängig und setzt auch keine Proportionalität zwischen Beleuchtungsstärke und Photostrom voraus, da die Nullstellung stets durch das Kontrollspektrum gleicher Intensität an jeder Stelle der Platte kontrolliert werden kann. Zu diesem Zweck kann die Platte mittels einer Zahnstange in Richtung senkrecht zu den Spektren verschoben werden, so daß diese Kontrollmessung immer leicht und rasch ausführbar ist. Geringe, durch Justierungsmängel, ungleiche BALY-Rohre usw. bedingte Schwärzungsunterschiede im Kontrolldoppelspektrum werden durch den Abgleichwiderstand W der Differentialzelle (Abb. 170) kompensiert, so daß sie bei der Messung automatisch herausfallen. Infolge der Eigenschaften der Photozellen, auf kleine Absolutänderungen $d\Phi$ der Beleuchtungs-

---

[1] Vgl. z. B.: D. H. FOLLETT: Proc. physic. Soc. **47**, 125 (1935). Hersteller z. B. Hilger & Watts, London.

stärke zu reagieren (vgl. S. 252), kann man es durch Erhöhung der Lichtintensität erreichen, daß selbst bei flach verlaufenden Absorptionsbanden (Maxima) und entsprechend geringen Kontrasten des Doppelspektrums (vgl. S. 387) die Genauigkeit in der Auffindung der Stellen gleicher Schwärzung nicht wesentlich absinkt, so daß sich die objektive Methode hier den visuellen Messungen besonders stark überlegen zeigt[1]. Die optimale Schwärzung beträgt nach den Überlegungen von S. 253 natürlich auch hier 0,4343.

Es liegt auf der Hand, daß sowohl bei visuellen wie bei objektiven Messungen ein kontinuierliches Spektrum auf der Platte die Auffindung der Stellen gleicher Schwärzung ganz außerordentlich erleichtert, was einen weiteren wesentlichen Grund bildet, ein solches gegenüber den Linienspektren stets vorzuziehen (vgl. S. 58). Einen Plattenmeßapparat der beschriebenen Art kann man leicht aus Laboratoriumshilfsmitteln zusammenstellen. Der Faden der Glühlampe wird auf der Platte verkleinert abgebildet, ein Mikroskopobjektiv entwirft dann ein vergrößertes Bild des Doppelspektrums auf einen Doppelspalt, dessen Backen weiß lackiert sind, so daß man das Spektrum gut beobachten und einstellen kann. Wichtig ist es, daß die Meßspindel für die Plattenverschiebung genügend lang ist, daß man die ganze Länge des Spektrums am Lichtbündel vorbeibewegen kann, ohne die Platte selbst neu justieren zu müssen. Die begrenzte Feinbewegung des Plattentisches ist gewöhnlich ein Mangel der käuflichen Geräte, die in der Regel für die Ausmessung von Spektrallinien gedacht sind und sich deshalb, wie schon erwähnt, für den hier genannten Zweck nicht besonders gut eignen. Hinter dem Spalt befindet sich die Differentialzelle. Als Nullinstrument dient z. B. das Multiflexgalvanometer. Die Nullstellung wird mit Hilfe des Widerstands W in der Brückenschaltung (Abb. 170) einreguliert. Ein Schalter, der die Beleuchtung zur Ablesung von Skala und Meßtrommel des Schlittens einschaltet, schließt gleichzeitig das Galvanometer kurz, so daß dieses nicht überlastet werden kann. Ein solches einfaches Gerät hat sich in vielen Jahren bei ständigem Gebrauch außerordentlich bewährt.

4. Pulverspektren.

Die photographische Aufnahme von Reflexionsspektren pulverförmiger Stoffe unterscheidet sich prinzipiell nicht von den entsprechenden, S. 335 behandelten lichtelektrischen Messungen, man

---

[1] Über ein Interpolationsverfahren zur Bestimmung der Extinktionswerte in flachen Bandenteilen mit Hilfe von Schwärzungsdifferenzmessungen vgl. M. PESTEMER u. G. SCHMIDT: Monatsh. Chem. **69**, 399 (1936).

ersetzt nur die Photozelle als Empfänger durch die photographische Platte. Eine geeignete Anordnung[1] unter Verwendung eines SCHEIBEschen Sektors als Lichtschwächung zeigt Abb. 171.

Die feingepulverten Präparate (vgl. S. 335, 347) werden von einem Substanzträger gehalten. Ein Aluminiumblock besitzt 4 symmetrischa ngeordnete, kreisförmige Vertiefungen von etwa 2 mm Tiefe. Drei davon sind für Pulverproben (z. B. verschiedener Korngröße), eine für den Vergleichsstandard (MgO, $BaSO_4$) vorgesehen. Durch Drehen des Blocks um eine senkrechte Achse können die Proben ausgewechselt werden, ohne daß Einfalls- und Austrittswinkel der Strahlung sich ändern. Diese sollen aus den S. 335 genannten Gründen zusammen den Wert von 45° nicht überschreiten. Die Proben werden mit einem schwach angewärmten mattierten Glasstempel unter leichtem Drehen in die Vertiefungen gedrückt, so daß gleichmäßig matte Oberflächen entstehen.

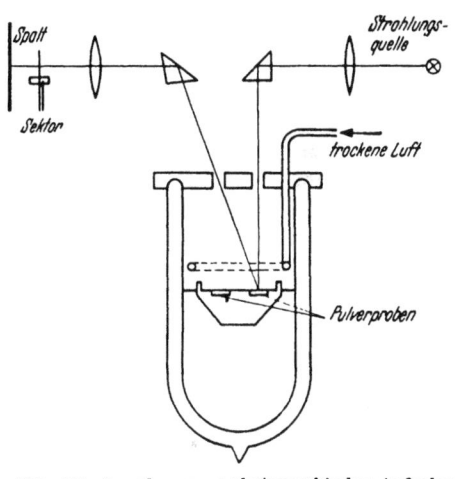

Abb. 171. Anordnung zur photographischen Aufnahme von Reflexionsspektren pulverförmiger Stoffe.

Zu starkes Pressen erzeugt leicht regulär spiegelnde Stellen, falls die Korngröße nicht extrem gering ist.

Die Strahlungsquelle (Wolfram-Punktlichtlampe, Xenon-Höchstdrucklampe) wird auf dem Präparat vergrößert abgebildet, so daß es gleichmäßig bestrahlt ist. Eine Kondensorlinse entwirft ein Bild des Präparats auf dem Spalt des Spektrographen. Man bildet zweckmäßig etwas unscharf ab, um Streifungen im Spektrum zu vermeiden, die durch Unebenheiten der Pulveroberfläche verursacht werden können.

Zunächst bringt man den Vergleichsstandard in den Strahlengang und schwächt die reflektierte Strahlung mit dem rotierenden Sektor. Sind große Extinktionen notwendig, verwendet man zusätzlich Raster bekannter Extinktion. Damit die Schwärzung in den linearen Bereich der Schwärzungskurve fällt, wird für eine

---

[1] KORTÜM, G. u. H. SCHÖTTLER: Z. Elektrochem. Ber. Bunsenges. physik. Chem. 57, 353 (1953).

bestimmte Sektoreinstellung die notwendige Belichtungsdauer empirisch ermittelt. Sie kann dann für andere Sektorextinktionen berechnet werden, so daß sämtliche Vergleichsspektren gleichmäßig geschwärzt sind.

Man nimmt nun in der oben beschriebenen Weise Doppelspektren mit Hilfe der verschiebbaren Spaltblende auf, indem man Probe und Standard + Sektor gleich lange belichtet. Es empfiehlt sich, zu jeder neuen Sektoreinstellung ein eigenes Doppelvergleichsspektrum (S. 407) aufzunehmen, um die Nullstellung bei der Plattenausmessung nach Abb. 170 besser kontrollieren zu können.

Der Dewarbecher dient zur Konstanthaltung der Temperatur, die mittels einer geeigneten Thermostatenflüssigkeit in dem eintauchenden Aluminiumblock aufrechterhalten wird. Arbeitet man z. B. mit flüssiger Luft, so leitet man durch ein ringförmiges Metallrohr mit feinen Löchern trockenen Stickstoff ein, wodurch das Beschlagen der Präparate vollständig vermieden wird.

Die Reproduzierbarkeit der gemessenen Extinktion beträgt im günstigen Schwärzungsbereich etwa $\pm 2\%$. Die Stellen gleicher Schwärzung lassen sich auf 20 bis 50 cm^{-1} festlegen bei mittlerer Dispersion des Spektrographen, je nach der Steilheit der Banden. Über den Einfluß der Korngröße der Präparate auf die Unterdrückung des regulären Anteils der Reflexion wurde schon S. 335 hingewiesen.

5. Fluorescenzspektren.

Wie schon mehrmals erwähnt wurde, gelingt es, wenn auch nicht die absolute Größe der Energieausstrahlung bei der Fluorescenz, so doch die relative *Intensitätsverteilung* innerhalb des Spektrums zu ermitteln, indem man die Fluorescenzintensität auf ein energiegleiches Spektrum bezieht. Lage, Form und Höhe der einzelnen Banden wird auf diese Weise richtig wiedergegeben, so daß man unter Konstanthaltung der Anregungsbedingungen und der Aufnahmetechnik die Fluorescenzspektren verschiedener Stoffe auch bezüglich ihrer Intensität miteinander vergleichen kann. Wegen der geringen Intensität des Fluorescenzlichts gewinnt die Fähigkeit der photographischen Platte, Lichteindrücke zeitlich summieren zu können, für die Ermittlung von Fluorescenzspektren eine zusätzliche Bedeutung.

Bei den in der Literatur angegebenen Fluorescenzspektren hat man sich häufig damit begnügt, die Schwärzungen der Platte zu photometrieren und als direktes Maß der Fluorescenzintensität zu betrachten. Dieses Verfahren ist jedoch völlig unzureichend, weil es nicht nur die relative *Intensität* der Banden verzerrt wiedergibt, sondern außerdem auch die *Lage* der Banden beträchtlich zu fälschen vermag (vgl. Abb. 173). Die Schwärzungsverteilung der Platte ist aus zwei Gründen kein Maß für die relative Fluorescenzintensität: Erstens gilt nach Gleichung (119) für das lineare Gebiet der Schwärzungskurve $S = \gamma \cdot \log(\Phi t)$, die Gradation γ ist aber, wie Abb. 69 zeigt, von der Wellenlänge des einwirkenden Lichts abhängig und deshalb in den verschiedenen Teilen des Spektrums ebenfalls merklich verschieden. Zweitens ist auch die Empfindlichkeit der Platte eine Funktion der Wellenlänge, so daß gleiche Schwärzungen in verschiedenen Teilen des Spektrums keineswegs gleiche einwirkende Strahlungsintensitäten bedeuten. Beide Einflüsse müssen berücksichtigt werden, wenn man die Intensitätsverteilung der Fluorescenz aus den Schwärzungen der Platte berechnen will.

Die *Abhängigkeit der Gradation von der Wellenlänge* läßt sich dadurch eliminieren, daß man für jede Wellenlänge, bei welcher man die Intensität des Fluorescenzspektrums messen will, auch die Schwärzungskurve bestimmt. Da diese gleichzeitig von der Plattensorte und den Entwicklungsbedingungen abhängt, muß man die Schwärzungskurve zusammen mit dem Fluorescenzspektrum auf jede einzelne Platte mitaufnehmen. Man macht dies in der Weise, daß man das Spektrum einer geeigneten Lichtquelle (Glühlampe) mitphotographiert und zur Abstufung der Energie vor dem Spektrographenspalt einen stufenförmigen Graukeil[1] oder einen Stufensektor[2] anbringt. Man beleuchtet den Spalt gleichmäßig in seiner ganzen Länge und kann je nach der Länge des Spaltes und der gewünschten Breite der einzelnen Schwärzungsstufen eine Unterteilung in 5, 10 oder 20 Stufen wählen. Das Intensitätsverhältnis des ganzen Stufenbereichs soll entsprechend dem verwendeten Bereich der photometrisch brauchbaren Schwärzungskurve etwa 1:20 betragen, so daß z. B. bei einer Unterteilung in 5 Stufen die Schwärzungsdifferenz der einzelnen Stufen 0,260 beträgt. Damit bei dem Vergleich der Schwärzungen des Fluorescenzspektrums mit den Schwärzungen des Vergleichsspektrums der SCHWARZSCHILD-Exponent nicht berücksichtigt zu werden braucht [siehe Gleichung (220)], muß die Belichtungszeit für beide Spektren die gleiche sein. Bei schwachem Fluorescenzlicht und entsprechend langer Belichtungszeit muß man daher die Intensität der Vergleichslichtquelle entsprechend schwächen, damit bei gleicher Belichtungszeit vergleichbare Schwärzungen entstehen. Man erreicht dies am einfachsten, indem man in die Hauptebene des Beleuchtungskondensors geschwärzte Drahtnetze oder Raster

---
[1] Hersteller: Zeiß-Ikon, Stuttgart.
[2] Hersteller: z. B.: R. Fueß, Berlin-Steglitz.

geeigneter Extinktion bringt. Bei Benutzung eines Stufensektors heben sich SCHWARZSCHILD-Exponent und Intermittenzeffekt wieder angenähert heraus (vgl. S. 390).

Auf diese Weise läßt sich die Photometerkurve des Fluorescenzspektrums mit Hilfe der Schwärzungskurve in eine Intensitätskurve umrechnen. Man erhält so die Intensität der Fluorescenz gewissermaßen in Einheiten der Intensität der Vergleichslichtquelle. Kennt man nun weiterhin die relative spektrale Energieverteilung der Vergleichslichtquelle (vgl. Abb. 18), so kann man die gefundene Intensitätsverteilung der Fluorescenz auf ein *energiegleiches Spektrum* umrechnen, indem man jeweils die Intensität mit dem aus einer Kurve der Art von Abb. 18 entnommenen Faktor multipliziert. Da dieses Verfahren darauf hinausläuft, Stellen gleicher Schwärzung im Fluorescenzspektrum und im bekannten Vergleichsspektrum einer geeichten Lichtquelle aufzusuchen, fällt ebenso wie bei der Absorptionsmessung die *verschiedene Plattenempfindlichkeit* in den verschiedenen Spektralbereichen automatisch heraus, was jedoch – wie erwähnt – nicht der Fall ist, wenn man keinen derartigen Vergleich vornimmt, sondern die Photometerkurve selbst als Maß für die Fluorescenzintensität benutzt.

Das beschriebene Verfahren wurde in allen Einzelheiten ausgearbeitet und für die Messung einer Reihe von Fluorescenzspektren und ihrer Veränderlichkeit durch Konzentration, Lösungsmittel, Temperatur usw. verwendet[1]. Man nimmt auf der gleichen Platte das Fluorescenzspektrum bei drei verschiedenen, den Aufnahmebedingungen angepaßten Belichtungszeiten auf, die sich jeweils etwa um den Faktor 4 bis 8 unterscheiden. Dadurch liegt die Schwärzung sowohl bei starken wie bei schwachen Banden fast stets irgendwo im photometrisch brauchbaren Teil der Schwärzungskurve. Mit den gleichen Belichtungszeiten nimmt man die auf absolute Farbtemperatur geeichte Vergleichslichtquelle[2] auf unter gleichzeitiger Schwächung mit einem logarithmischen Sektor oder einem Stufenkeil. Im Fall langer Belichtungszeiten schwächt man die Gesamtintensität der Vergleichslichtquelle durch geschwärzte Drahtnetze bzw. Raster, deren Durchlässigkeit empirisch ausprobiert wird. Außerdem wird ein Linienspektrum (Fe-Bogen oder Hg-Lampe) zur Wellenlängenmessung aufgenommen. Das Negativ einer solchen Aufnahme zeigt Abb. 172. Man mißt nun mit dem Spektrallinienphotometer (vgl. Abb. 169) die Schwärzung des Fluorescenzspektrums bei einer Reihe von Wellenlängen, deren Abstand

---

[1] KORTÜM, G. u. B. FINCKH: Spectrochim. Acta [Berlin] 2, 137 (1941); Z. physik. Chem. Abt. B 52, 263 (1942).
[2] Osram, Heidenheim (vgl. S. 59).

man je nach dem Verlauf des Spektrums enger oder weiter wählt, und bestimmt gleichzeitig für jede dieser Wellenlängen die Schwärzungskurve durch Ausmessung der Stufen des Vergleichsspektrums. Mit Hilfe eines Registrierphotometers läßt sich diese Messung beträchtlich vereinfachen. Aus der Schwärzungskurve läßt sich der

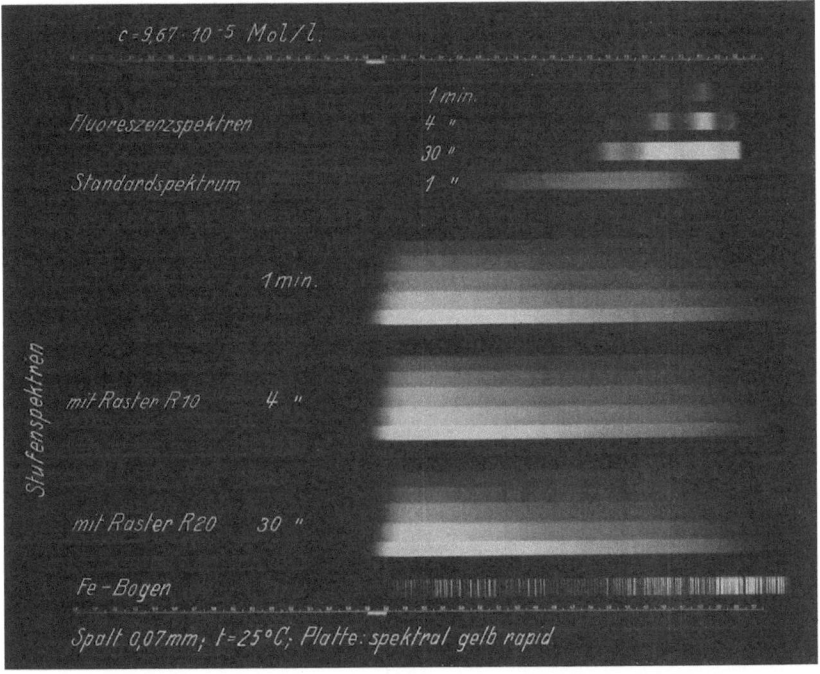

Abb. 172. Negativ einer quantitativen Fluorescenzaufnahme von Anthracen in Methanollösung.

bezüglich Gradation und Empfindlichkeit der Platte korrigierte Logarithmus der relativen Intensität der Fluorescenz (log Φ') bei der betreffenden Wellenlänge sofort ablesen. Man rechnet ihn weiterhin auf ein energiegleiches Spektrum um, indem man den Wert Φ' mit dem aus der Energieverteilungskurve der verwendeten Vergleichslichtquelle für die betreffende Wellenlänge entnommenen Ordinatenwert multipliziert[1]. Der so korrigierte und auf ein energie-

---

[1] Man zeichnet sich die Energieverteilungskurve der Abb. 18 zweckmäßig in ein Koordinatennetz mit logarithmischer Ordinate um, so daß sich die Umrechnung auf das energiegleiche Spektrum einfach durch Addition des jeweiligen Ordinatenwertes von log Φ' durchführen läßt.

gleiches Spektrum reduzierte Wert der Intensität sei mit log Φ^* bezeichnet.

In hochverdünnten Lösungen, in denen keine Konzentrationsauslöschung (vgl. S. 205) mehr auftritt, und in denen nach der Näherungsgleichung (127) die Fluorescenzintensität bei gegebener Schichtdicke der Konzentration des fluorescierenden Stoffs proportional ist[1], kann man das gemessene Energiespektrum auf ein unter gleichen Bedingungen aufgenommenes Standardspektrum beziehen und so die Fluorescenzintensität verschiedener Stoffe miteinander vergleichen. In diesem Gebiet ist auf Grund von (127) die relative Fluorescenzintensität Φ, dividiert durch die molare Konzentration c, eine Konstante und somit konzentrationsunabhängig, man kann diesen Ausdruck Φ/c als „molares Fluorescenzvermögen" bezeichnen. Als Standard wurde das Chininsulfat in 1 mol. wässeriger H_2SO_4 als Lösungsmittel empfohlen[2]. Es ist leicht rein herzustellen, photochemisch stabil auch bei längerer Einwirkung kurzwelliger Strahlung und besitzt eine breite Fluorescenzbande ohne Feinstruktur. Setzt man die Fluorescenzintensität Φ im Maximum dieser Bande bei 22225 cm^{-1} (4500 Å) gleich 100 ($\log \Phi = 2$), so kann man alle übrigen Intensitäten unter den genannten Bedingungen auf diesen Wert beziehen und erhält so die „molaren Fluorescenzkurven" der untersuchten Stoffe, bezogen auf Chininsulfat als Standard.

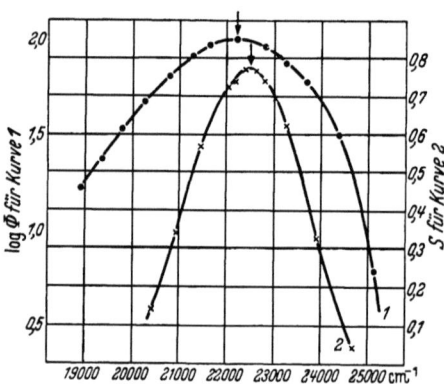

Abb. 173. Fluoreszenz-Energie-Spektrum und Photometerkurve von Chininsulfat in 1mol. wässeriger H_2SO_4.

In Abb. 173 ist das Fluorescenzenergiespektrum hochverdünnter Chininsulfatlösungen in 1mol. H_2SO_4 zusammen mit der Photometerkurve dargestellt. Man sieht, daß letztere nicht nur die relative Intensitätsverteilung innerhalb der Bande, sondern auch die Lage des Maximums falsch wiedergibt. Indem man das Chininsulfatspektrum auf jede einzelne Platte mit aufnimmt und als Bezugsspektrum benutzt, werden die Inten-

---

[1] Dies ist im allgemeinen bei Konzentrationen von etwa 10^{-6} Mol/l und darunter innerhalb der Meßgenauigkeit von etwa 1% erfüllt.

[2] KORTÜM, G. u. B. FINCK: s. S. 412.

sitäten der Fluorescenz verschiedener Stoffe in hochverdünnten Lösungen miteinander vergleichbar, unabhängig von der benutzten Meßanordnung. Zum Bezug der Fluorescenzspektren auf das Chininsulfatspektrum als Einheit geht man so vor: Den aus dem mitaufgenommenen Chininsulfatspektrum bestimmten Wert von $(\log \Phi^* - \log c_{\text{Chin}})$ bei einer beliebigen Wellenlänge setzt man gleich dem Wert von $\log \Phi$, den man für die betreffende Wellenlänge aus der molaren Fluorescenzkurve der Abb. 173 entnimmt. Die von der Wellenlänge unabhängige Differenz $(\log \Phi - \log \Phi^* + \log c_{\text{Chin}})$ stellt dann den Logarithmus des Faktors dar, mit dem man die Intensitäten Φ_x^* aller übrigen Fluorescenzspektren der gleichen Platte, die mit gleicher Belichtungszeit aufgenommen sind, multiplizieren muß, um sie in Einheiten der molaren Fluorescenz des Chininsulfats auszudrücken. Zu diesem Zweck müssen sie natürlich ebenfalls auf 1 Mol umgerechnet sein, indem man die Intensitäten Φ_x^* durch die Konzentration in Mol/l dividiert. Für die auf Chininsulfat als Standard bezogene *molare Fluorescenzintensität* Φ des untersuchten Stoffs bei einer gegebenen Wellenlänge ergibt sich demnach

$$\log \Phi_x = \log \Phi_x^* - \log c_x + (\log \Phi_{\text{Chin}} - \log \Phi_{\text{Chin}}^* + \log c_{\text{Chin}}). \quad (226)$$

6. Molekülemissionsspektren.

Angeregte Elektronenzustände von Molekülen können außer durch Lichtabsorption und durch thermische Stöße auch durch Elektronenstoß, etwa im Hochfrequenzfeld oder im Glimmrohr, erreicht werden. Bei Funken- und Bogenentladungen werden chemische Verbindungen zerstört, es treten deshalb nur die Emissionsspektren der Atome in mehr oder weniger ionisiertem Zustand auf. Die Anregung von Molekülen durch Elektronenstoß wurde zuerst in einer elektrodenlosen TESLA-Entladung von McVICHER, MARSH, STEWART und Mitarbeitern untersucht[1]. Eine wesentlich bessere Methode durch Anregung in einer Glimmentladung wurde von SCHÜLER, GOLLNOW und WOELDIKE entwickelt[2].

---

[1] Vgl. z.B.: W. H. McVICHER, J. K. MARSH u. A. W. STEWART: J. Amer. chem. Soc. **46**, 1351 (1924); J. B. AUSTIN u. J. A. BLACK: J. Amer. chem. Soc. **52**, 4755 (1930).
[2] SCHÜLER, H., G. GOLLNOW u. A. WOELDIKE: Physik. Z. **41**, 381 (1940). — H. SCHÜLER u. A. WOELDIKE: Physik. Z. **42**, 390 (1941); **43**, 17, 415, 520 (1942); **44**, 335 (1943); **45**, 61, 163, 171 (1944); Chem. Technik **15**, 99 (1942). — H. SCHÜLER u. L. REINEBECK: Z. Naturf. **4a**, 124, 560 (1949); **5a**, 448, 657 (1950); **6a**, 160, 270 (1951); **7a**, 285 (1952). — H. SCHÜLER, L. REINEBECK u. A. WOELDIKE: Ann. Physik **6**, 110 (1949). — H. SCHÜLER: Spectrochim. Acta [Berlin] **4**, 85 (1950).

Die Moleküle werden in der positiven Säule einer Glimmentladung angeregt. Dort besitzen die Elektronen die geringste Geschwindigkeit innerhalb der ganzen Entladungsstrecke, so daß die Wahrscheinlichkeit für den Zerfall der Moleküle am geringsten ist. Außerdem wird die Stromstärke möglichst niedrig gehalten, so daß auch ein Zerfall durch Temperaturerhöhung weitgehend ausgeschlossen ist. Wenn die Moleküle in den Bereich des negativen Glimmlichts gelangen, werden sie zerstört, und es scheidet sich bei organischen Molekülen Kohlenstoff an der Kathode ab. Dadurch wird die Entladung unregelmäßig, und es treten die Emissionsspektren der Molekülbruchstücke auf. Dies läßt sich dadurch vermeiden, daß der Raum unmittelbar vor den Elektroden mit Hilfe von Kühlfallen von dem anzuregenden Stoff freigehalten wird. Der Stromtransport wird in diesem Teil von einem Trägergas (z.H. He) übernommen. Von einem unterhalb des Entladungsrohres befindlichen Vorratsgefäß aus destilliert der zu

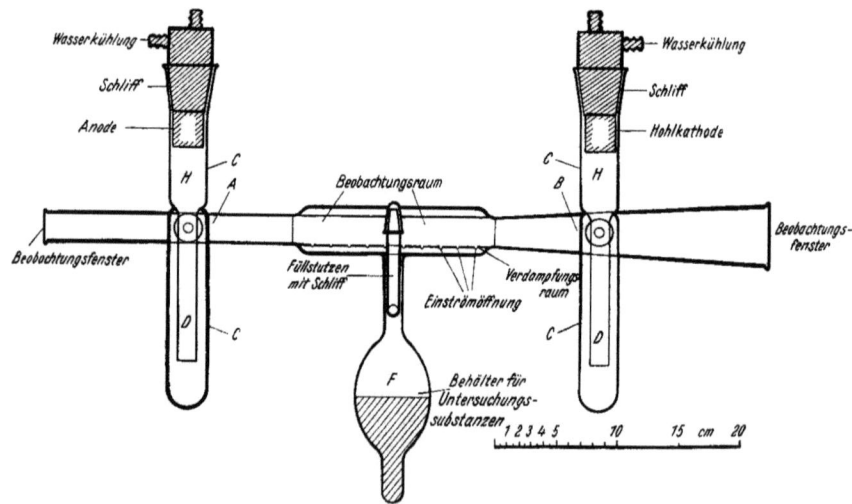

Abb. 174. Entladungsrohr zur Aufnahme von Molekül-Emissionsspektren durch Elektronenstoß nach Schüler.

untersuchende Stoff kontinuierlich durch den Entladungsraum in die Kühlfallen über, so daß er im Entladungsraum dauernd erneuert wird.

Abb. 174 zeigt die Form eines solchen Entladungsrohrs. Die Elektroden bestehen aus wassergekühlten hohlzylindrischen Messingkörpern, die mit Schliff versehen auf das Entladungsrohr aus Quarz aufgesetzt werden. Die Hohlkathodenform gewährleistet eine besonders ruhige Entladung. Die benutzte Wechselspannung beträgt etwa 10^4 Volt, die Stromstärke 2 bis 10 Milliampere. Die Entladung geht von den Elektroden aus über H und D in den Außenraum der Kühlfalle C und von da in den Beobachtungsraum. Zunächst wird das Rohr mit einem Trägergas (H_2, Ne, Ar, He, N_2, Hg) gefüllt, so daß die Entladung gerade aufrechterhalten wird. Dann wird aus dem Behälter F die zu untersuchende Substanz kontinuierlich in den Beobachtungsraum verdampft und in den Kühlfallen wieder kondensiert. Auf diese Weise wird das Trägergas, dessen Siedepunkt so niedrig sein muß, daß es in der Kühlfalle nicht kondensiert wird, aus dem Beobachtungsraum verdrängt. Es füllt nur noch die Räume H und hält so die Entladung aufrecht.

Je nach dem Druck des zu untersuchenden Stoffes im Beobachtungsraum, der sich durch die Temperatur des Vorratsgefäßes F regulieren läßt, erhält man Emissionsspektren, die sich so stark voneinander unterscheiden, daß man annehmen muß, daß sie von verschiedenartigen Bruchstücken des Moleküls herrühren. Das Spektrum des unzerstörten Moleküls erhält man dann, wenn der Druck des zu untersuchenden Gases so groß ist, daß das Trägergas völlig aus dem Beobachtungsraum verdrängt wird. Das läßt sich damit erklären, daß in der positiven Säule die Geschwindigkeit der Elektronen von dem Anregungs- und Ionisierungspotential des Gases abhängt. Je höher die erste Anregungs- bzw. die Ionisierungsenergie des Gases liegt, um so höhere Geschwindigkeiten können die Elektronen im Feld erreichen, da sie bis zu dieser Grenze bei Zusammenstößen elastisch gestreut werden und erst oberhalb dieser Grenze ihre Energie durch unelastische Stöße einbüßen. In Tabelle 33 sind die Anregungs- und Ionisierungsspannungen einiger Moleküle angegeben; sie sind für die Trägergase sehr viel höher als für organische Moleküle, wie z. B. Benzol. In Gasgemischen stellt sich eine mittlere Elektronengeschwindigkeit ein, deren Wert zwischen den für die reinen Gase typischen Werten liegt. Befindet sich also im Beobachtungsrohr außer Benzol noch Trägergas im Überschuß, so wird die mittlere Geschwindigkeit der Elektronen sehr viel höher sein als in reinem Benzoldampf, die Benzolmoleküle werden leichter zerstört, und man erhält die Emissionsspektren der Bruchstücke. Bei höheren Benzoldrucken verschiebt sich die Elektronengeschwindigkeit nach niedrigeren Werten; man erhält das Spektrum von unzerstörtem Benzol. Man kann also die dem Benzol zugeführten Anregungsenergien in gewissen Grenzen regulieren,

27 Kortüm, Kolorimetrie, 3. Auflage.

indem man seinen Druck variiert. Das Verfahren läßt sich prinzipiell auf alle organischen Stoffe anwenden, die sich verdampfen lassen.

Man kann die Anregungsbedingungen noch stärker variieren, indem man außer dem Trägergas noch ein sogenanntes *Leitgas* zufügt, das ebenfalls in den Kühlfallen kondensiert wird, dessen Anteil jedoch die Elektronengeschwindigkeitsverteilung bestimmt. Als solche Leitgase wurden Quecksilber, Natrium, n-Hexan, Cyclohexan und auch Benzol verwendet. So erhält man z.B. bei kleinen Drucken von Aceton allein mit He oder H_2 als Trägergas durch Zerstörung des Acetonmoleküls ein starkes CO-Spektrum. Fügt man jedoch gleichzeitig Benzol als Leitgas zu, so wird kein CO beobachtet.

Tabelle 33. *Anregungs- und Ionisationsenergien im Gaszustand.*

	1. Anregung eV	Ionisation eV
Helium	19,81	24,58
Neon	16,6	21,55
Argon	11,54	15,75
Wasserstoff (H_2)	11,18	15,4
Stickstoff (N_2)	6,17	15,5
Quecksilber	4,9	10,4
Benzol	4,72	9,19

Die Emissionsspektren einer Reihe von aromatischen und aliphatischen Verbindungen sind bereits nach der beschriebenen Methode aufgenommen worden. Die Verschiedenheit der Spektren kann zwar auf die Änderungen der Anregungsenergien zurückgeführt werden, doch ist eine eindeutige Zuordnung zu bestimmten Bruchstücken der untersuchten Moleküle nur in einzelnen Fällen gelungen[1]. Beispielsweise lassen sich in Benzol noch Verunreinigungen mit Benzaldehyd bei einem Mengenverhältnis von $1:10^6$ durch ein „blaues" Emissionsspektrum nachweisen, das man deshalb einer Anregung der C=O-Gruppe zuordnet. Diese Nachweisbarkeitsgrenze liegt demnach bei wesentlich geringeren Konzentrationen als bei Absorptionsmessungen. Auch Emissionsbanden im IR, erregt durch Glimmentladungen, sind beobachtet worden[2].

---

[1] Vgl. z.B.: H. SCHÜLER u. L. REINEBECK: Z. Naturf. 5a, 448 (1950); 6a, 160, 270 (1951).

[2] TALLEY, R.M., D. S. LOWE u. W. W. SCANLON: J. opt. Soc. America 42, 982 (1952).

VII. Anwendungsbeispiele.

1. Untersuchung über die Konstitution des Nitrat-, Nitrit- und Pernitritions[1].

Da es sich um ein Konstitutionsproblem handelt, interessiert Lage, Feinstruktur und Intensität der Absorptionsbanden, wofür ausschließlich spektrometrische Messungen in Frage kommen. Es wurde spektrographisch nach der POOLschen Sektormethode (vgl. S. 392) gearbeitet. Zur meßbaren Lichtschwächung diente ein Sektor mit 25 % Durchlaß entsprechend einer Extinktion von 0,603, als Strahlungsquelle die H_2-Punktlichtlampe, als Spektrograph der Quarzspektrograph 110c von Fuess, zur Auswertung der Platten der auf S. 407 beschriebene Plattenmeßapparat, die Temperatur betrug 20°. Das Nitration wurde in wässeriger Lösung aufgenommen, für das Nitrit- und das Pernitrition mußte wegen der Hydrolyse der Salze verdünnte Lauge als Lösungsmittel verwendet werden (vgl. S. 403).

Die Aufnahme des Nitrat- und des Nitritions stellt keine besonderen Anforderungen an die Aufnahmetechnik. Dagegen macht es gewisse Schwierigkeiten, das Spektrum des Pernitritions in quantitativer Form zu gewinnen, aus folgenden Gründen: Man verwendet zur Aufnahme direkt die zur Herstellung des Pernitrits angesetzte Reaktionslösung, die außer dem Pernitrit noch Nitrat in bekannter Konzentration enthält. Das Pernitrit zerfällt ferner auch in alkalischer Lösung relativ rasch, wobei wieder Nitrit entsteht, so daß die aufzunehmende Lösung nebeneinander Pernitrit- und Nitritionen in zeitlich veränderlicher Konzentration und außerdem Nitrationen in konstanter Konzentration enthält, die alle ungefähr im gleichen Spektralbereich absorbieren. Um die jeweils vorhandene Konzentration an Pernitrit und Nitrit zu kennen, muß man deshalb gleichzeitig mit der spektrographischen Aufnahme die Kinetik des Zerfalls des Pernitrits in einer Probe der gleichen Lösung messen. Da das Pernitrition kräftig gelb, das Nitrition dagegen praktisch farblos ist, läßt sich dieser Zerfall optisch durch die Extinktionsabnahme im blauen Spektralgebiet leicht quantitativ verfolgen. Hierbei handelt es sich also um den andern Extremfall der Anwendungsgebiete optischer Messungen, nämlich um eine Konzentrationsbestimmung. Man könnte nun in diesem Fall auch diese Konzentrationsbestimmung spektrographisch durchführen, indem man die Schwärzung der Platte bei einer

---

[1] KORTÜM, G. u. B. FINCKH: Z. physik. Chem. B 48, 32 (1940).

bestimmten Wellenlänge im Blau und bei konstanter Schichtdicke und Belichtungszeit in Abhängigkeit von der Zeit bestimmt und so als Maß für die abnehmende Extinktion und damit die Konzentration der Lösung an Pernitrit benutzt. Tatsächlich eignet sich jedoch die spektrographische Methode hierfür sehr wenig, weil man gezwungen wäre, für die betreffende Wellenlänge auch die Schwärzungskurve der Platte aufzunehmen (vgl. S. 411), damit man aus der gemessenen Schwärzung die Intensität der einwirkenden Strahlung und daraus die Extinktion des Pernitrits berechnen könnte. Da außerdem die photographische Methode höchstens eine Genauigkeit von 100 (1%) der Konzentration erreichen läßt, diese Genauigkeit aber andererseits auch für die Aufnahme des Spektrums mit Sicherheit gewährleistet sein sollte, war es vorzuziehen, die Konzentrationsbestimmung mit einer anderen und nach Möglichkeit etwas genaueren Methode durchzuführen.

Bei der Auswahl einer solchen Methode schieden kolorimetrische Verfahren von vornherein aus, weil es unmöglich war, Vergleichslösungen herzustellen. Visuelle Photometer erwiesen sich ebenfalls als unzweckmäßig aus zwei Gründen: Einmal mußte die Messung im Blau stattfinden, wo die Leuchtdichte der Lichtquellen in der Regel bereits so gering ist, daß eine Genauigkeit von 100 (1%) gewöhnlich nicht mehr erreicht wird (vgl. S. 121. 169); zweitens ergab die für die Aufnahme des Spektrums einzuhaltende geringe Konzentration der Lösung bei den zur Verfügung stehenden Schichtdicken der gebräuchlichen Photometer eine so kleine Extinktion, daß ihre Messung, besonders bei schon fortgeschrittenem Zerfall des Pernitrits, sich auch aus diesem Grunde nicht mehr mit der notwendigen Genauigkeit durchführen ließ. Aus diesen Gründen wurde ein lichtelektrisches Photometer nach dem Zweizellensubstitutionsprinzip verwendet, wie es S. 233 beschrieben ist (vgl. Abb. 100). Da die Extinktion während des Zerfalls ihren Wert dauernd ändert, mußte mit möglichst monochromatischem Licht gearbeitet werden, damit sich die spektrale Zusammensetzung nicht wesentlich änderte.

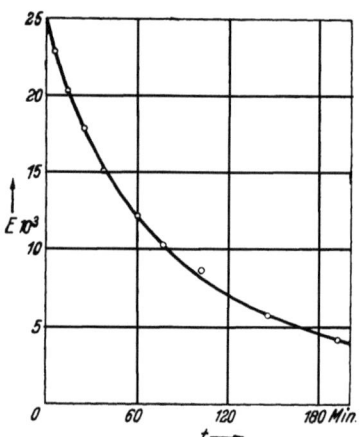

Abb. 175. Lichtelektrisch gemessener Zerfall des Pernitritions.

Untersuchung über Konstitution des Nitrat-, Nitrit- und Pernitritions. 421

Es wurde deshalb bei der blauen Hg-Linie 436 mμ und mit Monochromator gemessen. Die zur Zeit $t = 0$ auf Pernitritgehalt titrierte Lösung wurde an Stelle des Lösungsmittels in den Lichtweg der Meßzelle gebracht und ihre Extinktion mit Hilfe des Analysators in Abhängigkeit von der Zeit gemessen. Obwohl die Extinktion bei der zur Verfügung stehenden Schichtdicke zu Beginn der Messung nur 0,025 betrug, ließ sich ihre zeitliche Abnahme mit Hilfe dieser Präzisionsmethode noch genügend genau erfassen, wie aus Abb. 175 hervorgeht. Aus dem Titrationswert und der zeitlichen Extinktionsabnahme ließ sich die Zerfallskonstante erster Ordnung und damit die Konzentration des Pernitrits für jeden Zeitpunkt ermitteln. Mit einer anderen Probe derselben Lösung wurde gleichzeitig und bei gleicher Temperatur die spektrographische Aufnahme gemacht, so daß die mittlere Konzentration der Lösung an Pernitrit und dem daraus entstehenden Nitrit für jedes Einzelspektrum berechnet werden konnte.

Aus dem konstanten Gehalt an Nitrat, der jeweiligen aus der kinetischen Messung für die Zeit der Aufnahme berechneten Konzentration an Nitrit, den verwendeten Schichtdicken und den Absorptionskurven des reinen Nitrats bzw. Nitrits lassen sich für die gefundenen Stellen gleicher Schwärzung nach der Gleichung $E = \varepsilon c s$ die

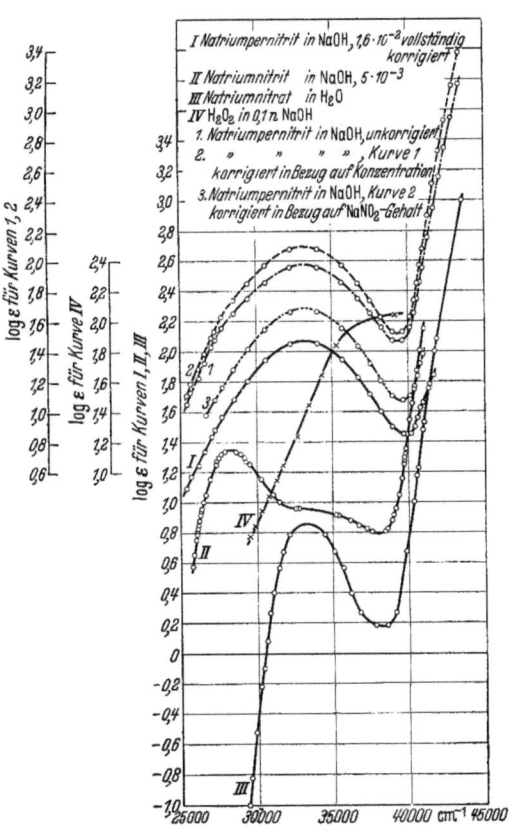

Abb. 176. Ermittlung von Absorptionsspektren in zeitlich veränderlichen Gemischen.

Extinktionen berechnen, die durch das vorhandene Nitrat bzw. Nitrit gegeben sind. Bringt man diese Extinktion von der Gesamtextinktion des Sektors (0,603) in Abzug, so entsprechen diese Differenzen den Extinktionen des Pernitritions, aus denen sich mit Hilfe von Schichtdicke und Konzentration, die ebenfalls aus der kinetischen Messung bekannt ist, die Extinktionskoeffizienten für die betreffenden Wellenlängen errechnen lassen. Das Ergebnis dieser Messungen zeigt die Abb. 176. In ihr stellt die Kurve 1 die unkorrigierte Absorptionskurve der Reaktionslösung dar, wobei die Anfangskonzentration des Pernitrits als konstant angenommen wurde; die Kurve 2 ist unter Berücksichtigung der zeitlichen Konzentrationsabnahme des Pernitritions gewonnen. Die Berücksichtigung des mit der Zeit anwachsenden Gehalts an Nitrit ergibt die Kurve 3, die letzte aus dem konstanten Gehalt an Nitrat stammende Korrektur die endgültige Absorptionskurve I des Pernitritions. Außerdem ist in Kurve II die Absorption des Nitrits, in Kurve III die des Nitrats und schließlich in IV die des HO_2'-Ions dargestellt. Wie sich im einzelnen bei der Analyse der gewonnenen Spektren zeigen läßt, setzt sich die Absorption des Pernitrits aus Beiträgen zusammen, die den Spektren des Nitritions und des HO_2'-Ions entsprechen, worauf hier nicht einzugehen ist. Das geschilderte Beispiel zeigt, wie sich das gestellte Problem durch Kombination mehrerer Meßmethoden in einwandfreier Weise lösen läßt. Besser geeignet als ein Spektrograph wäre hier noch ein lichtelektrisches Spektrometer zur Aufnahme der Spektren gewesen, da während der wesentlich geringeren Aufnahmezeit der Zerfall des Pernitrits nicht so weit fortgeschritten wäre.

2. Tautomerie-Gleichgewichte.

Optische Messungen sind sehr häufig herangezogen worden, um das Vorhandensein von Tautomerie-Gleichgewichten in Lösungen festzustellen. Als Beispiel sei das Gleichgewicht zwischen Chinonmonoxim und p-Nitrosophenol betrachtet:

$$O=\langle\rangle=NOH \rightleftarrows HO-\langle\rangle-N=O.$$

Eine Entscheidung darüber, welche der beiden tautomeren Verbindungen in Lösung vorwiegend vorhanden ist, läßt sich dadurch treffen, daß man das Absorptionsspektrum der Verbindung mit den Spektren der beiden Methylester vergleicht, die sich rein herstellen lassen und nicht der Tautomerie unterliegen. Ein solcher Vergleich in ätherischer Lösung ist in Abb. 177 wiedergegeben[1]. Die Messungen wurden photographisch mit einem SPEKKER-Photometer (vgl. S. 390) ausgeführt, als Strahlungsquelle diente ein Unterwasserfunke zwischen Wolframelektroden an Stelle der heute gebräuchlicheren H_2-Lampe. Stellen gleicher Schwärzung wurden mit Hilfe eines Komparators ermittelt (vgl. S. 403). Die Ähnlichkeit der Kurven des Chinonoximmethylesters und des tautomeren Gemisches zeigt sofort, daß das Gleichgewicht in Äther weitgehend zugunsten der Chinonoximform verschoben ist. Über diese qualitative Aussage hinaus ließ sich aus den Intensitäten der Absorptionsbanden auch die quantitative Lage des Gleichgewichts angenähert ermitteln, wenn man die mit guter Näherung in zahlreichen Fällen und insbesondere auch für das Hydrochinon bestätigte Annahme einführte, daß der Ersatz des H-Atoms durch die Methylgruppe die Absorption nicht wesentlich ändert. Aus dem Intensitätsunterschied der zwischen 20000 und 25000 cm^{-1} liegenden Bande, bei welcher die Absorption des tautomeren Nitrosophenols infolge ihrer geringen Intensität praktisch keinen Fehler verursachen kann, wurde auf diese Weise der Prozentgehalt der Mischung an Chinonoxim zu 70% und der an Nitrosophenol zu 30% ermittelt.

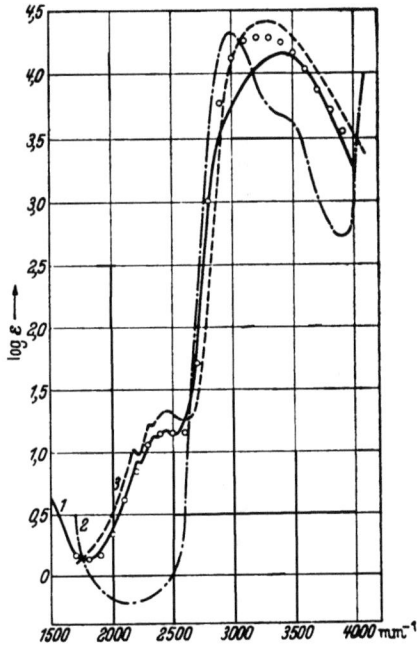

Abb. 177. Absorptionsspektren von 1: p-Nitrosophenol ⇌ Chinonmonoxim; 2: p-Nitrosoanisol; 3: p-Chinonmonoxim-Methylester in ätherischer Lösung.

Die Absorption eines solchen Gemischs wurde dann mit Hilfe der Esterkurven auch für das kurzwellige Spektralgebiet berechnet, wo sich die Absorption der beiden tautomeren Formen überdeckt. Die berechneten Punkte liegen größtenteils auf der gefundenen Kurve (vgl. Abb. 177), die Abweichungen in der Nähe des intensiven Maximums sind vermutlich ein Hinweis darauf, daß in diesem Gebiet die Absorption der einander ent-

---

[1] ANDERSON, L. C. u. M. B. GEIGER: J. Amer. chem. Soc. 54, 3064 (1932).

sprechenden –OH- und –OCH$_3$-Verbindungen nicht mehr genügend zusammenfällt. Mit Hilfe eines solchen Vergleichs der Spektren von H- bzw. CH$_3$-Verbindungen hat sich die Lage tautomerer Gleichgewichte in zahlreichen Fällen wenigstens qualitativ ermitteln lassen[1].

3. Die Konstitution des Chinhydrons in wässeriger Lösung.

Die als Chinhydron bekannte dunkelgrüne Molekülverbindung von Chinon und Hydrochinon im Verhältnis 1:1 ist im Kristallzustand nach Strukturuntersuchungen und magnetischen Messungen als sogenanntes *Merichinon*, d. h. als $C_6H_4O_2 \cdot C_6H_4(OH)_2$ zu formulieren. Neben dieser Formulierung kommt für das gelöste Chinhydron, das in gesättigter wäßriger Lösung nach Löslichkeitsmessungen zu etwa 7% vorhanden ist, während der Rest in Form der Einzelmoleküle Chinon und Hydrochinon vorliegt, auch die Formulierung als Semichinon $C_6H_4O(OH)$ in Frage, das die halbe Molekülgröße besitzt und einem Radikal entspricht, wie sie für analoge, aber kompliziertere Fälle tatsächlich nachgewiesen worden sind. Zwischen diesen beiden Möglichkeiten kann durch optische Messungen entschieden werden[2]. Wie sich leicht mit Hilfe des Massenwirkungsgesetzes nachweisen läßt, muß die Extinktionsdifferenz zweier Lösungen, von denen die eine nur Chinon, die andere außerdem eine äquivalente Menge Hydrochinon enthält, unter sonst gleichen Bedingungen (Schichtdicke, Konzentration) und bei einer Wellenlänge, bei der das Hydrochinon noch nicht absorbiert, der Bruttokonzentration des Chinons angenähert proportional sein, wenn sich aus den beiden Komponenten überwiegend Semichinon bildet, während bei der bevorzugten Entstehung von Merichinon die Extinktionsdifferenz angenähert mit dem Quadrat der Bruttokonzentration an Chinon anwachsen muß. Hier liegt also ein Fall vor, wo man eine Konstitutionsfrage durch Messung bei einer einzigen Wellenlänge entscheiden kann, so daß es nicht notwendig ist, die ganzen Spektren aufzunehmen, sondern es genügt die visuelle oder lichtelektrische Messung in einem geeigneten Spektralgebiet. Da ferner, wie die Berechnung ergibt, nur eine *angenäherte* Proportionalität der genannten Extinktionsdifferenz mit c_{Chinon} bzw. c^2_{Chinon} zu erwarten ist, erübrigt sich die Verwendung einer Präzisionsmethode, so daß für die Messung, da kolorimetrische Methoden

---

[1] Vgl. z. B. den Fall der untersalpetrigen Säure und des Nitramids. G. KORTÜM u. B. FINCKH: Z. physik. Chem. B **48**, 32 (1940).
[2] WAGNER, C. u. K. GRÜNEWALD: Z. Elektrochem. angew. physik. Chem. **46**, 265 (1940).

Die Konstitution des Chinhydrons in wässeriger Lösung. 425

natürlich nicht verwendbar sind, praktisch ausschließlich ein visuelles Photometer in Frage kommt. Benutzt wurde das PULFRICH-Photometer mit Hg-Lampe als Lichtquelle, die Extinktion wurde bei den Linien 436, 546 und 578 mμ bestimmt. Angenähert monochromatische Beleuchtung ist deswegen notwendig, weil durch die Messung bei verschiedenen Gesamtkonzentrationen die zu vergleichenden Extinktionswerte sehr verschieden sind, so daß unter Benutzung einer kontinuierlichen Lichtquelle mit Filter die auf S. 182 diskutierten Fehlerquellen zu Fehlschlüssen führen könnten.

Aus den Messungen ergaben sich z.B. für die Linie 436 mμ folgende Extinktionswerte bei 1 cm Schichtdicke:

Tabelle 34. *Extinktionen von Chinon- und Chinhydronlösungen bei 436 mμ und 1 cm Schichtdicke.*
(A = *Bruttokonz. an Chinon;* B = *Bruttokonz. an Hydrochinon in Mol/l.*)

E (A = 0,015; B = 0,015) 0,483
E (A = 0,015; B = 0) 0,298
ΔE 0,185

E (A = 0,0075; B = 0,0075) 0,200
E (A = 0,0075; B = 0) 0,152
ΔE 0,048
ΔEber. für Proportion. zu A² 0,046
ΔEber. für Proportion. zu A 0,093

E (A = 0,0030; B = 0,0030) 0,069
E (A = 0,0030; B = 0) 0,060
ΔE 0,009
ΔEber. für Proportion. zu A² 0,007
ΔEber. für Proportion. zu A 0,037

Man sieht aus der Tabelle, daß die gemessenen Differenzen ΔE innerhalb der Streuung der Messungen[1] mit den berechneten Werten nur unter der Annahme einer quadratischen Konzentrationsabhängigkeit übereinstimmen, wodurch bewiesen ist, daß das Chinhydron überwiegend in Form des Merichinons vorliegen muß.

Als wesentlich schwieriger erweist es sich, die Dissoziationskonstanten K derartiger Molekülverbindungen auf optischem Weg zu bestimmen. Derartige Untersuchungen setzen die Gültigkeit des BEERschen Gesetzes und des Massenwirkungsgesetzes in seiner klassischen Form in dem Konzentrationsbereich der Messung voraus, was sich nicht auf unabhängigem Weg nachprüfen läßt. Ab-

---
[1] Dieselbe betrug für die größten Extinktionen 1 bis 2%, für die kleineren 3 bis 4%.

gesehen davon ist bei solchen Konzentrationen, bei denen diese Bedingungen mit großer Wahrscheinlichkeit erfüllt sind ($c < 10^{-2}$ Mol/l), der Dissoziationsgrad gewöhnlich schon so groß, daß nur lichtelektrische Präzisionsmethoden zu genügend genauen K-Werten führen (vgl. dazu Beispiel 9). Zum Beispiel konnte im System s-Trinitrobenzol-Anthracen in CCl_4-Lösung mit Hilfe eines lichtelektrischen Kolorimeters mit veränderlicher Schichtdicke eine konzentrationsunabhängige Dissoziationskonstante der Molekülverbindung und damit die Gültigkeit des Massenwirkungsgesetzes mit Sicherheit beobachtet werden[1].

4. Das Assoziationsgleichgewicht des Phenols in CCl_4-Lösung.

Moleküle mit Hydroxylgruppen, wie z.B. das Phenol, besitzen eine im Infrarot liegende scharfe Absorptionsbande, die der OH-Schwingung zuzuschreiben ist. Die Bande läßt sich sowohl in der Grund- als auch in der ersten und zweiten Oberschwingung beobachten. Durch Assoziation der Moleküle zu Doppel- oder Mehrfachmolekülen bei steigender Konzentration nimmt diese Bande an Intensität ab, so daß man sie den Einzelmolekülen zuordnen kann. Die Intensitätsabnahme kann daher zur quantitativen Beschreibung der Assoziationsvorgänge benutzt werden[2]. Frühere Versuche in dieser Richtung scheiterten daran, daß die Messungen im Gebiet der Grund- bzw. ersten Oberschwingung (2,77 bzw. 1,44 μ) vorgenommen wurden, wo damals nur thermoelektrische Methoden zur Verfügung standen (vgl. S. 345), deren Empfindlichkeit für derartige Intensitätsmessungen nicht ausreichte. Das Gebiet der zweiten Oberschwingung (0,97 μ) läßt sich jedoch sowohl photographisch wie lichtelektrisch erfassen, so daß die Meßbedingungen hier wesentlich günstiger liegen. Für die Auswahl zwischen diesen beiden Methoden war entscheidend, daß ein möglichst großer Konzentrationsbereich zu erfassen und bis zu möglichst kleinen Konzentrationen vorzudringen war. Da aber bei kleinen Konzentrationen auch die zu messenden Extinktionen klein sind, ergeben photographische Methoden keine genügende Genauigkeit [siehe Gleichung (216)], so daß eine lichtelektrische Ausschlagsmethode mit Gleichstromverstärkung benutzt wurde. Mit ihr betrug die Streuung auch bei den kleinen Extinktionen nur etwa ± 2%. Der erfaßte Konzentrationsbereich lag zwischen 0,0375 und 6 Mol/l.

---

[1] Vgl. H. SELIGMAN: Diss. Zürich 1936; vgl. auch G. BRIEGLEB u. I. CZEKALLA, Z. Elektrochem. Ber. Bunsenges. physik. Chem. 58, 249 (1954).

[2] KEMPTER, H. u. R. MECKE: Z. physik. Chem., Abt. B 46, 229 (1940). — L. G. HOFFMANN: Z. physik. Chem., Abt. B 53, 179 (1943).

Da es sich bei diesem Problem eigentlich um eine Konzentrationsbestimmung handelt, würde es genügt haben, die Intensität der Absorption bei einer einzigen Wellenlänge zu messen. Tatsächlich wurde jedoch die ganze Bande ausgemessen, um festzustellen, ob neben der Intensitätsänderung nicht auch noch Änderungen in

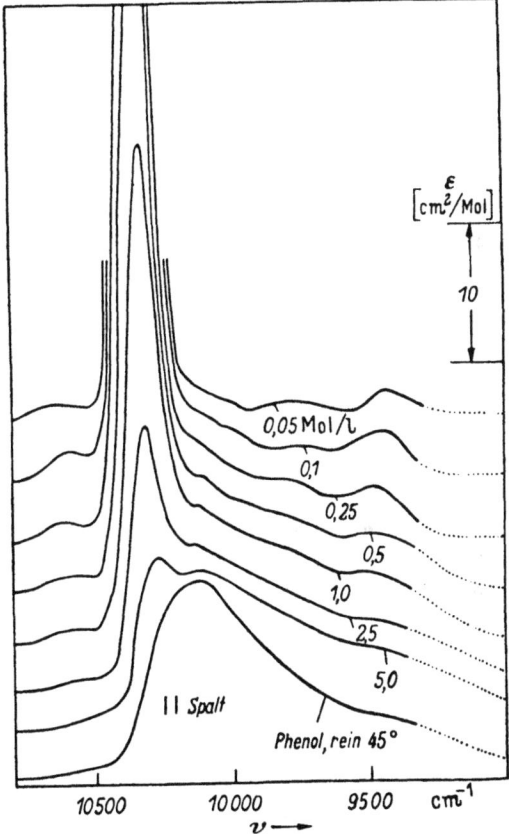

Abb. 178. Intensitätsänderungen der 3-0-OH-Bande des Phenols in CCl₄ infolge der Assoziation der H-Brücken.

Lage und Form der Bande auftreten. Dies ist im Bereich kleiner und mittlerer Konzentrationen nicht der Fall, wie aus Abb. 178 hervorgeht. Da die Halbwertsbreite der Bande 110 Å, die effektive Bandbreite der verwendeten Strahlung etwa 40 Å betrug, sind die *Absolutwerte* der gemessenen Extinktionskoeffizienten natürlich stark gefälscht (zu niedrig), da sie nur Mittelwerte darstellen (vgl.

S. 185, 375). Daß die gemessenen Intensitätswerte für verschiedene Konzentrationen trotzdem miteinander vergleichbar und zur Berechnung der Assoziationsgrade verwendbar sind, beruht in diesem (sehr günstigen) Fall darauf, daß die Halbwertsbreite der Bande für alle Konzentrationen dieselbe ist, wie deutlich aus Abb. 178 hervorgeht, so daß auch der durch das geringe Auflösungsvermögen der benutzten Meßanordnung bedingte Fehler in den Absolutwerten überall denselben prozentualen Betrag annimmt. Wie diese Überlegung zeigt, könnte die kritiklose Übertragung der Meßmethode auf ähnliche Fälle zu außerordentlich großen Fehlern führen, wenn hier die Bedingungen weniger günstig liegen würden.

Eine eingehende Analyse zeigt, daß man mit mehreren Assoziationsgleichgewichten rechnen muß. Es entstehen Kettenmoleküle verschiedener Länge nach dem Schema $(ROH)_n + ROH \rightleftarrows (ROH)_{n+1}$ mit verschiedenen Gleichgewichtskonstanten, die aber mit wachsendem n einem konstanten Grenzwert zustreben. Man kann jedoch die Messungen praktisch mit zwei Gleichgewichtskonstanten wiedergeben[1]: eine für dimere und eine für höherwertige Assoziationskomplexe. Dem entsprechen drei verschiedene OH-Banden, die sich im längerwelligen Teil gegenseitig überlagern: die scharfe Bande der Monomeren und die beiden breiteren Banden, die den OH-Endgruppen und den Brückengruppen der Assoziate zuzuordnen sind.

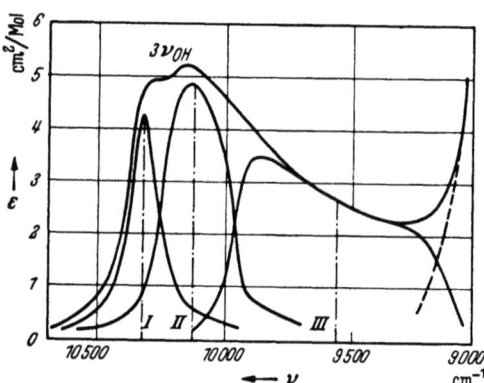

Abb. 179. Die verschiedenen Banden assoziierter Phenole in CCl$_4$: *I* Monomere, *II* Endständige, *III* Brücken-OH-Gruppen der polymeren Moleküle.

In Abb. 179 ist versucht, die gemessene Gesamtbande in diese Einzelbanden aufzulösen.

Man kann die Assoziation der OH-Gruppen auch im UV nachweisen[2], da die Bildung von Wasserstoffbrücken gleichzeitig die Elektronenladungsverteilung des Moleküls verändert[3]. In Abb. 180

---

[1] COGGESHALL, N. D. u. E. L. SAIER: J. Amer. chem. Soc. **73**, 5414 (1951).
[2] KEUSSLER, V. v.: Z. Elektrochem. Ber. Bunsenges. physik. Chem. **58**, 136 (1954).
[3] LENNARD-JONES, J. u. J. A. POPLE: Proc. Roy. Soc. [London] A **205**, 155 (1951).

ist das UV-Spektrum des Phenols in Cyclohexan bei verschiedenen Konzentrationen sowie des reinen flüssigen Phenols wiedergegeben. Das Auftreten eines isosbestischen Punktes (vgl. S. 34) bei kleinen und mittleren Konzentrationen weist auf ein vorwiegend dimeres Gleichgewicht hin. Es gelingt auch hier, das Gesamtspektrum

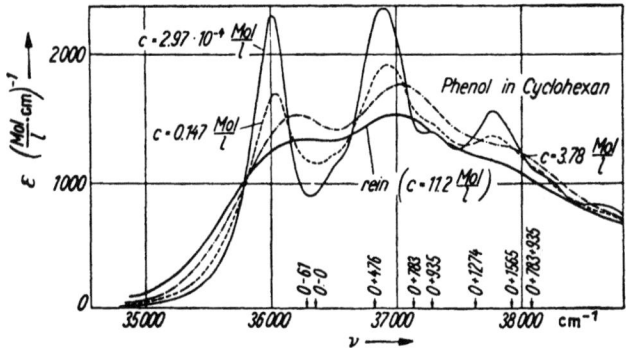

Abb. 180. UV-Absorption von Phenol in Cyclohexan bei verschiedenen Konzentrationen.

durch Superposition zweier Kurven darzustellen, von denen die eine der Absorption der monomeren, die andere der Absorption der polymeren Moleküle entspricht.

Die Messungen wurden teils mit der S. 394 erwähnten photographischen Methode (Unterwasserfunke, pendelnder Küvettenwechsel), teils mit dem BECKMAN-Spektrometer DU ausgeführt, dessen Empfindlichkeit durch Erhöhung des Gitterableitwiderstands von 200 auf 1000 Megohm auf das Fünffache erhöht wurde. Wegen der hohen Extinktionen der konzentrierten Lösungen bzw. des reinen Phenols mußten sehr kleine Schichtdicken verwendet werden. Sie wurden durch Aufdampfen eines Al-Abstandringes auf Quarzplatten hergestellt (vgl. S. 108), wobei Plattenabstände bis herunter zu $0{,}34\,\mu$ erreicht wurden.

5. Die Thermochromie des Dehydrodianthrons[1].

Eine Reihe aromatisch substituierter Äthylene zeigt das ungewöhnliche Verhalten, daß sie beim Erhitzen in Schmelze oder in Lösung intensiv farbig werden. Der Vorgang ist reversibel, beim Abkühlen verschwindet die Farbe wieder und kann durch erneutes

---

[1] THEILACKER, W., G. KORTÜM u. G. FRIEDHEIM: Chem. Ber. 83, 508 (1950). — G. KORTÜM, W. THEILACKER, H. ZEININGER u. H. ELLIEHAUSEN: Chem. Ber. 86, 294 (1953).

Erhitzen wieder hervorgerufen werden. Diese sogenannte „Thermochromie" läßt sich am einfachsten durch ein reversibles Gleichgewicht zwischen zwei verschiedenen Formen des absorbierenden Moleküls deuten. In Abb. 181 ist das Spektrum des Dehydrodianthrons im Sichtbaren und UV bei verschiedenen Temperaturen in

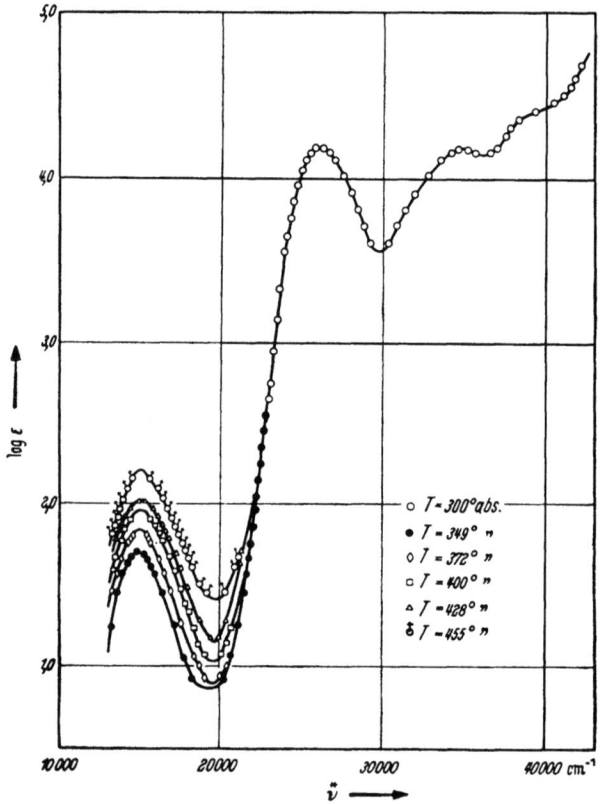

Abb. 181.
Absorptionsspektrum des Dehydrodianthrons in Dekalin bei verschiedenen Temperaturen.

Dekalin als Lösungsmittel wiedergegeben. Es wurde spektrographisch nach der POOLschen Sektormethode (vgl. S. 392) aufgenommen. Als Küvette diente ein heizbares BALY-Rohr aus Quarz (Abb. 47), zur Definition konstanter Temperaturen wurden reine siedende Flüssigkeiten (CCl_4, H_2O, C_6H_4Cl, C_6H_5Br, $C_6H_5NH_2$) benutzt. Die thermochrome Bande im Sichtbaren läßt sich mit einer GAUSSschen Fehlerfunktion darstellen, indem man die

Konstanten aus der gemessenen Kurve selbst entnimmt: $\varepsilon = \varepsilon_{max} \cdot \exp\left[-\beta(\varDelta \tilde{\nu})^2\right]$. β wird aus einem Punkt des langwelligen (nicht durch die benachbarte UV-Bande überlagerten) Astes ermittelt, $\varDelta \tilde{\nu}$ ist die Wellendifferenz zwischen der Wellenzahl des Maximums und der Wellenzahl, für die die Berechnung von ε gewünscht wird. Auf diese Weise kann man die Gesamtabsorption (das Flächenintegral der Bande $\int \varepsilon \, d\tilde{\nu}$) ermitteln.

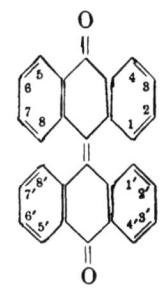

Trägt man $\log \int \varepsilon \, d\tilde{\nu}$ gegen die reziproke absolute Temperatur $1/T$ auf, so erhält man eine Gerade, aus deren Neigung und Ordinatenabschnitt sich die Gleichgewichtskonstante und die Umwandlungswärme für das thermochrome Gleichgewicht ermitteln lassen. Aus der Beobachtung, daß man nur bei 1, 1', 8, 8'-substituierten Dehydrodianthronen (als Substituenten wurden –CH$_3$ und –C$_6$H$_5$ eingeführt) keine Thermochromie erhält, während z. B. die 2, 3, 4-substituierten sie ebenfalls zeigen, und aus der weiteren Beobachtung, daß das Dehydrodianthron in dem ganzen Temperaturbereich diamagnetisch bleibt[1], kann man schließen, daß es sich bei der Hochtemperaturform des thermochromen Moleküls nicht um einen Triplett- oder Radikalzustand handelt, sondern um einen Zustand mit ebenen Molekülhälften, der aus dem normalen nichtebenen Zustand, durch Energiezufuhr gebildet und durch die dabei frei werdende zusätzliche Resonanzenergie stabilisiert wird.

6. Die „Solvatochromie".

Untersucht man die IR-Absorption des Phenols in so verdünnter Lösung, daß praktisch nur Monomere vorhanden sind, so beobachtet man eine starke Abhängigkeit von Intensität und Lage der OH-Bande vom Lösungsmittel[2]. Dies ist in Abb. 182 für die zweite Oberschwingung bei 20° C in einer Anzahl von Lösungsmitteln dargestellt, wobei die Konzentration stets 0,05 Mol/l betrug. Zur Messung wurde ein aus Laboratoriumsmitteln zusammengestelltes Spektrometer mit Prismenmonochromator in WADSWORTH-Aufstellung (S. 99), Caesiumvakuumzelle mit Gleichstromverstärkung und Kompensationsbrückenschaltung (S. 241) benutzt. Die absolute Genauigkeit des gemessenen Absorptionsgrades α [Gleichung (17)] betrug $\pm 1 \cdot 10^{-3}$.

---

[1] THEILACKER, W., G. KORTÜM u. H. ELLIEHAUSEN: Z. Naturf. 9b, 167 (1954).
[2] LÜTTKE, W. u. R. MECKE: Z. Elektrochem. angew. physik. Chem. 53, 241 (1949).

432   Anwendungsbeispiele.

Die Messungen zeigen, daß in der angegebenen Reihe eine Verschiebung des Bandenmaximums nach langen Wellen eintritt, die auf eine zunehmende Wechselwirkung mit dem Lösungsmittel und

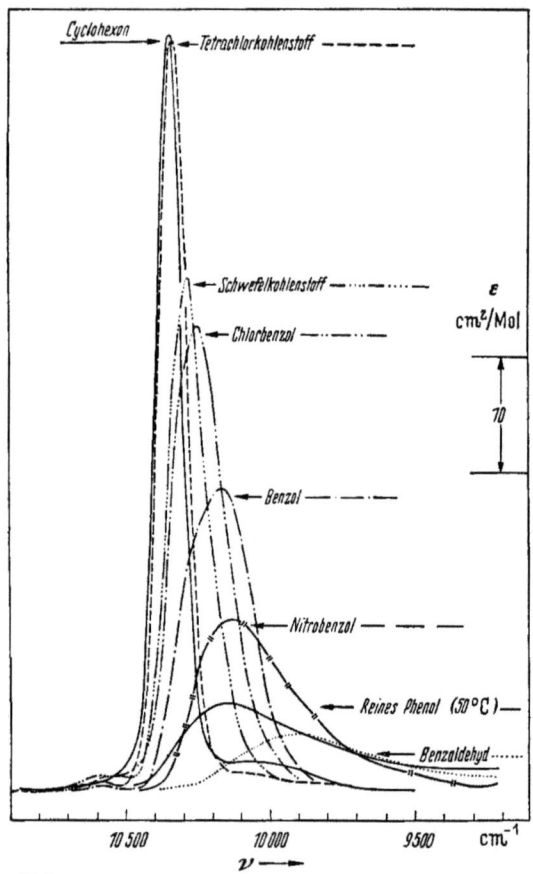

Abb. 182. Verschiebung von Lage und Intensität der 2. OH-Oberschwingung des Phenols durch zunehmende Wechselwirkung mit dem Lösungsmittel. $c = 0,05$ Mol/l; $t = 20°$C.

damit eine Schwächung der Kraftkonstanten des O–H-Oszillators hinweist. Die gleichzeitige Verbreiterung der Bande ist, ähnlich wie bei der Assoziation des Phenols durch Konzentrationserhöhung (Abb. 180), darauf zurückzuführen, daß die Wechselwirkungsenergie noch von der Orientierung der betreffenden OH-Gruppe zu den Lösungsmittelmolekülen abhängt, so daß die gemessene

Bandenform durch die statistische Verteilung aller möglichen Orientierungen bestimmt wird.

Im einzelnen entnimmt man der Abb. 182, daß in den Lösungsmitteln C_6H_{12}, CCl_4 und CS_2 die OH-Gruppe des Phenols nur schwach „solvatisiert" ist, das Phenol neigt deshalb in solchen Lösungsmitteln stark zu Eigenassoziation (Abb. 180). Ähnliches gilt für alle chlorierten gesättigten Kohlenwasserstoffe. Die integrale Absorption $\int \varepsilon\, d\tilde{\nu}$ ist etwa gleich groß in allen diesen Lösungsmitteln, das Übergangsmoment ist also durch die schwache Wechselwirkung mit den Lösungsmittelmolekülen kaum verändert, unabhängig von einem etwa vorhandenen Dipolmoment des letzteren. Demgegenüber können das Benzol und seine Derivate nicht mehr als indifferente Lösungsmittel angesehen werden, die OH-Bande wird merklich ins Langwellige verschoben und ist stark unsymmetrisch, was auf verschiedenartige Wechselwirkungen je nach Lage der OH-Gruppe zur Benzolebene zurückgeführt werden kann. Die starke Wechselwirkung wird auch hier durch eine Wasserstoffbrückenbindung zur π-Elektronenwolke des aromatischen Ringes gedeutet (basische Eigenschaften der Aromaten!). Ähnlich wie das Benzol verhält sich auch Cyclohexen, bei dem man sogar eine deutliche Aufspaltung der OH-Bande des Phenols entsprechend den beiden verschiedenen Orientierungsmöglichkeiten der OH-Gruppe zur Doppelbindung bzw. zum aliphatischen Rest beobachtet.

In Nitrobenzol (und anderen Nitroverbindungen) ist die Frequenzverschiebung und Verbreiterung der OH-Bande noch größer, die Integralabsorption nimmt sprunghaft ab, was auf die starke Auflockerung der OH-Bindung unter Verkleinerung des Übergangsmoments hinweist, die auf eine Mischassoziation mit dem Lösungsmittel durch H-Brücken zurückzuführen ist. In Aldehyden und ähnlichen Lösungsmitteln nimmt das Bindungsmoment noch weiter ab, die Frequenzverschiebung beträgt bereits etwa 500 cm^{-1} und mehr, woraus auf sehr starke Kopplung der OH-Gruppe mit dem Lösungsmittel zu schließen ist, die den Charakter einer stöchiometrischen Molekülverbindung annimmt.

Ganz analoge Beobachtungen lassen sich auch an den Elektronenbandenspektren zahlreicher Stoffe sowohl in Absorption wie in Fluorescenz machen[1]. Auch hier tritt häufig eine sogenannte „Solvatochromie" auf, die entweder darin besteht, daß das Lösungsmittel durch zwischenmolekulare Wechselwirkung und im beson-

---

[1] Vgl. dazu R. SUHRMANN u. H. H. PERKAMPUS: Z. Elektrochem. Ber. Bunsenges. physik. Chem. **56**, 743 (1952); K. DIMROTH: Marburger S.-B. **76**, Heft 3, S. 3 (1953).

deren wieder durch H-Brücken den Elektronenzustand des Moleküls verändert, oder darin, daß es ein zwischen zwei oder mehreren Molekülarten bestehendes Gleichgewicht (z. B. Assoziation) verschiebt.

7. Absorptionsspektrum und „sterische Hinderung".

Besitzt ein Molekül mehrere voneinander unabhängige, d. h. nicht konjugierte oder gekoppelte „Chromophore" (vgl. S. 11), so erweist sich die Absorption des Gesamtmoleküls als additiv zusammengesetzt aus der Absorption der einzelnen Chromophore. So besitzt z. B. das Dimesitylen gegenüber dem Mesitylen oder das 2, 4, 6, 2', 4', 6'-Hexachlordiphenyl gegenüber dem symmetrischen Trichlorbenzol eine Absorptionsbande im UV, deren Intensität bei gleicher spektraler Lage ziemlich genau das Doppelte beträgt ($\Delta \log \varepsilon = 0{,}301$)[1]. Das bedeutet, daß die beiden Phenylringe in diesen Verbindungen nicht miteinander gekoppelt sind und unabhängig voneinander absorbieren. Im Gegensatz dazu zeigt das Diphenyl gegenüber dem Benzol etwa die hundertfache Absorption und außerdem einen vollständigen Verlust der Schwingungsstruktur (vgl. Abb. 3). Die unerwartet starke Intensitätszunahme der Absorption wird auf die Resonanz der beiden Phenylringe zurückgeführt, die bei ebener Lage durch Kopplung der π-Elektronen möglich wird, während sie beim Dimesitylen und Hexachlordiphenyl infolge der sterischen Hinderung, die eine ebene Struktur verhindert, nicht eintreten kann. Beim Diphenyl entsteht also aus den einzelnen Chromophoren ein neuer gemeinsamer, für dessen Elektronenterme und Übergangswahrscheinlichkeiten keine unmittelbaren Beziehungen mehr zu den entsprechenden Größen der Komponenten bestehen.

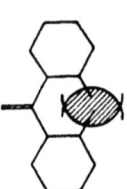

Abb. 183. Räumlicher Bau der α, α'-Diphenyläthylengruppe (schematisch).

Beispiele dieser Art für den Einfluß der sterischen Hinderung gibt es in großer Zahl. So ist es aus sterischen Gründen nicht möglich, daß in der Ebene der Äthylenbindung mehr als zwei Phenylreste liegen[2]. Wie Abb. 183 zeigt, würden sich im α, α'-Diphenyläthylen die Elektronenwolken der beiden orthoständigen H-Atome bei ebener Anordnung stark überlappen (schraffierte Fläche), was zu Abstoßung und damit zum Herausdrehen der einen Phenylgruppe aus der Ebene der Äthylenbindung führt. Das hat zur

---

[1] PICKETT, W. L., G. F. WALTER u. H. FRANCE: J. Amer. chem. Soc. 58, 2296 (1936).

[2] JONES, R. N.: J. Amer. chem. Soc. 65, 1818 (1943). — B. ARENDS: Ber. dtsch. chem. Ges. 64, 1936 (1931).

Folge, daß die Spektren von trans-Stilben, Triphenyl- und Tetraphenyläthylen sich nur unwesentlich unterscheiden. Analoges gilt für die Reihe der Diphenyl- und Tetraphenylpolyene, deren Banden bei fast gleicher Intensität nur um eine konstante Differenz von etwa 1200 cm^{-1} gegeneinander verschoben sind[1], während bei Anordnung aller vier Phenylreste in der Ebene der Polyenkette der Unterschied in der spektralen Lage im Anfang der Reihe viel größer sein und mit zunehmender Kettenlänge schnell abnehmen müßte[2].

Außer diesen durch sterische Effekte bedingten Unterschieden in Lage und Intensität der Absorptionsbanden ist noch der *Verlust an Schwingungsstruktur*, z. B. beim Diphenyl gegenüber dem Benzol (Abb. 3) oder bei den Tetraphenylpolyenen gegenüber den Diphenylpolyenen charakteristisch. Bei den letzteren ist dies nach photographischen Messungen[3] in Abb. 184 dargestellt. Die Spektren der niedrigen Glieder der Reihe sind völlig strukturlos, beim Oktatetraen beobachtet man eine schwache Andeutung von Struktur, die sich erst bei noch höheren Gliedern deutlich zu erkennen gibt. Bei den Diphenylpolyenen ist dagegen schon beim

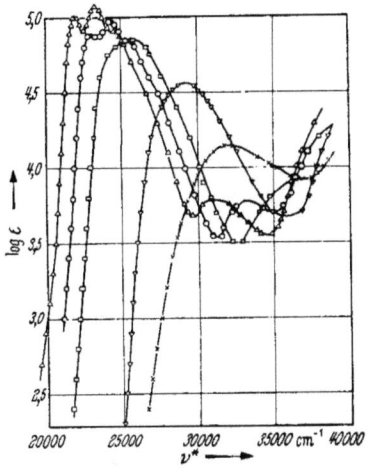

Abb. 184 UV-Absorptionsspektren von:
Tetraphenyläthylen   ×—×—×
Tetraphenylbutadien   ▽—▽—▽
Tetraphenyloctatetraen   □—□—□
Tetraphenyldekapentaen   ○—○—○
Tetraphenyldodekahexaen   △—△—△
Lösungsmittel: Cyclohexan

ersten Glied der Reihe, beim Stilben, eine Struktur angedeutet, die dann mit zunehmender Kettenlänge sehr stark hervortritt. Dieser charakteristische Unterschied bei verwandten Verbindungen läßt sich, wie schon S. 6 angedeutet wurde, darauf zurückführen[4], daß durch Torsionsschwingungen einzelner Molekülteile gegeneinander Anregungszustände verschiedener Chromophore miteinander in Konkurrenz treten. Wie diese aus einer großen Zahl ähnlicher Fälle herausgegriffenen

---

[1] KORTÜM, G. u. G. DREESEN: Chem. Ber. 84, 18 (1951).
[2] HAUSSER, K. W., R. KUHN u. Mitarb.: Z. physik. Chem. B 29, 363 (1935).
[3] KORTÜM, G. u. G. DREESEN, Chem. Ber. 84, 182 (1951).
[4] KORTÜM, G. u. G. DREESEN: Anm. 3. — G. KORTÜM: Naturwiss. 38, 274 (1951).

Beispiele zeigen, kann die Untersuchung des Absorptionsspektrums (und seiner Temperaturabhängigkeit) auch im UV zur Aufklärung der Molekülstruktur selbst in feineren Einzelheiten wesentliche Beiträge liefern.

8. Optische p_H-Messungen.

Die optische p_H-Messung mit Hilfe von Indicatoren beruht bekanntlich darauf, daß die beiden Formen eines Indicators, die mit HJ und J′ (Indicatorsäure) bzw. mit HJ˙ und J (Indicatorbase) bezeichnet seien, verschiedene Farbe besitzen, so daß sich ihr Konzentrationsverhältnis $c_{J'}/c_{HJ}$ bzw. $c_J/c_{HJ˙}$ kolorimetrisch oder photometrisch in einem geeigneten Spektralgebiet messen läßt. Für das Gleichgewicht z. B. einer Indicatorsäure ergibt sich nach dem Massenwirkungsgesetz

$$\frac{a_{H˙} \cdot a_{J'}}{a_{HJ}} = K, \qquad (227)$$

worin K die thermodynamische Dissoziationskonstante des Indicators und die a-Werte die Aktivitäten der Teilnehmer des Gleichgewichts bedeuten. Aus dieser Gleichung ergibt sich das p_H der zu messenden Lösung zu

$$p_H \equiv -\log a_{H˙} = -\log K + \log \frac{a_{J'}}{a_{HJ}} = -\log K + \log \frac{c_{J'}}{c_{HJ}} \cdot \frac{f_{J'}}{f_{HJ}}. \qquad (228)$$

Darin stellen $f_{J'}$ und f_{HJ} die Aktivitätskoeffizienten der beiden Indicatorformen dar. Wenn K nicht bekannt ist, geht man so vor, daß man den durch das Verhältnis $c_{J'}/c_{HJ}$ gegebenen Farbton der Lösung mit dem Farbton einer Reihe von Pufferlösungen vergleicht, die die gleiche Menge des Indicators enthalten und deren p_H mit Hilfe der Wasserstoffelektrode bestimmt ist. Wenn K dagegen bekannt ist, vergleicht man in der S. 178 beschriebenen Weise den Farbton der unbekannten Lösung mit dem Farbton zweier hintereinander geschalteter Lösungen, die den Indicator ausschließlich in den beiden Grenzfarben enthalten und deren Schichtdickenverhältnis so lange variiert wird, bis sich Farbgleichheit ergibt. Dieses Schichtdickenverhältnis ist gleich dem gesuchten $c_{J'}/c_{HJ}$ in der unbekannten Lösung. Da sich also in diesen Fällen stets mit Vergleichslösungen messen läßt, führen *kolorimetrische* Messungen aus den mehrfach genannten Gründen zu den genauesten Ergebnissen.

Die Sicherheit solcher Messungen wird nun dadurch beeinträchtigt, daß nach Gleichung (228) gar nicht der durch das Verhältnis $c_{J'}/c_{HJ}$ gemessene Farbton der Lösung, sondern in Wirklichkeit das Verhältnis der Aktivitäten $a_{J'}/a_{HJ}$ der beiden Indicatorformen vom p_H der Lösung abhängig ist. Hierauf beruht im wesentlichen der vielfach noch immer unterschätzte „Salzfehler" der kolorimetrischen p_H-Bestimmung. Gleicher Farbton z. B. einer unbekannten und einer Pufferlösung bei gleicher Konzentration des Indicators, d. h. gleiches Verhältnis $c_{J'}/c_{HJ}$, genügt daher nicht zur Feststellung, daß die Lösungen gleiches p_H besitzen, sondern es muß außerdem das Verhältnis $f_{J'}/f_{HJ}$ in beiden Lösungen dasselbe sein. Dazu ist notwendig, daß der Salzgehalt, d. h. die gesamte ionale Konzentration die gleiche ist, und bei höheren Salzkonzentrationen, bei denen die Aktivitätskoeffizienten bereits individuelle Unterschiede zeigen, genügt selbst diese Bedingung nicht, sondern es müssen auch die gleichen Salze in den zu vergleichenden Lösungen in gleicher Konzentration vorhanden sein.

Wieviel die Vernachlässigung des „Salzfehlers" bei der kolorimetrischen p_H-Messung ausmachen kann, sei an einem Beispiel gezeigt: Es sei das p_H einer schwach gepufferten Lösung zu bestimmen, die gleichzeitig 0,1 normal an KCl ist. Als Vergleichslösung dient eine Pufferlösung, die bezüglich der ionalen Konzentration ($5 \cdot 10^{-3}$) dem Puffergehalt der unbekannten Lösung entsprechen möge. $f_{J'}$ hat für eine ionale Konzentration von $5 \cdot 10^{-3}$ den Wert 0,93, für eine ionale Konzentration von 10^{-1} hängt der Wert bereits von individuellen Eigenschaften der Ionen ab, man kann ihn im Mittel gleich 0,8 setzen. Nimmt man weiter an, daß der Aktivitätskoeffizient der ungeladenen Indicatorform HJ bei diesen Konzentrationen noch nicht wesentlich von 1 abweicht, so ergibt sich nach Gleichung (228) eine p_H-Differenz von 0,07, um welche der p_H-Wert der KCl-haltigen Lösung zu niedrig ausfällt, wenn man auf gleichen Farbton mit Vergleichspufferlösungen einstellt, die kein KCl enthalten. Bei Verwendung eines basischen Indicators, für welchen die Gleichung (228) in der Form zu schreiben ist

$$p_H = -\log K + \log \frac{c_J}{c_{HJ}} \cdot \frac{f_J}{f_{HJ}}, \qquad (229)$$

würde umgekehrt ein um den gleichen Betrag zu hohes p_H gefunden werden, da hier die geladene Grenzform des Indicators im Nenner steht.

Wie diese Überlegungen zeigen, ist es zwecklos, das Verhältnis $c_{J'}/c_{HJ}$ bzw. $c_J/c_{HJ'}$ mit zu großer Genauigkeit zu bestimmen, wenn man nicht gleichzeitig dafür sorgt, daß der Elektrolytgehalt von Versuchs- und Vergleichspufferlösungen gleich groß ist. In ähnlicher Weise wirkt sich auch ein Gehalt der Lösung an Eiweiß oder anderen Begleitstoffen aus (Proteinfehler des Indicators). Wo aus praktischen Gründen der Fremdstoffgehalt der zu vergleichenden Lösungen nicht gleich gemacht werden kann, genügt stets eine verhältnismäßig rohe Messung (z. B. mit dem S. 175 erwähnten Keilkolorimeter), wobei man sich allerdings darüber klar sein muß, daß der gefundene p_H-Wert um eine oder mehrere Einheiten in der ersten Dezimale gefälscht sein kann.

Bei bekanntem K des Indicators und bekannter ionaler Konzentration der Lösung, sofern diese im DEBYE-HÜCKEL-Gebiet liegt (bei 1,1-wertigen Elektrolyten bei $c \lesssim 5 \cdot 10^{-3}$) läßt sich natürlich nach Gleichung (228) oder (229) das p_H sehr genau ermitteln, wenn man zur Messung des Verhältnisses $c_{J'}/c_{HJ}$ bzw. c_J/c_{HJ} eine lichtelektrische Methode verwendet. Die erreichbare Genauigkeit ist in diesem Fall durch Gleichung (178) gegeben, sie kann bei genügender Empfindlichkeit der Meßanordnung außerordentlich weit getrieben werden[1][2].

9. Bestimmung von Dissoziationskonstanten von Indicatorsäuren und -basen.

Zur Bestimmung der im letzten Beispiel erwähnten thermodynamischen Dissoziationskonstanten K von Indicatorsäuren und -basen lassen sich ebenfalls mit Vorteil optische Methoden heranziehen. Unter Einführung der klassischen Dissoziationskonstante K der Indicatorsäure und des mittleren Aktivitätskoeffizienten $f_{\mp}$ ihrer Ionen $\left(f_{\mp} = \sqrt{f_H \cdot f_{J'}}\right)$ läßt sich die Gleichung (227) in der Form schreiben

$$K = \frac{a_H \cdot a_{J'}}{a_{HJ}} = \frac{c_H \cdot c_{J'}}{c_{HJ}} \cdot \frac{f_H \cdot f_{J'}}{f_{HJ}} = \mathsf{K} \frac{f_{\pm}^2}{f_{HJ}}. \tag{230}$$

Führt man die Messung in einem Konzentrationsgebiet durch, in dem man $f_{HJ} = 1$ setzen kann, und führt gleichzeitig den Dissoziationsgrad α der Indicatorsäure von der Bruttokonzentration c_0 ein, so wird

$$K = \mathsf{K} f_{\mp}^2 = \frac{\alpha^2 c_0}{1-\alpha} f_{\mp}^2. \tag{231}$$

Da der mittlere Aktivitätskoeffizient $f_{\mp}$ im ionalen Konzentra-

---
[1] RINGBOM, A. u. F. SUNDMAN: Z. analyt. Chem. **116**, 104 (1939).
[2] SEILER, M.: Dissertation, Zürich 1936.

tionsbereich der DEBYE-HÜCKEL-Grenzgesetze bekannt ist, läßt sich durch Bestimmung von α die thermodynamische Konstante K ermitteln.

Da es sich bei der Bestimmung von α um eine Konzentrationsbestimmung handelt, sind photographische Methoden ungeeignet, obwohl sie gelegentlich für diesen Zweck herangezogen wurden (vgl. das S. 384. Anm. 2, erwähnte Beispiel). Dagegen wird es im allgemeinen notwendig sein, die Absorptionskurven der beiden Grenzformen des Indicators spektrometrisch aufzunehmen, um das Spektralgebiet zu ermitteln, in welchem die Absorption dieser beiden Formen möglichst verschieden ist. Am besten ist es natürlich, wenn man ein Spektralgebiet findet, in welchem die Absorption der einen Form praktisch vollständig vernachlässigt werden kann. Ein Beispiel ist das in Abb.185 wiedergegebene Spektrum der beiden Grenzformen des 2,4-Dinitrophenols[1]. Für die α-Messung dient hier am besten die blaue Hg-Linie bei 436 mμ (23000 cm^{-1}), bei welcher der Extinktionskoeffizient des undissoziierten Indicators

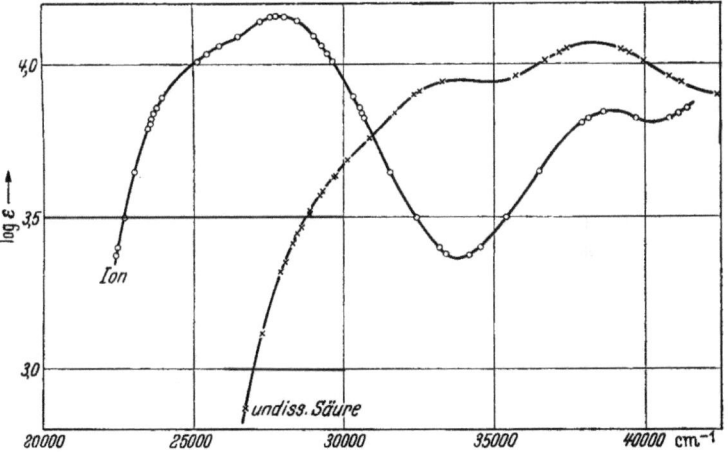

Abb. 185. Absorptionsspektrum des 2,4-Dinitrophenols und seines Anions.

etwa 0,02% desjenigen des Indicatoranions beträgt, so daß er vollkommen vernachlässigt werden kann. Die Auswahl der Meßmethode richtet sich auch hier wieder im wesentlichen nach der Genauigkeit, die man erreichen will. Dabei ist zu berücksichtigen, daß einer gegebenen Genauigkeit in der Messung von α gewöhnlich

---

[1] KORTÜM, G.: Z. physik. Chem., Abt. B 42, 39 (1939).

eine wesentlich kleinere Genauigkeit im dazugehörigen K entspricht. Durch Differentiation der Gleichung (231) ergibt sich die relative Streuung in K zu

$$\frac{dK}{K} = \frac{2-\alpha}{1-\alpha} \frac{d\alpha}{\alpha}. \qquad (232)$$

Der durch die Meßmethode gegebenen relativen Streuung $d\alpha/\alpha$ entspricht also ein um den Faktor $(2-\alpha)/(1-\alpha)$ größerer Fehler in K. Je größer daher α ist, um so geringere Genauigkeit läßt sich in der Bestimmung von K erreichen[1]. Will man daher K und damit nach Gleichung (231) auch $\mathbf{K}$ mit einer Genauigkeit bestimmen, die z. B. genügt, um nach (228) das p_H einer Lösung auf 0,01 bzw. 0,05 oder 0,1 Einheiten festzulegen, so muß nach dieser Gleichung $\mathbf{K}$ mit einer Unsicherheit von höchstens 2, 12 bzw. 25% bekannt sein. Je nach der Stärke der Indicatorsäure entspricht dies zum Teil sehr hohen Anforderungen an die Genauigkeit der α-Bestimmung, so daß man in den meisten Fällen zu lichtelektrischen Methoden greifen wird. Die Dissoziationskonstante des oben erwähnten 2,4-Dinitrophenols wurde mit Hilfe der S. 283 beschriebenen „Feinkolorimetrie" mit einer Unsicherheit von etwa 0,1% gemessen[2]. Wo die Anforderungen nicht so hoch sind, lassen sich natürlich auch visuelle und weniger genaue lichtelektrische Methoden verwenden, wobei auch hier stets kolorimetrische Methoden wegen der Möglichkeit, mit Vergleichslösungen der Indicatorgrenzformen zu arbeiten, weitaus den Vorzug verdienen[3].

Ist die Absorption der zweiten Indicatorform im Meßgebiet nicht zu vernachlässigen, wie dies vor allem bei zweifarbigen Indicatoren in der Regel der Fall sein wird, so läßt sich der dadurch bedingte Extinktionsanteil zunächst mit Hilfe eines angenäherten K-Wertes ermitteln. Die so korrigierte Extinktion führt zur Berechnung eines neuen richtigeren K-Wertes und so fort, d. h. die Dissoziationskonstante des Indicators läßt sich auch in diesem Fall mit Hilfe eines einfachen Näherungsverfahrens berechnen. In völlig analoger Weise wie mit Hilfe der Absorption lassen sich auch mittels Fluorescenzmessungen Dissoziationskonstanten bestimmen, wenn z. B. das Ion im Gegensatz zur undissoziierten Molekel fluoresciert, wie es häufig der Fall ist[4].

---

[1] Das ist der Grund, weswegen sehr große Werte von K, also die Konstanten starker Säuren, nur größenordnungsmäßig bekannt sind.
[2] HALBAN, H. v. u. G. KORTÜM: Z. physik. Chem., Abt. A **170**, 351 (1934). — H. v. HALBAN, G. KORTÜM u. M. SEILER: Z. physik. Chem., Abt. A **173**, 449 (1935).
[3] Vgl. G. KORTÜM u. H. SCHÖTTLER, Angew. Chem. **61**, 204 (1949).
[4] Vgl. z. B.: J. EISENBRAND: Z. physik. Chem., Abt. A **144**, 441 (1929).

10. Die analytische Bestimmung des Eisens.

Die Anwendung optischer Methoden in der analytischen Chemie anorganischer Stoffe beschränkt sich bisher ausschließlich auf das sichtbare Spektralgebiet, es existieren nur ganz wenige Fälle, in denen auch Messungen im UV zu Konzentrationsbestimmungen herangezogen worden sind. Dies hat seinen Grund darin – abgesehen von der häufig noch zu geringen Empfindlichkeit der Photoelemente im kurzwelligen Spektralgebiet –, daß die Schwierigkeiten der Messung mit abnehmender Wellenlänge dauernd anwachsen, weil in diesem Gebiet schon zahlreiche Stoffe einschließlich mancher Lösungsmittel zu absorbieren beginnen, die bei der Messung im Sichtbaren nicht stören, so daß es immer schwerer wird, eine für den zu bestimmenden Stoff charakteristische und von der Absorption anderer Stoffe nicht überlagerte Absorptionsbande zu finden. Wenn es sich um die quantitative Bestimmung reiner Stoffe handelt, ist natürlich auch die Messung im UV häufig anwendbar. Hierauf beruht z.B. die Bestimmung des Eisens als $Fe^{...}$-Ion im nahen UV[1]. In den meisten Fällen wird es sich aber um Messungen in Anwesenheit anderer Metallionen oder sonstiger aus der Analysensubstanz stammender Stoffe handeln, so daß die Messung im UV gestört wird.

Störungen dieser Art kommen natürlich auch bei Messungen im Sichtbaren vor, häufig auch solche indirekter Art, bei denen die störenden Stoffe nicht selbst absorbieren, aber die Absorption des zu bestimmenden Stoffs beeinflussen (Salzeffekte usw.). Man ist dann häufig gezwungen, solche Stoffe vorher chemisch zu entfernen, was fast stets eine Beeinträchtigung der Genauigkeit der Messung bedeutet. Ganz allgemein wird man in der Praxis Kompromisse schließen müssen zwischen Genauigkeitsanspruch einerseits und Einfachheit bzw. vielseitiger Verwendungsfähigkeit einer Methode andererseits. Dies hängt mit der Störung durch andere Stoffe, mit der Unbeständigkeit der durch Reagenzien hervorgerufenen Färbungen, mit den Fehlerquellen, die durch Manipulationen wie Ausschütteln mit anderen Lösungsmitteln oder Abtrennen von ausgefällten Niederschlägen usw. hervorgerufen werden, mit der mangelnden Reinheit der Reagenzien usw. zusammen. Maßgebend für die Wahl der Meßmethoden bleibt auch hier die verlangte Genauigkeit. Bei Reihenuntersuchungen, bei denen keine hohe Genauigkeit gefordert wird, sind manchmal Methoden noch gut verwendbar, die in anderen Fällen völlig unzureichend

---

[1] HAVEMANN, R.: Biochem. Z. **306**, 224 (1940).

sind. Die Entscheidung über die Auswahl der Meßmethode hängt daher stets von dem gerade untersuchten Fall ab.

Um an einem Beispiel zu zeigen, wie man in einem speziellen Fall vorgeht, sei kurz auf die kolorimetrische Eisenbestimmung eingegangen, für die außerordentlich zahlreiche Vorschriften gegeben worden sind[1]. Bewährt haben sich nach THIEL[2] vor allem die Farbreaktionen mit Sulfosalicylsäure, Jodoxinsulfosäure, α,α'-Dipyridyl und o-Phenanthrolin. Daneben wird noch vielfach die Rhodanreaktion benutzt, die eines der ältesten kolorimetrischen Verfahren überhaupt darstellt. Liegt die zu erreichende Genauigkeit fest, so hängt die kleinste Konzentration an $Fe^{...}$ bzw. $Fe^{..}$, die sich noch mit der verlangten Genauigkeit bestimmen läßt, vom Extinktionskoeffizienten der farbigen Verbindung und der benutzten Schichtdicke ab (vgl. S. 254).

Handelt es sich um visuelle Messungen, und will man eine Genauigkeit von 100 (1 %) erreichen, so ist nach Gleichung (71)

$$\frac{dc}{c} = 0,01 = -\frac{0,4343}{E} \cdot 0,01$$

wenn man die Einstellstreuung $d\Phi/\Phi$ der visuellen Messung ebenfalls mit 1 % annimmt. Daraus folgt, daß die zu messende Extinktion wenigstens den Wert 0,43 besitzen muß. Aus der allgemeinen Gleichung (27b) ergibt sich daher die minimale Konzentration c_{min}, die sich noch mit einer Streuung von 1% bestimmen läßt, zu $c_{min} = 0,4343/\varepsilon s$. Je größer der Extinktionskoeffizient bei der zur Messung benutzten Wellenlänge und je größer die zur Verfügung stehende Schichtdicke ist, um so kleiner wird c_{min}. Daher ist es erwünscht, möglichst intensive Absorptionsbanden zur Verfügung zu haben und im Maximum der Bande zu messen, weil die Länge der Schichtdicke aus meßtechnischen Gründen natürlich begrenzt ist[3]. Bei gegebener maximaler Schichtdicke hängt die Reizschwelle der Nachweisreaktion von der Höhe der Absorptionsbande der entstehenden Verbindung ab.

Man muß ferner berücksichtigen, daß die Einstellstreuung des Auges nicht immer den optimalen Wert 0,01 annimmt, wenn man etwa in physiologisch ungünstigen Spektralbereichen messen muß, oder wenn man photometrisch im Gebiet einer steil

---

[1] Vgl. z. B. die Zusammenstellung bei B. LANGE.
[2] THIEL, A. u. E. VAN HENGEL: Ber. dtsch. chem. Ges. 70, 2491 (1937). — A. THIEL u. H. HEINRICH: Ber. dtsch. chem. Ges. 71, 756 (1938).
[3] Zur quantitativen Bestimmung sehr schwacher Färbungen werden von THIEL Vorsatzeinrichtungen von insgesamt 100 cm Länge zu den gebräuchlichen Kolorimetern verwendet. (Hersteller: E. Leitz, Wetzlar.)

abfallenden Absorptionsbande mißt, so daß beträchtliche Farbtonunterschiede in den Gesichtsfeldhälften auftreten (vgl. S. 183). Ist z.B. die Einstellstreuung $d\Phi/\Phi = 0{,}05$, so muß die Extinktion bereits den Wert 2 besitzen, damit man noch die Genauigkeit 100 erreicht, was für visuelle Messungen bereits recht ungünstig ist. Auch bei den üblichen Genauigkeitsansprüchen ist deshalb die Verwendung lichtelektrischer Methoden häufig vorteilhaft. Bei diesen erhält man die maximale Genauigkeit nach den Überlegungen von S. 254 bei einer Extinktion von 0,48 bzw. 0,43 je nach dem benutzten Meßverfahren. Setzt man die zu erreichende Genauigkeit etwa auf 1000 (0,1 %) fest, so wird nach den Gleichungen (166) und (167) für Ausschlags-, Kompensations- und Flimmermethoden $0{,}001 = 2{,}7 \cdot d\Phi_0/\Phi_0$, für Substitutionsmethoden $0{,}001 = 3{,}8 \cdot d\Phi_0/\Phi_0$. Daraus ergibt sich $d\Phi_0/\Phi_0 = 3{,}7 \cdot 10^{-4} = 0{,}037 \%$ bzw. $d\Phi_0/\Phi_0 = 2{,}6 \cdot 10^{-4} = 0{,}026 \%$. Damit die verlangte Genauigkeit erreicht wird, muß also das lichtelektrische Photometer so empfindlich sein, daß noch 0,037 bzw. 0,026 % der zur Verfügung stehenden Strahlungsintensität vom Empfänger angezeigt werden, was sich im allgemeinen ohne Schwierigkeiten erreichen läßt. Dabei ist natürlich eine entsprechend kleine Ablesestreuung der Meßvorrichtung vorausgesetzt.

Sieht man zunächst von Komplikationen sekundärer Art, wie mangelnde Haltbarkeit der Farbe, Störungen durch andere Ionen usw. ab, so kann man die Brauchbarkeit der oben angegebenen Farbreaktionen zur Eisenbestimmung in erster Näherung nach der Höhe der für die Messung verwendeten Absorptionsbanden beurteilen. Leider sind die Absorptionskurven der verschiedenen Eisenkomplexe bisher nicht sämtlich bekannt, nach den vorhandenen Angaben über die Reizschwelle der verschiedenen Farbreaktionen, d.h. die eben mittels der Reaktion erkennbare kleinste Absolutmenge an Eisen, nimmt diese in der oben angegebenen Reihenfolge zu. Für die praktische Brauchbarkeit spielen allerdings häufig die anderen genannten Gesichtspunkte eine wesentliche Rolle.

Sind die zu bestimmenden Konzentrationen kleiner als das für die maximal vorhandene Schichtdicke berechnete c_{min}, und will man trotzdem die verlangte Genauigkeit erreichen, so muß man eine genauere, d.h. lichtelektrische Methode verwenden. Letztere sind daher besonders für sehr kleine Konzentrationen, bei denen es noch auf größere Genauigkeit ankommt, nicht zu entbehren. Ihre Verwendung ist natürlich nur dann sinnvoll, wenn nicht durch die mehrfach erwähnten Komplikationen bei der Herstellung der Farblösung oder durch vorher erfolgtes Ausfällen anderer Stoffe oder durch mangelnde Haltbarkeit der Farbe usw. diese höhere

Genauigkeit wieder illusorisch gemacht wird. Im übrigen gelten natürlich für die Messung alle früher genannten Regeln und Bedingungen, insbesondere sind kolorimetrische Methoden den photometrischen stets vorzuziehen.

Als Beispiel sei die Bestimmung kleinster Eisenmengen in Reinaluminium mit Hilfe der „Feinkolorimetrie" genannt[1]. Verwendet wurde das Rhodanverfahren; da die Farbe des Eisenrhodanids nicht sehr beständig ist, wurden Versuchs- und Vergleichslösung im Abstand von 2 Minuten hergestellt und sofort im gleichen Zeitintervall gemessen; zur Stabilisierung der Farbe wurde etwas Kaliumpersulfat zugesetzt. Strenggenommen läßt sich der Eisenrhodankomplex überhaupt nicht für kolorimetrische Messungen verwenden, weil in der Lösung Gleichgewichte der Art

$$Fe^{\cdots} + [Fe(SCN)_6]''' \rightleftarrows Fe[Fe(SCN)_6]$$

und anscheinend auch komplexe Kationen wie $Fe(SCN)_2$ und $Fe(SCN)^{\cdot\cdot}$ vorliegen. Man dürfte danach nur Lösungen von annähernd der gleichen Konzentration miteinander vergleichen. Praktisch verfährt man so, daß man die zu untersuchende Lösung zwischen einer Reihe von Testlösungen verschiedener Konzentration roh „eingabelt" und den genauen Vergleich im Kolorimeter mit einer der Nachbarlösungen ähnlicher Konzentration vornimmt, ein Verfahren, das durchaus der S. 268, 283 beschriebenen „Feinkolorimetrie" entspricht. Da „Reinaluminium" höchstens 0,01% Eisen enthält, müssen natürlich alle Reagenzien sowie die zur Auflösung des Aluminiums dienende Salzsäure völlig eisenfrei sein, was eine sehr sorgfältige Reinigung erfordert. Der große Überschuß an $AlCl_3$ in der Lösung verlangt außerdem die Prüfung des „Salzeinflusses" auf die Messung, d.h. es muß geprüft werden, ob man auch der Vergleichslösung $AlCl_3$ zusetzen muß.

Zur Messung diente die S. 233 beschriebene Zweizellen-Substitutionsmethode (Abb. 100) und als Küvette ein BALY-Rohr veränderlicher Schichtdicke; gemessen wurde bei der blauen Hg-Linie 436 mμ. Da es sich somit um eine wirkliche kolorimetrische Methode handelte, sind die Ergebnisse von der Monochromasie des Lichts unabhängig. Bei einer Schichtdicke von 4 cm und einer Konzentration des Eisens von 50 γ/Liter ergab sich eine Extinktion von 0,05, die sich mit einer Unsicherheit von 2% messen ließ. Auf diese Weise konnte ein Eisengehalt von 0,0001% im Aluminium noch mit einer relativen Streuung von 5% bestimmt werden. Wie besondere Versuche zeigten, kann bei Lösungen, die nicht

---

[1] KOFLER, M. u. H. v. HALBAN: Helv. chim. Acta 22, 1395 (1939).

mehr als 10 g Aluminium pro Liter enthalten, der Salzfehler innerhalb der erreichten Genauigkeit vernachlässigt werden.

Der gegenüber Präzisionsmethoden zur Konzentrationsbestimmung häufig erhobene Vorwurf, sie hätten nur für ganz spezielle Aufgaben Bedeutung, während für die analytische *Praxis* die früher gebräuchlichen Methoden stets ausreichend seien, verliert angesichts der neueren Entwicklung mehr und mehr an Gewicht. Tatsächlich wachsen die analytischen Genauigkeitsansprüche auf allen Gebieten der Forschung und Technik ständig an, so daß ein immer größerer Bedarf an Präzisionsmethoden eintritt. Selbst wo die verlangten Genauigkeiten die übliche Grenze von 100 (1%) nicht überschreiten, ist häufig die Verwendung einer genaueren Methode notwendig, weil in der Praxis nicht immer unter den optimalen Bedingungen gearbeitet werden kann, unter denen sich das Maximum der Genauigkeit aus einer Methode herausholen läßt. Wie schon oben gezeigt wurde, setzt die Erreichung der üblichen Genauigkeit von 100 mittels visueller Methoden eine minimale Extinktion der zu messenden Lösungen voraus, die bei gegebenem Gehalt des zu bestimmenden Stoffs und bei den zur Verfügung stehenden Schichtdicken häufig nicht erreicht wird, so daß nur die Verwendung einer genaueren Methode zum Ziel führt.

Allerdings werden die Schwierigkeiten, die auftreten, sobald höhere Genauigkeiten verlangt werden, sehr häufig unterschätzt. Solche Ansprüche stellen nicht nur an die Empfindlichkeit der Meßmethode, sondern auch an die Definition der zu messenden Lösungen wesentlich höhere Anforderungen, als sie sonst üblich sind. Abgesehen davon, daß für die Aufstellung von Eichkurven die Konzentration der Eichlösungen natürlich mit entsprechender Genauigkeit bekannt sein müssen, was z. B. stets die Eichung von Meßkolben und Pipetten notwendig macht, sofern die Lösungen nicht ausschließlich durch Wägung herzustellen sind, müssen in jedem einzelnen Fall die Meßbedingungen daraufhin geprüft werden, ob nicht die verlangte Genauigkeit durch systematische Fehler illusorisch gemacht wird. Abgesehen von dem eingehend besprochenen Einfluß, den die rein physikalischen Meßbedingungen (Temperatur, Belastung und Alterszustand der Lichtquelle usw.) auf das Meßgerät haben, sind auch die rein *chemischen* Voraussetzungen daraufhin zu prüfen, wieweit sie die Genauigkeit der Bestimmung beeinträchtigen können.

Gibt man o-Phenanthrolin-Hydrochlorid zu einer SO_3''-haltigen $Fe^{··}$-Salzlösung vom $p_H = 4,8$, so entwickelt sich nach Angabe der Analysenvorschrift innerhalb von 10 Minuten die rote Farbe des $Fe^{··}$-o-Phenanthrolinkomplexes, die ebenfalls zur kolorimetrischen oder photometrischen Bestimmung von Eisen verwendet wird. Diese Farbreaktion liefert angeblich eine der besten und genauesten Eisenbestimmungsmethoden. Tatsächlich gilt dies bei höheren Genauigkeitsansprüchen nur bedingt, denn die farbbildende Reaktion verläuft verhältnismäßig langsam bei Zimmertemperatur, so daß der Endzustand erst nach vielen Stunden erreicht wird. In Abb. 186 ist die Zeitabhängigkeit der Extinktion nach Messungen mit dem S. 277 beschriebenen Photometer für zwei verschiedene Eisengehalte dargestellt[1], und zwar enthielt die

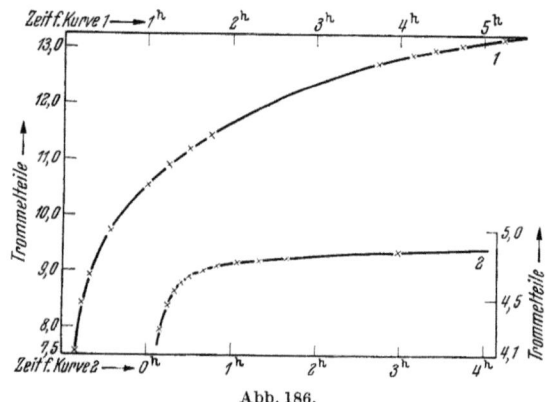

Abb. 186.
Zeitabhängigkeit der Extinktion von $Fe^{..}$-o-Phenanthrolin bei verschiedenem Eisengehalt.

Lösung 1 zwei Milligramm, die Lösung 2 etwa ein Milligramm Eisen im Liter bei konstantem Überschuß an SO_3''- und o-Phenanthrolin-Hydrochlorid. Der zeitliche Endzustand wird für die verdünnte Lösung erst nach 4 Stunden innerhalb von 0,5%, für die konzentrierte Lösung selbst nach 5 Stunden noch nicht annähernd erreicht, so daß bei Nichtberücksichtigung dieser Zeitabhängigkeit sehr beträchtliche Fehler in der Eisenbestimmung auftreten können. Erst wenn man die Lösungen über Nacht stehenläßt, wird die Extinktion innerhalb einer Unsicherheit von 0,1% konstant und zeigt auch praktisch keine Temperaturabhängigkeit.

[1] KORTÜM, G.: Chem. Technik 15, 167 (1942).

Sachverzeichnis.

Abbildung durch eine dünne Linse 91.
—, vollständige 106, 113, 114.
Abbildungsfehler von Linsen 92.
Ablenkungswinkel eines Prismas 94.
Ablesestreuung, Definition 54.
— der Meßblende 81.
— des PULFRICH-Photometers 170.
— des rotierenden Sektors 78.
— verschiedener Schwächungseinrichtungen, Vergleich 85.
absolute Extinktionskoeffizienten 387.
absoluter Standard für die Wellenlängenkalibrierung 303.
Absolutkolorimetrie nach THIEL 181.
Absolutwerte von Extinktionskoeffizienten (Tabellen) 308.
Absorption, integrale, von IR-Banden 433.
Absorptionsbanden bei hohen Drucken und in kondensierten Phasen 6.
— funktioneller Gruppen im IR (Tab.) 353.
— im IR zur Wellenlängenkalibrierung 304.
Absorptionsgrad, Definition 22.
— zur graphischen Darstellung von Spektren 28.
Absorptionsindex, Definition 23.
Absorptionskoeffizient, Definition 23.
Absorptionslinien 5.
Absorptionsspektrum von Anthracen 402.
—, graphische Darstellung 27.
Abstandsänderung der Strahlungsquelle zur Strahlungsschwächung 85.

Achromate 92.
Adsorption, Einfluß auf Extinktionsmessung 56.
Aktivitätskoeffizienten $f_{\mp}$, mittlerer binärer Elektrolyte 438.
Alkalioxydkathoden 128.
AMICI-Prisma 100, 202.
Aminco-Photometer 198.
Anthracen, Spiegelsymmetrie von Absorption und Fluorescenz 8.
Antimon-Caesium-Kathoden 129.
Apochromate 92.
Apostilb, Definition 19.
Assoziationsgleichgewicht des Phenols 426.
Astigmatismus von Linsen 93.
— von Spiegeln 101.
Auer-Brenner 61.
Auflösungsvermögen eines Gitters 103.
— eines Prismas 95.
Aufnahmetechnik, photographische, von Spektren 399.
Auge, photometrische Eigenschaften 119.
Ausschlagsmethoden, lichtelektrische 225 ff.
— zur Registrierung von Spektren 312.
Ausstrahlungsstärke, Definition 17.
Autokollimationsprisma 99.

Basislänge eines Prismas 96.
BALY-Rohre 110, 430.
— für Doppelstrahlmethoden 391.
— für Gase 112.
Bandbreite, effektive, Definition 294.
BECKMAN-Quarzspektrometer für Fluorescenzspektren 331.
— —, Modell B 317.
— —, Modell DU 317.

BECKMAN-Quarzspektrometer für Reflexionsmessungen 335.
— —, registrierendes 318.
BECKMAN-Spektrometer, Fehlerquellen 267.
— —, IR 2 358.
— —, IR 3 360.
Beleuchtungsstärke benachbarter Felder 126.
—, Definition 20.
Belichtungszeiten photographischer Platten 402.
Bestrahlungsstärke, Definition 17.
Beugung an einem ebenen Rastergitter 102.
binäre Gemische, quantitative Analyse 30, 32.
—, quantitative Analyse im IR 378.
Blendenphotometer 187ff.
Blenden, verstellbare 81ff.
Bolometer 156.
BOUGUER-LAMBERT-BEERsches Gesetz 22ff.
— — — — als Grenzgesetz 25.
BRASHEARsche Legierung 89, 104.
Brechungsindex, Einfluß auf den Extinktionskoeffizienten 25.
—, Temperaturkoeffizient von Prismenmaterialien 97.
BREWSTERsches Gesetz 369.
Brückenschaltungen für Kompensationsmethode mit 2 Photoelementen 231.
BÜRKERsches Kompensationsverfahren 177.
BUNSEN-ROSCOEsches Gesetz 158, 388.

CALLIER-Effekt 86.
CARY-Spektrophotometer 319.
Chinhydron, optische Konstitutionsbestimmung 424.
Chlorfilter 74.
CHRISTIANSEN-Filter 77.
chromatische Aberration von Linsen 92.
Chromophor, Definition 11.
C—H-Schwingungsbanden in verschiedenen Kohlenwasserstoffen 356.

Deformationsschwingungen 13.
Depolarisationsgrad der RAMAN-Streuung 345.

Didymglas, spektrale Durchlässigkeit nach verschiedenen Meßmethoden 185.
diffuse Reflexion 333.
— — im IR 373.
Din-Skala photographischer Schichten 162.
Dispersion des Brechungsindex 95.
—, lineare, eines Gitters 103.
—, — eines Prismas 95.
— von Prisma und Gitter, Vergleich 303.
Dispersionsfilter 77.
Dispersionsformel nach HARTMANN 305.
Dispersionskurve, Ausmessung mit dem Komparator 403.
—, graphische 305.
— der Luft 304.
— in Wellenzahlen 306.
Dissoziationsgrad von Molekülverbindungen 38.
— schwacher Elektrolyte 39, 438.
Dissoziationskonstante von 2,4-Dinitrophenol 440.
—, klassische schwacher Elektrolyte 39. [438.
— von Indicatorsäuren und -basen
— von Molekülverbindungen 36, 426.
—, thermodynamische, schwacher Elektrolyte 436.
Dokumentation von Spektren 352.
Doppelmonochromatoren 297, 299, 300.
Doppelschichtkathoden 129.
Doppelstrahlmethoden, photographische 389ff.
— zur Registrierung von Spektren 312ff.
Drahtnetz, Absolutextinktion 307.
DUBOSQ-Kolorimeter 174.
— — für nephelometrische Messungen 216. [342.
Dunkelstrom von Multipliern 134,
— von Photozellen 126.
Durchlässigkeit, Definition 21.
— zur graphischen Darstellung von Spektren 28.
— von Lösungsmitteln im UV 116
Durchlässigkeitsbereiche von Lösungsmitteln im Infrarot 118.
Durchlässigkeitsgrenzen optischer Materialien 88.

Sachverzeichnis.

EAGLE-Aufstellung von Gittern 104.
ECHELETTE-Gitter 105.
effektive Bandbreite, Definition 294.
Eichkurven 30.
—, Einfluß des Alters der Glühlampe 262.
—, — von Streulicht 267.
— für Fluorescenzmessungen 208
— für kolorimetrische Messungen 172.
— für lichtelektrische Messungen 269.
— für photometrische Messungen 181.
—, lichtelektrische, photometrische bei verschiedener Lampenbelastung 262.
— nach lichtelektrischen Messungen mit monochromatischer und mit Filterstrahlung 265.
—, visuelle, photometrische bei verschiedener Lampenbelastung 183.
Einheiten der Strahlungsintensität (Tab.) 20.
Einstellstreuung, Definition 54.
— visueller Messungen 170.
Einstrahlmethoden, photographische 391.
Einzellen-Ausschlagsmethode 311, 316, 329, 342.
— —, Schema 226.
Einzellen-Flimmermethode 320.
— — —, Schema 236.
Einzellen-Kompensationsmethode 230, 317.
Einzelstrahlmethoden zur Registrierung von Spektren 311.
Eisen, analytische Bestimmung nach optischen Methoden 441.
Eisenwasserstoffwiderstände 164, 339.
Elektroluminescenzspektren 415ff.
—, Definition 9.
elektrolytische Gleichgewichte 39.
Elektrometerröhren 243.
Elektronenbandenspektrum 4.
Elektronenemission, thermische, von Photokathoden 126.
Elektronenstoß, Anregung 5.
Elektrophotometer Elko II von Zeiss 278.

29 Kortüm, Kolorimetrie, 3. Auflage.

Elko-II-Photometer von Zeiss 278.
—, Sektorblende 82.
Emissionskoeffizient von Dynoden 132.
Emissionsvermögen, Definition 17.
Empfindlichkeit, Definition 54.
Empfindlichkeitsgrenze lichtelektrischer Meßanordnungen ohne Verstärker 238.
— verschiedener Photoschichten 162.
Energiegleiches Spektrum 122.
Energieskala, lineare 29.
Energiespektrum der Fluorescenz, äußeres und inneres 207, 212.
Entartung 13.
Entwickler, photographischer, für steile Gradation 163.
Ermüdungserscheinungen bei Photozellen 142.
Extinktion, dekadische, Definition 22.
—, natürliche, Definition 22.
—, Zeitabhängigkeit bei Farbreaktionen 446.
Extinktionskoeffizient, absoluter 186, 298, 308 (Tab.).
— als Funktion der Konzentration 26.
—, Druckabhängigkeit bei Gasen 50.
—, molarer dekadischer 23.
—, — natürlicher 23.
—, spezieller 23.
Extinktionsmodul, dekadischer, Definition 22.
—, natürlicher, Definition 22.

FABRY-PEROT-Etalon 74, 350.
Fällungstitration, lichtelektrische 327.
fallende Charakteristik 166.
Farbfilter bei kolorimetrischen Messungen 173.
Farbglasfilter 69.
Farbglasstandards, Einfluß auf kolorimetrische Messungen 180.
Farbreaktionen, chemische 15.
—, —, Zeitabhängigkeit 446.
Farbstoffionen, Solvatation und Micellbildung 42.
Farbtemperatur 122, 344.
—, Definition 59.
Farbtheorien, chemische 11.

Farbtonunterschiede bei photometrischen Messungen 183, 190.
Fehler, mittlerer 53.
—, relativer, der Extinktionsmessung mit dem Leifo-Photometer 198.
—, relativer, der Extinktionsmessung mit dem PULFRICH-Photometer 190.
—, systematische, Definition 52.
—, —, bei photometrischen Messungen 192.
—, zufällige, Definition 51.
Fehlerfortpflanzungsgesetz 54.
Fehlerquellen, systematische 55 ff.
Fehlerverteilung nach GAUSS 53.
Feinkolorimetrie 444.
—, lichtelektrische 268, 283.
FÉRY-Prisma 99.
FÉRY-Spektrograph 398.
FEUSSNERscher Funkenerzeuger 65.
Filter 67 ff.
—, Gesamtdurchlässigkeit 73.
— zum Leifo-Photometer 197.
Flimmermethoden in der Fluorescenzspektrometrie 330.
—, lichtelektrische 234 ff.
— zur Registrierung von Spektren 314.
Flüssigkeitsfilter 70.
Flüssigkeitsküvetten 107.
Fluorescenz, Anthracen in Methanollösung, Negativ einer photographischen Aufnahme 413.
—, Definition 7.
— fester Stoffe 204.
—, Konzentrationsabhängigkeit bei großen Verdünnungen 208.
—, Termschema 7.
Fluorescenzausbeute, Definition 206.
—, innere 207.
—, relative äußere 107.
Fluorescenzauslöschung durch nichtabsorbierende Fremdstoffe 206.
— durch Sauerstoff 56.
Fluorescenz-Energie-Spektrum von Chininsulfat 414.
Fluorescenzerregung 204.
Fluorescenzindicatoren 210.
Fluorescenzphotometrie, lichtelektrische 323 ff.
Fluorescenzphotometrie, visuelle 207 ff.
Fluorescenzspektrometrie, lichtelektrische 329.
—, photographische 410 ff.
—, visuelle 211.
Fluorescenzspektrum, p_H-Abhängigkeit 210.
Fluorescenzstandards 209.
Fluorescenzvermögen, molares, hochverdünnter Lösungen 414.
Fremdgaseffekte auf die Absorption von Gasen 50.
Frequenzabhängigkeit von Photozellen 148.
FRESNELsche Formel 88, 90, 369.
FUCHS-WADSWORTH-Aufstellung von Prismen 99, 299.
Funke, kondensierter 65.

Galvanometer für Geräte mit Photoelementen 272.
Galvanometerverstärker 153, 251.
Gasanalysengeräte mit nichtselektivem Empfänger 382.
— mit selektivem Empfänger 380.
Gasbläschen, Einfluß auf Extinktionsmessung 57.
Gasentladungslampen 66.
Gasküvetten 109.
GAUSSsche Fehlerfunktion 72.
Gegenkopplung 246.
Gelatinefilter 70, 72.
Genauigkeit, Definition 53.
— lichtelektrischer Extinktionsmessungen 253 ff.
— photographischer Extinktionsmessungen 386.
— visueller Konzentrationsbestimmungen 170.
— visueller Messungen 120.
Gitter 101 ff.
Gittergeister 105, 398.
Gittermonochromator für kurzwelliges UV 302.
Gitterspektrograph 398.
Gitterspektrometer nach HARDY für das IR 367.
GLAN-THOMPSON-Prismen 84.
Glasfilter von Schott 70.
Gleichgewichte, Ermittlung durch IR-Messungen 378.
—, optische Bestimmung 34.
—, protolytische 39.

Gleichgewichtskonstanten, Bestimmung aus Abweichungen vom LAMBERT-BEERschen Gesetz 36 ff.
Gleichstromverstärkung 240 ff.
Glimmentladung zur Anregung von Molekülen 415.
— bei Photozellen 132.
Glimmstabilisatoren 166.
Globar 61.
Glühlampen 58.
Goldberg-Keile 86.
Gradation als Funktion der Wellenlänge 163, 411.
— photographischer Schichten 158, 162.
graphische Darstellung der Spektren 27.
Graufilter 87.
Graugläser 87.
Graukeile 86.
Graukeilphotometer 198.
Graulösungen 87, 174, 181, 198, 307.
Grenzwellenlänge des Photoeffekts 125.
Grundschwingungen 13.
Gruppenfrequenzen, Definition 13.
— im IR 352.

Halbleiterbolometer 156.
Halbwertsbreite, Definition 67.
— der Filter zum Leifo-Photometer 197.
— der S-Filter zum PULFRICH-Photometer 189.
Handspektroskop 202.
HARDY-Spektrophotometer 236, 320.
— — für Reflexionsmessungen 334.
HARTMANNsche Dispersionsformel 97.
HARTMANNsches Dispersionsnetz 404.
Hefnerkerze 19.
Hellige-Photometer 286.
HILGER-NUTTING-Photometer 196.
HILGER-SPEKKER-photoelectric-absorptiometer 275.

Infrarotabsorptionsschreiber 157.
Infrarotfilter 74.
Infrarotphotometrie 375 ff.
Infrarotplatten 161.

Infrarotspektren als Mittel zur Konstitutionsermittlung 12.
Infrarotspektrometrie 352 ff.
integrale Absorption von IR-Banden 376, 433.
Interferenz-Bandenfilter 76.
Interferenzfilter, Eigenschaften 74.
Intermittenzeffekt bei photographischen Schichten 159, 393.
Ionisationsenergien von Molekülen 418.
IR-Gitterspektrometer 366.
IR-Reflektometer zur Messung der Gesamtreflexion 374.
IR-Spektrometer von HILGER und WATTS 360.
— nach LEHRER 357.
— von Leitz 364.
— von PERKIN-ELMER, Modell 21, 363.
— — — —, Modell 12 und 112, 361.
— von Unicam 365.
Irisblende, meßbar veränderliche 81.
Isolationswiderstand von Photozellen 131.
isosbestischer Punkt 34.
— — in Indicatorspektren bei verschiedenem p_H 40.

JABLONSKIsches Termschema 9.
Joddampf, LAMBERT-BEERsches Gesetz 49.
Jod-Dioxan-Komplexe 35, 37.
Justierung der Lichtquelle zum Spektrographen 399.

Kamm-Blende des PERKIN-ELMER-Spektrometers 83.
Kamm-Widerstandszellen 137.
Kathodenstrahloszillograph zur Beobachtung von Spektren 315.
— zur thermoelektrischen Titration 380.
KBr als Lösungsmittel für IR-Messungen 346.
Keilkolorimeter 175.
Kettenassoziation über H-Brücken 428.
KÖNIG-MARTENSsches Photometer 193, 199.
Kohlebogen 60.
Kolorimeter, dreistufige 179.

Kolorimeter, einstufige 174.
—, lichtelektrisches, nach der Flimmermethode 259.
Kolorimetergleichung 172.
Kolorimetrie, Definition 1.
—, lichtelektrische 257 ff.
— und Photometrie, kombiniertes Meßverfahren 191.
— — Mittel zur quantitativen Analyse 14.
— — Vergleich der Meßprinzipien 184, 209, 260.
—, visuelle, Meßprinzip 171.
kolorimetrische Eichkurve 173.
Koma 93.
Kombinationsschwingungen 13.
Komparatoren 179.
— zur Messung von Linienabständen 403.
Kompensationskolorimeter, zweistufiges 178.
Kompensationsmethoden, lichtelektrische 229 ff.
— zur Registrierung von Spektren 313.
Kompensationsphotometer von Leitz 198.
Kompensationsverfahren, kolorimetrisches nach BÜRKER 177.
kondensierter Funke 65.
Konkavgitter 103.
Konstitution und Farbe 11.
Kontinua, echte 6.
—, unechte 7.
Kontrastempfindlichkeit des Auges 119, 169.
Konzentrationsauslöschung der Fluorescenz 205, 206.
Konzentrationsbestimmungen, optische 14.
Küvetten 107 ff.
— für extreme Temperaturen 110.
— kleiner Schichtdicke 108.
—, Minimalvolumen 114.
—, stufenförmige 391.
— variabler Schichtdicke für das IR 112.
Kupferoxydulzellen 138.
Kryostat für RAMAN-Untersuchungen bei tiefen Temperaturen 340.

LAMBERTsches Cosinus-Gesetz 16.
— — der diffusen Reflexion 334.
— Gesetz 24.

LAMBERTsches Gesetz bei Gasen 48.
LAMBERT-BEERsches Gesetz 24.
— — bei IR-Banden 375.
— — bei $K_3[Fe(CN)_6]$-Lösungen 283.
— —, Geltungsbereich 26, 41.
— —, Prüfung bei Gasen 48, 375.
— —, Prüfung bei konstanter Extinktion 47, 48, 281.
— — und kolorimetrische Eichkurve 172.
— — und photometrische Eichkurve 182.
— —, scheinbare Abweichungen 42 ff., 46, 49, 172, 296.
— —, wahre Abweichungen 34 ff., 376.
Legierungskathoden 129.
Leifo-Nephelometer 220.
— -Photometer 197.
Leuchtdichte, Definition 19.
— der Xenonlampe 64.
Leuchtstoffe für Photozellen 130.
Lichtäquivalent, mechanisches 20, 121.
Lichtausstrahlung, spezifische, Definition 19.
lichtelektrische Empfänger, vergleichende Wertung 151.
— Kolorimetrie 257 ff.
— p_H-Bestimmung 289.
— Photometrie 260 ff.
— Spektrometrie, Vergleich mit photographischen Methoden 292.
lichtelektrischer Effekt, äußerer 123.
— —, innerer 123.
Lichtleitwert 18, 106, 341.
— und Minimalvolumen von Küvetten 115.
Lichtquellen 58 ff.
Lichtstärke, Definition 19.
— eines Monochromators 296, 301.
— eines Spektrographen 396.
Lichtstreuung in einstufigen Kolorimetern 177.
— nach RAYLEIGH 214.
Lineardispersion, Definition 95, 103.
— verschiedener Spektrographen 397.
Linsen 91 ff.

LITTROW-Aufstellung von Prismen 99, 299, 398.
— -Spektrograph 398.
Lösungsmittel 115ff.
—, Durchlässigkeitsgrenzen im UV 117.
—, Entwässerung 116.
—, glasartig erstarrte 116.
—, IR-durchlässige 346.
—, Reinheitsprüfung 118.
— im Schumann-UV 116.
Lumen, Definition 19.
Lumetron-Photometer 273.
Lux, Definition 20.
Lyophilisierung zur Herstellung feinster Pulver 347.
LYOT-Doppelbrechungsfilter 76.

Magnetische Spannungsregler 165.
Maßsystem, photometrisches 18.
—, physikalisches 19.
mechanisches Lichtäquivalent 20, 121.
Mediumeffekt 34, 35, 41.
Mehrspaltmonochromator 302.
Mehrstoffgemische, quantitative Analyse 32.
—, — im IR 377.
memory-device-Methode 311, 360.
Meßblende des PULFRICH-Photometers 81.
Meßmethoden, Einteilung 3.
Meßtechnische Grundbegriffe 51ff.
Metalldampflampen 66.
Metalle, spektrales Reflexionsvermögen 89.
Mikroradiometer 155.
Mikrospektrometrie, lichtelektrische 321.
—, thermoelektrische 368.
Mikrowellenspektrometrie 2.
Minimalvolumen von Küvetten 115.
Mischfarbenkolorimeter nach AUTENRIETH-KÖNIGSBERGER 179.
Mischfarbenkolorimetrie für p_H-Bestimmungen 178.
mittlerer Fehler der Einzelmessung 53.
Molekülemissionsspektren 415ff.
Molekülverbindungen, Gleichgewichtskonstante aus optischen Messungen 36.

Molekülverbindungen, Nachweis durch isosbestische Punkte 35.
Monochromatfilter von Zeiss 71.
monochromatische Strahlung 66.
— — und LAMBERT-BEERsches Gesetz 43.
Monochromator, Spaltkrümmung 300.
—, Strahlengang 295.
Multiplier 132ff.

Nachweisgrenze absorbierender Stoffe mittels lichtelektrischer Methoden 254.
— — — mittels visueller Methoden 442.
Neo-Komparator 180.
Nephelometer nach KLEINMANN 217.
Nephelometergleichung 215.
Nephelometrie, lichtelektrische 326.
—, visuelle 213ff.
Neue Kerze 19.
Normalbeleuchtung für Messungen mit Komparatoren 180.
Normalschwingungen 13.
Normalspektrum eines Gitters 102.

Oberflächenempfindlichkeit, variable, von Photozellen 147.
Oberflächenstreuung an optimalen Flächen 296.
Oberschwingungen 13.
—, Intensitätsverhältnis 348.
optische Konstanz von Lösungsmitteln 56.

PASCHEN-RUNGE-Aufstellung von Gittern 104.
PERKIN-ELMER, IR-Spektrometer Modell 21, 363.
— —, UV-Spektrometer 321.
Pernitritzerfall, optische Messung 420.
Phasentrennverfahren 237, 286, 314.
p_H-Bestimmung, lichtelektrische 290.
— -Messungen, optische 436ff.
PHILPOT-SCHUSTER-Photometer 394.
Phosphorescenz, Termschema 9.
Phot, Definition 20.

Photoeffekt, normaler 125.
—, selektiver 126.
Photoelektronenausbeute, maximale 125.
—, relative, von Alkalimetallen 126.
Photoelemente 138 ff.
photographische Methoden, Vorteile gegenüber lichtelektrischen 293, 388.
photographische Schichten 157 ff.
— —, Sensibilisierung für das UV 161.
Photokathoden, Eigenschaften (Tab.) 130.
—, einfache 126.
—, zusammengesetzte 128.
Photometer nach HAVEMANN 275.
— nach HELLIGE 286.
— nach KÖNIG-MARTENS 193.
— nach KORTÜM 277.
— nach LANGE 273.
—, lichtelektrische, nach dem Einzellenausschlagsverfahren 268.
—, — nach dem Flimmerverfahren 284.
—, — nach dem Kompensationsverfahren 273.
—, — nach dem Substitutionsverfahren 274.
— für Schwärzungsmessungen nach SCHEIBE 405.
—, Tabelle von Ausschlagsgeräten 270.
Photometrie, Definition 1.
—, lichtelektrische 260 ff.
—, thermoelektrische 375.
— mit Vergleichslösungen 191.
—, visuelle, Meßprinzip 181 ff.
photometrische Skala 306.
Photospannung von Selenphotoelementen 141.
Photozellen 125 ff.
—, gasgefüllte, Ermüdung 143.
—, —, Frequenzabhängigkeit 148.
—, —, Stromspannungscharakteristik 131.
—, Linearität 145.
Platten-Meßapparate zum Aufsuchen von Stellen gleicher Schwärzung 407.
Plattensatz aus Selenfilmen zur Polarisation von IR-Strahlung 371.

Polaphot 195.
Polarisationsmessungen im IR 369.
Polarisationsphotometer 192 ff.
Polarisationsplattensätze 371.
Polarisationsprismen zur Strahlungsschwächung 83 ff.
Polarisationswinkel der Reflexion 369.
polarisierte Strahlung, Vektoreinfluß auf Photozellen 151.
POOLsches Photometer 392, 419.
Prismen 93 ff.
—, geradsichtige 100, 202.
— konstanter Ablenkung 99, 200.
Prismenmaterialien 97.
— für das IR 98.
Prismenspektrograph 398.
Proportionalität von Beleuchtungsstärke und Photostrom 145 ff., 226, 231, 235, 268, 212, 326, 330.
— — — und Thermostrom 154.
PULFRICHsche Absorptionsgefäße 200.
PULFRICH-Photometer 188 ff.
— für kolorimetrische Messungen 191.
—, Lichtleitwert 106.
—, Meßblende 81.
—, Nephelometeransatz 219.
— für Reflexionsmessungen 222.
Pulverspektren 335, 408.

Quantenausbeute, absolute, bei Fluorescenzmessungen 207.
— beim Photoeffekt 125.
Quantenstrom 20.
Quarzglas 98.
Quarzküvetten 107.
Quarzprismen 98.
Quecksilber-Höchstdrucklampe 61, 67, 203.
Quecksilberlinien 67.

Radiometer 155.
RAMAN-Küvetten 340.
— —, Lichtleitwert 341.
— -Lampen 338.
— -Linien von CCl_4 als Standards 344.
— -Spektren, lichtelektrische Messung 336 ff. [341.
— -Spektrometer, lichtelektrische
— -Spektrum 10, 13.

Sachverzeichnis.

RAMAN-Streukoeffizienten 345.
Raster 82.
Rauschen, thermisches von Widerständen 127.
Rauschpegel von Bolometern 156.
— — Photozellen 127.
Reflexion, diffuse und reguläre 333.
— an Oberflächen 90.
— vermindernde Schichten 90.
Reflexionsmessungen an fluoresierenden Stoffen 336.
— im Infrarot 371.
—, lichtelektrische 332ff.
—, visuelle 222.
Reflexionsspektren fester Stoffe aus visuellen Messungen 223.
— von Mischkristallen K(Mn, Cl)O$_4$ 335.
— pulverförmiger Stoffe 409.
Reflexionsverluste 90.
—, experimentelle Eliminierung 21.
Reflexionsvermögen, diffuses, im langwelligen IR 374.
— von Milchglas 333.
— von Pulvern 335.
—, scheinbares, durchlässiger Stoffe 373.
—, spektrales von Metallen 88.
Registriergeräte für IR-Spektren 356.
—, elektronische 311.
Registrierung von Linien oder schmalen Banden 343.
— der Spektren 310ff.
Reguläre Reflexion 333.
— — im IR 373.
Reizschwelle des Auges 123.
—, Definition 55.
relative Ablesestreuung der Extinktionsmessung mit Polarisationsprismen 83.
— — der Extinktion einer quadratischen Meßblende 82.
— — der Extinktionsmessung mit dem rotierenden Sektor 78.
— Messungen 14, 29, 48, 206.
— spektrale Energieverteilung des schwarzen Körpers 59.
— Streuung, Definition 53.
— — visueller Extinktionsmessungen 169.
relativer Fehler der Extinktionsmessung durch nicht monochromatische Strahlung 45.

Remissionsansatz zum Zeiss-Spektralphotometer 334.
Remissionsphotometer (Elrepho) von Zeiss 332.
Resonanzverstärker 249.
Reziprozitätsgesetz von BUNSEN-ROSCOE 158.
RICHARDSONsche Formel 126.
rigid solvents 116.
Rotationslinien 48, 49.
Rotationsschwingungsspektrum 4.
Rotationsspektrum 4.
ROWLAND-Gitter 103.

Salzeffekte auf Extinktionskoeffizienten 403, 444.
Salzfehler bei Indicatoren 41, 437.
— bei photometrischen Messungen 288.
SCHEIBE-Küvetten 107, 108.
— -scher Küvettensatz 401.
— -Photometer 390.
Schichtdicken, interferometrische Messung 352.
—, wirksame, von Küvetten 113.
Schnellphotometer für Schwärzungsmessungen 406.
Schottsche Glasfilter, Durchlässigkeitskurven 69.
SCHOTTKY-Effekt 131.
Schroteffekt 127, 238.
SCHÜLERsches Entladungsrohr für Emissionsspektren 416.
SCHUMANN-Platten 161.
— -UV, Wellenlängen-Standards 304.
Schwärzung, Definition 158.
—, Reproduzierbarkeit 385.
Schwärzungskontraste 387.
Schwärzungskurven der Agfa-Spektralplatten 163.
— der photographischen Platte (schematisch) 159.
Schwankungen, statistische, des Photostroms 239.
schwarzer Körper, relative spektrale Energieverteilung 59.
SCHWARZSCHILD-Exponent 389.
Schwingungsstruktur von Elektronenbanden 6.
Sektor nach BRODHUN 80.
— nach DUNN 80.
— nach POOL 392, 419.
—, rotierender 78.

Sektorblende des Elko II 82.
Sekundärelektronenausbeute als Funktion der Stufenspannung 134.
Sekundärelektronenvervielfacher 132 ff.
—, Eigenschaften (Tab.) 136.
—, Ermüdung 143.
—, Linearität 146.
—, stabilisierte Vorspannung 168.
Selenphotoelemente, Ermüdung 144.
—, Frequenzabhängigkeit 149.
—, Linearität 139.
—, relative spektrale Empfindlichkeit 140.
—, Temperaturabhängigkeit 149.
Selenspiegel zur Polarisation von IR-Strahlung 370.
S-Filter zum PULFRICH-Photometer 279.
— — —, Durchlässigkeitskurven 71.
— — —, Eigenschaften (Tab.) 189.
Silberfilter 73.
SNELLIUSsches Brechungsgesetz 94.
Solvatation von Farbstoffionen 41.
Solvatochromie 11, 431 ff.
Spannungsgewinn durch Gleichstromverstärker 243.
Spannungsregler, magnetische 166.
Spannungsstabilisierung, Definition 164.
— durch Elektronenröhren 167, 168.
— durch Glimmstrecken 166.
spektrale Intensitätsverteilung der UV-Kontinua 65.
Spektrallinien, Aussonderung durch Filter 68.
— der Hg-Lampe 67.
—, Standards zur Wellenlängenkalibrierung 303.
Spektralphotometer, käufliche Geräte 316 ff.
Spektralplatten 160, 163.
Spektrenkomparator von DALY 380.
Spektrodensograph von Zeiss-Ikon 200.
Spektrograph, Strahlengang 395.
—, Umbau in lichtelektrische Spektrometer 321. [316 ff.
Spektrometer, lichtelektrische

Spektrometer, visuelle, festarmige 199.
—, — mit schwenkbarem Fernrohr 199.
—, thermoelektrische 356 ff.
Spektrometrie, Definition 2.
—, lichtelektrische 292 ff.
—, thermoelektrische 352 ff.
—, visuelle 199 ff.
Spektrum, energiegleiches 122.
— des Pernitritions 419.
Sperrfilter für Fluorescenzmessungen 204.
Sperrschichtphotoeffekt 124, 138.
Sperrschichtzellen 138 ff.
sphärische Aberrration von Linsen 92.
Spiegel 101.
Spiegelmikroskop nach BURCH 322, 369.
Spiegelprismen-Monochromator mit achsenparallelem Strahlenbündel 300.
— mit gekreuzten Strahlenbündeln 299.
Spiegelreflexion im IR 372.
Spiegelsymmetrie von Absorption und Fluorescenz 8.
Stabilisiergerät für Sekundärelektronenvervielfacher 168.
Stabilisierung von Stromquellen 164 ff.
Standardfarbgläser 174, 179.
Standardlösungen für kolorimetrische Messungen 176.
Steilheit von Absorptionskurven 387.
— von Elektronenröhren 242.
Stilb, Grundeinheit 19.
STILES-CRAWFORD-Effekt 122, 191.
— — (Farbeffekt) 187.
— — beim PULFRICH-Photometer 187.
Stoffgemische, quantitative Analyse 30.
STOKESsche Regel 7, 10.
Strahlengang, paralleler, in Küvetten 114.
Strahlenunterbrecher 235.
Strahlung, monochromatische 66.
Strahlungsdichte im Austrittsspalt eines Monochromators 295.
—, Definition 16.
Strahlungsempfänger 119 ff.

Strahlungsintensität, Definition 16.
Strahlungsleistung, Definition 16.
Strahlungsquellen 58 ff.
Strahlungsstärke, Definition 17.
Strahlungsverlust durch molekulare Streuung 21.
Streustrahlung, Eliminierung durch Messung mit Zusatzfiltern 297.
—, Eliminierung durch Modulation der Strahlung 297.
— des Monochromators 296.
— durch Staub 297.
Streuung, Definition 52.
— von Extinktionsmessungen mit dem PULFRICH-Photometer 171.
— — — — und dem Polaphot 190.
—, lichtelektrischer Extinktionsmessungen 253 ff.
— — — bei Photostromverstärkung 256.
— photographisch gemessener Extinktionen 386.
Streuungsmessungen, lichtelektrische 326.
—, visuelle 213 ff.
Stromspannungscharakteristik von Photozellen 130, 240.
Stromstabilisierung, Definition 164.
— durch Elektronenröhren 167.
— einer H_2-Lampe 165.
Substitutionsmethoden, lichtelektrische 233 ff.
— für Mikrospektrometrie 323.
Supraleitfähigkeitsbolometer 157.

TALBOTsches Gesetz 122, 148, 280, 307.
— — bei photographischen Schichten 159.
Tautomeriegleichgewichte 34, 422.
Temperatur, Einfluß auf die Extinktionsmessung 55. [57.
—, — auf Konzentrationsangaben
Temperaturabhängigkeit der Absorption 109.
— des Photostroms 149.
Temperaturbewegung, Anregung 5.
thermische Empfänger 152.
— —, Ausschaltung von Temperaturschwankungen 153.
Thermochromie 429.

Thermoelemente, Thermokraft (Tab.) 154.
Thermogleichspannung, Umwandlung in Wechselspannung 349.
Tief- und Hochtemperaturphosphorescenz 9.
Tieftemperaturküvetten 110.
Titration, lichtelektrische 287 ff.
— sehr schwacher Säuren oder Basen 291.
—, thermoelektrische 380.
Torsionsschwingungen 6.
Trogdifferenz 229, 272, 287, 378.
— bei IR-Messungen 347.
Trübungen, Einfluß auf Extinktionsmessung 57.
Trübungsmessungen, lichtelektrische 326.
—, visuelle 221.
Trübungsstandard, absoluter 221.
— nach KLEINMANN 218.
TYNDALL-Meter nach MECKLENBURG und VALENTINER 220.
— -Streuung 214, 326.
typische Farbkurve 28, 30.
— — fester Stoffe 223.
— — von Pulvern 336.

Übergangswahrscheinlichkeit 4.
ULBRICHTsche Kugel 222, 235, 374.
— — des HARDY-Spektrophotometers für Reflexionsmessungen 334.
Ultrarotabsorptionsschreiber (URAS) 380.
Ultraviolettplatten 161.
Unicam-IR-Spektrometer 365.
Unicam-Quarzspektrophotometer
Unterwasserfunke 64, 394. [319.
URAS zur Analyse von Gasgemischen im IR 382.
Uviolglaslampen 59.
Uvispek-Spektrophotometer 319.

Vakuumphotozellen 130, 142.
Valenzschwingungen 13. [388.
Vergleichsspektren nach HENRI
— -Methode bei photographischen Messungen 385.
Verstärkeranordnungen, Leistungsfähigkeit bei kleinen Photoströmen 247.
Verstärkungsfaktor von Elektronenröhren 241.

Vielfachmonochromator nach WALSH 301.
virtuelles Bild 91.
WADSWORTH-Aufstellung von Gittern 104.
Wasserstoffbrücken, Einfluß auf UV-Spektrum 428.
Wasserstofflampe 61ff.
—, elektrodenlose 63.
— mit punktförmigem Leuchtraum 62.
—, Niedervolt 63.
—, Schaltskizze mit Stromstabilisierung 165.
WEBER-FECHNERsches Gesetz 119.
— — —, Unabhängigkeit von der Wellenlänge 169.
Wechsellichtmethoden 239.
Wechsellichtphotometer (Wepho) von Zeiss 284.
Wechselstromverstärker für Thermoströme nach dem Unterbrecherprinzip 349.
Wechselstromverstärkung 248ff.
Wellenlängenablesung des Zeissschen Spektralphotometers 317.
Wellenlängenkalibrierung 302ff.
— im IR 350.
Wellenlängenmessung, interferometrische 350.
Wellenlängenskala, lineare 303.
Wellenzahl, Definition 29.
Wellenzahlskala, lineare 303.
WERNICKE-Prisma 100.
Widerstand, innerer, von Elektronenröhren 242.
Widerstandszellen 135ff.
—, Ermüdung 143.
Widerstandszellen, Frequenzabhängigkeit 148.
—, langwellige Empfindlichkeitsgrenze 137.
—, Linearität 137.
—, Temperaturabhängigkeit 149.
Winkeldispersion eines Gitters 102.
— eines Prismas, Definition 95.
— von Prismamaterialien 97.
wirksame Schichtdicke bei IR-Küvetten 348.
— — zylindrischer Küvetten 113.
Wismut-Caesium-Kathoden 129.
Wolfram-Bandlampen 59.
— -Punktlichtlampen 58.

Xenon-Hochdrucklampe 63.

Zeiss-Quarz-Spektrographen 396.
Zeitkonstante, Definition 153.
— von Bolometern 156.
— von IR-Empfängern 348.
— von Thermoelementen 155.
ZENGER-Prisma 100.
Zirkonoxydbogen 60.
Zweifachmonochromator 301.
— nach WALSH 362.
Zweizellenanordnung mit Gleichstromverstärkung 244.
Zweizellenausschlagsmethode, Schema 227.
Zweizellenmethoden für photometrische Fluorescenzmessungen 325.
Zweizellensubstitutionsmethode 279.
—, erreichbare Meßgenauigkeit 282.
—, Schema 233.

SPRINGER-VERLAG / BERLIN · GÖTTINGEN · HEIDELBERG

Anleitungen für die chemische Laboratoriumspraxis

Erster Band:

Chemische Spektralanalyse

Eine Anleitung zur Erlernung und Ausführung von Spektralanalysen im chemischen Laboratorium. Von Professor Dr. W. **Seith**, Buldern über Dülmen, und Dr. K. **Ruthardt**, Hanau. Vierte, verbesserte Auflage. Mit 106 Abbildungen im Text und einer Tafel. VII, 173 Seiten 8^0. 1949. DM 16,50

Vierter Band:

Polarographisches Praktikum

Von Professor J. **Heyrovský**. Mit 90 Abbildungen im Text. VI, 118 Seiten 8^0. 1948. DM 8,40

Fünfter Band:

Der Raman-Effekt

und seine analytische Anwendung. Von Dr. **Walter Otting**, Max-Planck-Institut für medizinische Forschung, Heidelberg, Institut für Chemie. Mit 33 Abbildungen. VI, 161 Seiten 8^0. 1952. DM 12,60

Sechster Band:

Gegenstromverteilung

Von Dozent Dr. H. M. **Rauen** und Dr. W. **Stamm**, Frankfurt a. M. Mit 65 Abbildungen. VII, 81 Seiten Gr.-8^0. 1953. DM 12,80

Anleitung zur qualitativen Analyse

Von E. **Schmidt** und J. **Gadamer**. Vierzehnte Auflage. Bearbeitet von Dr. F. v. **Bruchhausen**, o. ö. Professor der pharmazeutischen Chemie, Braunschweig. Mit 8 Tabellen. VIII, 109 Seiten 8^0. 1948. DM 7,50

Anleitung zur organischen qualitativen Analyse

Von Dr. **Hermann Staudinger**, o. ö. Professor der Chemie, Direktor des Chemischen Universitätslaboratoriums und des Forschungsinstituts für makromolekulare Chemie in Freiburg i. Br. Unter Mitarbeit von Dr. **Werner Kern**, pl. a. o. Professor für organische Chemie an der Universität Mainz. Sechste Auflage. In Vorbereitung

SPRINGER-VERLAG / BERLIN · GÖTTINGEN · HEIDELBERG

Lehrbuch der gesamten Chemie

Von Dr. phil. **F. L. Breusch**, Professor an der Universität Istanbul, Direktor des Zweiten Chemischen Instituts. Zweite Auflage. Mit 85 Abbildungen. VI, 426 Seiten Gr.-8°. 1954. Ganzleinen DM 29,70

Kurzes Lehrbuch der anorganischen und allgemeinen Chemie

Von Dr. **Gerhart Jander**, o. Professor an der Technischen Universität Berlin-Charlottenburg, und Dr. **Hans Spandau**, Privatdozent an der Technischen Hochschule Braunschweig. Fünfte Auflage. Mit 169 Abbildungen. XII, 563 Seiten Gr.-8°. 1952. Ganzleinen DM 19,80

Präparative anorganische Chemie

Von Dr. rer. nat. **Horstmar Hecht**, Assistent am Chemischen Institut der Universität Greifswald. Mit 58 Abbildungen. VII, 216 Seiten Gr.-8°. 1951.
Ganzleinen DM 19,80

Physikalische Chemie

Ein Vorlesungskurs. Von Dr. **Klaus Schäfer**, o. Professor für physikalische Chemie an der Universität Heidelberg. Mit 71 Abbildungen. IX, 294 Seiten Gr.-8°. 1851. Ganzleinen DM 19,60

Einschlußverbindungen

Von Dr. **Friedrich Cramer**, Dozent am Chemischen Institut der Universität Heidelberg. Mit 47 Textabbildungen. V, 115 Seiten 8°. 1954. DM 14,80

VERLAG J. F. BERGMANN / MÜNCHEN

Anleitung zum Praktikum der analytischen Chemie

Von Professor Dr. **S. W. Souci**, unter Mitwirkung von Professor Dr. **Heinrich Thies** und Professor Dr. Dr. **Franz Fischler**.

Erster Teil:
Praktikum der qualitativen Analyse

Fünfte Auflage. Mit 2 Abbildungen. VIII, 143 Seiten (mit Schreibpapier durchschossen) 8°. 1949. (B) DM 6,50

Zweiter Teil:
Ausführung qualitativer Analysen

Sechste, ergänzte und verbesserte Auflage. XII, 132 Seiten 8°. 1954. (B)
DM 6,60

| MIX |
| Papier aus verantwortungsvollen Quellen |
| Paper from responsible sources |
| FSC® C105338 |

If you have any concerns about our products,
you can contact us on
ProductSafety@springernature.com

In case Publisher is established outside the EU,
the EU authorized representative is:
**Springer Nature Customer Service Center GmbH
Europaplatz 3, 69115 Heidelberg, Germany**

Printed by Libri Plureos GmbH
in Hamburg, Germany